朝倉物理学大系

荒船次郎│江沢 洋│中村孔一│米沢富美子＝編集

20

現代物理学の歴史 I

素粒子・原子核・宇宙――――

大系編集委員会
［編］

朝倉書店

編集

荒船次郎
大学評価・学位授与機構教授

江沢　洋
学習院大学名誉教授

中村孔一
明治大学教授

米沢富美子
慶應義塾大学名誉教授

は　し　が　き

　21世紀を迎えた．やや大まかに言えば，これは第2次大戦後50年の節目でもある．この機会に，戦後の窮乏から脱して大きく発展した日本の物理学を—世界の流れの中において—振り返ってみるのも意義のあることだろう．

　第2次大戦後の日本の物理学は，人材は別として本当にゼロから再出発したのである．本書70章の「量子エレクトロニクスの変遷」のなかに霜田光一先生が書いておられる．「そのころの実験物理研究室の実情は，戦前の装置や器具を集め，軍放出品を利用して実験装置を作ったりして，どうにかこうにか実験的研究を再開した有様であった．大学の1実験研究室が使える年間予算は真空ポンプ1台か2台の費用にすぎなかった．」

　戦後すぐに，それまでの日本数学物理学会から独立して生まれた日本物理学会は，1996年に50周年を迎えた．物理学会の雑誌『日本物理学会誌』は過去を振り返ってこう書いている[1]．「戦争の終結を境に堰を切ったように入ってくる欧米の科学研究の成果はまばゆいほど目覚しいものでした．」

　たとえば，1949年の『会誌』にはトランジスターの解説があるが[2]，括弧つきで結晶三極管と注記し「真空管と同様の作用を営む新しい文明の花形であって，現在ではやがて電子工学および電気通信の分野において大いなる貢献をなすものとして非常に注目されている」としている．しかしトランジスターの増幅作用の機構は，まだ明らかでなく「BardeenおよびBrattainによる速報が2通 Physical Reviewにあるのみだが，その短い文面から察しられる彼らの考えを述べてみよう」とつづけている．この頃，外国の雑誌も容易には手に入らなかったはずである．1954年の記事[3]になると「多くの解説が巷に見られ，実用上，人の口に上る機会も多くなってきている」といい，しかし「日本の研究者が常に一歩ずつアメリカの水準に遅れてきたことも謙虚に反省しなければならない」とした．いや，その中からトランジスタ・ラジオが生まれ（1955），後に1973年度のノーベル賞に輝く江崎ダイオードが発明されたのだ（1957）[4]．

国産のアイデアでは，さらに後藤英一のパラメトロン（1954）が追究された．

素粒子論の分野では戦後すぐに独自の活動がはじまった．坂田昌一・井上健の2中間子論（これは戦争中（1943）の仕事だが）が1947年にC. F. Powellらの写真乾板による宇宙線の実験で実証され，意気があがった．1949年には湯川秀樹の中間子論（1935）がノーベル賞に輝き，国を挙げて喜びにわいたが，その前年，アメリカではπ中間子が加速器によって人工的につくられていた．加速器実験における劣勢は覆うべくもなかったが，それに代わって戦前から続く宇宙線実験が気を吐いた．理論の方面では，いわゆる発散の困難をめぐって坂田昌一の凝集力中間子の仮設に示唆された朝永振一郎のくりこみ理論が成功し（1948），これも1965年にノーベル賞を受ける．1953年には理論物理学国際会議を主催し外国の参加者から大きな刺激を受けるとともに日本の実力を示す機会ともなった．会場は，湯川のノーベル賞を記念して京都大学に建てられた湯川記念館（1952）であった．ここは全国共同利用の研究所として，核力や天体核物理，宇宙線など大きな研究プロジェクトを育てる．1953年には，やはり全国共同利用施設として東大付置の宇宙線観測所が乗鞍山頂につくられた．

その後の日本における物理学の発展は目覚しい．それこそが本書の内容だ．物理学の国際会議も各分野で次々に開かれるようになった．外国で開かれる会議への参加も日常茶飯事になってゆく．一時は若手研究者の就職口不足の問題もおこり，海外での研究条件のよさも手伝って頭脳流出が騒がれたが，大学の理工系学部が拡大されて緩和された（現在では，大学院の奨学金や学位取得後の処遇も手厚くなったが，時限つきで，その後が大きな問題になっている）．

日本の物理学の寄与を見る指標として，湯川ポテンシャルのように個人名のついた術語をあげてみようか．小谷プロット（1949），朝永（1950）-Luttinger模型，瀬谷-波岡型真空分光計（1952），中野-西島（1953）- Gell-Mannの規則，近藤効果（1954），坂田模型（1955），松原グリーン関数（1955），久保の公式（1957），高橋（1957）-Wardの恒等式，江崎ダイオード（1958），加藤（1959）- Trotterの公式，荒木（1961）- Haagの散乱理論，林フェーズ（1961），南部（1965）-Goldstoneボソン，戸田格子（1967），小林-益川行列（1972），冨松-佐藤の時空（1972）．いや，数えはじめたらきりがない．名前のつかない寄与も多い．人名ではないがカゴメ格子（伏見，1950），カミオカン

デ (1983) なども日本からの発信である.

さきにアメリカにおけるπ中間子の人工創成に触れたが,日本でそれがなされたのは1962年,原子核研究所に1.3 GeVの電子シンクロトロンが完成した年である.この研究所が1955年7月に設立されるまでには日本の戦後史が凝縮されている[5].敗戦(1945年8月)の年の11月,進駐軍は理化学研究所,京大,阪大のサイクロトロンを破壊した.これに対してアメリカの科学者の非難もあり,1951年にLawrenceが来日してサイクロトロンの再建を示唆し,連合軍総司令部の経済科学局をも説得した.1949年1月に設立されていた学術会議の原子核研究特別委員会での議論も経て科学研究所,京大,阪大の3ヶ所でそれぞれ再建することがきまった.そのとき東京近辺の原子核研究者から自分たちも加速器が欲しいという議がおこり,それがエスカレートして全国共同利用の大型装置の建設が要望され,学術会議は1953年4月に原子核研究所を共同利用施設として設置することを内閣総理大臣に申し入れた[6].政府の対応は速く,菊池正士・藤岡由夫・朝永も加わった文部省の研究所協議会で東大付置の共同利用研究所とすることがきまり,同年の10月にはゴー・サインがでた.ここで共同利用と東大の自主性との相克が問題とされたが,12月には決着した.ところが,翌年3月に政府が原子力予算を提出し,4月にはアメリカの水爆実験があって近くの海にいた漁船がいわゆる「死の灰」をかぶるという事件(ビキニ事件)がおこる.それで敏感になった原子核研究所建設予定地(田無)の住民が反対運動をおこし,朝永らは原子核と原子力の研究の違いを説いて説得に当たらねばならなかった.菊池は兵器研究の動きがでたら職を賭して反対すると町民に約束した.こうして原子核研究所は生まれた.高エネルギー物理学研究所が実現するのは1971年である.これは大学付置でない全国共同利用研究所の第1号として日本の科学の進め方にも大きな影響をあたえた.

1956年4月の学術会議総会は1大学ではもてない大型実験装置を備えた「物性物理学研究所(仮称)の設置」の要望を決議,これは1957年4月に,やはり東大付置の共同利用・物性研究所として発足した.朝永らが唱導した共同利用研究所は日本に定着したとみてよかろう.物理以外にも広がり,現在,共同利用研究所は文科省直轄のもの16,大学付置のもの19を数え,加えて大学付置の共同利用施設28がある.しかし,最近では大学付置のものには大学

の独立法人化がどう影響するか懸念されている．

　科学の進展によって物理学と化学，生物学，天文学，地球科学など周辺諸科学との相互浸透が進んだ．工業・技術など産業の諸分野との間でもまたしかり．本書にも，これに関連する章がいくつもあるが，手の届いていないところが多くあることも認めなければならない．相互浸透は広範囲に及んでいるのだ．

　『物理学会誌』は，1996年，学会の50周年を機に「日本の物理学の過去50年の活動を回顧する」特集を行なった[1]．1月号から12月号に及んだその特集記事に『数理科学』別冊から借りた論稿などを加えて，筆者に加筆・修正を十分にしていただき，それにほぼ同数の書き下ろし原稿を依頼して，本書は構成した．2巻の大冊となった結果，原稿集めと編集に意外に長時間を要して刊行が遅れ，執筆者にはご迷惑をおかけすることになった．この場をかりて，お詫びし，かつ御協力に感謝する．その間，会誌からの転載の承諾をいただいた後に沢田正三，小田　稔の両先生が他界され，校正がすんだ後に若谷誠宏，松本元の両先生が亡くなられた．ここに謹んで御冥福をお祈りする．

　なお，各論稿の末尾に初出箇所とともに執筆者の肩書と所属を付記したが，これは刊行当時のものである．初出の記載がないものは書き下ろしである．

　　　2004年5月

編者一同

参考文献

1) 会誌編集委員会：50周年記念特集を企画するにあたって，日本物理学会誌 **51**（1996）10-11．
2) 山下次郎・渋谷元一：トランジスター（結晶三極管），日本物理学会誌 **4**（1949）152-158．
3) 菊池　誠，垂井康夫：トランシスターについて，日本物理学会誌 **9**（1954）113-122．（トランシスターとトランジスターと2通りの読みがあることを注意している．）
4) Leo Esaki: New phenomena in narrow germanium p-n junctions, Phys. Rev. **109**（1958）603-604．
5) 朝永振一郎：原子核研究所の設立と菊池先生，『核研二十年史』（東大原子核研究所，1975），pp. 1-11．
6) 原子核研究所と反射望遠鏡の設置について（申入），『学術会議二十五年史』（日本学術会議，1974），pp. 44-47．

目 次

I 量子力学 1

1. 量子力学の物理的基礎 ………………………………〔江沢　洋〕… 2
   1.1 遠距離相関 ……………………………………………………… 2
   1.2 隠れた変数 ……………………………………………………… 6
   1.3 粒子性と波動性 ………………………………………………… 9
   1.4 波束の運動と量子飛躍 ………………………………………… 18
   1.5 干渉性の破壊 …………………………………………………… 19
2. 量子力学の数学的基礎 ………………………………〔黒田　成俊〕… 28
   2.1 von Neumann による数学的基礎付け ……………………… 28
   2.2 数学的散乱理論の発展 ………………………………………… 30
   2.3 70 年以降の数学的散乱理論 ………………………………… 33
   2.4 Schrödinger 作用素の数理の展開 …………………………… 35
3. マクスウェルの悪魔と量子計算機の歴史 …………〔細谷　暁夫〕… 42
   3.1 はじめに ………………………………………………………… 42
   3.2 ジラードエンジンの量子バージョン ………………………… 44
   3.3 量子計算機の歴史 ……………………………………………… 45
   3.4 量子計算機とは ………………………………………………… 46
   3.5 万能量子回路 …………………………………………………… 48
   3.6 量子計算による因数分解 ……………………………………… 50
   3.7 グローバーによる検索アルゴリズム ………………………… 51
   3.8 幾何学的量子計算 ……………………………………………… 52
   3.9 結　び …………………………………………………………… 53

II 素粒子物理 57

4. くりこみ理論の誕生 …………………………………〔伊藤　大介〕… 58
   4.1 朝永以前 ………………………………………………………… 58
   4.2 発散の現れ方を探るいろいろの試み ………………………… 60
   4.3 超多時間理論 …………………………………………………… 62
   4.4 朝永ゼミ ………………………………………………………… 64
   4.5 C 中間子論が示唆したこと …………………………………… 66

4.6　くりこみ理論へ …………………………………………………………… 67
5. 坂田学派と素粒子模型の進展……………………………………〔小川　修三〕… 69
　　5.1　2中間子論 ………………………………………………………………… 69
　　5.2　混合場理論と研究室制度の導入 ………………………………………… 70
　　5.3　くりこみ理論をめぐって ………………………………………………… 72
　　5.4　複合模型の提唱 …………………………………………………………… 72
　　5.5　SU(3)対称性 ……………………………………………………………… 73
　　5.6　新名古屋模型と重粒子オクテット ……………………………………… 74
　　5.7　1粒子交換とクォーク組替振幅 ………………………………………… 75
　　5.8　標準模型の成立 …………………………………………………………… 76
6. 中間子論とその遺産—クォークの時代から振り返る—………〔町田　　茂〕… 78
　　6.1　中間子論—素粒子論のはじまり— ……………………………………… 78
　　6.2　中間子"場"の理論 ……………………………………………………… 79
　　6.3　核力の中間子論 …………………………………………………………… 79
　　6.4　クォークの存在と拡張された排他律 …………………………………… 82
　　6.5　クォーク・レベルのダイナミックス—量子色力学(QCD)— ………… 84
　　6.6　中間子論からQCDへ …………………………………………………… 84
　　6.7　21世紀への課題 …………………………………………………………… 86
7. 素粒子の究極理論を求めて………………………………………〔武田　　暁〕… 88
　　7.1　素粒子の統一理論を求めて ……………………………………………… 90
　　7.2　量子場の理論の発展 ……………………………………………………… 91
　　7.3　標準理論の成立 …………………………………………………………… 95
　　7.4　標準理論を越えて ………………………………………………………… 98
　　7.5　終りに ……………………………………………………………………… 101
8. 高エネルギー物理の将来…………………………………………〔宮沢　弘成〕… 103
　　8.1　はじめに …………………………………………………………………… 103
　　8.2　高エネルギー物理の創成期 ……………………………………………… 103
　　8.3　成熟期 ……………………………………………………………………… 104
　　8.4　世紀末の高エネルギー物理 ……………………………………………… 107
　　8.5　素粒子物理の将来 ………………………………………………………… 108
　　8.6　理論形式の将来 …………………………………………………………… 110
　　8.7　高エネルギー実験の将来 ………………………………………………… 112
　　8.8　あとがき …………………………………………………………………… 112
9. ひもの理論………………………………………………………………〔川合　光〕… 113
　　9.1　弦理論のはじまり ………………………………………………………… 113

9.2	臨界弦と非臨界弦	114
9.3	統一理論としての弦理論	116
9.4	くりこみと標準模型	118
9.5	大統一理論とPlanckスケールの物理	119
9.6	究極の理論に向けて	121

10. 量子色力学の計算機を用いた研究 〔岩崎 洋一〕 125

10.1	歴史的概観	125
10.2	格子量子色力学	125
10.3	専用並列計算機	126
10.4	物理結果	127
10.5	今後の展望	128

11. KAMIOKANDEのこと 〔小柴 昌俊〕 130

11.1	KAMIOKANDEの生い立ち	130
11.2	大Magellan星雲内で超新星SN 1987 Aが爆発	133
11.3	太陽ニュートリノの観測	134
11.4	地球大気中で創られたニュートリノ	137
11.5	陽子崩壊その他について	138
11.6	これからのこと	138
11.7	最後にあたって	139

12. ニュートリノに質量があることの発見 〔梶田 隆章〕 140

12.1	はじめに	140
12.2	大気ニュートリノ	140
12.3	ニュートリノ振動の発見	141
12.4	おわりに	143

13. 宇宙線研究50年の歩み 〔西村 純〕 145

13.1	戦後からの出発	146
13.2	1950年代のこと	147
13.3	1960年代から70年代	152
13.4	1980年代から	156
13.5	1990年代とむすび	157

14. 場の量子論へのアプローチ 〔中西 襄〕 160

14.1	場の量子論の概観	160
14.2	対称性	161
14.3	S行列	163
14.4	ゲージ場の量子論	165

14.5	重力場の量子論 …………………………………………………166
14.6	ハイゼンベルク描像での解法 …………………………………167

15. 素粒子実験と加速器—戦後の日本を中心に—……………〔西川　哲治〕…169
　15.1　はじめに ………………………………………………………169
　15.2　核研電子シンクロトロン ……………………………………170
　15.3　核研から高エ研への道 ………………………………………171
　15.4　高エ研陽子シンクロトロン …………………………………172
　15.5　トリスタン計画 ………………………………………………175
　15.6　国 際 協 力 ……………………………………………………181
　15.7　KEKB と JLC …………………………………………………185
16. 加速器の将来………〔西川　哲治・黒川　眞一・中村　健蔵・永宮　正治〕…190
　16.1　KEKB ファクトリー …………………………………………190
　16.2　Ｋ２Ｋ長基線ニュートリノ振動実験 ………………………208
　16.3　大強度陽子加速器プロジェクト（J-PARC）………………218
17. ニュートリノ振動の予言と実証………………………………〔牧　二郎〕…225
　17.1　無と有の狭間から：パウリとフェルミ ……………………225
　17.2　初期のニュートリノ像 ………………………………………226
　17.3　ニュートリノ物理学の確立 …………………………………226
　17.4　ニュートリノ振動 ……………………………………………228
　17.5　史料的判断とむすび …………………………………………230
18. 素粒子標準理論の形成 …………………………………〔長島　順清〕…232
　18.1　はじめに ………………………………………………………232
　18.2　強い相互作用（1935-1965）…………………………………233
　18.3　クォークモデル（1956-1970）………………………………234
　18.4　弱い相互作用（1934-1967）…………………………………238
　18.5　ゲージ理論の進展（1954-1971）……………………………242
　18.6　GWS 理論 ……………………………………………………246
　18.7　QCD ……………………………………………………………249
　18.8　ま と め ………………………………………………………252

III　原 子 核　257

19. 原子核の実験研究 50 年間の展開 ……………………………〔杉本　健三〕…258
　19.1　戦後から 1960 年代 …………………………………………261
　19.2　1960〜1970 年代 ……………………………………………262
　19.3　1970〜1980 年代 ……………………………………………265

19.4 1980年代以降 ………………………………………………………………268
20. 原子核分光学の展開—私の来た道— ……………………〔森永　晴彦〕…275
　20.1 ひとりで考えていた頃 …………………………………………………275
　20.2 核分光学のフロンティアへ ……………………………………………277
　20.3 みんなと一緒に …………………………………………………………280
21. 原子核構造理論の発展と現在—殼模型を中心として— ………〔有馬　朗人〕…283
　21.1 黎　明　期 ………………………………………………………………283
　21.2 殼模型の精密化 …………………………………………………………286
　21.3 クラスター模型 …………………………………………………………296
　21.4 原子核の集団運動 ………………………………………………………298
22. 原子核構造理論の将来 ……………………………………〔大塚　孝治〕…311
　22.1 少数多体系の構造 ………………………………………………………311
　22.2 核力と殼模型 ……………………………………………………………312
　22.3 不安定核の構造と新しい魔法数 ………………………………………313
　22.4 平均場計算 ………………………………………………………………315
　22.5 クラスター構造論 ………………………………………………………315
23. 原子核多体問題の研究をふりかえって—集団運動の微視的理論を中心として—
　　　…………………………………………………………………〔丸森　寿夫〕…317
　23.1 は じ め に ………………………………………………………………317
　23.2 核構造模型 ………………………………………………………………317
　23.3 殼模型・集団模型の基礎 ………………………………………………320
　23.4 多体問題としての核構造 ………………………………………………323
　23.5 自己束縛有限量子多体系としての原子核 ……………………………326
　23.6 大振幅集団運動と非線形動力学 ………………………………………327
　23.7 展　　望 …………………………………………………………………331
24. 核構造におけるクォークの役割 ……………………………〔土岐　　博〕…334
　24.1 クォークはシャイ ………………………………………………………334
　24.2 クォークの作る強い斥力 ………………………………………………335
　24.3 クォークがパイオンを作る ……………………………………………335
　24.4 構造を持たない核子からなる原子核 …………………………………336
　24.5 EMC効果 ………………………………………………………………337
　24.6 南部-ジョナラシニオ模型 ……………………………………………337
　24.7 クォーク核物理実験 ……………………………………………………338
　24.8 まとめに代えて …………………………………………………………338
25. 核反応理論の発展の一断面 …………………………………〔河合　光路〕…340

25.1 始めに ……………………………………………………………………340
25.2 連続状態への遷移 ………………………………………………………340
25.3 弾性散乱，離散状態への直接過程 ……………………………………342
25.4 直接過程と複合核過程 …………………………………………………349
25.5 終わりに …………………………………………………………………350
26. 不安定核ビームによる物理………………………………〔谷畑 勇夫〕…354
26.1 はじめに …………………………………………………………………354
26.2 新しく開かれた核物理 …………………………………………………354
26.3 おわりに …………………………………………………………………357
27. 高エネルギー核物理………………………………………〔初田 哲男〕…358
27.1 ハドロン物理学の成立過程 ……………………………………………358
27.2 ハドロン物理学のフロンティア ………………………………………359

IV 超高温　363

28. 核融合をめざしたプラズマの研究………………………〔宮本 健郎〕…364
28.1 はじめに …………………………………………………………………364
28.2 1958〜1961 年 ……………………………………………………………364
28.3 1961〜1971 年頃 …………………………………………………………365
28.4 1968〜1973 年 (Artimovich の時代) …………………………………366
28.5 トカマクの発展 (1974 年以降) …………………………………………368
28.6 磁気閉じ込め代替方式の研究 …………………………………………374
28.7 慣性閉じ込め ……………………………………………………………379
29. ITER に触れて……………………………………………〔若谷 誠宏〕…383
29.1 はじめに …………………………………………………………………383
29.2 ITER の物理課題 ………………………………………………………384
29.3 ITER を通して関わった研究者の印象 ………………………………386

V 宇宙物理　389

30. 宇宙論の進展と展望………………………………………〔佐藤 勝彦〕…390
30.1 はじめに …………………………………………………………………390
30.2 宇宙のインフレーション ………………………………………………391
30.3 宇宙論的観測の急激な進展 ……………………………………………393
30.4 量子宇宙論 ………………………………………………………………395
30.5 真空のエネルギー，ダークエネルギー ………………………………398
30.6 終わりに …………………………………………………………………399

- 31. 天体物理理論 ……………………………………〔佐藤　文隆〕…401
  - 31.1 はじめに ……………………………………………………401
  - 31.2 基研研究会「天体の核現象」…………………………………402
  - 31.3 林の研究経歴 …………………………………………………403
  - 31.4 1960 年代―天体核研究室と基礎物理学研究所― ……………406
  - 31.5 1970 年代――一般相対論と素粒子宇宙― ……………………409
  - 31.6 現状と未来 ……………………………………………………411
- 32. X 線天文学の誕生とその発展 ……………………………〔小田　稔〕…415
  - 32.1 日本の X 線天文学 ……………………………………………419
  - 32.2 科学衛星「あすか」 …………………………………………420
  - 32.3 草創期のいくつかのエピソード ……………………………422
- 33. 重　力　波 ………………………………………………〔三尾　典克〕…427
  - 33.1 重力波の研究 …………………………………………………427
  - 33.2 ウェーバー・バー ……………………………………………427
  - 33.3 バーから干渉計へ ……………………………………………428
  - 33.4 日本の研究の進展 ……………………………………………428
  - 33.5 重力波天文台 …………………………………………………429

事項索引…………………………………………………………………………(1)
人名索引…………………………………………………………………………(13)

『現代物理学の歴史 II —物性・生物・数理物理—』

目　次

VI　統計力学
34. 相転移の数理と展望(鈴木増雄)
35. 臨界点物理学とパラダイムの転換
　　(川崎恭治)
36. 線形応答理論の成立(中嶋貞雄)
37. 統計力学における Green 関数
　　(阿部龍蔵)
38. ボース-アインシュタイン凝縮
　　(久我隆弘・鳥井寿夫)
39. レーザー冷却された原子気体のボ
　　ース-アインシュタイン凝縮
　　(上田正仁)

VII　数理物理
40. 格子ソリトンの発見(戸田盛和)
41. 無限自由度系への代数的アプロー
　　チ(荒木不二洋)
42. ある流体物理屋の軌跡(今井　功)
43. 非線形の物理(和達三樹)
44. 非相対論的量子電気力学
　　(廣島文生)
45. マクロ系の数理物理学(田崎晴明)

VIII　原子・分子
46. 原子分子物理(高柳和夫)
47. 原子分子物理の将来(市川行和)
48. 分子構造論(藤永　茂)
49. 高分子物理学(土井正男)

IX　固体物理
50. 結晶成長学の発展(砂川一郎)
51. Anderson 局在の研究(長岡洋介)
52. 磁性研究 50 年のあゆみ(芳田　奎)
53. Fermi 面効果(近藤　淳)

54. 新強誘電体の発見をめぐって
　　(沢田正三)
55. 固体表面の物理と化学(村田好正)
56. フォトンファクトリー誕生のころ
　　(高良和武)
57. 生物物理へのインパクト
　　(飯塚哲太郎)
58. 電子線ホログラフィーの発展
　　(外村　彰)
59. 半導体の物理(植村泰忠)
60. 光物性研究 50 年史のある断面
　　(豊沢　豊)
61. 半導体素子研究の周辺(菊地　誠)
62. 高温超電導の展望(田中昭二)
63. 強磁場(三浦　登)
64. メゾスコピック系(川畑有郷)
65. メゾスコピック—これからの応用
　　—(髙柳英明)
66. 超格子から量子細線・量子箱まで
　　(榊　裕之)

X　低温物理・量子エレクトロニクス
67. 低温物理の 50 年(益田義賀)
68. 超伝導研究の歩み(大塚泰一郎)
69. 超伝導の研究(恒藤敏彦)
70. 量子エレクトロニクスの変遷
　　(霜田光一)

XI　生物物理
71. 生命の分子物理的背景(和田昭允)
72. 脳の物理学(松本　元・辻野広司)
73. タンパク質の自己集積化技術
　　(永山國昭)

I 量子力学

1. 量子力学の物理的基礎

江沢　洋

量子力学の物理的な基礎を固めるために行われてきた実験を概観する．

1.1 遠距離相関

1.1.1 Einstein-Podolsky-Rosen のパラドックス

A. Einstein と B. Podolsky, N. Rosen は，1934 年，1 つの思考実験を提出して量子力学は完全でないと論じた[4]．彼等は，2 つの粒子の系を考えた．粒子の質量は，簡単のためともに m とする．2 つの粒子が短い時間だけ相互作用して互いに遠く離れた（したがって，もはや相互作用はない）とし，そのときの系の波動関数を

$$\Psi(\boldsymbol{r}_1, \boldsymbol{r}_2) = \delta(\boldsymbol{r}_1 - \boldsymbol{r}_2 + \boldsymbol{r}_0) \tag{1}$$

としよう．これが各粒子の関数の積の形でないのは，2 つの粒子の間にかつて相互作用があったことを意味している．もちろん，積の和の形になら書ける．たとえば

$$\Psi(\boldsymbol{r}_1, \boldsymbol{r}_2) = \int \delta(\boldsymbol{r}_1 - \boldsymbol{r}) \delta(\boldsymbol{r}_2 - \boldsymbol{r}_0 - \boldsymbol{r}) d^3r. \tag{2}$$

この形の状態は一般に**絡み合った状態**（entangled state）とよばれる[5]．この状態で粒子 1 に対して位置の観測をして測定値 $\boldsymbol{r}_1'$ を得たとすれば，系の波動関数は

$$\Psi'(\boldsymbol{r}_1, \boldsymbol{r}_2) = \delta(\boldsymbol{r}_1 - \boldsymbol{r}_1') \delta(\boldsymbol{r}_2 - \boldsymbol{r}_0 - \boldsymbol{r}_1') \tag{3}$$

に収縮し，粒子 2 の位置は $\boldsymbol{r}_1' + \boldsymbol{r}_0$ に確定する．ところが同じ波動関数 (1) は

$$\Psi(\boldsymbol{r}_1, \boldsymbol{r}_2) = \frac{1}{(2\pi\hbar)^3} \int e^{i\boldsymbol{p}\cdot(\boldsymbol{r}_1 - \boldsymbol{r}_2 + \boldsymbol{r}_0)/\hbar} d^3p \tag{4}$$

とも書けるから，もし粒子 1 に対して運動量の測定をしていたら，その測定値が $\boldsymbol{p}_1'$ だったとすると，波束の収縮は

$$\Psi''(\boldsymbol{r}_1, \boldsymbol{r}_2) = e^{i\boldsymbol{p}_1'\cdot\boldsymbol{r}_0/\hbar} \cdot e^{i\boldsymbol{p}_1'\cdot\boldsymbol{r}_1/\hbar} e^{-i\boldsymbol{p}_1'\cdot\boldsymbol{r}_2/\hbar} \tag{5}$$

をもたらし，粒子 2 の運動量が $-\boldsymbol{p}_1'$ に確定する．

ところが，粒子 2 は粒子 1 から遠く離れているので，粒子 1 に対する測定が粒子 2 の状態に影響するとは考えられないと Einstein らは主張した．そうだとすれば粒子 2 の座標と運動量とは確定値 $\boldsymbol{r}_1' - \boldsymbol{r}_0$ と $-\boldsymbol{p}_1'$ をもっていたことになる．

Einstein らは，考える系に何らの擾乱を与えることなく物理量 A の観測を行うことができれば，その A は物理的実在性をもつとした．そうすると，上の結果から粒子 2 の座標と運動量はともに物理的な実在性をもつことになる．

Einstein らは，物理的実在性をもつ量が，どれもある理論のなかに対応物をもつと

き，そのときに限って，その理論は完全であるということにした．

ところが，量子力学という理論の中では位置を測定した後には運動量が完全に不確定になり地位を失うことになっている．運動量を測定した後には位置座標が地位を失う．だから，上のことを考えると量子力学は不完全である．こう結論しないわけにはゆかないと Einstein たちは主張したのである．

N. Bohr は，これに対して，系のどの面が物理的実在として立ち現われるかは実験条件によるのであり，位置を測定するか，運動量を測定するかによって系の以後の振る舞いが実際にちがってくるということを指摘した．そして，位置と運動量は相互に他の決定を排除しながら，しかし両者は2つとも系の記述には必要であるという**相補性**（complementarity）を強調して，量子力学を擁護した[6,7]．

1.1.2 Aspect の実験

相互作用の後，互いに遠く離れた2つの粒子の一方に対して位置の測定をすると，他方の粒子も位置の固有状態になるという Einstein-Podolsky-Rosen の指摘は，遠く離れた粒子たちに対して行われる観測の結果が強く相関する場合があることを言っている．この遠距離相関は，現実の実験によって確かめられた．

A. Aspect らは，1つの原子のカスケード遷移によって全角運動量0の状態で反対方向に出た2つの光子が，互いに遠く離れてから，それぞれの偏光の方向を観測し，強い相関を見出した[8,9]．それらの光子の偏光状態は，右回り円偏光の光子の状態を $|r\rangle$，左回りの円偏光の状態を $|l\rangle$ とすれば

$$|\Psi\rangle = \frac{1}{\sqrt{2}}(|r\rangle|r\rangle + |l\rangle|l\rangle) \qquad (6)$$

で表される．x-軸方向の直線偏光状態を $|x\rangle$，y-方向のそれを $|y\rangle$ と書けば

$$z\text{-方向に進む光では}: \left.\begin{array}{c}|r\rangle \\ |l\rangle\end{array}\right\} = \frac{1}{\sqrt{2}}(|x\rangle \pm i|y\rangle),$$

であり，$-z$-方向に進む光では右辺の±が逆になるから

$$|\Psi\rangle = \frac{1}{\sqrt{2}}(|x\rangle|x\rangle + |y\rangle|y\rangle) \qquad (7)$$

といってもよい．これも絡み合った状態である．

ここで，x, y-軸を z-軸のまわりに角 ϕ だけ回転して x_ϕ, y_ϕ-軸とすれば

$$|x\rangle = |x_\phi\rangle\cos\phi - |y_\phi\rangle\sin\phi, \quad |y\rangle = |x_\phi\rangle\sin\phi + |y_\phi\rangle\cos\phi \qquad (8)$$

だから，(7)に代入して

$$|\Psi\rangle = \frac{1}{\sqrt{2}}(|x_\phi\rangle|x_\phi\rangle + |y_\phi\rangle|y_\phi\rangle) \qquad (9)$$

を得る．全角運動量が0なのだから当然のことであるが，式の形は ϕ によらない．

なお，x-方向，x_ϕ-方向に偏光した状態への射影演算子 $\hat{P}_0 = |x\rangle\langle x|$，$\hat{P}_\phi = |x_\phi\rangle$

$\langle x_\phi |$ は，(8) から分かるように交換しない．一般に $\hat{P}_\phi$, $\hat{P}_{\phi'}$ は $\phi' \neq \phi$ なら交換しない．

さて，状態 $|\Psi\rangle$ においては，2つの光子が遠く離れたとき，第1の光子の偏光を測って x-方向を得たとすれば，波束は $|\Psi'\rangle = |x\rangle|x\rangle$ に収縮し第2の光子の偏光も x-方向と定まる．このように，偏光の方向に遠隔相関がある．

いま，ベクトル $\boldsymbol{a}$, $\boldsymbol{b}$ がなす角を $(\boldsymbol{a}, \boldsymbol{b})$ としよう．$\boldsymbol{a}$ の方向に偏光した光を通す偏光子を偏光子 $\boldsymbol{a}$ とよび，$\boldsymbol{b}$ についても同様とする．状態 $|\Psi\rangle$ の第1の光を偏光子 $\boldsymbol{a}$ に通し，第2の光を偏光子 $\boldsymbol{b}$ に通して，通ることを＋，通らないことを－で表し，それぞれの場合の確率を $p_{++}(\boldsymbol{a}, \boldsymbol{b})$ などと書けば，量子力学では (9) から

$$p_{++}(\boldsymbol{a}, \boldsymbol{b}) = p_{--}(\boldsymbol{a}, \boldsymbol{b}) = \frac{1}{2}\cos^2(\boldsymbol{a}, \boldsymbol{b})$$

$$p_{+-}(\boldsymbol{a}, \boldsymbol{b}) = p_{-+}(\boldsymbol{a}, \boldsymbol{b}) = \frac{1}{2}\sin^2(\boldsymbol{a}, \boldsymbol{b}) \tag{10}$$

となる．2つの光子の偏光方向の相関関数を

$$E(\boldsymbol{a}, \boldsymbol{b}) = p_{++}(\boldsymbol{a}, \boldsymbol{b}) + p_{--}(\boldsymbol{a}, \boldsymbol{b}) - p_{+-}(\boldsymbol{a}, \boldsymbol{b}) - p_{-+}(\boldsymbol{a}, \boldsymbol{b}) \tag{11}$$

によって定義しよう．量子力学によれば(10)から

$$E_{\mathrm{QM}}(\boldsymbol{a}, \boldsymbol{b}) = \cos 2\phi. \tag{12}$$

Aspect ら[8,10] は，図1に示す Ca のカスケード遷移による光を用いて偏極の遠隔相関を測り，後に述べるある理由から次の S で結果を整理した：

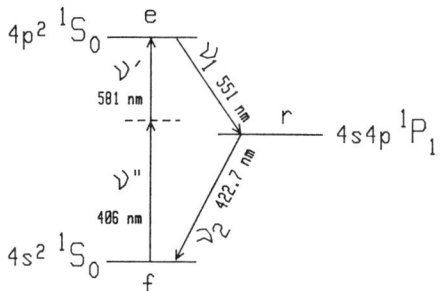

図1 Ca のカスケード遷移
Aspect の実験に用いられた．

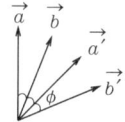

図2 偏光子の方向

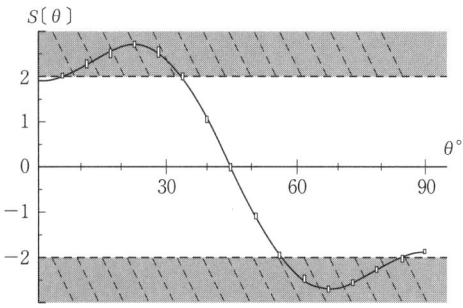

図3 Aspect の実験の結果

エラー・バーは標準偏差の±2倍．灰色の部分は，局所的な隠れた変数の理論ではありえない領域（次項を参照）．

$$S = E(\boldsymbol{a}, \boldsymbol{b}) - E(\boldsymbol{a}, \boldsymbol{b}') + E(\boldsymbol{a}', \boldsymbol{b}) + E(\boldsymbol{a}', \boldsymbol{b}'). \tag{13}$$

量子力学の (12) によれば，(13) は A, b などが図2のようであるとき

$$S_{\mathrm{QM}} = 6\cos 2\phi - 4\cos^3 2\phi \tag{14}$$

となる．Aspect らの実験の結果[8]は，これによく合っている（図3）．こうして，絡み合った状態における遠距離相関は現実のものであることが確かめられた．

この実験は，検出器を 10 km 隔てておいてくりかえされた[11]．また，距離 $L=360$ m を隔てた2カ所に検出器をおき，検出する偏光の方向を $<1.2\,\mu\mathrm{s}=(1/10)(L/c)$ でランダムに変化させて行われ，遠距離相関（ベルの不等式）が確かめられた[12]．相関は超光速で伝わっている．

なお，遠距離の相関が超光速であり得ることから，超光速の通信が可能になると期待する向きもあるが，それは不可能である．こちらで検出する偏光が，そもそも予知不可能であるから，先方の検出する偏光とのあいだに相関があるといっても，信号をつくることができないのである．

1.1.3 Bell の不等式

J. S. Bell は上に述べた遠距離相関が何かの変数 λ によって媒介されているのではないかと考え，もしそうであるならば相関を表わす関数がある不等式をみたすはずであることを導いた[13]．これは実験にかけることのできる結果である．しかし，変数 λ は実験にはかからないので**隠れた変数** (hidden variable) とよばれる．

Bell の考えは次のとおりである．第1の光子が偏光子 a を通るとき $A=1$，通らないとき $A=-1$ とし，第2の光子について同様に B を定義する．2つの光子は同一の原子から出たので，そのとき共通に変数 λ のある値を担い，どの値を担うかはランダムにきまるとするのだが，$A=\pm 1$, $B=\pm 1$ のどの組み合わせがおこるかは，その λ の値によってきまるとしてみるのである．A は，もちろん第1の光子が出会

う偏光子の方向 $\boldsymbol{a}$ にもよるだろうが，遠隔の偏光子 $\boldsymbol{b}$ の方向にはよらないとするから $A(\lambda, \boldsymbol{a})$ と書ける．同様に B は $B(\lambda, \boldsymbol{b})$ と書ける．

2つの光子が λ のどの値を担うかの確率密度を $\rho(\lambda)$ とすれば，これは

$$\rho(\lambda) \geq 0, \qquad \int \rho(\lambda)\, d\lambda = 1 \tag{15}$$

をみたす．そして，相関関数 (11) は

$$E(\boldsymbol{a}, \boldsymbol{b}) = \int A(\lambda, \boldsymbol{a})\, B(\lambda, \boldsymbol{b})\, \rho(\lambda)\, d\lambda \tag{16}$$

によって与えられることになる．この λ は，2つの光子が同一の原子からでたことで担うものだから局所的にきまるもので**局所的な隠れた変数** (local hidden variable) とよばれる．こうすると，(15) から相関関数の組み合わせ (13) に対して不等式

$$-2 \leq S \leq 2 \tag{17}$$

が証明される[14]．局所的な隠れた変数の考えにもとづく，この種の不等式は一般に**ベルの不等式**（Bell's inequality）とよばれる．

Aspect の実験の結果を示す図3では，この不等式 (17) を破る領域を灰色にしてあるが，実験の点はその中に入りこんでいる．S_{QM} が最大になるのは $\cos 2\phi = 1/\sqrt{2}$ のとき，すなわち $\phi = \pi/8$ で $S_{QM}(\pi/8) = 2\sqrt{2}$ であるが，実験では光のでる方向に広がりがあるため偏極の方向にも開きがあること，検出器の効率が100%でないことの補正をすると $S'_{QM}(\pi/8) = 2.70 \pm 0.05$ が期待される．実験値は

$$S_{\exp}(\pi/8) = 2.697 \pm 0.015 \tag{18}$$

で[10]，期待によく合っている．± 0.015 は標準偏差で，S_{QM} は局所的な隠れた変数の仮定からする (17) の最大値を標準偏差の40倍も越えている！[15]

1.2 隠れた変数

1.2.1 von Neumann の NO GO 定理

隠れた変数といえば，量子力学は壊さずにそれを導入するのは不可能であるということを示した von Neumann の証明[16]が思い出される．その証明には物理的でない仮定が含まれていることを J. S. Bell が指摘した[13]．

von Neumann は，任意の状態 ϕ について，任意のエルミート演算子 $\hat{A}, \hat{B}$ の実係数 α, β による和の期待値は期待値の同様な和であること，すなわち

$$\langle \phi, (\alpha \hat{A} + \beta \hat{B})\, \phi \rangle = \alpha \langle \phi, \hat{A}\phi \rangle + \beta \langle \phi, \hat{B}\phi \rangle \tag{19}$$

を量子力学の特性として抜き出した．彼の証明は，しかし，期待値の線型性の仮定を"隠れた変数を動員して指定した状態"にまでおよぼしているもので，これは必要のないことである．実際，たとえば後の (20) の $\hat{A}$ の測定には，Stern-Gerlach 型の実験なら β ごとに磁石の異なる配置を必要とし期待値の線型性は自明ではない．

Bell は，波動関数 ψ と隠れた変数 λ を用いて，分散のない状態 $u_{\psi,\lambda}$ で，それによる期待値を λ について平均すると波動関数 ψ による量子力学の期待値に一致するというものをつくってみせた．いま，物理量としては，3次元の実ベクトル $\boldsymbol{\beta} = (\beta_x, \beta_y, \beta_z)$ と Pauli の行列 $\boldsymbol{\sigma}$ からつくった

$$\hat{A} = \alpha + \boldsymbol{\beta} \cdot \boldsymbol{\sigma} \tag{20}$$

をとる．この演算子の固有値は

$$\alpha \pm |\beta| \tag{21}$$

である．座標系を適当に回転して $\psi = \begin{pmatrix} 1 \\ 0 \end{pmatrix}$ としておく．状態 $u_{\psi,\lambda}$ は，この ψ と隠れた変数 λ で指定され，$\hat{A}$ の，固有値

$$a_{\psi,\lambda} = \alpha + |\beta| \operatorname{sign}\left(\lambda |\beta| + \frac{1}{2} |\beta_z|\right) \operatorname{sign} X \tag{22}$$

に属する固有ベクトルとする．ここに $-1/2 \leq \lambda \leq 1/2$ とし

$$X = \begin{cases} \beta_z & (\beta_z \neq 0) \\ \beta_x & (\beta_z = 0,\ \beta_x \neq 0) \\ \beta_y & (\beta_z = \beta_y = 0) \end{cases}$$

とする．この固有値は (21) のどちらかであって $\boldsymbol{\beta}$ に関して線型でないから，状態 $u_{\psi,\lambda}$ による平均値 $\langle u_{\psi,\lambda}, \hat{A} u_{\psi,\lambda} \rangle = a_{\psi,\lambda}$ は von Neumann の仮定をみたしていない．しかし，量子力学的平均値を，隠れた変数に関する平均

$$\int_{-1/2}^{1/2} \langle u_{\psi,\lambda}, \hat{A} u_{\psi,\lambda} \rangle d\lambda$$

とすれば，これは $\alpha + \beta_z$ に等しく

$$\int_{-1/2}^{1/2} \langle u_{\psi,\lambda}, \hat{A} u_{\psi,\lambda} \rangle d\lambda = \langle \psi, \hat{A} \psi \rangle$$

となる．本来の量子力学における平均値を正しく与えるのである．こうして，量子力学は壊さないで隠れた変数の理論をつくることは不可能ではないことがわかった．

1.2.2 Bohm の理論

1952 年に D. Bohm は量子力学の範囲ではそれと一致する隠れた変数の理論を提出した[17]．彼は，1体問題でいえば，シュレーディンガー方程式

$$i\hbar \frac{\partial \psi}{\partial t} = \left\{ -\frac{\hbar^2}{2m} \Delta + V(\boldsymbol{r}) \right\} \psi \tag{23}$$

を $\psi(\boldsymbol{r}, t) = R(\boldsymbol{r}, t) e^{iS(\boldsymbol{r}, t)/\hbar}$ として2つの実数値関数 R, S に対する方程式

$$\frac{\partial R}{\partial t} = -\frac{1}{2m} [R \Delta S + 2 (\operatorname{grad} R) \cdot (\operatorname{grad} R)],$$

$$\frac{\partial S}{\partial t} = -\left[\frac{(\operatorname{grad} S)^2}{2m} + V(\boldsymbol{r}) + V_Q(\boldsymbol{r}) \right] \tag{24}$$

に書き直した．さらに $P(\boldsymbol{r}, t) = R^2(\boldsymbol{r}, t)$ とおくと

$$\frac{\partial P}{\partial t}+\mathrm{grad}\cdot\left(P\frac{\mathrm{grad}\,S}{m}\right)=0, \quad \frac{\partial S}{\partial t}+\frac{(\mathrm{grad}\,S)^2}{2m}+V+V_Q=0 \tag{25}$$

となって，(25)の第1式は

確率密度： $P(\boldsymbol{r}, t)$，　　流速： $\boldsymbol{v}(\boldsymbol{r}, t)=\frac{1}{m}\mathrm{grad}\,S(\boldsymbol{r}, t)$

に対する連続の方程式，第2式は $V+V_Q$ をポテンシャルとするハミルトン-ヤコビの方程式になっている．ここに

$$V_Q = -\frac{\hbar^2}{2m}\frac{\Delta R}{R} = -\frac{\hbar^2}{4m}\left[\frac{\Delta P}{P} - \frac{1}{2}\frac{(\mathrm{grad}\,P)^2}{P^2}\right] \tag{26}$$

は量子力学的ポテンシャルとよばれ，$\hbar \to 0$ では0になる．

　S が与えられたとき流速の式 $d\boldsymbol{r}/dt = \mathrm{grad}\,S/m$ を積分すれば粒子の軌道がきまるが，それはハミルトン-ヤコビの方程式からいってポテンシャル $V+V_Q$ の場を運動する粒子のものである．その粒子群の密度は連続の方程式から P であって，$P=|\psi|^2$ であるから，規格化すれば量子力学のいう粒子の存在確率密度に一致する．こうして，量子力学のいう存在確率密度の背後に粒子の軌道群を想定することができる．この軌道に名前をつけたとして，これが隠れた変数ということになる．

　これは高林武彦が Bohm より早く流体モデルとよんで提出していたものと同じである[18]．古くは L. de Broglie[19] や E. Madelung[20] に遡る．また軌道群を確率空間とみる点で E. Nelson のブラウン運動モデル[21] と似ている．

　高林は，運動量や角運動量については

$$\langle\psi, -i\hbar\,\mathrm{grad}\,\psi\rangle = \int (\mathrm{grad}\,S)\cdot P d^3\boldsymbol{r},$$

$$\langle\psi, \boldsymbol{r}\times(-i\hbar\,\mathrm{grad})\,\psi\rangle = \int \left[\boldsymbol{r}\times(\mathrm{grad}\,S)\right]\cdot P d^3\boldsymbol{r}$$

が成り立ち，量子力学的平均と上記の軌道群にわたる平均が一致するが，しかし

$$\left\langle\psi, -\frac{\hbar^2}{2m}\Delta\psi\right\rangle = \int\left\{\frac{1}{2m}(\mathrm{grad}\,S)^2 + V_Q\right\}d^3r \tag{27}$$

となって運動エネルギーについては一致が破れることを注意した．同様の不一致は角運動量の2乗でも現われる．全エネルギーについては

$$\left\langle\psi, \left\{-\frac{\hbar^2}{2m}\Delta + V\right\}\psi\right\rangle = \int\left\{\frac{1}{2m}(\mathrm{grad}\,S)^2 + V + V_Q\right\}d^3r \tag{28}$$

が成り立つから，ハミルトン-ヤコビの方程式 (25) にならって V_Q をポテンシャルにくりこむ了解で受け入れることができる．このように Bohm の隠れた変数の理論は物理量の期待値の計算に不満があるが，さらにその非局所性も指摘しなければならない．古典力学であれば，ポテンシャル V を局所的に変更すると，粒子にはそこを通る間に違った力がはたらくだけであるが，Bohm の理論では量子力学的ポテンシャル V_Q が全空間で変わるから力も全空間でちがってくる．多粒子系を考えると，非

局所性はより顕著に現われる[22]. この非局所性が隠れた変数の理論には避けられないものかどうかは興味深い問題だと Bell はいっている[22].

1.3 粒子性と波動性

1.3.1 干渉縞の形成過程

外村彰らは 1987 年に $E=50\,\mathrm{keV}$ の電子線（波長$=5.4\times10^{-12}\,\mathrm{m}$）を電子線バイプリズム（図4）に通して干渉縞の形成過程をみた[23]. 電子が干渉面（蛍光面）に 1 個，また 1 個と到着するくらい電子線を弱くし，電子の到着する位置を光電子増倍管で検出して干渉面上に 1 つ 1 つ記録するように仕組んだのである.

その様子を図5に示す．干渉面に到着する電子が少ない間は到着位置はまったくランダムに見える．しかし，やがて到着した電子が多くなると縞らしいものが見えはじめ，しばらくすると規則的な縞模様が浮き出してくる．干渉縞はこのようにしてできたので，個々の電子の到着を示す点の集まりである．電子は，はじめから来るべき位置には来て，来るべきでない位置には決して来ていなかったのだ．

量子力学の標準的なコペンハーゲン解釈によれば，電子が蛍光面の原子に衝突して励起したとき電子の波動関数が収縮して電子の位置がきまった．あるいは，原子が蛍光を発して，その光子が光電子増倍管に電子なだれをおこしたときに到着した電子の位置がきまったのかもしれない．その位置がコンピューターに記録された．

電子が，蛍光面上のどの位置に到着するかの確率は電子の波動関数できまっている．その波動は電子線バイプリズムの芯線の両側を通ってきた．入射電子の進行方向を z-軸にしていえば，芯線の右側を通って運動量がやや左を向き $\hbar(-k_x, 0, k_z)$ と

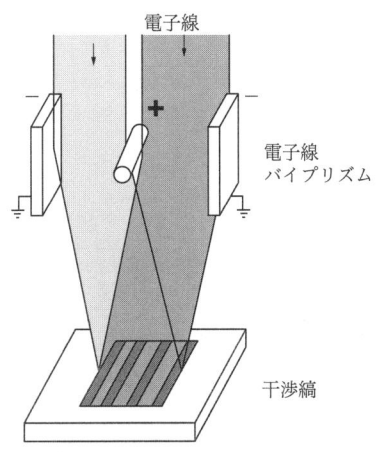

図 4 電子線バイプリズム
電子は上から入射する．

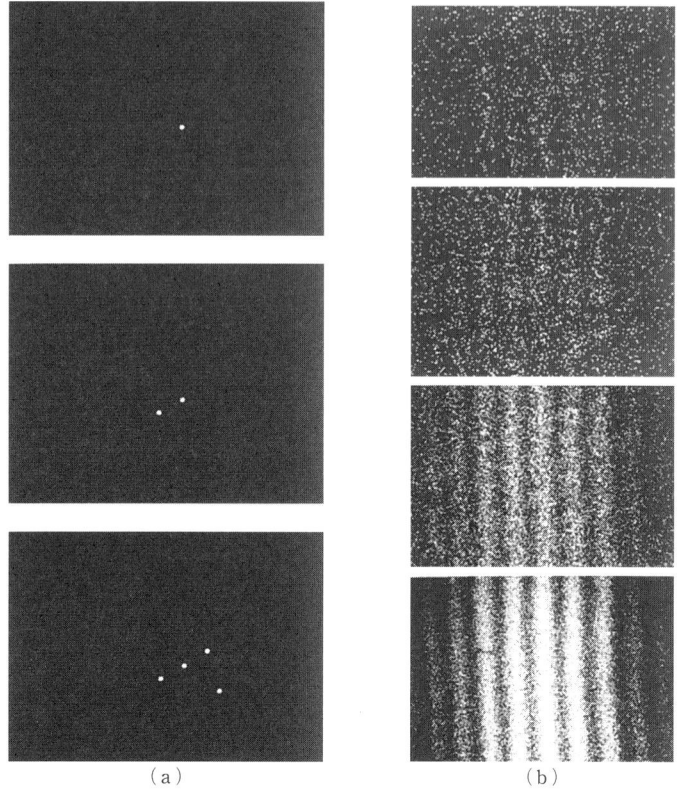

図 5 電子線による干渉縞の生成過程

なった波と左側を通って運動量がやや右を向き $\hbar(k_x, 0, k_z)$ となった波が出会って

$$\phi(x, z) = e^{i(-k_x x + k_z z)} + e^{i(k_x x + k_z z)} \tag{29}$$

となり，電子の存在確率密度に $|\phi(x, z)|^2 = 4\cos^2 k_x x$ という濃淡の縞ができたのである．もし電子が終始，粒子として振る舞っていたら芯線の両側を通ることはできず，干渉もできなかっただろう．

Bohm の隠れた変数の理論では，電子は常に粒子である．粒子である電子が，量子力学的なポテンシャルを含む運動方程式にしたがって運動する．その結果，電子の存在確率密度は波動関数 (29) からきまる $P = |\phi|^2$ になるはずであって，波動関数が粒子を導く役をしている．(de Broglie が詳しい解析をしている由[24,25]．)

波動関数 (29) に対しては

$$R = 2\cos k_x x, \qquad S = \hbar k_z z - \frac{\hbar}{2m}(k_x^2 + k_z^2) t \tag{30}$$

であって，これは確かに方程式 (25) をみたしているが，量子力学的ポテンシャルは定数関数 $V_Q=(\hbar k_x)^2/2m$ になる．

1.3.2 大きな粒子の干渉

中性子については，干渉を中心にさまざまな量子現象がチェックされた[26]．

自由空間における重心の運動は一般に自由粒子の波動方程式に従うから，どんなに大きな物体も波動性を示すはずである．それはどこまで大きなものまで確かめられるか？ 古くは He 原子が LiF 結晶表面による反射で示す干渉が実証された[27]．

1988 年には，X 線リトグラフィ技術でつくった金の回折格子（図 6，スリット間隔 $d=0.2\ \mu$m）による Na 原子の回折が報告された．炉から出て断熱膨張で冷えた

$$\text{速さ}：v=10^3\ \text{m/s},\quad \Delta v/v=12\%,\quad \text{波長}：\lambda=1.7\times 10^{-11}\ \text{m} \quad (31)$$

の Na 原子の進行方向を幅 10 μm の 2 つのスリットで 10 μrad に絞って，1 cm 先の

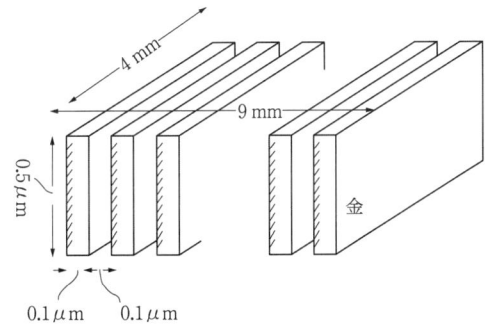

図 6 金の回折格子

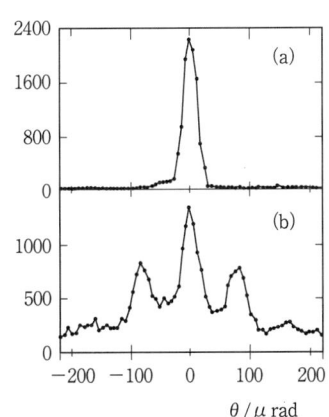

図 7 金の回折格子による Na 原子の回折
(a) 回折格子なしの場合，(b) ありの場合．

金の回折格子に当てる．そこから 1.5 m の位置に Pt-W 合金（太さ 25 μm）の熱した針金をおいて検出器とした．これに当たった原子はイオン化して電流を生ずるのである．実験の結果を図 7(b) に示す．1 次の回折ピークが

$$\text{角}：\theta = \frac{\lambda}{d} = \frac{1.7 \times 10^{-11}}{2 \times 10^{-7}\,\text{m}} = 0.85 \times 10^{-4}\,\text{rad} \tag{32}$$

にでている．2 次のピークが見えないのは回折格子のスリット間隔が幅に等しいためで，実際，第 n スリットを通って角 θ 回折された光の振幅は図 8 から

$$\int_{2nd}^{(2n+1)d} e^{ika\theta} da = e^{i(2n+\frac{1}{2})k\theta d} \frac{\sin(k\theta d/2)}{k\theta d/2}$$

となり $k\theta d = 2\pi$ では 0 になる．

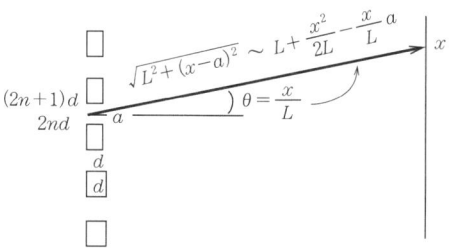

図 8 回折縞の計算

1994 年には，レーザー・ビームを格子として I_2 分子の干渉が報告された[28]．この分子の分子量は 254 である．炉から吹き出した I_2 分子の速さの最も確からしい値は $v_1 = 350$ m/s だったから運動量は $p = mv_1 = 1.48 \times 10^{-22}$ kg·m/s となる．Ch. J. Bordé らは回折格子を使う代わりに次の工夫をした（図 9）．

I_2 分子の進行方向に合わせて x 軸をとる．そして，ビームに 2 点 A_1, B_1 で z 方向に進むレーザー光を当て，2 点 A_2, B_2 で $-z$ 方向に進むレーザー光を当てる．

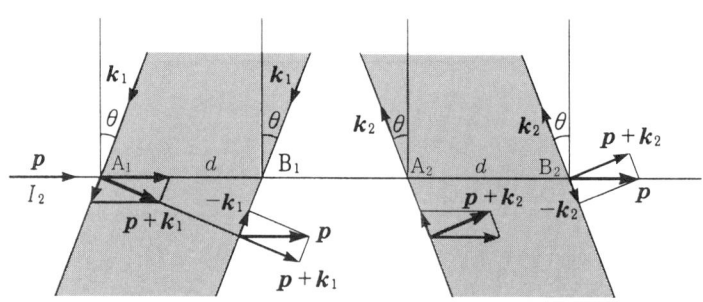

図 9 I_2 分子の干渉実験
4 点 A_1, B_1, A_2, B_2 でレーザー光を当てる．

$\overline{A_1B_1} = \overline{A_2B_2} = d$ である．

正確にはレーザー光は z-軸から微小角 θ だけ傾いていて，光の波数ベクトルは A_1, B_1 では $\boldsymbol{k}_1 = (-k\sin\theta, 0, k\cos\theta)$, A_2, B_2 では $\boldsymbol{k}_2 = (-k\sin\theta, 0, -k\cos\theta)$ になっている．アルゴン・レーザーを用いたので光の波長は $\lambda = 514.5$ nm であり

$$k = \frac{2\pi}{\lambda} = 1.22 \times 10^7 \,\mathrm{m}^{-1}, \qquad \hbar k = 1.29 \times 10^{-27}\,\mathrm{kg \cdot m/s}. \tag{33}$$

である．この光は I_2 分子に共鳴的に吸収される．$\hbar k \ll p$ であることに注意する．

運動量 p で飛来した分子は点 A_1 で光子 $\boldsymbol{k}_1$ を吸収すると運動量 $\boldsymbol{p}_1 = (p - \hbar k \sin\theta,$

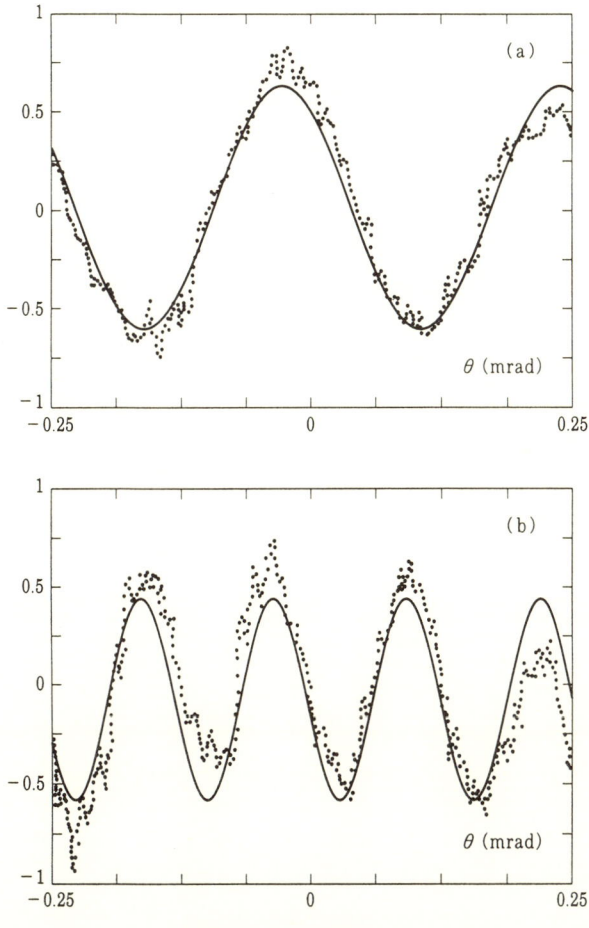

図 10 I_2 分子の干渉パターン

図 9 の d は (a) では 1 mm, (b) では 2 mm である．実線は，観測点にフィットさせたもの．

$0, \hbar\boldsymbol{k}\cos\theta$) になるが,点 B_1 で光に出会って光子 $\boldsymbol{k}_1$ を誘導放出し,運動量 $\boldsymbol{p}$ にもどる.この間,距離 d を走るが z-方向には距離 l を走るとすれば光を吸収しなかった分子に比べて $-kd\sin\theta+kl\cos\theta$ の位相差が生じている.次に A_2 と B_2 で光子 $\boldsymbol{k}_2$ を吸収,放出して $-kd\sin\theta-kl\cos\theta$ の位相差が生じ,光と相互作用しなかった分子に比べて合わせて $-2kd\sin\theta$ の位相差が生ずることになる.これが干渉パターンを生む(図10).この実験では $d=1$,または $2\,\mathrm{mm}$ だった.$d=1\,\mathrm{mm}$ をとれば

$$2kd = 2\times(1.22\times10^7\,\mathrm{m^{-1}})\times(10^{-3}\,\mathrm{m}) = 2.44\times10^4. \tag{34}$$

そして,1999年には A. Zeilinger らが C_{60} 分子の回折を観測した[29].この分子の分子量は720である.C_{70} の干渉も見たといっている.

彼等は $900\sim1{,}000\,\mathrm{K}$ の炉から出た C_{60} を $1.04\,\mathrm{m}$ 隔てておいた2つの幅約 $10\,\mu\mathrm{m}$ のスリットでコリメートして,SiN_x の回折格子(スリットの幅約 $50\,\mu\mathrm{m}$,周期100 nm)に通し,その後 $1.25\,\mathrm{m}$ の位置で検出して干渉縞を見たのである(図11).

検出には,まず細く絞った Ar レーザー光を C_{60} ビームに垂直に,コリメーション・スリットおよび回折格子のスリットに平行な方向から照射し,C_{60} の位置に焦点を合わせて幅 $8\,\mu\mathrm{m}$ のところにだけ当たるようにし,$\mu\mathrm{m}$ の精度でスキャンする.こうして C_{60} を局所的に熱してイオン化させ,それを検出するのである.

C_{60} の速度分布は飛行時間法で別に測定し,マクスウェル分布で吹き出したときと超音速ビームの中間の場合として期待される $f(v) = Nv^3 e^{-(v-v_0)^2/v_m^2}$ でよく近似されることを確かめた.ここに $v_0=166\,\mathrm{m/s}$,$v_m=92\,\mathrm{m/s}$ だったから

$$\text{最も確からしい速さ}: v_1 = 223\,\mathrm{m/s}, \qquad \text{波長}: \lambda = 2.48\times10^{-12}\,\mathrm{m} \tag{35}$$

となる.得られた干渉縞を図12(b)に示す.実線はキルヒホフの回折理論による.ただし,(i)コリメーション・スリットの幅,(ii)回折格子のスリットの幅,および(iii)全体の規格化は理論曲線が実験と一致するように調節した.特に(ii)はガウス分布をするとしたら実験と広い範囲での一致が得られた.

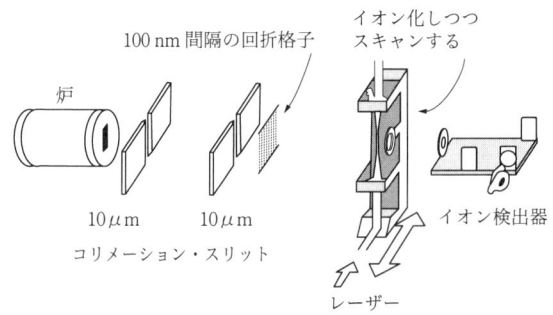

図 11　C_{60} の回折実験

1.3 粒子性と波動性

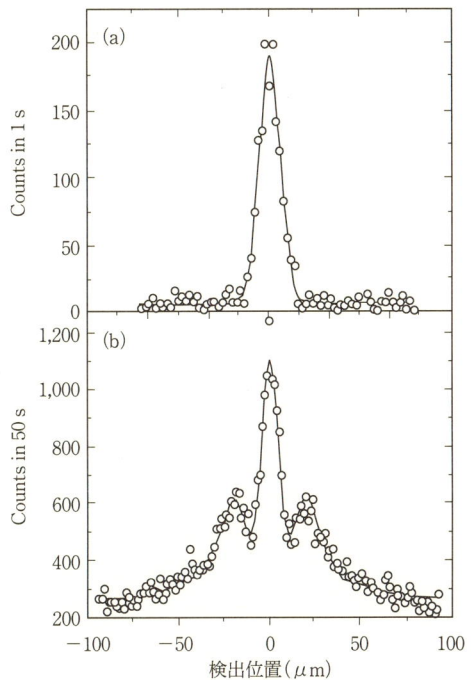

図 12 C_{60} の干渉
(a) はスリットがない場合, (b) はスリットありの場合.

自然界には ^{12}C のほかに ^{13}C が 1.1% 存在する．すると $^{12}C_{60}$ に加えて

$$^{12}C_{59}{}^{13}C \text{ が } {}_{60}C_1 \times 0.011 \times (0.989)^{59} = 34.3\%,$$
$$^{12}C_{58}{}^{13}C_2 \text{ が } {}_{60}C_2 \times (0.011)^2 \times (0.989)^{58} = 11.2, \cdots$$

存在することになる（${}_{60}C_2$ 等は組み合わせの数）．Zeilinger らが用いた C_{60} もこうした混合物であった．$^{12}C_{60-n}$ は同じ n のものとしか干渉しないはずだが，干渉のパターンは n にほとんどよらないから—理論値の規格化は実験に合わせたので—同位体の存在を無視した理論が実験と一致したのは不思議ではない．Zeilinger たちは，もし1種類の同位体だけの実験をしたらバックグラウンドが増えただろうといっている．

Zeilinger たちは，C_{60} が 1,000 K といった高温の炉から吹き出して励起状態の分子がかなり混じっていたはずであることを注意して，理論と実験が定量的に一致したのは励起状態が干渉性に影響しないことを示すものだと言っているが，これも承服し難い．励起状態の C_{60} は同じ励起状態のものとしか干渉しないはずである（この点，次項を参照）．しかし，それぞれの干渉パターンには差がないから，理論値の規格化を実験に合わせたので違いが見えなかったのである．

1.3.3 Which Way ?

2重スリットの実験で，通ったのはどちらのスリットかを観測したら—朝永振一郎が「光子の裁判」[30]で描いたように—干渉縞は消えてしまうはずである．実際，Bohrはスリットが動くようにして粒子が通るときの反動を観測すると，不確定性関係からスリットの位置が不定となり干渉縞が消えるという思考実験を提示した[31]．

それのある変形が A. Zeilinger らによって実際に行われた[32]．ある結晶にレーザー光をあてるとその光子（運動量 $\hbar\boldsymbol{k}$）が2つに分裂する，ダウン・コンヴァージョンという現象がおこる．2つの光子が運動量 $\hbar\boldsymbol{k}_1$，$\hbar\boldsymbol{k}_2$ の和が一定（$=\hbar\boldsymbol{k}$）という強い相関をもって発生するのである．その光を二手に分けて，図13に示すように，一方の光1を2重スリットにとおして背後のスクリーン上で干渉縞を見る．他方の光2はレンズLに通して背後の面 S_2 で観測する．

（a）面 S_2 をレンズから焦点距離 f だけ離しておくと，Lに入射した平行光線（定まった方向をもつ $\boldsymbol{k}_2$）を観測することになり，相関 $\boldsymbol{k}_1+\boldsymbol{k}_2=\boldsymbol{k}$ により $\boldsymbol{k}_1$ も確定する（A. Einstein-B. Podolsky-N. Rosen の思考実験の場合と同じ）．$\boldsymbol{k}_1$ の方向が確定したことは光1が2つのスリットDを平等に通るということだから，S_1 上に干渉縞ができるはずであって，実際にそれは観測された．

このとき，S_2 上で光子を捕えることが重要で，これをしないと S_1 上に干渉縞は現われないという．光子2は，破壊されないかぎり光子1が2重スリットのどちらを通るかの情報をもっているからだ，と説明されている．

（b）2重スリットDの背後に検出器をおいて光子を捕えると，レンズLから焦点距離 f だけ離れた位置においた面 S_2 の上にDによる干渉縞が現われた．

（c）面 S_2 を，Lから距離 $\overline{\mathrm{DA}}+\overline{\mathrm{AL}}$ にある物体がレンズLによって像を結ぶ位置におく．それは，スリットDからでた光がレンズに像を結ぶ位置である．すると，S_1 上の干渉縞が消えた！ 2つの光子1，2の強い相関によって S_2 での観測がDの2

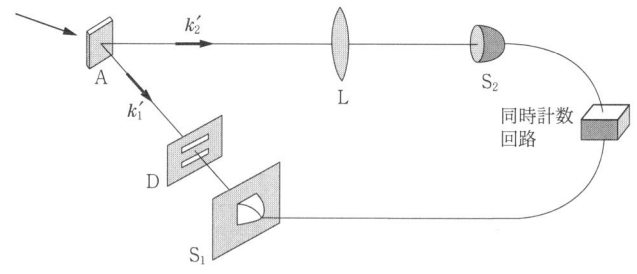

図 13 2重スリットの干渉
どちらのスリットを光が通ったか観測すると干渉縞は消える，等々．ダウン・コンヴァージョンによる2つの光子の相関を利用して実験した．図の k_1'，k_2' は光を二手に分けた後のもの．

1.3 粒子性と波動性

本のスリットのどちらを光子1が通ったかの観測になったという．

S. Dürr たちの実験は手がこんでいる[33]．彼等は ^{85}Rb の原子を磁気トラップ中で冷やして，トラップを切って自由落下させ，20 cm 落ちたところでスリットを通してコリメートし，さらに 25 cm 落ちたところで共鳴器中のレーザー光の定常波に 2 回通

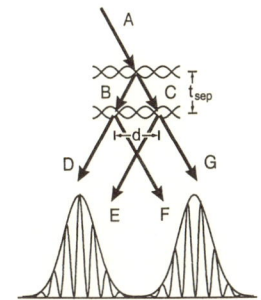

図 14　S. Dürr らの実験
原子をレーザー光の定常波でブラッグ反射させて行路差をつくる．

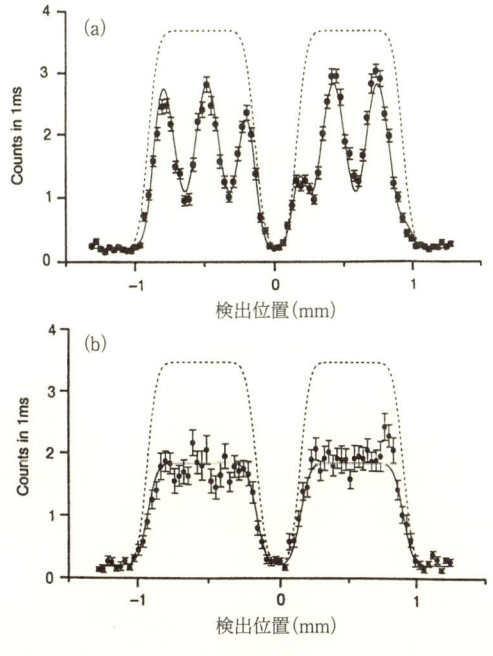

図 15

a) 図 14 の実験による干渉縞．b) マイクロ波でどの道を通ってきたか状態に印をつけると（図 16）干渉縞が消える．

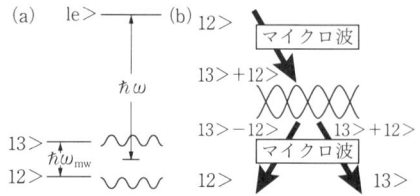

図 16 状態に印をつける
(a) Rb のエネルギー準位．ωは定常波の角振動数．(b) マイクロ波で状態を制御する．

してブラッグ反射させ（図 14），行路差による干渉を見た（図 15(a)）．

Rb の基底状態 $5^2S_{1/2}$ は $F=2,3$ の 2 つの超微細構造準位 $|2\rangle$，$|3\rangle$ に分裂している．今度は，最初の定常波の前にマイクロ波をあてて，これらの重ね合わせ $|2\rangle+|3\rangle$ をつくる（図 16）．

ここで，定常波の振動数を $|2\rangle$ と $|3\rangle$ の準位の中間から励起準位 $|e\rangle$ までに相当するようにしておくと $|2\rangle$ は定常波で反射されるとき位相が π だけ変わり

$$\text{透過波}:|3\rangle+|2\rangle, \qquad \text{反射波}:|3\rangle-|2\rangle$$

となる．ここで再びマイクロ波をあて最初と同様 $|2\rangle \to |2\rangle+|3\rangle$ とすると，これはユニタリ変換だから $|2\rangle$ と $|3\rangle$ の直交性は保存され $|3\rangle \to |3\rangle-|2\rangle$ となるので

$$|3\rangle+|2\rangle \to |3\rangle, \qquad |3\rangle-|2\rangle \to |2\rangle$$

となる（図 14(b)）．これが，第 2 の定常波で合成され，右側，左側では

$$\psi_R(\theta)=|3\rangle+e^{i\delta(\theta)}|2\rangle \qquad \psi_L(\theta)=-|2\rangle+e^{i\delta(\theta)}|3\rangle \tag{36}$$

となり（図 14），これらの絶対値 2 乗をつくって原子の内部座標について積分すると，$|2\rangle$ と $|3\rangle$ の直交性のため干渉項は現われない．これは，原子の内部状態によって原子が「どちらの道を」通ったか印をつけたためだ，それを読みたければ読めたのだ，と説明されているが，原子の状態は観測していないのだから不思議である．「Wigner の友人」の話が思い出される．なお，「どちらの道を通ったか」の印を読んだとき，すなわち状態 $|2\rangle$ にある原子のみ，あるいは $|3\rangle$ にある原子のみを検出したときにも干渉縞は現われなかった．

1.4　波束の運動と量子飛躍

原子の高い一電子励起状態（リュードベリ原子）における電子の波束を一周期ごとに観測して，周期がケプラー運動のそれに一致することを確かめた実験がある．Rb 原子で主量子数 $n=42$ 付近の 2～3 個を重ね合わせた波束[34]，K 原子で $n=89$ 付近の ～5 個を重ね合わせた波束[35] について，よい一致が得られている．これらは電子の定常状態を主量子数について重ね合わせた波束を見たので，動径方向の振動である．方

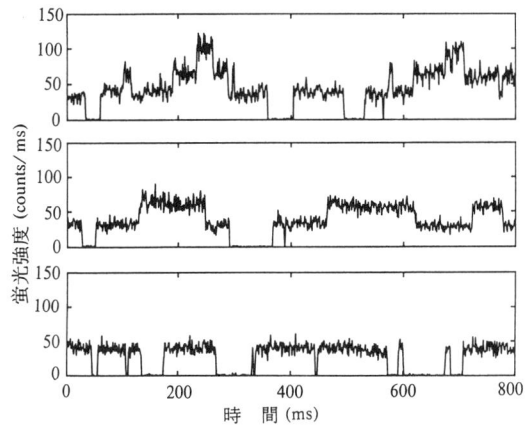

図 17 蛍光強度の時間変化
トラップされた Hg$^+$ イオンの数が,上段から 3, 2, 1 の場合.

向の局在化も観測されているが[36]，電子の軌道運動の観測にはいたっていない．

原子を 1 個ないし 3 個トラップしておき，その電子の量子飛躍を観測したという実験もある．原子の 3 つの準位 $E_1<E_2<E_3$ で $E_1 \rightleftarrows E_3$ の遷移は速いが，$E_3 \to E_2$ はやや遅く，$E_2 \to E_1$ の遷移は非常に遅いという場合を考える．そのような原子を 1 個トラップして，$E_1 \to E_3$ に共鳴するレーザー光をあてると，$E_1 \rightleftarrows E_3$ の遷移が盛んにおこって原子の出す蛍光が観測される．しかし，稀にだが $E_3 \to E_2$ の遷移がおこると，$E_2 \to E_1$ の遷移はおこりにくいので原子の発光がピタリと止む．やがて $E_2 \to E_1$ の遷移がおこると，再び $E_1 \rightleftarrows E_3$ の遷移が盛んにおこるようになり原子のだす光が観測される（図 17）．このように発光が止まるそのときに $E_3 \to E_2$ の量子飛躍がおこり，発光が再開されるそのときに $E_2 \to E_1$ の量子飛躍がおこったのである．

実は，実験に用いられた Hg$^+$ イオンでは問題になる準位が $E_1<E_{2a}<E_{3b}<E_3$ の 4 つあり，$E_{2b} \to E_{2a}$ も $E_{2b} \to E_1$ も遅く，$E_{2a} \to E_1$ は極端に遅い．そこで，電子が E_{2a} にいても E_{2b} にいても蛍光は休止となる．実際，蛍光の休止期間の分布は $E_{2b} \to E_1$ の遷移による指数関数と $E_{2a} \to E_1$ による指数関数の和になり，それぞれから求めた寿命は他の方法による測定値とだいたい一致した[37]．H. J. Kimble らの詳細な理論的解析がある[38]．

1.5 干渉性の破壊

Schrödinger の猫は，観測される前には生きている状態と死んでいる状態の重ね合わせにあるということがパラドキシカルなのである．

1.5.1 巨視的状態の重ね合わせ

この種の状態が,実験ではスクイドを用いて実現された[39,40].超伝導体で環をつくり,臨界温度より上で磁束をとおした上で,温度を臨界温度以下に下げると,環の中に磁束量子 $\Phi_0 = 2\pi\hbar/2c$ の整数倍の磁束が閉じこめられる.特に,はじめにとおした磁束が $\Phi_0/2$ であると,温度を下げた後の磁束が 0 の状態と Φ_0 の状態が可能となり,両者はエネルギーが同じである.スクイドとは,超伝導体でつくった環の1カ所に超伝導性のこわれた部分(ジョセフソン・ジャンクション)をわざとつくったものであるが,こうすると系のエネルギーは貫通する磁束 x の関数として $x=0$, Φ_0 に極

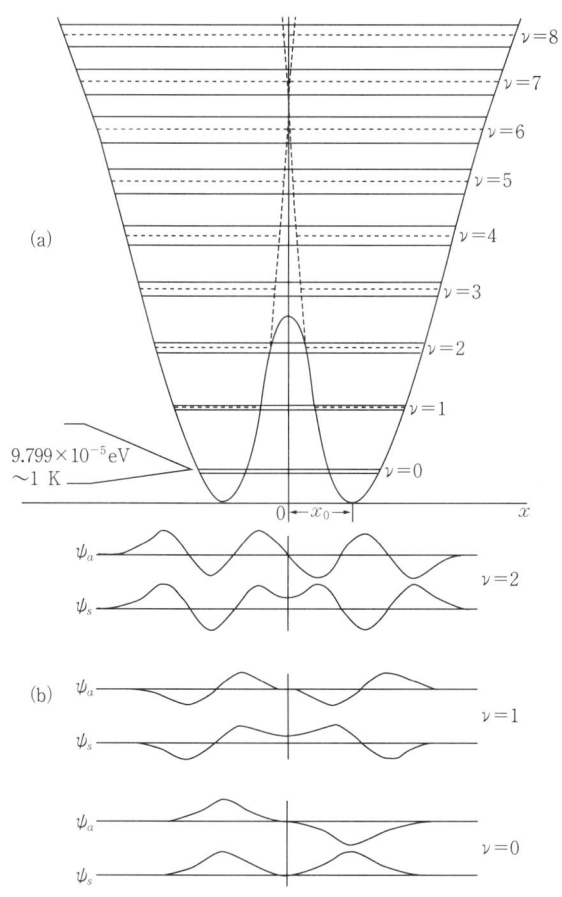

図 18 W 字型のポテンシャル
エネルギーの固有関数は左右反対称なものと対称なものになる.実験では $t=0$ にその重ね合わせ $\psi_0(x)$ をつくった.最低の2準位の間隔を示した数値はアンモニア分子(後出)のもの.

小をもつ W 字型になる（図 18）．

すると，エネルギーの固有状態では x の関数としての波動関数 $u(x)$ は左右対称または反対称となり，前者のエネルギーが少しだけ低くなるはずである．対称な波動関数を $u_s(\Phi)$ と書き，そのエネルギーを E_s としよう．反対称な方は添字を a に替える．実験[39,40]では，時刻 $t=0$ に波動関数が

$$\psi_0(x) = N[u_s(x) + u_a(x)]$$

となるようにして，時間発展

$$\psi_t(x) = N[u_s(x)\,e^{-iE_s t/\hbar} + u_a(x)\,e^{-iE_a t/\hbar}] \tag{37}$$

を見た．時刻 $t=0$ には，波動関数は $x>0$ の側で大きいが，時刻 $t=\pi\hbar/(E_s-E_a)$ には $x<0$ の側で大きくなる．以後，$T=2\pi\hbar/(E_s-E_a)$ を周期として波動関数の極大は左右に振動するはずである．実際そうなることが実験で確かめられた．

この波動関数は，電子でいえば $10^{10}\sim 10^{15}$ 個の協動でできている．それが u_s，u_a という x が 0 の状態と Φ_0 の状態の重ね合わせともいうべき状態をエネルギーの固有状態としていることを，この実験は示している．

1.5.2 分子の形

左右どちらともつかない状態がエネルギーの固有状態であるという事実が，たとえばアンモニア分子について問題になった．

アンモニア分子 NH_3 は，3 つの H 原子が正 3 角形をなし，その重心を通ってその平面 P に垂直な直線（x-軸とする）上に N 原子が位置して四面体をつくっていると考えられている．しかし，N 原子が感じるポテンシャルは，x の関数として，平面 P に関して左右対称で，図 18 と同様な形をしているはずである．したがって，基底状態では固有関数は $u_s(x)$ となり，N 原子は平面 P の右側にいる状態 $u_R(x)$ と左側にいる状態 $u_L(x)$ の重ね合わせにいることになる．

$$u_s = N_s(u_R + u_L), \quad u_a = N_a(u_R - u_L). \tag{38}$$

NH_3 分子は，きまった形をもたないのである（図 19）．

実際，NH_3 分子がこのような状態にあることは，センチメートル波の吸収の "異常"[41] の説明として P. W. Anderson が指摘した[42]．

これは，しかし，通常の条件下では化学者の常識に反する[43,44]．この問題は，F. Hund が量子力学による分子構造論の最初の論文ともいえるものの中で旋光性をもつ物質が長い寿命で存在することとの矛盾として述べていた[45]．

分子が (38) のような状態にあると，物理量 $\hat{O}$ の期待値

$$\langle u_s, \hat{O} u_s \rangle = N_s^2 \{\langle u_R, \hat{O} u_R \rangle + \langle u_L, \hat{O} u_L \rangle + 2\,\mathrm{Re}\langle u_s, \hat{O} u_s \rangle\} \tag{39}$$

に干渉項（右辺の第 3 項）が現われる．もし分子が u_R または u_L の状態にあったら，これはなかったはずである．干渉項を欠く状態は，一般に密度行列

$$\hat{\rho} = p_R |u_R\rangle\langle u_R| + p_L |u_L\rangle\langle u_L| \tag{40}$$

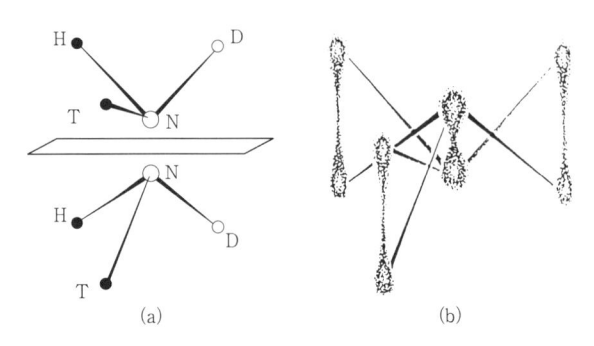

図 19 アンモニア分子の形
(a) 鏡像と区別がつくように水素原子を3つの同位体 H, D, T にした. (b) アンモニア分子は, 基底状態では (a) の2つの状態の重ね合わせである.

で表わされ, u_R と u_L の**混合状態** (mixture) とよばれる. ここに, p_R, p_L はそれぞれの状態の確率で, 通常ともに 1/2 であると考えられている. これに対して, 波動関数 (38) で表されるのような状態は**純粋状態** (pure state) とよばれる. $\tilde{\rho}$ による物理量 $\hat{O}$ の期待値は

$$\langle O \rangle_\rho = \mathrm{tr}\, \tilde{\rho} \hat{O} \tag{41}$$

で与えられる.

NH_3 が化学者の想像するような形をもっているとすれば, その状態は混合状態 (40) のはずである. そこで, 問題は, いかにして純粋状態が混合状態に移行するか, になる. その機構として環境との相互作用—P. Pfeifer は輻射との相互作用[46], P. Claverie, G. Jona-Lasinio は双極子相互作用[47,48]—が考えられている[43,44,49]. 相互作用の結果として u_R, u_L にランダムな位相がつき, 平均として干渉項が落ちるというのである. これを**干渉性の破壊** (decoherence) という.

1.5.3 古典的世界像の生成

量子力学が普遍的に成り立つなら, 巨視的物体において E. Schrödinger の猫におけるような重ね合わせ状態がないことも導出されねばならない.

E. Joos と H. D. Zeh は, それも環境との相互作用によるという[50,51]. 巨視的な物体は常に光 (太陽光, 宇宙背景輻射) にさらされているし, 空気分子に絶間なく衝突されている. 散乱は散乱体の位置によるから, それは位置の測定と考えられる.

いま, 散乱体が大きくて散乱をしても状態が変わらないとすれば, 散乱体の重心の状態を $|x\rangle$, 散乱されるものの状態を $|\chi\rangle$ とすれば, 散乱過程は S 行列を用いて

$$|x\rangle|\chi\rangle \longrightarrow |x\rangle S_x|\chi\rangle \tag{42}$$

と書くことができる. したがって, 散乱後の散乱体の密度行列は

$$\rho(x, x') = \phi(x)\, \phi^*(x') \langle \chi | S_{x'}^\dagger S_x | \chi \rangle \tag{43}$$

1.5 干渉性の破壊

となる．x と x' が遠く離れれば $\langle \chi | S_x^\dagger S_{x'} | \chi \rangle \to 0$ となるだろう．散乱が並進不変なら

$$S_x(\boldsymbol{k}, \boldsymbol{k}') = S(\boldsymbol{k}, \boldsymbol{k}') e^{-i(\boldsymbol{k}-\boldsymbol{k}')\cdot \boldsymbol{x}} \tag{44}$$

の形をしており，次の形に書ける：

$$S(\boldsymbol{k}, \boldsymbol{k}') = \delta(\boldsymbol{k}-\boldsymbol{k}') + \frac{i}{2\pi k} f(\boldsymbol{k}, \boldsymbol{k}') \delta(k-k'). \tag{45}$$

いま，散乱される粒子の波長が物体の差し渡しより大きいとし初期状態 $|\chi\rangle$ を平面波 $e^{i\boldsymbol{k}_0\cdot \boldsymbol{x}}$ で近似すれば，指数関数は展開し，$\boldsymbol{k}_0$ の方向について平均して，1回の散乱で密度行列は

$$\rho(\boldsymbol{x}, \boldsymbol{x}_0) \to \rho(\boldsymbol{x}, \boldsymbol{x}_0) \left(1 - \frac{k_0^2 |\boldsymbol{x}-\boldsymbol{x}_0|^2}{8\pi^2 L^2} \sigma_{\mathrm{eff}}\right)$$

$$\sim \rho(\boldsymbol{x}, \boldsymbol{x}_0) \exp\left[-\frac{k_0^2 |\boldsymbol{x}-\boldsymbol{x}_0|^2}{8\pi^2 L^2} \sigma_{\mathrm{eff}}\right]$$

のように変化することが分かる．ここに L は規格化立方体の1辺の長さであり，

$$\sigma_{\mathrm{eff}} = \frac{1}{4} \int |f(\cos\theta)|^2 (3 - 4\cos\theta + \cos^2\theta) \, d\Omega \tag{46}$$

である．時間 t のあいだには

$$n = L^2 \cdot \frac{Nv}{L^3} t, \quad \text{回}$$

の衝突がある．ただし，散乱される粒子の密度を N/L^3，平均の速さを v とした．したがって，時間 t の後には密度行列は

$$\rho(\boldsymbol{x}, \boldsymbol{x}') \exp[-(\boldsymbol{x}-\boldsymbol{x}')^2 \Lambda t] \tag{47}$$

になっている．ここに

$$\Lambda = \frac{k_0^2 \sigma_{\mathrm{eff}}}{8\pi^2} \cdot \frac{N}{V} \cdot v. \tag{48}$$

物体の位置が異なる位置 $\boldsymbol{x}$, $\boldsymbol{x}'$ にある状態のあいだの干渉が時間とともに消えるのである．消え方は $|\boldsymbol{x}-\boldsymbol{x}'|$ が大きいほど速い．この速さで量子力学的な干渉は消えてゆく．古典物理的な物体像が回復するのである．

σ_{eff} は物体の大きさに関係し，たとえば誘電体の球を輻射にさらした場合には，その半径の6乗に比例する．

表 1 物体の局所化の速さ $\Lambda / \mathrm{cm}^{-2}\mathrm{s}^{-1}$

散　乱	自由電子	埃 10^{-3} cm	ボーリングのボール
空気 (330 K, 1気圧)	10^{31}	10^{37}	10^{45}
真空 (10^3 分子/cm³, 300 K)	10^{18}	10^{23}	10^{31}
太陽光（地上）	10^1	10^{20}	10^{28}
300 K の黒体輻射	10^0	10^{19}	10^{27}
宇宙背景輻射	10^{-10}	10^6	10^{17}
太陽ニュートリノ	10^{-18}	10^1	10^{13}

これは散乱される粒子の波長が散乱物体より大きい場合であるが，逆の場合には σ_{eff} は物体の幾何学的断面積くらいになるであろう.

いろいろの大きさの物体に対して，いろいろの散乱過程の場合に Λ の値を表1に示す[50,51,53].

同じ効果によって，巨視的な物体は，量子力学にしたがいつつも，P. Ehrenfest の定理が示す古典軌道にしたがって運動することになる[50,51].

1.5.4 Zeno 効果

ハミルトニアン $\hat{\mathcal{H}}$ をもつ量子力学的な系を時刻 $t=0$ に観測して，状態 $|a\rangle$ に見出したとする．それから Δt 後に観測して同じ状態 $|a\rangle$ に見出す確率は

$$P(\Delta t) = |\langle a|e^{-i\hat{\mathcal{H}}t/\hbar}|a\rangle|^2$$
$$= \left|\langle a|\left(1 - \frac{i}{\hbar}\hat{\mathcal{H}}t - \frac{1}{2\hbar^2}\hat{\mathcal{H}}^2 + \cdots\right)|a\rangle\right|^2$$

から

$$P(\Delta t) = 1 - \left(\frac{t}{\tau_Z}\right)^2 + \cdots \tag{49}$$

となる．ここに

$$\tau_Z^{-1} = (\langle a|\hat{\mathcal{H}}^2|a\rangle - \langle a|\hat{\mathcal{H}}|a\rangle^2)^{1/2} \tag{50}$$

は，すぐ後で明らかになる理由から Zeno 時間とよばれる．ここで $|a\rangle$ はハミルトニアンの固有状態ではないとしておく．したがって，$\tau_Z < \infty$ である.

この観測を，時間 t のあいだに N 回くりかえして常に状態 $|a\rangle$ に見出す確率は

$$P_N\left(\frac{t}{N}\right) = \left\{1 - \left(\frac{t}{N\tau_Z}\right)^2\right\}^N \tag{51}$$

となり，$N \to \infty$ の極限で

$$\lim_{N \to \infty} P_N\left(\frac{t}{N}\right) = 0 \tag{52}$$

となる．連続的に観測をくりかえすと系は時間発展できない！　これを **Zeno 効果** という[54~56].

しかし，エネルギー準位が密な系では，ここの準位への遷移は Zeno 効果によって小さくても，Fermi の黄金律による遷移がおこりうることが指摘されている[57].

まだ述べるべきことは多いが，ここで筆をおく．（筆者=えざわ・ひろし，学習院大学名誉教授．1932 年生まれ，1955 年東京大学理学部卒業）

参考文献

1) J. A. Wheeler and W. H. Zurek ed.: *Quantum Theory and Measurement* (Princeton, 1983). WZ として引用する.
2) J. S. Bell: *Speakable and Unspeakable in Quantum Mechanics* (Cambridge, 1987).

参考文献

Bell として引用する.
3) R. A. Bertelmann and A. Zeilinger ed.: *Quantum [Un]speakables* (Springer, 2002). BZ として引用.
4) A. Einstein, B. Podolosky and N. Rosen: Phys. Rev. **47** (1935) 777; WZ.
5) E. Schrödinger: Proc. Cambridge Phil. Soc. **31** (1935) 555.
6) N. Bohr: Phys. Rev. **48** (1935) 696; WZ.
7) ニールス・ボーア:『因果性と相補性』(ニールス・ボーア論文集 1), 山本義隆訳 (岩波文庫, 1999) 第 6 章.
8) A. Aspect and P. Grangier: *Proc. Int'l Symp. Foundations of Quantum Mechanics in the Light of New Technology, Tokyo 1983*, S. Kamefuchi *et al.* ed.: Phys. Soc. Jpn (1984); A. Aspect, J. Dallibard and G. Roger: Phys. Rev. Lett. **49** (1982) 1804.
9) EPR の問題をスピンの相関に言いかえたのは Bohm が最初である. D. Bohm: *Quantum Theory* (Prentice Hall, 1951); 高林武彦ら訳『量子論』(I), (II), (III) (みすず書房, 1956, 1958); WZ.
10) A. Aspect: Chap. 9, BZ.
11) W. Tittel, J. Brendel, H. Zbinden and N. Gisin: Phys. Rev. Lett. **81** (1998) 3563.
12) G. Weihs, *et al.*: Phys. Rev. Lett. **81** (1998) 5039.
13) J. S. Bell: Physics **1** (1964) 195; WZ, Bell.
14) J. F. Clauser, M. A. Horne, A. Shimony and R. A. Holt: Phys. Rev. Lett. **23** (1969) 880; WZ.
15) Y. H. Shih and C. G. Alley: Phys. Rev. Lett. **61** (1988) 2921. J. G. Rarity and P. R. Tapster: Phys. Rev. Lett. **64** (1990) 2495
16) J. von Neumann: *Mathematische Grundlagen der Quantenmechanik* (Springer, 1932) S. 109, 169, 170. 英語版: p. 210, 320, 323.
17) D. Bohm: Phys. Rev. **85** (1952) 166, 180; WZ.
18) 高林武彦: 自然, 1951 年 9 月号; Prog. Theor. Phys. **9** (1952) 143, 187. 高林は, 流体モデルをディラック粒子にまで広げた. 参照: H. Ezawa: Hist. Scientiarum **10**-3 (2001) 286.
19) L. de Broglie: *Introduction à l'etude de la mécanique ondulatoire*, Hermann (1930); 渡辺　慧訳『波動力学序説』(岩波書店, 1934). XIII 章, 1, 第 XV 章, 1.
20) E. Madelung: Z. Phys. **40** (1926) 322.
21) E. Nelson: Phys. Rev. **150** (1966) 1079.
22) Bell, 第 1 論文の 6 節.
23) A. Tonomura, J. Endo, T. Matsuda, T. Kawasaki and H. Ezawa: Am. J. Phys. **57** (2) (1989) 117.
24) Bell, p. 191.
25) L. de Broglie: *Tentative d'interpretation causale et non-linéaire de la mécanique ondulatoire* (Gauthier-Villars, 1956); Compt. Rend. **183** (1926) 447; **184** (1927) 273; **185** (1927) 380.
26) H. Rauch and S. A. Werner: *Neutron Interferometry* (Clarendon, Oxford, 2000); BZ も参照.
27) I. Esterman u. O. Stern: Z. Phys. **61** (1930) 95.
28) Ch. J. Bordé, N. Courtier, F. du Burck, A. N. Goncharov and M. Gorlicki: Phys.

Lett. A**188**（1994）187.

29) M. Arndt, O. Nairz, J. Voss-Andreae, C. Keller, G. van der Zouvw and A. Zeilinger：Nature **401**（1999）680；BZ, 第24章；O. Nairz, M. Arndt and A. Zeilinger：Am. J. Phys. **71**（2003）319.

30) 朝永振一郎：『量子力学と私』（岩波文庫, 1997）p. 285；『量子力学的世界像』（朝永振一郎著作集8）（みすず書房, 1982）p. 3.

31) ニールス・ボーア：『因果性と相補性』, 前掲, pp. 86-90, pp. 237-239. 解説, 江沢洋：『物理学の視点』（培風館, 1983）pp. 178-180.

32) A. Zeilinger：Rev. Mod. Phys. **71**（1999）S 288.

33) S. Dürr, T. Nonn and G. Rempe：Nature **395**（1998）33.

34) A. ten Wolde, L. D. Noordam, A. Lagendijk and H. B. van Linden van Heuvell：Phys. Rev. **40**（1989）485.

35) J. A. Yeazell, M. Mallalieu, J. Parker and C. R. Stroud, Jr.：Phys. Rev. A**40**（1989）5040. 江沢 洋：化学と教育 **41**（1993）724；数理科学 No. 365, 1993年11月号, p. 17.

36) J. A. Yeazell and C. R. Stroud, Jr.：Phys. Rev. Lett. **60**（1988）1494. J. A. Yeazell, M. Mallalieu, J. Parker and C. R. Stroud, Jr.：Phys. Rev. A **35**（1987）2806：最大局在状態（理論）. J.-C. Gay, D. Delande and A. Bommier：Phys. Rev. A **39**（1989）6587.

37) W. M. Itano, *et al.*：Phys. Rev. Lett. **59**（1987）2732. 他の例. W. Nagournay, J. Sandberg and H. Dehmelt：*ibid*. **56**（1986）2797. Th. Sauter, W. Neuhauser, R. Blatt and P. E. Toschek：*ibid*. **57**（1986）1696. J. G. Bergquist, R. G. Hulet, W. M. Itano and D. J. Wineland：*ibid*. **57**（1986）1699. 江沢 洋：日本物理学会誌 **43**（1988）535.

38) J. Javanainen：Phys. Rev. A **33**（1986）2121. A. Schenzle, *et al*.：*ibid*. **2127**. H. J. Kimble, R. J. Cook and A. L. Wells：*ibid*. **34**（1986）3190. C. Cohen-Tannoudji and J. Dallibard：Europhys. Lett. **1**（1986）441. M. S. Kim and P. L. Knight：Phys. Rev. A **40**（1989）215.

39) R. Rouse, S. Han and J. Lukens：Phys. Rev. Lett. bf 75（1995）1614.

40) J. R. Friedman, V. Patel, W. Chen, S. K. Tolpygo and J. E. Lukens：Nature **406**（2000）43,

41) B. Bleaney and R. P. Penrose：Proc. Phys. Soc. **59**（1947）418；**60**（1947）83.

42) P. W. Anderson：Phys. Rev. **75**（1949）1450（L）.

43) R. G. Wooley：J. Amer. Chem. Soc. **100**（1978）1073；Chem. Phys. Lett. **125**（1986）200；J. Mol. Struct.（Theoochem）**230**（1991）17.

44) A. Amann：J. Math. Chem. **6**（1991）1；Synthese **97**（1993）125.

45) F. Hund：Z. Phys. **43**（1927）805.

46) P. Pfeifer：Phys. Rev. A **26**（1982）701；Physica **6D**（1983）393. 輻射との相互作用.

47) G. Jona-Lasinio, F. Martinelli and E. Scoppola：Phys. Rep. **77**（1981）313；Commun. Math. Phys. **80**（1981）22. P. Claverie and G. Jona-Lasinio：Phys. Rev. A **33**（1986）2245. 分子間の双極子相互作用. AsH_3 では干渉項が消えるけれど NH_3 では消えない.

48) S. Yomosa：J. Phys. Soc. Jpn. **44**（1978）602.

49) H. Primas：Adv. Chem. Phys. **38**（1978）1；*Lecture Notes in Chemistry*（Springer,

1981) Sect. 1.4, p. 10, Sect. 1.5, p. 16 and Chap. 5, p. 20.
50) E. Joos and H. D. Zeh : Z. Phys. B **59** (1985) 223.
51) D. Giulini, E. Joos, C. Kiefer, J. Kupsch, I.-O. Stamatescu and H. D. Zeh : *Decoherence and the Appearance of Classical World in Quantum Theory* (Springer, 1996).
52) M. Tegmark : Found. Phys. Lett. **6** (1993) 571.
53) P. Pearle and E. Squires : Phys. Rev. Lett. **73** (1994) 1.
54) B. Misra and E. C. G. Sudarshan : J. Math. Phys. **18** (1977) 756.
55) A. Peres : Ann. Phys. **129** (1980) 33 ; Am. J. Phys. **48** (1980) 931 ; 『量子論の概念と手法』大場一郎, 山中由也, 中里弘道訳（丸善, 2001）p. 393, 410.
56) M. Namiki, S. Pascazio and H. Nakazato : *Decoherence and Quantum Measurement* (World Scientific, 1997).
57) E. Joos : Phys. Rev. D. **29** (1984) 1626.

2. 量子力学の数学的基礎

黒田成俊

　本稿の依頼を受けたとき渋っていたら，量子力学の数学的基礎について，過去50年間の主として日本における発展を書け，さらに言えば，お前の昔の思い出話を書けばよい，と言われたように記憶する．確かに，1950, 60年代に加藤敏夫教授の創始になる日本での研究が，数学的散乱理論の発展の一翼も二翼も担ったのは事実である．（教授は1962年に米国のカリフォルニア大学バークレー校に移られた．）その頃，他にはLeningrad（当時）のM. S. Birmanのグループと，ユニークな（そしてその後息長く研究されることになる）波動方程式についての散乱理論を創始中のP. D. Lax, R. S. Phillips（米国）の他には研究者の数も少なかったこの分野は，70年代になってから爆発的とも言える発展を経験し，今では，量子力学の数学的基礎にとらわれない解析学の中の一つの分野にまでなっている．それでも，量子力学の題材やスピリットが陰に陽に生きている研究が多いから，敢えて括れば「量子力学の数理物理と微分方程式」ということにでもなろうか．そして，日本の研究者達も，国際的なグループに見事に溶けこんだ形で研究を続けている．

　このような状況を考えると，思い出話だけでは新味がない．そこで，一計を案じて筆者より1世代（約15年）若くて，現在の研究をリードしておられる方の中から，筆者の身近におられて勝手なお願いがしやすい，田村英男（岡山大学理学部），谷島賢二（東京大学大学院数理科学研究科），磯崎洋（東京都立大学理学部）のお3方にお集まり願って，座談会のような形でお話を伺うことにした．それをそのまま座談会形式でまとめるのも一法かと思ったが，全く自由にかつ気楽に話したことだから，それを参考にして筆者が単著の形でまとめよ，というのが皆さんのご意向であった．しかし，広い範囲にわたった内容をうまくまとめるのは難事であるのに加えて，筆者の側の時間的制約もあり，結局筆者の尻切れトンボなエッセイのようなもので終ってしまった．草稿をお3方にお見せして，時間の許す範囲でご意見を伺い色々教えて頂いた．その結果，特に第4節に文献を追加するなど著しく改善することが出来た．この稿の責任はあくまで筆者にあるが，この稿にいささかでも新味があるとすればお3方のおかげである．ここに，田村英男，谷島賢二，磯崎洋3氏のご協力に深く感謝する．

2.1 von Neumannによる数学的基礎付け

　量子力学の数学的基礎と聞くと，誰しもJ. von Neumannの同題の本[16]を思い

出すだろう．1932 年出版のこの本までの数年間の仕事によって，von Neumann は量子力学の数学的な枠組を次のように確立した．

「量子力学で記述される系の状態は，あるヒルベルト空間の長さ 1 のベクトルによって表され，物理系の「オブザーバブル」には，そのヒルベルト空間における自己共役作用素が対応する．そして，ある状態におけるオブザーバブルの観測量の分布は，対応する自己共役作用素のスペクトル分解によって決る．」

この理論のもとになっている数学は，自己共役作用素のスペクトル定理（＝無限次元ヒルベルト空間における固有値問題の一般論）である．この定理は，20 世紀初頭の D. Hilbert に始まる研究によって，有界自己共役作用素の場合には確立されていた．しかし，量子力学のハミルトニアンは微分作用素であり，それはヒルベルト空間における作用素としては非有界にならざるを得ない．明かに量子力学の発展に触発されて，von Neumann（同時に M. H. Stone）は非有界自己共役作用素に対するスペクトル定理をあっという間に作り上げた．この定理があってこそ，von Neumannn による量子力学の数学的枠組は確固たるものになったのである．ここまでを，「量子力学の数学的基礎」の第一フェーズとしよう．(von Neumann の研究はその後観測の理論，作用素代数の方向へ発展した．しかし，これらは本稿では関心の外におきたい．さらに，20 世紀後半の場の理論，量子電磁力学の数理物理的な研究にも von Neumann の理論は少なからぬ影響を与えていると思われるが，これらについては本書では荒木不二洋さん，廣島文生さんの論説で述べられるだろうから，本稿では触れない．)

von Neumann の研究により，抽象的な作用素論の中での量子力学の枠組は出来たが，どうしたわけか「現実のポテンシャルによって相互作用する 2 粒子または多粒子系のハミルトニアン（後に (1)，(2) として提示）が，疑念のない形で自己共役作用素を定めるか」という問題は十数年後の加藤敏夫の研究([39])まで取り上げられることがなかった．加藤の研究により，(1)，(2) のハミルトニアンが一意的に自己共役作用素を定めることが一挙に証明され，量子力学の基礎付けの数理が，抽象的な作用素論から，関数や微分方程式の解そのものを対象とする数学，言いかえれば，関数解析と偏微分方程式論を手法とする数理物理に転換，拡大していったのである．このへんの事情は，[11] に生き生きと書かれている．筆者も最近 [14] で一部触れたので，これ以上は繰り返さない．加藤の研究は，量子力学の数学的基礎の第一フェーズの完成であると同時に，第二フェーズのスタートであったといえよう．本稿では，この第二フェーズがどのように発展していったか，それに話を限って見ていくことにしたい．

本稿はレビューではなく，長さも限られている．原著の引用は代表的なものに限り，しかも日本からの寄与にウエイトを置いたことをお断りしておく．

2.2 数学的散乱理論の発展

2.2.1 Schrödinger 作用素

N 粒子系（多体問題）のハミルトニアンは，x_k を k 番目の粒子の座標を表す 3 次元ベクトル，Δ_k を x_k についてのラプラシアン，$V_{jk}(j<k)$ を j 番目と k 番目の粒子の間の相互作用を表すポテンシャルとして

$$H\psi(x_1, \cdots, x_N) = \left(-\sum_{k=1}^{N} \frac{1}{2m_k}\Delta_k + \sum_{j<k} V_{jk}(x_j - x_k) \right) \psi(x_1, \cdots, x_N) \quad (1)$$

と書ける．（m_k は k 番目の粒子の質量，$\hbar=1$ とした．）2 粒子系（2 体問題，$N=2$）の場合は重心座標を分離し，相対座標を x で表し単位系を適当に取れば，(1) は

$$H\psi(x) = -\Delta\psi(x) + V(x)\psi(x) \quad (2)$$

となる．(1) も $m_k=1$ となるように座標変換すれば (2) の形とみてよい．一般に (2) の形の作用素は **Schrödinger 作用素** とよばれ，数理物理や偏微分方程式をやっている数学者の間ではすっかり定着した術語となっている．これから本稿で取り上げるのは，いうなれば **Schrödinger 作用素の数理** である．これは，狭い意味での数学的な基礎づけではないかも知れないが，量子力学の基礎に横たわる数理，あるいは量子力学の諸相から発展した数学の広がりとして，数学の中により広く浸透して行くものと言えるのではなかろうか．

先に述べた加藤の結果 [39] によれば，$V_{jk}(x) \to 0$ または $V(x) \to 0 (|x| \to \infty)$ のとき，ハミルトニアン (1) または (2) は物理的に自然な自己共役作用素を一意的に定める．（より一般的な条件は $V_{jk}, V \in L^2 + L^{\infty}$．）さて，自己共役作用素が際立っているのは，それがスペクトル表示（固有関数展開表示の一般形，言いかえればいわゆる対角化の数学的表現）

$$H = \int_{-\infty}^{\infty} \lambda dE(\lambda)$$

を持つことである．詳しい解説は省くが，$E(\lambda)$ は λ に関して単調に増大する射影作用素の族で H の **スペクトル分解** とよばれ，それが不連続にジャンプするところが H の固有値，連続的に増大するところが H の連続スペクトルである．ハミルトニアン (2) で $V(x) \to 0(|x| \to \infty)$ のときには（例えば水素原子），H のスペクトルは幾つかの孤立した負の固有値（**離散固有値**）と，0 から ∞ にわたる連続スペクトルを持つというのが標準的なピクチャーであるが，$V(x) \sim c(\sin kr)/r$ という漸近形を持つポテンシャルで，連続スペクトルに埋めこまれた正の固有値を持つ例（J. von Neumann-E. P. Wigner, 1929) もあるから，一概には言えない．水素原子にせよ von Neumann-Wigner の例にせよ，「計算出来る例」であるが，$V(x)$ に球対称性すら仮定しないで $H = -\Delta + V(x)$ のスペクトルの構造を研究しようという「数学的な」

態度が，Schrödinger 作用素の数理という大きな分野の発展をもたらしたと言えよう．

Schrödinger 作用素の数理の広がりは大きく，手短な一般的解説をするのは難しい．最新のレビューとして [18] があるが，かなり専門的である．33 頁に及び，さすが博識の Simon という感じのレビューであるが，長さの関係で意図的に外された幾つかのトピックスを別としても，内容の選択に多少の偏りが感じられる．Simon といえば 4 巻の成書 [17] を挙げねばならない．1972 年から 1979 年にかけて出版されたこの本が，関数解析を手段とする近代的数理物理の普及に果たした寄与は大きい．ついでにかなり専門的だが情報豊富な本として [2] も挙げておく．また，[7] の Introduction and overview に比較的最近の動向についての少し違った見方からのレビューがある．日本語の本としては，[12], [13] がある．1970 年代末までの動向は [12] で分る．[13] はより入門的である．また，[9] が近刊予定で，後述する散乱の定常理論に詳しく，研究の変遷の歴史も書かれているそうで，出版が楽しみである．

先に触れた Lax-Phillips の波動方程式の散乱理論は，レゾナンスポールの分布の問題など，漸近解析の手法と組んだ一つの流れになっているが（日本では井川　満等），量子力学とは少し離れるので本稿ではこれ以上触れない．（誕生時の Lax-Phillips 理論は [15] に書かれており，最近の解説として [8] がある．）

2.2.2　数学的散乱理論：1960 年代

シュレーディンガー作用素の問題をとりあえず二つに大別すると，離散固有値（束縛状態）に関することと，連続スペクトル（散乱状態）に関することに分れる．離散固有値については，摂動級数による固有値計算が量子力学の現場での基本的な道具である．摂動級数の収束は，数学者の関心を引き，つとに F. Rellich の研究 (1937-1942, 純粋に作用素論的な研究) がある．加藤敏夫は自己共役性の研究と並んで，摂動の問題を研究し ([40], 結果的には Rellich と独立)，摂動級数が漸近展開となる場合を含む理論を構築した．

連続スペクトルの解析は，まず数学的散乱理論として 60 年代に発展した．時間を含む Schrödinger 方程式

$$i\frac{\partial}{\partial t}\psi(x,t) = H\psi(x,t) \qquad (3)$$

の解 $\psi(t) = \exp(-itH)\psi(0)$ に現れるユニタリ作用素 $\exp(-itH)$ が (3) の発展作用素 (propagator, evolution operator) である．$H_0 = -\Delta$ を自由状態のハミルトニアン，$H = -\Delta + V$ を実状態のハミルトニアンとする散乱問題では，波動作用素 $W_\pm$，散乱作用素 S は

$$W_\pm(H, H_0) = \lim_{t \to \pm\infty} \exp(itH)\exp(-itH_0), \quad S = W_+(H, H_0)^* W_-(H, H_0) \qquad (4)$$

と定義される．V が遠方で十分小さくなるポテンシャルであるとき，S がユニタリ作用素になることが物理的には当然とされるが，数学的に証明できるか．これが数学的散乱理論の最初の問題であった．これは，発展作用素 $\exp(-itH)$ の $t \to \infty$ での漸近挙動を調べることと言ってもよい．

やや専門的になるが，[17] の用語法に従うと，S がユニタリになるとき波動作用素は弱漸近完全，さらに $W_{\pm}$ の値域が H の絶対連続部分空間に一致するとき完全 (complete)，さらに H が特異連続スペクトルを持たないとき漸近完全 (asymptotically complete) といわれる．物理的な言葉で言えば，$W_{\pm}$ が漸近完全とは S がユニタリで，かつ状態関数のヒルベルト空間が H の固有状態と散乱状態の全体で張り尽されるれること，と言ってよいだろう．

研究の方法を大きく分けると，時間を含む方法 (time-dependent method) と定常的方法 (stationary method) がある．前者では，あくまで $\exp(-itH)$ による物質波の伝播状態を解析して，$\exp(-itH)\phi(0)$ の漸近挙動に迫る．一方，定常的な方法では時間を含まない Schrödinger 方程式 $H\psi(x) = E\psi(x)$ またはその変形（例えば Lippmann-Schwinger 方程式）を考え，レゾルベント $(H-z)^{-1}$ の実軸近くでの漸近挙動を調べる．そして，$(H-(E \pm i0))^{-1}$ が何らかの意味で存在することを示し（**極限吸収原理**），それを用いて，H の**スペクトル表現**を作る．（スペクトル表現は**一般化された Fourier 変換**と思ってもよい．）ここまでで H のスペクトルの構造が分るが，スペクトル表現をラプラス変換で t に戻して $\exp(-itH)$ の漸近挙動を解析して完全性を証明することが出来れば，定常的な方法による散乱理論が出来あがる．このアプローチは H による固有関数展開と結びついており，池部晃生による固有関数展開の理論（[30]）は典型的な定常理論であった．

ここで，$V(x) \sim 1/|x|^a (|x| \to \infty, a > 0)$ という場合を考えよう．$a > 1$ のとき V は**短距離型**，$0 < a \leq 1$ のとき**遠距離型**と呼ばれ，数学的散乱理論は短距離型の場合と遠距離型の場合で様相を異にする．この節では，短距離型の場合を見てみよう．1960 年頃までに段階的に $a > 2$ のときまで波動作用素は漸近完全であることが分り（黒田成俊 [45]，池部晃生 [30]），その後加藤敏夫と筆者による抽象的な定常理論の研究（[43]）を経て，加藤敏夫により $a > 1$ ならば完全であることが証明され（[42]），続いて S. Agmon により漸近完全であることが証明された（[20]）．Agmon の方法は偏微分方程式の方法であるが，筆者（[46]）は [43] の流れによる別証を与えた．Agmon の仕事は固有関数展開も含んでおり，これで 2 体問題短距離型は決着したと言ってよい．$a > 3$ あたりまでは時間を含む方法でできたが，最終結果はこの時点では定常的な方法の開発によって得られたことを強調しておきたい．（最後はかなり専門的になったが，Agmon の結果が最終的であったため，1969 年の加藤の結果が十分強調されていなかったように思えるので，この機会を利用して正させて頂いた．）

以上，2体問題，短距離型の場合の完全性の問題が決着に到る過程を，筆者がかかわった部分にバイアスをかけて瞥見した．この間，Leningrad（当時）のBirmanのグループは，散乱理論を作用素論として研究し，波動作用素の不変原理など多くのアイデアを生み出していた．それも含めて，1966頃までの進展は，加藤敏夫の大著[10]にまとめられている．読むのが大変だけれども，この分野のバイブルと言われることもある名著である．

2.2.3 この節の終りに

ここまでは，研究の中身は数学であったけれども，少なくとも筆者は，量子力学の数学的基礎ということを意識していた．筆者が院生の頃，加藤敏夫の連続スペクトルの摂動に関する最初の論文（1957）と相前後して，J. M. Jauch の論文[38]が出版された．筆者は，これを量子力学における健全な形での Mathematical rigor の大切さを説くものと受取り，ひとつのよりどころを与えられるような気持ちで読んだと記憶している．後年，Jauch の60歳の誕生日を記念して開かれたシンポジウムの Proceedings の標題は "Physical Reality and Mathematical Description" である．Jauch の伝統は，Geneve を中心に生きており，それはヨーロッパ全体にもある伝統なのであろう．座談会でも，ヨーロッパでは，大学によっては Rational Mechanics というような講座があって，数学の学生が物理の話ばかり聞いて，そして数学の研究をやる，そういう伝統もあるのではないか，という話がでた．

2.3 70年以降の数学的散乱理論

2.3.1 1970年代になって

1960年代の終り近くなると，数学的散乱理論の研究者の数も段々増えてきて，1969年には C. H. Wilcox の肝いりで Arizona の Flagstaff で Summer School が開かれるまでになった（[43]はそこでの連続講演に基づく）．そして，1970年代になって研究者の数が急に増える．[10]がじわじわと浸透してきたのに加えて，大家Agmonと新人 B. Simon の登場のお陰であろうか．1950,1960年代は偏微分方程式の一般的な理論が関数解析や超関数を使って大進歩した時代だった．その旗手の一人の Agmon が Schrödinger 作用素の研究を始めたということで，Schrödinger 作用素が偏微分方程式の一般舞台に迎えられたという感がなくもない．（我々から見るとちょっと癪なことなのではあるが，しかし60年代の研究は作用素論中心のものが多く，偏微分方程式らしい方法による研究は[30]があるくらいであった．そこへ，偏微分方程式の方法による Agmon の仕事が出たわけである．）B. Simon は1960年代の終わり頃から論文を書き始めた Princeton 出身の秀才である．A. S. Wightman の弟子だそうで，当然物理の感覚は豊富だけれど，書いたものは最初から数学である．超博識に加えて，本質的なものに対する嗅覚は鋭いが，それが難しいことであるとき，場

合によっては一般性を少し犠牲にしても，要点を抜き出して上手に易しく書いてしまうという術に長けている．[17] が完成したのは 70 年代終り近く，座談会に出て頂いた皆さんの世代が論文を書き始められたのが，70 年代に少し入った頃からで，いよいよ華やかな 70, 80 年代の幕開けである．

2.3.2 Enss の理論と Mourre 評価

先に，2 体問題短距離型は定常理論で決着したと書いた．これは，Lippmann-Schwinger 方程式の流れであって，物理的にも出所正しいものであるはずだが，数学の証明を詰めていくと相当に複雑になり，数理物理をやっている物理学者達（特にヨーロッパの）はこれに不満であったらしい．それに応えるかのように，1978 年にドイツの V. Enss が 2 体短距離型（続いて遠距離型）を時間を含む方法で扱う理論を提唱した（[24]）．Enss の方法は，波束の運動を配位空間で追うもので，その後 geometric method と呼ばれている．geometric method が走り出せば，それは有効であろうという期待は世にあったようで，当時 Zürich におられた谷島賢二さんによると，Zürich の Hunziker は Enss の仕事が出ると時をおかずにそれを 3 体問題に応用したそうである．

60 年代の散乱理論は，抽象的な作用素論として発展し，それを Schrödinger 作用素に応用することで $W_\pm$ の完全性を証明した．しかし，抽象論では，$H_0 = -\varDelta \sim -\xi^2$ を非摂動作用素，$V = V(x)$ を摂動作用素と捉えるだけで，H_0 の中の運動量 ξ と V の中の位置 x が正準交換関係を満たす変数であるということは取り入れていなかった．（抽象論を応用するときに使う Fourier 変換とか，Sobolev 型の不等式を通して間接的に取り入れていたとは言えるが．）1981 年に提唱され，その後 Mourre estimate の方法として多体問題を含めて広く用いられる E. Mourre の commutator estimate の理論（[49]）はそこを巧妙に突いて作用素論的な枠組みを与えたもので，Schrödinger 方程式に応用するときに基本となる公式は $A = (x \cdot \nabla + \nabla \cdot x)/2i$ として，$[-\varDelta, iA] = -2\varDelta$ である．

2.3.3 遠距離型ポテンシャル，多体問題

短距離型 2 体問題が片付いた後，数学的散乱理論は，遠距離型 2 体問題，短距離型多体問題，遠距離型多体問題へと進み，難度を上げていく．遠距離型になると，(4) の波動作用素 $W_\pm$ は最早存在せず，修正波動作用素を考えねばならない．短距離型の場合は $\exp(-itH)\phi$ は $t \to \infty$ のとき，自由運動 $\exp(-it\xi^2)\phi_+$（ξ は運動量変数）に漸近するが，遠距離型の場合は変形された運動 $\exp(-iS(t,\xi))\phi_+$ に漸近するのが根本的な違いである．

遠距離型になると，条件 $V(x) \sim 1/|x|^a$ のほかに，V の導関数に関する条件も必要になるが，ここでは詳細には立ち入らない．定常理論については 1970 年代前半に極限吸収原理が証明され（池部晃生，斉藤義実 [31]），スペクトル表現も構成され

(まとめは [54]), また振動する遠距離型ポテンシャルの問題なども研究されて (望月　清, 内山　淳 [48]), H のスペクトルの構造は明らかになったが, これが直ちに修正波動作用素の完全性とは結びつかなかった. 遠距離型では, 時間を含む方法と定常的方法との関係は短距離型のときほど直接的ではない. 修正波動作用素の完全性についての研究は [44], [32] を経て, Enss の理論が出た頃から急速に加速し, その後 80 年代にわたって多くの研究がなされた結果, 完全性の問題は片付いた. ここでは, Hörmander, 北田　均, 磯崎　洋らによる [25], [28], [34] だけを挙げておく.

N 体問題になると, 漸近状態として N 個の粒子が幾つかのクラスターに分れて遠方に飛び去るという状態 (channel) が現れるので, 波動作用素の構造は一挙に複雑になる. 波動作用素の存在は早くから分かっていたが, 完全性の証明は 2 体の場合とは比べものにならないくらい複雑になる. 3 体問題については, 60 年代の L. D. Faddeev の研究の後, 70 年代にもいくつかの研究があったが, 多体の完全性が急速に発展したのは, Enss の方法以降である. それについては (さらに time-dependent method による散乱理論の研究全般については) 成書 [3] に詳しく書かれている. ([9] の出版も待たれる.) 特に N 体の完全性の発展のストーリーは [3] の 6.0 節に詳しい. N 体近距離型の完全性の最初の証明は I. Sigal と A. Soffer による ([55]). 書き方が分り難く, プレプリントのときから物議をかもしていたが, その後 [27], [57], [59] の証明も出て, Sigal-Soffer のアイデアも評価され, さらに遠距離型の場合も研究され ([23]), 90 年代初めには決着を見たようである. なお, 多体問題の波動作用素の完全性の証明の中では, 次節で述べる固有関数の指数型減衰評価が重要な役割をする.

70 年以降の多体問題では, 完全性の証明は時間による方法を用いるところが多く, 多体についての統一的な定常理論は未開拓である. 定常理論には H のスペクトル表限に加えて散乱作用素のスペクトル表現を与えるというメリットがあり, 磯崎　洋さんの 3 体に関する最近の結果 ([33]) が注目される.

2 体の場合, 完全性の証明が $a>2$ から $a>1$ までいくのにほとんど 10 年かかったのに比べると, 70 年以降のスピードは眩暈がするくらいである. しかし, 座談会ではある出席者から,「10 年かかってゆっくり進んでよかった, そのお陰で定常理論が出来たから. 定常理論が好きなんです.」という感想が述べられたことも記しておこう.

2.4　Schrödinger 作用素の数理の展開

ここまで, 波動作用素の完全性を中心に数学的散乱理論の流れを述べた. この流れが, いっとき Schrödinger 方程式の数理の発展の牽引車であったことは事実であるが, それが遠距離型, 多体問題の研究と深く潜行して目標に立ち向かっている間に,

その周りではSchrödinger方程式の数学の多面的な研究が進行していた．万華鏡のように花開いたその全貌を紹介することはとても出来ない．紙数も尽きてきたので，勝手に選んだ幾つかのトピックスを項目的に並べて責を塞ぐことにしたい．（Schrödinger方程式に限り，Dirac方程式，最近盛んなPauli方程式などは一切割愛する．また，引用文献は各トピックスで代表的なもののうち，わずかな例外を除いて日本からのものに限った．）

2.4.1 固有値，固有関数

散乱理論は連続スペクトルの構造の研究であった．それと対をなす離散スペクトル（固有値，固有関数）の研究は，それ自体の興味だけでなく，散乱理論の展開の中で要となる情報を提供することもある．

Schrödinger作用素の正の固有値の存在についてのvon-NeumannとWignerの例（$V(x) \sim (c \sin r)/r$）はぎりぎりの例で，$V(x) = o(1/r)$になると正の固有値は存在しないことが加藤敏夫によって証明された（[41]）．物理学者には「期待通り」と片付けられるかも知れないが，この研究は発表当時偏微分方程式の理論として難しいものの一つであったといってもよいだろう．ここで問題になるのは固有関数の$|x| \to \infty$における減衰度を下から評価することである．逆に，負の固有値の固有関数（束縛状態の波動関数）の減衰度を上から評価すれば固有関数の指数型減衰（$|\psi(x)| \leq C \exp(-|E|^{1/2}|x|)$）が証明される．同じ減衰の問題でも手法は異なる（[1]）．なお，近年正の固有値の不存在や，固有関数の指数型減衰を示すのに，Mourre評価を用いたより簡単な方法が得られている．

固有値については，連続スペクトルの下にある固有値（真の束縛状態）の数が有限か無限かという問題と，固有値の漸近分布の問題がある．多体問題に関する固有値の数の問題についての研究は古くからあり，またイオンについては[58]がある．漸近分布の問題は$E \to \infty$または$E \to 0$のときの固有値の分布の問題である．有界領域における境界値問題の固有値の漸近分布はH. Weyl以来の古典的問題であるが，無限領域におけるSchrödinger作用素については，負の固有値が0に集積するときの0の近くでの漸近分布が新しい問題となる．この問題は田村英男らによって徹底して研究された（[56]）．

2.4.2 伸張解析性とレゾナンス

ポテンシャルが伸張解析性（dilation analyticity）と呼ばれる性質をもつ場合，これを利用してスペクトルの部分を分離したり，連続スペクトルに埋めこまれた固有値が摂動により消滅する問題（レゾナンス）を解析したりすることが出来る（[21]，[22]）．クーロン・ポテンシャルは伸張解析性をもち，この方法は色々な局面で利用されている．

2.4.3 漸近解析

散乱理論の研究では，往時は作用素論的な方法が主流であったが Enss 以来ウエイトが漸近解析的な手法に移った感がある．定常位相法（stationary phase method）や，さらに進んだ漸近解析の手法により古典力学で粒子が入れない領域（classically forbidden region）における波束の大きさを評価するのである．さらに漸近解析は，量子力学の数理物理全般に亘って有力な手段となっており，準古典近似（[61]，[53]など），トンネル効果，レゾナンス（中村 周 [52]，[51] など）等に亘って多くの研究がある．（漸近解析の手法については [4] がある．）

2.4.4 時間発展の基本解，非自励系，Feynman 積分

Schrödinger 方程式の解 $\exp(-itH)\phi(0)$ を表す基本解の構成とその性質を調べる研究である．Feynman 積分の数学的研究を動機とすると推測される藤原大輔による結果（[26]）は，作用素論的な研究でもよく利用される．Feynman 積分そのものを数学的に完全に記述するのは，困難な問題であるようだが漸近解析も駆使した成果は成書 [5] にまとめられている．

時間発展についてはさらに，ポテンシャルが時間を含む場合に時間発展を解析する問題がある．ポテンシャルが時間周期的な場合などが研究されていたが，最近では基本解の regularity-singularity とポテンシャルの無限遠での増大度との関係を調べる谷島賢二の研究が注目される（総説として [63]）．Schrödinger 型ではなく，放物型（熱方程式型）の話になるが，最近密に研究されたトピックスとして，Kato-Trotter の公式 $\exp(-t(A+B)) = \lim_{n\to\infty} \{\exp(-(t/n)A)\exp(-(t/n)B)\}^n$（またはその対称型，$A, B>0$）のノルム収束の研究を挙げておく（一瀬 孝，田村英男 [29]）．

2.4.5 電磁場付き Schrödinger 作用素

ポテンシャルが静電場の項 $E\cdot x$ を含む Schrödinger 作用素（Stark 効果）のスペクトル理論，散乱理論については 70 年代後半に [60] を含む幾つかの研究がある．時間について周期的な電場 $\mu E\cdot x\cos\omega t$ をかけたとき（AC-Stark effect）の研究は [62] に始まり，レゾナンスの現象（イオン化の問題）等が研究されている．AC-Stark 場中の多体系の散乱問題は未解決である．

磁場を含む Schrödinger 作用素 $-(\nabla-iA(x))^2+V(x)$ は Magnetic Schrödinger operator と呼ばれる．そのスペクトル構造には色々面白いことがあり，多くの研究がなされている．例えばスペクトルの離散性，絶対連続性についての岩塚明の研究（[36]，[37]）定磁場のときの固有関数の指数型減衰についての [50] など．ここ数年は 2 次元磁場についての Aharonov-Bohm 効果の数理の研究が注目を集めている（[35] など）．磁場中の多体系の散乱問題については [6] に詳しい．この本の Chapter 7 は Open Problems という題で，Challenging ではあるが難しそうな 11 個の未

解決問題が並んでいる．

2.4.6 物質の安定性

上述のものと少し性格が違い，物理の観点により強く結びついた研究で，E. Lieb が長年リードしてきたものである．K 個の原子核（核の質量は無限大，電荷は有界とする，例えば ≤ 92）と N 個の電子（フェルミオン）からなる系（相互作用はクーロン型）の基底状態のエネルギー E_0 に対して，$E_0 \geq -c(N+K)$ $(c>0)$ という評価が成り立つとき，系の安定性が示されたと考え，これを with full mathematical rigor で証明するのである．フェルミオンであることが本質的で，ボソンだと $E_0 \leq -cN^{5/3}$ $(c>0)$ となる．([47] は分りやすいレビュー．)

2.4.7 その他の問題

これまでに言及しなかった大きな問題として，逆問題（散乱振幅等の散乱データからポテンシャルを決定する問題）や，ランダム・ポテンシャルの問題（ポテンシャルが確率変数であるとき，ほとんどすべてのポテンシャルに対してスペクトルが純点スペクトルになる，というようなことを研究，Anderson 局在と関係する）などがある．前者については，磯崎 洋さんの肝いりで 2002 年秋に京都で国際会議が開かれたばかりであるし，後者では小谷真一の研究があるが，本稿ではこれ以上触れない．

終りに 数理物理（Mathematical Physics）という言葉の理解は，量子力学の数理物理に限っても，人によってさまざまである．量子力学は Schrödinger 方程式という数学的な表現の上に立つ理論だから，多少とも理論的な考察はすべて数理物理だという論もあるが，これはいささか極論であろう．一方，その対極として，Schrödinger 方程式のもつ豊富な内容から引き出された問題が，数学として面白く本質的な意味を持つならば，物理に役立つというようなことは気にせずにどんどんやりましょう，というのが筆者の立場である．もっと極論すれば，物理から出てきた問題が発展して数学的に価値が高いが，物理学者は何をやったんだと仰るような結果が出てきたならば，それは（数学の側から見ての）理想的な数理物理かもしれない．Quantum Dynamics から引き出せる数学がまだまだあるのではないか，というのが座談会での一つの見解であった．

Simon の [19] は，[18] の姉妹編として彼の目から見た Open Problems を 15 並べたものであるが，具体的な問題から vague problem, vaguer problem と進んで，Problem 13 は "……, prove crystals exist from first quantum principles" である．第 1 原理からきっちりと導くことに価値を置くのであろう．[17] の第 IV 巻の序文でこうも言っている．"one does not fully understand a physical fact until one can derive it from first principles." 先に挙げた Lieb の物質の安定性に関する研究は，この好例であろう．（念のために付け加えるが，文脈からみて Simon は mathematical rigor にとらわれない理論物理の進め方を否定しているわけではない．)

Mathematical rigor にこだわる，こだわらない，さらには数学として面白ければいいんだ．このようなさまざまな立脚点，これらが互いに他を否定するのではなく，むしろそれぞれに固有の価値を認めあい共有することの上に，量子力学の数理物理の，一つのサイエンスあるいは文化としての，ますます発展があると信じ，それを祈念しつつこの稿を閉じたい．(筆者＝くろだ・しげとし，学習院大学名誉教授，東京大学名誉教授．1932年生まれ，1955年東京大学理学部卒業)

参考文献

参考文献[19]までは本または全体にわたるレビュー，[20]以降は原著論文または分野別のレビュー，講義録など．

1) Agmon, S.: Lectures on exponential decay of solutions of second-order elliptic equations: bounds on eigenfunctions of N-body Schrödinger operators, Mathematical Notes, **29** (Princeton Univ., 1982).
2) Cycon, H. L., Froese, R. G., Kirsch, W. and B. Simon: *Schrödinger Operators with Application to Quantum Mechanics and Global Geometry*, Texts and Monographs in Physics (Springer, 1987).
3) Dereziński, J. and Gérard, C.: *Scattering Theory of Classical and Quantum N-particle Systems* (Springer, 1997).
4) 藤原大輔：線型偏微分方程式論における漸近的方法，I, II，岩波講座基礎数学 (岩波書店，1976, 1977).
5) 藤原大輔：ファインマン経路積分の数学的方法：時間分割近似法 (シュプリンガー・フェアラーク東京，1999).
6) Gérard, C. and Laba, I.: *Multiparticle Quantum Scattering in Constant Magnetic Fields*, Math. Surveys and Monogr. vol. 90 (American Mathematical Society, 2002).
7) Hislop, P. D. and Sigal, I. M.: *Introduction to Spectral Theory with Applications to Schrödinger Operators* (Springer, 1996).
8) 井川 満：散乱理論，岩波講座 現代数学の展開 (岩波書店，2004).
9) 磯崎 洋：多体シュレーディンガー方程式 (シュプリンガー東京，近刊).
10) Kato, T.: *Perturbation Theory for Linear Operators* (Springer, 1966); Classics in Mathematics の 1 冊として再刊 (Springer, 1995).
11) 加藤敏夫：量子力学の函数解析，江沢 洋，恒藤敏彦編，量子物理の展望，下，(岩波書店，1978), 669-686.
12) 黒田成俊：スペクトル理論 II, 岩波講座基礎数学 (岩波書店，1979).
13) 黒田成俊：量子物理の数理，岩波講座応用数学 (岩波書店，1994).
14) 黒田成俊：スペクトル定理の誕生—フォン・ノイマンとストーンをめぐって，数学のたのしみ，No. 29 (2002) 105-110.
15) Lax, P. and R. S. Phillips: *Scattering Theory* (Academic Press, 1967；改訂版 1989).
16) von Neumann, J.: *Mathematische Grundlagen der Quantenmechanik*, Die Grundl. math. Wiss. Band 38 (Springer, 1932); 和訳 井上 健・広重 徹・恒藤敏彦：量子力学の数学的基礎 (みすず書房，1957).

17) Reed, M. and Simon, B.: *Methods of Modern Mathematical Physics*, I-IV (Academic Press, 1972-1979).
18) Simon, B.: Schrödinger operators in the twentieth century, J. Mathmatical Phys. **41** (2000) 3523-3555.
19) Simon, B.: Schrödinger operators in the twenty-first century, *Mathematical Physics 2000*, ed. A. Fokas, A. Grugiyan, T. Kibble and B. Zegarlinski (Imperial College Press, 2000).
20) Agmon, S.: Actes Congrés intern. math., 1970, Tome 2, 679-279; Ann. Scuola Norm. Pisa, Ser. 4, **2** (1975) 151-218.
21) Aguilar, J. and Combes, J. M.: Comm. Math. Phys. **22** (1971), 269-279.
22) Balslev, E. and Combes, J. M.: Comm. Math. Phys. **22** (1971) 280-294.
23) Dereziński, J.: Ann. Math. **138** (1993) 427-476.
24) Enss, V.: Comm. Math. Phys. **61** (1978) 285-291.
25) Enss, V.: Ann. Phys. **119** (1979) 117-132.
26) Fujiwara, D.: J. Analyse Math. **35** (1979) 41-96.
27) Graf, G. M.: Comm. Math. Phys. **132** (1990) 73-101.
28) Hörmander, L.: *The Analysis of Linear Partial Differential Operators IV*, Chapt. XXX (Springer, 1985).
29) Ichinose, T. and Tamura, H.: Comm. Math. Phys. **217** (2001) 489-502.
30) Ikebe, T.: Arch. Rational Mech. Anal. **5** (1960), 1-34.
31) Ikebe, T. and Saitō, Y.: J. Math. Kyoto Univ. **7** (1972) 513-542.
32) Isozaki, H.: Publ. RIMS Kyoto Univ. **13** (1977) 589-626.
33) Isozaki, H.: Comm. Math. Phys. **222** (2001) 371-413.
34) Isozaki, H. and Kitada, H.: J. Fac. Sci. Univ. Tokyo Sect 1 A**32** (1985) 77-104.
35) Ito, H. and Tamura, H.: Ann. Henri Poincare **2** (2001) 309-359.
36) Iwatsuka, A.: Publ. RIMS Kyoto Univ. **21** (1985) 385-401.
37) Iwatsuka, A.: J. Math. Kyoto Univ. **26** (1986) 357-374.
38) Jauch, J. M.: Helv. Phys. Acta **31** (1958) 127-158.
39) Kato, T.: Trans. Amer. Math. Soc. **70** (1951) 195-211.
40) Kato, T.: J. Fac. Sci. Univ. Tokyo Sect. I **6** (1951) 145-226.
41) Kato, T.: Comm. Pure Appl. Math. **12** (1959) 403-425.
42) Kato, T.: *Proc. Intern. Conf. on Functional Anal. and Related Topics*, Tokyo, 1969, 206-215.
43) Kato, T. and Kuroda, S. T.: Rocky Mountain J. Math. **1** (1971) 127-171.
44) Kitada, H.: J. Math. Soc. Japan **29** (1977) 665-691; **30** (1978) 603-682.
45) Kuroda, S. T.: J. Math. Soc. Japan, **11** (1959) 247-262; **12** (1960) 243-257.
46) Kuroda, S. T.: J. Math. Soc. Japan, **25** (1973) 75-104; 222-234.
47) Lieb, E.: Bull. Amer. Math. Soc. **22** (1990) 1-64.
48) Mochizuki, U. and Uchiyama, J.: J. Math. Kyoto Univ. **18** (1978) 377-408, **19** (1979) 47-70, **21** (1981) 605-618.
49) Mourre, E.: Comm. Math. Phys. **78** (1981) 391-408.
50) Nakamura, S.: Comm. Partial Differential Eqs. **21** (1996) 993-1006.
51) Nakamura, S.: Comm. Partial Differential Eqs. **14** (1989) 1385-1419.

52) Nakamura, S. : *Lecture Notes Pure Appl. Math. vol. 161* (Pitman, 1994) 1385-1419.
53) Robert, D. and Tamura, H. : Ann. Inst. Fourier **39** (1989) 155-192.
54) Saitō, Y. : Lecture Notes in Math. **727** (Springer, 1979).
55) I. Sigal, I. M. and Soffer, A. : Ann. Math. **125** (1987) 35-108.
56) Tamura, H. : J. Analyse Math. **40** (1981) 166-182, **41** (1982) 85-108.
57) Tamura, H. : Comm. P. D. E. **16** (1991) 1129-1154.
58) Uchiyama, J. : Publ. RIMS Kyoto Univ. **6** (1970) 201-204.
59) Yafaev, D. R. : Comm. Math. Phys. **154** (1993) 523-554.
60) Yajima, K. : J. Fac. Sci. Univ. Tokyo Sect IA **26** (1979) 377-390 ; **28** (1981) 1-15.
61) Yajima, K. : Comm. Math. Phys. **69** (1979) 101-129.
62) Yajima, K. : Comm. Math. Phys. **78** (1982) 331-352.
63) Yajima, K. : 数学 **50** (1998) 368-384.

3. マクスウェルの悪魔と量子計算機の歴史

細 谷 暁 夫

3.1 は じ め に

　本書のタイトルにある「現代物理学の歴史」という文脈の中で量子計算の歴史を考えると，物理学上の一本の地下水脈が地上に現れて大きな流れになっていく様子がわかり興味深い．もちろん，歴史というものは事実の羅列ではなく，将来についてある意図を持って *a posteriori* に過去を語るものである以上，多少の主観が入ることは容赦していただきたい．

　意外に思うかもしれないが，量子計算機の歴史を A. Turing と A. Einstein と J. C. Maxwell の 3 人から説き起こす人が多いのである．Turing が計算機科学[1]の元祖であることは言を待たないし，Einstein については Einstein-Podolsky-Rosen のパラドックス[2,3]の中にでてくるエンタングルメントが量子情報理論の中心的な概念であることを知っていれば驚かないが，Maxwell についてはいささか説明を要するだろう．

　実は，1867 年に，Maxwell が P. G. Tait に宛てた手紙の中ではじめて言及し，1871 年の教科書「*Theory of Heat*」の末尾で触れている熱力学第 2 法則を破るかもしれないかの有名なる Maxwell の悪魔なのだ．この悪魔についての理解が深まったのは，1929 年の L. Szilard の論文[4]からである[*1]．Maxwell の悪魔のオリジナルバージョンについてはあちこち図入りの解説[*2]があるし，以下の話には直接関係しないので，周知のこととしてここでは再説しない．Szilard は，問題を簡単化して，分子が一個だけ入っている温度 T の熱浴と接触しているシリンダーを考えた．シリンダーの真ん中には必要に応じて仕切を取り付けることができるとする．その仕切にはひもを取り付け，そのひもの先にはおもりがぶら下がっているとしよう．この設定のもとに，以下の操作を考えよう（図1）．

（1） 温度 T の熱浴と接触している長さ L，単位断面積のシリンダーに分子が一個だけ入っている状態を初期状態とする．
（2） 真ん中に仕切を挿入する．

[*1] Einstein と共同で冷蔵庫に関する特許を取得した事もある Szilard は，彼を説得してルーズベルト大統領宛てに原爆製造を促す手紙を書かせた人物としても歴史に名を留めている．
[*2] 時代によって悪魔のイラストが変遷するが，H. S. Leff and A. F. Rex の編集した奇書[5]に一部紹介されている．

3.1 はじめに

図 1 ジラードエンジン

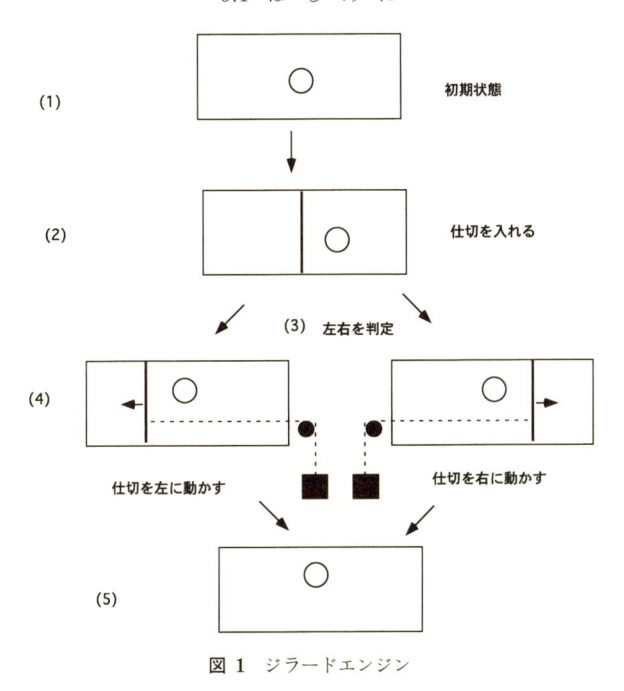

(3) 悪魔が，仕切のどちら側に分子があるかを観測して判定する．
(4) その判定が，右とあれば仕切を左に準静的に左の端まで移動する．また左とあれば，反対に仕切を右に準静的に左の端まで移動する．分子が仕切をたたくことによる圧力が仕切を押し，重りを持ち上げる仕事をするのである．
(5) いずれの場合にも，シリンダーの状態は (1) に戻る．

一見すると，上のサイクルを繰り返すと第2種永久機関ができるような気がする．このパラドックスを解く鍵は，等温過程 (4) による仕事を計算すると得られる．すなわち，

$$W = \int_{L/2}^{L} p\,dL = k_B T \log 2 \tag{1}$$

Szilard は第2法則を救うためには，悪魔の操作が $k_B T \log 2$ 以上の仕事を要するはずだと考えた．これを情報科学を多少わきまえた現代的な言い方をすれば，分子が左右どちらにあるかは悪魔に取って観測するまで未知であるのでその情報エントロピーは $k_B \log 2$ である．(この部分は後で述べる量子バージョンでより明示的になる．)これを熱力学のエントロピーだと思えば第1法則から $k_B T \log 2$ だけ悪魔が系に対して仕事をしなければならなくなる．その後，1947年に L. Brillouin が，物理的なエントロピーと C. E. Shannon の意味の情報エントロピーを大胆にも同一視して，悪魔

の行う観測にはエントロピーの増大が伴うという主張をして，賛否を含めて多くの物理学者に議論を引き起こした．その中で，R. Landauer[7]とC. H. Bennett[8]の仕事により，悪魔の行う判定は可逆でありエントロピーの発生を伴わないが，判定を行った悪魔のメモリーをリセットするためにエントロピーの発生が起きることを明らかにして，問題の核心がピンポイントされた．ここで肝心なことは悪魔が〈物理的に〉情報処理あるいは計算を行っていることである．計算そのものは可逆であり得る．ただ，サイクルとして繰り返す目的で初期状態に戻る必要があれば，その段階でメモリーをリセットするためにエントロピーを外界に放出する必要がある．

3.2　ジラードエンジンの量子バージョン

Szilardの思考実験の量子バージョンはW. H. Zurek[6]によって為された．簡単に紹介しよう．始状態における分子の状態を表す密度行列 $\tilde{\rho}$ をカノニカル分布：

$$\tilde{\rho}(L) = \frac{1}{Z}\sum_{n=1} e^{-\frac{E_n}{T}} |n><n|$$

$$E_n = \frac{\hbar^2 \pi^2 n^2}{2mL^2}$$

$$<x|n> = \sqrt{\frac{2}{L}} \sin\frac{xn\pi}{L}, \quad (n=1, 2, \cdots)$$

としよう．ただし，m は分子の質量で，$x\in[0,L]$ はシリンダーに沿って測った分子の座標である．Z は分配関数：$Z = \sum_{n=1} e^{-\frac{E_n}{T}}$ である．仕切を入れると，分子の状態は

$$\tilde{\rho}(L) \to \frac{1}{2}\tilde{\rho}_l(L/2) + \frac{1}{2}\tilde{\rho}_r(L/2) \tag{2}$$

と遷移する．ただし，

$$\tilde{\rho}_l(L/2) = \frac{1}{Z_l}\sum_{n=1} e^{-\frac{E_n^l}{T}} |n><n|$$

$$E_n^l = \frac{\hbar^2 \pi^2 n^2}{2m(L/2)^2}$$

$$<x|n>_l = \sqrt{\frac{2}{L/2}} \sin\frac{xn\pi}{L/2}$$

であり，$\tilde{\rho}_r(L/2)$ も $<x|n>_r = \sqrt{\frac{2}{L/2}}\sin\frac{(x-L/2)n\pi}{(L/2)}$ として，同様に定義できる．

ここで悪魔＝検出器の状態を，「分子が左」を表す $|D_l>$「分子が右」を表す $|D_r>$ の2レベル状態としておこう．初期状態としては，たとえば，$|+> = \frac{1}{\sqrt{2}}(|D_l> + i|D_r>)$ を選ぼう．古典的なジラードエンジンに対応する量子状態の遷移は以下のようになる．

（1）　初期状態：

$$\tilde{\rho}(L)|+><+| \tag{3}$$

（2）真ん中に仕切を挿入する．
$$\rightarrow [\frac{1}{2}\tilde{\rho}_l(L/2)+\frac{1}{2}\tilde{\rho}_r(L/2)]|+><+| \tag{4}$$

（3）悪魔が，仕切のどちら側に分子があるかを判定する．
$$\rightarrow \frac{1}{2}\tilde{\rho}_l(L/2)|D_l><D_l|+\frac{1}{2}\tilde{\rho}_r(L/2)|D_r><D_r| \tag{5}$$

このプロセスは測定を必要とせず，ユニタリー変換で行える[*3]．

（4）判定にしたがって，仕切を端まで準静的に移動する．
$$\rightarrow \frac{1}{2}\tilde{\rho}(L)|D_l><D_l|+\frac{1}{2}\tilde{\rho}(L)|D_r><D_r|=\tilde{\rho}(L)\frac{1}{2}[|D_l><D_l|+|D_r><D_r|] \tag{6}$$

（5）シリンダーの状態は元に戻るが，検出器の状態は元に戻っていない．検出器の状態を元に戻す：$\frac{1}{2}[|D_l><D_l|+|D_r><D_r|]\rightarrow|+><+|$ にはエントロピーを $k_B\log 2$ だけ熱浴に放出しなければならない．そのために必要な仕事は，得したはずの分をキャンセルする[*4]．

　上の，第 3 ステップがすなわち計算である．一般に，$|a>|0>\rightarrow|a>|f(a)>$ を $f(a)$ を計算する遷移とみなすが，これがユニタリ変換で可能なことはコロンブスの卵的であるが，すぐ理解できる．他方，第 5 ステップが，悪魔のメモリーをリセットする不可逆過程である．

3.3　量子計算機の歴史

　以上が，量子計算のいわば前史である．これから派生して，可逆（reversible）なプロセスだけで計算ができるか，という問題が 60 年代から Landauer[7] と Bennett 達[8] により議論されて，肯定的に解決された．1980 年に P. Benioff[9,10] が，計算における情報処理量と消費エネルギーの関係を調べて，量子計算ならば計算が可逆なので原理的にはエネルギーを全く消費しないで計算ができることを述べている．R. P. Feynman[1,11] が，晩年，量子計算に熱心だったことは有名である．Feynman は，量子力学的問題には量子計算機のほうが普通の計算機よりも速いはずだと考えていた．この段階までは，量子計算と言っても，$|a>|0>\rightarrow|a>|f(a)>$ のレベルの研究であった．

[*3] この場合のユニタリー演算子は $U=\frac{1}{\sqrt{2}}[1+i\sum_n(|n>_l<n|n>_r<n|)(|D_l><D_r|+|D_r><D_l|)]$

[*4] このプロセスを計 4 回やれば元に戻ると思うかもしれないが，そうではない．続けていくと，途中で $\tilde{\rho}_l(L/2)|D_r><D_r|$ のような状態が現れるが，仕切を「間違った方向」すなわち一分子気体を圧縮する方向になりエンジンは止まってしまう．

しかし，量子計算機を，重ね合わせの原理による並列計算を行う量子チューリングマシンとして明確に定式化したのは D. Deutsch[12] である．重ね合わせを使って，並列的に計算をすると言うことは，上の例で言えば

$$\frac{1}{\sqrt{N}}\sum_{a=0}^{N-1}|a>|> \to \frac{1}{\sqrt{N}}\sum_{a=0}^{N-1}|a>|f(a)> \qquad (7)$$

を行うことである．出力状態が量子的なエンタングルド状態になっていることから，量子並列計算は物理的に非自明なことを行っていると言えるし，後で述べるように量子計算の速さとも関係する[*5]．さらに，D. Deutsch 達は，量子チューリングマシンと現実のハードウェアをつなぐ中間的な概念である量子回路も定式化し，1ビットのユニタリー変換と以下に述べる2ビットの制御 NOT（controlled-NOT）と呼ばれるゲートで任意のユニタリー変換が実行できることを示した[13]．制御 NOT は後で述べるように，エンタングルメントを作る操作をするので，計算するゲートと言っても良い．

しかし，一部の愛好家たちを別にして，量子計算機が何かまともな計算をするとは思われていなかったようだ．それが，1994 年に P. W. Shor が，大きな数の因数分解を圧倒的な速さで実行する量子計算のアルゴリズムを発表した[14]ことで一変し，多くの野心的な人たちが参入するに至った．その後，L. K. Grover[15] によって検索アルゴリズムが発表されて，多くの応用が見出された．いまのところ，独立な量子アルゴリズムはこの2つしか知られていない．この2つについてはあとで簡単に紹介しよう．

なお多くの人が，量子計算機の実現性に疑問を持っているのも事実である．量子的なコヒーレンスをマクロなレベルで保つのが難しいので，デコヒーレンス[16]から生じるエラーに対して，計算機が脆弱であろう，というのである．しかし，ごく最近，誤りをソフトウェアのレベルで訂正する研究が急速に発展している[17~19]．実験的にもいくつかのグループが，量子計算機の素子について成果を発表するようになってきている[20~23]．

このように，量子計算の歴史をみると熱力学上の問題から端を発していて，その概念が確立された今それがいったん捨象されているかに見える．確かに，量子計算機を作る動機として，原理的に発熱しない計算機をあげる人は今は少ない．ただし，将来を考えると，観測のプロセスを厳密に扱う量子情報理論による基礎的な裏付けが必要になると言う意味で，熱力学上の問題に再び回帰すると思える．

3.4　量子計算機とは何か

この辺で，歴史をいったん忘れて，現在受け入れられている量子計算のパラダイムをまとめておこう．

[*5]　A. Aspect の実験で示されたベルの不等式の破れに代表されるところの量子相関の強さが量子計算の速さにどう現れているかは，実はよくわかっていない．

3.4 量子計算機とは何か

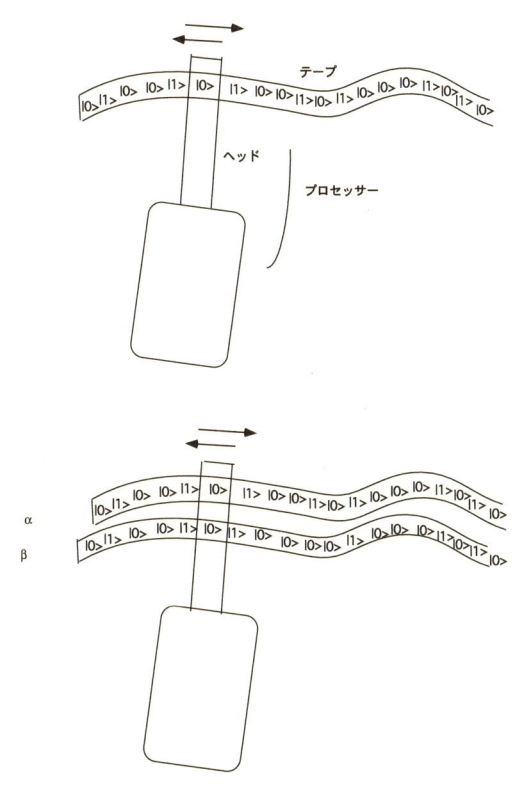

図 2 古典テューリングマシンと量子テューリングマシン

　量子計算機について話す前に，普通の計算機（古典計算機と呼ぼう）がどう動いているか，さらにそもそも「計算」とは何かを整理しておく必要があるだろう．

　古典計算機は，原理的にテューリングマシンという概念的な計算機に帰着される．テューリングマシンはテープとプロセッサーから成り立っており，テープには 0 と 1 の羅列が書き込まれている．プロセッサーにはヘッドが付いていてテープに書いてある数字を読んだり書き換えたりしながら，テープを前後に移動する（図2）．その動きはあらかじめプログラムされている．簡単な例をあげれば，2 を掛けるには，掛けられる数をテープに 2 進法で表しておいて，その末尾に 0 を書き足せばよい．1 を足すには，一番最後の 0 を 1 に，それより下の桁の 1 を 0 に書き換えればよい．

　一般に，はじめにテープに書かれていた 0 と 1 の羅列を初期状態と見なし，書き換えられた結果のテープの 0 と 1 の羅列を終状態と見なしたとき，計算とはそれらの状態間の遷移であるということができる．その遷移の意味付けは上の例のように解釈の問題になる．

計算が可能であるとはチューリングマシンの動きがいつかは停止することであり，近代の論理学の採用しているクライテリオンである．計算が複雑であるとは上記のヘッドの逐次的な動きの回数が多いということである．

量子計算機が古典計算機と違う点は，量子計算機においては可能な状態として $|0>$ と $|1>$ だけではなく（状態であることを強調するためにケットベクトルを導入した），それらの重ね合わせも許すことである．すなわち，α と β を規格化条件，$|\alpha|^2+|\beta|^2=1$ を満たす複素数として

$$|\psi>=\alpha|0>+\beta|1> \qquad (8)$$

なる状態もテープに書き込める．（図2の下にその気持ちを描いたつもりである．）これが物理的に可能であることは，たとえば磁気モーメントをもつスピン1/2の粒子に磁場をかけることを考えればよい．

古典計算機における0と1の「書き換え」は量子計算機においては複素2次元空間のユニタリー変換にあたる．「読み出し」については，もっと本質的な違いが起こる．量子力学の公理によれば，スピンの z 成分の観測を行うと $|0>$ か $|1>$ の状態に遷移し，その確率はおのおの $|\alpha|^2$ と $|\beta|^2$ で与えられる．

$|0>$ と $|1>$ の重ね合わせの状態をとりうるものをキュービット（qubit）と呼ぶ．キュービットを n 個用意すれば，2^n 個の状態の重ね合わせを実現することができる．たとえば，n 個のキュービットをいっせいに90度回転して，0から $N-1=2^n-1$ までを2進法でラベルされた状態 $|a)$ を等しい重みでたしあげた重ね合わせ状態が実現できる．

n ビットの量子計算機は，量子力学の公理の一つである重ね合わせの原理に基づいて，$N=2^n$ 項の重ね合わせの各項を一つの計算機のように扱う．そして，2^n 項をいっぺんにユニタリー変換し，ある演算 $f: a \to f(a)$ をすべての a に対して並列的に行う．すなわち，

$$\frac{1}{\sqrt{2^n}}(|0>+|1>)^n)|0>=\frac{1}{\sqrt{N}}\sum_{a=0}^{N-1}|a>|0> \to \frac{1}{\sqrt{N}}\sum_{a=0}^{N-1}|a>|f(a)> \qquad (9)$$

このテンソル積を使った大量の項に対する量子並列計算こそが，量子計算機の速さの本質的な原因である．ここで，はじめの状態は積で表される状態であったが，計算後は積で表す事のできない「絡まった状態（エンタングルド状態）」になっていることに注意しよう．

3.5 万能量子回路

「歴史」の中で述べたように，D. Deutsch たちは，任意のユニタリー変換が1ビットのユニタリー変換と2ビットの制御 NOT ゲートで実現できることを示した．

制御 NOT は，量子計算において重要な役割を果たす．図3にあるように，2つの

3.5 万能量子回路

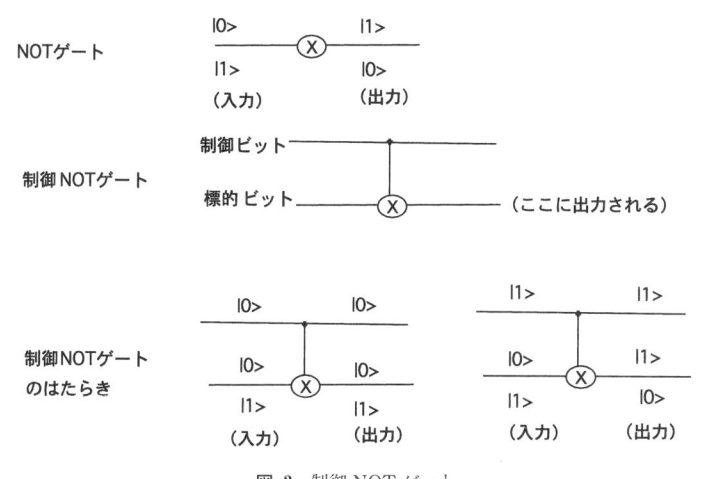

図 3 制御 NOT ゲート

入力ビットのうち一方を制御ビット,他方を標的ビットと呼ぶ.制御ビットを明示するために,黒丸を打ってある.図の左側から入力され,右側に出力される.制御ビットが $|0>$ のときには標的ビットは遷移をおこさないが,制御ビットが $|1>$ のときは NOT ゲートとして働く.言い替えると,制御ビット $|a>$ と標的ビット $|b>$ の入力があれば,標的ビットに $|a+b \bmod 2>$ の出力がある.入力が重ね合わせ状態の場合を考えよう.例として,制御ビットに, $|0>+|1>$,標的ビットに $|0>$ を入力して制御 NOT を働かせた場合の出力は

$$(|0>+|1>)|0>=|0>|0>+|1>|0> \rightarrow |0>|0>+|1>|1> \qquad (10)$$

となり,Einstein-Podolsky-Rosen の対状態[2,3]ができて,確かにエンタングルしている.

ここでもう少し計算らしいことをしてみるために, $a+b \bmod 2$ を量子並列的に計算するアルゴリズムを考えよう.すなわち,

$$|0>|0>|0> \rightarrow \left(\frac{1}{\sqrt{2}}\right)^2 \sum_{a,b=0,1} |a>|b>|0> \rightarrow \left(\frac{1}{\sqrt{2}}\right)^2 \sum_{a,b=0,1} |a>|b>|a+b \bmod 2>$$

$$= \frac{1}{2}(|0>|0>|0>+|0>|1>|1>+|1>|0>|1>+|1>|1>|0>).$$

を行うのである.回路は図 4 に与えておいた.結果は確かに, $0+0$, $0+1$, $1+0$, $1+1$; $\bmod 2$ を並列的に実行しており,積では表せないエンタングルド状態になっている.少し考えると量子並列計算こそエンタングルメントに他ならないことを得心されるであろう.

ただし,このままでは欲しい問題の解を得る確率は小さくなるので用をなさない.

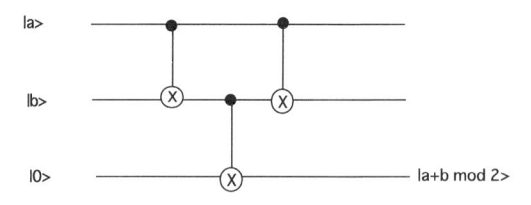

図4　$a+b \bmod 2$ を行う量子回路

必要な項を干渉効果によって増幅させる巧妙なアルゴリズムを発見して，観測する必要がある．実はこの後半部分がインスピレーションを必要とする部分で，問題ごとに工夫をする必要がある．以下に述べる2つのアルゴリズムがその代表である．

3.6 量子計算による因数分解

P. W. Shor が示した因数分解の量子アルゴリズムを詳細に紹介することは紙数の関係で無理であるがそのポイントを物理的な直観に訴えて述べよう．

整数 N を因数分解するには，まずその因数を一つ見つけ，N をそれで割り，あとはこれを繰り返す．因数を見つけるために，N と互いに素であるような N より小さい整数 x を選んで

$$x^r = 1 \bmod N \tag{11}$$

を満たす整数 r を捜す．(x が N と互いに素なので，この方程式は解を持つ．) r が偶数ならば，上の式を少し変形して，

$$(x^{r/2}+1)(x^{r/2}-1) = 整数 \times N \tag{12}$$

を得るので，最大公約数 $\gcd(x^{r/2}+1, N)$ か $\gcd(x^{r/2}-1, N)$ のどちらかが欲しい因数を与える．r が奇数ならば，別の x を選んで偶数が出てくるまで続ければよい．大ざっぱには，確率50パーセントで r は偶数になるので，この試行はすぐ終わる．

さて，$x^r = 1 \bmod N$ を量子計算機で解くのである．ここでは述べないが量子並列を用いた離散的なフーリエ変換[24]と，すでに知られている巾計算 $|a\rangle \to |x^a \bmod N\rangle$ に対するアルゴリズムを用いると，次の重ね合わせ状態を高速で作ることができる．

$$\sum_{a,c=0}^{q-1} \exp\left[\frac{2\pi i}{q} ac\right] |c\rangle |x^a \bmod N\rangle. \tag{13}$$

ここに q は充分大きな2の巾乗にとっておく．二つの状態の量子数を各々測定して，それぞれ c と x^k を得たとしよう．その確率は，量子力学の公理により，

$$\left| \sum_{a=0, x^a = x^k \bmod N}^{q-1} \exp\left[\frac{2\pi i}{q} ac\right] \right|^2 = \left| \sum_{b=0}^{(q-k-1)/r} \exp\left[\frac{2\pi i}{q} brc\right] \right|^2. \tag{14}$$

で与えられる．ここで，$x^r = 1 \bmod N$ を思い出して，拘束条件 $x^a = x^k \bmod N$ は b を整数として $a = br + k$ と解けることを用いた．

rc が q の倍数に近いところでのみ（14）式がピークを持つことは容易に納得できるし，厳密にも示せるので，測定した c の値とはじめから用意した q から，求める量 r を割り出すことができる．rc が q の倍数に近くないところでは，干渉効果のために確率は小さくなり実際上そのような r は観測されない．q を大きくとっておくのは，鋭いピークが欲しいからである．

離散的なフーリエ変換を行うのに，$(\log N)^2$ 回ぐらい，$|a\rangle \to |x^a \bmod N\rangle$ については，$\log N$ 回のゲート数が必要であるので，計 $(\log N)^3$ 回ぐらいで，N の因数を発見することができる．一方，知られている古典計算では，c を 1 のオーダーの正の数として，$\exp\left[c\log N\left(\dfrac{\log\log N}{\log N}\right)^{1/3}\right]$ が最速なので，Shor のアルゴリズムは確かにそれより速い．

3.7 グローバーによる検索アルゴリズム

いま，N 個のファイルがありその中の 1 個だけ「正しいファイル」があるとしよう．問題は，その「正しいファイル」を見付ける速いアルゴリズムを見付けることである．まず，古典の計算では基本的にはファイルを順番に調べて行くしかないのでどうやっても N ぐらいの回数はかかる．これを量子計算では，$\sqrt{N}$ 個のステップで実行する．もちろん，多項式時間 ($\log N$ 程度) のアルゴリズムではないが，この Grover によって見出されたアルゴリズム[15]は次の点で興味深い．第一に，問題に特別な構造がないので量子計算の特徴が見易い．第二に，Grover によるアルゴリズムが量子計算として最適であることが示されている事が重要である．

おおまかな要点を言えば次のようになる．古典計算では，N 個のファイルから 1 個のファイルを見付ける確率は $1/N$ なので，ある 1 個のファイルに対応する状態の確率振幅はその平方根の $1/\sqrt{N}$ であろう．量子計算を繰り返してうまくやれば，「正しいファイル」に対応する状態の確率振幅が，$1/\sqrt{N}, 2/\sqrt{N}, 3/\sqrt{N}, \cdots$ という風に足されていって，全部で $\sqrt{N}$ 回ぐらい行えば，確率振幅が 1 すなわち確率自体も 1 になるだろう，というのである．ここでは，確率振幅という量子力学的な概念がもっとも明白な形で現れている．

まず，始状態として，N 個の状態を等しく重ね合わせた標準的なものを採用しよう．

$$|\phi\rangle = |s\rangle \equiv \frac{1}{\sqrt{N}}\sum_{a=0}^{N-1}|a\rangle. \tag{15}$$

これから，量子計算で捜す「正しいファイルの状態」を $|w\rangle$ としよう．これは，もちろん，上の重ね合わせの中に入っているとしている．この始状態に対して，2 種類のユニタリー変換：$U_1 = 1 - 2|w\rangle\langle w|$，$U_2 = 2|s\rangle\langle s| - 1$ を交互に行う．

U_1 は正しい状態 $|w\rangle$ の位相をマイナスに変える．これは，$f(a)=0, \forall a \neq w$,

$f(w)=1$ という関数をすべての状態 $|a\rangle$ に対して量子並列的に計算して位相 $(-1)^{f(a)}$ を状態 $|a\rangle$ に掛けることを行えばよい．これは本質的には簡単なので，いわば 1 ステップの計算である．$U_2=2|s\rangle\langle s|-1$ は仮に正しい状態が無い場合には始状態を変えない変換である．

U_1 と U_2 が $|w\rangle$ と $|w\rangle$ を含まない $N-1$ 個の状態を等しく重ね合わせた状態 $|r\rangle \equiv \frac{1}{\sqrt{N-1}}\sum_{a=0, \neq w}^{N-1}|a\rangle$ で張られるベクトル空間を不変にすることに留意しよう．そのとき，合成変換 $U=U_1U_2$ は二次元の実ユニタリー変換すなわち二次元回転になるはずである．それを便利な正規直交基底 $\{|w\rangle, |r\rangle\}$ で表現しよう．

簡単な計算によると，二次元回転の行列

$$U = \begin{pmatrix} \cos\theta & \sin\theta \\ -\sin\theta & \cos\theta \end{pmatrix} \tag{16}$$

ただし，$\cos\theta=1-2/N$．

この変換を k 回繰り返せば回転角は k 倍になる．したがって，N が大きいとき $\theta \approx 2/\sqrt{N}$ だから $\frac{\pi}{4}\sqrt{N}$ 回でオーダー 1 の確率振幅が $|w\rangle$ に対して得られる．観測をすれば，十分高い確率で w の値を読みとることができる．

ここからさらに，L. K. Grover の操作 U_2 が基本的な 1 ビットのユニタリー変換と 2 ビットの制御 NOT で「局所的」に構成できることを示す必要があるが，ここでは省略する[*6]．これで，N 個のファイルの中の 1 個の「正しいファイル」を見付けるのに $\sqrt{N}$ 個のオーダーのステップで実行する量子計算のアルゴリズムを示したことになる．ただし，ここでファイル検索と言っているのは比喩的であって，実際には特定の状態の振幅を増幅しているに過ぎない．多分，これ自体では有用性はないので，サブルーティンとして使われるべきものだろう[26]．

3.8 幾何学的量子計算

ごく最近の展開として，特に幾何学的量子計算のパラダイムを挙げたい．それは，基底状態に縮退のある系について，外力を操作して非可換的なベリー位相変換を行うことにより量子計算を行うものであり，デコヒーレンスに対して原理的に堅牢であると期待されている[27]．デバイスに適したものかもしれないし[28]，プログラム的に自然かもしれない．ただし，計算能力としては標準モデルと等価であろう[29]．

1 ビットのユニタリー変換を例に取って，ラビ振動によるものとの違いを説明しよう．ハミルトニアンは

[*6] $U_2=-WS_0W$．ここに W はウォルシュ-アダマール変換で，すべてのビットに対して $|0\rangle \to \frac{1}{\sqrt{2}}(|0\rangle+|1\rangle)|1\rangle \to \frac{1}{\sqrt{2}}(|0\rangle-|1\rangle)$ を行う．S_0 は $|0\rangle|0\rangle\cdots|0\rangle$ にのみ符号を付ける操作．証明はたとえば文献をみて欲しい[25]．

$$H = \begin{pmatrix} 0 & \lambda e^{i\omega t} \\ \lambda e^{-i\omega t} & \hbar_\epsilon \end{pmatrix} \tag{17}$$

$\omega = \varepsilon$ の共鳴条件を満たすときには，波動関数は

$$\psi(t) = \begin{pmatrix} \cos\lambda t \\ -ie^{-i\omega t}\sin\lambda t \end{pmatrix} = \cos\lambda t |0> - ie^{-i\omega t}\sin\lambda t |1>. \tag{18}$$

のように，状態 $|0>$ と $|1>$ の間を振動する．ある時間だけレーザーを照射すれば任意の割合の重ね合わせを実現できる．

一方，外的な力によって非対角成分の大きさを，断熱的にゼロから λ まで増加させると，エネルギーが縮退している $\varepsilon=0$ の場合，断熱定理からはじめ $|0>$ にあった波動関数は

$$\psi = \cos\frac{\theta}{2}|0> + \sin\frac{\theta}{2}|1>, \quad \sin\theta = -\frac{\lambda}{\omega} \tag{19}$$

となる．

A. Ekert たちは，上の操作がデコヒーレンスに強くかつエラー訂正コードに対して fault tolerant な操作ができると述べているが，筆者は確認していない．

3.9 結　　び

量子計算は重ね合わせの原理を用いて，並列的に計算を行い，答えの候補の状態の重ね合わせを生成する．候補をその中から絞るには干渉効果などをもちいて正しくないものをかなり大幅に消しておく．そうして，少数の候補を観測しては検算し，正しいものに出会うまで繰り返す．量子計算は確率的な計算なので，量子計算機は，組み合わせ論的に複雑ではあるが，検算が容易な問題（NP 問題）を得意とする．

量子計算機を動作するための論理ゲートとしては1ビットのユニタリー変換と2ビットの制御-NOT があれば十分である．前者が重ね合わせを作り制御し，後者が状態のエンタングルメントを引き起こし，計算を実質的に担う．

量子計算を広くとらえて量子情報処理と考えると量子的なエンタングルメントの操作ということになるが，そこでは情報量とエントロピーという熱力学上の深い問題と正面切って向かい合うことになる．その深い理解のためには，有名なアスペの実験で代表されるように量子状態を実験的に操り，情報を引き出したり転送する必要がある．ただ自然にあるがままのものを，せいぜい純粋にしてその性質を調べるだけでは不十分なのである．この点において，量子力学の基礎というもっともアカデミックな研究課題が，量子計算機という極めて工学的なものへと直接結びつける根本的な原因になっている．逆に，量子計算機を作るという夢は，同時に量子力学，熱力学と情報科学の深い理解と繋がっているともいえる．このように，量子計算機の実現は技術的

な大きな挑戦である．多分，まだ知られていない新しいアイデアがいくつも必要なのだろう．その一つひとつが基礎科学にまたフィードバックしていくに違いない．

量子計算のレビューとして筆者が目を通したものを4つ挙げておこう[30~33]．

(筆者＝ほそや・あきお，東京工業大学教授．1946年生まれ．1969年東京大学理学部卒業)

参考文献

1) R. P. Feynman : *Feynman Lectures on Computation*, eds. A. J. G. Heyand and R. W. Allen (Addison-Wesley, 1996). 原 康夫ほか訳『ファインマン計算機科学』(岩波書店, 1999)
2) A. Einstein, B. Podolsky and N. Rosen : Phys. Rev. **47** (1935) 777.
3) A. Peres : *Quantum Theory* : *Concepts and Methods* (Kluwer Academic Publishers, 1993). 大場一郎・中里弘道・山中由也訳『ペレス 量子論の概念と手法』(丸善, 2001).
4) L. Szilard : Z. Phys. **53** (1929) 840.
5) H. S. Leff and A. F. Rex : *Maxwell's Demon* : *Entropy, Information and Computation* (Princeton University Press, Princeton, 1990).
6) W. H. Zurek, Leff and Rex : *ibid.*, 249-259, reprinted from Frontiers of Nonequilibrium Statistical Physics, G. T. Moor, M. O. Scully, eds. (Plenum Press, New York) 151-161.
7) R. Landauer : IBM J. Res. Dev. **5** (1961) 183 [R.ランダウアー：パリティ **6** (1991) 30].
8) C. H. Bennett : Int. J. Theor. Phys. **21** (1982) 905.
9) P. Benioff : J. Stat. Phys. **22** (1980) 563.
10) P. Benioff : Phys. Rev. Lett. **48** (1982) 1581.
11) R. P. Feynman : Found. Phys. **16** (1986) 507.
12) D. Deutsch : Proc. Roy. Soc. London **Ser. A** (1985) 40096.
13) A. Barenco, C. H. Bennett, R. Cleve, D. P. DiVincenzo, N. Margolus, P. Shor, T. Sleator, J. Smolin and H. Weinfurter : Phys. Rev. A **52** (1995) 3457.
14) P. W. Shor : in Proceeding of the 35 th Annual Symposium on Foundation of Computer Science (IEEE Computer Society Press, Los Alamits, CA, 1994) pp. 116-123.
15) L. K. Grover : Phys. Rev. Lett. **79** (1997) 325.
16) W. H. Zurek : Physics Today **44** (10) (1991) 36.
17) A. R. Calderbank and P. W. Shor : Phys. Rev. A **54** (1996) 1098.
18) A. M. Steane : Phys. Rev. Lett. **77** (1996) 793.
19) D. P. DiVincenzo and P. W. Shor : Phys. Rev. Lett. **77** (1996) 3260.
20) C. Monroe, D. M. Meekhof, B. E. King, W. E.Itano and D. I. Wineland : Phys. Rev. Lett. **75** (1995) 4714.
21) J. I. Cirac and P. Zoller : Phys. Rev. Lett. **74** (1995) 4091.
22) Q. A. Turchette, C. J. Hood, W. Lange, H. Mabuchi and H. J. Kimble : Phys. Rev. Lett. **75** (1995) 4710.

23) I. L. Chuang, N. Gershenfeld and M. Kubinec: Nature **May 14** (1998).
24) 細谷暁夫：パリティ，12月号 (1996) p 50.
25) 「グローバーのアルゴリズム」，数理科学 No. 424 (October, 1998) 29.
26) A. Carlini and A. Hosoya: Phys. Rev. A **62** (2000) 032312.
27) A. Ekert, M. Ericsson and P. Hayden: quant-ph/0004015.
28) Y. Nakamura, Yu. A. Peshkin and J. S. Tsai: Nature **389** (1999) 786. ごく最近，この仕事を発展させた D. Vion 達の結果によればデコヒーレンス時間がマイクロ秒までのびた．
29) P. Zanardi and M. Rasetti: Phys. Lett A **264** (1999) 94; M. Freedman, M. Larsen and Z. Wang: quant-ph/0001108.
30) A. Ekert amd R. Jozsa: Rev. Mod. Phys. **68** (1996) 733.
31) 細谷暁夫：量子コンピュータの基礎 SGC 4 (サイエンス社, 1999).
32) J. Preskill: *Lecture Notes : Quantum Information and Computation.* http://www.theory.caltech.edu/people/preskill/ph 219
33) M.A. Nielsen and I. I. Chuang: *Quantum Computation and Quantum Information* (Cambridge University Press, Cambridge, 2000).

II 素粒子物理

4. くりこみ理論の誕生

伊 藤 大 介

　21世紀を迎えたいま，20世紀後半の素粒子の発展の出発点であったくりこみ理論の誕生について思い起こすことは，意義があることと思います．先ずその誕生の時期が第二次世界戦争終結（1945）直後であり，久しく連絡が全く途絶えた日米両国で独立に進行したことであり，特に日本について言えばどん底の社会状況のなかで，一人の優れた研究者Tomonaga（朝永振一郎）の指導するグループから生まれたこと等など，全く驚異的な出来事ですが，その思い出や意義に就いては人さまざまと思います．私に最も興味あるのは，日本ではどのような思考過程を経て，くりこみ理論に到達したかという事です．くりこみ理論の誕生とは，くりこみという処方が可能であるということの発見を意味します．これは，いま考えるほど簡単なことではなく，一朝一夕にして達成できたことだとは思えません．そこにはTomonagaの，理化学研究所入所（1932年，26歳）以来一貫した，深い洞察に導かれた徹底した追求があったと思われます．これについて私が知り得たことを述べて見たいと思います．（師を呼び捨てにするようでいやなのですが，以後Tomonagaをやめ朝永と書きます．）

4.1　朝　永　以　前

　この1932年は，発見の年ともいわれ，多くの重要な発見がなされた年です．理論関係でも，場のSchrödinger方程式のFock表現，Diracの多時間理論，陽電子論の発見がありましたが，これらの発見はどれも後年の朝永理論の展開と重要な関係があります．これらについて述べるには，当時の歴史を簡単に覗いておくのが便利です．
　ちょうど一世紀前，よく知られているように，作用量子が発見されました．空洞輻射場のエネルギーは，そのベクトル・ポテンシャル A の適当なFourier展開により，調和振動子のエネルギーの和の形（a は偏極，s は波数ベクトル）

$$E = \sum_{\alpha=1,2} \sum_{s}^{\infty} \frac{\omega_s}{2}(P_{as}^2 + Q_{as}^2) \tag{1}$$

に変形され，これが温度 T の熱源と平衡にあり，等分配則が成り立つとすれば，これは直ちにRayleigh-Jeansの式となり，理由は分からないが，

$$\sum_{a,s} \frac{\omega_s}{2}(P_{as}^2 + Q_{as}^2) = \sum_{a,s} \hbar \omega_s n_{as} \tag{2}$$

と仮定すれば，実験と良く会うPlanckの式が得られることが解りました．これが作用量子の発見です．ところでこの式は調和振動子の量子論の固有値方程式

$$\frac{\omega_s}{2}(P_{as}{}^2+Q_{as}{}^2)\psi=\hbar\omega_s\left(n_{as}+\frac{1}{2}\right)\psi \tag{3}$$

と同じ形をしているので，Planck の式を得るための仮定，即ち，光量子の仮定は輻射波の基準振動を量子化すれば得られることが解ります．この量子化によって輻射波の振幅は演算子になり，新たにこれが作用する確率振幅 ψ が現れてきます．これが量子電磁気学の誕生で，作用量子の発見から 27 年の後です．その間は「量子現象の現象論」（前期量子論）の時代といえましょう．量子電磁気学の誕生から 3 年後 (1930)，この理論でも自己エネルギーの発散の困難が現れ，その排除に多くの試みがなされました．このとき，自己エネルギーの発散のみにとらわれず，理論の展開の過程で，発散がどんな起こり方をするか，いわば，「無限大の現象論」を推し進め，くりこみ理論に到達したのが朝永です．現在はくりこみ理論によりこの困難を回避することができます．くりこみは必ずしも最終理論ではないかも知れませんが，くりこみ誕生 (1947) に到るまでの「無限大の現象論」は非常に教訓的でした．朝永の成功は，この独特な「無限大の現象論」と「無限大の運動学（特殊相対論）」によるものと思われます．

1927 年 P. A. M. Dirac が始めたこの量子化された波の理論は，物質波に適用して物質粒子の集団を記述することもできます．但し同種粒子の状態の数え方（統計）の差によって量子条件が変わることに注意しなければなりません．

1929 年 Heisenberg-Pauli (HP) は，この考えを電磁場と相互作用する Dirac 電子の系に適用して，相対論的な量子電気力学を建設したのですが，相互作用のある場合の量子条件が Lorentz 条件と馴染まず，かなり強引に量子化した感じでした．同じく 1929 年 E. Fermi は Lorentz 条件のその時間微分を，系の確率振幅 ψ に対する制限条件（付加条件）と考え得ること，そして適当なユニタリー変換 $\psi=e^x\phi$ によってこの制限を受けない状態 ϕ に移れること（付加条件の消法），そしてこれによって系の Schrödinger 方程式 $(\hbar=c=1)$

$$i\frac{\partial\psi}{\partial t}=(\bar{H}^0_{\text{電磁場}}+\bar{H}^0_{\text{電子}}+\bar{H}'_{\text{相互作用}})\psi \tag{4}$$

は

$$i\frac{\partial\phi}{\partial t}=(\bar{H}^0_{\text{光子}}+\bar{H}^0_{\text{電子}}+\bar{H}'+\bar{H}^c)\phi \tag{5}$$

となることなどを示しました．ここで $\bar{H}^0_{\text{光子}}$，$\bar{H}^0_{\text{電子}}$，$\bar{H}'$，$\bar{H}^c$ はそれぞれの光子（横波）のみ，電子のみ，光子-電子相互作用，電子間クーロン相互作用の Hamiltonian です．これにはもはや，HP の時の様な面倒は起こりません．この方程式を摂動法で解いた最初の近似は実験と良く一致するのですが，さらに良い結果を得るために，次の近似を求めると多くの場合発散が現れます．電子の自己エネルギーがその一例です

(1929, 1930). 小さいはずの補正が無限大では近似法は無意味です. この問題を上手に回避して高次近似まで計算できるようにしたのが, くりこみ理論です. また Fermi の Hamiltonian は一見して相対論的に不変かどうか明瞭ではないのですが, (4.2) 式を摂動で結合定数の 2 次まで解き, 電子散乱の散乱行列を計算すれば相対論的に不変な Møller の散乱式が得られるなど, 内容的には相対論的な量子電気力学が得られているはずなのです. しかし無限大が現れたとき, その相対論的意味 (物理的意味役割) を知るためには, 計算のどの段階でも相対論的不変性がはっきりしているような理論形式 (いわば無限大の運動学) が必要になってきます. これに答えたのが後の超多時間理論です. 以上が朝永が理研に入る頃までの歴史のあらましです.

4.2　発散の現れ方を探るいろいろの試み

さて前にも述べたように, 朝永が理研に入った 1932 年, Dirac は一風変わった理論 (多時間理論) を発表しました. この論文が仁科芳雄先生のお目に止まり, 朝永先生にその研究を命ぜられたのです. 先生はこの理論から Klein-仁科の式が得られるかどうか確かめられましたが,「計算を終わりまでやって見るまでもなく, HP と内容的に何ら異ならないことが分かった」そうです. そして「学会で前の席の偉い先生方の間で『この理論を発展させたら当面の困難を解決できるかも知れない』という論議をなされていたので,『そんなことしても何もでてきませんよ』と言ったら, オッカナイ顔で睨まれ」たというお話も伺いました. こういう期待がもたれたものも, Dirac が用いたモデルが簡単過ぎたからかも知れません. 同年 Dirac-Fock-Podolsky (DFP) は電磁場と相互作用する N 個の電子系について, 多時間理論を詳しく定式化し, この理論が HP と同等であることを示しました. その内容については後で述べます.

1932, 1934 年に, Dirsc の陽電子論の論文が現れました. 仁科先生は朝永先生に理研のコロキウムでその紹介を命ぜられたのです. 朝永は「ドイツへ行く少し前のことで (1934 年), このことが私が電子の無限大の問題に取り組む契機になった」と述懐されています.

そこでまず無限大の電子の自己エネルギーが散乱問題にどのようにきいてくるか, Fock 空間を使って解いてみることから始めました. 電磁場を量子化したとき現れた確率振幅 ψ は光子の集団の状態を記述するはずですから, ψ は, 光子がない場合, 一つある場合, 二つある場合, … の確率振幅 $\psi_0, \psi_1, \psi_2, …$ を成分とする (縦にならべた) 表示 (Fock 表示) がありうる. これを輻射場の固有値方程式 (3) に代入すれば確かに満足されます. もし輻射場が電子と相互作用するときは, 相互作用のハミルトニアンは光子の生成・消滅演算子が含まれているので, ψ の成分 ψ_n に混じり合いがおこり, 固有値方程式は成分間の無限次元連立方程式になります. これが

4.2 発散の現れ方を探るいろいろの試み

Schrödinger 方程式の Fock 表示です．この方程式はこのまま解くのはむつかしいが，光子の個数を制限すれば纏まった解が得られます．このとき発散が現れてもそのままにして進みます．この解を結合定数の冪で展開すれば摂動でといた解が得られますが，発散も無限の先まで現れます．発散の現象論に出発した訳です．然しその論文は発表されませんでした．その理由は聞いていませんが，留学が迫ったからかも知れません．この論文が発表されたのはドイツから帰国後おくれて 1940 年になってからです．Heisenberg の 40 歳記念誌に準備したもので，内容は核子-中間子場に置き換えていますが，留学前に電子-電磁場についてやったのと全く同じものだそうです．

ノーベル賞講演で朝永は「場の反作用の重要性を教えてくれたのは，Heisenberg である」という意味のことを言っています．また次のように語られたことがありました：

「ドイツに留学し，前半は核物質の研究を仕上げ，後半について Heisenberg に相談した所，かれは『中間子について人々は摂動論をつかっていろいろ言っているが，あれは皆，信用できない．場の反作用が結論をガラリと変えてしまうはずだ』といって彼は私に発表前の論文のゲラ刷をくれた．ということは，『これを（彼の大まかな理論を）もっとキチンとやれ』といふことだったのかもしれない．このとき私は留学前に Fock 空間でやったことを思いだした」

このことから，核子-中間子系のような強い相互作用の場合には，相互作用定数の逆冪に展開するという近似法があることに気づかれたらしい．いわゆる強結合理論です．強結合の場合，静止している核子と最も強く結合している中間子場の成分を取り出して考えることができます．実際にこれを取り出す運動学的操作はモデルによっては複雑ですが，ここで重要な逆冪展開の機構は系のエネルギー固有値方程式が

$$E\psi = \frac{\omega}{2}\left[P_r^2 + \frac{L^2}{Q_r^2} + Q_r^2 - 2gJ_rQ_r\right]\psi$$
$$= \frac{\omega}{2}\left[P_r^2 + (Q_r - gJ_r)^2 - g^2J_r^2 + \frac{L^2}{Q_r^2}\right]\psi \quad (6)$$

と書けることによります．ここで変換 $Q_r \to Q_r' + gJ_r$ を行えば，右辺は

$$E\psi = \frac{\omega}{2}\left[P_r^2 + Q_r'^2 - g^2J_r^2 + \frac{L^2}{(gJ_r + Q_r')^2}\right]\psi$$
$$= \frac{\omega}{2}\left[-g^2J_r^2 + (P_r^2 + Q_r'^2) + \frac{L^2}{g^2J_r^2} - 2\frac{L^2}{(gJ_r)^4}Q_r'^2 + \cdots\right]\psi \quad (7)$$

となります．「相互作用定数の逆冪に展開」などと言う奇異な辞句も，最強の相互作用を上の変換で消去した（近似的に解いた）残りが逆冪に展開できるということに他ならないことが解ります．展開の第 1 項では強い相互作用は回転半径として現れている．強結合理論で核子の励起状態が比較的低レベルとして現れることのモデルとして重要です．

おなじ手法は赤外異変の処理や，後にはくりこみ理論の展開にも役だち，Bloch-Nordsieck 変換とよばれています．朝永の帰国の頃に出た論文ですが，「Bloch-Nordsieck (1937) をドイツで読んだ記憶はない」そうです．

欧州の風雲急になり，この仕事は帰国後ゆっくり仕上げようと思って帰ったら，G. Wentzel (1939) に先を越されていた．然しそのお返しが中間結合の理論となって現れた．この理論は個数を制限した Fock 表現の場の方程式を数値的に解き，弱結合の摂動解と Wentzel の強結合解を内挿する理論です．

4.3 超多時間理論

帰国後の朝永は中間結合の理論を開発し発展させると共に，Dirac の多時間理論を超多時間理論に拡張し，場の理論を完全に相対論化することに成功しました．さきに述べた Dirac-Fock-Podolsky (DFP) は，電磁場と相互作用する N 個の電子系の方程式

$$i\frac{\partial \phi}{\partial t} = \left[\bar{H}^0_{電磁場} + \sum_{s=1}^{N}(H^0_s + H'_s) \right]\phi \qquad (8)$$
$$H^0_s = \alpha_s\rho_s + \beta_s m_s, \quad H' = -c\alpha^s_\mu A^\mu(\pi_s t)$$

から出発します．まずユニタリー変換によって電磁場の相互作用表示に移れば，(8) は

$$i\frac{\partial \phi(t)}{\partial t} = \sum_s [H^0_s + H'_s(t)]\phi(t) \qquad (9)$$

となります．この方程式を時間依存の摂動法で解くため，さらに変換 $\phi = \exp(-i\sum_s \bar{H}^s_s t)\phi'$ により電子も相互作用表示に移せば，(10) は

$$\alpha_\mu(t) = \exp[i\sum_s H^0_s t]\alpha_\mu \exp[-i\sum_s H^0_s t] \qquad (10)$$

とおいて

$$i\frac{\partial \phi'(t)}{\partial t} = \sum_s H''_s(t)\phi'(t) = -e\sum_s \alpha^s_\mu(t) A^\mu(\pi_s, t)\phi'(t) \qquad (11)$$

となり，これを逐次代入法で展開すれば

$$\phi'(t) = \left[1 + \sum_s \int_{-\infty}^{t} -iH''_s(t')\,dt' - \sum_{ss'}\int_{-\infty}^{t}dt'\int_{-\infty}^{t'}dt''\,H''_s(t')H''_{s'}(t'') + \cdots\right]\phi'(0)$$
$$(12)$$

となります．これから，例えば電子-電子の散乱振幅を求めるため，電磁場についてこの式の真空期待値をとれば，時刻の異なる 2 点 x, x' における場の真空期待値 $\langle A_\mu(x), A_\nu(x')\rangle_0$ が現れ，これが散乱ポテンシャルのような遠隔作用のポテンシャル (propagater) の役目をしています．この関数は場の交換関係から導かれますが，相互作用表示（自由場）の場合には，この交換関係は良く知られていて

$$[A_\mu(x),\ A_v(x')] = g_{\mu v}\varDelta(x-x')$$
$$i\varDelta(x) = \frac{\delta(|r|-t) - \delta(|r|+t)}{4\pi|r|} \tag{13}$$

です．この右辺は光円錐状で特異な関数ですから，散乱ポテンシャルも Møller 散乱のような遅滞現象も記述できる不変な関数になります．これが Dirac が，簡単な模型でやって見せたことと本質的に同じですが，これはまた相対論的不変性が一目瞭然な後年の R. P. Feynman, F. Dyson の S-行列と同じ手口です．Dirac の魂胆や相互作用表示の役割がだんだん見えて来ました．

積分結果が相対論的に不変というだけでなく，方程式そのものを不変にしたいので，ここで Dirac は電子ごとに時間 t_s を付与し，(9) をバラした形の $\phi''(t_1, t_2, \cdots, t_n)$ に関する一組の方程式，

$$i\frac{\partial \phi''}{\partial t_s} = [H_s^0 + H_s'(t_s)]\phi'' = H_s(t_s)\phi'' \tag{14}$$

をもって（多時間）理論の基礎方程式にしよう，という大飛躍をします．理由は (14) が各電子の Dirac 方程式に外ならないので，相対論的不変だからです．しかし一つの関数 ϕ'' についての多くの方程式が一意的な解をもつためには

$$[H_s(t_s),\ H_s(t'_s)] = 0 \tag{15}$$

なる条件（積分可能条件）が満足されなければなりません．これはどの電子も他の電子を頂点とする光円錐の外側にあるような配置（空間的配置）のとき満足され，空間的配置を保ったままの変動による ϕ'' の変動は，(14) の解として一意的に決まります．また (14) の両辺を加え合わせた

$$i\sum_s \frac{\partial \phi''}{\partial t_s} = \sum_s H_s(t_s)\phi'' \tag{16}$$

で全ての $t_s = T$ とおいたものは (9) に一致し，もとの HP 理論に戻ります．

付加条件も ϕ'' に対する条件ですから，$\partial_\mu A^\mu$ も $i\frac{\partial}{\partial t_s} - H_s(t_s)$ と可換でなければなりませんが，実は可換ではありません．しかし

$$[\partial_\mu A^\mu - e\sum_s \varDelta(x-x_s)]\phi'' = 0 \tag{17}$$

のように修正すれば可換になります．

Dirac 等の論文はここまでで，その消去まではやっていません．その消去が戦後朝永グループのくりこみへ向かっての第一歩でした．

Dirac の多時間理論の欠陥は電子の数を保存する形式を用いたことです．電子対の生成消滅まで取り扱うには，電子も量子化された電子波で記述せねばなりません．そのため HP に戻り (4) を

$$\psi = \exp[-it(\bar{H}^0_{電磁場} + \bar{H}^0_{電子})]\phi \tag{18}$$

によって相互作用表示に移せば

となります。これを多時間理論の場合の (14) とくらべれば和 $\sum_s$ には積分 $\int dv$ が対応することが分かります。そこで多時間理論に倣い点 r ごとに時間 t を付与し (14) で (9) をばらしたように

$$i\frac{\partial \phi''}{\partial t_r} = \bar{H}'(x)\varDelta v_r\, \phi'' \tag{20}$$

と書けば、(9) に対応して

$$\sum_r \left[i\frac{\partial}{\partial t_r} - H'(rt_r)\varDelta v_r\right]\phi'' = \sum_r \varDelta v_r \left[i\frac{\partial}{\varDelta v_r \delta t_r} - H(x)\right]\phi' \tag{21}$$

と書けます。多時間理論でこれに対応する式と見比べて

$$i\frac{\partial \phi''}{\varDelta v_r \partial t_r} \to i\frac{\delta \phi''}{\delta \sigma(x)} = H'(x)\phi'' \tag{22}$$

が得られ、これが多時間理論の Schrödinger 方程式に対応します。σ を、その上のどの 2 点をとっても空間的配置にあるような曲面 (空間的曲面)、$\dfrac{\partial}{\delta \sigma(x)}$ を点 x における時間微分に対応する汎関数 $\phi(\sigma)$ の変分と考えれば、これは連続無限個の粒子の系 (量子化された波) に対する多時間理論の Schrödinger 方程式であり、超多時間理論の Schrödinger 方程式 (朝永-Schwinger 方程式) と呼ばれています。この変分方程式が一意的な解をもつためには多時間理論同様

$$[H'(x), H'(x')] = 0, \quad (x-x')^2 \geq 0 \tag{23}$$

でなければなりません。この理論は 1943 年理研彙報 (邦文) に発表されました。

4.4 朝永ゼミ

朝永は 1941 年 (昭和 16 年) 東京文理科大学教授に就任しました。この年 12 月 8 日真珠湾攻撃があり、太平洋戦争が始まったのです。戦争が激しくなり、海軍島田研究所で磁電管や立体回路の研究に従事しました。これらの研究は戦後に邦文と欧文で発表、前者に対して学士院賞 (1948) を受けることになりました。

終戦の前年 (1944) 東京帝国大学講師を兼ね、東大で素粒子論の講義をしました。講義終了後、木庭二郎、宮本米二、早川幸男、福田博らは、朝永を囲んで"遥称"愚問会なる談話会をもったのです。これが所謂朝永ゼミの始まりです。連日の空襲下、メンバーの招集などに耐え良く続いたものです。

1945 年 8 月、戦争は終わりました。翌年初めから朝永ゼミは文理大の朝永研究室に移ります。毎週金曜日午後、東大から木庭二郎、宮本米二、早川幸男の三方が朝永研究室に現れるとゼミが始まる。文理大側からは宮島龍興先生はじめ永田恆夫、後藤 (金沢) 捨男、田地隆夫の諸氏が参加されました。私も加えて載いたのはこの頃です。W. Heitler の輻射の量子論から始まったというこのゼミは DFP の多時間理論の研究

討論中でした．この頃，既に付加条件の消去について先生のユニークなアイデアに基づいて木庭，宮本，早川の研究がはじまり，超多時間理論を，電磁場-中間子系に適用（具体化）する後藤の研究がはじまっていました．セミナーの方は多時間理論から超多時間理論へすすみ，回を重ねるにつれて次第に新しい研究の発表討論会になってゆきました．

前にも (17) として述べましたが，DFP は付加条件

$$\left[\partial_\mu A^\mu - e\sum_s \Delta(x-x_s)\right]\phi'' = 0 \tag{24}$$

を求めていましたが，その消去まではやっていません．「これを相対論的不変な方法で消去せよ」というのが宮本，早川が取り組んだ問題です．朝永先生の方法を適用して得られた結果を宮本さんがセミナーで発表されました．「走っている電子については，付加条件消去後，Coulomb ではなくて，Lienard-Wiehert ポテンシャルが自然に現れる」ことを示したときには，相対論的不変な理論の威力に圧倒されました．

木庭さんと田地さんは超多時間理論の基礎方程式を電子-電磁場の系に具体化し，量子電気力学の体系を再構成するという大仕事を完成されました．これが今日の標準的な量子電気力学です．この木庭・田地・朝永の論文によって戦後の典型的な相対論的場の理論ができたといえるでしょう．ところが中間子-電磁場の相互作用のハミルトニアンはそのままでは積分可能条件を厳密には満足しません．x, x' が空間的に有限距離であれば満足しますが，距離ゼロの極限で（先生の当時の言葉では「相隣る点」で）満足しないのです．異常は空間曲面上の「相隣る2点」に依存する，対称性を考慮すれば「空間曲面の法線」によるのです．ハミルトニアンに法線に依存する項を補って異常を除くという先生のアイデアは有効でした．後藤さんの大変なご努力により，中間子-電磁場系への具体化は完成されました．こうして超多時間理論は多くの人々によって，いろいろな場に具体化されて行きました．

具体化が終わるころ，セミナーでは赤外発散の論文が系統的に読まれました．今まで量子場の理論の遷移行列要素が波数無限大でおこす発散（紫外発散）が問題でしたが，赤外発散は電磁場の場合，制動輻射の微分断面積が波数ゼロ（赤外）で発散する現象です．波数ゼロに限りなく近い光子 (soft photon) の放出吸収に対しては電子の電流は C 数と見なせるので，Bloch-Nordsieck (BN) は変換により soft photon との強い相互作用の効果を無限次までとりいれると，赤外発散は消えてしまうことを示しました．それどころか近似の適用外ででる紫外発散も消えます．Pauli-Fierz は BN が無視していたエネルギー保存則をとりいれて計算すれば赤外発散は消えるが，紫外発散は消えないことを示しました．紫外発散をまともに（近似なしに）調べる必要があります．これをやったのが S. M. Dancoff です．

例のセミナーでは朝永先生みづからこの論文を紹介され，この系統のセミナーは終

わりました．

4.5 C中間子論が示唆したこと

朝永研究室が大塚から新宿区大久保の旧陸軍の研究所跡へ移り，戦後のひどい住宅事情のため，先生はご家族とともに一時，元射撃実験に使ったらしいトンネルが貫いている実験小屋に住まわれました．当時は，学生も皆住めそうな所を探しては住んでいました．馬場一雄さん（現奈良女子大名誉教授）と私は低温実験室跡に住みついた．こんなひどい部屋にも夕食後など時々先生がお見えになることがありました．引っ越し間もないあるとき，いろいろ面白いお話の後，「名古屋の坂田くんが例のC-メソンで電子の自己エネルギーが有限になるといって得意になっているが，動的な散乱問題の無限大までうまく行くかねえ．木庭君もやってみると言っていたが君たちもやってみないか」という宿題をだされた．その昔，H. Poincaréは，電子は電磁自己エネルギーのため不安定で，電磁力以外の凝集力がないかぎり安定にはなれないことを示しました．坂田昌一先生は電子の凝集力の働きをするものとして中性中間子Cを考え，これをC-中間子と呼び，これらと電子の相互作用のハミルトニアンを

$$H_e' = ie\overline{\phi}\gamma_\mu\phi A^\mu$$
$$H_f' = f\overline{\phi}\phi C \tag{25}$$

として電子の自己エネルギーを計算すれば，結合定数 e, f の間に

$$2e^2 = f^2 \tag{26}$$

なる関係があれば発散が打ち消し合うことを示されたのです．朝永先生の宿題は「C-中間子が，例えばDancoffが計算したような，散乱の補正に現れる発散まで打ち消すことができるかどうか」ということです．現代語で言えば「vertex partの電磁場及びC-メソンによる二次の輻射補正を求めよ」ということで，もちろん当時まだ存在しなかったFeynmanグラフでいえば，図1に対応するS-行列要素を計算せよということです．今の技術なら簡単で，素粒子の教科書にも載っていますが，超多時間

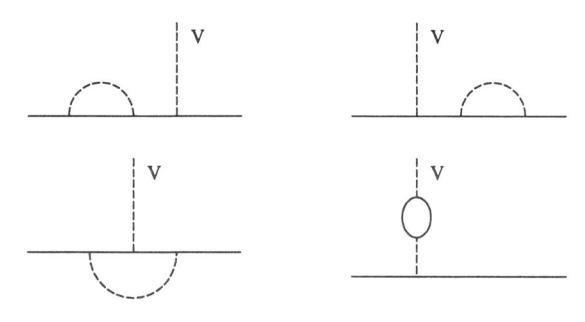

図1

理論は具体化されたものの，その共変な積分法は十分間に合っていないので，計算法となると，例の付加条件を消去した歪んだハミルトニアンと古い摂動論です．大変な計算になるだろうが，相互作用のハミルトニアンの行列要素はみな分かっているのでできるはずだという訳で，先生に教わりながら，四五日夜更かして計算したのですが，名古屋流の条件では発散が消えないので仕方なく結果を先生に提出しました．次の金曜日セミナーがはじまるまえ，木庭さんが私たちの汚い低温実験室においでになり計算結果を見せて下さいました．矢張り名古屋流の条件では発散は消えないという結論でした．発散が消えるためには，

$$\frac{7}{9} 2e^2 = f^2 \tag{27}$$

ではなくてはならないことが分かったのです．「散乱ではC-中間子ではだめだ．それならそれで仕方がない」というわけで，結果はプログレスに発表され，木庭さんが学会で講演されました．

ここでの不衛生な生活がたたって，すっかり体調を崩し，冬休みは早めに郷里に帰っていたある日，木庭さんからお葉書を戴いた．「実は大変なことがおこったのです．私達の計算で図（省略）のような過程が見落とされていることを先生からご注意を受け，これを入れて計算すると名古屋流の条件で発散が消えます」という意味のことが書かれてありました．簡単な項なので実際，計算したら係数2/9がで出てくるではありませんか．では先生はどのようにしてこの見落としを発見されたかといいますと，この，散乱の補正の計算が終わった頃，朝永先生は超多時間理論で散乱の補正を求める方法を開発しました．例の接触変換により外場の補正を求める方法です．これを結合定数の冪に展開すれば，その二次の項（多重交換子）には二次の補正が漏れなく含まれているはずです．そして生成演算子を左へ移すやりかたで遷移過程に分解してみたら見落としがあったというわけです．駄目だと思った坂田のC-メソンは電子の自己エネルギーのみらなず散乱でも大成功でした．

4.6 くりこみ理論へ

同時に重大なのは，C-メソンが電子の電磁自己エネルギーの無限大を打ち消したのと同じ条件で電子の散乱の電磁補正に現れる一部の無限大をも打ち消す，ということは，両無限大は無関係ではないことを示唆していることです．すなわち自己エネルギーの発散と散乱の補正の発散は同じ機構によるものかも知れません．これは電磁補正の計算を調べればわかるはずのことです．これは朝永が理研のはじめからの意図してきたことであり今それが実現できる準備ができたと考えられます．先生は「C-メソンでうまくいくなら，くりこみという手もある．そこでパッと切り替えた」と言われましたが，その通りだったと思います．学会から一月くらいで間違いの訂正とくり

こみの第一報論文がプログレスに発表されました．これが日本に於けるくりこみ理論の誕生です．以後の発展については本稿の範囲ではないとしましょう．

くりこみ理論が Lamb シフトや電子の異常磁気モーメントの実験と驚くべき一致を示し，発散に阻まれて攻撃不能だった領域の開発に Schwinger 積分法や Feynman の直観的方法が威力を発揮する一方，ゲージ不変性の破れ，不定性などの問題が現れた．これら基礎的未解決問題の攻撃中のまま 1949 年，朝永は R. Oppenheimer の招きによりプリンストン高級研究所へ渡ることになりました．

さて，アメリカでのお仕事のプレプリントが送られてきました．当然，世界的流行中の「輝かしきくりこみ理論の決定版」かと思ったら F. Bloch の音波の理論についてでした．「1 次元の Fermion 集団がある条件のもとで量子化された密度波になる」というこの理論は光の中性微子説に関係あるとはいえ，プラズモンや人参の赤さ（カロチンのパイ電子）など全然別の世界を指向したものかと思い失望しました．帰国後の集団運動についても似た感じでした．「くり込み理論も鼻についてきた」からだそうで，「誰も彼も同じようなことばかりしていて個性が無さ過ぎるので，すっかり食欲を失ってしまった」のだそうです．が，果たしてそれを信じても良いのでしょうか．先生の仕事の一貫性を思うとき，それは違うような気がします．例えば強結合に於ける多数の固有場粒子の真空の海は何時までもハートリー的でいるはずがない．これら多数の粒子群の振る舞いが如何なる素粒子現象に対応しうるだろうか．ある時これについて確実な見通しがたったとき，全然関係ないと思っていたこれらの理論が，完成された素粒子の理論となってある日突然，我々の前に現れてきたのではないだろうか．もしその時間があったとしたら！（筆者＝いとう・だいすけ，埼玉大学名誉教授．1918 年生まれ，1947 年，東京文理科大学理学部卒業）

編者注——伊藤大介の回想には，なお次のものがある：
(1) くりこみ理論の生い立ち，自然 1966 年 1 月号
(2) 場の理論への反逆，自然 1969 年 1 月号
(3) 朝永先生に聞く，自然 1979 年 10 月号（朝永振一郎博士追悼号）
(4) くりこみの史跡――一九四七年の朝永研究室訪問，『回想の朝永振一郎』，松井巻之助編，みすず書房（1980）
(5) 廃墟の中から，『追想　朝永振一郎』，伊藤大介編，自然選書，中央公論社（1981）
(6) 東京時代の木庭二郎さん，日本物理学会誌 1996 年 8 月号

5. 坂田学派と素粒子模型の進展

小 川 修 三

　小林誠，益川敏英（1973，以下全て敬称略）による素粒子の3世代模型が提唱されてすでに23年が経過し，いまやその最後の粒子トップ（t-）クォークの実験的確認が注目を集めている．坂田昌一が，第2世代のレプトンにあたるμ中間子の存在を提唱した2中間子論を携えて名古屋大学に赴任したのはさらに31年を遡る．この間の素粒子物理の発展は，もとより国際的協業により達成されたものではあるが，現在の標準模型に至る素粒子模型の発展のなかのいくつかの重要な貢献が，坂田の開いた一つの学派の中から得られたことは注目すべきことかも知れない．坂田は研究を進めるにあたり，絶えずその方法論的検討の重要性を，とくに武谷三男の三段階論（われわれの認識は，現象論，実体論，本質論なる各段階を螺旋的に経過しながら深化する）を引用しながら強調していたことは，年配の研究者の記憶に多分留められていよう．また本年（1996年）はハドロン物理の進展に大きな転回を与えることとなった坂田模型公刊40周年にもあたり，上記の発展を坂田学派による貢献を中心に据えて，いささかの感慨をこめ筆者の見聞をとおして振り返ることにする[1]．

5.1　2 中 間 子 論

　坂田が科学方法論に関心をもったのは甲南高校時代以来のようであるが，それが具体的研究活動の上に鮮やかになったのは多分2中間子論提唱（1942）の頃である．それはまた，日本の素粒子論研究の黄金時代を創った3人の巨匠，湯川秀樹，朝永振一郎，坂田昌一の間の協力と競り合いの，そして3人の特長の一端が見えた時期でもあった．当時古典電子論における点電荷のもつ無限大（有限の電荷を一点に集めるためには無限の仕事を必要とする）に加えて，量子論的場の理論に現れる無限大の困難を克服することが，素粒子論の基本的課題と考えられていた．湯川の提唱した（π-）中間子論は，素粒子物理の新局面を拓いたとはいえ，この困難を引き継いだだけでなく，π中間子を宇宙線中間子と誤って同定したことにより明らかになった実験との矛盾が，上記のいわばアカデミックな困難が現実的困難として現れたことを示すものと受け取られていた．とくにHeisenbergによって強調されたこの観点は，3人の巨匠たちにおおきな影響を与えていた．

　この問題に対する3人の巨匠の対応を見てみよう．湯川はかれの中間子論の提唱（1935）以前から指向していたのであるが，この困難を理論の基本的変革によって解決することを目指し，4次元Minkowski時空に閉じた球面をとり，そのうえに定義

される確率波の導入に苦慮していた[2]．朝永がこの球面を平らにして時空の各点に絞り，Diracの多時間理論から超多時間理論を作り上げた（1943）のはこの頃である．別に朝永は，湯川中間子論が強い相互作用の理論であることに鑑み，計算における近似法の改善を目指し，中間的強さの相互作用を取り扱う方法—それは場の反作用を分離する一つの方法を含む—を編み出した．そしてこの方法を上記の宇宙線現象の分析に適用し，宇宙線の地下透過力と理論との矛盾を回避できることを示した．しかし宇宙線中間子の寿命に関する矛盾は残ったままで，結局当面の問題の解決には失敗したのであるが，この経験が後のくりこみ理論の発見に役立ったと朝永は述懐している[3]．

一方坂田は，谷川安孝との討論に示唆を受け上記の2中間子論を提唱し，宇宙線中間子（μ）はπ中間子と異なり，前者は後者の崩壊により生ずるものとした．ところでこの2中間子論は，湯川，朝永にはもちろん，武谷にさえ評判の良いものではなかったのである．実際2中間子論は，場の理論の困難の解決にはなんら寄与することはなく，皮肉な見方をすれば模型の変更により増えた余分のパラメーターを，実験に合うように決めたにすぎないと云えたであろう．対して坂田は四面楚歌のなかで方法論的な検討を懸命に行ない，自説の妥当性を擁護する記録をいくつか遺している．例えば1943年9月末に開かれた中間子討論会の報告で，坂田は冒頭で次のように述べている[4]．「周知の如く現在素粒子論は次の三つの段階から形成されている．即ち，先ず始めにどんな種類の素粒子が実在しそれらがどんな相互作用のもとにあるかと謂う模型に関する仮定が設けられ，次にこの体系に量子論が適用されるものと見做してLagrange関数を拵てHamiltonian関数を導きSchrödinger方程式を見いだす段階があり，最後にこの方程式を適当な数学的方法を用いて解き，実験と比較できるような結論を導きだす段取りとなすのである．従って，中間子論の現状のように，その結論が実際とひどく食い違っていたり，自分自身の中に矛盾を含んでいる場合にはその困難の原因をうえに述べた三段階に対応して（i）模型の適否，（ii）量子論の適用限界，（iii）数学的方法の可否の三点に就いて注意深く探索せねばならない…」とし，模型の形成は，自然認識の深化の過程における不可欠の一過程とする自らの方法論を開陳し，2中間子論を擁護している．なお上記の（ii）および（iii）は，それぞれ湯川，朝永を意識したものである．しかしその後坂田は太平洋戦争の終結まで著しい業績は遺していない．

5.2　混合場理論と研究室制度の導入

1945年8月を迎えた坂田の活動は，漸く目覚ましくなった．この年のノートにはJ. D. Bernalの『科学の社会的機能』における研究組織論の抜き書きや，疎開先に武谷を招きその後の研究計画を方法論とともに検討した跡が見られる．続いて坂田は，

1946年1月24日，幸い周囲の戦禍から残されたバラック建ての名大で開かれた第一回研究室会議で，戦後の学界に大きな影響を広げることとなった研究者組織の民主化に関する主張を，挨拶として初めて展開した．そこで坂田が重要な原則として述べた点は，第1に研究者の思索に完全な自由が与えられること，第2に研究室においてなされた仕事が，研究室に属する個々の研究者の仕事の単なる和であってはならない[5]，ということであった．そしてこれを保障する制度として，民主的研究室制度の導入を進めた．この主張はさらに教室全体の支持を受け，民主的教室運営を定めた名古屋大学物理学教室憲章の制度をもたらした．教授が絶対的権限をもった当時の講座制に対して，研究員（現在のドクター・コース以上に相当しようか）によって構成される最高決議機関としての教室会議の票決によって，教授などの選考を行なうことなど定めたこの憲章は，まさに瞠目すべき事件であった．しかしそれは当時の若い研究者達にとって研究者としての自覚と自信をおおいに鼓舞したものである．同じ研究室会議において，坂田は当面取り組むべき課題として素粒子論の基本的困難，すなわち場の理論における発散の困難の解決を目指し，混合場の理論を提唱し，それはまた戦後創設された日本物理学会第1回総会において発表されたのであった．

　この理論の意義を坂田は次のように述べている[6]．「自然を全体的関連から引き離してその個別において研究する態度は自然科学の発展の初期の段階においては極めて有力な方法であり，近代自然科学の偉大な進歩の根本条件であった．…しかしBaconに始まる斯様な形而上学的方法はその適用限界を超えればたちまち一面的な偏狭なものと化し，解くべからざる矛盾に迷いこむのである．…従来は場の理論において個々の場の相互作用が単独にとりだされ他と切り離して研究されて来た．ところが私どもは同一の粒子と作用する全ての場及び同一の場の湧源となるすべての粒子の相互作用間の内部的な関連を探求することが今後の理論的発展の有力な方法であり，現在の理論の困難を解決する有望な路である…私どもが湧源の多様性をも含めた混合場理論の総合的研究の必要を説く所以は，本質論への移行に先立って現象論的実体論的段階の整理が大切な仕事と考えるからである」．この陳述の中に武谷三段階論の影響を読み取ることができ，またこの考えは現在の素粒子論の研究にも依然大きな影響を遺しているのである．それはともかく具体的仕事としては，電子が電磁場の他に凝集力場（cohesive field）とも相互作用し，結合常数の間に適当な関係があると電子の自己エネルギーの無限大は相殺できることが示され，陽子と中性子との質量差にも好ましい結果を与えたのであった．井上　健，高木修二，続いて原　治との協力によって進められたこの考えは，朝永学派を刺激しくりこみ理論の提唱を促すことになった．続いて坂田学派では，梅沢博臣を中心として光子の自己エネルギーの無限大を同じく混合場の方法によって解決することを目指した．この仕事はW. Pauliによって注目され，梅沢らの仕事は具象的方法として評価された．しかし，亀淵　迪らを加

えたその後の研究によって，真空偏極による誘起電荷の無限大は近似方法によらず混合場によっては解決できないことが明らかになり，混合場の方法の限界は漸く見えてきた．

5.3 くりこみ理論をめぐって

一方量子電磁力学に関するくりこみ理論の成功は，目覚ましいものであった．しかし，50年代に入ると強い相互作用系である π 中間子についての計算と，漸く始まった加速器による実験との食い違いは大きく，また宇宙線実験によりすでに得られた2中間子論の証明に加えて，新しい粒子も続々見つかり始め，素粒子物理学の局面は次第に変わりつつあった．湯川はくりこみ理論の成功を一応評価しながらも，くり込みの手続きを正当化する根拠が理論のなかにないことを指摘して不満を表し[7]，また朝永自身，量子電磁力学にくり込まれるにしてもその項が無限大であることに矛盾を表明していたのである[8]．日本において素粒子（場の理）論に関する信頼は，極めて低いものとなった．坂田も，無限大回避の手続きは定義されているが，その物質的根拠を欠いたくりこみ理論に不信を表明し，一方では自然界に現れる相互作用がくり込み可能か否かの判定基準を，梅沢，亀淵らと研究し，さらにまた新しく見いだされた粒子群に関して関心を深めていった．この頃坂田は「相互作用の構造」と題して，新しい研究方針の模索を開始した．そして一方では自然界に現れるさまざまな相互作用がすべてくり込み可能か否か，他方では新粒子を含みこれら粒子の間に見いだされる現象論的規則性，とくに中野董夫・西島和彦および M. Gell-Mann によって発見された，強い相互作用を共有する粒子群（ハドロン）の間に成り立つ規則（NNG 規則）および大根田定雄・小此木久一郎・岩田健三，崎田文二・筆者らによる弱い相互作用の普遍性の研究に注目した．

5.4 複合模型の提唱

1954 年春から秋にかけて坂田は Copenhagen に外遊したが，この時遺したノートを見ると中野・西島理論と武谷三段階論をいろんなところで紹介した跡が伺われる．また坂田は，Fermi・Yang（1949 年）による π 中間子が核子と反核子とから構成されているとする理論に当初から関心をもっていたが，この関心は坂田が 1940 年，実験的確認に先立つこと 10 年，谷川と共同で中性 π 中間子が核子，反核子を媒介して γ 崩壊しうることを，初めて提唱した時点に遡ると思われる．1955 年秋，基礎物理学研究所では素粒子物理学のその後の研究計画に向けて大規模な研究会が予定され，坂田はその責任者となった．その準備のため研究室でも各研究員の報告が求められ，なかでも田中正の Fermi・Yang 模型による研究が報告された．田中の意図は NNG 規則における新しい量子数（ストレンジネス）を，力学的自由度から導こうとするも

のであったが，それは容易ではなかった．その議論に刺激され，坂田はストレンジネスを担う実体を導入することを試み，それとしてスレンジ粒子のひとつ Λ 粒子をとることとした．おそらく坂田には，京大において卒論を用意する年（1932）発見された中性子によって，原子核の原子番号と質量数にかかわる秘密が晴れた当時の記憶が甦ったと思われる[9]．こうして陽子（P）・中性子（N）・Λ 粒子（Λ）およびそれら各反粒子をハドロンの基本粒子とし，他のハドロンはこれら基本粒子の複合系であるとする坂田模型が提唱されることとなった．

しかし，坂田模型に対する当時の一般的受け取り方は決して好意的なものではなく，NNG 規則の単なる言いなおしに過ぎないものと見做されていた．しかし松本賢一は坂田模型に基づき，粒子の質量を構成粒子のそれと各構成粒子間のポテンシャル・エネルギーとの和という単純な表現で，加速器実験で見いだされた励起状態を含めてハドロンの質量を表すことを試みた．坂田は松本公式を原子核の質量公式に準えて大いにもち挙げ，自己の模型の妥当性を擁護していたが，胸中には別に確信に満ちたものがあったようである．事実坂田は，1956 年春基礎物理学研究所で開かれたシンポジュウムで，当面の素粒子論の研究状況における困難の分析と研究方法について展望を述べている[10]．それはかつて 2 中間子論を提唱した時の所論を彷彿させるものであるが，ここでも困難克服の方法として模型の変更を提唱しているのである．その後，坂田模型によればストレンジ粒子のレプトンへの崩壊にある種の規則性があることが大根田定雄らによって指摘されたが実験的検証も得られず，しばらく停滞の続いた坂田模型に関する研究であるが，それは模型に含まれる対称性の発見によって一歩前進することとなった．

5.5 SU(3) 対称性

ここで筆者の関わりを述べることにする．さきに触れた相互作用の普遍性，とくに強い相互作用の普遍性は坂田模型における基本粒子間の同等性を示唆している．電荷（電磁相互作用）および質量における若干の相違を無視すれば，基本粒子は互いに同等であり，したがってそれら粒子間の入れ替えに対し，理論は不変となろう．これと陽子・中性子間に見られる荷電不変の性質から，当的知られていた π，K 中間子の電荷の自由度のほかに新しく中性中間子（現在 η と呼ばれる）を加えて 8 個の粒子が一つの組（オクテット）を作って存在することが予言される．山口嘉夫も CERN にあって同様な考察を進めていた．さて筆者の依頼に対し大貫義郎は，この同質性が 3 次元のユニタリー群によって記述できることを見いだしてより一般的観点から新しい粒子の枠組みをつくり，さらに池田峰夫との協力で数学的な理論構築を行なった（1959）[11]．沢田昭二・米沢 穣はさきの松本公式をこの対称性理論に適合するよう修正したが，それは当時続々加速器実験で発見されるハドロンの励起状態に―今から

考えれば多分に偶然でもあるのだが—うまく符合し，坂田模型への関心を一挙に高めることになった．坂田はしかし対称性理論そのものへの関心はあまり示さず，むしろ上記の同質性を保証する物質的根拠を探しはじめるのである．現象論的規則の背後に物質的根拠の存在を，そして自然界の階層的構造を強調することは彼の持論であった．ちょうどその頃，R. E. Marshak 一派が坂田模型の基本粒子とレプトン粒子との間に対応関係（BL 対称性と呼ぶ）があることを見付けていた．この関係とさきの同質性とを物質の構造として理解すべく，坂田は牧　二郎，中川昌美，大貫らと，坂田模型の基本粒子 P, N, Λ は，強い相互作用の源となる B 物質（一種の電荷と云えようか）とニュートリノ（ν），電子（e），μ 中間子（μ）とのそれぞれ（超量子力学的に）結合したものとする模型（名古屋模型と呼ばれる）をハドロン・レプトンの統一模型として提唱した．B 物質は今で云えばグルーオン場の先駆といえるかも知れないが，B 物質と言ったところに当時の場の理論に対する不信感がよみとれる．実は坂田模型については，場の理論の観点から基本粒子間の強い相互作用を媒介するものとして中性ベクトル場を，すでに坂田のもとにあって藤井保憲が導入していた．彼はそれをゲージ場として導入することを考えたのだが，湯川の中間子論と同じく力の有限到達距離をだすためには媒介粒子の固有質量に帰着させざるを得ず，固有質量をもつ場をゲージ場とするためいろいろ工夫をこらしたが，結局対称性の自発的破れのメカニズムの知られていない当時としては理論的に無理であり，その頃の雰囲気もあって埋もれてしまったのであった．

5.6　新名古屋模型と重粒子オクテット

　模型の次の進展は，実験に先導されるものであった．一つはかつて坂田が気にしていた μ 中間子に伴うニュートリノ（ν_μ）と電子のそれ（ν_e）とが同一か否かという答えが，BNL で否と出た．この事実を先の統一模型に組み入れるために，ハドロンの基本粒子を一つ（第 4 番目 P′ と記す）増やすことを，片山泰久，松本，田中，山田英二および牧，中川，坂田がそれぞれ独立に提唱（1962，新名古屋模型とよぶ）した．とくに後者では，弱い相互作用に見られる特長の分析から，ν_e と ν_μ の間に相互転化の振動現象が起り得ることを予見したが，これは現在も実験的関心を集めている．

　もう一つは，ハドロン粒子のうち重粒子群も，坂田模型の三つの基本粒子を含め新しく見つかった粒子とともにオクテットを作ることがだんだん確からしくなり，模型の変更が迫られて来た．1963 年春坂田は広島で開かれた研究会で，重粒子のオクテットを取り上げ，さきの階層論の立場から陽子，中性子をもその複合系とする，より基本的要素（Ur-P, Ur-N, Ur-Λ）の探求を次の研究課題として述べている．この方針は 64 年牧によって具体化され，上記の基本要素から先ず従来通りオクテットを作

り，それに新しく導入した基本重粒子要素を結合するのである．この方法は原康夫によっても独立に出された．実はそれに先立ってすでに 1959 年暮れ，山口嘉夫は CERN から坂田に手紙を寄せ，名古屋模型にヒントを得て 3 個のレプトン μ, e, ν でまずオクテットを作り，それに重粒子要素を結合する模型を述べている．重粒子オクテット説の多分最初であるが，残念ながら公表されていない[12]．

坂田は研究室にあって，若い研究者との談笑をことのほか大切にし，またそれを好んだが，この頃が坂田のもっとも円熟した時であると思われる．研究室の忘年会で新聞を丸めて弟子と頭をたたき合ったり，餅つきに興じているフィルムが遺されている．

一方同じく 1964 年，全く斬新な模型が Gell-Mann と G. Zweig によってそれぞれ独立に提唱された．それは基本要素として，もとの坂田模型の各要素の電荷をそれぞれ 1/3 減らしたもの（Gell-Mann に従いクォークと呼ばれ，P, N, Λ に対応してそれぞれ u, d, s と記す）をとり，現実の中間子は従来どおり要素と反要素の 2 体結合系とするが，重粒子は反要素を含まず要素だけの 3 体結合系とするのである（もちろん反重粒子は全て反要素からつくる）．この 3 体系はオクテットの他に 10 個の粒子の組（デカプレット）をもつくり，その存在が実験的に確認されることによって，この新しい模型は次第に広く受け入れられることとなった．しかし Millikan の実験以来，素粒子の電荷は電子のそれを単位として 0 か 1 かであり，自然界に半端電荷は見いだされていない．この新しい要素の導入は，古代ギリシャ以来の原子論の発展に大きな影響を与えるものと筆者は考えるが，その意義は現在必ずしも明らかでない．事実，提唱者のひとりである Gell-Mann も，この要素の役割は理論構築の手段以上ではなく用が済めば棄てるものであるかのように述べてそれ以上の言明を避けている．一方坂田はこの新しい要素を彼の階層論の立場に沿うものとしてすんなり受け入れており，むしろその実在性をないがしろにする Gell-Mann を批判しているのである[13]．ところでクォークが電荷は別として，従来のフェルミ粒子と同じくフェルミ統計に従うとすると，これらクォークはさらに厳密な SU(3) 対称性に従う三つの（カラーと呼ばれる）自由度を共有すべきことが，M. Y. Han・南部陽一郎，宮本米二および堀尚一らによってそれぞれ独立に提唱されており，それはまたクォークが単体で（半端電荷が）見いだせないことの理論構築の可能性を与えている．

5.7　1 粒子交換とクォーク組替振幅

少し遡るが，武谷を中心とする湯川中間子論に基づく核力の研究グループは，1 個の π 中間子を交換する効果は比較的離れた領域での核力をうまく説明できるが，さらに近似を上げて 2 個の交換の効果を見ると，必ずしもよい結果が得られないことを示していた．一方坂田模型の立場から考えると，基本粒子間の相互作用が元であっ

て，湯川型相互作用はそれから導かれたいわば有効相互作用と見做すべきことになる．坂田模型において色々な複合粒子の存在が予想されるとすれば，有効相互作用での近似を上げる前にそのことを優先して考えるべきではなかろうか．星崎憲夫，大槻昭一郎，亘和太郎，米沢はこうした考えに基づいて，粒子1個の交換ではあるが，π中間子の他に模型から予想される全ての粒子を考慮に入れて，近距離までの核力をかなりうまく説明できた．沢田，上田保，亘，米沢らは，さらにこの考えをπ中間子・核子反応にまで広げて適用した．

ところで，さきに中間子は2体系，重粒子は3体系と述べたが，強い相互作用系であるこれらの粒子には，通常の場の理論からすれば無数の要素・反要素の対が介在しているはずである．したがって2体，3体と云うときは，各粒子を特長づける量子数を担う，いわばこれらの対のくり込まれた最小数の要素について述べていると考えよう．実際，要素の保存を加えた対称性 U(3) の極限では，ハドロンを特徴づける量子数とこの最少数の要素との間には一意的な関係のあることが示せる[14]．この要素像にしたがって粒子の強い相互作用による崩壊を見ると，最初の粒子に存在していた要素・反要素が崩壊さきの粒子の中に残っているような過程がとくに優先している，という特長がある．大久保進，Zweig，続いて飯塚重五郎によって見いだされたこの特長を，さきの一粒子交換による反応過程に適用し，それを Feynman 図に表すと，各要素の描くさまざまなラインの組み替え図が得られる．1967年，井町昌弘，松岡武夫，二宮勘助，沢田らによって始められたこの研究は，その頃盛んに行なわれていた分散理論による散乱振幅の研究と良く符合し，ハドロンの複合性を素粒子反応の面でも裏付けることとなった．

5.8 標準模型の成立

1971年，丹生 潔らのグループが宇宙線実験中，写真乾板上に見いだした新しい粒子の崩壊を示唆する軌跡が，次の発展の契機を与えることになった．林 武美，川合栄一郎，松田正久，重枝新成と筆者は，この軌跡の分析からそれが従来のストレンジ粒子に同定できないことを見いだし，これをさきの新名古屋模型の第4番目 P′ に対応する要素 (c-クォーク) の兆候とする予想と，その場合の粒子の崩壊の示す実験的特長を与えた．これが正しければ，クォークレベルであるが重粒子とレプトンとの対称性＝新名古屋模型が予想した対称性は実験的に完結する．この予想は研究者の間に模型に関する注目を引くことになったが，なかでも小林，益川は S. Weinberg らの電磁・弱相互作用のゲージ場による統一理論と弱い相互作用に見られる CP 変換に対する理論の毀れをともに保証するためには，少なくともさらにもう1世代のクォーク・レプトン $(t, b ; \nu_\tau, \tau)$ が存在しなければならないことを結論した (1973)．こうしてクォーク・レプトンの3世代の存在を核とする標準模型が成立するのであるが，

加速器実験においても，翌年ようやく第2世代に属するハドロン（上記 c-クォークを含みチャーム粒子と呼ばれる）が見いだされたのであった[15]．しかし遺憾なことに坂田はこれらの発展を見ることなく，1970年10月16日逝去していた．（筆者＝おがわ・しゅうぞう，名古屋大学名誉教授，広島大学名誉教授．1924年生まれ，1947年名古屋大学理学部卒業）

参考文献

1) 小川修三，広川俊吉：『日本の物理学者』辻哲夫編（東海大学出版会，1995）pp. 171-210—坂田昌一における「物理学と方法」1．これにはくりこみ理論までの経過がやや詳しく記録されている．
2) 湯川秀樹：『存在の理法』（岩波書店，1943）pp. 43-109—場の理論の基礎について．湯川晩年の「素領域の理論」に通じる考えである．
3) 朝永振一郎：筆者は朝永から直接聞いた記憶が残っているが，つぎの文献から読み取ることができる．自然300号（1971）241—10年のひとりごと．
4) 坂田昌一：中間子討論会予稿1943年9月—素粒子論における模型の問題．名古屋大学理学部物理学教室坂田記念資料室蔵．
5) 坂田昌一：『科学者と社会，論集2』（岩波書店，1972）p. 5—研究室会議の提唱．
6) 坂田昌一：『物理学と方法，論集1』（岩波書店，1972）pp. 201-208—素粒子論の方法．
7) H. Yukawa: Science **121** (1955) 405-408—Attempts at a unified theory of elementary particles.
8) 素粒子論研究 **12** (1956) 303-311 参照．
9) S. Sakata: Prog. Theor. Phys. **16** (1956) 686-688—On a composite model for the new particles, および文献1参照．
10) 素粒子論研究 **12** (1956) 296-303．
11) 大貫義郎：素粒子論研究 **82** (1991) 503-547—対称性理論事始．これに当時の詳しい紹介がある．
12) 山口嘉夫：名古屋大学理学部物理学教室坂田記念資料室蔵．
13) 素粒子論研究 **30** (1964) 406 参照．
14) M. Ikeda, Y. Miyachi, S. Ogawa, S. Sawada and M. Yonezawa: Prog. Theor. Phys. **25** (1961) pp. 1-16—A Possible Symmetry in Sakata's Model for Bosons-Baryons System III.
15) 複合模型以後の文献については下記を参照されたい．S. Ogawa: Prog. Theor. Phys. Suppl. No. 85 (1985) 52-60—The Sakata model and its succeeding development toward the age of new flavours.

初出：日本物理学会誌 **51** (1996) 90-94．

6. 中間子論とその遺産
―クォークの時代から振り返る―

町 田 　　茂

6.1 中間子論―素粒子論のはじまり―

　湯川秀樹（H. Yukawa）の中間子論の論文が書かれたのは 1934 年だから，いまから 70 年前である．素粒子論は現在では大きな分野になっているが，その発展の糸口はここにあると言ってよい．

　素粒子として知られているものは，現在では，数百種類もある．その大多数は強い相互作用をする粒子―ハドロン―で，それはスピンが半整数（フェルミオン）の重粒子族―バリオン―とスピンが整数（ボソン）の中間子族―メソン―とに分れる．そのほとんどは不安定で非常に短い寿命―$10^{-8} \sim 10^{-23}$ 秒―で崩壊する．バリオンの中でもっともよく知られているのは核子（陽子と中性子の総称）であり，メソンの中でもっともよく知られているのは π 中間子である．

　湯川の理論は，強い相互作用の中で当時唯一つ知られていた核力―核子を結びつけて原子核をつくる力―と原子核の β 崩壊とを一つの新しい場を導入して説明しようとするものだったが，現実はもっと複雑なことがだんだん明らかになり，β 崩壊を含む弱い相互作用については，電磁相互作用とともにゲージ理論として統一する S. Weinberg と A. Salam の理論に到達する．これはずっとあとの 1970 年頃のことである．

　中間子論が提唱された当時に知られていた素粒子は陽子・中性子・電子・光子だけであり，ニュートリノは 1930 年に W. Pauli によって仮説として導入されていた．

　一方，理論の方でいうと 1928 年に W. Heisenberg と Pauli が量子化された場の理論の形式をつくり上げ，それが内容的に特殊相対論の要求をみたすことを証明した．同じ年に P. A. M. Dirac は電子の相対論的方程式を見出し，それは 1932 年に発見される陽電子をはじめとする反粒子の存在を予言することになる．中性子も同じく 1932 年に発見され，D. D. Iwanenko や Heisenberg による，原子核が陽子と中性子とでできているとする理論の提唱につながった．原子核の構成の理論は，核子の間に適当な力のポテンシャル（核力ポテンシャルという）を仮定する現象論であった．

　そこへ提出された湯川の中間子論は大きなセンセーションをまき起した．その一つの理由は，陽子と中性子と電子と光子（とニュートリノ）というよく知られた粒子だけで宇宙ができているのだろうという，当時の漠然とした，しかし，強い信条のようなものに穴をあけたことである．

私はそのころの雰囲気を直接には知らないが，未知の粒子を導入することへの抵抗が大きかった中で，目から鱗（うろこ）が落ちる思いをした人も少なくなかったろう．半信半疑にせよ，またその提唱がどこまで正しいかは大いに疑問であったにせよ，パラダイムの転換に近いものだった．

6.2 中間子"場"の理論

このことと結びついて注目してよいのは，その考え方が場の理論を徹底するものだったことである．

現在では，素粒子物理学では $100\,\text{GeV}(=10^5\,\text{MeV}=10^{11}\,\text{eV}$，eV は電子ボルト）以下は"低エネルギー"である．私が大学を卒業して曲がりなりにも研究者のはしくれになったのは 1949 年であるが，その頃まで高エネルギーの実験といえばせいぜい 10 MeV（GeV ではない！）までの陽子-陽子および中性子-陽子散乱の実験しかなかった．加速器のエネルギーが数百 MeV まで跳ね上がって π 中間子が人工的につくられるようになり，π 中間子-核子散乱の実験が行われるようになったのはその頃からで，外国との文通もろくにできなかった戦後の日本の研究者にとっては，まったく突然のできごとだった．その後 10 年位の間に，いわゆる"共鳴狩り（resonance hunting）"が行われ，バリオンとメソンで合せて数百も見つかったわけである．

場の理論は電子と電磁場の系をモデルにしてつくられたが，摂動論の高次の補正に無限大が出る困難もあって，核子のような電子の約 2,000 倍もの質量を持つ粒子にまで使えるというほどには信用しない雰囲気が強かった．事実，1950 年前後でも，電子に反粒子が存在することは確かであったにもかかわらず，核子にまでディラック方程式を適用することを疑問視して，反核子の存在を否定するような雰囲気が強かった．中性 π 中間子の 2 個の光子への崩壊が見つかり，当時の理論で言えば，中性 π 中間子が中間段階で核子と反核子とになるメカニズムしか説明がないにもかかわらず，である．

そういう状況の中で提唱された中間子論は，したがって単に中間子という素粒子の存在を予言したばかりではなく，"中間子**場の理論**"という新しい場の理論の提唱でもあった．この面は整数スピンの量子をともなう場の一般論の形成をも含み，また場の理論の威力の一面を示したものでもあった．

6.3 核力の中間子論

π 中間子論の強い相互作用の理論としての重要な部分は加速器によってつくられた π 中間子と核子との衝突実験によって明らかにされていったが，湯川の中間子論の発生地である核力は中間子論のいわば**古典的**な部分を成している．

それはなぜかというと，核力が現実の独立した粒子としての π 中間子と核子との

相互作用ではなくて，一つの核子に結びついて離れられない仮想中間子の場とそこに入ってきた別の核子との相互作用であることからくる．

いま1個の核子が座標の原点にあるとしよう．そのまわりの π 中間子の場は，あらっぽくいえば，図1のようになる．そこへ，図2のように，別の核子がきたとし，その位置を $\boldsymbol{r}_0$ とすると，原点にある1番目の核子がつくる π 中間子場と2番目の核子との相互作用ハミルトニアンは

$$\sum_{i=1}^{3} \frac{g}{m_\pi} \int \rho^{(2)}(\boldsymbol{r}-\boldsymbol{r}_0)\, \sigma^{(2)}\cdot\nabla \tau_i^{(2)} \phi_i^{(1)}(\boldsymbol{r})\, d\boldsymbol{r} \qquad (1)$$

となる．$\rho^{(2)}(\boldsymbol{r}-\boldsymbol{r}_0)$ は $\boldsymbol{r}_0$ にある2番目の核子の拡がり，$\sigma^{(2)}$ はそのスピン作用素，$\tau_i^{(2)}$ は核子の陽子状態と中性子状態とを表す荷電スピン空間での作用素，$\phi_i^{(1)}(\boldsymbol{r})$ は1番目の核子がつくる π 中間子場で，i は π 中間子の荷電が正・負・中性と3種類あることを表す荷電スピン空間での成分である．m_π は π 中間子の質量，g は核子と π 中間子場との相互作用定数であって，その値は実験から

$$g^2/\hbar c \simeq 0.08$$

である．

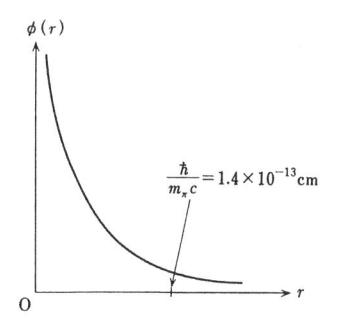

図1　座標の原点にある核のまわりの π 中間子場

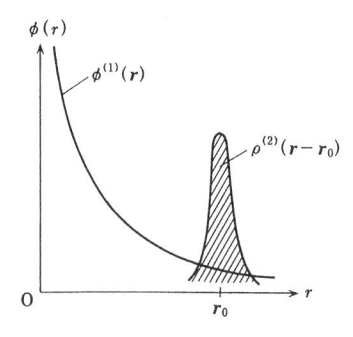

図2　一つの核子のまわりの π 中間子場と2番目の核子との相互作用

6.3 核力の中間子論

π中間子の場，$\phi(\boldsymbol{r})$，はギスカラーであり，$\boldsymbol{\sigma}\cdot\nabla$ もギスカラーなので，上のハミルトニアンはスカラーである．強い相互作用が時間反転・空間反転・荷電共役のそれぞれについて不変であるとすると，静止しているスピン 1/2 の粒子とギスカラー場との相互作用としてはこの (1) の形しか許されない．このことが，核子の運動があまり重要でない数百 MeV までの現象の扱いを非常に簡単にする．

π中間子を直接見る π中間子-核子散乱やハドロン衝突による π中間子の発生などでも，核子が静止している近似では，(1) の相互作用ハミルトニアンが使える．しかし，ここで核力との大きな違いがある．それは (1) 中の π中間子の場，$\phi(\boldsymbol{r})$，が核力の場合には図2のように，ほかの核子のまわりの場であるのに対して，π中間子-核子散乱などの場合には π中間子の自由場であることである．この場合，図2のような，$\phi(\boldsymbol{r})$ が指数関数的に小さくなることは起らない．

これに対して核力の場合には，$|\boldsymbol{r}_0|$ を大きくすれば2番目の核子の拡がり，$\rho^{(2)}(\boldsymbol{r}-\boldsymbol{r}_0)$，と重なる $\phi^{(1)}(\boldsymbol{r})$ の値はいくらでも小さくなる．言いかえれば，同じ相互作用ハミルトニアンで同じ相互作用定数であっても，遠く離れた二核子間の核力では相互作用ハミルトニアンはいくらでも小さくなる．

このため，遠方の核力ポテンシャルは一切の曖昧さなしに決まる．この部分の核力ポテンシャルの形はまったく厳密に正確なもので，核子場と π中間子場の相対論的な理論から出発してすべての高次補正を考慮しても，また，核子と π中間子とがクォークでできているとしても，核子間の距離が大きく核子が静止しているとする近似では，ここに述べたものになってしまう．どのくらい遠ければよいかは，他の効果を計算してみればわかるが，だいたい，核子間の距離が π中間子のコンプトン波長，

$$\hbar/m_\pi c = 1.4 \times 10^{-13}\,\mathrm{cm},$$

を越えるあたりが目安になる（図3）．それより内側では π中間子より重い ρ, ω な

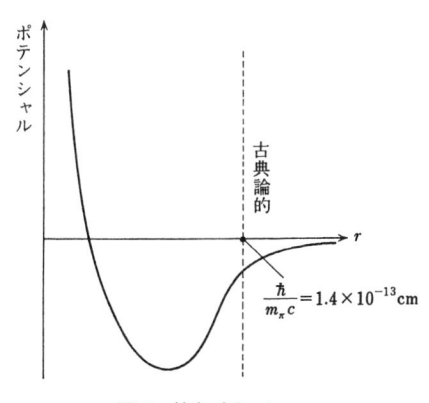

図 3 核力ポテンシャル

どの中間子の交換，核子の励起状態の存在，2個以上のπ中間子の交換，π中間子と核子がクォークでできていることの影響などあらゆることがきいてくる可能性がある．

この遠くの核力はクーロンの静電ポテンシャルのようなもので，実は量子論的効果も効かず，$\phi(\boldsymbol{r})$として核子のまわりの古典論的な場を使えば十分である．量子論的効果を無視できる領域はπ中間子-核子散乱，π中間子の発生などの現象には無いが，核力の場合，一番外の領域だけは古典論的なのである．

6.4　クォークの存在と拡張された排他律

核子が3個のクォークでできているとしてその波動関数を$\psi(x_1, x_2, x_3)$とし，π中間子がクォークと反クォークでできているとしてその波動関数を$\phi(y, \bar{y})$とすると，核子がπ中間子を放出あるいは吸収する相互作用は

$$\int \psi^*(x_1, x_2, x_3)\, O\, \psi(x_1', x_2', x_3')\, \phi(y, \bar{y})\, d(x, y) \tag{2}$$

の形に書ける．ここでOはスピン，荷電スピンなどに作用し，また，$x_1, \cdots, \bar{y}$およびそれについての微分を一般には含んでいる．積分はすべての座標にわたる．これは核子とπ中間子とが何個かの局所場でできているとしたときの一般形であるが，この(2)の形も，核子が静止している近似では，粒子の内部座標で積分すると，(1)の形に帰着してしまう．

こうして，核力ポテンシャルの遠方の部分には核子とπ中間子の複合性も影響を与えず，中間子論の結果がそのまま成り立つ．

しかし，ハドロンがクォークでできていることだけからくる，クォーク間のダイナミックスによらない効果がある．それはクォークがフェルミ-ディラック統計に従うことからくるPauliの排他律の影響である．

図4(a)のように，運動量が，それぞれ，pとkの核子とπ中間子が散乱によって，運動量p'とk'とになる散乱振幅は，核子とπ中間子を，それぞれ，一つの局所場とすれば

$$\int \exp\{i(p'x' + k'y' - px - ky)\} \times \langle T\psi(x')\bar{\psi}(x)\phi(y')\phi(y)\rangle\, dx\, dx'\, dy\, dy' \tag{3}$$

である．ここで，p, k, x, yなどはすべて4元ベクトル，pxなどはその内積である．ψ, ϕは，それぞれ，核子場とπ中間子場の作用素であり，$\bar{\psi}$はψの共役作用素，$\langle T\cdots\rangle$は作用素を時間の順序に並べたT積の真空期待値を表す．T積の中ではψと$\bar{\psi}$は反可換，ϕは他の作用素と可換であり，そのことから，π中間子-核子散乱の交叉対称性が導かれる．

ここで核子がクォーク3個で，π中間子がクォークと反クォークでできており，ク

6.4 クォークの存在と拡張された排他律

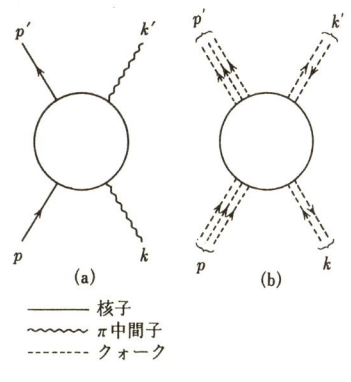

図 4 中間子-核子散乱

――― 核子
〜〜〜 π中間子
------- クォーク

ォークは局所場で表されるとすると，(3) 式で置き換え

$$\phi(x') \to q(x_1')q(x_2')q(x_3'),$$
$$x_1' + x_2' + x_3' = 3x',$$
$$\bar{\phi}(x) \to \bar{q}(x_1)\bar{q}(x_2)\bar{q}(x_3),$$
$$x_1 + x_2 + x_3 = 3x,$$
$$\phi(y') \to q(y_1')\bar{q}(y_2'),$$
$$y_1' + y_2' = 2y',$$
$$\phi(y) \to q(y_1)\bar{q}(y_2),$$
$$y_1 + y_2 = 2y$$

を行い，ハドロンをつくるクォークの波動関数の効果を表す因子

$$F(p, k, p', k'; x_1, x_2, \cdots, y_1', y_2')$$

を加えればよい．q はクォーク場の作用素，$\bar{q}$ はその共役量であり，積分は $x_1, x_2, \cdots, y_1', y_2'$ について行われる．この式の中ですべての q および $\bar{q}$ は互いに反可換だから，散乱振幅では図4(b) のクォークの10本の外線のすべての入れかえについて一定の反対称性を示し，ハドロンとしての統計性だけでなく，また，入射粒子同士，散乱粒子同士の間の統計性だけでもなく，入射粒子と散乱粒子との入れかえにも関係する式が導かれる．これは構成子の排他律によってハドロンのレベルのパウリ原理を拡張したものである．上の式ではクォークの色（カラー）と香り（フレーバー）の自由度を表す添字は省略してあるが，それを考慮すれば，どの粒子間の反応でパウリ原理の効果が大きいかもわかる．いずれにしても，波動関数の重なりがクォークのフェルミ-ディラック統計によって制限される効果だから，その影響は低エネルギーでだけ大きい．

　これはハドロンが $q, \bar{q}$ というフェルミオン場でできていることだけを使ったもの

である．これ以上進むにはクォーク間のダイナミックスが必要である．

6.5 クォーク・レベルのダイナミックス―量子色力学（QCD）―

QCDと中間子論の関係を見るとき，QCDの役割を，完全にではないが，さしあたり二つに分けて考えることができる．それはハドロンをつくる作用とできたハドロンの間の作用とに分けることである．ハドロンの間の作用にも，ハドロンが点粒子でなくクォークでできており，またそのダイナミックスがQCDであることが直接現れる現象は数多くあるから，上のように分けて考えるとき，たえずその点に注意しなければならないことは言うまでもない．

1950年代後半から1960年代にかけて，ハドロンの強い相互作用を摂動論によらずに扱うためにS行列の解析性が研究され，分散関係やレッジェ（Regge）極などの理論が出され，超ひも理論につながる弦模型もそこから生み出された．

一般にハドロン間の反応を表すS行列を運動量の組合せや角運動量の複素関数として考察すると極や分岐点などの特異性が存在し，それによってS行列の性質のかなりの部分が決まる．1個のハドロンあるいは共鳴状態は極を与え，2個以上あると分岐点その他を生じるから，ハドロンがQCDから導かれるものと仮定してその性質を認めてしまえば，ハドロン反応をある程度扱うことができる．

こうしても限度があり，直接クォークの集まりとしてQCDによって扱わなければならない場合が多いのは前にも述べた通りであるが，一方で，このようなハドロンが与える粒子的特異性にはその起源によらない部分も多いから，このような方法は，複雑なハドロン反応を扱う手段として将来も役立つだろう．

6.6 中間子論からQCDへ

ハドロンの複合性を初めて明確に論じたのは"Are Mesons Elementary Particles?"という題のE. FermiとC. N. Yangの1949年の論文である．これはπ中間子が核子と反核子との結合状態であるとしたものである．ただしN. Rosen（Einstein-Podolsky-RosenのパラドックスのRosen）がその少し前に同じような内容をアメリカ物理学会で発表していて優先権を主張した論文を書いている．

このころハドロン（当時，ハドロンという言葉はなかったのだが）のうちで知られていたのは核子とπ中間子だけだった．FermiとYangの論文はいかにもFermiらしい大胆な着想と人の意表をつく表現で書かれていた．"中間子は素粒子か？"という題名と，"素粒子がたくさん見つかれば見つかるほど，それらのすべてが素粒子である確率は減少する．だから素粒子の数を減らすことを試みる"という書き出しは，素粒子として確認されていたのが，核子・π中間子のほかはμ中間子・電子・ニュートリノだけであった当時の多くの研究者の盲点を突いていた．

6.6 中間子論からQCDへ

　この論文が出たころはまだフィジカル・レビュー誌（Physical Revue）が東京に 2～3 冊しかこないような状況だったが，そのすぐあとの物理学会の会合で湯川・朝永振一郎（S. Tomonaga）・坂田昌一（S. Sakata）・武谷三男（M. Taketani）・谷川安孝（Y. Tanikawa）といった諸先生方が，この論文について，活発に論じ合われたのをおぼえている．

　その後の 10 年ほどの間，ハドロンの複合性についての研究はたくさんの共鳴状態やストレンジ粒子の発見などに刺激されて，ユニタリー群の対称性を中心として行われた．

　観測されるハドロンの種類や大体の質量・スピンなどの性質を説明するために，ハドロンはクォークと呼ばれるスピン 1/2 の構成子からできているとする考えが，1963 年に M. Gell-Mann と G. Zweig によって提唱された．この構成子はバリオン数が 1/3，荷電が電子の電荷の大きさの 2/3 あるいは $-1/3$ と考えられた点で，いままで物理学が遭遇してきた粒子とはまったく違っていた．しかし，クォークが実際に点粒子として存在するとして非相対論的なポテンシャルを仮定して計算したハドロンの性質は実験結果と非常によく一致し，当時，"クォーク模型は，クォークが見つからないことを除いては，すべてうまくゆく"と言われた．しかし，非相対論的なポテンシャルの基礎はまったく信頼できず，クォーク間のダイナミックスの不透明がすべてのネックになっていた．

　この状態を打破ったのは高エネルギーでのレプトン-ハドロン反応であって，深部非弾性散乱の解析から，バリオンはたしかに 3 個の構成子から成っており，しかもそれは"点粒子が自由に"動いているように振舞っていた．

　深部非弾性散乱は空間的に構成子のごく近傍を調べているので，その構成子をクォークとすると，クォークは非常に強い力で結びついてハドロンをつくっているのに，そのごく近傍では相互作用が弱くてあたかも自由粒子のように見えることになる．量子電気力学では電子に遠くから近づいてゆくと，電子の自己場の衣をはいでゆくことによってその電荷はどんどん強くなる．クォークの相互作用はそれと逆のように見えるのだが，その"漸近自由性"を持つ場の理論が存在することが，1973 年に，H. D. Politzer および D. J. Gross と F. Wilczek によって発見された．それは 1954 年に発表されていたヤン-ミルズ場の理論であった．これは核子の荷電スピンをゲージ化して 3 種類のベクトル場を導入した，SU(2) をゲージ群とする理論であった．

　量子色力学（QCD）はクォークに 3 種類の色（カラー）と呼ばれる自由度を与え，それにともなうゲージ場として同じく色を持つ 8 種類のベクトル場（グルーオン）を導入する SU(3) をゲージ群とする理論である．

　この理論ではグルーオンが近傍の相互作用を弱くし，クォークがその逆の働きをする．色のゲージ群が SU(3) であるときはクォークの香り（フレーバー）の数が 17

以下であれば漸近自由性が生じる．クォークの香りの数は現在では6と考えられている．

漸近自由性があるとクォークのすぐ近くでは相互作用は非常に弱くて摂動論が使える．反応で言えば，交換される運動量が大きい場合である．この領域でのQCDの予言は実験とよく合っている．難しいのは運動量交換が小さく相互作用が強い場合である．その極端な例は"クォークの閉じ込め"の問題であって，QCDでは，クォークやグルーオンなど色があるものは独立粒子としては出現せず，赤・青・緑の三原色がまざり合って無色になったバリオンと赤と反赤などで色を消したメソンだけが出現できるようになっているのだろうと思われているが，まだそのメカニズムはわかっていない．

S行列の解析性との関係で言えば，クォークあるいはグルーオンの束縛状態（共鳴状態を含む）の存在は，エネルギー，運動量あるいは角運動量の適当な組合せを複素変数とするリーマン（Riemann）面上の極として現れる．QCDはS行列のすべての性質を決定するはずだが，極（あるいはもっと複雑な特異点）の生じるダイナミックスと，適当な性質の極などの存在を認めたあとでのS行列の決定を分けて考えられる部分がある．このように分けてもハドロン間の反応は複雑であるが，かつてのレッジェ極理論の成功などは，この後者の領域におけるQCDの扱い方に示唆を与える．

6.7　21世紀への課題

1897年の電子の発見を最初の素粒子の発見とすると，それからほぼちょうど1世紀がたったことになる．素粒子論といえるものがつくられたのは1934年の中間子論が重要なきっかけだった．素粒子論は多くのハドロンの発見，強い相互作用と弱い相互作用の発見などを経て，それらの統一に向った．クォークの理論的予測と間接的確認，一方では，ゲージ原理の強力さの認識にもとづいて，量子色力学・電弱統一理論などがつくられた．さらに重力をも統一する可能性を持ち，素粒子のすべての種類とそれらの間の相互作用を導く可能性を持つものとして超ひも理論が深く研究されている．

多くの困難があるが，上に述べた研究の方向をさらに追及することは必要なことと思われる．

このように約100年の歴史を持つ素粒子の研究の基礎にあるのは相対論と量子論である．あるいは場という概念と量子力学といってもよい．すべての物質は，基本的には，場だという見方と，すべての物質の基本法則は量子力学だという認識は20世紀の物理学に特徴的なものである．この二つの見方に疑念をさしはさまねばならない徴候は，いまのところ，ない．それどころか，この二つの見方をあらゆる領域に，さらに，貫徹することが必要であるように見える．まったく古典論的に見える現象が純粋

に量子論的な物質の一つのあり方として出現することの説明も，重要なテーマであって，それはとくに，宇宙の初期の問題とも関連して研究されている．

　私たちは，日常的経験を通じてつくり上げられた言語と概念を使い，それをもとにして考えるが，その方法は，基本的に日常的経験の精密化である古典物理学が成り立たない現象を把握するには不十分である．量子力学は，いままで当然のこととして暗黙のうちに前提されてきた基本概念のいくつかに問題点がひそんでいることを明らかにした．その重要な教訓は，探究される自然の領域が新しいものになるとき，私たちの理論は，基本概念の変更あるいは精密化を要求される可能性があることを，いつでも意識しておく必要があることである．

　しかし，現在，基本的に必要なのは，量子論の考え方をもっと徹底的に，すべての領域に，その状況にもっとも忠実に適用することである．もし，量子力学に限界があり，次の理論への突破口が見つかるとしたら，それは，そうすることによってしか起りえないだろう．（筆者＝まちだ・しげる，京都大学名誉教授．1926年生まれ，1949年東京大学理学部卒業）

　初出：臨時別冊・数理科学『20世紀の物理学』（サイエンス社，1998）pp. 221-227．

7. 素粒子の究極理論を求めて

武 田　　暁

　物理学会の編集委員会より，湯川，朝永先生以後のこれまでの日本の素粒子論研究の展開について書くようにと依頼された．また，素粒子モデルの日本の研究については小川修三さんが別に書かれている（会誌 **51** (1996) 90, 2月号参照，本書第5章に所収）．素粒子理論の発展については多くの優れた啓蒙書が出されている．比較的最近に刊行され，私自身が読んだ本の中から幾つかをあげると，S. Weinberg の『究極理論への夢』，A. Zee の『宇宙のデザイン原理』等の素粒子研究の第一線の学者により書かれた素晴らしい本があり，また，素粒子理論と宇宙論の関係を論じた本を取りあげれば，今は古典とも言える S. Weinberg の『宇宙創成はじめの3分間』とか，S. W. Hawking の『ホーキング宇宙を語る』等の優れた本も出されている[1]．したがって，読者が素粒子理論の展開の全体像を得るにはこと欠かない．このようなことは物理学の諸分野の中でも素粒子物理学と宇宙物理学に顕著に見られる特徴であり，物質世界の究極理論，宇宙の誕生と進化の統一理論を求めるこれらの分野が多くの若い人々を引き付ける魅力を具えている証拠である．

　これらの本に書かれている素粒子論の発展の背景と内容を熟知している読者には，この半世紀の素粒子研究の歴史を短い文章にまとめても訴えるところは少ないものと思われる．また，素粒子物理が専門外の会員にとっては，素粒子物理学の進展の中で個々の人々があげた業績を通して日本の研究の歩みを語っても，全体の素粒子理論の研究の流れの中でこれらの仕事が果した役割を感じていただくのは難しいと思われる．そもそも自分自身がその流れの中に置かれてきた研究の歴史を語ることは困難であり，過去の文献を改めて読み直し，その頃の知識の状況と研究の動向を再認識し，それ以降に集積され既成概念となっている常識を一旦は自分の頭の中から払拭しなければならないが，私にはできそうにも思えない．

　日本の研究者による幾つかの代表的な論文を改めて眺めてみると，論文に書かれている研究の動機，問題意識，得られた結論の何れについても現在においてなお説得性のあるものが多い．また，それらの論文には多くの外国の論文も参照され，素粒子研究者の作る社会共同体の各時代に存在したパラダイムの中での位置付けが行われているが，1950, 60, 70, 80 年代と年代が進むにつれこのような傾向は著しく，国際的な共同作業と与論形成の傾向は益々顕著になっている．このことは，素粒子理論に標準理論と呼ばれる理論が次第に作り上げられ，受け入れられて来たことと無縁ではない傾向と思われる．したがって日本人の研究を主体にして素粒子理論の展開を語るの

は非常に難しいし，また必ずしも理に適ったこととは思えない．

　別の試みとして，会う人ごとに各人が素粒子研究を始めてからこれまでに大きな影響を受けた日本人の論文を数編ずつあげて貰ってみた．皆さんが挙げる論文は案外に共通しており，また予想した以上にそこであげられた原論文を当人は読んでおらず，身近に行われたセミナーや講義録あるいは研究者社会の与論を通して影響を受けたと言う人が多い．原論文がいかに優れていても理解されるには時間が必要であり，別の人がその論文を評価し原著者自身ですら気が付かなかった意義を認めて論文の重要性を指摘したり，原論文より受け入れ易い見通し良い形に表現し直されてから初めて一般的に受け入れられるようになることを示している．

　1978年に初めて日本で高エネルギー物理学の国際会議が開かれた．その直後になされた南部陽一郎と H. D. Politzer の対話を読むと[2]，強い相互作用の標準理論である QCD の重要な特徴である漸近的自由性（高エネルギーで相互作用定数が漸近的に0になり，素粒子が自由粒子のように振舞うこと）を発見した Politzer の仕事，素粒子物理学における自発的対称性の破れの重要性を初めて議論した南部の仕事の場合にも，周りに誰も理解し励ましてくれる人がいなかったと述べている．1967年の S. Weinberg の電弱統一理論は殆どすべての実験的な検証にこれまで耐えてきた理論であり，電磁相互作用と弱い相互作用の統一理論の標準理論としての地位を今日では確保しているが，この Weinberg の論文の場合でも3年後の70年に初めて1回，71年に3回，そして72年から突如多数回引用されたと著者自身が『究極理論への夢』の中で述べている．この統一理論は独立に A. Salam も同じ内容の理論を提出したので，Weinberg-Salam 理論と呼ばれている．

　研究者が新しい概念を受け入れるには多大の困難が伴うものであり，重要な仕事ほどそれを受け入れるには意識の変革が必要で，一般に認知されるまでの時間が相当に長いことを示している．多数の研究者が同一の目標を持って研究している素粒子物理学の場合には，少しでも異端的な考えは無視するか聞き流すような与論形成が行われ易いとも言えるので，理論形式がすっきりしている，物理的描像が明確に描ける，実験的な検証がある等の3拍子揃った形に理論の内容が整理されるまでは，なかなか受け入れられない背景があるように思われる．このようなことは原論文には殆ど望めないことなので，研究者社会の与論の支持を受け認知されるまでには数年の歳月を必要とするのであろう．

　この数年間は素粒子物理学の進展は小康状態にあると思い込み，私自身は脳神経科学や言語学の勉強に凝っていたので，この小論では言語学的観点を加味して素粒子研究の歩みを振り返ることにしよう．紙数の制限から多くの日本の研究者の業績をあげながら研究の歩みを論ずることはできないので，色々な人に尋ねたときに共通に挙げられた湯川・朝永以後の少数の日本人の論文のみを取り上げながら，自分自身の意識

の変遷をたどる気持ちで素粒子論研究の歩みを論ずることにする．

7.1 素粒子の統一理論を求めて

　素粒子物理学の進展の半世紀の歴史を一言で言えば，物質世界の究極の構成要素とそれらの間の相互作用の究極の法則を探し求めて来た歴史であり，素粒子の統一理論の探求である．私が未だ学生であった頃に湯川先生が『存在の理法』という題の本を書かれ，その題名に引かれて読んだ覚えがある．何時の間にかこの本は手元からなくなり出版元さえ不明であるが，それぞれの素粒子が存在する理由づけを当時は私なりに考えた覚えがある．究極理論の探求とは素粒子の存在の理法の追及であり，同時に素粒子を記述する言語そのものである相対論的量子場の理論の深層構造の追及と言っても良い．

　Weinberg の『究極理論への夢』の中にも強調してあるが，究極理論とは素粒子物理学の還元論的性格の研究の終末点であり，ある一群の法則はより深い階層の法則により説明され，更にそれらの法則は更に次の階層の法則により説明され，究極理論に現れる最終段階の法則はそれより深層の法則を持ち得ない法則と考える．そのような究極理論があるとすれば，その理論の持つ美しさの一つの特徴は理論の持つ必然性であり，その中の一つの法則，一つの定数すら僅かに変える自由度も残されていない，極めて制限の強い論理体系であることが望ましい．本当に究極理論が存在し得るかどうかはともかくとして，現在までの素粒子の統一理論探求の歴史を振り返ると，ある意味でより基礎的，より包括的，そしてより制限の強い任意性のない法則を探し続けてきたように見える．この意味で現在の標準理論は未だ多くの実験的にのみ決め得るパラメータを含んでおり，実験事実には良く合うが理論的には不満足なものと考えられている．

　最近，J. Watson と共に DNA の構造を明らかにした F. Crick が『驚くべき仮説』と言う本を書いている[3]．彼の言う驚くべき仮説というのは，人間の記憶，自由意志，自己認識等の人間の心的活動のすべては，多数のニューロンの集合体の機能として理解できるという還元論的仮説であり，脳神経科学で最も良く調べられている視覚のニューロンレベルでの知識を基にして，視覚の高次機能にゆくに連れて自己認識が生ずる可能性を論じている．脳神経科学の現状はとても自己認識の問題にまともに取り組む段階まで進んでいないという方が常識であろうが，多くの実験的に得られた素材が断片的に蓄積されており，重要な，しかも現実的な問題提起として受け取るべきものと思われる．このような脳神経科学の状況は，多数の素粒子やその共鳴状態が発見され個別の知識が急増しながら，理論の全体像が見えなかった1950年代から60年代にかけての素粒子物理学の状況を想起させる．一方，素粒子理論の最近の傾向を眺めると，実験事実や近い将来の実験的な検証可能性を越えた色々なアイディアが提出

されており，究極理論のあるべき姿が純理論的に議論されている．そろそろ人間の認識機構，認識能力の限界，あるいは認識能力の学習とその限界の問題を抜きにしては素粒子理論は論じられない側面を見せて来ているようにも思われる．

　素粒子物理学は他の分野と異なる幾つかの特徴を持っている．第1の特徴は多くの素粒子研究者が意識的に，あるいは意識下に，物質の究極理論の探求という知的な好奇心と目的を共有していることである．多くの研究者が素粒子研究のすべての側面に関心を持ち，すべての研究は物質世界の究極原理の探求につながる可能性があるという意識である．あるいは，意識されていない無意識の動機を共有しているという方が正しいかも知れない．このような研究者間の暗黙の一体感は，例えばクォーク・レプトンとそれらを結ぶゲージ粒子からなる物質世界像の形成，強い相互作用の標準理論であるQCD，電磁相互作用と弱い相互作用を統一した標準理論である電弱理論の形成，更に進んで大統一理論や重力相互作用まで含む超弦理論の可能性の追及等の共同作業に大きな役割を果してきたものと思われる．

　第2の特徴は素粒子理論と素粒子実験の関係であり，極言すると素粒子物理学は通常の実験施設・設備のほかに量子場の理論という第2の実験場を併せ持っていることである．人間が言葉を用いるときに，会話や文書を通しての外部との情報伝達により言語理解や構文能力を高めるのは実験物理学の場に相当し，脳の中の言語野等におけるニューロン間のシナプス結合とその変化を通して言語理解や構文能力を理解しようとするのは，場の理論の探求に相当する．脳の中の様子は外から見えないが，脳は言語形成の中枢であり，五感を通して外部の実験場での経験と互いに相互作用しながら言語形成を行っている．これら二つの実験場の存在は必ずしも素粒子研究のみに見られる訳ではないけれども，相対論的量子場の理論は極めて奥深く，かつ，制限の強い理論であり，最も顕著にこれらの特徴が見られる物理学の分野であることは間違いない．

7.2　量子場の理論の発展

　この半世紀の素粒子理論の展開を強いて言語論的な言い方で分類すると，1950年代は日常言語としての場の理論の有効性検証の時代，60年代は場の理論の科学用語としての文法探求の時代，70年代はクォーク・レプトンを用いた言語の時代，80年代はゲージ場理論と呼ぶ内容豊富で，かつ，制限の強い統一言語に基づく素粒子の統一理論の時代，90年代は多様化の時代，あるいは少し不謹慎な言い方をすると分離脳の時代と位置づけたい．

　私が素粒子研究を始めた50年代のことを振り返ると，湯川理論の成功は，素粒子間の相互作用は場に付随する素粒子により媒介されるという概念を定着させ，朝永等の繰り込み理論の成功は，量子場の理論は素粒子物理学を定量的にも記述できる優れ

た理論形式であり得ることを認識させた．両者が相俟って，量子場の理論は当面は素粒子物理学を記述できる言語そのものであるという意識を定着させたように思われる．また，朝永等の繰り込み理論に一つの実体を与えた坂田グループのCメソンの導入によるQEDの発散除去は，場の理論の繰り込み可能性と素粒子のモデルが有機的に結合することを示唆していたが，このことが明確に認識され本格的に取り入れられるようになったのは，後に場の理論が超対称性を持つ場の理論という形に拡張されてからである．

　量子場の理論は1929年のW. HeisenbergとW. Pauliの論文に始まるが，電子と電磁場の量子場の理論 (QED)，湯川の中間子理論の成功は，場の理論が極めて内容のある素粒子物理学の言語であることを示してきた．相対論的場の理論は相対論的不変性，局所的因果律等の一般的要請を満足するように構成され，場の量子化により，場には素粒子が付随し，素粒子の放出と吸収過程，それらを組み合わせて得られる素粒子の交換による力の媒介，反粒子の存在等のことが組み込まれている．これらは基本的な実験事実と整合し，場の理論はすべての素粒子現象を語る為の素材を含んだ素粒子の言語体系，あるいは極限すれば場の理論は素粒子理論そのものであるという感じを与えてきた．

　1940年代の終わりに提出された朝永，J. Schwinger，R. Feynman等によるQEDの研究により，場の理論はQEDに関する限り定量的な数値計算にも耐え得ることが示された．また，Feynmanダイアグラムは色々な物理過程を視覚的にも明らかにし，その正当性が十分に議論される前に，50年代半ばには多くの人々が日常用語として使う素粒子言語として定着し，Feynmanダイアグラムによる計算法は今日まで場の理論の汎用的なアルゴリズムとも言える役割を果すことになる．したがって，素粒子物理学を語る日常言語としての場の理論の有用性の検証は50年代には完成したと言っても良い．

　勿論，当時から場の理論には多くの問題点も抱えていた．電子・光子の質量や電荷の計算値が無限大になる発散の問題，次々に発見される素粒子の何れに基本的な量子場を対応させるか，QEDと異なり強い相互作用のように結合定数が大きい場合にどのようにして有効な計算を行うか等の問題，これらは場の理論から導かれる結果と実験との比較を可能にする為にどうしても解決しなければならない問題であった．しかし，QEDの成功と，Feynmanダイアグラムを日常言語として用いるとすべての物理現象を語れること等から見て，これらの残された問題の解決には多分に楽観的な空気があったような感じもする．

　一方，場の理論を素粒子物理学の言語体系として眺めると，その言語体系に隠されている，あるいは内在している新たな物理的内容の発見や，言語体系の無矛盾性を検討する先駆的な試みが1950年代になされており，その中の幾つかの日本の優れた研

究をあげることにしよう．51-52年の坂田，梅沢博臣，亀淵迪による繰り込み理論の適用性の研究では，相互作用定数の長さの次元が負の値を持つ場の理論は繰り込み可能，正の値を持つ場合には一般に繰り込み不可能なことを示しただけでなく，後者の場合でも実ベクトル場のベクトル相互作用という特殊な場合には繰り込み可能であることを示している[4]．

更に1957年には50年に提出されたJ. Wardの恒等式を一般化して，電子の伝播関数と電子と光の相互作用の強さを表すvertex関数との間に成立する一般的な関係式が高橋康により証明された[5]．この関係式はQEDだけでなくゲージ場の理論に一般的に適用される関係式であり，異なる物理過程の振幅を関連づける極めて有用な等式である．高橋-Ward恒等式は今日までしばしば引用され，ゲージ理論に基づく素粒子の言語体系に共通の文法規則とも言える役割を果している．また59年には中西襄，L. Landauにより独立にFeynmanダイアグラムの解析性の研究もなされており[6]，日常言語としてのFeynmanダイアグラムの持つ数学的な性格を明らかにした研究である．

相対論的量子場の理論は素粒子を記述する言語として色々な角度から検討されたが，その中からゲージ場の理論が今日のように特別の位置を占めるまでには長い期間を必要とした．現在の素粒子理論の状況は，局所ゲージ変換に対して不変性を持つゲージ場の理論の正当性が広く受け入れられ，素粒子物理学を記述する最も魅力のある言語としての役割を果している．QEDは場の位相の局所変換に対する不変性を持つ局所ゲージ場の理論であるが，このようなゲージ理論の一般化が1950年代になされている．54年のYang-MillsのSU(2)対称性を持つゲージ理論は，素粒子の内部対称性である荷電スピンの局所回転に対するゲージ理論であり，56年の内山龍雄によるゲージ理論の定式化は，一般のLie群に対するゲージ理論の拡張と，Einsteinの重力理論をゲージ理論として解釈する研究である[7]．素粒子物理学にゲージ理論を一般的に用いる必然性については，当時の実験事実やゲージ理論の理解の状況からは余り意識されていなかったが，これらの仕事は極めて先見的な研究として位置付けられる．

ゲージ場の理論を素粒子物理に適用する際の当時の最大の難点は，ゲージ場に対応するゲージ粒子は光子のように質量0になることであった．光子以外にはゲージ粒子に対応するスピン1，質量0の素粒子が発見されなかったことから，当時の多数意見はゲージ理論の普遍的な適用性について否定的であったと思われる．60年代の初めに桜井純等は当時までに存在が確認されていた有限質量，スピン1の数種のベクトル中間子の役割を強調する論文を書き[8]，ハドロン相互作用を記述する現象論として一定の成功を収めた．これらの仕事は素粒子物理学におけるベクトル粒子の役割の重要性を示したものと言えるが，局所ゲージ場の理論の正当性を確認するまでには至らな

かった．1960年頃にSchwingerが来日したときに呼び出され，東京で2人で宝塚歌劇を見ながら盛んに彼がゲージ場の質量のことを気にしていたことを思い出す．彼のようにゲージ場の理論には有限質量のゲージ粒子の存在が隠されている可能性を感じていた人々がいたけれども，有限質量を生み出す明確なメカニズムを明らかにするまでには至らなかった．

　ゲージ場の理論に隠された物理的内容の豊かさが次第に明らかになってきたのは60年代，クォーク・レプトンを基本的構成粒子とする系にゲージ場の理論が適用され実験的な検証を受け成功を収めたのが70年代，ゲージ場の理論に基づく素粒子の統一理論の妥当性が一般常識となり，ゲージ場の理論が素粒子理論の構成に不可欠な言語として定着するようになったのは80年代のことである．60年代の初めに南部により初めて素粒子物理学における対称性の自発的破れの機構とその重要性が指摘された．すなわち物理法則は色々な内部対称性を示すけれども，系の基底状態（真空）がその対称性の幾つかを破る為に現実の素粒子間には対称性が破れているように見えることが示された．また，内部対称性の自発的破れに伴って，スピン0，質量0を持つ南部-Goldstone粒子と呼ばれる粒子が現れることが南部，J. Goldstone等により論ぜられ，更にハドロンの中で最も軽いπ中間子はカイラル対称性の自発的破れに伴う南部-Goldstone粒子であることが南部により論ぜられた[9]．

　1966年にはP. Higgsにより，局所ゲージ理論における対称性の破れに伴い生ずるスピン0を持つ南部-Goldstone粒子は，その局所対称性に関するゲージ粒子の縦方向のスピン成分となり，質量0のゲージ粒子の横方向の2成分と併せて3成分を持つ有限質量のゲージ粒子になることを示す場の理論のモデルが提出された．この機構は今日ではHiggs機構と呼ばれており，対称性の自発的破れに伴いゲージ粒子が有限質量を持ち得る物理的な機構が明らかになった．自発的対称性の破れを伴う場の理論の探求は，最近30年間の素粒子研究の進歩の背景にある原動力であると思われる．唯，どの内部対称性に対して自発的対称性の破れが起こるかは実験との比較からは決定できるが，純理論的に決定するには未だ任意性が残されている．

　関連する多くの仕事を総合すると，ゲージ場の理論は極めて内容豊かな素粒子の言語体系であり，対称性の自発的破れに伴い南部-Goldstone粒子を生み出す機構，この粒子がゲージ粒子と一体になるときにはゲージ粒子に有限の質量が生ずる機構，等が内在していることが示された．それでも強い相互作用や弱い相互作用のゲージ理論が素粒子を記述する現実的な言語体系として認知されるには，これらの理論が繰り込み可能であり，また摂動展開等が可能で計算能力のあるアルゴリズムを持つことが明らかになるまで待たなければならなかった．したがって，1960年代は科学用語としての場の理論，特にゲージ場の理論に内在する豊富な文法の骨子，物理的内容が明らかにされてきた時代と考えられる．

ゲージ場の理論に内在する物理的内容の探求はその後も引き続き行われてきた．量子場の理論は時空の各点での場の値が独立に揺らぐことができるので無限の自由度を持つ系であり，基礎法則は有限自由度の量子力学系の場合と似ていても無限自由度の存在の為に今日では量子異常と呼ばれる現象が存在する．40年代から無限自由度を持つ場の揺らぎの為に色々な物理量を計算すると無限大になり，また，予期しない効果が現れる場合があることが知られていた．ゲージ理論における基本的な相互作用はゲージ場と対応する電流との相互作用であり，ゲージ場の理論における電流の役割は極めて重要である．各種の電流間の代数関係はカレント代数と呼ばれるが，この代数は量子異常項による修正を受ける．このような異常項の存在は55年に既に今村　勤，後藤憲一により指摘され，その後のSchwingerの仕事と併せて後藤-今村-Schwinger異常項とも呼ばれている[10]．また，カレント代数は60年代に場の理論に内在する重要な文法規則として研究されたが，カレント代数に基づく場の理論の構成を行った菅原寛孝の論文等の優れた研究がある[11]．

また，1960年代の終りには別種の異常項の存在により電流の保存則も修正を受けることがあることが示され，特にカイラル異常と呼ばれる異常項はゲージ場の存在によりカイラル電流の保存則を修正し，実験的にもπ^0中間子の2光崩壊等を通してその存在が確かめられてきた．このような2種類の量子異常は自由度無限大の場の理論に内在するものであり，一見しただけでは分からない場の理論の持つ新たな物理的内容を明らかにしたものである．今日ではゲージ理論の構成に量子異常の有無と理解が不可欠の要素であることが広く認識されている．また，量子異常項を摂動論に頼らずに一般的に導出する方法が79年に藤川和男により提出され，量子異常はゲージ場の幾何学的性質の現れであることが明らかにされた．藤川の方法は今日まで広く用いられている最も一般的に量子異常項を導く方法である[12]．

7.3 標準理論の成立

以上のような書き方をすると50年代後半から60年代にかけての研究は場の理論一辺倒のように思われるが，実はこの時代は素粒子衝突実験により多数の素粒子とその共鳴状態が発見され，強い相互作用についてのモデルと理解の仕方の理論研究が主流を占めていた時代である．また新たな素粒子の弱い相互作用による崩壊の研究，特に空間反転に対する対称性の破れの発見等により弱い相互作用についての知見が画期的に変化した時代でもある．共鳴の役割と共鳴状態間の対称性，素粒子衝突，素粒子の多重発生等の理論的研究が盛んに行われたが，当時の場の理論では強い相互作用を定量的に記述できないという状況の中で，分散公式やS行列理論を用いて精力的な研究が行われた．私自身は50年代の中頃はアメリカに在住してρ中間子の存在の予言や(1955)，有限の運動量変化に対する分散公式の導出等の研究をしていたが，当時

のアメリカの状況を振り返ると次々に素粒子や共鳴状態が発見された素粒子実験の黄金時代であった．

　S行列理論や分散式は実験で測定が原理的に可能な量の間に成立する関係のみを取り上げて論ずる研究方法であり，特に力を媒介する素粒子・共鳴粒子群と衝突の際に現れる共鳴粒子群との関係をセルフコンシステントに決めるブーストラップ法と呼ばれる枠組等が提出され，後にハドロンの弦理論へと発展することになる．それらの研究の中で猪木-松田理論と呼ばれる有限エネルギー和則等は当時の研究に大きな影響を与えた優れた研究である[13]．

　当時の強い相互作用に関する研究の日本の状況を強いて言えば，東京の大学出身の研究者はより実験結果に敏感に反応し，関西の大学出身の研究者は場の理論によりこだわったと言えるかも知れない．基礎物理学研究所の15周年記念シンポジューム（1968年）での宮沢弘成氏の講演を読み直すと，『S行列と対称性』という題の講演で解析性，ユニタリー性，対称性を基にして理論を組み立てる枠組の日本の研究の総括が述べられている．『S行列的研究方法は新しい考え方で素粒子モデルや構造の研究と違ってボスがおらず，自由な研究の雰囲気の中で非常に多数の研究成果があげられた』と述べている．一方，S行列理論に批判的であった梅沢氏が60年代前半の素粒子研究の様子を懐古している随筆（80年）の中に，『当時の素粒子研究は分散公式一辺倒で場の理論の影が薄かった．しかし，分散公式もつまるところは場の理論の一部であり，本当の場の理論はこれまで考えられていたような簡単なものではない，ということを漠然と感じていた』と書いている．

　素粒子衝突における素粒子の多重発生は素粒子の放出・吸収の自由度を持つ場の理論の象徴的な現象であり，多くの研究者の関心を引き付けた．しかし定量的に場の理論に基づいて議論するのは極めて困難な問題であり，各種のモデルに基づく研究が盛んに行われた．日本の多くの研究の中でも木庭二郎等により提出されたKNO則は多重発生におけるスケーリング則の一つであり[14]，極めて良く多くの実験結果を再現すること等から，長期にわたりその後の研究に影響を与えた研究と評価できる．その後の高エネルギー領域での素粒子反応の理解にはスケーリング則は欠かせないものになってきており，KNO則はこのような研究の流れに先鞭を付けたものである．木庭氏は私が学生時代から親しく指導を受けた先輩であり，最も優れた見識と能力を持つ研究者であっただけに，氏が早く亡くなられたことは誠に残念な気持ちがする．

　強い相互作用を示すハドロンは複雑な構造と相互作用を持ち，たとえ今日のクォーク・レプトンを基本とする素粒子物理学のゲージ理論を用いても，共鳴エネルギー領域の素粒子衝突実験や多重発生の問題を定量的に論ずるのは難しい．ハドロン衝突については多くのことが理解不十分のまま今日まで残されたが，これらの中で共鳴状態の役割等の問題は核物理学の観点から再び取り上げられ，核理論研究者のより定量的

7.3 標準理論の成立

な研究に任かされているように見える．クォークが直接には顔を出さないエネルギー領域でのハドロンの相互作用を記述する有効理論を，いかにして構築するかが重要な鍵となるが，ρ中間子等のベクトル中間子を有効理論に現れるゲージ粒子として理解すること等を含む現実的な枠組が出されている．これらの研究の中で坂東昌子・九後汰一郎・山脇幸一等による精力的な研究等は非常に評価すべき成果である[15]．

素粒子の言語体系としてのゲージ場理論の内容が研究される一方で，1964年にはM. Gell-Mann, G. Zweig により素粒子のクォークモデルが提出された．そこに到る日本の研究との関連は小川修三氏が書かれたので，ここでは触れないことにする．70年代の初めにはクォークを素材とし，グルーオンをゲージ場とする量子色力学が提出され，QCD と呼ばれる素粒子の強い相互作用を記述する場の理論が誕生した．このQCD は SU(3) カラー対称性を持つゲージ理論であり，クォークのカラーと名付けた属性の局所変換に対する不変性に基づいている．クォークはハドロンを構成する素材であり，核子は3個のクォーク，中間子はクォークと反クォークの複合体として理解される．しかし，クォークは半端の電荷を持ち，また，ハドロンの中に閉じ込められ外に取り出せない等の不思議な性質を示している．

QCD のゲージ粒子であるグルーオンとクォークの相互作用の強さは，電磁気力の場合と異なり，短距離で弱く，長距離で強くなり（反スクリーニング），高エネルギー領域ではクォークは漸近的自由な性質を示す一方で，長距離では相互作用は強くなりクォークやグルーオンを単独で外に取り出すことができなくなる．これら奇妙なクォークやグルーオンの性質の物理的描像も明らかにされ，70年代はクォークモデルの定着した時代といって良い．クォークの閉じ込め機構等については日本の研究者による多くの優れた仕事があるが，紙数の都合で個々の研究には触れないことにする．

一方，素粒子の高エネルギーでの実験が1970年代に盛んに行われ，ハドロンが質点状の構成粒子からなるとして実験結果を解析する Feynman のパートンモデルが大きな成功を収めた．Feynman がパートンはクォークであることを認め，併せてゲージ理論の有効性を認めたのは，ゲージ理論がパートンモデルで示されたように計算可能なアルゴリズムを持ち，かつ，高エネルギーの実験事実が良く説明できることが分かってきた70年代末であると言われている．

強い相互作用の QCD と平行して，1967年には Weinberg, Salam により独立に電磁相互作用と弱い相互作用の統一理論が出された．ゲージ理論の全盛時代の幕開けであったに違いないが，先に触れたようにこの統一理論が受け入れられると言うよりは，広く真剣に検討されるまでには5年以上の歳月が経過している．この理論はクォーク，レプトンのそれぞれを弱荷電スピンと呼ばれる性質により2組に分類し，それら2組の素粒子間の内部変換に対する局所変換不変性に基づく場の理論であり，ゲージ場として $W^{\pm}$ 粒子，Z^0 粒子の3種の重い質量を持つゲージ粒子と電磁場の光子を

持つように構成されている．

　QCD, Weinberg-Salam 理論は共に質点状の素粒子であるクォーク，レプトンに局所ゲージ対称性を適用したものであり，初めて現実的なゲージ場の理論が構成されたことになる．これら二つの標準理論は 70 年代には各種の実験的な検証を受け，前述の東京での国際会議の頃までには広く受け入れられるようになっていた．70 年代はクォーク，レプトンを用いた言語の時代と言っても良い．その後，当然の成り行きとして標準理論の構成の線に沿い二つの標準理論を統一する大統一理論の探求が行われた．クォーク，レプトンをまとめて異なる世代のファミリーに分け，各ファミリー内の素粒子を関連付ける対称性として SU(5)，SO(10) 等の内部対称性が議論されてきた．これらはゲージ場の理論と自発的対称性の破れが柱となっている理論であり，80 年代はゲージ場の理論が素粒子を記述する言語として定着した時代である．

7.4　標準理論を越えて

　QCD，電弱理論が素粒子の標準理論として定着し，更にこれらを統一する大統一理論等が真剣に定量的にも取り上げられている現在でも，素粒子物理学は幾つかの当面の問題，あるいは長く抱えている問題を持っている．K^0 中間子の崩壊に見られる CP 不変性の破れの原因，宇宙の粒子数と反粒子数の非対称性の原因，ニュートリノの質量の値，クォーク等の質量の原因である Higgs 粒子の存在の有無，クォーク・レプトンのファミリー数等の問題があり，これらの諸問題は現在の大統一理論の枠組にも制限を与えるし，また，更により深い新しい考察を必要とする問題とも思われる．このような問題に対して重要な役割を果した日本の研究の幾つかに触れることにしよう．

　1973 年に小林　誠，益川敏英は，現在の標準理論の枠内で K^0 中間子の崩壊で発見された CP 不変性の破れを説明するためには，クォーク・レプトンのファミリーは 3 世代以上が必要であることを初めて指摘した[16]．この研究は 3 世代目のクォーク，レプトンが発見される大分以前になされた先駆的な研究であり，また今日でも CP の破れを定量的に説明できる唯一の現象論としての立場を維持している．78 年の吉村太彦による研究[17]は，大統一理論で予期される CP の破れ，バリオン数の非保存，宇宙膨張初期における熱平衡からの僅かなずれを用いて，宇宙のバリオン数と非バリオン数の非対称性の発生の機構を示したものであり，初めて我々の宇宙が核子優勢の宇宙であること，宇宙のバリオン数と光子数の割合が極めて小さいこと等を理解することを可能にした．また，ニュートリノの質量の上限はクォークの質量に比べても非常に小さいが，ニュートリノ質量の小さいことを説明する為に柳田　勉等により導入されたシーソー機構は今でもニュートリノ質量を理解する最も強力な考え方として残っている[18]．これらの仕事はそれぞれの難問の解決に初めて糸口を与えた研究であり，今

日でもその正当性を主張できる内容を持っている.

対称性の行きつくところは,スピン整数のBose場と半整数のFermi場との間の対称性である超対称性である.60年代の終りには宮沢弘成により既にスピン整数と半整数のハドロン間の超対称性が論じられたが[19],時期尚早であったことと審美的に訴えることが少なくて,余り本気で取り上げられなかったように思われる.60年代には色々な対称性が提唱され論じられたが,素粒子の内部対称性を表すLie群と時空の対称性を表すPoincaré群とを単なる直積ではない形で統合する対称群の可能性が議論された.宮沢の仕事はその可能性を示す一つの研究であったが,1971年にはLie群の概念を拡張すれば直積以外の方法で内部対称性を含ませることができることが,より厳密にYu. Gelfand等により示された.この拡張には超対称性の演算子が含まれる.74年にはJ. Wess, B. Zuminoにより4次元の超対称性を持つ場の理論のモデルが定式化され,超対称性を持つ素粒子を記述する言語体系の原型が用意されたことになる.

超対称性理論の良い点はBose場とFermi場との共存により場の理論の発散が消去され繰り込み可能になること,すべての素粒子を超対称性まで含めた対称性の観点から統一的に理解できる道筋を与えたことである.一方で,釈然としない点は既存の素粒子の中には超対称性を通して対をなす素粒子の候補者は見当たらず,超対称性を仮定すると素粒子の数は倍増し,新たに加えられる素粒子は超対称性の自発的な破れにより質量が大きくなり,現在までの実験では見付からないという言い訳をすべての超対称性によるパートナーに用意しなければならないことである.

しかし,素粒子の統一理論を作る為には超対称性を取り込むことは有用であることが次第に示されてきている.大統一理論では強い相互作用,電磁相互作用,弱い相互作用はある高エネルギー領域で統合され,一つの共通の結合定数を持つことが要請されるが,例えばSU(5)の大統一理論ではうまく行かないが,SU(5)の超対称性大統一理論では10^{17} GeVの辺のエネルギーで三つの相互作用定数が一致することが示されており,この外にも色々と超対称性の存在を示唆する傍証がある.それ以上に,超対称性を持つ統一理論は繰り込み可能な場の理論であり,80年代後半から現在まで素粒子を記述する現実的な言語の一つとして機能している.

超対称性理論研究の詳細には詳しくないので,身近に接した幾つかの優れた日本の研究をあげよう.1982年頃の坂井典佑による超対称性を緩やかに破る項を持つSU(5)超対称性モデルの提唱,井上研三等による素粒子の標準モデルの超対称性版の提案と輻射補正による対称性の破れを取り入れた計算,柳田等によるSU(5)超対称性モデルによる陽子の寿命やHiggs粒子の質量計算,これらは日本の素粒子研究が純論理的な面だけでなく,実験との定量的な対比を含めて世界各地の実験計画にも影響を与えるまでに成長していることを示す研究の例である[20].

超対称性については年配の研究者には一種の嫌悪感がある．直接的証拠の存在しない概念は昔であったら顧みられないのが物理社会の規範であったと思われるが，素粒子の究極理論追及を暗黙のコンセンサスとする素粒子社会の与論では，超対称性の概念はすでに80年代に入ってから社会的認知を受けているように思われる．超という字には素晴らしいという意味と，うさん臭いという意味が同居しているが，古典物理学は実数，量子力学は複素数，そして超対称性理論では反可換なGrassmann数を必要とすることから，我々の脳の機能と構造は複素数はともかくとしてGrassmann数までも許容するのか等と思い悩むこともある．

　素粒子理論の夢の一つは大統一理論を越えて重力まで含めた統一理論の探求であり，80年代はこのような統一理論の研究が盛んに行われたが，素粒子を質点と考える代わりにすべての素粒子を一つの弦の振動状態に対応させる弦理論が最有力の候補者として登場した．60年代終りにハドロンの多数の共鳴状態の存在とそれらの関連を良く説明できる双対共鳴モデルと呼ばれるモデルが提出され，その後このモデルは一つの弦の振動状態をこれらのハドロンの共鳴状態に対応させることにより理解できることが明らかになった．弦理論の最初の相対論的形式化は1970年頃に後藤茂男，南部陽一郎により独立に提出され，弦理論の原型としてその後の弦理論の展開に大きな影響を与えている[21]．74年には弦の場の理論の本格的な形式化が初めて吉川圭二等によりなされ，また，同じ年に米谷民明により弦理論はある条件下で重力相互作用を含み得ることが示されている[22]．また，崎田文二が色々な局面で弦理論の発展に重要な寄与をしたことも付け加えたい．

　1980年代後半から本格的に登場した超対称性を取り入れた超弦理論は，素粒子の究極理論に近い一つの候補者として多くの若い人々を引き付けている．弦の長さは極めて短く通常のスケールでは質点と見なせるものであり，また，弦の振動の基底状態と励起状態のエネルギー差はPlanckエネルギーの程度であり，通常のエネルギー範囲では基底状態のみを考えれば良い．標準モデルに現れるクォーク，レプトン等の素粒子は弦の基底状態の一つに対応し，また基底状態には光子や重力を媒介する重力子が含まれることも示されている．時空の次元は10次元のように拡大しないと論理的な整合性が得られないが，4次元以外はコンパクト化される次元であり，特に不都合は生じないと思われている．

　これらの研究を眺めると，90年代は多様化の時代，あるいは分離脳の時代と名付けたい．超弦理論は左脳で考えると論理的に可能な素粒子の統一描像を与え，また，現在の標準理論を内蔵するように見えるが，低エネルギーでの実効理論である標準理論を導くアルゴリズムを作るのは今のところ困難であり，また，Planckエネルギーでの実験を行い弦の振動の様子を調べるのは永久に不可能である．実験物理学との決別の当否は左脳ではイエスと肯定し，右脳では経験的に否定する．必要により脳を分

離して機能させること，あるいは人間の脳機能についてのより深い理解，あるいは学習により脳機能を高めることが究極理論探求の条件なのかも知れない．超弦理論は数学的にあまりに複雑であり，私のようにその詳細についていけないものには両脳とも弦の妙えなる調べを長期記憶として脳に埋め込むのは難しい．

7.5 終りに

40数年前初めてアメリカに行ったとき，一つの実験事実からは一つのことのみ検証するのが西欧科学の伝統であるとアメリカ人のS教授から言われ，すべてのことを一度に理解しようとするのは東洋的だと言われた覚えがある．4年ほどアメリカに滞在したが，当時Chicago大学に居たGell-Mannが我々アメリカ中西部で研究していた日本人の仕事振りを身近に見て，東洋思想の汚染あるいはそれに近い言葉を言っていたような覚えがある．しかし，70年代からの素粒子理論の展開はある意味で東洋的な様相を示しているように思われるし，また，これからの素粒子論の発展には右脳と左脳の微妙な使い分け，調整まで要請されるようにも思われる．

紙数も尽きたので最後に文化-文明論といわゆる頭脳流失について一言付け加えよう．司馬遼太郎の『アメリカ素描』という本に色々と面白い観察が書かれている．文明は誰でも参加できる普遍的・合理的なもの，文化はむしろ不合理なもので特定の集団にのみ通用する特種なもの，アメリカは文明だけで出来あがっている特種な国であるが，アメリカという人工国家がなければ世の中は息苦しい等々のことが書かれている．50年代から60年代にかけて6年間ほど2度に分けてアメリカに滞在したが，何人かのアメリカ人から日本の素粒子研究の論文にはあらゆるアイディアが書かれていてアイディアの泉であると言われたことを思い出す．日本やヨーロッパで育ったアイディアはその国の文化を反映して多彩でユニークのものが多いが，それらのアイディアが合理的・普遍的なものに成長するにはアメリカの存在が必要であった，というのが70年代前半までの素粒子物理学の状況であったような感じがする．

素粒子物理学の研究者で海外で長く活躍して優れた業績をあげている人々は多い．しかし，ヨーロッパや他の地域の国々と比べると言葉の障壁等も一因であろうが，いわゆる頭脳流失の程度は微々たるように思われる．50年代のアメリカの様子を見ると，自国の文化の重苦しさを敏感に意識して自由な研究雰囲気を求めて色々な国から優秀な研究者が来ていたように思われる．日本の頭脳流出の場合でも似たような事情があったことは否めない．しかし，結果としてそれほど目立った頭脳流失は起こらず，日本に研究場所を設定する研究者と海外，特にアメリカに居を構える研究者とが適当な数の比率で推移してきた．このことが日本の研究の文化的特徴と文明的普遍性との良いバランスを支えてきたように思われる．　（筆者=たけだ・ぎょう，東京大学名誉教授，東北大学名誉教授．1924年生まれ，1946年東京大学理学部卒業）

参考文献

1) S.ワインバーグ著, 小尾信彌・加藤正昭訳:『究極理論への夢』(ダイヤモンド社, 1994). A. ジー著, 杉山滋郎・佐々木光俊・木原英逸訳:『宇宙のデザイン原理』(白揚社, 1989). S.ワインバーグ著, 小尾信彌訳:『宇宙創成はじめの3分間』(ダイヤモンド社, 1977). S. W.ホーキング, 林 一訳:『ホーキング宇宙を語る』(早川書房, 1989).
2) 南部陽一郎, H. D.ポリツァー:『素粒子の宴』(工作社, 1979).
3) F. Crick: *The Astonishing Hypothesis* (Charles Scriber's Sons, 1994).
4) S. Sakata, H. Umezawa and S. Kamefuchi: Phys, Rev. **84** (1951) 154.
5) Y. Takahashi: Nuovo Cimento **6** (1957) 370.
6) N. Nakanishi: Prog. Theor. Phys. **22** (1959) 128.
7) T. Uchiyama: Phys. Rev. **101** (1956) 1597.
8) J. J. Sakurai: Ann. Phys. **11** (60) 1.
9) Y. Nambu and G. Jona-Lasinio: Phys. Rev. **122** (1961) 345, **124** (1961) 246.
10) T. Goto and T. Imamura: Prog. Theor. Phys. **14** (1955) 396.
11) H. Sugawara: Phys. Rev. **170** (1968) 1659.
12) K. Fujikawa: Phys. Rev. Lett. **42** (1979) 1195, **44** (1980) 1733.
13) K. Igi and S. Matsuda: Phys. Rev. Lett. **18** (1967) 625.
14) Z. Koba, H. B. Nielsen and P. Olesen: Nucl. Phys. B **40** (1972) 317.
15) M. Bando, T. Kugo and K. Yamawaki: Phys. Rep. **164** (1988) 217.
16) M. Kobayashi and M. Maskawa: Prog. Theor. Phys. **49** (1973) 652.
17) M. Yoshimura: Phys. Rev. Lett. **41** (1978) 281.
18) T. Yanagida: *Proc. Workshop Unified Theory and Baryon Number in Universe*, KEK report (1979) 95.
19) H. Miyazawa: Prog. Theor. Phys. **36** (1966) 1266; Phys. Rev. **170** (1968) 1586.
20) N. Sakai: Z. Phys. C **11** (1982) 153. K. Inoue, A. Kakuto, H. Komatsu and S. Takeshita: Prog. Theor. Phys. **68** (1982) 927. N. Sakai and T. Yanagida: Nucl. Phys. B **197** (1982) 83.
21) T. Goto: Prog. Theor. Phys. **46** (1971) 1560. Y. Nambu: Lectures at the Copenhagen Summer Symposium, 1970 (未出版).
22) M. Kaku and K. Kikkawa: Phys. Rev. D **10** (1974) 1110, 1823. T. Yoneya: Prog. Theor. Phys. **51** (1974) 1907.

初出: 日本物理学会誌 **51** (1996) 316-323.

8. 高エネルギー物理の将来

宮沢 弘成

8.1 はじめに

　20世紀後半に高エネルギー物理はめざましい活躍をした．その50年を振り返り，21世紀に向けての将来の予測を試みる．このような予測は当たるものではない．19世紀末に，物理学ではもうやることはない，終わった，ということが言われたそうである．それが20世紀に量子物理という方向に大発展をしたのであった．行き詰まったと思われたのが思いがけない突破口が見つかるのはしばしばであり，物理は不連続的に進歩するのである．だからといって将来予測をするのは無意味ではない．故（ふる）きをたずねて現状，将来を見渡すのは意味があり，必要なことであろう．

　不連続を承知の上で外挿するのであるから，現状から一義的な予想ができるはずはない．本稿の将来予想は客観的なものでなく，筆者の主観によるものである．その結論を先に述べれば，21世紀の高エネルギー物理は新しい理論形式の開発によって大発展を遂げるだろう，となる．

　高エネルギー物理とは何か，素粒子物理とどう違うのか．日本では素粒子という言葉になじみが深く，高エネルギー物理は輸入語であるが，両者ほぼ同義である．物質の究極構造を解明しようとする努力である．

8.2 高エネルギー物理の創成期

　高エネルギー物理は，まず量子電磁力学（QED）で始まる．これは高エネルギー実験ではない．マイクロ波分光学の発展により水素原子の微細構造にラムシフトが発見され，それが電磁補正によるものであることがわかった．丁度そのとき日本では朝永振一郎およびそのグループが相対論的場の理論を建設中であり，繰り込み理論によって無限大を処理し，電磁補正を計算できるようになった．これに R. P. Feynman の図式計算法も加わって，1950年にはQEDは完成する．この理論は驚くほど精確で，後に木下東一郎によって電子の磁気モーメントが e^8 まで計算されたが，実験値と10桁の精度で一致する．

　1950年頃の高エネルギー物理の主役はパイ中間子（パイオン）である．戦後米国各地で強力な加速器が続々と作られた．戦時中のマンハッタン計画成功の褒美として，また核物理が実際に役に立つと思われたので，この方面に潤沢に研究費が支給されたようである．パイオンは宇宙線中に見つかっていたが，人工的に作られるように

なった．その性質を解明すべく，各地で実験も理論研究も競争のように行われた．はじめは QED に倣って結合定数のべき展開で計算したのだが，これは使い物にならなかった．共鳴状態が幅を利かせていたからである．代わって原子核反応でおなじみの，角運動量で部分波展開するという手法が用いられた．こうしてパイオンの場が擬スカラーであること，アイソスピンが保存することなどが確かめられた．

パイ・核子散乱に対し強力な武器，分散公式が考案され，これにより予言されていた共鳴状態 Δ の存在が確認された．結合定数も $f^2=0.08$ と決まった．武谷三男らのグループは核力の周辺部の解析から同じ結論を出した．その後理論的整備も行われ，低エネルギーのパイ中間子論は 50 年代後半には解明された．パイオンの物理を片づけた加速器群は Δ の仲間を捜す「共鳴捜し」に向かい，一方分散公式は散乱行列（S-行列）理論へと進む．

同時進行したのがストレンジ粒子の理論である．1948 年宇宙線中に既知の粒子では理解できない奇妙な現象が見つかった．日本の理論屋たちはこの問題を取り上げてその解明に取り組み，珍粒子は二個組になって生成されるという正しい結論に到達した．この随伴生成則はその後奇偶則を経て M. Gell-Mann と西島和彦の，ストレンジネスという加算量の保存則に至る．実験的には Ξ^0, Ω^- というストレンジネス-2, -3 の粒子が発見され，ストレンジネスの保存が確立した．

もう一つ大きな出来事があった．空間反転のパリティ非保存である．私たちは半ば無意識に自然現象は空間反転で不変，つまり右と左は対称と思いこんできた．しかし T. D. Lee と C. N. Yang は弱い相互作用では空間反転の不変性が確かめられていないことを指摘し，実験してみるとものの見事に左右非対称であった．空間に対する考え方の根本的な変革と大騒ぎであったが，空間反転 P と粒子反粒子反転 C とを組み合わせた CP は不変であることがわかり，やはり空間は（拡張された意味で）左右対称であると納得した．ところがこの CP 不変性，これは時間反転での不変とほぼ同義だが，これも僅かであるが壊れているのが見つかった．これの真の意味はまだよくわからない．神がどうしてこんな不自然なことをするのか納得がいかない．

以上は初めの 10 年以内に起こったことである．まことにめまぐるしく，活気に満ちた時期であった．何事も創成期はこのようなものだろうか．あるいは活気に満ちたからこそ分野が生き残ったのであろう．初期には日本の理論グループは世界をリードしていたと言って過言ではない．大体外国には素粒子論という言葉もなかったのである．

8.3 成　熟　期

創成期の主役の素粒子がパイオンならば，次の主役はクォークとレプトンである．ハドロンの複合性が提案されたのは 1949 年である．E. Fermi と Yang は素粒子の

8.3 成熟期

数が多すぎると言って，パイオンは「素」でなく，核子と反核子の結合状態とした．ストレンジ粒子が沢山見つかるようになると，どうしても複合模型が必要になる．原子核は陽子，中性子の2素粒子でできているが，ストレンジ粒子のためにはストレンジネスの素（もと）を持った素粒子が必要である．坂田昌一は陽子，中性子とラムダ粒子を基本素粒子とし，そのスクールは3個の間の対称性 SU(3) も考えたのだが，重粒子の分類がうまくいかなかった．

ところが Gell-Mann がうまいことを考えた．同じ SU(3) 群を使い，基本粒子は3個だが，p, n, Λ ではなく，クォークと称する別のものとする．クォーク3個で核子やその仲間（重粒子）ができているというのである．これで重粒子の分類はうまくいく．中間子はクォーク・反クォークでよい．更に粒子群の質量差を表す公式が実際とよく一致したので，一挙に信用を得た．だがクォークは1/3という半端の電荷を持つ．半端の電荷など見つかってないではないか．しかし量子数に関する限りこの複合模型でうまくいっている．実際に電子，光子等で叩いてみると，重粒子には3個，中間子には2個の影が見える．ハドロン（重粒子，中間子）がクォークでできているのにクォークが出て来ないのは何故か．

クォーク閉じこめは1970年頃の中心課題であったが，次第にクォークはひもにつながれて出てこられないと言うことに落ち着いた．ハドロンはスーパー状態の真空の中にできた正常な空間の泡の中に納まっている．1個のクォークが飛び出そうとしても，クォークからの力線はスーパー状態に絞られてひも状となり，一定の力（約3トン重の大きさ）でクォークを引き戻すので出られない．無理に引くとひもがちぎれて多数の中間子になって飛び出てくる．この現象はジェットと呼ばれ，観測されている．

1974年にカリフォルニアとニューヨークで新現象が見つかった．J/ψ と呼ばれるものはそれまでの知識では理解できないと思われた．素粒子物理の革命かとも騒がれたのだが，結局は第4番目のクォーク（チャーム，c）で説明されてしまった．まもなく第5番目のクォーク（ボトム，b）も見つかった．

一方，核子と並んで物質のもう一つの構成要素である電子の仲間，レプトンの理解も進んだ．ミューオンは招かれざる客であった．パイオンが核力のため必要だったのに対し，ミューオンはどうしてこんなものを神が作ったのか意味がわからない．調べてみると質量の違いを除けば電子と全く同じ性質である．そこでハドロンで成功した SU(3) 対称性に倣って電子，ミューオン，ニュートリノを基本素粒子にしてみたが良いことはなにもない．そのうちにニュートリノは2種類あるのではないかと言われ始め，実験で確認された．ニュートリノと電子が組を作り，ミューオンニュートリノとミューオンが別のもう一つの組を作る．クォークも同じようにアップクォーク u とダウンクォーク d が組を作り，電子の組と合わせて第一世代の素粒子群である．

同じパターンでcとsクォークの組，ミューオンの組が第2世代を作る．こうして基本素粒子を納得のいく形にまとめることができ，招かれざる客も座るべき席を得た．更にうれしいことは，ハドロンはレプトンとは全く別種のものと思われたのに，クォークに至ってレプトンと同類のものとなったことである．

小林誠と益川敏英は基本粒子間の弱い相互作用を整理し，第1，第2世代の粒子群だけでは時間反転の不変性は壊れず，壊れるためには少なくとも3世代なければならないことを示した．ハドロン現象で時間反転が壊れているので，第3世代がなければならない．bがその候補だが，もう一つtがなければならない．レプトンの方はタウオンとその相棒ニュートリノで第3世代を形成する．

高エネルギー物理の実験は加速器が主体である．シンクロサイクロトロンから始まって陽子シンクロトロンへと移行するのだが，大きな革新が二つあった．一つは強収束の原理で，これにより粒子ビームを細く絞り，加速器を小さくすることができる．もう一つは大河千弘の衝突型加速器で，加速ビーム同士をぶつけて衝突されるのである．これらにより加速器の（重心系）エネルギーは飛躍的に大きくなり，素粒子物理の進歩を牽引，応援したのであった．

一方，理論形式も進展する．場の理論では現れる無限大を処理しなければならないが，散乱行列（S-行列）理論は観測可能な量だけを扱い，無限大は現れない．これについては精力的に研究され，面白い結果が得られたが，多変数関数論の困難に遭い，場の理論に取って代わることはできなかった．

この頃場の理論では，Yang等により非アーベル的対称性のゲージ理論がつくられた．ゲージ理論の重要性は次第に明らかになる．

大きな成果を生みだしたのは1960年の南部陽一郎の自発的対称性の破れである．厳密に成り立つと思われる対称性が壊れてしまうというので呆気にとられたが，よく考えるとこの現象は身近に起こっているのであった．3次元等方な空間内にいる我々の世界が等方でない形を保っているのは南部の機構のお陰である．この理論は見事な応用を生み出した．クォークとレプトンに非アーベル的ゲージ場を結合させ，ヒッグス場というスカラー場を混ぜる．ここに対称性の破れを起こさせると，ゲージ場は質量ゼロの電磁場と，質量を持った弱い相互作用の場に分裂する．南部理論の演習問題のようにスムーズにいく．こうして電磁気と弱い相互作用が統一的に理解できた．

強い相互作用の理論，クォークの色に強い相互作用のグルオンを結合させた量子色力学（QCD）もほぼ固まった．QCDは繰り込み可能で，エネルギーが高くなると結合が弱くなるという性質を持つので摂動計算ができる．低エネルギー赤外部では逆に結合が大きくなるので始末が悪い．スーパー状態の真空，クォーク閉じこめを扱う試みがなされたが，結局は計算機に任せることになってしまった．

3世代のクォーク・レプトンの電弱理論とQCDを組み合わせたものが標準理論で

ある.標準理論はこれまでの素粒子物理の総括である.得られた知識をすべて料理し,万事説明できるようになっている.強い相互作用は電弱場とは無関係に導入されてしまったが,これも統一的に理解しようとする試みはまだ成功していない.

超対称性についても触れるべきかも知れない.回転群は角運動量を生成演算子とするリー代数であるが,スピノル量の演算子を加えて交換関係,反交換関係を含む超代数に拡張できる.ローレンツ群も同様に拡張でき,これが超対称性である.数学上の可能性としては面白いが,物理が超対称であるという証拠は見出されない.

8.4 世紀末の高エネルギー物理

標準理論が提案され,登場する粒子のうち弱相互作用の中間子 W,Z はほぼ予想通りに見つかった.最後のクォーク t には手こずったが,1998 年には確認されたことになった.ヒッグス粒子が残っている.これの質量如何では理論に影響が及ぶが,20 世紀中には見つからなかった.

標準理論はうまくできていて,これを越えることができない.これからはみ出す粒子は見つからないし,標準理論に決定的に矛盾する現象は観測されていない.理論で,QCD の赤外部分は紙と鉛筆ではどうにもならなかった.あとは計算機にやらせるほかない.格子ゲージ理論は無限大を生じないので計算機が答えを出せる.岩崎洋一らつくばのグループの,専用並列計算機を開発しての精力的な計算は満足すべき結果を出している.少なくとも QCD が駄目と言うことにはなっていない.この研究は実験でもなく理論でもない計算物理を拓くものとして評価される.

加速器は次々とより高エネルギーのものが作られてきたのだが,SSC（Superconducting Super Collider）計画は挫折してしまった.建設費が高額であり,高エネルギー物理があまり実用にならないことがわかってしまったからである.

最高エネルギー領域であまりぱっとしたことのないとき,気を吐いたのはニュートリノ実験である.この時期の主役素粒子と言うべきであろう.クォーク・レプトンのうちでニュートリノは最もわかっていないものである.第一,質量が正確にわかっていない.小さい質量（質量差）があるならば,三種のニュートリノは混合し,他の世代のものへ行ったり来たりするはずである.この理論的予想に基づき,ニュートリノ振動を観測する実験が東大宇宙線研究所の神岡の装置で行われた.大気中で作られたニュートリノについて初めて振動が発見された.太陽から飛んでくるものについては他グループの結果とを総合して振動の詳細がわかった.これらから 3 つのニュートリノには質量差があると結論された.

小林・益川機構の解明も前進した.高エネルギー研のグループは所内の加速器で B 中間子の崩壊を調べ,ここでも CP 不変（T-不変）が壊れていることを確かめた.

理論はひも全盛である.点 x の関数である場の理論では片づかないと,点でなく

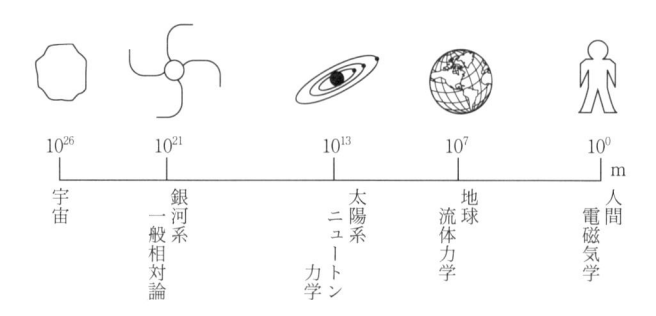

10^{26}	10^{21}	10^{13}	10^{7}	10^{0}	m
宇宙	銀河系 一般相対論	太陽系 ニュートン力学	地球 流体力学	人間 電磁気学	

図 1 物質の階層構造

ひもの汎関数を扱う．一次元のひもでなく，2 次元の膜，あるいは任意次元のものを考えてもよい．これに超対称性を課し，重力理論も解決しようとの計画が超弦理論である．いろいろと結果は得られているが，まだ実験と比較できる素粒子物理にはなっていない．

8.5 素粒子物理の将来

これから素粒子物理はどのように進むか，の予想であるが，当然，クォーク，レプトンの物理が課題である．標準模型により役者の名前はわかったが，その正体は不明と言うべきである．とくにニュートリノがわからない．以前はニュートリノは質量ゼロの簡単な粒子と思われたが，ニュートリノ振動から，微小な質量らしきものを持つことになった．これをディラック方程式に従う粒子として良いのか，一筋縄ではいかないが，解明されるべき問題の第 1 である．

これらの粒子の相互作用のうち，電磁弱理論は納得いく形で導入されたが，その構造が完全にわかったわけではない．一方，強い相互作用の色力学（QCD）は仲間はずれになってしまった．これらは当然統一して理解されるであろう．重力も加えて大統一するのが究極の目的だが，これは遠い将来，別の段階で達成されるであろう．

クォーク，レプトンの質量は大きな問題である．3 世代 12 個の，色違いを別種とすれば 24 個のクォーク・レプトンがすべて「素」とは考えられない．質量は第 1 世代から第 2，第 3 と進むにしたがって次第に重くなる．何かの規則に従っているはずであり，それを突き止めて，すべての質量を計算すべきである．ミューオン質量は電子の 207 倍であるが，なぜか．207 は微細構造定数 1/137 の逆数の 3/2 倍であるが，それは意味がある等式か（多分ないであろう）．これは半世紀前ミューオンが発見されて以来の疑問であったが，この段階で解明されるであろう．

これらの問題解決のためにはクォーク，レプトンの構造に踏み込まなければならない．目下のところそれらが構造を持つという直接的証拠はないが，クォーク，レプト

8.5 素粒子物理の将来

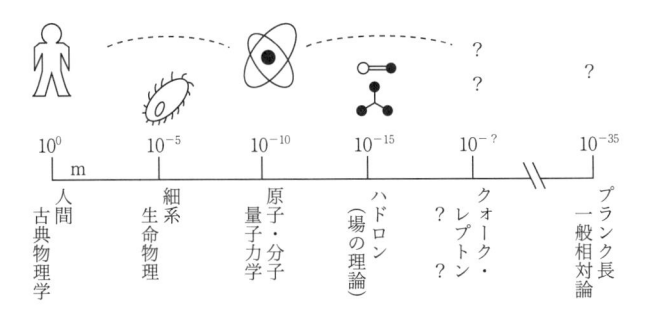

図中ラベル（左から右）：
- 10^0 m — 人間 / 古典物理学
- 10^{-5} — 細胞系 / 生命物理
- 10^{-10} — 原子・分子 / 量子力学
- 10^{-15} — ハドロン（場の理論）
- $10^{-?}$ — クォーク・レプトン ?
- 10^{-35} — プランク長 / 一般相対論

と大きさ（メートル）

ンの複合性の根拠としてそれらが変化することが挙げられる．クォーク，レプトンは$W^\pm$を出し入れして他のものに変わる．変化するものは「素」ではない，変化するものの中には不変な「素」がある，というのは今まで成功してきた原理である．

クォーク，レプトンの大きさ，広がりは，まだ実験的に測られていない．電子の磁気モーメントの実験値とQEDによる計算値とは誤差範囲内で一致し，電子に広がりを持たせる余地はない．広がっているならばその大きさは am $(10^{-18}$ m$)$ 以下である．クォークも点電荷からのずれ，たとえば異常磁気モーメントなどは認められない．本当に彼らは点（あるいは極めて小さい）なのか，ある程度大きく広がっているか．

大きさについての推測を試みる．図1は自然界の階層構造である．私たちは自然界を，あるものはより細かい構成子でできているという見方で階層に分けて理解してきた．およそ6桁下がって次の階層に至る．これは自然界がそうなっていると言うより，人間がそのような見方をしてきたと言うべきであろう．10^{-5} m の細胞は生命物理では決定的な「a-tom」であるが，無機物理はこれをバイパスする．図を眺めてクォーク，レプトン階層では大きさは10^{-20} m程度ではないかと思われる．これは全くの予想だが，もし正しければ現段階からあと二桁か三桁で新階層に到達できる．理論も実験も頑張りたい．

以上は素粒子物理あるいは高エネルギー物理の話であるが，クォーク・レプトンは他分野に進出する．原子核理論あるいは中間エネルギー物理はハドロン階層の物理と考えられ，原子核は核子等ハドロンでできているとされた．今はそれでは済まない．精確には原子核はクォークでできているとするべきである．実際重イオン衝突の際はハドロンでなくクォーク物質が創られることも考えられている．更に，更に大きな多体問題で重力が効くようになったものが宇宙物理である．現在のところ目に見える天体でクォーク物質でできているものはないようであるが，宇宙開闢の際はクォークの段階を経て原子核，原子分子生成へと進んだと思われる．クォーク物理の格好の応用問題となるかも知れない．

このようにやるべき事はいっぱいある．それをどのような理論で，あるいは実験で料理すべきか，を考えてみたい．

8.6 理論形式の将来

素粒子論の展開には場の理論が用いられてきた．しかし現在の相対論的場の量子論は無限大の困難を伴い，完全なものではない．繰り込み法を用いるとかなりの発散を除くことができるが，重力論，フェルミオン同士の相互作用などは繰り込めないので，今の場の理論は不完全と言わざるを得ない．

相互作用を広げれば発散は生じないが，空間的に広がった相互作用は相対性理論と相容れない．相対論的不変な形に広げると幽霊のような粒子が現れて意味のある散乱行列が得られない．信号が光速度より速くは伝わらないと言う因果律を条件とすると，相互作用は局所的なものに限られ，広がりを入れる余地はないのである．それならばと相対性原理に手を入れるのは極めて難しい．4次元時空構造を変える試みは多分成功しないであろう．

クォーク・レプトン階層の物理は完全に相対論的であり，非相対性理論は役に立たないので，今の場の量子論では手に負えない．どうなるだろうか．図1を再び眺めると，階層が大きく変わると別の理論形式が用いられることに気づく．ニュートン力学は惑星運動のために開発されたものだが，その先宇宙に行くには一般相対論が必要であった．地上の現象は古典物理でよいが，原子・分子階層では量子力学である．その下の階層ではそれにふさわしい新しい理論形態が開発され，用いられるのではないだろうか．

どのような理論形態かは出来上がってみなければわからないが，一つの考え方[1]を述べてみる．今の場の量子論の何処が悪いか．それは「場」の理論ではないからである．場 $\psi(x, t)$ を量子化するのに時間 t を独立変数とし，空間座標 x は自由度を表すパラメタとする．つまりやっているのは場の理論ではなく，無限自由度の量子力学なのである．古典場は無限個の質点の集合と言っても良い．しかしこの無限和は絶体収束でないので，その量子論は場の量子論とはならない．収束どころか発散している．

量子力学は，時刻 t における状態の時間的発展を追うのであって，4次元ミンコフスキー空間の物理になっていない．3次元空間の各点に時刻を与える超多時間形式で，ローレンツ不変の形に書くことはできるが，内容は変わっていない．独立変数は1個（時間）で自由度が無限大である．真の相対論的場の量子論は独立変数が4個（時間，空間），自由度は1（あるいは少数）といった形のものではないだろうか．そのような有限な量だけを扱う明快な新理論が完成して，クォーク・レプトンの物理が大発展するだろう．当然，相対論的束縛問題も解決し，原子核はクォークの結合状態として完全にわかったものになる．

「場」の理論で良いかは自明ではない．場の量子論は量子の多体問題を扱うもので，原子を Z 個の電子の束縛状態とした理論は完全に成功し，原子核は A 個の核子の結合状態とするのはかなり良い線を行っている．しかし粒子の構造を，更に小さい粒子（場の量子）の結合状態として理解する方法が，つぎの階層でも有効とは限らない．

これに代わるべきものとして「ひも」理論がある．しかしひもは自由度が極端に多く，複雑である．有限個のクォーク・レプトンに用いるのは牛刀の感がある．また，かなりの大きさに広がっていると，因果律などの基本原理に反し意味のある答が得られない恐れがある．広がりが，一般相対性理論，重力が問題になるプランク長程度なら排斥できない．一部の予想では，場の理論の困難も，素粒子の構造も，すべてプランク長の階層で解決されると言われる．これが正しいのかも知れない．もしそうならば，ハドロンの下 20 桁ほど何も構造がないことになり，素粒子物理は荒涼とした難しい学問になってしまう．そうでなくて変化に富んだ活気あるものであることを祈る．

超対称について言えば，これは空間の本質的対称性ではないのではないか．超対称は基本表現すなわち基本素粒子にフェルミ粒子とボーズ粒子が混在することを意味する．これは基本素粒子はごく少数であるべしと言う原則に反する．願わくば究極はフェルミ粒子だけであってほしい．超対称は E. Wigner の超多重項のような作られた対称性であろう．

8.7 高エネルギー実験の将来

高エネルギー物理を引っ張ってきたのは加速器である．出せるエネルギーは 10 年で一桁あがると言われたものである．しかし，これがどこまでも続くわけにはいかない．莫大な経費をまかなうべき人類の総生産はそれほど増加していないのだから，どこかで行き詰まってしまう．SSC の失敗がこれである．現行の方式，すなわちマクロの装置でマクロの電界でミクロの粒子を加速するのはもう限界ではないか．画期的な新機構が発明され，エネルギーが飛躍的に増大するのを期待する．

もちろん，画期的発明を座して待つことはない．大強度のビーム（これも金のかかることだが）で丁寧な精確な実験をやる．精度が上がるのはエネルギーを上げるのと同じ効果がある．電子磁気モーメントの 10 桁精度の値が，a_m, TeV の世界まで踏み込んでいるのは印象的である．新場の理論が完成すれば，ハドロン，クォーク・レプトン物理で同様のことができ，加速器なしで高エネルギー領域に到達できる．また，丁寧な実験は精度向上だけでなく，稀な思いがけない現象を発見することがある．

将来原子核物理は素粒子物理と区別が付かなくなるだろう．重イオンの衝突は複雑だけれども面白い情報を提供するだろう．宇宙からの信号も有効に用いられるだろう．いままでも，高エネルギー物理と言っても，最高エネルギー加速器以外の実験も大いに活躍したのであった．

8.8 あ と が き

　高エネルギー物理は標準理論に到り，一応の段落が着いた．今世紀は装いを新たにしてつぎの階層の解明に進む，と言う予想である．一世紀前のことが頭に浮かぶ．原子，分子階層の事情がかなり明らかになったが，理論的解明ができず，閉塞感があったはずである．それが，量子力学の発明で一挙に爆発したのであった．

　量子力学の出現は劇的であった．de Broglie の「電子は波である」という一言で，長年の懸案が一挙に解決した．彼が歴史学専攻から転向したのであることは意味深長である．当時の物理専門屋はこのような発想ができなかったのだ．今日高エネルギー物理を志す若い学徒はこのことを肝に銘じ，常に柔軟な発想を心がけるべきである．もちろん，四六時中柔軟な発想ではいけない．場の理論なり，ひも理論なりは着実に勉強し，平行して奇想天外なことも考えるのである．de Broglie と並んで W. Heisenberg は当時の正統理論の延長として曲がりなりにも量子力学に到達したのであった．

　高エネルギー物理の将来について悲観的見方もあり得る．高エネルギー物理全盛の時代は終わった，つぎは複雑系の物理，生命現象などが幅を利かす，と言うのである．たしかに生命物理は面白い重要な問題である．高エネルギー物理屋も本業と平行して積極的に発言するべきである．しかし他分野の物理が発展しても，物質の究極追求の最前線は常に存在するのであり，高エネルギー物理が衰退するとは思えない．

　前世紀前半高エネルギー物理（当時は核物理と呼ばれていた）は核エネルギーを解放するという人類にとって重大な業績を成し遂げた．今世紀も同様なことができるか．クォークレベルで核子は崩壊するから，これを制御しつつ起こさせればエネルギーを取り出せる．すべての物質が燃料なのだから，エネルギーは水，空気同様ただになってしまう．もっとも，地上には核融合エネルギーが有り余るほどあるので，核子崩壊炉の出番は当分ないであろう．

　以上いろいろと個人的予想を述べてきたが，始めに述べたように予想は当るものではなく，全く思いがけない事態が起こるだろう．この予想も当たらないか？　（筆者＝みやざわ・ひろなり，東京大学名誉教授．1927 年生まれ，1950 年東京大学理学部卒業）

参考文献

1)　場の量子論の考え方については
　　宮沢弘成：「場と質点」数理科学 **39** (2001) 34, http://www7.ocn.ne.jp/~miyazaw1.

9. ひもの理論

川合　光

9.1　弦理論のはじまり

　弦理論の歴史は，1967年の猪木慶治・松田哲による有限エネルギー和則の発見からはじまる．以前から，ハドロンの散乱振幅をs-チャンネル，すなわち重心系でのエネルギーの関数として見た場合，比較的低いエネルギーでは，たくさんの共鳴状態からの寄与の和として表されるが，エネルギーが大きくなると，滑らかな関数になることが知られていた．これは，t-チャンネル，すなわち粒子間でやり取りされる運動量の関数として散乱振幅を見ると，Regge極の交換として理解できる．猪木・松田は，実験結果を解析し，散乱振幅からt-チャンネルのRegge極の交換による寄与を差し引いたものに対しては，s-チャンネルの分散式の収束が非常にはやいことを示した．いいかえると，散乱振幅はs-チャンネルの共鳴状態の和としても表せるし，またt-チャンネルのRegge極の交換の和としても表せるということである．

　このようなsとt，2つのチャンネルでの記述の同等性は，s-t双対性と呼ばれる（図1）．この双対性を満たす具体的な散乱振幅として，G. Veneziano, 鈴木真彦によりいわゆるVeneziano振幅が構成され，さらにVeneziano振幅を実現する力学的なモデルとして，南部陽一郎，L. Susskind, 後藤鉄男により，ハドロンの弦模型が提案された．これは，クォークや反クォークがカラーフラックスでつながれているという，現在の量子色力学による描像のさきがけとなった．

　このように，1960年代の終りから1970年代の初めにかけての弦理論の発展の動機

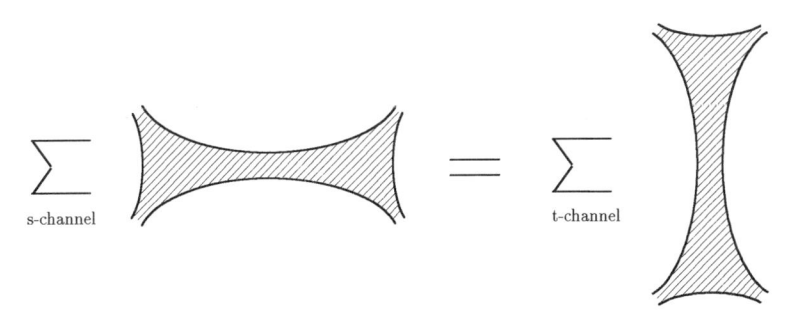

図1　s-t双対性
s-チャンネル共鳴の和＝t-チャンネル交換の和

はハドロン物理であり，ハドロンを記述しうるより現実的な弦理論を作ろうという多くの努力がなされた．歴史上は，これらの努力が実る前に，ハドロンは，ゲージ理論，すなわち量子色力学で完全に記述されていることがわかり，弦理論はハドロンを記述する基本原理としてはもはや注目されなくなった．しかしながら，弦理論がハドロンの一面をよく表しているのは依然として事実であり，弦理論は少なくともある極限では量子色力学の非常によい近似であると思われる．このように，量子色力学の有効理論とみなせるような弦理論を作ろうという試みは，当初考えられたほど簡単ではないが，興味深いものである．

一方，ハドロンにこだわらずに弦理論を解析してみることも可能である．実際，最も簡単で矛盾のない弦理論は，時空の次元が 26 や 10 のときに構成できるが，そのような理論では閉じた弦はスピンが 2 で質量が 0 の状態をもち，それが重力子のように振る舞うことが，米谷民明，J. Scherk, J. H. Schwarz 等によって 1970 年代の前半に示された．いいかえると，重力の量子化という場の理論の難問が弦理論によって，いとも簡単に解決してしまうのである．最近の弦理論の流れは主にこれに沿ったものであり，弦理論によってゲージ場，重力場，物質場などすべてを含む統一理論が構成できると期待されている．

9.2 臨界弦と非臨界弦

一般に，系の時間発展を量子力学的に記述するためには，経路積分を用いればよい．すなわち，時刻 t_1 に状態 s_1 にある系が，時刻 t_2 に状態 s_2 に遷移する確率振幅を求めるためには，時刻 t_1 から t_2 までの間に状態が s_1 から s_2 まで変化するような，すべての仮想的な時間発展を考える．このような仮想的な時間発展のそれぞれを経路と呼び，系が各経路に沿って時間発展したときの確率振幅を $\exp(iS)$ と書く．ここで，指数関数の中に現れた S は経路の汎関数であり，作用と呼ばれている．そうすると，求める確率振幅はすべての可能な経路についての $\exp(iS)$ の和として与えられる．このように全ての可能な経路について足し上げることを経路積分と呼んでいる．特に，古典力学的な極限，すなわち経路を少し変化させたときの作用の変化が 1 に比べて十分大きいとみなせるような状況では，経路積分のなかで，作用の値が停留値をとるような経路が支配的となり，最小作用の原理に帰着する．

このように，原理的には系の作用 S を与えて $\exp(iS)$ を経路積分することによって，系の量子力学的な記述が得られるが，経路積分は一般に無限多重積分であり，標準的な定義があるわけではない．うまく経路積分を定義し，できあがったものが矛盾のない量子論になっているようにする必要がある．たとえば相対論的な粒子の量子論を作るためには，作用として粒子の世界線の 4 次元的な長さをとり，経路積分の測度として，世界線のパラメーターの付け替えに対して不変なものをとってやればよい．

9.2 臨界弦と非臨界弦

すなわち，世界線をパラメトライズするパラメーター空間上で，一般座標変換に対する不変性を要求することにより，相対論的粒子の正しい量子化が得られる．これを素朴に弦に拡張すると次のようになる．簡単のため輪ゴムのような閉じた弦を考えることにする．輪ゴムが振動しながら伸び縮みしているとすると，時空におけるその軌跡は 2 次元の曲面であり，それを世界面と呼ぶ．作用としては，粒子のときに世界線の長さをとったのを拡張して，世界面の面積をとる．これを南部-後藤の作用と呼んでいる．経路積分の測度としては，原理的には世界面のパラメーターの付け替え，すなわち，世界面をパラメトライズするパラメーター空間上の一般座標変換に対して不変なものをとってやればよい．しかしながら，それで経路積分が本当に矛盾なく定義できるのか，現時点では不明である．

例外的に経路積分が矛盾なく定義できていることがわかっている場合が二つある．その一つが時空が 26 次元や 10 次元の場合であり，臨界弦と呼ばれている．この場合の特殊性は，世界面をパラメトライズするパラメーター空間上に局所スケール変換，すなわち，各点のまわりで異なる倍率をもったスケール変換に対する不変性が現れることである．その不変性のおかげで，弦のダイナミクスをパラメーター空間上の自由場に帰着することができ，完全な解析が可能になるのである．

これとは逆に，世界面上で一般座標変換に対する不変性はもつが，局所スケール変換に対する不変性はもたないような弦理論を非臨界弦という．非臨界弦は，臨界弦のトイモデルであるばかりでなく，時空が 2 次元の場合の量子重力のモデル，あるいはランダムウォークの拡張であるランダム面のモデルともみなすことができる．また，クォークの閉じ込めなど，非可換ゲージ理論の低エネルギーでのふるまいを記述するモデルとしての応用も議論されている．非臨界弦を一般の時空次元の場合にきちんと定式化することは大変難しい．しかし，時空の次元が 1 以下の場合は，例外的にうまく行くことが知られている．ここで次元が 1 以下というのは，0 か 1 だけを意味しているのではなく，パラメーター空間上に種々のコンフォーマルフィールドを導入することによって，その中心電荷を次元とする非臨界弦を考えることができる．たとえば，パラメーター空間上に Ising 模型を導入すると，時空が 1/2 次元の非臨界弦を考えていることになる．時空の次元が 1 以下の場合の特殊性は，時空にはタキオンがなく，そのため，パラメーター空間の面積がうまく定義されるようになることである．

時空の次元が 1 以下の非臨界弦は，非摂動的に定式化できる弦理論のモデルとしても重要である．弦は時間発展の途中で分裂したり合体したりするが，そのような効果をとり入れるためには，いろいろなトポロジーをもった世界面について遷移振幅を足し上げればよい．そのような足し上げを摂動級数と呼ぶが，それは一般には収束級数ではなく，漸近級数にすぎないことが知られている．いいかえると，弦理論をきちんと定義するためには，遷移振幅を何らかの方法で矛盾なく与え，その漸近展開が上述

の摂動級数になっているようにする必要がある．そのように理論を定義することを非摂動的な定式化というが，以下に述べるように，臨界弦に関してはまず明らかではない．一方，時空の次元が1以下の非臨界弦は行列模型によって，非摂動的に定式化できることが知られており，トイモデルではあるが弦理論の非摂動的定式化の重要なモデルになっている．

非臨界弦についての議論はこれだけにしておき，以下では統一理論としての弦理論，すなわち，臨界弦，特に超弦理論について議論することにする．いちいち断らないが，以下で弦理論と言えば臨界弦のことである．

9.3 統一理論としての弦理論

初めに，統一理論としての弦理論の現状を大まかにまとめておこう．弦理論が theory of everything として，注目を集めるようになったのは1984年のことである．当時のいわば第一期ストリングブームは3〜4年間続いたが，その時にわかったことをまとめると，結局，次のように言える．『弦理論は，重力を含む統一理論として，おそらく唯一の矛盾のない理論である．しかしながら，弦理論では非摂動効果が本質的に重要であり，理論から現実の世界を説明してみせるためには，非摂動効果をきちんと取り入れた定式化が必要である．』

それ以来，10年以上にわたって弦理論における非摂動効果を解析し，非摂動効果を含んだ厳密な弦理論を構成しようという試みが，比較的地道に進められてきたが，ここ数年の進歩により，その試みが完成しつつあるようにみえる．これが完成すれば，なぜ我々の時空が4次元であったかをはじめとして，すべての基本法則が一つの原理から導き出されることになり，人類がその歴史の中で営々と積み重ねてきた営みのひとつが一段落することになると思われる．

まず，キーワードの一つである非摂動効果というものを説明しておこう．一般に，量子論において摂動級数では表せない効果，いいかえると，無限個の中間状態が関与するような効果のことを非摂動効果と呼んでいる．弦理論の場合でいうと，非摂動効果とは，中間状態に無限個の弦が現れるような多体効果のことであるといえるが，そのような効果を無視して，中間状態に現れる弦の数が1個の場合，2個の場合，3個の場合，…という具合に展開していくのが，弦の摂動論である．ところで，第一期ストリングブームの時に考えられていたような，弦理論の最も直接的なイメージは，いくつかの輪ゴムのようなものが，ぶわぶわと振動しながら，切れたりくっついたりしているというものである（図2）．そうすると，途中の現れる状態，すなわち中間状態としては必然的に有限個の弦しかないわけで，摂動論的に系を扱っていることになる．

弦理論を摂動論的な近似で扱うと，理論には非常に多くの安定な真空が存在するこ

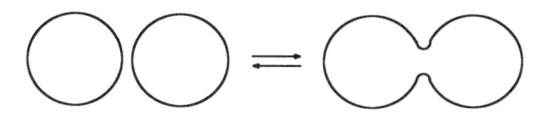

図 2 弦の摂動論的描像
弦は振動しながら分かれたりくっついたりする．

とがわかっている．実際，時空の次元が 10 以下のいろいろな値を持ち，さまざまなゲージ場と物質場をもつ真空が，まさに星の数ほど知られている．これらの真空は摂動論の範囲内では独立だが，非摂動効果を取り入れると，トンネル効果によって互いに結びついており，現実の真空はそれらの重ねあわせに近いものだと考えられる．そのため，本当の真空がどのようなものであるかを定め，物理的に意味のある予言をするためには，非摂動効果をきちんと取り入れた理論形式を作ることが不可欠である．

ところで，非摂動効果というのは弦理論に特有のものではなく，さまざまな場合に現れる．たとえば，クォークの間に働く力は，摂動論的には，グルーオンと呼ばれる粒子をクォーク間でやり取りすることによって生じると解釈できる．しかし，クォークの間の距離が大きくなると，無限個のグルーオンを交換する効果が重要になり，その結果，クォークがお互いにいくら離れていても減衰しないような引力，すなわち閉じ込め力が働くわけである．このような非摂動効果をきちんと記述するためには，理論自身を摂動論に頼らずに定義する必要があるが，今のクォークとグルーオンの例では，格子ゲージ理論によってそれを実現することができる．すなわち，格子ゲージ理論によって定義される種々の量を計算することにより，ハドロンの質量などの物理量を，少なくとも原理的には曖昧さなく求めることができる．

上に述べたような弦理論の素朴な描像，すなわち，振動しながら切れたりくっついたりしている輪ゴムのようなものというのは，ちょうど，クォークがグルーオンを交換し合っているという描像に対応する．よって，我々が今しなければならないことは，ハドロンの場合に，クォークとグルーオンの描像から格子ゲージ理論に移行することによって，非摂動効果を含んだ完全な記述をしたのと同じように，弦理論を輪ゴムの描像からなにかより深い理論に移行させて，非摂動効果を含めて記述できるようにすることである．これは弦理論とは何か，ということを本質的に問うているわけであり，非常にチャレンジングである反面，難しい問題である．しかしながら，最近の弦理論の発展をみていると，それもついに最終段階になりつつあるのではないかと感じられる．弦理論には，まだまだ解決しなければならない問題もあるが，ここ数年の著しい進歩をみていると，そう遠くない将来にすべての力の統一理論ができるのではないかと思われる．

弦理論で起こりつつあることの概略は以上のとおりである．以下ではまず，素粒子

について知られている実験事実をまとめ，その後，なぜ弦理論が究極の統一理論と考えられているかを議論していこう．

9.4　くりこみと標準模型

素粒子物理学は，より基本的な法則を求めて，より微視的な対象の探求を続けてきたわけであるが，その結果，1980年頃までには，自然界には4つの基本的な力があり，もろもろの現象はすべてそれで説明できることがわかってきた．その4つとは，電磁気，弱い相互作用，強い相互作用，それから重力である．このうちで，重力以外の3つは，標準模型と呼ばれるゲージ場の理論で見事に記述されている．実際，現在の加速器では，大体 10^{-17} m から 10^{-18} m の分解能でものを見ることができるが，この範囲で知られている結果は，標準模型によってすべて問題なく記述できる[*1]．また，ゲージ場の理論は，すぐあとで説明するように，くりこみの操作によってきちんと定義することができ，大きさのない点粒子を記述するものとして，理論的にも矛盾の無い完全なものである．

ところが，重力のほうは少し様子が違っており，一筋縄ではいかない．天体や宇宙のような大きなスケールでは，重力は Einstein の方程式でうまく記述できるが，その方程式をそのまま微視的な対象に当てはめると，Planck スケール，すなわち 10^{-33} m 程度の非常に小さいスケールでの場の量子的な揺らぎが，くりこみでは制御できないほど大きくなってしまい，意味のある理論にはならないのである．重力がくりこみ可能でないという事実は，重力という現象が，もはや点粒子どうしの相互作用としては理解できないということであり，点粒子のかわりに，基本的にひろがったものを考える必要があることを示している．そのようなひろがったものとして最も自然なものが弦理論であり，しかも弦理論では，重力場，ゲージ場，物質場が統一的に現れているのである．

ここで，場の量子論の基本となるくりこみの概念について説明しておこう．場の量子論とは，場を量子力学的に扱うことであるが，素朴に場の量子的な揺らぎを考えると，波長の短いモードのために，粒子の質量や電荷など，いろいろな物理量が無限大の量子補正を受けてしまうことが多い．このような問題を紫外発散と呼んでいるが，それをさける最も安易な方法は，ある長さ（カットオフと呼ぶ）より短い波長を持つ

[*1] もちろん，現時点で標準模型に関するすべての量が知られているというわけではない．クォークやレプトンの質量やミキシングなどのパラメーターは，実験で測っていかなければならないし，また，超対称性が1 TeV 程度の比較的低いエネルギーで見えるかどうかなども今後の実験を待たねばならない．弦理論の立場からするとこれらの量はある意味で，ダイナミクスのディテールにすぎないともいえるが，いずれにしても，弦理論が完成したあかつきにはすべて理論的に予言できるはずであり，実測値と比較することによって理論のさらなる検証ができると思われる．

モードを理論から落としてしまうことである．そのように短波長のモードを落としてしまった理論をカットオフされた理論と呼んでいるが，そうすると当然，物理量に対する量子補正は有限に求まることになる．しかしながら，カットオフされた理論は，因果性やユニタリ性といった，健全な理論がもつべき基本的な性質を壊しているため，そのままで基礎理論と考えることはできない．そのような基本的な性質を壊していない理論を作るためには，カットオフをゼロにするような極限をとってやればいいわけだが，単純に極限をとると当然，はじめの問題，すなわち物理量に対する量子補正が無限大になるという問題にもどってしまう．しかし，カットオフをゼロに近づけるのと同時に，理論のもつパラメーターをカットオフの関数としてうまく調節してやれば，量子補正を受けた後の物理量が有限にとどまるようにできる場合もあるだろう．このように，現実に観測される物理量が有限になるように，理論のパラメーターを調節しながらカットオフをゼロにする極限を取ることを，くりこみと呼んでいる．

　紫外発散の問題は，実は1930年ころに場の量子論が考えられはじめた当初からの問題であった．実際，湯川博士は場の量子論に基づいた素粒子物理学の元祖ともいうべき人であるが，彼は場の理論の基礎になっている点粒子という概念には限界があるということを強調しつづけた．ところが，ゲージ場の場合には，幸か不幸か，場の量子的な揺らぎは，朝永博士らによって創始されたくりこみ理論によってうまく制御できることがわかったわけである．しかし，重力の方程式はゲージ場の場合と少し違っており，くりこみ理論が使えない形になっている．言い換えると，重力まで考慮すると，基本法則はもはや点粒子にたいする場の量子論ではなくて，湯川博士が考えたようにひろがったものを考えたほうが自然であると思われる．

　このように一見，重力はほかの3つの相互作用と本質的に違っているように見える．しかしながら，それは現在の加速器によって到達できるスケールでみた時の話である．次に議論するように，ずっと短いスケールでの振る舞いを理論的に分析してみると，4つの力がPlanckスケール付近で統一されていると考えるのが自然であることがわかる．

9.5　大統一理論とPlanckスケールの物理

　標準模型ではクォーク，レプトン，ゲージ場などを完全な点粒子として扱っているが，今のところ標準模型と矛盾するような実験結果は何一つない．それゆえ，純粋に実験で得られた結果だけを眺めるという立場にたてば，標準模型は完全なものであり，これ以上手を加える必要はない．しかしながら，もっと短いスケールで見た場合，系がどのように振る舞うかを理論的に調べてみることができる．

　例として，2つの電子の間に働く電気力を考えてみよう．電子の間の距離が十分離れている時は，よく知られているように，距離の2乗に反比例する力が働く．これ自

体は単純な現象に見えるが，本当はかなり複雑なプロセスの結果なのである．量子論では，真空は何もない空っぽの状態ではなく，粒子と反粒子がいくつもあるような，いろいろな状態の重ねあわせである．そこに，電子を2つもってくると，それらがつくる電場のために，真空中の粒子と反粒子の分布は変更を受けるはずである．これは，物質の分極，すなわち物質中に電荷を持ち込むとそのまわりの分子の状態が変化するのと同様に，真空自体も分極することを示している．いいかえると，我々が実験室で観測しているクーロン力は，真空が複雑に分極した結果なのである．このような分極の効果を避けて，なまの相互作用を見たければ，電子間の距離をどんどん小さくしてやればよい．なぜならば，電子間の距離より長い波長を持つ分極は，電子間の力にほとんど影響しないからである．

標準模型を仮定すれば，このような分極の効果を理論的に計算できるが，その結果，粒子間の距離が 10^{-31} m くらいになると，標準模型に現れる3つの力，すなわち電磁気，弱い相互作用，強い相互作用はすべて同じ程度の大きさになることがわかる．これは，標準模型の背後には，それくらいのスケールを持った基本的な理論があり，標準模型は，その理論の低エネルギーにおける近似理論であることを示唆している．そのような理論の候補として，ゲージ理論に基づいたいくつかの模型を作ることができるが，それらを総称して大統一理論といい，そこに現れる 10^{-31} m 程度の長さを GUT（Grand Unified Theory）スケールと呼んでいる．

また，標準模型ではクォークやレプトンは一見不規則な現れ方をしており，たとえば，なぜクォークとレプトンが対になっているかを標準模型の範囲内で説明することは不可能である．一方，大統一理論では，クォークとレプトンは統一的に記述されており，クォークやレプトンの現れ方を自然に説明することができる．これは標準理論の背後にもっと基本的な理論があるはずであるというもう一つの根拠となっている．

次に重力の大きさを議論するために，具体例として，2つの電子の間に働く重力を電気力と比べてみよう．万有引力の公式を使うとすぐにわかるが，今の場合，重力は電気力より40桁以上小さい．それゆえ，通常の素粒子どうしの反応では重力の効果が観測されることはない．しかしながら，2つの電子の距離を近づけると，重力は電気力よりもずっとはやく大きくなっていく．なぜならば，重力は2つの粒子のエネルギーの積に比例するが，不確定性関係からわかるように，距離を近づけると，それに反比例してエネルギーが増大するからである．具体的に計算すると，距離が Planck スケール，すなわち 10^{-33} m 程度になると，重力と電気力は同じくらいの大きさになることがわかる．前節にも述べたように，重力はくりこみ可能ではなく，点粒子では表せないが，Planck スケールはそれを特徴づける量でもある．実際，重力を局所場で表そうとすると，Planck スケールより長い波長のモードには問題がないが，短い波長のモードはくりこみでは処理できないほど大きな揺らぎを持つことがわかる．言

い換えると，Planckスケールは点粒子の描像が成り立つ限界を示しているわけである．

ここで現れた二つのスケール，すなわちGUTスケールとPlanckスケールが，ほとんど等しいことは注目に値する．これは，その程度のひろがりをもった何か基本的なものがあり，標準模型と重力はどちらも低エネルギーにおけるその近似理論であるということを強く示唆している．

9.6 究極の理論に向けて

上で議論したような，点粒子のかわりになるひろがりをもった基本的なものとして，太さのない輪ゴムのようなものを考えようというのが弦理論である．すなわち，図2のように輪ゴムがぶわぶわと振動しながら，ちぎれたりくっついたりするような状況を考える．そして，輪ゴムを遠くから眺めると一つの点に見えるが，それがわれわれの見ている素粒子だと解釈するわけである．輪ゴムは当然いろいろな仕方で振動するが，その仕方に応じて，遠くから見た時に，ゲージ場やクォークのみならず，重力子にも見えることがわかる．

このような系の運動を完全に記述するためには，弦のラグランジアンを与えてやればよいが，素朴に考えると，そのようなラグランジアンはいくらでも書き下す事ができて，理論が全然決まらないと思うかもしれない．しかしながら，弦の量子力学を調べてみると，確率がきちんと正の値になっていることや，弦が切れたりくっついたりする相互作用がローレンツ不変性と矛盾しないこと，タキオンが存在しないことなどから，弦のラグランジアンには相当強い条件がつき，いわゆる超弦理論といわれる一群の高い対称性をもった理論のみが許されることがわかる．

これらの理論をくわしく調べてみると，重力子が弦の振動状態のひとつとしてうまく表されており，しかも摂動級数にはまったく紫外発散がないことがわかる．すなわち，局所場の理論では実現できなかった矛盾のない量子重力理論が，弦理論ではいとも簡単にできてしまうのである．また，弦の振動状態で重力子以外のものも調べてみると，ゲージ場に対応しているものや，物質場に対応しているものもちゃんとあることがわかる．このように，弦理論は，今までに知られているすべての力と物質を統一的に記述しているのである．

ここまでは，弦の相互作用を図2のようなものとして記述してきたわけであるが，これはいいかえると，理論に現れる中間状態として有限個の弦のみを考えていたということ，すなわち摂動論の範囲内でのみ理論を考えていたということである．しかしながら，第1節でも議論したように，いろいろな多体系では非摂動効果が本質的に重要であり，弦理論でもそうであることがわかっている．たとえば，上で弦のラグランジアンとして許されるものとして一群の超弦理論があるといったが，実はそれらが互

いに異なる理論に見えるのは非摂動効果を無視したときのことであり，トンネル効果のような非摂動効果まで考慮すると本当は互いに遷移し得る事がわかる．すなわち，一群の超弦理論が表しているのは一つの理論の摂動論的な数々の真空であり，本当の真空を見つけて現実の世界を説明してみせるためには，非摂動効果をきちんと取り入れた理論形式を作ることが不可欠である．このことは，裏をかえせば，非摂動的な定式化がきちんとできた暁には，少なくとも原理的には，時空の次元をはじめ，ゲージ群の構造，クォーク・レプトンの世代数，結合定数の大きさ，その他のすべての事柄がひとつの理論で説明されるということを意味しており，まさに，theory of everything の完成といえる．

歴史は繰り返すというが，1984年から現在に至る弦理論の発展の経緯を，1970年代にゲージ理論が発展し完成していった歴史と重ねてみると，非常によく似ているように思われる．ゲージ理論の発展は，おおまかにいって，70年代初めの摂動論を理解した第一段階，70年代中頃のソリトンやインスタントンおよびデュアリティなど，摂動論の延長上で非摂動効果を理解しようとした第二段階，そして70年代終りの格子ゲージ理論による完全な定式化を行った第三段階というように分けられる．弦理論をこれと比べてみると，1984年からの第一ストリングブームは摂動論が理解された第一段階であったといえる．また，この5～6年間ブームであったのはD-braneと呼ばれる弦のソリトン・インスタントンであり，またM-theoryに代表される弦のデュアリティであったが[*2]，これはちょうどゲージ理論の発展の第二段階に対応すると思われる[1])．そして最近の3～4年では第三段階の，弦理論を行列模型として，摂動論に頼らずに完全に定義する試みが追求されているわけである[3])．

現在提唱されている行列模型は対称性の高い非常に単純なものであり，ある意味で究極の理論にふさわしい形をしているといえる．たとえば，IIB行列模型と呼ばれている理論の作用は

$$S = \frac{1}{g^2}\left\{-\frac{1}{4}Tr([A_\mu, A_\nu]^2) - \frac{1}{2}Tr(\bar{\psi}\gamma^\mu[A_\mu, \psi])\right\} \qquad (1)$$

で与えられる．ここで，A_μ は10次元のベクトル，ψ は10次元のマヨラナ・ワイルスピノルである．また，A_μ，ψ の各成分は n 行 n 列のエルミート行列であり，理論は $n\to\infty$ の極限として定義される．これは，10次元の超対称 $U(n)$ ヤン-ミルズ理論を，形式的に一辺の長さがゼロの周期的な箱に入れたものであり，10次元 $N=2$ という極大な超対称性を持っている．

[*2] D-brane の応用で話題になったこととして，ブラックホールのエントロピーと AdS-CFT 対応があげられる．弦理論の非摂動効果という観点からは新しいものはあまりなく，結局，超弦理論の低エネルギーの有効理論が超重力であることの再確認であったが，応用面でいくつかの面白い結果も得られた[2])．

この理論が通常の場の理論と大きく異なっている点は，時空は初めから与られたものではなく，A_μの固有値のひろがりとしてダイナミカルに生成されるものだということである．そのため，この理論では時空の次元さえもが，論理的帰結として説明され得るのである．行列模型はこのように美しい形をしているが，その反面，なぜこのような形の理論を考えるべきなのかという指導原理が欠けていることもあり，残念ながら現時点では，完全に正しいのかどうか判定するのは難しい．もちろん原理的には，行列模型を解いてみて，本当に時空の次元が4であるか，低エネルギーの有効理論が標準理論になっているかなどを調べればいいわけであるが，今のところ満足できる近似法は見つかっていない．

　一方，非可換幾何学と弦理論との関係が最近話題にのぼるようになってきているが，行列模型の立場からも，非可換幾何学は興味深いものである[4]．それは，行列模型では作用 (1) に現れた変数 A_μ のように，時空の座標そのものが行列であり，時空を本来非可換なものとして記述していると考えられるからである．通常数学で論じられているいわゆる非可換空間は，座標どうしの交換子が c-数の場合に相当し，行列模型に現れる A_μ ほどランダムな非可換性ではないが，そのような非可換空間上の場の理論は twisted reduced model と呼ばれるある種の行列模型と等価であることも知られている．いずれにしても，行列模型の背後に非可換幾何学のようなものが見え隠れしているようである．うまくいくと一般相対論がリーマン幾何学の上で展開されたように，弦理論を表す行列模型を非可換幾何学を少し拡張したようなものの上で展開できるかもしれない．あと一二度のジャンプは必要かもしれないが，近い将来に完成された理論ができることが期待される．まだまだ解決しなければならない問題もあるが，すべての基本法則を統一的に記述する究極の理論を手にするのも夢ではなくなってきているようである．　（筆者＝かわい・ひかる，京都大学大学院理学研究科教授．1955年生まれ，1978年東京大学理学部卒業）

参考文献

1) 弦理論の最近の発展まで書かれている教科書としては次のものがよい．
   J. Polchinski: *String Theory* (Cambridge University Press, 1998).
2) 次のものは弦理論におけるブラックホールのよくまとまった解説である．
   夏梅誠：日本物理学会誌 **54** (1999) 178.
   AdS-CFT 対応のレビューとしては次のものがよい．
   O. Aharony, S. S. Gubser, J. Maldacena, H. Ooguri and Y. Oz: hep-th/9905111.
3) 行列模型による弦理論の非摂動的定式化のいくつかの試みについては原論文をあげておく．
   T. Banks, W. Fischler, S. H. Shenker and L. Susskind: Phys. Rev. D**55** (1997) 5112.
   N. Ishibashi, H. Kawai, Y. Kitazawa and A. Tsuchiya: Nucl. Phys. B**498** (1997) 467.
   R. Dijkgraaf, E. Verlinde and H. Verlinde: Nucl. Phys. B**500** (1997) 43.

4) 非可換幾何と弦理論の関係はいろいろ論じられているが，行列模型との関連を議論しているものとして，以下のものをあげておく．
   A. Connes, M. R. Douglas and A. Schwarz: JHEP 9802: 003, 1998.
   N. Seiberg and E. Witten: JHEP 9909: 032, 1999.
   H. Aoki, N. Ishibashi, S. Iso, H. Kawai, Y. Kitazawa and T. Tada: hep-th/9908141.
   N. Ishibashi, S. Iso, H. Kawai and Y. Kitazawa: hep-th/9910004.

10. 量子色力学の計算機を用いた研究

岩 崎 洋 一

10.1 歴 史 的 概 観

　原子核を構成する陽子，中性子，パイ中間子などの粒子はハドロンと総称され，基本粒子クォークから構成される．その基本法則が量子色力学である．しかし，クォークはハドロンに「閉じ込め」られており，クォークは単独で存在できない．このため，基本粒子がクォークであること，及び基本法則が量子色力学であることの検証は簡単ではない．

　クォーク・モデルは，ハドロンの質量対称性を説明するものとして，M. Gell-Mann, G. Zweigによって，1964年に最初に提唱された．しかし，提唱者自身がクォークは数学的な存在であると論文で述べるなど，当初，クォークの物理的な実態としての存在は疑問視されていた．

　一方，電子・陽子の深非弾性衝突実験によって，構成基本粒子（後にクォークと同定）間の相互作用は，漸近的自由性をもつことが明らかになった．すなわち，クォーク間の距離がゼロに近づくにしたがって，クォークは互いに自由粒子として振舞う．この漸近的自由性は非可換ゲージ理論のみが有する事が，理論的に証明された．さらに，「クォークがハドロンに閉じ込められている」という概念自体は，何ら奇妙なものでなく，第2種超伝導体モデルなどを用いて解釈できることもわかってきた．

　これらの実験事実，理論結果，モデル考察に基づき，クォークの基本法則として，量子色力学（QCD; Quantum Chromo Dynamics）が提唱された．量子色力学は，クォークとグルオンを基本粒子とするSU(3)ゲージ理論である．量子電磁気学の電子はクォークに，光子はグルオンに対応する．2つの理論は一見良く似ているが，根本的に異なる．すなわち，量子電磁気学では摂動論が成功裏に適用されたが，量子色力学では，ごく限られた適用範囲でしか摂動論を用いる事ができない．このことは，クォーク，グルオンが自由粒子として存在しないことと，密接に関係している．たとえば，ハドロンの質量は量子色力学の基本的な物理量であるが，摂動論を用いて計算することは不可能である．摂動論によらない計算方法が不可欠である．

10.2 格子量子色力学

　量子色力学の非摂動論的定式化が，K. Wilsonによって1974年提唱された[1]．これが格子量子色力学である．3次元空間と1次元時間をユークリッド化し，4次元ユー

クリッド空間の超立方格子上に理論を構築する．格子は紫外発散を正則化するために導入されたもので，最後には，格子間隔ゼロの連続極限をとる．量子化は Feynman の経路積分方式を用い，任意の物理量は超立方格子上の多重積分として表される．統計物理学のカノニカル集団の統計平均と数学的構造はまったく同等である．クォーク場は各格子点上に反交換するグラスマン数で表され，グルオン場は各ボンド（リンク）上に群 SU(3) の要素として表される．

　格子の体積が有限の時は，コンパクト空間上の多重積分であり，数学的に何の不定性もなく，完全に一意的に定義されている．連続空間での物理量は，まず，格子体積の無限大の極限をとり，次に，格子間隔ゼロの連続極限をとって計算する．Wilson は，さらに，格子量子色力学の強結合極限では，クォークは閉じ込められていることを証明した．

　それまでの理論計算は，摂動論による計算が主であったために，Wilson の提唱した格子量子色力学の本質的な重要性が広く認識されるまでには，ある程度の時間が必要であった．すなわち，それまで見慣れた連続空間上での作用と，格子上での作用が見かけ上異なっているため，理論を変更するのはおかしい，などという意見もあった．しかし，これらの意見は的外れで，連続空間上の作用を用いた理論は，摂動論の範囲外では定義されていないのである．摂動論を用いる事ができない場合は，理論そのものを非摂動論的に定義する必要がある．すなわち，構成論的に理論を構築する必要がある．格子量子色力学は，現時点で知られている唯一の量子色力学の構成論的な構築である．

　格子量子色力学が数学的に厳密に定義されていることの裏返しとして，経路積分を数値的に不定性なしに計算する事が可能である．また，数学的構造がカノニカル統計と同じである事は，統計力学で開発されたモンテカルロ法など種々の計算アルゴリズムを用いることが可能である事を意味している．

　M. Creutz は 1980 年に，モンテカルロ法を用いて，量子色力学の 2 つの基本性質である，クォークの閉じ込めと漸近自由性が共存することを示唆する数値結果を，簡単化した SU(2) ゲージモデルに対して示した[2]．現時点から見れば，2 つの性質の共存を結論するためには，数値計算の精度はさらに上げる必要があるが，解析的に証明する事が非常に困難な，量子色力学の基本的な 2 つの性質の共存を，計算機による数値計算で示す事が可能であるという事実は多くの人に衝撃を与え，それ以降の計算機を用いた格子量子色力学の研究の先鞭をつけた．

10.3　専用並列計算機

　モデルなどによらず，第一原理である量子色力学からハドロンの質量のような物理量を計算する（現在知られた）唯一の方法は，計算機を用いた数値計算である．計算

手法は物性物理学における手法と基本的に同じである．しかし，これが容易でない．一つは，次元が 4 次元であり，自由度の数が多いことによる．もう一つは，クォークがフェルミオンであること，および u クォークと d クォークの質量が非常に軽い（量子色力学の典型的なエネルギーの約 100 分の 1 程度）ことによる．

　1980 年代前半に，その当時のスーパーコンピューターなどを用いて，格子量子色力学からハドロンの質量を導く計算が開始されたが[3]，ただちに，スーパーコンピューターといえども計算能力が足りないことが判明した．一方，格子量子色力学は，並列計算機に適した問題であることが認識された．

　このような背景を基に，物理学研究者が中心的な役割を果たしながら，格子量子色力学のための専用並列計算機が，米，欧，および日本で開発・製作された．演算器の構成，メモリまわりの構成，演算器間のネットワーク構成・性能など並列計算機のアーキテクチャが，量子色力学を主たる利用目的として想定し，設定された．あまりに多様な可能性をもっている新しい方式であるがために，当時，メーカーにおいては研究所レベルでの開発段階であった並列計算機の目的仕様を明確にし，開発・製作し，かつ，実際問題に対する実行計算能力が高いことを示した功績は評価されてよい．

　一旦，並列計算機が完成してしまえば，専用計算機といっても，多目的に使用可能であり，ベクトル型計算機にのる科学計算であれば，ほとんどの問題がその並列計算機で計算できることも判明した．このことにもより，主要なメーカーによる並列計算機の商用化の動きも本格化し，1990 年前後に，最高性能の計算機は従来のベクトル型から並列型に取って代わられた．

　日本では，筑波大学を中心にして，並列計算機 QCDPAX[4]，さらにその後継機として CP-PACS[5] が開発・製作され，格子量子色力学の計算が主としてなされた．CP-PACS は 1996 年に完成し，その当時の世界の高性能計算機トップ 500 の第一位にランクされた．

10.4　物　理　結　果

　基本的には，量子色力学から全てのハドロンに関する物理量が計算できるはずである．しかし，現実には，計算機の能力などの制限のため限度がある．一方，上述のような並列計算機の能力の向上，アルゴリズムの改良，格子作用の改善によって，最近，物理計算の質が飛躍的に向上した．ここでは，最近の物理計算結果の内，最も重要と思える 2 つのことを取り上げたい．

　1 つ目は，クエンチ近似におけるハドロン質量（詳しくは，フレーバー多重項に属する基底状態）の結果が確立したことである[6]．ハドロン・スペクトロスコピーは格子量子色力学の試金石である．正しくハドロン質量を再現することにより，格子量子色力学の正しさを確立し，さらに他の物理量の計算結果の信頼性を確立できる．しか

し，計算は当初考えられていたより格段に難しい．動的クォークの効果を取り入れた計算をフル QCD と呼ぶが，フル QCD での計算は今までは実行が困難であったため，動的クォークの効果のうち結合定数の繰り込みに取り込めるもの（かなりの部分が取り込める）以外を無視する近似をクエンチ近似と呼び，主としてその近似のもとに計算が行われてきた．1981 年に最初のクエンチ近似によるハドロン質量計算[3]が試されてから 15 年以上かかって，ついに最終的な答えを出すことに成功した．

数値計算は，解析計算とは異なり，誤差の評価が重要である．統計誤差は通常の手法で簡単に評価できる．一方，系統誤差の評価は単純でない．格子間隔有限の計算からゼロへの外挿，格子体積無限大への外挿，クォーク質量に関する外挿・内挿などによる系統誤差がある．これらの系統誤差を制御することが肝要である．しかし，初期の計算においては，メモリ容量および計算速度の制限のため，格子体積がハドロンの体積よりかなり小さく，系統誤差を制御できていない．このような系統誤差を制御して，初めて系統誤差を評価できる．このあたりの事情は実験とよく似ている．

このクエンチ近似のハドロン質量の計算結果は，実際のハドロン質量を 10% の精度で再現する．この 10% の精度は現象論から予想された程度である．さらに，クエンチ近似の限界による実験値からの数パーセントの系統的なズレを明確に示すことができた．

2 つ目は，動的な u クォークと d クォークの効果を取り入れた，軽いクォーク（u，d，s クォーク）の質量の系統的な計算である[7]．これらのクォークの質量は自然界の基本的なパラメーターでありながら，「クォークの閉じ込め」のため，正確な値は知られていなかった．この計算結果により，s クォークの質量がそれまで考えられていたよりかなり小さい値（約 90 MeV）であることが判明した．この結果は，CP 非保存の解釈にも大きな影響を与える．

紙面の都合で詳しいことは割愛するが，これ以外にもハドロンの崩壊定数，弱電磁相互作用のハドロン間の行列要素などが計算され，10%程度の誤差を含んだ結果がすでにある．これらの結果は CKM 行列の決定に欠かせない重要なものである．さらに，宇宙初期のハドロン・クォーク相転移の性質などの解明も進んでいる．

10.5 今後の展望

計算機の能力は指数関数的に向上している．2005 年前後には数 100 TFLOPS の計算機が開発・製作される可能性が充分にある．それらの計算機を用いることにより，前節で述べた物理量は，系統誤差が充分制御・評価され，最終結果が確立するであろう．また，重力の量子論，スーパーシンメトリー理論など他の場の理論にも計算機を用いた数値的手法が用いられていくことが期待される．（筆者＝いわさき・よういち，筑波大学学長．1941 年生まれ，1964 年東京大学理学部卒業）

参考文献

紙面の都合上,文献は網羅的でない.格子場の理論に関する国際会議が毎年1回開催されており,その会議録は Nuclear Physics B (Proceedings Supplements) に Lattice XX の形で発行されている.詳細は,このシリーズを参照のこと.

1) K. Wilson : Phys. Rev. **D10** (1974) 2445.
2) M. Creutz : Phys. Rev. **D21** (1980) 2308.
3) H. Hamber and G. Parisi : Phys. Rev. Lett. **47** (1981) 1792 ; D. Weingarten : Phys. Lett. **109**B (1982) 57.
4) 星野 力:『PAX コンピュータ』(オーム社, 1985). Y. Iwasaki, T. Hoshino, T. Shirakawa, Y. Oyanagi and T. Kawai : Comp. Phys. Comm. **49** (1988) 449.
5) Y. Iwasaki for the CP-PACS Collaboration : Nucl. Phys. B (Pro. Suppl) **60**A (1998) 246 ; T. Boku, K. Itakura, H. Nakamura and K. Nakazawa : *Proceedings of ACM International Conference on Supercomputing '97* (1997) 108.
6) CP-PACS Collaboration : S. Aoki, *et al.* : Phys. Rev. Lett. **84** (2000) 238.
7) CP-PACS Collaboration : A. Ali Khan, *et al.* : Phys. Rev. Lett, **85** (2000) 4674.

11. KAMIOKANDE のこと

小 柴 昌 俊

　早いもので日本物理学会が独立してから 50 年になるそうで，振り返ってみると私が第一高等学校の理科甲類一年だったのですから，スケールは勿論違いますが，苦楽を共にしてきたような気がします．この 50 年をふりかえる特別企画のなかで，唯一つの単独実験として KAMIOKANDE が取り上げられたことは，この実験に関与した総ての人々にとって大きな名誉と喜びです．それでは KAMIOKANDE は何を達成したのでしょうか？　以下に他の分野の方々にもご理解いただけるように述べてみたいと思います．

　まず挙げるべきは「ニュートリノ天体物理学観測の創始」であると，国内外で認められています．透過力がきわめて大きい素粒子ニュートリノが星の生涯で果たしているであろう役割については早くから知られており，天体からのニュートリノを観測することの重要性も指摘されていました．米国では 20 年以上も前から地下深い所に ^{37}Cl を含む多量の液体検出器を設置し，太陽から降り注いでいる筈のニュートリノが ^{37}Cl を ^{37}Ar に変換したのを月に一度位の割合で抽出し検出する方法で観測をつづけ，太陽からの電子ニュートリノは理論値の三分の一くらいしかないという結果を報告しています．しかしこのような放射化学的方法では入射したニュートリノの到来時刻，到来方向は不明ですし，またエネルギースペクトルもわかりません．Kepler の昔から天文観測には到来信号の時刻と方向を知ることが不可欠です．また天体物理的観測，たとえば表面の温度や元素比，には更に信号のエネルギースペクトルを知らなければなりません．KAMIOKANDE はこれら三つの条件をみたす方式で天体からのニュートリノを観測したので，ニュートリノ天体物理学観測を創始したとされているわけですが，この実験がどのようにしてはじまったか，また透過力が極めて大きく，レンズも反射鏡も遮蔽も使えない天体ニュートリノの観測をどのようにして達成したかに入りましょう．

11.1　KAMIOKANDE の生い立ち

　KAMIOKANDE—神岡 NDE—は当初，物質の構成粒子である陽子や中性子は自然崩壊するか？　別の言葉でいえば重粒子数の保存則は完全には成り立っていないのではないか？　という問に答えるために起案されたので，語尾の NDE は Nucleon Decay Experiment を意味しました．1970 年代の半ばには物質の基礎粒子クォークは三世代まで存在し，ニュートリノも三種類存在することが確実になっていました

し，また自然界の四つの力のうち電磁力と弱い力を統一した理論，いわゆる標準理論が成り立つこともほぼ確実になっていましたから，この時期に更にもう一つの力，強い力，をも統合する理論，大統一理論，がでてきたのも不思議ではありません．そのうちの一つ，素粒子の分類の基礎に SU(5) 群をおいたものの予言は，陽子は主として陽電子と中性パイ中間子とに崩壊し，その寿命は約 10^{30} 年（ちなみに宇宙の年齢は 10^{10} 年の桁）ということで，これなら 10^{30} 個の陽子（1,000 トン程度の物質）を何年か観測すれば陽子の崩壊が見つかる可能性がある．そこで幾つかの陽子崩壊実験が計画されましたが，これらは大きく分けて鉄板を重ねたものと水を用いるものとに分類できます．1979 年の暮，当時高エネルギー物理学研究所の物理研究部主幹をしていた菅原寛孝氏から陽子崩壊実験を考えて欲しいとの電話があった時，すぐ頭に浮かんだのは，地下深くに多量の水を蓄えてそれを常時四方八方から観測しつづけることでした．これは 1960 年に似たような実験を考えたことがあるし，多量の物質中の何処で起きた事象でも，また，どんな方向に粒子が飛び出しても一様に観察できるのは，透明度の良い水に如くものはないからですし，更に水自体が安価なばかりか，検出器も表面だけに配置すればいいのですから，極めて経済的な実験が設計できます．米国でも同様な結論に到達した人達が IMB (Irvine-Michigan-Brookhaven) という総量 7,000 トンの水を使う実験を計画していることが伝わってきました．はしなくも水を使う陽子崩壊実験の競演となったわけです．もし SU(5) 理論が正しいとすれば，崩壊二次粒子の陽電子と中性パイ中間子―すぐ二つのガンマ線に崩壊―はそれぞれ陽子質量の約半分のエネルギーを持って反対方向に飛び出し，水中で電磁カスケードを起こして，それぞれが高速陰陽電子の束を作るはずです．これら陰陽電子の速度は水中の光の速度より大きいので，光の衝撃波とも言うべき Cherenkov 光を進行方向に一定の角度で円錐状に放出しますから，問題はこの光を検出することです．ここまでは IMB も KAMIOKANDE も同じ考え方なのですが，SU(5) 理論をどのくらい信ずるかによってやり方が異なってきます．上記の現象だけを狙うならバックグラウンドも問題にはならないので，深度も程々の所にできるだけ大量の水を蓄え，光の量も相当にありますから市販の 5 インチ径の光電増倍管を用いて，周りからそれを眺め続ければよいことになります．IMB がとったのはこの道です．一方，大統一理論は信じても必ずしも SU(5) であるかはわからないとする立場では，上の崩壊様式だけでなく，他の幾つかの崩壊様式に壊れてもそれぞれをきちんと同定して，それによりどのタイプの大統一理論が真実に近いかの手がかりを得ようとする訳ですから，更にずっと微弱な光信号を正確に捕まえなくてはなりません．また，バックグラウンドとの戦いもずっと厳しいものになります．KAMIOKANDE が採択したのはこの路線でしたから，検出器をより深い地下に設置するだけでなく，光の検出効率を大幅に改善するために新たに径 20 インチの光電子増倍管を開発しました．この結果，岐阜県

神岡鉱山の地下1,000メートルに設置したKAMIOKANDEはIMBに較べて水の総量こそ7,000対3,000トンと劣りますが,光の検出効率は16倍も良く,バックグラウンドも遙かに少ない実験になりました.1983年の夏からデータを採り始めましたが,直ぐ気がついたことは12 MeVの電子まで綺麗に観測できていることです.太陽芯部の核融合反応でできる^{8}Bのベータ崩壊に由来するニュートリノのエネルギーは14 MeVまで延びているはずですから,もう少し頑張れば太陽ニュートリノが水中の電子を弾いたのを観測できるでしょう.しかしこのためには,周りの岩石中の放射性元素や空気中のラドンの崩壊からのバックグラウンドを減らすために全体を遮蔽層で覆わなくてはなりませんし,また,そのような比較的低エネルギーの電子の発生位置と方向を精度良く測定するためには,個々の光電子増倍管に光の到着時刻を記録する回路を備えねばなりません.この夢を追うような実験を英断をもって実施させてくれた文部省でも,実験開始後半年も経たずに新しい可能性が見えるからもう1億円程出してくださいと言ったら,門前払いを食うのは目に見えています.そこで1984年1月米国での陽子崩壊の国際学会の折に,陽子崩壊に関する中間結果を報告しただけでなく,KAMIOKANDEで太陽ニュートリノの電子散乱による検出の可能性があるから,時間測定回路を持ち込む共同研究者を求めるということと,さらには次なる本格的実験として,水容量が5万トンのSuper-KAMIOKANDEを国際共同実験としてやろうではないかという提案をしたところ,ペンシルヴァニア大学のA. K. Mann教授がただちに共同研究者として名乗りを挙げてきました.そこで遮蔽層を造るために,できたばかりの底面光電子増倍管層を1メートル程嵩上げしてその下にも光電増倍管層をつくり,貯水槽の外側にも岩壁との間に水をはり,ここにも光電子増倍管層を設置しましたし,上面にも約1メートルの深さの層を追加しました.純水装

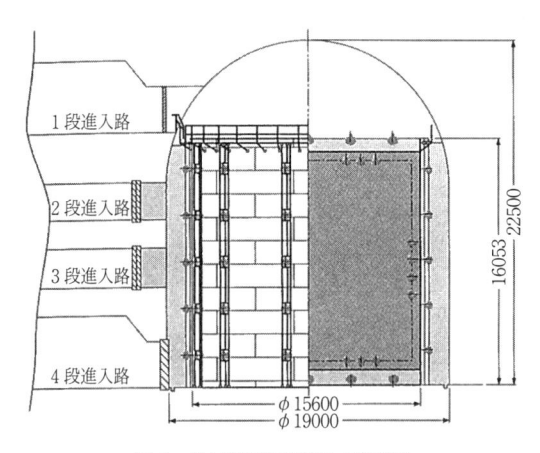

図1　KAMIOKANDEの断面図

置も強化し，ペン大の時間測定回路も取り付け，総ての調整が終わったのは1986年も終わる時でした．改装したKAMIOKANDE-IIの断面図を図1に示します．1987年初頭からデータを採り始めたところ，予期以上の性能でバックグラウンドを7.5 MeV以下に抑えられることがはっきりしたので，本格的に太陽ニュートリノの実験を開始しました．すると三月も経たないうちに一つの事件が発生しました．

11.2 大Magellan星雲内で超新星SN1987Aが爆発

太陽質量の8倍以上の巨大な星は晩年になると核融合の暴走をおこしたり（I型超新星），もっと大きな星では核融合の最終生成物である鉄が溜まりすぎるとそれが自分の重力を支えきれず重力崩壊して中性子星になる（II型超新星），と考えられています．特に後者の場合は，10^{53}エルグ台のエネルギーを10秒位の間に総ての種類のニュートリノと反ニュートリノとして放出するはずだというのですから，全世界の地下実験屋が色めき立ったのも当然です．特に反電子ニュートリノは陽子と反応してほぼ同じエネルギーの陽電子に変わり，その断面積が電子衝突のそれよりずっと大きいし，また平均エネルギーも太陽ニュートリノの数倍以上が期待されますから，自由陽子を沢山含んだ検出器には格好の獲物といえます．ですからKAMIOKANDEの最初の概算要求文書にも，もし銀河内あるいはその近傍で第二種の超新星爆発が起きれば，その放出ニュートリノ信号を観測できる可能性があることを指摘してあります．SN1987Aの発見が公表されたのは国際天文学連合サーキュラー（IAUC）の2月24日号ですが，我々が天文学の友人からニュースを知らされたのは翌25日で，直ちに神岡実験所の当番に電話してデータテープをトラック便で送らせました．これが東大に着いたのが27日で，直ぐ解析を始め次の日，28日には図2に示す紛れもないニュートリノ信号を掴まえました．ところがファクスで入ったIAUC2月28日号に，イ

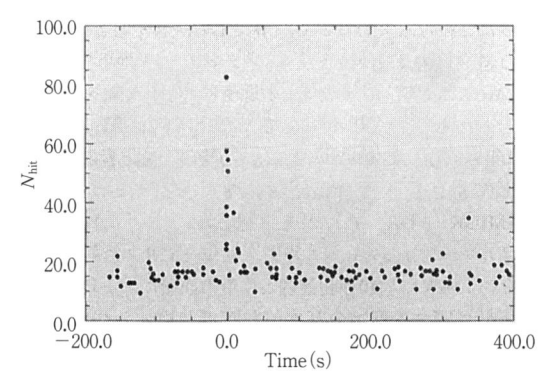

図2 KAMIOKANDEが掴まえた超新星ニュートリノ

タリア-ソ連邦グループが Mont Blanc 山中で実施している実験 LSD が，SN 1987 A の反電子ニュートリノ信号を 23 日世界時 2 時 52 分 36.8 秒から 43.8 秒の間に 5 個摑まえた，という発表がでました．この信号時間は，我々の 7 時 35 分 35.00 秒から 47.44 秒の間に 12 個という信号と 4 時間半以上の違いがあります．これは相当な論戦になりそうだと考えて直ちに全員に箝口令をしき，論文の投稿前にあらゆる可能性をチェックすることにしました．先ず第一はニュートリノ放出が二度起きたのかという点です．LSD は 90 トンの液体シンチレーターですから，その中の自由陽子の数と陽電子の検出効率から算定して，もしその 5 個の事象が本当に SN 1987 A からの反電子ニュートリノ信号だとすると，KAMIOKANDE の有効質量 2,140 トンの中には同時刻に 7.5 MeV 以上の事象が 20 個以上なくてはなりません．しかし，我々のデータには 1 個もでていません．そうなると，今度はどちらの信号が本物なのかという争いになります．我々は考え得るあらゆるバックグラウンドの可能性を潰した上で 3 月 5 日に論文を投稿しました．どちらが本物かという論戦は，我々の論文の直後に掲載された IMB の論文が，LSD の信号時刻を探したが何もない，KAMIOKANDE の信号時刻を探したら 8 個の事象が見つかったと報告しているので，事実上の決着が着きました．さらにソ連の 330 トン液体シンチレーター地下実験が，KAMIOKANDE の信号時刻の近傍に 5 個の事象を遅れて報告しました．人類が目視できた超新星は Kepler 以後 400 年近く経ってのことですし，当時の天文学者の常識に反して青色巨星がⅡ型超新星爆発を起こし，しかも KAMIOKANDE 及びそれを追認した IMB によれば爆発エネルギーは約 3×10^{53} エルグ，ニュートリノ放射は有効温度約 4 MeV で約 10 秒間継続と，重力崩壊によるⅡ型超新星爆発に関する理論の基本的な諸点が検証されたので，大きな反響を呼びました．

11.3 太陽ニュートリノの観測

主系列にある恒星のエネルギー源は，陽子 4 個を He^4 に核融合することだと考えられています．この時，弱相互作用によって陽子を 2 個中性子に変換せねばならず，その結果陽電子と電子ニュートリノがそれぞれ 2 個放出されます．エネルギー分布は核融合がどんな経路を通るかによって異なりますが，太陽理論に基づいた予想を図 3 に示します．図にあるように，KAMIOKANDE が電子ニュートリノを電子との散乱によって検出できるのは数 MeV 以上のものだけです．現在これ以下のものは ^{37}Cl や ^{71}Ga を用いた放射化学的検出に頼らざるを得ません．極めて小さい反応断面積のため，KAMIOKANDE の有効水質量 1,000 トンでも三日に 1 事象位しか期待できないのですから，バックグラウンドとの戦いは熾烈なものになります．さらには何年にもわたる観測を通じて測定系のゲインの安定とエネルギー値の更正も忘れてはなりません．詳しいことはここでは述べませんが，図 4 にバックグラウンドの除去の努力を，

11.3 太陽ニュートリノの観測

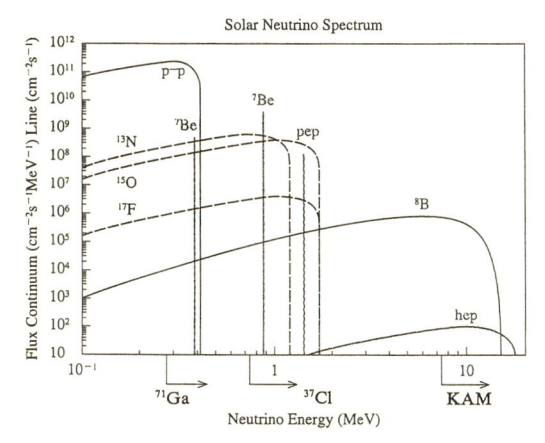

図 3 太陽電子ニュートリノの予想エネルギー分布

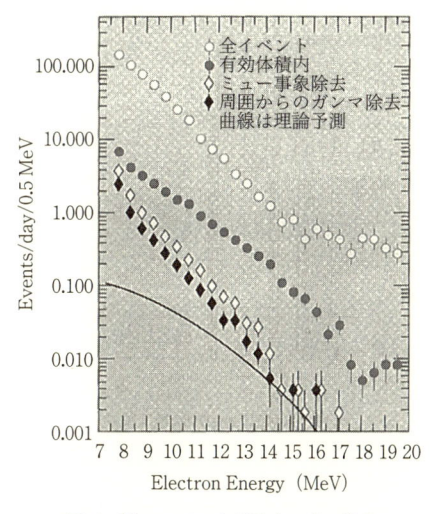

図 4 種々のバックグラウンドの除去

そして図5には，太陽電子ニュートリノとの電子散乱事象の方向性を利用した更なるバックグラウンドの除去を示しています．こうして得られた結果は図6にあります．すぐ見てとれるのは，太陽理論から期待されるスペクトルに較べて，一様に半分位しかないことです．太陽理論をいじってみても期待値をこんなに減らすことは無理です．^{37}Clの結果が出てから言われていたことですが，ニュートリノの質量がゼロではなくて有限ならば，質量固有状態が3個あって，それらは一般に弱相互作用の3個の固有状態とは一致していないでしょう．太陽内部で弱相互作用によって電子ニュート

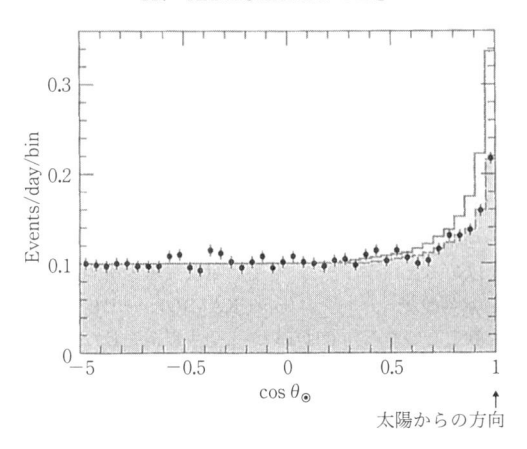

図 5 太陽電子ニュートリノ事象の方向性

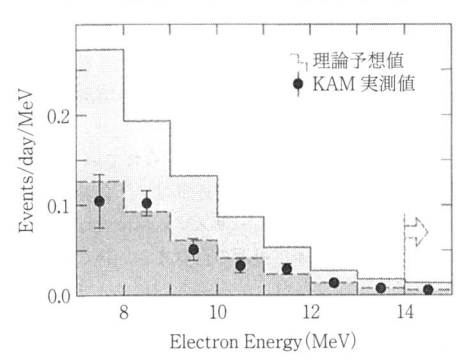

図 6 太陽電子ニュートリノの観測結果

リノ固有状態に創られたニュートリノは，3個の質量固有状態の一定の重ね合わせ状態にあるといえます．ところが同じ運動量状態でも三つの項は異なる質量をもちますから，異なるエネルギーで従って異なる固有振動数を持ちます．そこで時間が経つにつれ重ね合わせの比重が変わり，当初は電子ニュートリノ純粋状態だったものが，他の（ミューニュートリノやタウニュートリノ）成分が増えてきて，その分電子ニュートリノ成分が減ります．この説明が出て暫くしてもっと変換効率の良い可能性が指摘されました．それは，太陽内部のような電子密度の大きい所では，電子ニュートリノは電子との相互作用によって真空中とは異なる有効質量を持つことによるもので，提唱者達の頭文字を採って MSW 方式と呼ばれています．この場合も変換の効率は2種類の固有状態間の混合角と質量の2乗差によって決まります．KAMIOKANDE と ^{37}Cl の他，最近発表された低エネルギー太陽電子ニュートリノに関する ^{71}Ga の結果をも含めての MSW 解析結果を，図7に示します．

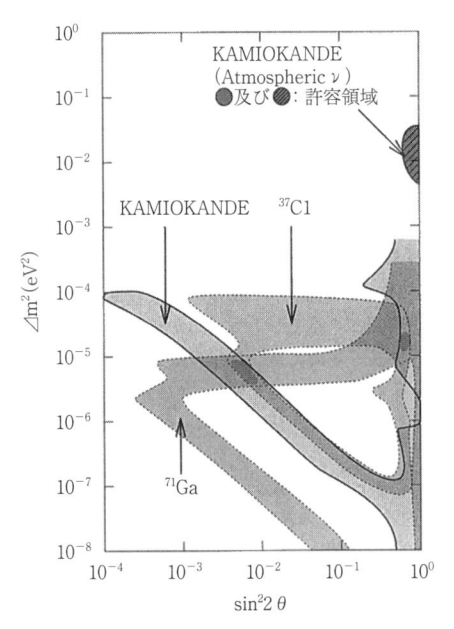

図7 太陽電子ニュートリノMSW解析結果

11.4 地球大気中で創られたニュートリノ

　弱相互作用で創られたニュートリノが他の種類のニュートリノに変わってしまうらしい現象が，もう一つ見つかりました．宇宙線は地球大気に入ると核衝突によってパイ中間子等を創り，荷電パイ中間子は荷電ミューオンとミューオン族ニュートリノとに崩壊し，荷電ミューオンが更に崩壊すると電子（陽または陰）と電子族ニュートリノと，ミューオン族ニュートリノとに崩壊します．ですから，ミューオン族ニュートリノと電子族ニュートリノとの数の比は2対1から大きくずれるはずはあり得ません．KAMIOKANDEでは水中の酸素の原子核との衝突でミューオン族ニュートリノはミューオンを，そして電子族ニュートリノは陽または陰の電子を創ります．ミューオンであるか電子であるかは，創るCherenkov光の散らばりを定量すれば判定できますから，ミューオン族ニュートリノと電子族ニュートリノの数の比がわかるわけで，結果は約1対1と出ました．この結果の解析結果も図7に示してあります．IMBもこの結果を追認しています．このようにニュートリノ関連の結果を幾つか発表したので，神岡NDEのNDEをNeutrino Detection Experimentと理解する人も多くなっています．

11.5 陽子崩壊その他について

当初の主目的であった陽子崩壊は 10 年以上観測を続けても事例がみつからず，SU(5) 理論は否定されました．最近，高エネルギー電子-陽電子衝突の LEP 実験での精密実験のデータから，Fermi 粒子と Bose 粒子との対称性 SUSY を取り入れた SUSY-SU(5) 理論が，衝突エネルギー 3×10^{16} GeV で強，弱，電磁の 3 相互作用の強さを等しくすることがわかり，大統一理論の有力候補と考える人が多くなっています．陽子崩壊以外にも，磁気単極子や宇宙の暗黒物質の有力候補と考えられていた SUSY 粒子ニュートラリーノも探索しましたが，これまでのところ結果は否定的です．

11.6 これからのこと

不遜と思われる方もあるとは存じますが，ここで不惑の年に免じて私見を述べさせて戴きます．

1) 太陽ニュートリノと大気ニュートリノの問題は，現在建設中の Super-KAMIOKANDE（神岡で 5 万トン）と SNO（カナダで重水 1,000 トン）とによって今世紀（20 世紀）中に飛躍的な精密化が達成されるでしょう．しかしこれらは，或る種類のニュートリノが見えるべき量ほど見えてないという実験結果で，これだけでニュートリノの種類間振動を結論するわけにはいきません．初めはなかった種類のニュートリノが確かに現れていることを実験で示すことが緊要です．

2) ニュートリノ質量の小さい理由を自然に説明する see-saw 理論と図 7 の結果とを私流に組み合わせると；各世代に重い右巻きニュートリノが存在し，その質量は対応する軽粒子の質量の約 4×10^{10} であって，おおよそ電子ニュートリノ質量は 2×10^{-5} eV，ミューニュートリノ質量は 4×10^{-3} eV，タウニュートリノ質量は 7×10^{-2} eV と結論されます．これを地上で検証するには，加速器からの 4 GeV 以上のエネルギーを持ったミューニュートリノのビームを数百キロメートル位飛ばした所でタウニュートリノが現れていることを，巨大検出器でタウが実際に創られるのを示す必要があります．準備期間を考えると今世紀（20 世紀）中には無理かもしれないが，私としては KEK の陽子エネルギーをせめて 35 GeV まで増強して，できた高エネルギーのミューニュートリノのビームを神岡に向けて射出し，Super-KAMIOKANDE で創られたタウを検出して欲しいと願って止みません．外国では米国の Fermi 加速器研究所でもヨーロッパの CERN でも，既にこの種の実験の具体的検討に入っています．

3) 宇宙に満ち満ちていると信じられている 1.9 K の背景ニュートリノの研究は，ニュートリノ天体物理学の最重要問題ですが，これをフォーカスする可能性が見えて

きたので，もし検出器自体が最近の目覚ましい技術革新によって近い将来に可能になれば，宇宙の理解は大きく進歩することでしょう．あるいは今世紀中に見通しくらいはつくかもしれません．

11.7 最後にあたって

　与えられた紙数も尽きかけてきました．もう少し詳しい話をという方がありましたら，拙著 "Observational Neutrino Astrophysics", Phys. Rep. **220** No.5 & 6 (1992) 229〜402 を御参照下さい．

　KAMIOKANDE を実現，さらには Super-KAMIOKANDE の建設に到達するのに実に多くの方々のお世話になりました．いちいちお名前を挙げませんが，文部省及び東京大学の関連部局の方々の力強い御後援には我々一同深く感謝しております．また現地の神岡鉱山及び神岡町の皆さんの暖かい協力がなければ現在の状況はあり得なかったと痛感しております．また忘れてはならないのは，20インチ径の光電子増倍管の開発に踏み切って下さった浜松ホトニクス社長晝馬輝夫氏の英断です．このお陰で KAMIOKANDE の成果の基礎ができたのですから．（筆者＝こしば・まさとし，東京大学名誉教授．1926年生まれ，1951年東京大学理学部卒業）

初出：日本物理学会誌 **51** (1996) 332-336．

編者注：小柴昌俊氏は，ニュートリノ天文学を創始した功績により2002年度のノーベル物理学賞を授賞された．

12. ニュートリノに質量があることの発見

梶 田 隆 章

12.1 は じ め に

 もしニュートリノに質量があると，ある種類のニュートリノが飛行中に別な種類のニュートリノに転移するニュートリノ振動という現象が起こることは，理論的には1962年以来知られていた[1]．このため，原子炉からのニュートリノを測定する実験や，加速器でニュートリノを生成し測定する実験でニュートリノ振動を探す試みが多くなされてきたが，ニュートリノ振動は発見されなかった．

 ニュートリノ振動は，上記のような実験とは全く別なところから発見された．1988年，カミオカンデ実験は大気ニュートリノ中の ν_μ/ν_e 比が理論の約6割しかないと発表した[2]．この結果は当初他の実験で確認されなかったこともあり，必ずしも広く受け入れられなかった．しかし，この問題は1996年観測が始まった50,000トン水チェレンコフ検出器スーパーカミオカンデにおいて大量の大気ニュートリノ事象が観測されたことにより急速に理解が進んだ．スーパーカミオカンデ共同実験グループ[*1]は1998年6月岐阜県高山市で開催された第18回ニュートリノ物理学と天体物理学国際会議（"ニュートリノ98"）において，大気ニュートリノのデータから得られた結論として「ニュートリノ振動の証拠」を発表した[3]．スーパーカミオカンデのデータは現在も増え続けているので，本文においては，その後のデータも含めてニュートリノ振動の発見に関して報告する．

12.2 大気ニュートリノ

 大気ニュートリノは大気上層に入射した一次宇宙線の大気中の原子核との相互作用により作られたπ中間子（および，数はπの1割程度であるが，K中間子）の崩壊チェーンにより生成される（$\pi^\pm \to \mu^\pm + \nu_\mu, \mu^\pm \to e^\pm + \nu_e + \nu_\mu$）．このため，フラックスの $(\nu_\mu + \bar{\nu}_\mu)/(\nu_e + \bar{\nu}_e)$ 比はエネルギーによらず精度よく計算できる．大気ニュートリノのフラックスの絶対値の不定性は約20%あるが，ν_μ と ν_e の比の不定性は5%以下である．また，大気ニュートリノのフラックスは地磁気の効果があまりきかなくなる1 GeV以上では数%内の精度で上下対称と予想されている．一方，もし，ニュート

[*1] 東京大学宇宙線研究所，東北大学，新潟大学，高エネルギー加速器研究機構素粒子原子核研究所，東海大学，東京工業大学，岐阜大学，大阪大学，神戸大学，およびアメリカ，韓国，ポーランドからなる13の外国の研究機関の共同研究．

リノ振動が起こっていると，これらの量の観測値は予想と違ってくるはずである．

大気ニュートリノの観測は1960年代に始まった．その後，大気ニュートリノの研究が進むのに間接的に大きな影響を及ぼしたのは陽子崩壊の探索であった．陽子崩壊は1970年代に提唱された素粒子間に働く3種の力の「大統一理論」の必然的帰結として予言され，1980年頃から世界各地で陽子崩壊探索実験が始まった．これらの実験では100から1,000トンほどの物質を1年以上にわたり長時間観測し，その物質中での陽子崩壊を観測しようというものであった．これらの実験装置は宇宙線のバックグラウンドを極力避けるため地下深くに設置された．しかしいくら地下深くに行っても避けられないのが大気ニュートリノである．さらにやっかいなことに，ニュートリノ事象は測定器内部で発生するので，他の宇宙線に比べて陽子崩壊と間違えやすい．したがって，大気ニュートリノ事象をきちんと理解して陽子崩壊のバックグラウンドがどの程度あるか調べる必要があった．陽子崩壊は2000年末現在まだ発見されていないが，ある意味で陽子崩壊のバックグラウンドの研究として始まった大気ニュートリノの研究はニュートリノ振動の発見として結実した．

12.3 ニュートリノ振動の発見

2000年末現在スーパーカミオカンデは約3年半の観測で測定器の有効体積内で相互作用した大気ニュートリノ事象約11,000例を得た．ところで，先ほど述べたように，大気ニュートリノ中のミューニュートリノと電子ニュートリノのフラックス比は精度よく計算できる．したがって，実験的にニュートリノ相互作用で生成されたミューオンと電子の数を調べてシミュレーション計算と比較すればミューニュートリノと電子ニュートリノのフラックス比が予想通りか否か調べることができる．もし，観測値が予想と合っていなければ，ニュートリノ振動などによりフラックスの比が変わったと考えることができる．これらの大気ニュートリノ事象について，（ミューオン/電子）比（これはν_μ/ν_e比にほぼ対応する）を求めると，エネルギー約0.1から10 GeVの範囲であまりエネルギーに強くよらず理論値の約65%と，明らかに小さい結果が得られた．これはカミオカンデの結果と誤差の範囲内で一致している．

ところで，垂直下向きのニュートリノの飛行距離が大気の厚さに対応しておおよそ15 km，一方垂直上向きのニュートリノの飛行距離は地球の直径から12,800 kmなので，観測されたν_μ/ν_e比の異常がニュートリノ振動によるものだとすると，ニュートリノ振動の振動長によっては事象数の天頂角分布に際だった上下非対称性が予想できる．特にニュートリノのエネルギーが高いほど2次粒子の方向とニュートリノの方向の相関が強いので，この効果をはっきり観測しやすい．一方，当初カミオカンデが観測した約1 GeV以下のエネルギーのデータでは，ニュートリノと2次粒子の方向の相関があまりよくないので，明確な上下非対称性を観測するのはなかなか難しい．こ

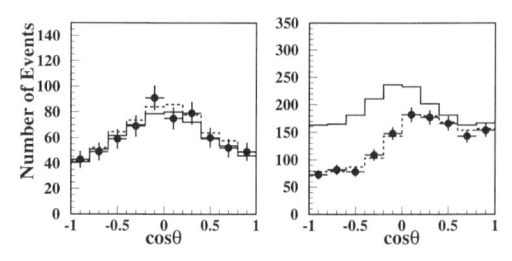

図 1 スーパーカミオカンデで観測された約 1.4 GeV 以上の高エネルギー大気ニュートリノサンプル中の電子事象とミューオン事象の天頂角分布
　実線のヒストグラムはニュートリノ振動を考えないときのモンテカルロ計算による予想分布を示す．また，点線のヒストグラムは $\nu_\mu \to \nu_\tau$ 間のニュートリノ振動を仮定し，$\Delta m^2 = 0.0025\,\mathrm{eV}^2$，$\sin^2 2\theta = 1.0$ の場合の予想分布である．この際，事象数は最もフィットが良くなるようあわせてある．θ は天頂角を表し，$\cos\theta = 1$ は下向きの事象を示す．

のような考えに基づき，カミオカンデでは既に 1994 年，数 GeV 領域の大気ニュートリノのデータを研究してミューニュートリノ事象について上向きの事象が大きく減っていることを発表していた[4]．しかしながら，統計精度が足りず，ニュートリノ振動の決定的なデータとはならなかった．

図 1 にスーパーカミオカンデで観測された高エネルギー大気ニュートリノサンプル中の電子事象とミューオン事象の天頂角分布を示す．図より，上向きのミューオン事象は下向のそれに比べて 0.53 ± 0.04 しかないことがわかる．このエネルギー領域ではニュートリノ振動がない場合には 2% の精度で事象数は上下対称と計算されており，観測された上下非対称性をニュートリノ振動を導入せずに説明することはできない．一方，図 1 に示したように ν_μ と ν_τ 間のニュートリノ振動を導入するとうまくデータを説明できる．なお，電子事象の天頂角分布の形が計算値とよくあうことなどから，ν_μ と ν_e 間のニュートリノ振動ではデータをうまく説明できないこともわかる．

より高エネルギー領域の大気ニュートリノは，測定器の下の岩盤での相互作用で生成され測定器に上向きに入射したミューオン事象として観測される．カミオカンデとスーパーカミオカンデでは測定器に上向きに入射したミューオン事象についても解析を行った．詳細は述べないが，観測された上向きミューオンのデータを説明するためにもニュートリノ振動が必要である．

以上述べてきたように大気ニュートリノのデータは ν_μ と ν_τ 間のニュートリノ振動なしには説明ができない．図 2 にはカミオカンデとスーパーカミオカンデの大気ニュートリノデータから求めたニュートリノ振動パラメータの 90% 信頼度で許される領域を示す．スーパーカミオカンデのデータは 2 種のニュートリノの質量の 2 乗の差 (Δm^2) でおおよそ 1.6×10^{-3} から $4 \times 10^{-3}\,\mathrm{eV}^2$ 間と，2 種のニュートリノ間の混合角

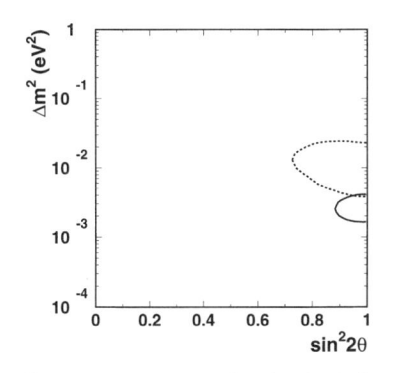

図2 カミオカンデとスーパーカミオカンデのデータから求めたニュートリノ振動のパラメータ (Δm^2, $\sin^2 2\theta$) の90%信頼度で許される領域
$\nu_\mu \to \nu_\tau$ 振動を仮定している.図中のそれぞれの線の内部が許される領域である.図中,実線と点線はそれぞれスーパーカミオカンデとカミオカンデのデータから求めたものを表す.

(θ) が大きいこと ($\sin^2 2\theta > 0.88$) を示している.本文で述べたスーパーカミオカンデのデータは2000年末現在のものであり,1998年当時と比べるとデータ量は2倍以上になっている.本文で述べたのと定性的には同じ結果をもとに,1998年スーパーカミオカンデ共同実験は,大気ニュートリノの観測を通して,ニュートリノ振動の証拠をつかんだと結論した[3].

12.4 おわりに

このようなカミオカンデとスーパーカミオカンデにおけるニュートリノ振動の研究がきっかけとなって,加速器で生成したニュートリノを数百km以上も離れたところで測定し,より精密にニュートリノの質量を測定する実験や,ニュートリノ振動の結果生まれているはずのタウニュートリノの観測など,大気ニュートリノの観測と相補的な研究を進める実験が日本,アメリカ,ヨーロッパで進行中,あるいは準備中である.これらの研究は,将来ますます発展すると期待されている.

もし異種のニュートリノ間の質量が大きく違うと仮定すると,大気ニュートリノのデータから一番重いニュートリノの質量はおおよそ $0.05\,\mathrm{eV}/c^2$ であることがわかる.ところで,この質量は,一番重いクォークや荷電レプトンと比べると,10桁以上も小さい.なぜこのようにニュートリノの質量は特別小さいのであろうか? シーソーメカニズム[5] と呼ばれる理論によれば,このように小さいニュートリノの質量は,超高エネルギーの世界に新しい物理があると考えて自然に説明ができる.さらにおもしろいことに,ニュートリノの質量で示唆された超高エネルギーのエネルギースケールは大統一理論で示唆されるエネルギースケールより少し小さいもののほぼ同じ程度

であり，ニュートリノの質量はおそらく大統一理論の世界を理解するための貴重なデータになっているはずである．ところで，大気ニュートリノのデータは，ニュートリノの質量ばかりでなく，ミューニュートリノとタウニュートリノ間の混合角がほぼ考え得る最大であるということも示している．このことは，実験的にニュートリノ振動が発見されるまで予想されなかったことであり，現在この理由を説明するためにいろいろな理論的研究がなされているが，まだ定説は無いようである．おそらく，混合角を理解することで，大統一理論の世界をより具体的に理解することができるのであろう．このように，ニュートリノの質量の発見は素粒子の標準理論を越えた物理を理解するための突破口となるものと期待している．（筆者＝かじた・たかあき，東京大学宇宙線研究所教授．1959 年生まれ，1981 年埼玉大学理学部卒業）

参考文献

1) Z. Maki, M. Nakagawa and S. Sakata: Prog. Theo. Phys. **28**（1962）870.
2) K. S. Hirata, *et al.*: Phys. Lett. B **205**（1988）416.
3) Y. Fukuda, *et al.*: Phys. Rev. Lett. **88**（1998）1562；T. Kajita: for the Kamiokande and Super-Kamiokande collaborations, talk at the 18 th International Conference on Neutrino Physics and Astrophysics, Takayama, Japan, June 1998.
4) Y. Fukuda, *et al.*: Phys. Lett. B **335**（1994）237.
5) T. Yanagida: in *Proceedings of the Workshop on the Unified Theory and Baryon Number in the Universe*, edited by O. Sawada and A. Sugamoto（KEK report 79-18, 1979）p. 95. M. Gell-Mann, P. Ramond and R. Slansky: in *Supergravity*, edited by P. van Nieuwenhuizen and D. Z. Freedman（North Holland, Amsterdam, 1979）p. 315.

13. 宇宙線研究 50 年の歩み

西 村　　　純

はじめに

宇宙線が発見されたのは 1912 年オーストリアの科学者 V. F. Hess による気球実験であった．Hess は自から自由気球に乗り，高度 4 km まで昇って気体の電離度がふえることを観測し，エネルギーの極めて高い放射線が宇宙から入射していると推論した．ここに現代の飛翔体による宇宙科学研究の原形を見ることができる．数多くの追試と討論の末，宇宙物理学的な研究と新粒子の発見がもたらされ，宇宙線研究が学問の一つの分野として成立するのは 1930 年代のことである．宇宙線研究の精神は未掘の鉱山から未知の鉱石を掘り出すことにあった．

日本での宇宙線の研究も 1930 年代に入って始まっている．わが国の近代物理学の発祥は戦前の理化学研究所に見ることができるが，宇宙線の組織的研究の始まりもまた理研の仁科芳雄研究室に見ることができる．直径 40 cm のマグネット霧箱，清水トンネルでの地下実験，安定な連続観測を可能にする大型電離箱，そして気球観測．C. Anderson 達の発見と独立に一足遅れたものの，「陽電子や μ 中間子の発見」，世界で最深の地下実験（水深に直して 3,000 m）．戦争で実現に至らなかったが，異なる地磁気緯度の宇宙線強度連続観測に樺太からパラオ諸島の 5 か所に電離箱を配置する計画，世界的水準をゆくレベルとその構想の雄大さは驚くに値する．

理研では 1942 年に大型電離箱の連続観測が始まって，すぐ太陽爆発に伴って発生する高エネルギー粒子「太陽宇宙線」の観測に成功している．しかし，これは機械の故障ということで見逃してしまった．また，陽電子や μ 中間子の例に見られるように，あと一息で世界最初の発見ということに止まったのは，研究者の層の薄さによることで，やむを得ない結果であった．戦争が始まり，大部分の研究が停止を余儀なくされる．あと 10 年続けていたら，どんなにか大きな発展がもたらされていたことであらうか，と残念なことである．

戦時中，宇宙線の研究で継続していたのは宇宙線強度の連続観測と理論的研究である．連続観測は金沢に疎開して続行している．

理論の研究は μ 中間子の謎を解くために提唱された坂田昌一・谷川安孝・井上健の「2 中間子論」，大気外から入射する一次宇宙線の「陽電子説」に対する玉木英彦の「陽子説」，坂田・谷川による「中性中間子の短寿命での γ 線への崩壊」，そしてこの γ 線により起こされた電子シャワーが「上空の電子成分」を作るとする武谷三男の提唱，いずれを取っても戦後の宇宙線研究の根幹をなす第一級の研究であった．

13.1 戦後からの出発

戦後いち早く宇宙線の実験的研究に取り掛かったのはこの理研の宇宙線研究室と，理研から名古屋大学に移られた関戸弥太郎の研究室である．また理研から気象研究所に移られた皆川理の研究室である．ついで，日本での原子核研究の禁止により大阪大学から新しくできた大阪市大に渡瀬譲の率いる大きなグループがこれに加わった．気象研究所の皆川はやがて神戸大学に移り，理研から中川重雄が立教大学に招かれ，ここに五つの大きな宇宙線研究室が生まれたことになる．戦後わが国の宇宙線研究はこれらの研究室と各地の若手の理論グループを中心に発展して行く．

1948 年には C. M. G. Lattes, G. P. S. Occhialinni, C. F. Powell によって坂田・谷川・井上が予言した2中間子が宇宙線中に発見された．π 中間子の発見と，湯川秀樹の Nobel 賞は宇宙線研究にも大きな刺激を与えずにはおかなかった．そして，戦時中途絶えていた数年間にわたる文献が日本に入って来た．諸外国で行われた膨大な実験結果と新しい発見である．

13.1.1 宇宙線理論の研究

素粒子論研究は湯川・坂田達の中間子論と朝永振一郎の超多時間理論を中心に意気は大いに上がっていた．その中に宇宙線の理論的研究を行うグループも生まれてきた．東京，名古屋，京都のグループである．

先年亡くなられた早川幸男は若手の研究者を組織して，この膨大な文献を整理分析し，宇宙線像の確立に全力をかたむけた．その成果の一つは朝永の電子対生成の理論を活用して清水トンネルの実験データを解析した「地下宇宙線の解釈」である．ついで共同研究者の藤本陽一・山口嘉夫は新しい「スター理論」（低エネルギー原子核反応での核の蒸発現象）を提案した．空気シャワー現象の解析に不可欠な西村純・鎌田甲一による「三次元電子シャワー理論」（N-K ［西村・鎌田］関数）はこのような雰囲気の中で刺激されて生まれてきたが，それは2～3年後のことであった．

13.1.2 宇宙線の実験的研究

設備や研究費が不十分な中で実験の成果が生まれるには今しばらくの時を必要とした．ただ，理研には僅かながら昔からの資材が残っており，三浦功と亀田薫は「宇宙線シャワーの遷移効果」の実験に取り組んでいた．一応の結果が得られた頃，仁科が来日された親友のI. I. Rabi（核磁気共鳴の Nobel 賞受賞者）を研究室に案内してこられた．廃屋の実験室の中，ブリキ缶を集めて作った回路の箱，そして慎重な実験の進め方を見て Rabi は大変感銘を受けた様子であった．すぐ，Phys. Rev. に投稿するようにとのお勧めであった．これは，その後発展を遂げた日本の二次宇宙線研究の戦後初めての成果であった．1949 年のことである．

13.2 1950年代のこと

13.2.1 新しい宇宙物理学の提唱

1950年，早川はMITの夏の学校の参加を機会にアメリカを訪れている．アメリカでの実験の素晴らしい進歩の状況を見て，現在の中心課題で争っては日本では不利で長い先を見通した研究をやる方が効率的だと考えたという．そこで着目したのが宇宙物理学的な宇宙線の研究であった．

まず宇宙線の加速理論に関連して1952年に「γ線天文学」の重要性を提唱した．次に宇宙線の超新星起源説である．「超新星起源説」は1934年にF. Zwicky自身銀河外超新星の観測に成功した際唱え，1950年にはV. L. Ginzburgも提唱していた．早川の説は元素の生成に関連したところが新しい点である．ついで，宇宙線が宇宙空間で作る「放射性物質 ^{10}Be」の重要性の指摘である．γ線も ^{10}Beも実際の観測に成功したのは1970年代に入ってからで，現在も宇宙線の中心的課題である．とくに，γ線天文学はγ線大型衛星GROの登場により宇宙物理学の一つの学問分野を形成している．1950年代にその重要性を提唱した先見性は素晴らしいというほかはない．

13.2.2 宇宙線研究の息吹

1950年代は日本のその後の宇宙線研究の発展をもたらした重要な時期であった．一つは1950年「朝日新聞の寄付による実験室」が契機となって，1953年に作られた「乗鞍宇宙線観測所」である．この年，日本で戦後初めての理論物理国際学会が京都で開かれている．H. J. Bhabha, M. S. Vallarta, J. A. Wheeler等著名な宇宙線物理学者も来日し，我々に刺激を与えてくれた．

ついで1956年に共同利用研としての「原子核研究所」が設立されたことである．そして1950年代の終りには，これらを軸として日本の宇宙線研究は世界の学会で第一線に並ぶレベルにまで発展することとなった．

13.2.3 乗鞍宇宙線観測所の設立

比較的お金のかからない宇宙線研究にまず力を注ぎ成果を上げるべきではないかと，朝永・武谷は宇宙線の研究を応援して下さった．朝日新聞の学術奨励金による朝日の乗鞍岳山頂の実験室は1950年に渡瀬，関戸，宮崎友喜雄，皆川を代表者として贈られている．

大阪市大は乗鞍にすでに小屋を持っていたので，朝日の小屋と並んで，宇宙線研究者は乗鞍山頂で日夜その研究に没頭することになった．しかしこの2つの小屋だけではいかにも手狭であった．要望が叶って現在の宇宙線観測所が東京大学の付置として出来あがったのは1953年のことである．

観測所が出来あがると，それまで胸にためた構想と鬱積を吐き出すように本格的な研究が始まることになった．まず作られたのが大型のマグネット霧箱，高圧水素霧

箱，大型霧箱，空気シャワー観測装置，そして高山での宇宙線強度の連続観測装置などである．いずれも当時の宇宙線研究の中心的テーマに対応する観測装置であった．

当時の研究の状況を知る上で，ここでは一つだけ三宅三郎の「高圧水素霧箱」の実験に触れておきたい．当時，「中間子の多重発生」はすでに観測から知られていたが，これが核内カスケードによるものか，核子-核子衝突で中間子が一挙に多数発生するのかというのが議論の分かれる所であった．実験的には高圧の水素霧箱が本命の装置であったが技術的に難しく，諸外国でも成功した例はなかった．研究費のほとんどない中で，設備や人材の整った大会社には製作を頼むことはできない．三宅は町工場と掛け合って，設計・製作・組立て・検査・安全について全てに責任を持つからこちらのいう通り作ってくれと頼み，一緒にその製作にあたった．

一号機は直径25 cm，深さ10 cm，水素100気圧の霧箱で，1950年には完成し，市大の小屋で陽子-陽子衝突による中間子多重発生と思われる1例を捉えることに成功した．ついで二号機は大型化し，直径50 cm，深さ20 cm，水素圧150気圧の霧箱を1953年には完成し，目標とする現象を数例捉えることに成功している．丁度その頃，コスモトロンがアメリカで完成し，この研究自身が加速器実験の分野に移ったため，その物理的成果は大きく取り上げられることはなかったが，三宅の示した物理実験学者としての高い技量は多くの人に深い感銘を与えずにはおかなかった．

13.2.4 地上，地下，気球実験へ

この時期，地上，地下，そして気球での実験も始められている．一つは，関戸を中心とする名古屋大学，そして理研の連続観測のグループの研究である．戦時中からの長いデータの集積とユニークな考察を下に，日本の研究は国際的にも注目される成果を生み始めた．この分野には天文の萩原雄祐を委員長に地球物理の永田武や天文の畑中武夫が中心となって電離層委員会（現在の超高層委員会）という組織があり，日本の地球物理や天文の関係者が毎月集って，各自の観測結果と研究の意見交換が行われていた．このように多くの他分野の学者の意見交換が太陽活動と宇宙線の強度変化に関する新しい考察を生み出した功績は大きかった．

地下の宇宙線の研究は大阪市大の渡瀬の主導の下に，静岡県の焼津の旧国鉄のトンネル跡で精力的に行われている．地下深く「十数本のμ中間子が同時に入射してくる現象」の発見は，当時は初めて見る新しい現象であった．焼津の地下で培われた実験の技術はその後の地下の実験に生かされることになったものと思われる．

原子核乾板による宇宙線の研究は顕微鏡で乾板の観測を行うということで，あまり研究費を必要としない分野であった．π, μ 中間子，そして高エネルギー・ジェットの観測が比較的簡単にできるので取り付きやすいテーマであった．戦後間もなくバークレイのサイクロトロンに当てたπ中間子検出用の乾板をスキャンしてはどうかという話が持ち上がり，各大学に幾つかのエマルション・グループが発足した．ゴム気

球に原子核乾板を取り付けて上空の宇宙線に露出する観測も始まった．問題は，宇宙線に感度をもつ高感度の原子核乾板である．Powell の指導によって作られた Ilford の G5 は日本へは輸出禁止項目であった．富士フイルムや小西六写真工業も原子核乾板の開発に力を注いでくれたが，暫くは高感度のものはできなかった．

長時間の気球観測を行うためには「プラスチック気球」が不可欠である．海外からの僅かな情報をたよりに，神戸大学の皆川を中心にプラスチック気球を自作して初めて打ち上げたのは容積 600 m³ の気球である．1954 年に気球は米子から打ち上げられ約 1 時間半の水平浮遊に成功している．やがて，G5 の禁輸もとかれ，原子核乾板による宇宙線研究の基盤はととのったが，やはりこの分野でも研究費のとぼしさが決定的であることが明らかになってきた．

この時期，藤本は早川の勧めでブリストル大学の Powell の研究室におられた．ブリストルの研究室は当時世界の第一線を行く研究室で，各国から 2, 30 人の研究者がつめかけていた．藤本からの情報は最先端の情報を日本にもたらしてくれた．Powell の研究室では，その当時従来の約 10 倍の量の原子核乾板を露出していた．日本の研究費ではその 1/100 の量位がせいぜいである．これだけ大きいスタックだと電子シャワーが乾板の中で観測され，この解析に三次元シャワー理論が有効であろうと藤本から連絡があった．原子核乾板中の電子シャワーの解析に N・K 関数が使われ始めたのはその時からである．

13.2.5 中間子多重発生の研究会（横運動量の着想）

湯川先生の Nobel 賞を記念して京都の基礎物理学研究所が発足したのは 1953 年である．所員の木庭二郎や早川は将来の宇宙線研究の目標に中間子多重発生を取り上げ，数回にわたって研究会を開いておられる．それまでの宇宙線の実験や理論を総括し，新しく提案された Fermi 理論や，それを改良した Landau 理論を分析して，その本質を探り将来の手掛かりを得るべく検討を続けられた．

「エマルション・チェンバー」の有効性と，ジェットの「二次粒子の横運動量」は親のエネルギーに無関係に数百 MeV という低い値をとっていること，これが中間子多重発生の本質的な部分に関係があることに気づいたのは，この研究会の刺激の賜物である．実験の一番の問題点は二次粒子のエネルギーを精度良く測ることがむつかしい点にあった．

エマルション・チェンバーは金属板と乾板を交互に組み合わせサンドイッチにした観測器で，その構想はアメリカのロチェスター大学の B. Peters たちによって生まれていた．その特色は，色々な物質を組み合わせることにより，ターゲットによる核相互作用の違いが観測できることと，使用する乾板の量が少なく経済性が高いという点であった．

日本でも最初は経済性が高いというところにその魅力があった．やがてターゲット

となる物質をうまく組み合わせることによって，効率的でユニークなジェットの観測器ができることに気がついた．それはブリストルの大スタックでは，二次粒子として発生した π^0 中間子からの γ 線が電子シャワーを起こし，他の二次粒子と入り交じって解析が大変難しいという藤本からの知らせがヒントであった．

上段に炭素板のような原子番号の低いチェンバーを置き，下段に鉛板のチェンバーを配置する．上段で発生した π^0 中間子からの γ 線は電子対生成を起こさずに下段まで来て電子シャワーを発達させる．各々の γ 線を分離して観測し，親の π^0 中間子に組み合わて，運動学的な関係から精度良く π^0 中間子のエネルギーを決定することができる．それまで極端にいえば，ジェットは形状しか分らなかったこの方面の研究でエネルギー測定を可能にし，横運動量測定のような定量的な解析を可能にする道が開けたことになる．

13.2.6 原子核研究所の設立

1956年には，原子核研究所の設立に伴い，どのような宇宙線部門を置くべきかの議論が高まっていた．この年の初めに木庭と早川が主催して基研で宇宙線の将来計画シンポジウムが開かれている．超高エネルギー現象のどこに焦点を当てて研究すべきか？　加速器の遠く及ばない 10^{15} eV 以上の宇宙線が起こす「空気シャワー」はその中の大きなテーマであった．それまで各研究室で独自の方針で宇宙線の研究を進めてきた全国各地の宇宙線研究者が一堂に会し，それぞれの戦略と結果について述べて討論した．

初めに，空気シャワーのどこに焦点をおけば高エネルギー核現象の本質に迫ることができるかという討論があり，エマルション・チェンバー，乗鞍，焼津の地下実験などの新しい成果の発表が行われた．何日かの討論の後に，大方の意向として，近代的な空気シャワー装置の建設を行い，超高エネルギー現象の解明に迫ることと，原子核乾板による研究の中心設備をおき，エマルション・チェンバーを軸に全国の共同研究を行うという二つの案に纏まってきた．

空気シャワーの装置については，その2~3年前から小田　稔はMITのB. Rossiの所で新しい装置の建設に携わっておられた．この知識と経験に新しいアイデアを加えて取り組めば世界第一級の装置ができあがり，新しい成果がもたらされるに違いない．またそのような機器開発は宇宙線の他の分野の研究にも大きな波及効果をおよぼすに違いない．

このシンポジウムが終りに近づいた頃，毎日新聞の招待で来日された Powell 博士が基研を訪れることになった．Powell 博士に我々の討論の結果を紹介すると，宇宙線の実験的研究がその緒についたばかりの日本で，このような計画があることに深い感銘を受けられたようであった．ブリストルで長年にわたって蓄積した気球技術についても詳しく解説し，我々を大いに励まして次の旅に立って行かれた．

宇宙線研究の将来計画シンポジウムはその後も何度か開かれているが，この基研のシンポジウムほど実りの多かった例を私は知らない．その成功の最大の理由は皮肉なことに現在のように情報が行き渡っていなかったためである．このシンポジウムで話された詳しい内容は長年にわたって各研究室で独自に考え抜かれてきたもので，他の人にとっては初めて聴くものが殆どであった．したがって，討論も熱が入り，その討論をもとに更に新しいアイデアが提案されて議論が煮詰まっていったからだと思われる．

13.2.7 原子核研究所の空気シャワー部とエマルション部

1956年の5月から原子核研究所に空気シャワー部とエマルション部が発足する．エマルション部では，すぐ全国の研究者の協力の下にエマルション・チェンバーの実験に向けて準備が始まっている．その夏，20 cm×25 cm，厚さ20 cmの17個のエマルション・チェンバーが静岡と神戸から計8機の気球で放球され，実験は予定通りに進行した．このエマルション・チェンバーの中に10^{12} eVを越す23個のジェットが見付かり，そのジェットから発生した49個のπ^0中間子から横運動量の分布が導き出された．その値はそれから約10年を経てCERNのISRで観測された値と良く一致している精度の高いものであった．これは気球実験としても当時の国際的に最大規模のもので，これを契機に日本におけるエマルションによる研究は世界の第一線に並ぶことになった．

丹生潔によって中間子は2個のクラスターとして多重発生する「火の球モデル」が提唱されたのもこの頃である．二中心火の球モデルは丹生とは独立にV. T. Cocconiやポーランドの M. Miesowitzによっても提唱され，中間子多重発生機構に新しい手掛かりを与えるモデルとして迎えられた．

空気シャワーの装置は，大型プラスチック・シンチレーターを基盤に，「タイム・オブ・フライト」による到来方向の測定，直径30 cmの「鉛ガラスのチェレンコフ・カウンター」によるエネルギー・フロー測定というオリジナルな検出器を含む最新技術を取り入れた世界で最も精度の高い装置であった．わずか1週間程度の運転で既存の全観測データに匹敵する成果を出している．この装置はその後「大横運動量」の可能性，「水平シャワー」の発見など数々の成果をもたらした．同時に，その後の宇宙線研究にとって基礎となるいくつかの機器開発や観測技術を生み出すもとになっている．

一つは大型のプラスチック・シンチレーターの一般化である．宇宙線研究の他の分野でも，それまでのガイガー・カウンターの装置は一掃され，安定なプラスチック・シンチレーターに入れ代わった．大型の鉛ガラスによるチェレンコフ・カウンターの開発は，菅浩一により提案されたものである．

菅はこの時期にA. Chudakovらとほぼ同時に空気シャワー粒子が上空の大気を励

起して出す「シンチレーション光検出による空気シャワーの観測」も提案し，その基礎となる実験も行った．1960年代の初めのことである．この提案はアメリカでも関心を呼び，観測の可能性についての実験が行われたが，残念なことに，夜光によるノイズのためこの実験は成功に至らなかった．

その後，棚橋五郎はこれらの実験結果を踏まえて，直径1.6 mの大形のフレネルレンズを用いて集光し，S/N比をあげ，空気シャワーからのシンチレーション光によるイメージを捕らえることに世界で初めて成功した．菅が提案して数年を経た1960年代後期の事である．さらに，大形のフレネルレンズを用意し，計画をすすめようとしたが，種々の理由で，この発展が取り止めになったのは残念なことであった．現在はユタ大学を中心にfly's eyeと呼ばれる空気シャワー観測装置が稼動して空気シャワーの立体的構造と超高エネルギーによる空気シャワーを観測する中心的な装置として成果を上げている．

空気シャワー中心部の電子密度の高い部分の観測のために，基研シンポジウムで小型のネオン・ホドスコープを多数配置する提案がなされている．このネオン・ホドスコープの開発実験を通して，福井崇二・宮本重徳は「スパーク・チェンバー」の発明に辿りついた．スパーク・チェンバーはその後，高エネルギー実験で活躍し，現在の γ 線天文衛星GROでも活躍している画期的な装置であった．

原子核研究所は当時日本の最も近代的な研究所であった．R. J. Oppenheimerを始め数多くの著名な物理学者が来所し，宇宙線研究の成果にも興味深く耳を傾け激励してくれた．

乗鞍の宇宙線観測所を経て原子核研究所の宇宙線部の発足に至る1950年代の10年間は，ほとんど無から出発した日本の宇宙線研究を世界の第一線のレベルに押上げた大切な時期であった．そしてこれらの成果をもとに1960から70年代の研究が展開して行くことになる．

13.3　1960年代から70年代

13.3.1　宇宙線研究の国際協力（高山と地下の海外3件）

宇宙線の研究では高山や，深い地下など国内では満たせない条件が要求されることが多い．この意味で宇宙線の研究は本質的に国際協力を必要としている分野である．ただ，国際協力は国内の実力がそれなりに整っていなければ成り立たない．日本の宇宙線研究が国際的に評価されるようになった1950年代の終わりから1960年代に入ると，宇宙線研究の国際協力が他の分野に先がけて始まった．

一つは 10^{14} eV 付近の「高エネルギー・一次 γ 線」検出のため南米のチャカルタヤ山上に展開した空気シャワー観測装置である．「チャカルタヤ」には世界最高（5,220 m）の宇宙線観測所があり，Lattes や Powell たちが初めて π 中間子を発見した場所

として知られていた．小田と Rossi のグループとの相談の結果始まった MIT, 原子核研究所，そして地元のボリビアの研究者を入れた国際協力である．宇宙線が銀河系内を伝播して行く際，星間物質と衝突して核作用を起こして発生した π^0 中間子からの γ 線を観測しようという狙いである．現在の γ 線天文学のはしりといえる．

 γ 線が大気中に入射すると，電子シャワーを起こすが，陽子による一般の空気シャワーと比べるとその発達が早い．また二次粒子として含まれる μ 中間子が極端に少ない．これらの性質を使って，ごく僅かな γ 線を陽子から分離する．600 トンのガレナ（鉛鉱石）を敷いた μ 中間子の観測装置を含む空気シャワー装置の建設が終わり，2～3 年後には 10^{14} eV の γ 線が銀河面方向からやや多く来ている気配が観測された．しかし，その後統計的精度が上がるとこの増加は消えてしまった． γ 線の観測は不首尾であったが，世界最高の場所における貴重な空気シャワー観測器として今も活用されている．

 ほぼ同じ時期にチャカルタヤで始まったのがエマルション・チェンバーの実験である．原子核研究所のエマルション・チェンバー実験は気球観測で行われたが，より高エネルギーに進むには，更に大量の露出が必要で，観測気球の性能を飛躍的に高める必要があった．考え出されたのが「高山での大型エマルション・チェンバー」の露出である．大型化するため，現象を見付け出す顕微鏡でのスキャンが問題となる．この問題は高感度の X 線フィルムを使うことで解決され，乗鞍山上に露出したのは 1958 年のことである．乗鞍での観測に成功すると，より高い山での効率の良い観測が望まれることになる．湯川の紹介でブラジルの Lattes とチャカルタヤ山上に共同研究が始まったのは 1963 年のことである．初め 10 m^2 程度であったこのチャンバーは数十 m^2 まで拡張し，藤本が中心となって 10^{16} eV を越す超高エネルギー領域での宇宙線の相互作用を始めとし，大横運動量や，多重発生のクラスター的な振る舞いなど様々な特徴を直接観測し，成果をあげた．

 インドの「コラ金鉱」は世界最深の鉱山であり，一番深い場所は水深に換算して約 9,000 m にあたる．大阪市大の三宅グループとインドのタタ研究所との共同で地下実験が始まったのは 1960 年代の初めである．このようにして，地下深く貫通する高エネルギー μ 中間子の絶対値を捉えると共に，地上から貫通して来た大気ニュートリノによる μ 中間子の発生を初めて観測することに成功している．

 これとは別に当時シカゴ大学の M. Schein は，ブリストルの更に数倍の原子核乾板のスタックを気球に搭載してジェットの研究を行う国際協力「ICEF 計画」を提唱した．残念なことに，Shein は計画半ばで病を得て亡くなり，小柴昌俊が引き継いで責任者として遂行した．ICEF はこれまでの世界最大のスタックで，原子核乾板による最も信頼できるジェットの基本的なデータを生み出すことになった．

 現在国内のどの分野でも国際共同研究は行われている．日本の経済状況もよくな

り，そのための予算や組織も徐々に整備されてきた．宇宙線の海外3件はわが国の国際協力のはしりであり，経済状態の悪い中で相手国はこちらの能力を信頼し，滞在費も相手側の調達で行われてきた．

13.3.2 宇宙航空研究所と高エネルギー研究所の発足

1965年に宇宙科学研究所の前身にあたる宇宙航空研究所が発足している．この研究所は飛翔体の開発，およびこれを用いて宇宙の研究を行う東京大学付置の共同利用研究所で，1981年には現在の大学共同利用機関宇宙科学研究所に移行している．

宇宙線の研究は大型の加速器の登場によって転機を迎え，宇宙物理学指向の研究が増えてきた時期でもある．当時発見された「X線星」の研究には世界的に見て宇宙線研究者が多いことからも分るように，物理的内容も観測方法も宇宙線の研究に近かった．日本においても，小田を初めとして何人かの研究者がこの分野に移って発展に尽し大きな成果をもたらした．もう一つは，宇宙線研究に不可欠な大気球の本格的開発である．宇宙線研究者が同研究所に移り，やがて日本の大気球観測の基盤を築くこととなった．

日本に大加速器を作り，素粒子の実験的研究を進める構想は原子核研究所の発足当時から議論されている．1 GeV程度の電子シンクロトロンをまず建設し次に進むという構想であった．シンクロトロン建設に目途がつき始めた1959年に次の計画の議論が始まり，最終的に日本学術会議の勧告としてまとまったのは1962年である．しかし，それまでの10倍を越す300億円という予算規模と研究所の体制の問題点がからんで，発足までに更に約10年の歳月を要している．初めは宇宙線の研究も高エネルギー物理学研究所（素粒子研究所）の中に共存する予定であったが，10年にわたる議論の中で計画が進まない焦りと，考え方の違いが軋轢を生み，最終的には宇宙線研究所の設立を別に考えることになった．

13.3.3 宇宙線研究所の設立

乗鞍の宇宙線観測所と原子核研究所の宇宙線部を統合し，発展的に拡大して「宇宙線研究所」が発足したのは1976年のことである．これまでの空気シャワー部とエマルション部にμ中間子部門，一次線部を加え，新たに「明野空気シャワー観測装置」と，10^{13} eV領域のμ中間子を直接観測する「ミュートロン」が建設されることになった．

1960年代は50年代に発展した宇宙線の独創的な観測技術と構想をもとに研究が花々しく開花した．70年代に入ってもこの方式は基本的には変らず，研究は順調に進んでいるように見えた．隔年に行われる宇宙線国際会議でも日本が力を注いでいる分野の寄与はその比重を増して行ったといえる．その成果は，大空気シャワーの精密観測，高山のエマルション・チェンバー，10 TeVに及ぶミュートロンの直接観測，地下宇宙線の観測の成果など幾つかをあげることができる．ミュートロンのグループ

は後に日米協同の Hawaii 沖で行う深海実験「DUMAND」に加わることになる．

乗鞍，チャカルタヤに始まる高山のエマルション・チェンバーは，ソ連では「パミール」での大掛かりな実験，国内では富士山，そして 1980 年には中国との共同研究で「チベットの高山」で研究が始まり，10^{16} eV に及ぶ核作用の研究に成果を上げている．エマルション・チェンバーはこの時期，地下の μ 中間子によるバースト，そして気球や航空機による観測へも発展している．この中で特記すべきは，精密に組み立てられたチェンバーを使っての新粒子の発見である．

13.3.4 チャーム粒子の発見

丹生たちはジェット発生層として 20 cm×25 cm×800 μ の 49 枚のメタアクリルに両面塗布したチェンバーを精密に組み立て，航空機で約 500 時間上空に露出した．このチェンバーの解析中に，ジェットの発生点から 1 cm 程度の所で二本の近接する二次粒子の飛跡が 10^{-3} ラジアン程度折れ曲がっている例を見つけた．一つの折れ曲がり点からはコプラナーの条件を満たす π^0 中間子による電子シャワーが発生していた．これは折れ曲がり点で π^0 と他の粒子に崩壊したことを示唆している．電子シャワーのエネルギーと崩壊点までの距離から粒子の寿命は 10^{-14} s，2~3 GeV 程度の質量と推定され，もう一個の崩壊粒子と併せて新粒子の対発生である可能性が高いことを 1971 年に報告している．小川修三は四番目の基本粒子にもとづく新しい量子数を持つ新粒子であることを強く示唆した．これは未発見の「チャーム粒子の候補」ではないかと考えた人は他にもいた．しかし，これまでの数多くの実験でどうして観測されなかったのかという疑念が災して，名古屋大学の坂田を中心とするグループ以外ではその時点では大方の認める所とはならなかった．やがて，坂田のグループから小林・益川のモデルが提唱され，トップクォーク，ボトムクォークを世界に先駆けて予言したのは，この実験でチャームクォークが発見されたという確信があったためであろう．

当時の加速器ではこの新粒子の対発生にはエネルギーが足りず，宇宙線実験では寿命が極めて短いために原子核乾板以外では観測が難しい．また通常のスタックでは電子シャワーが二次粒子の飛跡と入りまじり，精密な観測は難しい．電子シャワーを起こしにくい物質で極めて精密に組み立てたチェンバーの有効性が成功の原因であった．

1974 年に J/Ψ 粒子が加速器で発見されるまで，丹生たちは更に数例の似た現象を見出し，その解釈の正当性を示した．現在では観測された粒子は「チャーム・クォークを含む D* 粒子」の発見であったと考えられている．宇宙線はかつて新粒子発見の宝庫であったが，K 中間子発見を最後に，加速器領域の研究に移っていた．チャーム粒子の発見は加速器に先駆けて久々に宇宙線が新粒子を発見した輝かしい成果であった．

13.4　1980 年代から

　一つの研究分野では，初めの 10 年は当初の目的を目指した発展期，その成果を踏まえて次の 10〜20 年がその充実期にあたる．そして研究方式が質的に変らない限り，やがて清新さが失われ，自然の本質に迫るような発見や成果が少なくなってくる．宇宙線研究も例外たりえない．確かに精密な実験や定量的な実験は増えたが，物理学の本質に迫るような成果は年とともに少なくなって，1950〜60 年代の生き生きとした雰囲気が失われ始めたかのように見えた．

　この時期，海外ではまだ未解決の一次線宇宙線中の「同位体組成の観測」などを通して新たな道を開いていた．日本は地磁気緯度が低く，これらの研究に必要な低エネルギー粒子の気球観測には不向きで，人工衛星によるこの分野の観測も出遅れていた．いきおい，まだ観測されていない高いエネルギー領域に主力が注がれることになった．

　気球観測についていえば，1970 年代から始まっているエマルション・チェンバーによる「一次電子の観測」であり，もう一つは原子核研究所の実験以来の懸案であった「高エネルギー・一次線組成の直接観測」である．高エネルギー・一次線の直接観測は「JACEE」という計画の名のもとにアメリカとの共同研究に発展し，世界で最も高いエネルギーの 10^{15} eV に及ぶ一次線の直接観測として活躍している．

13.4.1　陽子崩壊とニュートリノ物理学

　宇宙線の地下実験は国際的にインドのコラ金鉱の実験がその先端を走っていたが，1970 年代の後半になると，大統一理論 SU(5) の検証のため「陽子崩壊の実験」の場として地下実験が世界各国で注目され始めた．力を注いだのはソ連，アメリカと日本である．コラ金鉱に加えて，日本では東京大学の小柴を中心に宇宙線研と高エネルギー研とが協力して「神岡での実験」が始まっている．1983 年のことである．やがて，陽子の崩壊寿命が当初考えたより長いらしいという結果が出て，「太陽ニュートリノの観測」に切り替え始めた時，一つの重大なイベントが起きた．それは 1987 年の大マゼラン星雲で起きた超新星の爆発「1987 A」である．

　神岡の 2,000 トンに及ぶ「大型水タンクの Cherenkov カウンター」はこの超新星爆発の際に発生した 11 個のニュートリノを検出した．また宇宙科学研究所の X 線科学衛星「ぎんが」は超新星を囲む厚いプラズマを通過して約半年後に出て来た X 線の観測に成功した．SN 1987 A で日本が世界に先がけて主要な観測に成功したことは高く評価された．

　大型水タンクによるニュートリノ観測の有効性と将来への展望はさらに大型の装置を作る強い要望を生むことになった．一桁大きい装置となると，グループも宇宙線研究所内に置くのがよいとする意見が実現したのは 1988 年である．この 5 万トンの水

タンクからなる「スーパー神岡（スーパーカミオカンデ)」，太陽 ν，大気 ν，超新星 ν についてのニュートリノ物理学と宇宙物理学的な意義と展望については他の項で述べられるが，宇宙線が大気中で発生する大気ニュートリノについてはここでも述べておきたい．

「大気ニュートリノ」は本来の実験には邪魔な粒子である．だが神岡実験の解析を通して，素粒子の本性にかかわる重大な意義を持つらしいことが明らかになってきた．宇宙線が大気中で発生する ν_μ と ν_e の比は $\pi-\mu$，$\mu-e$ が連鎖崩壊であるために，宇宙線のスペクトルや π 中間子発生のモデルにあまりよらず運動学的な関係で決まり，ほぼ 2 という値を持つ．しかし，観測された ν_μ と ν_e の比は 1 に近い結果である．実験的な精度の検討は慎重に行われているが，この値は変らない．一番可能性のありそうなのは「ニュートリノ振動」と呼ばれる現象である．もしニュートリノに質量があれば，3 種類の ν_e，ν_μ，ν_τ はお互いに振動的に入れ替わる．宇宙線から発生する大気ニュートリノの実験は素粒子の本性を探る重要な鍵を握っている．

13.5　1990 年代とむすび

「神岡」と「重力波」のグループが宇宙線研究所に加わったことは宇宙線研究に大きな影響を与えた．新しい文化の発展は異なる文化との融合によってもたらされる．これまでの宇宙線研究に加えて，神岡実験に関連して国内外から高エネルギー・宇宙線の第一人者が研究所を訪れ，有能な若い研究者も加わり，新しい波のうねりが感じられる．

世界最大の明野の空気シャワー観測装置は，銀河系外での宇宙線発生機構と銀河間空間の伝搬の鍵をにぎる $10^{20}\,\mathrm{eV}$ を越す超高エネルギーの銀河外宇宙線を捉え，世界の注目を集めている．

天体からの $10^{12}\,\mathrm{eV}$ を越す γ 線の検出は，長い間この γ 線の起こすシャワーの大気中の Cherenkov 光を使って観測されていたが，確定的な結果は得られていなかった．1989 年アメリカの Whipple 観測所で直径 10 m の反射鏡で Cherenkov 光を集め，そのイメージを観測して，ついに「かに星雲からの高エネルギー γ 線」を高い精度で捉え，「かに星雲」の構造と電子加速について新たな知見をもたらすことになった．

宇宙線研究所と東工大の研究者達はオーストラリアとの協同研究で，直径 3.8 m の月のレーザー・レーダとして使われてきた反射鏡を転用して南天での観測を行い，「1706-44」と呼ばれるパルサーからの高エネルギー γ 線を新たに発見した．現在までに世界中の観測で確認された僅か 4 個の高エネルギー γ 線天体の一つであり，その発見の意義は大きい．更に多数の大型反射鏡で構成する高精度の興味深い観測を可能にする「宇宙線望遠鏡」の構想が進行中である．

「チベットの高山」では $10^{13}\,\mathrm{eV}$ 付近の高エネルギー γ 線天体の検出を目指して日

中協同の観測が進行中であり,宇宙線が作る月や太陽による陰を明確に検出して,その精度の高さは国内外の研究者に大きな感銘を与えている.

高エネルギー物理学の研究者も宇宙線に深い関心を持ち始め,大型の超伝導マグネットを気球に搭載し,長年の謎であった低エネルギー領域の「宇宙線中の反陽子の観測」に初めて成功し,さらに陽電子や同位体の精密観測にも発展しようとしている.

JACEE は日本で発案された「南極周回気球」の手法を生かして長時間飛翔に成功し,また,今年 (1996 年) になって青山大学,弘前大学などのグループは,長年懸案であった Kamchatka から放球し Moscow 付近で回収する「日露の共同研究」の長時間観測もこの 7 月に成功した.

宇宙線研究の 50 年を振り返ると,素粒子物理,宇宙物理,高エネルギー物理との色々な分野の交流によって刺激を受けた時に大きな発展をとげてきた.宇宙線研究はこれからもまた新たな飛躍の時期を迎えることになるであろう.

あとがき

この原稿を物理学会誌のもとめに応じて書いたのは 1996 年のことで,その後数年の歳月が流れている.

この間,宇宙線研究の分野でも,大きな進歩がもたらされている.一つは,スーパーカミオカンデの観測により,ニュートリノの観測精度が飛躍的に向上し,本文にあるニュートリノ振動の存在が更に確定的になった事である.ニュートリノに質量がある事は確定的となり,素粒子理論に大きなインパクトをあたえている.更に確定的な実験を行うため,高エネルギー研究所から,人工加速器で作られた大量のニュートリノビームを神岡に向けて放射する実験も始まり,すでに初期のデータが得れはじめている.日本はこの分野で世界の第一線にあることは間違いない.

本文で述べたチャーム粒子の丹生の研究に引き続いて,丹羽公雄のグループは,原子核乾板を自動的に解析する装置の開発を続け,人間による顕微鏡スキャン無しに大量のデータをスキャンする方式を発展させた.この結果,加速器から出るタウニュートリノを捕らえる事に成功している.ニュートリノ振動に関連して,この方式を使って,大規模な実験が進行しようとしている.

明野での大空気シャワーの観測では,10^{21} eV にいたる極めてエネルギーの高い空気シャワーがさらに観測されてきた.10^{20} eV をこすと,銀河磁場で閉じ込めておく事はできず,その源は銀河外に求めねばらならない.しかし遠くの源では銀河に到達するまでに宇宙背景輻射の 2.7 K のマイクロ波と衝突してそのエネルギーを失ってしまう.その加速源や,銀河外からの伝播機構について謎は深まるばかりである.

本文で述べた空気シャワーからのチェレンコフ光を捕らえる,Cangaroo グループはその後いくつかの γ 線点源の観測に成功したが,西暦 1006 年に爆発した SN 1006

の超新星残骸から 10^{12} eV をこすガンマ線の観測に成功している．これは高エネルギー電子が，2.7 K の宇宙背景輻射を Compton 効果ではね飛ばして生成したもので，超新星の中で，10^{14} eV に及ぶ電子が加速されている証拠と考えられている．これは宇宙科学研究所の人工衛星「ぎんが」が捕らえた硬 X 線の観測に刺激されて行われたもので，ともに宇宙線の超新星起源説に大きな証拠をもたらす事になった．

チベット高山でのチェレンコフ光を用いない精密な通常の空気シャワー観測でも活動銀河および「かに星雲」からのガンマ線の観測に成功している．

また超伝導マグネットによる反粒子観測（BESS）では 1,000 個をこす反陽子の観測に成功し，宇宙線の銀河伝播や反粒子の生成について新しい知見をもたらした．

他に書くべき事柄や発展は多いが，別に詳細な解説があると思われるので，ここでは，本文とのつながり上，その後の経過ということで，その一部を紹介するにとどめた．(Dec/2000)（筆者＝にしむら・じゅん，東京大学名誉教授，宇宙科学研究所名誉教授．1927 年生まれ，1948 年東北大学理学部卒業）

初出：日本物理学会誌 51(1996)479-485．

14. 場の量子論へのアプローチ

中西 襄

14.1 場の量子論の概観

　場の量子論は，量子力学に特殊相対論と粒子の創生消滅の自由度を取り入れた理論である．素粒子の個数変化の自由度を取り入れることは，量子力学の根本的拡張であり，その重要性はいくら強調しても強調し過ぎることはない．すなわち，これにより，粒子の力学から場の力学に移行したのである．素粒子そのものを物理学の基本的対象とみなさないということは，非常に本質的な理論構成の進展である．古典物理学では物質は粒子により，力は場により記述されると考えられていた．場の量子論にいたって初めて，物質も力もすべて場によって記述されることになった．このことは，場の量子論が物理学を統一的に記述する基礎理論としての性格をもっていることを示している．

　もちろんそうは言っても，物質と力が完全に同質であるというわけではない．現在の素粒子の標準理論では，核子などの構成要素である 18 種のクォークと電子など 6 種のレプトンが物質場で，光子を含む 4 種の電弱ボソンと 8 種のグルーオンが力の場であると考えられている．前者はすべてスピン 1/2 で，フェルミオン（波動関数が反対称関数であることを要求するフェルミ統計に従う）である．後者はすべてスピン 1 のゲージ場で，ボソン（波動関数が対称関数であることを要求するボース統計に従う）である．この他に質量の源であるスピン 0 のヒッグスボソンがあるとされるが，まだ確認されていない．

　上に強調したように，場の量子論の基本的対象は場，より正確にいえば，量子場である．各素粒子はそれぞれ対応する素粒子の量子場を持つ．だが逆に，すべての量子場に対応する素粒子が必ずあるとはいえない．ゲージ場などの定式化では，補助場もしくはゴーストと呼ばれる，素粒子に対応しない量子場の導入が必要となるからである．

　量子場を一般的に $\varphi_A(x)$ で表す．ここに，添字 A は場の種類や成分を一括して示す記号，x は時空座標 x^μ（$\mu=0,1,\cdots,D-1$；現実には $D=4$）である．量子場は，数学的には作用素値超関数と呼ばれるもので，x^μ の特異関数であると同時にオペレーターでもある．そのオペランド，すなわち，作用の受け皿となるものが状態である．状態の全体は，内積を備えた無限次元複素線形空間をなす．それはヒルベルト空間であるとは限らず，一般に内積に関する計量は不定計量であると考えなければなら

ない．

　量子場 $\varphi_A(x)$ の性質を規定するのは，作用積分 S である．S は，$\varphi_A(x)$ 及びその1階微分 $\partial_\mu \varphi_A(x)$ の同時空点での関数 $\mathscr{L}(x)$ （ラグランジアン密度という）を，全時空間で積分したものである（後述のポアンカレ対称性に矛盾しない積分領域は $-\infty < x^\mu < +\infty$ しかない）．古典物理学の場合と同じように，S の変分が 0 になるという条件で運動方程式が導かれる．すなわち，量子場は場の方程式

$$(\partial/\partial\varphi_A)\mathscr{L} - \partial_\mu[(\partial/\partial(\partial_\mu\varphi_A))\mathscr{L}] = 0$$

を満足する．量子場のオペレーターとしての性質は，正準［反］交換関係により規定される．すなわち $\varphi_A(x)$ の正準共役量 $\pi^A(x)$ を $(\partial/\partial(\partial_0\varphi_A))\mathscr{L}$ で定義し，$x^0 = y^0$ の交換関係

$$[\varphi_A(x), \varphi_B(y)]_0 = 0, \quad [\pi^A(x), \varphi_B(y)]_0 = -i\delta_B{}^A \delta^{D-1}(x-y), \quad [\pi^A(x), \pi^B(y)]_0 = 0$$

を設定する．ここに角括弧は交換子，その添字 0 は $x^0 = y^0$ の略，$\delta_B{}^A$ はクロネッカー・デルタ，$\delta^{D-1}(*)$ は $D-1$ 次元空間のディラック・デルタ関数である．なお，φ_A も φ_B も共にフェルミオン場の場合は，交換子を反交換子に置き換える．正準共役量が独立量にならない場合は，ディラックによる拘束系に対する量子化法を用いる．あるいは，$\mathscr{L}(x)$ に時間微分が含まれないような量子場は，その正準共役量を考えないで，場の方程式によってそのオペレーター性を定める．理論を具体的に記述するためには，これを状態空間によって表現しなければならない．それについては後述する．

14.2 対　称　性

　上に見たように，作用積分 S をどう採るかによって理論が決まる．その S を選定する原理が，対称性である．量子場は一般に非可換だが，同時空点のものの積を考えるときは，形式的にすべて可換（フェルミオン場同士では反可換）とする．その仮定の下に，場の無限小変化 $\delta\varphi_A(x)$ を考え，そのときの S の変化 δS が 0 になる場合，その無限小変換を対称性という．ただし，この計算に場の方程式を使ってはいけない．

　$\delta\varphi_A(x)$ が時空の任意関数を含む場合をゲージ対称性というが，場の量子論では実はゲージ対称性は許されない．ゲージ理論の量子化の問題については後述する．変換が時空の座標変換を伴う場合を時空対称性，そうでない場合を内部対称性という．時空対称性の代表的な例は，並進とローレンツ不変性で，両者を合わせてポアンカレ対称性という．

　対称性を定義する変換のいくつかは，一般に非可換である．非可換性で互いに結びついているものは，一括して 1 つの対称性として取り扱う．2 つの無限小変換の交換子はまた無限小変換になるので，それらの全体はリー代数を構成する．従って，対称性とはリー代数であるということができる．

素粒子の仲間にはボソンとフェルミオンとがあるから，ボソンとフェルミオンとの間の対称性を考えるのは自然である．しかしこの可能性は長い間気づかれないでいた．ボソン・フェルミオン変換を許せば，正定値計量の場の量子論の枠内でも，ポアンカレ対称性のノントリヴィアルな拡張が得られる．この理論は超対称性，もしくは SUSY と呼ばれる．ここでは，前者の呼称はリー超代数を持つ対称性を一般的に指す言葉として使う．

S が［超］対称性を持つと，古典論の場合と同様にして，それぞれの変換（N と記す）に対応するネーター・カレント $j_N{}^\mu$ が存在して，保存則 $\partial_\mu j_N{}^\mu = 0$ を満たす．この第 0 成分を空間積分したもの，$Q_N = \int d^{D-1}x\, j_N{}^0(x)$ が存在すれば，それは保存チャージである．積分が収束しないときは，チャージではないが，次の意味で変換の生成子を与える：

$$i\int d^{D-1}y\, [j_N{}^0(y), \varphi_A(x)]_0 = \delta_N \varphi_A(x)$$

ただし，生成子も量子場もフェルミオン的な場合は，交換子の代わりに反交換子をとる（以下このことはいちいち断らない）．右辺は $\varphi_A(x)$ の変換の（無限小量でなく）微分商に相当する量を表す．生成子の全体は，リー［超］代数を場の量子論的に表現する．

カレントや生成子の計算では，作用積分内と違って，場の方程式を使ってもよい．また反対称テンソルの発散を加えてもよい．従ってそれらの表式は一意的ではない．そしてどの表式を採るかはたんなる審美的な問題ではない．まず，表式により空間積分が収束したり，しなかったりする．また，必ずしも $\delta_N \varphi_A(x)$ が $\delta_N S = 0$ を再生しない．さらに，後述の「場の方程式アノーマリー」が現れる場合には，本質的な違いが出てくる．

並進の生成子はエネルギー運動量 P_μ，ローレンツ変換の生成子は角運動量 $M_{\mu\nu}$ $(=-M_{\nu\mu})$ で，一括してポアンカレ生成子と呼ばれる．これらは保存チャージとして存在するものとする．すなわち，これらの固有状態が存在する．それらの固有値 0 の同時固有状態を真空といい，$|0\rangle$ で表す．エネルギー P_0 の固有値は，実かつ非負とする．そのとき真空は安定である．

真空は，通常，一意的とする．真空に量子場（にテスト関数を乗じ積分したもの）を有限回作用させて得られる状態により生成される空間（をなんらかの意味で完備化したもの）が，状態空間である．真空に 1 個の量子場を作用させて得られる状態は 1 粒子状態で，ポアンカレ対称性の表現は，その粒子のスピンと質量で特徴づけられる．

オペレーター O を，2 つの状態 $|\alpha\rangle$，$|\beta\rangle$ ではさんで得られる複素数 $\langle\beta|O|\alpha\rangle$

を O の行列要素という．完全直交系を用いると，これによりオペレーターの行列表現が得られる．ただし不定計量の場合（すなわち $\langle a | a \rangle$ が正定値でないとき）は，行列の積の定義には不定計量による補正が必要である．

真空は，ポアンカレ生成子以外の生成子に対しては，必ずしも固有状態になるとは限らない．真空がある生成子 Q_G の固有状態になっていない場合，より精確には，ある局所量 $\chi(x)$ があって $\langle 0 | [Q_G, \chi(x)] | 0 \rangle \neq 0$ となる場合，Q_G の対称性は自発的に破れているという．$\chi(x)$ は必ずしも作用積分に含まれる量子場の1つとは限らないが，NG 粒子と呼ばれる1つの粒子に対応する．NG 粒子のスピンと統計性は Q_G のそれと一致する．NG 粒子の質量は正確に0である．つまり内部対称性が自発的に破れると，必ず質量0のスカラー粒子が存在しなければならない．SUSY の場合は，質量0のスピン 1/2 の粒子が存在することになる．現実の世界で，それらはいずれも観測されていない．

自発的対称性の破れは，対称性の表現段階における破れであるが，オペレーターの表現そのものに矛盾はない．これに対し，対称性の生成子を含む代数関係を矛盾なく表現することが不可能な場合，アノーマリーがあるという．この場合，どのような形で矛盾を具体化するかには任意性が残る．この意味で，対称性のアノーマリーは基礎的な概念とは認め難く，より基本的なレベルからの考察が必要と思われる．

14.3 S 行 列

素粒子反応の遷移確率は，以下に説明する S 行列要素から直ちに計算できる．従って，場の量子論の予言を実験と比較するためには，S 行列を求めることが重要である．

素粒子反応の起きる時間は，通常，マクロな時間尺度に比べて十分短い．それゆえ，素粒子反応の量子論的な時間発展を記述する場合に，初期状態すなわち反応させる粒子を準備する段階は $x^0 \to -\infty$，終状態すなわち反応の結果を観測する段階は $x^0 \to +\infty$ と考えることができる．量子場 $\varphi_A(x)$ の $x^0 \to -\infty$ における弱極限を（定数因子を除き）$\varphi_A^{\text{in}}(x)$，$x^0 \to +\infty$ における弱極限を（同じ定数因子を除き）$\varphi_A^{\text{out}}(x)$ と書き，漸近場という（ただし複合粒子や不安定粒子があるときは適当な修正が必要）．漸近場は自由場の方程式（線形偏微分方程式）を満たす．真空から $\varphi_A^{\text{in}}(x)$ によって生成される状態をイン状態，$\varphi_A^{\text{out}}(x)$ によって生成される状態をアウト状態という．イン状態の全体はフォック空間をなすが，それは空間として $\varphi_A(x)$ の状態空間よりも小さくないことを要請する．これを漸近的完全性という．漸近的完全性とは，すべての状態は本質的に粒子に関する情報だけで書き表されるという命題である．アウト状態についても同様（CTP 定理）なので，イン状態のフォック空間とアウト状態のフォック空間は一致する．すなわち，$\varphi_A^{\text{out}}(x)$ は $\varphi_A^{\text{in}}(x)$ と（一般には

不定計量的）ユニタリー変換によって結ばれる．この変換がS行列である．S行列のユニタリー性は反応の全遷移確率が1に等しいことと結びついているので，漸近的完全性を満たさないような理論（例えば真空の縮退のある理論）を考える場合は，粒子以外の情報をどうやって特定するのかを明示する必要がある．

量子力学で散乱行列を計算するのに，ハイゼンベルク描像を用いるよりも，シュレディンガー描像を用いる方が便利であった．場の量子論では，シュレディンガー描像は相対論になじまないので，代わりに相互作用描像を用いるのが便利である．その概要は次の通りである．素粒子論のラグランジアン密度は多くの場合，量子場（微分したものも含めて）の多項式である．0次の項は意味がなく，1次の項は量子場を定数だけずらせば消去できるので，2次の項から始まると考えてよい．2次の部分を自由場のラグランジアン密度，残りを相互作用ラグランジアン密度という．前者を $\mathcal{L}_0(x)$，後者を $\mathcal{L}_I(x)$ と書く．$\mathcal{L}_I(x)$ を無視して得られる理論を，自由場の量子論という．自由場の量子論は，容易に厳密に解ける．系の時間発展のうち自由場に相当する部分だけをオペレーターに背負わせ，状態の時間発展は，$\mathcal{L}_I(x)$ から定義される相互作用ハミルトニアン密度 $\mathcal{H}_I(x)$ によって記述されると考えるのが，相互作用描像である．相互作用描像では，$x^0 \to -\infty$ 及び $x^0 \to +\infty$ において $\mathcal{H}_I(x)$ が消えるという断熱仮説を設け，初期状態と終状態がフォック空間の状態であることを実現する．

一般に系の時間発展を追うと相対論的不変性が見にくくなるが，相互作用描像では，ファインマンの時空的アプローチにより，S行列が $\mathcal{H}_I(x)$ ないしは $\mathcal{L}_I(x)$ の冪級数として一挙に与えられる（共変的摂動論）．すなわち任意の n 点グリーン関数が，ファインマン・ダイアグラムの方法で計算できるのである．ここに n 点グリーン関数とは，

$$\langle 0 | \mathrm{T} \varphi_{A_1}(x_1) \varphi_{A_2}(x_2) \cdots \varphi_{A_n}(x_n) | 0 \rangle$$

のような量で，記号 T は n 個の時間 $x_1^0, x_2^0, \cdots, x_n^0$ の大小により $n!$ 個のセクターに分け，そのそれぞれにおいて量子場を時間順序（若いものほど右に）に並べよという指示である．S行列要素は，グリーン関数から，フーリエ変換の留数をとる操作で求まる．

相互作用描像は，機能的には大変便利であるが，論理的には作用積分 S を手で2つの部分に分けるという不自然な操作をやっていることに注意しなければならない．このためあとから繰り込みという操作による S の分割の再調整が必要になる．ファインマン・ダイアグラムの計算を行うと一般に紫外発散（高エネルギー領域から来る無限大）が現れるが，繰り込み可能な理論では，紫外発散切り捨てに起因する不定性をすべて，理論に含まれているパラメーターの不定性に繰り込むことができる．従ってそれらのパラメーターの値を実験で決めれば，紫外発散がなくなる真の理由が分か

らなくても，有限確定な理論値を与えられる．それゆえ，重力場の量子効果のような超高エネルギーからの寄与を無視する理論は，繰り込み可能でなくてはならない．スピン 1/2 の場が相互作用できる繰り込み可能な理論は，$D>4$ の時空では存在しない．

正準形式の理論から共変的摂動論の S 行列を導くのは，特に相互作用ラグランジアン密度が微分を含む場合は，大変面倒である．しかし最終結果を与えるだけならば非常に簡単で，グリーン関数の母関数はファインマン経路積分で書き表すことができる．それは，作用積分とソース項（φ_A とそれに対応する外場との積の和を全時空で積分したもの）との和の i 倍の指数関数を，φ_A の自由場波動関数による展開の展開係数に関し無限多重積分したものである．

経路積分法は確かに計算には便利な表式を与えている．しかしそれはオペレーターのレベルと表現のレベルとを区別しないので，デリケートな問題をきちんと取り扱うことはできない．しかもそれは，後述するように，常に正しい結果を与えるとはいえない．にもかかわらず，現在多くの物理屋が経路積分法を基礎的理論形式のごとく考え，オペレーター形式では定式化できないような状況にまで拡張解釈して用いている．

14.4 ゲージ場の量子論

古典論の段階で，任意関数を含む内部対称性を持つ理論を，ゲージ理論という．ゲージ変換は $\delta\varphi_A(x)$ が任意関数を含むものだが，それに対し $\partial_\mu\varphi_A(x)$ は $\varphi_A(x)$ と同じ変換性を示さない．微分演算子に特別なベクトル場 $A^a{}_\mu(x)$ （$a=1,2,\cdots,N$）の一次結合を付け加えた共変微分 D_μ という演算子を定義し，$D_\mu\varphi_A(x)$ が $\varphi_A(x)$ と同じゲージ変換性を示すように $A^a{}_\mu(x)$ の変換性を決める．$A^a{}_\mu(x)$ をゲージ場という．それはもとの対称性の随伴表現に属し，N はその表現の次元である．$[D_\mu, D_\nu]\varphi_A(x)$ の $\varphi_A(x)$ に依らない部分を $F^a{}_{\mu\nu}(x)$ とすると，それは $A^a{}_\mu(x)$ とその微分で書けるが，ゲージ変換に対しても普通の場と同じような変換性を示す．従って，共変微分と $F^a{}_{\mu\nu}(x)$ を使えば，ゲージ変換に対して不変な，だが質量項なしの，作用積分を書き下すことができる．

しかしながら，ゲージ不変な作用積分に基づいて量子論をこしらえることはできない．なぜなら，ゲージの自由度は量子場の他の自由度と複雑に絡み合った形で含まれているので，そこだけを古典量に留めることは不可能なのである．それゆえ，ゲージ変換の任意関数を新しい量子場 $C^a(x)$ に置き換える．この場は FP ゴーストと呼ばれ，スピン 0 であるにもかかわらず，フェルミオン場であるとしなければならない．これは不定計量のある場合にのみ可能である．

FP ゴーストを含む作用積分を構成する基本原理は，BRS 対称性と呼ばれる超対称性である．BRS 変換 δ_* は，外微分のように冪零性 $\delta_*{}^2=0$ を持つ．ゲージ場を含め通常の量子場の BRS 変換は，任意関数を FP ゴーストに置き換えたもので定義する．

従って，古典論の作用積分は BRS 不変である．FP ゴーストの BRS 変換は，通常の量子場に対する冪零性で決められる．このとき $\delta_*^2 C^a(x) = 0$ は，リー代数のヤコービ恒等式と等価である．

ゲージ場の量子論の作用積分は，古典論のそれに FP ゴーストを含む BRS 完全な量（或る量の BRS 変換で書ける量）を付け加えたものである．これを実現するには，フェルミオン場の FP 反ゴースト $\bar{C}^a(x)$ とその BRS 変換であるボソン場の B 場 $B^a(x)$ を導入する必要がある．冪零性から，B 場の BRS 変換は 0 である．上述の作用積分の付加項は，$\delta_*(\bar{C}^a f^a)$ で与えられる．ここに f^a はゲージ不変でない適当な関数である．B 場による変分から $f^a(x) = 0$ がでるので，これはゲージ固定条件と呼ばれている．ゲージ固定は $\partial^\mu A^a{}_\mu(x) = 0$ というランダウ・ゲージ条件を採るのが最も自然である．

ゲージ理論では不定計量が本質的なので，その S 行列は確率の正値性が要求する真のユニタリーではない．そこで次のように物理的 S 行列を導入する．BRS 不変性により，BRS チャージ Q_B が存在する．$Q_B{}^2 = 0$ なので，その固有値は 0 のみである．その固有状態の全体を物理的部分空間という．漸近的完全性を使うと，物理的部分空間の計量は非負であることが示せる．ここで $\langle \alpha | \alpha \rangle = 0$ である状態 $|\alpha\rangle$ は，BRS 完全で，量子化されたゲージの自由度に対応する．その全体で物理的部分空間の商空間をとると，その計量は正定値になる．それゆえ，そこに制限された S 行列は真のユニタリーである．

素粒子物理学の標準理論は，強い相互作用に対する $\mathfrak{su}(3)$ カラー・ゲージ理論と，電磁及び弱い相互作用に対する $\mathfrak{su}(2) \times \mathfrak{u}(1)$ カイラル・ゲージ理論から成り，後者は自発的に $\mathfrak{u}(1)$ にまで破れる．ゲージ理論では，NG 粒子が物理的部分空間から排除され，破れた自由度のゲージ場が 0 でない質量を獲得する．このヒッグス機構により，質量 0 のスカラー粒子は現れず，質量 0 の電磁場と大きな質量をもつ 3 種のウィーク・ボソンが得られる．これに対し，強い相互作用の基本粒子クォークとグルーオンが観測されないのは，カラー閉じ込め問題といわれ，未解決である．

14.5　重力場の量子論

以上では，重力は，素粒子の世界ではあまりにも微弱なので，除外してきた．しかし重力も素粒子と相互作用するのだから，同じ場の量子論の枠組みに取り入れなければコンシステントとはいえない．一般相対論は，特殊相対論の拡張ではなく，重力の古典論であり，アインシュタイン重力と呼ぶのが正当である．一般座標変換は時空的なゲージ変換のようなものだから，ゲージ理論の場合と同様に BRS 対称性に基づいて重力場の正準量子論を建設するのが，成功した標準理論との整合性からいっても，最も妥当であろう．そしてそれは極めて見事に遂行できるのである．

ちまたに量子アインシュタイン重力は存在しないかのように言いふらす物理屋が多いが、彼らの主張は誤解に基づいている。量子アインシュタイン重力を共変的摂動論で計算すれば、紫外発散が繰り込み不可能になることが彼らの主張の根拠である。しかし相互作用描像で重力場を考えるには、「量子重力場は重力定数 0 の極限で古典的時空計量になる」という仮定が必要である。だがこの仮定は事実に反する。量子化された一般座標変換の自由度が重力定数 0 の極限でも生き残るので、このようには仮定できない。

重力場の正準量子論では、FP ゴースト $c^\sigma(x)$、FP 反ゴースト $\bar{c}_\tau(x)$、B 場 $b_\lambda(x)$ はすべてベクトル場である。ゲージ固定条件としては、ゲージ理論のランダウ・ゲージ条件に対応するド・ドンデア座標条件を用いる。そうすると、ポアンカレ対称性より広いアフィン不変性が残る（先験的に一切の古典的時空構造を前提としないことに注意）。だがこの理論の持つ対称性はそれよりずっと巨大で、D 次元時空 x^μ が $4D$ 次元超空間 $\{x^\mu, b_\lambda(x), c^\sigma(x), \bar{c}_\tau(x)\}$ に自動的に拡大し、$4D(2D+1)$ 個の生成子を持つポアンカレ的超対称性（非斉次 $\mathfrak{osp}(2D;2D)$）が存在することが示される。これは時空と場の統一を示唆する興味ある結果である。この超対称性の中の不変性の多くは、自発的に破れる。とくに、アフィンはポアンカレに落ちるが、その時破れた $(1/2)D(D+1)$ 個の自由度に対する NG 粒子が、重力子に他ならない。従って、重力子の質量が 0 であることが自然に導かれる。

14.6 ハイゼンベルク描像での解法

重力場の量子論には相互作用描像が適用できないので、ハイゼンベルク描像で解くことが必要である。その方法は最近開発されたので、以下にその概要を述べる。

まず正準［反］交換関係から、量子場の間の同時刻［反］交換関係を計算する。これは例えば上述の重力場の正準量子論でも、閉じた形で遂行できる。次に、「右辺が 0 の場の方程式の左辺はいかなる量子場とも［反］可換である」という式を、2 つの量子場間の D 次元［反］交換子に対する偏微分方程式に書き換える。これと先ほどの同時刻［反］交換関係とにより、コーシー問題を設定する。オペレーターに対しても、コーシー問題は一意的に解けるものとし、この解を求める。もちろん一般にこの厳密解を求めるのは困難なので、理論に含まれるパラメーターで展開して計算を行う。この展開は相互作用描像での共変的摂動論とは異なり、共変微分をパラメーターを含まない形で定義しているので、各次数で BRS 不変性が保たれる。重力場の量子論では、重力定数についての展開の第 0 項は古典論的時空計量だけではなく、上で指摘した量子論的一般座標変換の自由度をも含んでいる。

D 次元［反］交換子がすべて分かれば、これから多重交換子を計算することができる。そしてそれに基づいてオペレーター解の表現を構成する。これは、状態そのも

のを構成する代わりに，公理論的場の量子論の基礎として用いられるワイトマン関数
$$\langle 0|\varphi_{A_1}(x_1)\varphi_{A_2}(x_2)\cdots\varphi_{A_n}(x_n)|0\rangle$$
をすべて与えることによって実現できる．$n!$ 個の n 点ワイトマン関数は，$(n-1)!$ 個の独立な多重交換子に対する条件を満たさなければならない．条件式の数が不足するが，エネルギーの正値性条件（$x_j{}^0 - x_{j+1}{}^0$ の解析関数の下半面からの境界値になること）の要請によって，ワイトマン関数が決められる．この際，公理論的場の量子論のときと異なり，一連の同時空点の量子場の積がでてくる．同時空点にしたため現れるワイトマン関数の中の時空変数＝0の特異項は，結果がそれらの量子場の順序によらないように捨てる．n 点グリーン関数は，もちろん $n!$ 個の n 点ワイトマン関数の一次結合で書ける．

上述のプログラムを実行するのは一般に非常に大変であるが，いくつかの2次元時空の重力場やゲージ場の量子論では，それを最後まできちんと遂行することができる．とくにド・ドンデア・ゲージをはじめいくつかのゲージでの2次元重力場の量子論は，厳密解が閉じた形で求まる．これは共変的摂動論や経路積分法では到底為し得ないことである．

この方法で構成される表現は，各量子場の交換子に対して求めたのだから，同時空点の量子場の積を含むような場の方程式が，表現のレベルで少し破れることが原理的に可能である．実際，これまでに厳密解の求まった量子重力のモデルでは，B場を含む場の方程式が「ほんのわずか」（微分操作により除去できる程度という意味）表現レベルで破れる．これを場の方程式アノーマリーと呼ぶ．場の方程式アノーマリーがあると，その場の方程式を使って保存カレントの表式を変形すれば，それに応じてその対称性のアノーマリーは出たり出なかったりする．この意味で場の方程式アノーマリーは，対称性のアノーマリーより基本的な概念である．

共変的摂動論及び経路積分法は標準的アプローチの如くみなされ，その妥当性に関する反省はなされてこなかった．しかし作用積分 S が正準共役量のない量子場を含む場合と，場の方程式アノーマリーが現れる場合は，必ずしも正しい結果を与えない．対称性のアノーマリーの計算に関しても先入観に基づく誤判断があるようで，再検討が望まれる．（筆者＝なかにし・のぼる，京都大学名誉教授．1932年生まれ，1955年京都大学理学部卒業）

参考文献

N. Nakanishi and I. Ojima: *Covariant Operator Formalism of Gauge Theories and Quantum Gravity*（World Scientific, 1990）．

6節に関しては，N. Nakanishi: in *Proceedings of ICHEP2000*（World Scientific, 2001）1402；中西　襄：T*積の怪，素粒子論研究 **100**（1999）167の引用文献．

15. 素粒子実験と加速器
―戦後の日本を中心に―

西 川 哲 治

15.1 は じ め に

　今世紀後半の素粒子実験は宇宙線によるものを除くと，相対論的エネルギー領域に挑戦した加速器の進歩によって始まった．これに大きく貢献したのは1945年に発見された位相安定性の原理と，レーダーなどに関連して急速な発展をとげたマイクロ波技術である．そしてシンクロサイクロトロン，シンクロトロン，リニアックなどによってGeV領域の物理学の研究が可能になった．

　敗戦によってサイクロトロンを破壊され加速器による実験を禁止された日本が，1951年のLawrenceの来日を契機に再び加速器による本格的な素粒子実験に挑むことができるようになったのは，1956年に始まった東大原子核研究所における電子シンクロトロンの建設からといえよう．実質的には欧米の先進国に10年以上遅れての再出発であり，このため朝永，菊池，熊谷，木村，宮本などの諸先達の並々ならぬ尽力のあったことを忘れるわけにはいかない．とくに東北大の木村，北垣グループ，東大の宮本，大河グループなどは，小型電子シンクロトロンの研究に取り組んでいた．
　また米国では弱集束の陽子シンクロトロンCosmotron (3 GeV, Brookhaven)，Bevatron (6 GeV, Berkeley) をはじめ，電子リニアック (0.6 GeV, Stanford, MARK III) が完成し，陽子・反陽子・中間子をはじめ各種素粒子の創成，反応，内部構造の研究などが行われていた．ヨーロッパ連合原子核研究所（CERN）や米国のBrookhaven国立研究所（BNL）では30 GeV級の強集束の陽子シンクロトロンの建設が始まっていた．

　電子シンクロトロンについていえば，とくにCornell大学のR. R. Wilsonらが強集束型で1 GeVを越えることに成功し注目されていた．そのほかにもCalifornia工科大学やイタリアやスエーデンでも，1 GeV級の電子シンクロトロンが建設または計画中であった．このような状況のなかで，同程度のエネルギー領域の強集束電子シンクロトロンを日本でもつくろうということになった．ここで，とくに特色としたのは電子リニアック（～6 MeV）を入射器として用いよう，ということであった．我が国では初めての高エネルギー加速器計画であるから，将来を見通して新しい加速器技術（強集束，リニアックなど）の開発に重点をおき，完成した時にこれを素粒子の実験に用いるかどうかはひとまずペンディングにしたままでの出発であった．

15.2 核研電子シンクロトロン

1956年定員6名の教官によって建設が始まった核研電子シンクロトロン（以下 INS-ES）は総額約2億5千万円で1961年に完成した．その間実際に建設に関与した人は約20名であったが，リーダーの熊谷寛夫を除くと初めて本格的な加速器建設に取り組む者たちばかりだった．そしてその多くが将来の高エ研の加速器計画に主導的役割を果たすことになった．筆者もその一人で，東大の大学院生時代からマイクロ波分光学の研究を行っていた縁で，建設当初から入射用リニアックなどを担当することになった．それまで加速器の勉強は殆どしたことがなかったので，書物や外国の文献などを漁り読んだ．建設グループ全体の間では電磁気学の基礎などをはじめ，設計，建設の方針から部品の製作に至るまで，しばしば激しい議論が行われた．とにかく，我が国で最初の直径が10m級の加速器であり，当時の日本では企業も全く経験がない電磁石，高周波，真空などの新技術を積極的に用いようという意気込みで，各部の主要部品をそれぞれ自分たちで開発した仕様によりメーカーに製作依頼し，自分たちの手で一台の加速器に組み上げるという，いわば"チームの手造り"の方法で建設が行われた．それだけに1961年12月中旬，遂に第一段階の目標エネルギー（700 MeV）に到達した時のスタッフの喜びはひとしおであった（図1）．

このINS-ESはその後新たに加わったスタッフも含めて改良に改良を重ね，1966年には到達エネルギー1.3 GeV，1975年にはビーム強度 2×10^{12} 電子/s（繰り返し20 Hz）を得た．1960年度からはこれを素粒子実験の共同利用に用いる予算も認められ，実験用装置の整備も本格的に進められ，測定器グループが形成された．ビームチャネル，液体水素標的，運動量分析用各種電磁石，シンチレーターやスパークチェンバー，そして日本では最初のトランジスター等の半導体を積極的に用いた実験用の各種エレクトロニクス装置などの開発，整備が行われた．1962年には共同利用実験や将来の日本の高エネルギー物理学の研究を考える全国的な組織，高エネルギー同好会

図1 1961年12月，核研電子シンクロトロンが700 MeVを達成した（核研二十年史より）

も発足した．

　こうして INS-ES の建設と共同利用実験は所内外の我が国における素粒子実験チームを育成する原動力となり，数多くの研究者を養成した．行われた実験で最も数の多いのは中間子の光発生に関連したものであることはいうまでもないが，引き出し電子ビームによる実験や制動放射などの電磁相互作用，とくに Si 単結晶による制動放射の干渉効果等の特色ある研究がなされた．シンクロトロン完成直後から電子軌道放射に関する研究も推進され，1975 年には放射光利用専用の SOR リングが完成した．このような加速器研究者と物性や原子・分子研究者の連携が，我が国の放射光研究グループの誕生の起動力となった．

　これらの詳細な経緯や成果は核研二十年史や年次報告などに記載されている[1]．それによると，この 30 年間に共同利用実験に使われた総時間数は 10 万時間を越え，年間平均 60 人以上の研究者が参加，うち 85 名が学位を取得している．今日でも年間約 3,000 時間稼動し，我が国の素粒子・原子核分野の研究に限らず，国際的・学際的な研究に大きく貢献している．

15.3　核研から高エ研への道

　INS-ES の建設が軌道に乗り実験準備が進む中で，当時の世界の状況に鑑み，我が国でも本格的な高エネルギー陽子加速器を建設しようという要望が研究者間に高まった．しかし，それがつくばの高エネルギー物理学研究所（以下高エ研）の創設に至るまでの道は筆舌に尽くしがたい苦難に満ちたものであった．茅，湯川，朝永，小谷，伏見などの大先輩の強力な支援にも拘わらず，1) 建設する加速器の機種，規模，予算，研究体制，2) 新たに創設されるべき研究所（当初は仮称素粒子研究所）の敷地や組織運営と大学等との関係，3) 我が国初の巨大基礎科学の研究と他分野の学術研究とのバランス，などを巡って研究者間や研究者と行政側との間に意志疎通の欠如や不信感が解けず，不毛な議論に多くの時間を浪費して，当事者たちはしばしば絶望感に襲われたこともあった．結局は主観的意欲と客観的情勢のずれが主な原因であったかもしれないが，学問を愛する者たちにとっては極めて不幸な事態であった．

　歴史的に主な経緯だけ述べると，関連研究者の要望を受けて日本学術会議は 1962 年，「エネルギー 12 GeV，強度 0.1 μA を越える陽子大強度加速器の建設を含め，広く原子核物理学に必要な研究設備の飛躍的充実をはかる」という原子核研究将来計画の実現を政府に勧告した[2]．文部省ではこの勧告に基づき国立大学研究所協議会，学術審議会研究体制分科会，学術審議会などの勧告に従い，1964 年度から巨大加速器の基礎研究費を核研に計上した．以後 1969 年度まで，基礎・準備研究費として総額約 14 億円が計上された．その間研究者側では学術会議原子核特別委員会に素研準備調査委員会（SJC）が発足，核研には具体的作業を行う素研準備室が設けられた．し

かし，当初朝永委員長のもと熊谷寛夫（加速器），三浦功（測定器）両責任者で発足したSJCは従来の計画を再検討し，加速器を12 GeV大強度シンクロトロンから40 GeV陽子シンクロトロンに変更した．当時筆者はBNLに滞在しており，国内でどんな議論が行われたかについては詳らかでないが，学術的，技術的には誤った選択ではなかったと思う．ただ，この計画の変更が与えた波紋は大きく，SJCの委員長は早川幸男に，加速器の責任者は当時やはり米国に滞在していた諏訪繁樹に交代した．諏訪は1966年帰国，実質的に高エ研創設の責任者となった．筆者も諏訪に請われて相次いで帰国し，米国で眼のあたりに体験したような素粒子実験が我が国でも本格的に行えるようになるため，微力を尽くし協力した．

一方，このような大型加速器計画に対する国内の他分野の研究者や行政側などからの危惧が一段と高まったのもこの頃からで，いわゆる大学紛争にも巻き込まれて，研究や教育と創設準備の仕事とを両立させるためには殆ど家に帰れないような状態が続いた．しかし，このような苦難はまた改めて高エネルギーグループの結束を固めた．準備研究においても電磁石用の新素材，リニアック用空洞の銅メッキ法，高周波加速用の高性能フェライトなどの新技術をはじめ，加速器や測定器に関する技術開発が着々と進められた．大学を中心として泡箱の写真解析，偏極標的，宇宙線中のクォーク探索の研究なども行われ，加速器完成後の物理研究のため，特に若手研究者の養成が並行してなされたことも銘記すべきであろう．

1969年8月，まさに紆余曲折の後に学術審議会は「素研を設立し，当面の基本的な施策として総額約80億円でエネルギー8 GeVの陽子加速器を建設，実績を積んで世界の第一線に立つ将来の発展を期待する」という答申を出した．そうして1970年度予算で素研設置準備費が文部省につき，1971年4月に高エ研が創設された．新研究所の用地について，全国で80カ所近くの候補地が挙げられたが，熊谷を中心とする土地調査グループの調査の結果，既に1967年につくばに南北約2 km，東西約1 kmの予定敷地が決まっていた．

研究所の体制は，全国の大学の教員その他の者が広く共同利用できる新しい形態の国立大学共同利用機関の第一号とし，国際協力はもちろん，大学院教育にも協力することを目的とした．その具体的なあり方は研究所の成長とともに変化していったが，以下では詳細を割愛する[3]．

15.4 高エ研陽子シンクロトロン

筑波山を背景とする松林の中に1971年から槌音高く建設が始まった高エ研陽子シンクロトロン（以下KEK-PS）は，我が国最初の世界に伍した素粒子実験装置である．

諏訪初代所長をはじめ全所員が50歳代前半以下で，初年度の研究者や技術者は30

名余，事務職員が約20名であった．大学共同利用機関の第一号であるばかりではなく，筑波研究学園都市のパイオニアでもあり，道路を含む都市造りもスタートしたばかりであった．周辺には住居，商店，学校，病院などさえなく，たまたま研究所の予定敷地内にあった倒産したゴルフ場のクラブハウスを仮のオフィスとし，そこに最初の所員たちが泊まりこんで寝食を共にしながら研究所の創設や加速器の建設などにあたった．長靴とヘルメットと懐中電灯が必携の三種の神器で，多くの野生動物が我々の生活の友であったが，野犬の襲来を防ぐために棒切れも欠かせなかった．

筆者は加速器建設の責任を負うことになったが，規模としては後発であるが故に性能や強度に特に重点を置いた新しいアイデアや技術を積極的に取り入れた．そしてこのエネルギー領域では世界で初めてブースターを使ったカスケード方式を採用した．素研準備室時代から開発されたリニアック，電磁石，高周波加速，計算機制御などの新技術は勿論，主リングには機能分離型の強集束法を用いたりもした[4]．このような新方式や新技術の利用には当時の欧米の一流加速器研究者，特に当初から建設に協力してくれた客員研究者などから，KEK-PSの成功を危ぶむ忠告も受けた．確かにいざ実際の建設を行ってみるとさまざまな困難に直面した．例えば，加速器全体のコンプレックスを必要な精度に配置するための土木・建築工事なども当時の常識を越えており，受注メーカーと激しいやりとりをしたりもした．既に述べたように，優れた加速器の建設に欠くことのできないのは，まず多くの分野の担当者たちのチーム造りであり，それと共に装置の各部を製作する企業との連携である．そこでひとつひとつ発

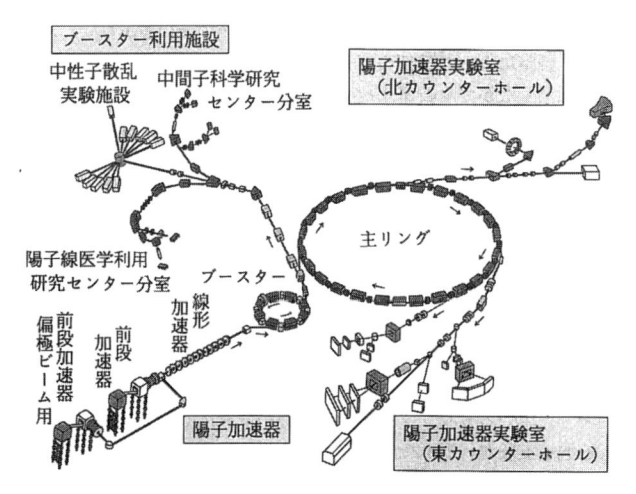

図2　現在のKEK-PS施設の概観図
主にリングによる高エネルギー実験の他にブースターを利用した様々な学際的な研究のための施設も加えられた．

注が進み，最終段階に近いところで主リング電磁石の入札が済んだ時は，筆者は建設が始まっていた直径108mのトンネルの中心部に駆けていって流れる涙をこらえられなかった．

こうして図2に示すようなKEK-PSの建設は文字通りチームワークの結晶として完成し，1976年3月4日の早朝0時30分頃，加速されたビームのモニターの信号が目標エネルギー8GeVに到達したことを示した．5年計画としては予定通りであったが，前年の暮にその半分を越しながら，いわゆるトランジションエネルギーを越えるのに苦労し容易に目標値に達しなかったので，当夜コントロール室に集まって乾杯した約40人のクルーは大きな歓声をあげた．同じ年の暮には主リング電磁石の新素材の活用などによって当初目標の1.5倍の12GeVに達した．またその後の着実な改良と調整によって各部のビーム強度も当初目標を大きく上回った．なかでも特筆すべきことは故障による停止時間が数％以下という昼夜連続の安定な運転，後述のトリスタン建設期間中の入射リニアックのエネルギーの倍増，ブースターの荷電変換によるH^-イオン多重入射方式の採用などであろう．これらは筆者に引き継ぎPS加速器責任者となった亀井亨らによるチームの手で行われた[5]．

KEK-PSは今日ではBNL-AGSとともに世界で活躍しているただ2台の10GeV領域陽子シンクロトロンである．PSを用いた共同利用実験は，筆者が所長に就任した直後の1977年5月から開始され，最初は内部標的から発生したπ中間子を用いるカウンター実験と，速い取り出しビームによる泡箱実験が行われた．泡箱実験は海外加速器による写真解析に実績をもつ東北大北垣敏男グループが中心となり，p，p̄，$\pi^\pm$ビームなどを用い直径1mの泡箱内にタンタル板や原子核ターゲットを装填するなどのユニークな実験を行い，1981年までに500万枚以上の写真を撮影して終了した．カウンター実験は1977年11月に遅いビーム取り出しに成功して以来，1979年からはK中間子や反陽子を用いる実験も可能になった．そしてK中間子の崩壊を中心とした弱い相互作用の研究，バリオニウムなどのクォークのエキゾチックな結合状態のハドロン分光学，ハドロン・原子核相互作用やハイパー核の研究など，特色ある広範で質の高い実験が次々に行われてきた．1990年度までに215件の提案実験があり，共同利用実験審査委員会の厳格な審査で98件が採択され，年平均250名の研究者が共同利用実験に参加した．これらの実験の遂行のためには大型超伝導電磁石を我が国で初めて実用化したビームラインや，稀釈冷却法によって0.1K以下まで下げた偏極重陽子標的などをはじめ，数々の実験技術の開発が行われた．1989年からは旧泡箱実験室の近くに新たに第二の実験室（北カウンターホール）を建設し，二基の大型超伝導スペクトロメーターを中心に，従来の東カウンターホールによるトピカルな課題と相補的にハイパー核の研究などを中心とする長期的で持続性のある研究が進められている．現在約10カ所の実験エリヤが用意され，K中間子の稀崩壊を調べた実

験，ハイパー核の研究，p̄-He 原子のエキゾチック準安定状態の発見など，国際的にも極めて高い評価を受けている．重陽子，He^{++}，偏極陽子の加速をはじめ，加速器の更なる改良とともに特に K 中間子やニュートリノの研究などで大きな成果が期待される[6]．

ここで特筆すべきことは，KEK-PS がカスケード方式を採用したため，主リング入射用ブースター (500 MeV, 5 μA, くりかえし 20 Hz) のビームの約 80% がブースター利用施設 (1978 年度新設) で学際的な研究に優れた貢献をしていることである．パルス中性子源，パルス μ 粒子ビーム，陽子線医学利用の三分野で世界に先駆けた数々の研究や応用が原子核物理，物質科学，生命科学などの多彩な領域で行われてきた．素粒子関係では偏極中性子を用いた強い相互作用におけるパリティ非保存の検証などがある．

15.5 トリスタン計画

KEK-PS 計画が果たしたもう一つの大きな成果は，素粒子・原子核の実験分野における若手人材の養成である．高エネルギー加速器の研究や技術開発はもとより，共同利用実験が軌道に乗った 1980 年代の初めには，PS 実験による学位取得者の数が毎年 10 名近くに達した．単に加速器建設や実験に限らず，これに関連した放射線管理，データ処理，低温や真空技術，精密機械工作から土木建設や行政面での対応などに至るまで，ノー・ハウの著しい進歩が得られた．

このような我が国の素粒子実験分野の急速な成長を踏まえ，高エ研創設の初心を忘れず世界の第一線に立つような将来計画として 1973 年筆者が提案したのが，トリスタン計画である．これに先立ち，約 200 ha ある高エ研の予定敷地に，さらに通常の大型陽子シンクロトロンを建設，PS に接続して 100 GeV 近くのエネルギーを得ようという計画があった．しかし，このような相対論的エネルギー領域の固定標的の実験では研究に有効な重心系エネルギーが加速エネルギーの 1/2 乗でしか増えないうえ，1972 年には米国フェルミ加速器研究所 (FNAL) の直径 2 km の陽子シンクロトロンが完成し 200 GeV に達していた．そこで筆者は日本の将来計画は衝突ビーム型の加速器を造るべきだと考えた．従来の衝突ビーム型加速器は同じ頃完成した CERN の ISR のように，別の加速器で既に加速したビームをストーレジ・リング (以下貯蔵リング) に貯め込み，逆方向に回して何カ所かで衝突させていた．しかし 1 台の加速器で加速と貯蔵を共に行うことも可能と考え，貯蔵型加速器と呼んだ．特に我が国のような土地が狭く，地震が多く，土木建設の工費が高い国では，断面が比較的広く，しっかりしたトンネルをひとつ造り，そこに貯蔵型加速器を何台か設置して，pp, pp̄, ep, e^+e^- などの多様な衝突ビーム実験ができるようにしようというのが，トリスタン (TRISTAN: Transposable Ring Intersecting STorage Accelerators in

Nippon）計画の基本概念であった．今日ではその幾つかが現に稼動または計画中の世界中の大型加速器で採用されているが，当時としては全く野心的で，筆者が1973年に開催された国際集会や日米セミナーなどで紹介したときは，欧米の物理学者や加速器研究者から「日本ではこんな計画がまともに（serious）に考えられているのか」と質問されたり批判されたりした[7]．Gell-MannはJames JoyceのFinnegans Wakeの第2部の終りのトリスタンを賛えるソネットからクォークを命名したと伝えられるが，日本でもクォークを探求する素粒子の本格的な実験が行えるようにしたいという悲願がこめられた計画でもあった．

　トリスタン計画は高エ研創設時に比べると，関連研究者はもとより他分野や国際的な研究者集団の支持も得て比較的スムーズに検討が進められた．行政や企業などとの間の多年にわたる人脈からも好意的な支援を受けた．そして高エ研を中心とする第一段階の検討では17 GeVの電子と70 GeV（超伝導電磁石を用いれば180 GeV）の陽子のep衝突実験を検討した．1992年に完成したドイツのHERA計画の1/3程度の規模のものであったが，1970年代の計画としてはユニークなアイデアで，加速器の詳しい技術的検討も行われた[8]．しかし電子・陽子の深部非弾性散乱で陽子の内部構造，特にクォーク等の構成粒子に関する研究を行ったりする場合は運動量移行が充分ではないと判断された上，超伝導リングを含む予算，技術的諸問題，タイムスケジュールなどを考慮して，1980年にむしろ高エ研の予定敷地一杯に全周約3 kmの電子・陽電子衝突型加速器を建設することを第一段階とするということで研究者間の合意を得た[9]．

　トリスタンe^+e^-衝突型加速器は既に1982年度完成予定で建設中の放射光実験施設（PF）入射用の2.5 GeV（全長400 m）電子リニアックを，陽電子用にも増強して初

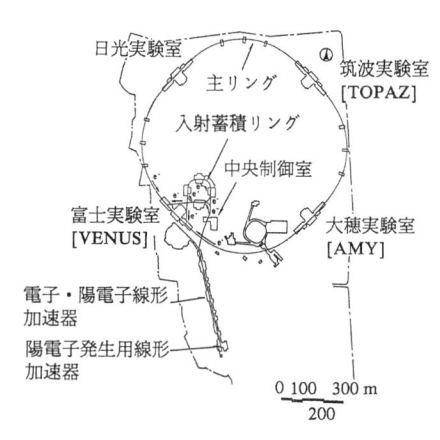

図3　トリスタン施設

段の入射器とすることにした．リニアックで加速された $e^{\pm}$ ビームはまず入射蓄積リング（AR）で8 GeVまで加速され，それぞれ2個の電子，陽電子のバンチとなり，同じ主リングを逆向きに回転させる（図3）．主リングはいわばシンクロトロンの偏向・集束電磁石を配置した円弧部分と定在波型リニアックなどを配置した直線部とを交互につないだ，従来の高エネルギー加速器とは異なったタイプのリングである．これは放射光によるエネルギー損失を考えると，直径がエネルギーの2乗に比例して大きくなる円形加速器が必要であるという経験則に拘泥せず，全周長を一定にして高周波加速を増強し，できるだけ高い到達エネルギーを得られるように設計したからである．このため後述のCERNのLEPが全周長約27 kmもあるのに重心系では100 GeV程度しか得られていないのに対し，トリスタンは3 kmで60 GeVを越えている．

このためにトリスタン加速器建設に最も重要な役割を果たしたのは高周波加速空洞の開発で，二重周期構造（APS）型定在波リニアックと超伝導加速空洞を世界で初めて実用化したことである．前者の原理は，筆者が1960年代にBNL滞在中にS. Giordanoらと初めて考案したものであった[10]．後者は小島融三らのグループが高エ研創設当初から綿密に開発してきたもので，高周波（508 MHz）電力損失が常温の場合の10万分の1で数倍の加速電界強度が得られ，5セル型の空洞32台が設置されて定常的に稼動している[11]．8 GeVで入射された電子・陽電子のバンチはこれらの加速空洞で最高32 GeVまで加速され，貯蔵モードに入る．そして4カ所の直線部の中心点で正面衝突するのである．

この衝突点を囲んで幅約55 m，奥行き45 m，高さ約20 mの実験室があり，それぞれ富士，日光，筑波，大穂と名づけられた．実験室は地下約15 m，加速リングは約11 mに設置され，全コンプレックスが1 mm程度の精度で設置できるよう，地震対策も含む大規模で高度な構造体が建設された．

上記の高周波加速空洞に限らず，加速器や検出器などの各部で多岐にわたる新技術の開発が行われたことはいうまでもない．それらの代表的なものだけ挙げても，加速器に関しては全アルミ合金超高真空システム，高周波加速用高出力クライストロン，ミニβ衝突システム用超伝導四極電磁石，加速ビーム設計・制御用計算機システム，不安定性を含むビーム力学や放射スピン偏極効果の研究などがある．粒子検出器に関連しても大型薄肉超伝導ソレノイド，各種のドリフトチェンバーやカロリメーター，検出された膨大な数の信号（数万チャネル）を計測・処理する最先端の高速エレクトロニクス，コンピューターグラフィックスや大型CPU，研究所と大学間のネットワークなどを駆使したデータ解析など，枚挙にいとまがない[12]．

4実験室のうち3カ所ではAMY，TOPAZ，VENUSと呼ばれる，それぞれ100名近いメンバーからなる共同実験グループが10 m立方程度の大型測定器を据え付

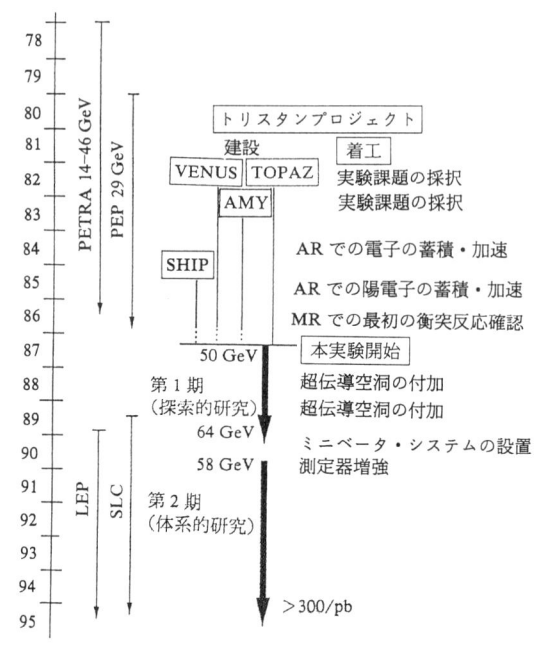

図 4 トリスタン計画の年表

　け，実験・解析を行ってきた．いずれも大学と高エ研の共同研究グループであるが，AMY は特に国際協力による研究グループで，Rochester 大学（当時）の S. Olsen らの主導のもと，米・日・韓・中・フィリッピン合同チームがユニークな実験を進めている．TOPAZ では高エ研物理研究部に名大，東大，農工大，東工大，奈良女子大，大阪市大などの研究者が，VENUS でも高エ研グループと筑波大，東北大，都立大，広大，阪大，京大，神戸大などの研究者が，それぞれの測定器の特色を生かした実験を行ってきた．この他，超伝導加速空洞がおかれた日光の直線部の中央の実験室では，磁気モノポールを探索する SHIP の実験も米日共同で行われた．
　図4にトリスタン計画の年表的な図解を示す．高エ研創立10年目の1981年，まず入射蓄積リングの予算が認められ，11月19日起工式が行われた．南部陽一郎，W. K. H. Panofsky らも鍬入れに参加した．翌年度，陽電子リニアックと主リングの建設も認められトリスタン計画推進部が発足，菊池健が初代の総主幹になった．物理の面では現高エ研所長菅原寛孝が，加速器の面では現副所長の木村嘉孝が早くから中心になり，研究所が一体となって総力をあげて推進にあたった．特に1981年には尾崎敏が米国より帰国し，1983年からは第2代推進部総主幹になって実験課題の採択や検出器の設計・建設などに尽力した．また1982年からはトリスタン物理審査委員会

15.5 トリスタン計画

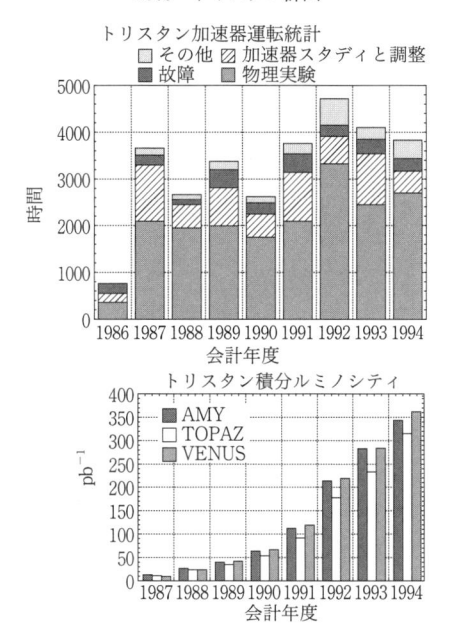

図 5 トリスタン加速器の完成後の運転統計および積分ルミノシティ

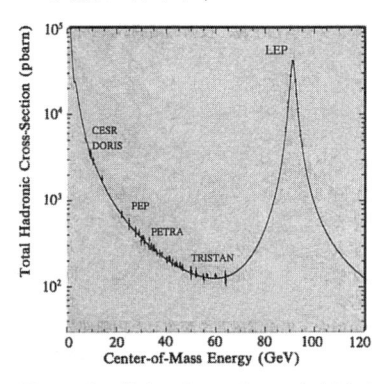

図 6 e^+e^- 衝突によるハドロン生成断面積の重心系エネルギー依存

も発足し，日本の研究者のほか欧米からも第一線の研究者が参加し，計画の内容に貴重な勧告をおこなっている．

起工式から丁度5年目の1986年11月19日の早朝，トリスタンは重心系50 GeV の世界最高エネルギーで e^+e^- 衝突現象（Bhabha 散乱）の観測に成功した．この日の午後研究本館の講堂を埋め尽くした所内外の研究者や職員の祝杯をあげた歓声は，

Wagner のトリスタンとイゾルデのバックミュージックを圧して余りあるものであった. 我が国では初めて文字通り世界最高エネルギーの加速器が完成した日であった[13].

その後も着実に性能を挙げ, 最高エネルギー 64 GeV, 最高ルミノシティ (衝突確率) 4×10^{31} cm^{-2} s^{-1} を得ている. 1989 年 CERN の LEP や SLAC (Stanford Linear Accelerator Center) の SLC が完成するまで 3 年近くにわたって最高エネルギーを保有し, 人類未踏のエネルギー領域での研究が行われた. 完成後の加速器の運転統計と実験に使われた積分ルミノシティは図 5 の通りである. 建設に使われた総経費は 1,000 億円弱, 運転に使われた経費の年間平均は約 100 億円で, 1995 年度をもって実験目標を完了する.

図 6 に示すように, トリスタンのエネルギー領域は, e^+e^- 衝突によるハドロン生成断面積が, γ (光子) の媒介する電磁相互作用によるクォーク対生成を主とする従来の同種の加速器と, 弱い相互作用の Z^0 ボソンによる生成が支配的である LEP や SLC との狭間の極小値をとる領域である. それだけに, 実験は困難であったが, 多くの新しい物理的知見が得られた. それらのうちの主なものをあげると, 1) 理論・実験の両面からの大方の予想に反して, トップクォーク (t クォーク) はこのエネルギー領域に存在しなかった. しかし γ と Z^0 による反応が干渉しあっているユニークなエネルギー領域でのボトムクォーク (b クォーク) 生成時の角度分布の測定などから, b クォークのパートナーである t クォークの存在の必然性を確立した. 2) Z^0 の質量が CERN の $p\bar{p}$ 衝突実験から得られた 92.5 GeV よりかなり低いことを明確に示した. 3) 干渉効果のさまざまな測定によって γ と Z^0 を統一的に取り扱う電弱相互作用の検証に大きく貢献した. 4) 初期の探索で, t クォークだけでなく第 4 世代のクォークやレプトンをはじめ超対称粒子なども, 60 GeV 領域までには存在しないことを明らかにした. 5) 更に重要なことは, QCD の体系的な研究で, 特に強い相互作用を媒介するグルーオンの本性を世界に先駆けて解明した. 例えば, グルーオンは光子と異なり他のグルーオンとも結合する. 6) QCD の最も基本的な物理量である結合定数 α_S はエネルギーが高くなるほど弱くなることをあらゆる方法で検証した. これは力の大統一の可能性への実験的根拠ともいえよう. 7) $e^+e^- \to e^+e^- +$ ハドロンで測定された光子-光子の衝突断面積は単純なクォークモデルの約 2 倍も大きく, 光子の中のハドロン成分同士の硬散乱を含めた QCD 理論なしでは説明できない新事実を明らかにした, などがある. 特にカラー電荷による QCD の特殊性の研究や 2 光子過程の研究などは, ミニ β システムにより衝突点におけるビームを幅 $\sim 500\ \mu$m, 高さ $\sim 15\ \mu$m に絞ってルミノシティを倍増した 1990 年以降によるものが多く, 今後も, 測定された多数の現象の解析と理論的分析により, 新たな成果が期待される.

トリスタン計画を通して学術雑誌や国際会議の proceedings などに掲載された論文数は, 建設が始まった 1981 年以降のものだけで加速器関係約 200 篇, 実験装置関係

約100篇，物理成果に関するもの約150篇（理論計算を含む）にのぼっている[14]．トリスタンによる物理の研究で学位を取った者の数は約100名（うち外国機関から30名）に達している．

15.6 国際協力

最初に述べたように，戦後我が国は加速器による素粒子実験の分野で欧米露に著しい遅れをとった．若い研究者の中には海外に渡り外国の研究所などで素粒子実験に参加して中心的役割を果たしたり，藤井忠男らのようにその後帰国して国内の素粒子実験の推進に貢献した者も少なくない．我が国の研究者が組織的に国際協力を開始したのは素研準備室ができた頃からで，BNLやCERNから泡箱実験フィルムを入手してその解析を行った．特に東北大学には北垣らを中心にした泡箱写真解析施設が1970年にでき，その後のKEK-PSによる泡箱実験でも大いに活躍した．

高エ研が創設されPSが完成して，日本もようやく素粒子実験の分野で国際社会の一員となった．トリスタンの建設が開始された頃になると，アジアにおける高エネルギー物理学のセンターとして，KEKの名は広く世界に知られるようになった（図7）．それとともに，この分野の海外からの研究者の来日や国際会議等の日本での開催の頻度が急速に増えた．

1973年の日米加速器科学セミナーは，いわばその嚆矢で，5人の西欧からの参加者があった．1978年には，従来米国，西欧，共産圏の3地域持ち回りで開催されてきた高エネルギー物理学国際会議が例外的に東京で開かれることになった[15]．1985年にはレプトンと光子の相互作用に関する国際会議が京都で[16]，1989年には高エネルギー加速器国際会議がつくば市で開催された[17]．高エネルギー分野のIUPAP主催3大国際会議が我が国で開かれたわけである．

高エ研の設立と呼応して各大学における素粒子実験グループも着実に育成され，中

図7 最近の高エ研全景

には当面日本では出来ない実験的研究を国外の加速器で行うグループも生まれた．東大の小柴昌俊や折戸周治らのグループは，1972年ドイツの電子シンクロトロン研究所（DESY）で建設中のe^+e^-衝突型加速器DORISを用いる実験計画DASPを提案した．1974年にはこの計画の国内根拠地として理学部付置高エネルギー物理学実験施設が設立された．この実験は新粒子P_cの発見，τ粒子の確認，チャーム粒子の崩壊の研究などで成果を挙げ，次の加速器PETRAを用いるJADE実験へと発展した．これに伴い，施設も1977年には素粒子物理学国際協力施設に転換した．JADEは1979年に実験を開始し，グルーオンの発見，新粒子探索などの目ざましい成果を挙げた[18]．東大グループは更に1981年からCERNで建設が決定したLEPにOPAL実験計画を提案した．LEPは全周約27 kmのe^+e^-衝突型加速器で，1989年重心系エネルギー100 GeVのLEP-Iが完成，近い将来には超伝導加速空洞を用いたLEP-IIで160 GeV達成を目指している．OPALはその四つの実験計画の一つで，東大の他CERNをはじめ約25の研究グループによる国際共同実験である．東大グループは測定器建設の段階から中心的役割を果たし，その根拠地は1984年に素粒子物理国際センターに，そして1994年からは全国共同利用の素粒子物理国際研究センターへと発展した．LEP完成後の実験では，今日の素粒子の標準理論の精密な検証，素粒子の世代が3であること，tクォークの質量の推定などで数々の成果を挙げつつある[19]．CERNを利用する日本の研究者数は近年急速に増え，OPALの他にも山崎敏光らの反陽子ビームを用いる実験をはじめ，大学・高エ研の研究者らのニュートリノ振動，核子のスピンの起源，メソン分光学などの実験を含めると，1993年度現在約90人（25機関）が研究に参加している[20]．一方DESYでは，PETRAに継ぐ計画として全周約6 kmのep衝突型加速器HERAの建設が1984年から始まり，1991年に完成，翌年から実験が開始された．この実験計画ZEUSには東大核研の山田作衛らを中心とする日本の大学グループが初期から参加し，加速器の特殊性を生かして核子の内部構造の解明に取り組んでいる．今後更に偏極電子ビームを用いることにより新知見が得られるものと期待される[21]．

　素粒子実験の国際協力の中でも代表的なものは，何といっても，日米科学協力事業の中で15年以上にわたって続けられてきた高エネルギー物理学分野での協力である．これは，KEK-PSの完成や1978年の東京における高エネルギー物理学国際会議を契機に両国の研究者間で提案され，両国政府の支援も得て1979年11月11日SLACで調印された，文部省と米国エネルギー省の実施取り決めに基づき行われてきたものである．主として米国のBNL, FNAL, SLACにおけるエネルギー・フロンティアの大型加速器を用いた共同実験であるが，米国研究者のAMY実験への参加をはじめトリスタン計画の推進にも大きく貢献した．実施にあたっては，計画の遂行，経費負担，知的所有権など行政当局とも係わる幾多の問題があったが，両国研究者たちの積

15.6 国際協力

表1 米国内で実施された日米協力実験

実験テーマ	日本側代表機関	実施年
(I) BNL		
1. ニュートリノによる電子, 陽子の弾性散乱	大阪大学	1979–1988
2. 高エネルギー重イオン衝突	東京大学	1984→
3. K中間子の稀崩壊	東京大学核研	1992→
(II) FNAL		
4. 陽子・反陽子衝突 (CDF)	筑波大学	1979→
5. 運動力学的極限領域におけるレプトン対, ハドロン対の生成	京都大学	1979→1985
6. 偏極ビームを用いる核子間相互作用	京都大学	1985→1994
7. 原子核乾板・カウンター複合装置による新粒子, タウニュートリノ探索	名古屋大学	1980→
8. 泡箱を用いる実験	東北大学	1979→1990
9. K中間子の稀崩壊	大阪大学	1992→
(III) SLAC		
10. 電子・陽電子衝突 (PEP-4)	東京大学	1979→1988
11. ハドロンの分光学	名古屋大学	1979→1987
12. 泡箱を用いる実験	東北大学	1979→1984
13. 電子・陽電子衝突 (SLD)	名古屋大学	1988→

極的な意欲によって研究協力が順調に進められた．隔年に日本と米国で開催された合同委員会の日本側議長を初めの10年間務めた筆者は，特に菊池健，尾崎敏らの実施調整のための尽力に感謝したい．この協力事業で現在までに行われた主な共同実験は進行中のものを含め表1の通りである．これらの実験に加えて，超伝導電磁石，超伝導高周波空洞，線形衝突加速器などの加速器の将来技術やSSC計画などを念頭においた衝突実験用各種新型測定器の共同開発なども行われた[22]．これらを通して発表された論文は600篇，日本側学位取得者（AMYを除く）は60人を越え，国際的にも高い評価を受けている協力事業として現在も続いている．中でも特筆すべきことは，この事業の最初の段階から重点的に推進されてきた，近藤都登らの筑波大グループを中心とする，FNALのTevatron（重心系エネルギー約2 TeVの$p\bar{p}$衝突型加速器）を用いた総重量5,000トン以上の大型検出器CDFによるtクォークの発見と質量の測定である（図8）．この発見は5カ国約440人の研究者の共同研究として1995年3月公式発表された．CDF計画そのものは1978年頃から日米間の研究者の間で検討され，この協力事業の柱として出発し，その後イタリアはじめ各国の研究者たちが参加したもので，日本のグループの寄与は極めて大きい．そもそもtクォークの存在は，1973年小林誠と益川敏英によって理論的に予言されたことがよく知られているが，CDFグループはまず1994年5月にその存在の検証を公表し，1995年3月のこの度の発表では質量は176 ± 13 GeVと報告し，予想外に重いことを確認した．[23]

図 8 tクォークを発見した CDF 検出器

　以上おもに欧米諸国との協力について述べたが，中国，ロシア，韓国などの近隣諸国とはもちろん，高エ研を中心とした国際協力は広範で多彩な発展をしつつある．素粒子実験の分野は物理学の中でも最も国際交流が盛んな分野であるといっても過言ではあるまい．このような学問的必然性をふまえ，大型加速器の国際的な共同利用や将来計画の検討を行う加速器将来計画国際委員会（ICFA）が 1976 年に発足した．ICFA の起源は 1960 年代後半に遡る．初期には米，欧，ソの間で討議が行われていたが，1975 年 3 月米国 New Orleans で開催された「高エネルギー物理学の展望」という主題の国際セミナーに，山口嘉夫と筆者が初めて日本からのオブザーバーとして招かれ参加した．この会合で国際協力による将来の超大型加速器の建設が討議され，ICFA の設立を提案することになったのである．そして翌年，IUPAP の下部機関として ICFA が正式に発足したが，このためやその後の活躍のために山口が国際的に果たした役割は非常に大きい．将来の加速器や測定器の技術的検討を含めた国際的なワークショップを開催，ワーキングパネルを形成したりするとともに，1984 年には世界各地の高エネルギー研究所の所長や指導的研究者から行政担当者まで一堂に会した，「高エネルギー物理学の将来の展望」に関する ICFA セミナーが高エ研で開かれた．ICFA はまた，1980 年に大型加速器の国際的共同利用に関する有名な ICFA ガイドラインをまとめたりもした[24]．

　このような ICFA の並々ならぬ努力などにもかかわらず，全世界が協力して一台の超大型加速器を建設しようという国際的な合意は容易に得られず，例えば 10 TeV 級の陽子・陽子衝突型加速器を建設しようという計画は，米国が Texas 州の Dallas に SSC を，CERN が LEP トンネルを利用して LHC を，それぞれ独自に建設する方向で進められた．しかし 1993 年，既に建設が始まっていた SSC 計画は米国議会の決議で中止されることになり，大きな衝撃を与えた[25]．一方 1994 年 12 月に CERN 理事会は LHC 計画を承認，21 世紀初頭には重心系で 10 TeV を越す pp 衝突実験が行

えることを目標に，近く建設に着手する運びとなった．標準理論の決め手となるHiggs粒子の探索などがいよいよ期待されることになり，日本の研究者グループもSSC計画のための測定器や超伝導電磁石の開発の経験などを生かして，新たにLHC計画への参加に意欲を示している．

15.7 KEKB と JLC

我が国の素粒子実験研究グループは，トリスタン建設中の1984年頃から，既にトリスタンに続く将来計画について検討を始めた．高エネルギー委員会のもとに置かれた「次期計画検討小委員会」（委員長 長島順清）がこの作業の中心になった．2年間にわたる精力的な検討の末，次のような提言をまとめた[26]．

I．エネルギーフロンティア計画
　1．TeV領域の電子リニアコライダー（線形衝突加速器）の国内建設を目指した加速器のR&Dに直ちに着手する．
　2．SSCにおける国際協力実験を推進する．

II．当面の推進課題
　a．現トリスタン計画達成後に主リングのエネルギーを増加する．さらに，低エネルギー・大強度コライダー等への将来の改造を目指した努力をする．
　b．現12 GeV陽子加速器を改良して強度増を図る．

III．非加速器素粒子実験計画を推進する．

今日の我が国の素粒子実験計画はほぼこの提言に沿い，菅原現高エ研所長らの主導で進められている．上述のようにSSC計画は中止されLHC計画への参加が表明されたり，原子核や他分野との学際的研究を新しい研究体制のもとで行おうという大型ハドロン計画が推進されたり，高エ研PSで発生させたニュートリノビームを神岡の巨大水Cherenkov装置に打ち込みニュートリノ振動の検証を行う提案がなされたりしているが，ここでは特に上記次期計画提言のII-aとI-1について述べておく．

まずトリスタンを改造して行える重要な研究の一つにCP不変性の破れの問題がある．1964年，中性K中間子の崩壊でCP不変性の破れが発見されたが[27]，この問題は現宇宙における物質と反物質のアンバランスにも関連した，素粒子・宇宙物理学の最重要課題ともいえる．1973年，3世代6クォークの存在を予言した小林-益川理論は，本来，このCP不変性の破れに理論的根拠を与えたものであった[28]．1980年と1981年に，三田らはこの理論に基づきCP不変性の破れの効果が最も大きく現れるのは，bクォークと軽いクォークの結合状態であるB中間子（質量5.28 GeV）であることを指摘した[29]．そこで実験室系でBと$\bar{B}$の崩壊のプロセスを詳しく比較できるように電子と陽電子を異なるエネルギーで衝突させて実験しようというのが，Bファクトリー計画である．この目的のため，現在のトリスタンによるデータ収集が終わ

った時点で，1リングの対称エネルギーのe^+e^-衝突型加速器を2リング（電子8 GeV，陽電子3.5 GeV）の非対称エネルギー衝突型加速器に転換させることになった．

これはKEKBとも称せられ，1994年度から建設が始まった[30]．とくにB中間子がある特定のモードに崩壊する率は非常に小さく10^{-4}程度であるので，Bと$\bar{\text{B}}$の差を明らかにするためには大量の$\text{B}\cdot\bar{\text{B}}$対を集めて調べなければならない．従って，ビームの衝突確率をトリスタンで達成されたものの200倍以上に高める必要がある．そこで加速器としては驚異的な強度（アンペア程度）のビームを貯蔵しなければならず，約5,000個のバンチを60 cm間隔で貯えることを考えている．各バンチを互いに1回ずつ衝突させるためには，±11 mradの交差角を持たせる設計になっている．従来有限の交差角でビームを衝突させるとビーム・ビーム効果による不安定性を強く助長させる恐れが指摘されていた．しかし最近目覚しい進展を見せている計算機シミュレーションの研究により，適切なパラメーターの選択で，このような恐れも回避し，衝突点付近での複雑なビーム偏向を避け，測定器に対するバックグラウンドも減らせる見通しが立ってきた．また，多数のバンチを貯蔵すると，各バンチの運動が軌道中におかれる高周波空洞等を通して共鳴的に結合する結合バンチ不安定性の問題が避けられない．KEKBではこのため新しい型の加速空洞（ARES型空洞）の開発などを積極的に進めている．現在，世界的にはBファクトリー計画は高エ研とSLACの2ヵ所で同時進行しているが，KEKBはこれらの意欲的な加速器開発で一歩先んじているといえよう．

KEKBの測定器は現在の筑波実験室に1台設置される．衝突点に近接しておかれる粒子崩壊点測定器，大型超伝導ソレノイドと組み合わせた粒子飛跡検出器，粒子識別のためのCherenkovカウンターや飛行時間差測定器，CsIカロリメーター，μ粒子やK_L粒子を観測する大面積飛跡検出チェンバー等で構成される．実験を遂行するためBELLEと呼ばれる国際共同研究チームが結成され，39機関（国内23，国外6ヵ国16機関）から176名に及ぶ研究者が参加している．このKEKBは1999年早々に完成する予定である．

最後にエネルギーフロンティアへの挑戦としてJLC（Japan Linear Collider）計画について述べたい[*1]．線形衝突加速器のアイディアは初めU. Amaldiらによって提案され[31]，1979年FNALで開かれたICFAのワークショップなどで国際的に検討されるようになった[32]．放射光による膨大なエネルギー損失を考えると，LEP-II（重心系エネルギー約150 GeV）以上のe^+e^-衝突リングは殆ど現実性がない．そこ

[*1] 2003年4月にJLC計画はアジア地域の高エネルギー研究者の総意に基づき，GLC（Global Linear Collider）計画に名称変更された．

で数百 GeV 以上の領域のレプトンや光子の衝突実験には線形衝突加速器が有力になるが，必要な衝突確率を得るためには加速されるビーム強度を格段に大きくするとともに，衝突点でのビームをできるだけ細く絞る必要がある．従って，要求される性能は従来の加速器技術をはるかに越えるもので，既に十数年に及ぶ開発研究が国際的な協力の枠組のもとで進められているが，道なお遠しの感もある．特に我が国では木村現高エ研副所長らの主導のもと，世界に先駆けた研究が行われてきた．2, 3 の例を挙げれば，生出勝宣による衝突点でのビーム集束の限界を与えた理論的考察[33]，新竹積らによるナノメーター程度のビームサイズの新しい測定方法[34]，小泉晋らによる拡散接合による加速管の製作などがある．高エネルギー委員会でも 1993 年，開発研究の成果や素粒子物理学の新たな知見に基づき，

1. リニアコライダーの第一期建設計画の目標を重心系 300〜500 GeV に置き，第一期計画完了後，エネルギーを 1〜1.5 TeV に向けて増強する．
2. 目標の早期実現を図るため，第一次開発計画（1987〜1991 年）に引き続き，1993〜1995 年を第二次開発期間と定める．そこでは主要装置のプロトタイプの開発，製作とパラメーターの最適化を行い，JLC 実験施設の概念設計の完成を目指す．
3. 第二次開発計画では，試験装置 ATF（Accelerator Test Facility）の完成を最重点課題とする．加えて ATF と相補的な外国の開発計画に協力すると共に，本開発計画への外国グループの積極的な参加を求め，国際的な開発勢力の結集を通して問題の解決に当たる，

と提言している[35]．このような提言をふまえ，JLC 計画を中心として，我が国の主導性によるエネルギーフロンティアを拓く国際的センターが実現されることに筆者の期待をかけて本稿の結びとする．

15.8 お わ り に

素粒子実験，とくに大型加速器を用いた実験は，文字通り多くの研究者のチームワークによる，いわゆる巨大科学の典型の一つである．従って，この 50 年間に殆ど零の状態から世界の第一線に立つに至った我が国の素粒子実験を，一人の筆者で回顧・紹介することは至難のわざで，公正を欠き，誤りを含み，また限られた紙数を大幅に越えても紹介しきれなかった多くの業績があったことをお詫びする．

それとともに，筆者に数々の情報や支援を与えて下さった多数の方々に心から感謝したい．特に，全章にわたって編集委員会の担当者として筆者に協力してくださった高エ研の阿部和雄氏の尽力なしには本稿はまとまらなかった．加えて各章順にいえば，山田作衛（核研），諏訪繁樹，亀井亨（元高エ研），菊池健（学振），中井浩二（東理大），折戸周治（東大），近藤都登（筑波大），山口嘉夫（東海大），木村嘉孝

（高工研）などの諸氏から，研究の歴史，成果，文献などについて貴重な情報を教えていただいた，その上，特に若手の方々からは最近の研究等について新たな知見を与えられ，筆者には大変よい勉強の機会ともなった．これらの方々に厚くお礼を申し上げるとともに，最後に只一つ心残りとなったことを述べておく．それは，素粒子実験が他の学問分野，特に原子核実験のような隣接分野とは深い関わりをもってきたにも拘わらず，そのような学際的な分野での研究については殆ど触れることができなかったことである．物理学は一体であり，他の広汎な科学や技術の分野における基礎ともなっていると信じる者の一人として，物理学会の今回の企画が我が国の学術全体の未来の発展のために礎石となることを願ってやまない．（筆者＝にしかわ・てつじ，元 高エネルギー物理学研究所所長，前 東京理科大学学長．1926 年生まれ，1949 年東京大学理学部卒業）

参考文献

1) 東京大学原子核研究所編：核研二十年史（1978）など参照．
2) 日本学術会議 25 周年記念事業会編：日本学術会議 25 年史（1974）p. 119．
3) 諏訪繁樹：日本物理学会誌 **27**（1972）262，**40**（1985）919 など．
4) T. Kitagaki: Phys. Rev. **89**（1953）1161 など．
5) 高エネルギー物理学研究所編：十年の歩み（1981）など参照．
6) 中井浩二，大島隆義：日本物理学会誌 **47**（1992）85．S. Nagamiya, *et al.*: *Review of the KEK-PS Scientific Programs*, High Energy News **14**（1995）No. 2 など．
7) T. Nishikawa: *Proc. U.S.-Japan Seminar on High Energy Accelerator Science, Tokyo and Tsukuba*, 1973（KEK, 1973）p. 209．
8) 西川哲治：科学 **44**（1974）737；科学研究費報告（総合研究 A-034081，A-134020，1977）など．
9) 高エネルギー物理学研究所編：高エネルギー物理学研究所加速器拡充計画—トリスタン I の設計研究—（1980）など．
10) T. Nishikawa, S. Giordano and D. Carter: Rev. Sci. Instr. **37**（1966）652 など．
11) 小島融三：低温工学 **24**（1990）150 など．
12) 西川哲治，木村嘉孝，小林 誠：日本物理学会誌 **37**（1982）10．T. Nishikawa, S. Ozaki and Y. Kimura: Survey in High Energy Physics, **3**（1983）161 など．
13) トリスタン・プロジェクト・グループ：TRISTAN Electron-Positron Colliding Beam Project, KEK Report 86-14（1987）など．
14) 高崎史彦：日本物理学会誌 **43**（1988）352．真木昌弘：*ibid*. **45**（1990）461．高エネルギー物理学研究所物理部・加速器部編：TRISTAN-I 中間報告書（1993）など．
15) *Proc. 19th Int. Conf. High Energy Physics, Tokyo, 1978*（Physical Society of Japan, 1979）．
16) *Proc. 1985 Int Symp. Lepton and Photon Interactions at High Energies, Kyoto*．
17) *Proc. 14th Int. Conf. High Energy Accelerators, Tsukuba, 1989*（Gordon and Breach, 1990）．
18) 山田作衛：日本物理学会誌 **40**（1985）687 など．

19) 竹下　徹，折戸周治：日本物理学会誌 **46**（1991）643．森　俊則：*ibid*. **50**（1995）441 など．
20) 丹生　潔，駒宮幸男：日本物理学会誌 **49**（1994）843．
21) 徳宿克夫，久世正弘：日本物理学会誌 **49**（1994）803 など．
22) 高エネルギー物理学研究所編：日米科学技術協力事業高エネルギー物理学研究成果報告書，1979-1986．M. Riordan，高橋嘉右，湯田春雄，梶川良一：日本物理学会誌 **48**（1993）166 など．
23) 近藤都登，滝川紘治，金　信弘，近松　健：日本物理学会誌 **50**（1995）176．近藤都登：*ibid*. **50**（1995）312 など．
24) Y. Yamaguchi：*Proc. 1985 Int. Symp. Lepton Photon Interactions at High Energies, Kyoto*, p. 826．山口嘉夫：日本物理学会誌 **43**（1988）379 など．
25) 山本　均：日本物理学会誌 **49**（1994）929 など．
26) 高エネルギー委員会：高エネルギー物理学将来計画一次期計画検討小委員会報告（1986）．
27) J. H. Christenson, J. W. Cronin, V. L. Fitch and R. Turlay：Phys. Rev. Lett. **13**（1964）138.
28) M. Kobayashi and T. Maskawa：Prog. Theor. Phys. **42**（1973）652.
29) A. B. Carter and A. I. Sanda：Phys. Rev. Lett. **45**（1980）952. I. I. Bigi and A. I. Sanda：Nucl. Phys. **B193**（1981）85.
30) 日本物理学会誌 **49**（1994）718—交流小特集「B ファクトリー建設が始まる」．
31) U. Amaldi：Phys. Lett. **61B**（1976）313 など．
32) *Proc. Workshop Possibilities and Limitations of Accelerators and Detectors, Batavia, 1978*（Fermilab, 1979）．
33) K. Oide：Phys. Rev. Lett. **61**（1988）1713.
34) T. Shintake：Nucl. Instr. Meth. **A311**（1992）453.
35) 高エネルギー委員会：高エネルギー物理におけるリニアコライダー開発計画について（1993）．

初出：日本物理学会誌 **51**（1996）11-21．

16. 加速器の将来

西川哲治・黒川眞一・中村健蔵・永宮正治

　1961年，欧米の先進諸国に約10年遅れてスタートした，我が国の加速器による素粒子実験が1986年のトリスタンの完成を契機に，フロントランナーの一員になった歴史は，1996年1月の日本物理学会誌「日本物理学会50周年記念」号（本書第15章）で述べた．

　それから7年後，今や我が国の素粒子実験は，いくつもの分野で世界をリードし，真理の探究や技術の開発にユニークで最尖端の貢献をなしつつある．それらを列挙すれば，キリがないが，ここでは，なかでも重要と考えられる，

　1) KEKB（CP対称性の破れの発見）
　2) K2K長基線ニュートリノ振動実験
　3) 大強度陽子加速器（J-PARC）計画

の3つをとり上げることにした．

　筆者は，1989年高エネルギー物理学研究所を退官し，翌年，東京理科大学に転任した．従って，これらの新しい計画には，直接携わっていない．そこで，これらの各計画で主導的役割を果している，高エネルギー加速器研究機構の

　1) 黒川眞一
　2) 中村健蔵
　3) 永宮正治

の3教授にそれぞれ上記3計画について執筆を依頼した．

　なお参考までに，当該研究所の沿革を表1にまとめておく．　　　　（西川　哲治）

16.1　KEKBファクトリー

16.1.1　Bファクトリー前史

　戦後欧米に遅れて出発することを余儀なくされた日本の高エネルギー物理学と加速器科学にとって，トリスタン（TRISTAN）は画期的なマシンであった．1986年の完成から，CERNのLEPとSLACのSLCが1989年に運転を開始するまでの間，トリスタンは世界最高のエネルギーを持つ電子陽電子衝突型加速器であり続けた．他の研究所と比べて決して大きくない敷地をぎりぎりいっぱいまで使い，さらにエネルギーを高めるために，大規模な超伝導加速空洞システムを世界で初めて実用化したこと[1]により，世界一のエネルギーを達成することが可能となった．トリスタンの完成により，日本は，米国，ヨーロッパとともに，高エネルギー物理学と加速器科学の分

16.1 KEKBファクトリー

表 1 沿　　革

	原子核研究所	高エネルギー物理学研究所
昭和 29 年 (1954)	原子核研究所設立準備委員会発足	
昭和 30 年 (1955)	東京大学原子核研究所設立	
昭和 32 年 (1957)	FF サイクロトロン完成（9 月）	
昭和 33 年 (1958)	FM サイクロトロン完成（5 月），FF サイクロトロン共同利用実験開始（6 月）	
昭和 35 年 (1960)	FF サイクロトロン共同利用実験開始（10 月）	
昭和 36 年 (1961)	電子シンクロトロン（ES）750 MeV まで加速	
昭和 38 年 (1963)	ES 共同利用実験開始（4 月）	
昭和 39 年 (1964)	素粒子研究所準備室設置（4 月）	
昭和 40 年 (1965)	ES のエネルギーを 1.3 GeV に増強成功（3 月）	
昭和 46 年 (1971)		高エネルギー物理学研究所設立
昭和 51 年 (1976)		陽子加速器（PS）で 8 GeV まで加速に成功（3 月） PS で 12 GeV まで加速に成功（12 月）
昭和 52 年 (1977)	SF サイクロトロン共同利用実験開始（12 月）	PS による共同利用実験開始（5 月）
昭和 53 年 (1978)	東京大学理学部付属施設として中間子科学実験施設設立	ブースター利用施設新設，放射光実験施設（PF）新設
昭和 54 年 (1979)		日米協力事業開始（5 月）
昭和 55 年 (1980)		ブースター利用施設の共同利用実験開始（7 月）
昭和 57 年 (1982)		PF で 2.5 GeV の電子の蓄積に成功（3 月）
昭和 58 年 (1983)		PF による共同利用実験開始（6 月）
昭和 59 年 (1984)		トリスタン入射蓄積リング(AR)で電子を 6.5 GeV まで加速に成功(7 月)
昭和 61 年 (1986)		トリスタン主リング（MR）で電子・陽電子を 25.5 GeV まで加速に成功（11 月）
昭和 62 年 (1987)		トリスタン共同利用実験開始（5 月）
昭和 63 年 (1988)	中間子科学実験施設は中間子科学研究センターに改組	トリスタン超伝導加速空洞により電子・陽電子を 30 GeV まで加速に成功（5 月）
平成元年 (1989)	TARN II 電子冷却成功（9 月）	総合研究大学院大学加速器科学，放射光科学専攻を設置
平成 5 年 (1993)	高分解能質量分離器完成（3 月）	
平成 6 年 (1994)		B ファクトリー建設開始（4 月） 日米協力事業 CDF 実験がトップ・クォーク発見.
平成 7 年 (1995)		トリスタン MR の運転終了（12 月）
	高エネルギー加速器研究機構	
平成 9 年 (1997)	「高エネルギー加速器研究機構」および田無分室の設置（4 月）	
平成 10 年 (1998)	B ファクトリービーム蓄積に成功（12 月）	
平成 11 年 (1999)	総合研究大学院大学素粒子原子核専攻を設置（4 月）．長基線ニュートリノ振動実験 K2K 開始（5 月）．B ファクトリー BELLE 実験開始（6 月）．電子シンクロトロン運転停止（6 月）	
平成 13 年 (2001)	田無分室がつくばに移転（3 月）．高エネルギー加速器研究機構・日本原子力研究所ジョイントプロジェクト大強度陽子加速器の建設開始（4 月）．BELLE 実験および BaBar 実験（スタンフォード線形加速器センターの B ファクトリー PEP-II の実験）が独立に，B 中間子における CP 不変性の破れを発見（7 月）	
平成 14 年 (2002)	BELLE の積分ルミノシティが 100/fb を超える（10 月）	
平成 15 年 (2003)	KEKB 加速器ルミノシティー設計値 $1.0 \times 10^{34} \mathrm{cm}^{-2}\mathrm{s}^{-1}$ を達成（5 月）	

野における世界の3極のひとつになったといえる．

超伝導技術は，この他に，トリスタンの3つの実験（VENUS, TOPAZ, AMY）の大型超伝導ソレノイド電磁石と，トリスタンの4衝突点においてビームを極限まで絞るための超伝導4極最終収束電磁石[2]にも用いられた．これらの超伝導機器はいずれも設計どおりの性能を示し，トリスタンの成功に貢献したといえる．トリスタンは，世界の超伝導技術の進展にとって画期となる加速器であり，超伝導空洞分野においては，その後のLEP-IIやCEBAFにおける大規模超伝導加速空洞システムのさきがけとなり，超伝導電磁石分野でも，例えばTOPAZのソレノイド製造に用いられた超伝導コイル巻線技術[3]が，BNLにおけるミュー粒子g-2精密測定実験用蓄積リングの超伝導コイル製作[4]にいかされ，g-2実験の測定精度の大幅な向上に貢献することになった[5]．

トリスタンが建設を始める時点では，トップ・クォークは，トリスタンの達成できるエネルギー領域で見つかるだろうと思われていた．1973年には小林と益川は，クォークが6種あれば，CP不変性の破れが自然に説明できるという，小林-益川理論を提唱した[6]．トップ・クォークは，第6番目のクォークであり，これを発見することは，小林-益川の予言の正しさを示す最も有効な方法である．実際は，トップ・クォークの質量は約170 GeVというとてつもなく重いものであったため，トリスタンでは創り出すことができず，1994年のTEVATORONでの発見を待たなければならなかった[7]．

日本の高エネルギー物理学者は，小林と益川が予言した，CPの破れの探求に方向を転換することになる．この目的のためには，Bファクトリーとよばれる，非常に性能の高い2リング型の非対称エネルギー電子陽電子衝突型加速器が必要となる．

トリスタン（TRISTAN）は Three Ring Intersecting STorage Accelerators in Nippon の略称であり，もともとは，トンネルの中に，陽子，電子，陽電子を蓄積する3つのリングを納める計画として出発した．そのため，トンネルは3つのリングを十分に収容できる断面積を持ち，複雑な衝突方式に対応できるように，200 mにおよぶ4つの直線部をもっている．エネルギーの異なる電子と陽電子の2リングからなり，複雑なビーム衝突領域を必要とするBファクトリーにとって，これは最適の条件となった．まさに，高エネルギー加速器研究機構のBファクトリーKEKBは，トリスタンの基礎の上に造られた，トリスタンの直系の子供である．

もし，トリスタンにおける超伝導技術を始めとする各種の技術の集積と，トリスタンという巨大加速器を建設し，安定に運転した経験がなければ，そして，先達が用意した，最適なトンネルがなければ，Bファクトリーは実現されることのない夢物語に終わったであろう．

16.1.2 Bファクトリー加速器の特徴

 トリスタンによって，世界最高エネルギーでの電子陽電子衝突を実現した日本の高エネルギー物理学研究者は，トリスタンの資産とトリスタンで培われた技術を最大限に利用することにより，世界で最も高いルミノシティを持つ電子陽電子衝突型加速器，BファクトリーKEKB，を5年計画で建設する作業に1994年からとりかかった[8]．

 現在私たちが住んでいるこの宇宙は粒子だけからできており，反粒子は存在しない．ビッグバンにより宇宙が生まれた直後には，等しい数の粒子と反粒子が存在したはずなのに，いつのまにか反粒子が消えてしまった．物理学者は，粒子と反粒子間の振る舞いの微妙な違い（CP不変性の破れ）が，このような粒子と反粒子の間の偏りをもたらしたと考えている．CP不変性の破れを調べることにより，宇宙はなぜ粒子だけでできているのか，ひいては，物質からできている私たち自身が何故存在するのかという根本的な謎を解くてがかりを得ることができる．

 CP不変性の破れは，1964年に中性K中間子において実験的に見つけられているが[9]，高エネルギー物理学者の懸命の探究にかかわらず，20世紀の間は，中性K中間子以外では発見されなかった．1980年代初めには，三田とBigiはCP不変性の破れを調べる最も有望な舞台は第5番目のクォークであるボトム・クォークを構成要素とするB中間子であるという提案を行った[10]．電気的に中性なB中間子にはB^0と，その反粒子である反B^0がある．B^0は反ボトムクォークとダウンクォークが結び付いてできた粒子で，反B^0はボトムと反ダウンが結び付いてできている．B^0中間子と反B^0中間子の対を大量にあたかも工場（ファクトリー）のように造りだし，CP不変性の破れの検出をはじめとする種々の素粒子物理学の研究を行うことを目的とする電子陽電子衝突型の加速器がBファクトリーである．

 トリスタンは等しいエネルギーの電子と陽電子の衝突を行わせる対称エネルギーの1リング型衝突型加速器であるが，これに対し，KEKBは，電子と陽電子のエネルギーが異なる非対称エネルギー，2リング型の衝突型加速器であることを特徴とする．前項でも紹介したように，トリスタンの基本思想は，我が国のように土地が狭いところでは，断面が広い，しっかりしたトンネルを一つ造り，そこに貯蔵型加速器を何台か設置し，陽子・陽子，陽子・反陽子，電子・陽子，電子・陽電子などの多様な衝突ビーム実験ができるようにするということであった．この基本思想は，トリスタンの子供である2リング型衝突型加速器KEKBにおいて，大きく花開くことになった．

 Bファクトリーのような非対称エネルギー型の衝突型加速器では，電子と陽電子は異なったリング中に蓄積されなければならず，2リングが必要となる．2リング型の衝突型加速器には，異なったエネルギーの粒子同士をぶつけることができる以外にも

大きな利点がある．電子陽電子衝突型加速器のリング中を周回しているものは，バンチとよばれる電子または陽電子が数100億個程度集まったかたまりである．1リング型の加速器においては，電子および陽電子のリング中にそれぞれN個のバンチが周回していれば，リング中の$2N$箇所でバンチの衝突が起こることになる．トリスタンでは電子および陽電子のバンチがそれぞれ2個ずつ蓄積されており，4個所で衝突が起こった．衝突型加速器の性能を大幅に向上させるためには，蓄積されているバンチの数を大きくしなければならない．例えば各ビームあたりに5,000個のバンチを蓄積するならば，1リング型であれば，10,000個所でビーム衝突が起こってしまう．バンチが衝突すると，片方のバンチ中の粒子は他のバンチから電気的な力を受け軌道が乱される．乱れが大きいときには，粒子はもはやリング中を回りつづけることができなくなり，失われてしまう．この乱れはリングの中の衝突箇所に比例するから，1リング型のときは，リング中に蓄積できるバンチ数は，数個から数十個以下にせざるを得ない．これに対し2リング型の加速器では，衝突点を1つとすることができるため，KEKBのように最大5,000にのぼる多数のバンチの蓄積が可能となる．

　KEKBにおいては，既存の周長3 kmのトリスタン・トンネルの中に電子を蓄積する8 GeVのリングと陽電子を蓄積する3.5 GeVのリングの2つのリングを左右に並べて設置する．電子と陽電子はそれぞれのリングの中を反対方向に周回する．2つのリングは2カ所で交差するが，そのうちの1カ所，すなわち衝突点で，電子と陽電子が衝突することになる．他の交差点では，リングは上下にすれ違い衝突を起こすことはない．衝突点を囲んでBELLE測定器が設置されている．図1にKEKBのレイアウトを，図2にトンネル内に左右に設置されたリングを示す．8 GeVと3.5 GeVというエネルギーはΥ (4 s) 共鳴（ウプシロン4エスとよぶ）に対応し，B中間子の一対をちょうどつくりだすエネルギーである．

　それでは，なぜ，わざわざ異なるエネルギーの電子と陽電子を衝突させるのだろうか[11]．8 GeVの電子と3.5 GeVの陽電子の正面衝突した状態を，電子の方向に進行する観測者から見ると，電子のエネルギーが小さくなり，陽電子のエネルギーが大きくなって見える．観測者の速度をうまく選んでやると，ついには，この衝突は，5.3 GeVと5.3 GeVの電子と陽電子の正面衝突となる．電子と陽電子は衝突して消滅し，10.6 GeVの質量を持つΥ (4 s) 共鳴状態を経て，B^0中間子と反B^0中間子の対が生成される．B^0中間子と反B^0中間子は，質量がちょうど5.3 GeVであるため，ほとんど静止した状態で生まれてくる．元の8 GeVの電子と3.5 GeVの陽電子が衝突する系でみると，生成したB中間子対は，電子の進行方向に飛び出すことになる．(8+3.5=11.5, 5.3+5.3=10.6, 11.5>10.6 である．11.5 GeVと10.6 GeVの間のエネルギー差0.9 GeVがB^0と反B^0の運動エネルギーとなる．) B^0と反B^0は100から200ミクロンほど飛んだところで崩壊し，いくつかの粒子に変化する．崩壊

16.1 KEKBファクトリー

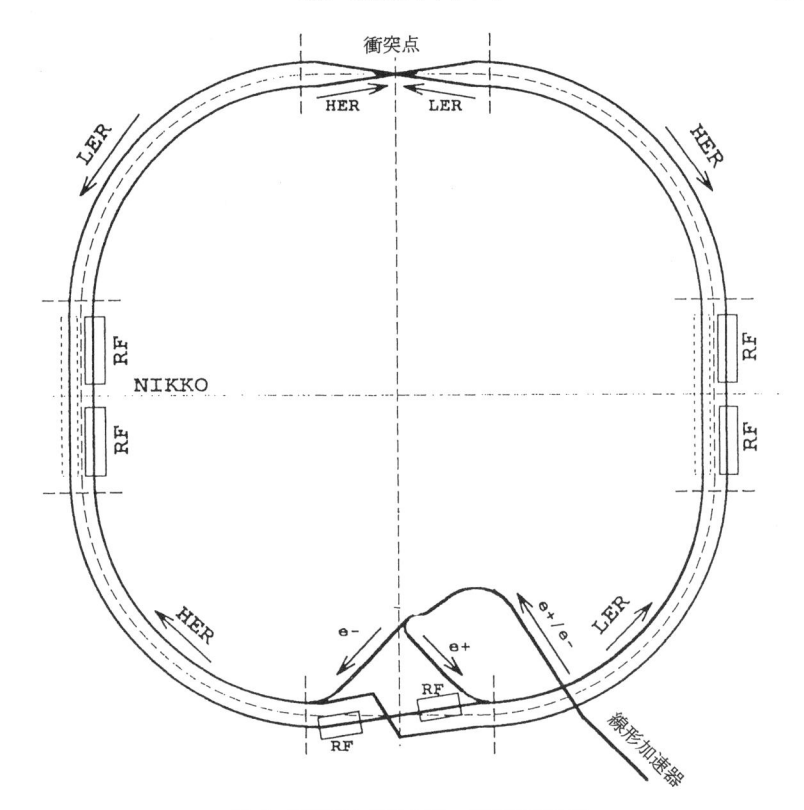

図1 KEKB加速器のリング配置の概念図

既存の周長3kmのトリスタン・トンネルの中に電子を蓄積する8GeVのリングと陽電子を蓄積する3.5GeVのリングの2つのリングが並べて設置される．電子と陽電子は上流の線形加速器から入射され，それぞれのリングの中を反対方向に周回する．2つのリングは2カ所で交差するが，そのうちの1カ所，すなわち衝突点で，電子と陽電子が衝突することになる．他の交差点では，リングは上下にすれ違い衝突を起こすことはない．図中で，e^+ は陽電子を，e^- は電子を，また，HERは，電子リング，LERは陽電子リングのことである．RFと書かれた場所に高周波空洞が設置される．トンネルの半周では，電子リングが外側に設置され，残りの半周では，陽電子リングが外側に設置される．

は確率的に起こるため，一般には，B^0 と反 B^0 は異なった場所で崩壊し，崩壊により生成した粒子を測定器により検出すれば，どちらが B^0 でどちらが反 B^0 であるかを決めることができる．既に述べたように，CP不変性の破れとは，粒子と反粒子の間の微妙な振る舞いの違いであるから，CP不変性を調べるためには，どちらが B^0 でどちらが反 B^0 かを特定することが本質的に必要であることがわかるであろう．5.3GeVの電子と陽電子を衝突させる1リング型の衝突型加速器では，このような芸当はできない．

図 2 トンネル中に左右に並べて設置された電子リングと陽電子リング

16.1.3 Bファクトリーに要求される性能

KEKB の特徴は,目標とするルミノシティが 10^{34} cm^{-2}s^{-1} と非常に大きいことにある(ルミノシティの定義と単位については付録1を参照のこと).これはトリスタンのルミノシティ 4×10^{31} cm^{-2}s^{-1} の 250 倍にあたり,B ファクトリーができる前の世界最高のルミノシティ 8×10^{32} cm^{-2}s^{-1} を達成している米国コーネル大学の CESR(シーザという)の 10 倍以上である.衝突型加速器において,ルミノシティ L は,次の式によって表される.

$$L = 2.2 \times 10^{34} \xi (1+r) EI / \beta_y^*$$

ここで,L の単位は cm^{-2}s^{-1} であり,E はビームのエネルギーを GeV を単位として,I は蓄積電流をアンペアーを単位として表したものである.また,ξ はビーム・ビーム・チューンシフトという,衝突時に働くビーム同士の力の強さを表す量であり,通常1衝突あたり 0.03～0.05 という大きさを持つ.r は衝突点における垂直方向のビームサイズを水平方向のビームサイズで割った値である.通常の電子リングにおいては,ビームは非常に偏平であり,r の値は 0.01～0.03 と小さく無視してよい.β_y^* は衝突点で垂直方向(y 方向)にどれだけにビームを絞るかを表すパラメータであり,cm を単位とする.衝突点におけるビームサイズは,β_y^* の平方根に比例する.結局,ルミノシティを大きくするためには,ξ と蓄積電流を大きくし,β_y^* を小さくすればよいことになる.KEKB の設計においては,ξ として 0.05 という比較的大きな値を仮定し,かつ β_y^* を 1 cm まで小さく[12](トリスタンでは 4 cm)するが,それでも必要な電流は最終的なルミノシティ 10^{34} cm^{-2}s^{-1} に対して,電子リングにおいては 1.1 A,陽電子リングでは 2.6 A となる(トリスタンの蓄積電流は電子と陽電子を

あわせて 20 mA であった). また, ルミノシティは, 両リングに共通した物理量であり, 上の式から明らかなように, 蓄積電流とエネルギーの積は両リングで等しくなければならない. このため, エネルギーの低い陽電子リングにより大きな電流を蓄積しなければならないことになる. 1つのバンチが担うことができる電流はせいぜい数 mA であり, このような大きな電流は非常に多くのバンチに分散させなければならない. 先に述べたように, KEKB においては, 各リングに最大 5,000 個のバンチを蓄積することになる.

16.1.4 結合バンチ不安定性とその克服

KEKB に代表される B ファクトリー加速器の難しさは, もっぱら蓄積電流とバンチ数が大きいことによっている. 高周波加速空洞をバンチが通過するときに, バンチは空洞中に電磁波を励起する. 加速空洞中では励起された電磁波はなかなか減衰せず, 次にやってくるバンチは先行するバンチによって励起された電磁波によってゆすられ, 同時に自分自身も空洞中に電磁波を励起する. ある条件のもとでは, この連鎖が正のフィードバックとなり, バンチの振動が次第に成長し, ついにはビームが失われてしまう. この現象を結合バンチ不安定性という. 振動の成長速度は蓄積電流に比例するため, KEKB のような大電流蓄積リングでは, この不安定性が非常に深刻な問題となる[13].

高周波空洞中に励起される電磁波のうち最も周波数の小さいものを基本モードといい, それ以外を高次モードという. 基本モードはビームを加速するために用いられる電磁波であり, 加速モードともよばれる.

高次モードに基づく結合バンチ不安定性を克服するためには, バンチが通過しても高次モードが励起されにくい特殊な高周波空洞を開発すればよい. KEKB においては, この目的のために超伝導単一セル単一モード空洞と常伝導の ARES 空洞が開発された.

通常の蓄積リングでは, 高次モードのみが結合バンチ不安定性を引き起こすのであるが, KEKB のような大電流を蓄積する周長の長い加速器では, 加速モードも結合バンチ不安定性の原因となる. 加速モードに基づく結合バンチ不安定性は非常に強く, この不安定性を克服できるかどうかが, KEKB の死命を制するといえる.

高次モードに基づく結合バンチ不安定性のときは, ビームにより励起された高次モード電磁波を空洞から取り除いてやればよかったが, 加速モードに基づく結合バンチ不安定性の場合は, 加速モードがまさにビームの加速に使われるために, この方法をとることができないという本質的な困難がある. KEKB においては, 加速モードによる結合バンチ不安定性を抑えるために, 空洞の蓄積エネルギーを大きくする方法をとる. 空洞の蓄積エネルギーがビームによって励起される加速モードのエネルギーに比べて十分に大きければ, ビームの影響は無視できるからである. 蓄積エネルギーは

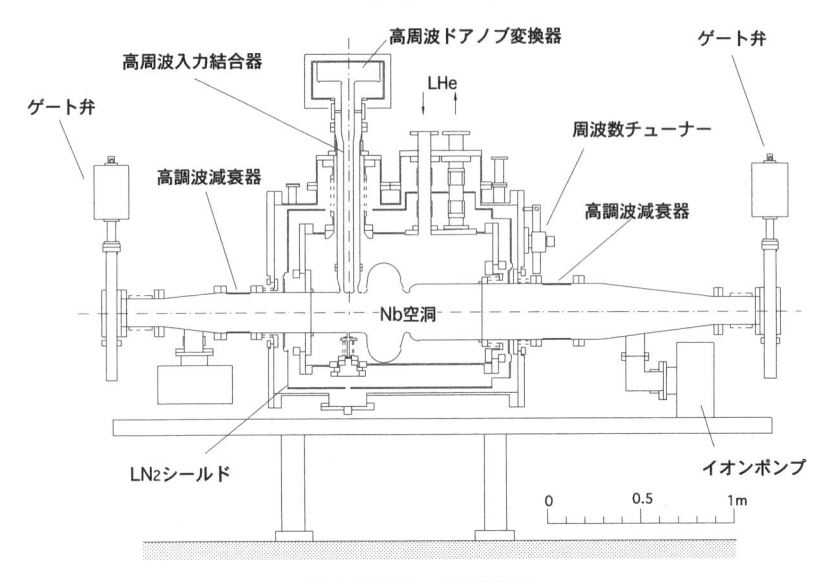

図 3 KEKB の超伝導空洞

　超伝導空洞においては常伝導の空洞において加速電場の強さを制限する空洞内壁でのエネルギー損失が無視できるほど小さく，高い加速電場を得やすい．そこで，常伝導空洞では加速電場が小さくなるために採用できない，なめらかな空洞形状をとり，高次モードが励起されにくくすることができる．さらに，空洞に接続されるビームパイプの径を極限まで大きくすることにより，加速モードを除くすべての高次モード電磁波をビームパイプの方向に逃がすことができるようになる．このように加速モードだけが空洞中に保持されるような空洞を単一モード空洞という．高次モードはビームパイプの内壁に張り付けられたフェライトにより吸収され熱に変えられることになる．ニオブで作られた空洞は液体ヘリウムを溜めた槽の中におかれ，ヘリウム槽を囲んで断熱真空槽がある．入力結合器は高周波電磁波を空洞に導く．空洞の共振周波数はチューナーによって調整される．

　空洞中の電場強度の 2 乗に比例するため，電場強度の大きい超伝導空洞を使うことによって，蓄積エネルギーを大きくすることができる．常伝導空洞を用いたときには，電場強度を大きくすることは難しく，その代わりに，空洞の有効体積を大きくして蓄積エネルギーの増加をはかることになる．ARES (Accelerator Resonantly Coupled with Energy Storage) とはこのような空洞のことである．ARES では，加速空洞を結合空洞を介して低損失のエネルギー貯蔵空洞に接続することにより，系の有効体積を大きくし，全蓄積エネルギーを増大させる．高次モードを減衰させるためには，ARES も単一モード空洞でなければならず，加速セルに高次モードを取り出すための導波管が 4 本取り付けられている．取り出された高次モードは，導波管の終端にとりつけられた SiC（シリコンカーバイド）吸収体により熱に変えられる．

　トリスタンでは，世界に先駆けて大規模な超伝導空洞システムを実用化した．トリスタンの子供である KEKB の超伝導空洞は，トリスタンで培った超伝導技術の上に

16.1 KEKBファクトリー

図 4 トンネル内に設置された ARES 空洞

常伝導空洞である ARES では加速空洞を結合空洞を介して低損失のエネルギー貯蔵空洞に接続することにより，系の有効体積を大きくし，全蓄積エネルギーを増大させる．ARES も単一モード空洞でなければならず，加速セルに高次モードを取り出すための導波管が4本取り付けられている．取り出された高次モードは，導波管の終端にとりつけられた SiC（シリコンカーバイド）吸収体により熱に変えられる．

作られた大電流用の空洞であり，蓄積電流の世界記録（1,000 mA）を達成している．図3にKEKBの超伝導空洞を，図4にARESを示す．

16.1.5 有限角度衝突

KEKBで，電子と陽電子のバンチは正面衝突ではなく，±11 mr（約±0.7度）という有限の角度をもって衝突する．有限角度衝突の場合は分離のための偏向電磁石が不要となり，バンチ間隔は 0.6 m まで小さくすることができ，蓄積バンチ数を 5,000 まで大きくできる．また，衝突点近傍にビーム分離用の偏向電磁石を置く必要がないために，偏向電磁石から発生する放射光を気にしなくてよいことになり，衝突点付近を大幅に簡略化できることになる．

有限角度衝突においては，粒子のバンチ内の前後方向の位置（バンチの前，中央，あるいは後部）によって相手のバンチから受ける電気的な力が異なることになり，シンクロベータトロン共鳴とよばれる共鳴が励起されることになる．

計算機シミュレーションによれば，この程度の有限角度衝突によるルミノシティの減少は起こらないはずであるが，ビーム衝突は非常に複雑な現象であり，シミュレーションを信頼しきるわけにはいかない．有限角度衝突でありながら，バンチ同士を正面衝突させることができれば，有限角度衝突の利点を保持しながらビーム衝突に由来するシンクロベータトロン共鳴を回避することができる．クラブ衝突方式によれば，このことが実現できる．

クラブ衝突方式[14]では，衝突点に向かう電子および陽電子のバンチはクラブ空洞

図 5 陽電子リングの真空ダクトへ巻かれたソレノイド
陽電子リングの真空ダクトのほとんどにソレノイド巻き線を行うことにより，光電子不安定性によるビーム・サイズの増大を押さえ込むことに成功した.

とよばれる特殊な高周波空洞によってバンチの長手方向の軸が水平方向に傾けられ，衝突点では正面衝突をすることになる．衝突後もう一つのクラブ空洞を通過することにより，傾けられた軸はもとにもどされる．この衝突はあたかも蟹が横這いをしているようにみえるのでクラブ衝突とよばれる．クラブ衝突を実現するためには，クラブ空洞によって大きな横方向の蹴りをバンチに与えなければならず，非常に強い電場が必要となる．KEKBにおいては，超伝導クラブ空洞の開発が進行中である．

16.1.6 光電子不安定性

KEKBの性能を制限する最大の要因は，陽電子リングにおける，光電子不安定性とよばれるビーム不安定性である．陽電子リングに蓄積された陽電子は偏向電磁石によって曲げられるときに放射光を発生する．この放射光が真空ダクトの内壁をたたくことで発生した光電子は，陽電子ビームに引き寄せられ，ビームの周りに電子雲が形成される．蓄積電流が大きくなり，電子雲の濃度が高くなると，陽電子ビームがこの電子雲と相互作用することにより，垂直方向のビーム・サイズが増大してしまう．

発生した光電子を真空ダクト内壁付近に閉じこめ，光電子不安定性を抑制するべく，陽電子リングの真空ダクトにソレノイドを巻く作業が，2000年の夏休み，2000-2001年にかての冬休み，2001年4月の1週間の休み，2002年1月，2002年の夏の5回に分けて行われた．壁からでてきた光電子は，壁と平行するソレノイド磁場の磁力線に巻き付くため，壁から離れることができず，ビームのまわりに電子雲を形成することができない．この対策は，非常に有効であり，ビーム・サイズの増大を抑制することができた．この結果，KEKBのルミノシティは，対策開始前の2000年夏に比べて，2001年3月の段階で，$2\times 10^{33}\,\mathrm{cm^{-2}\,s^{-1}}$から$7\times 10^{33}\,\mathrm{cm^{-2}\,s^{-1}}$へ3.5倍に向上し

た[15]．図5に陽電子リングにまかれたソレノイドの様子を，また，図6に，2001年7月，2001年12月，および2002年2月に行われた，陽電子リングに蓄積された電流にともなう垂直方向のビーム・サイズの変化を示す．ソリノイドが巻かれた長さの長くなるにともない，ビーム・サイズの増大が抑制されていく様子がはっきりと分かるであろう．2002年10月の測定においては，蓄積電流1.6 A まで，全くビーム・サイズの増大がみられていない．

16.1.7 KEKB のコミッショニング

KEKB は，予定より早く1998年11月に建設を終了し，12月からコミッショニング（総合運転）が始まった．コミッショニング開始当初は，加速器単独で運転を行ったが，1999年5月1日には BELLE が衝突点にロール・インされ，5月25日からは，BELLE をともなった運転が始まった．6月1日には，最初のハドロン事象の観測に成功した．

その後，KEKB の性能は，着実に向上し続けた．1999年8月5日には，2.9×10^{32} cm^{-2}s^{-1}，1999年末までには，6.9×10^{32} cm^{-2}s^{-1}，2000年2月には，ついに 1.0×10^{33} cm^{-2}s^{-1} を超えることができた．さらに，2000年7月には 2.0×10^{33} cm^{-2}s^{-1} を，2001年3月には，3.0×10^{33} cm^{-2}s^{-1} を超え，4月4日には，ついに先行していた PEP-II（PEP-II については次項を参照のこと）のルミノシティを超える，$3.31\times$

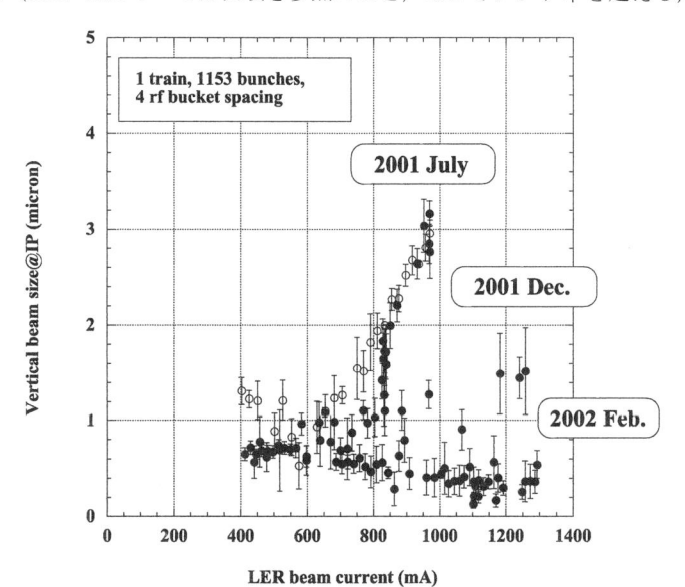

図6 2001年7月，2001年12月，および2002年2月における陽電子リングに蓄積された電流を横軸にとったときの，垂直方向のビームサイズの変化 2001年夏および2002年1月に行われたソレノイドの追加の効果が明確である．

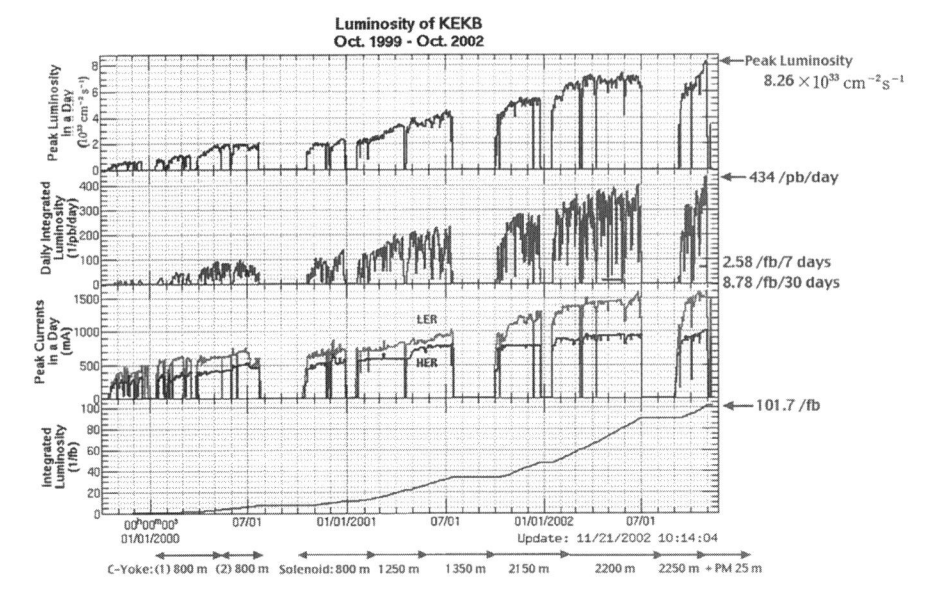

図 7 1999 年から 2002 年 10 月までの，KEKB のピーク・ルミノシティ，一日あたりの積分ル
ミノシティ，電子リングと陽電子リングの蓄積電流および BELLE が集積した積分ルミノ
シティの変遷

10^{33} cm^{-2}s^{-1} に達した．その後，前項で述べたソレノイドによるビーム・サイズ増大の抑制と，加速器の調整が進んだことにより，2002 年 10 月 29 日には最高ルミノシティ 8.26×10^{33} cm^{-2} s^{-1} を記録した．現在, PEP-II のルミノシティも 4.6×10^{33} cm^{-2} s^{-1} まで増大しているが，KEKB は，名実ともに世界最高性能の電子陽電子衝突型加速器である．図 7 に，1999 年秋から 2002 年 10 月までのルミノシティと一日あたりの積分ルミノシティ，電子リングと陽電子リングの蓄積電流，および BELLE が蓄積した積分ルミノシティの変遷を示す．この図から明らかなように，KEKB は運転開始から順調に性能向上を続けており，特に，2001 年から 2002 年にかけて性能がめざましく向上したことがわかる．2002 年 10 月 25 日には，実験開始以来 BELLE が蓄積した総積分ルミノシティ 100/fb（単位 1/fb については付録 1 を参照のこと）を世界に先がけて達成した[*1]．

16.1.8 PEF-II との競争と B 中間子における CP 不変性の破れの発見

米国のサンフランシスコの郊外にある SLAC（スタンフォード線形加速器センター）において PEP-II とよばれる B ファクトリーがあり，2000 年 5 月から BaBar とよばれる測定器による物理実験が始まっている[16]．

[*1] その後も KEKB は順調に性能が向上し，2004 年 2 月現在において，ルミノシティ 1.16×10^{34} cm^{-2} s^{-1}，積分ルミノシティ 200/fb を達成している．

PEP-IIもKEKBと同様な，非対称エネルギー2リング型電子陽電子衝突型加速器であり，9 GeVの電子と3.1 GeVの陽電子を衝突させる．この加速器は，SLACにかつて存在したPEPという15 GeVの1リング型電子陽電子衝突型加速器のトンネル（周長2.2 km）中にPEPを改造して建設されたため，PEP-IIとよばれている．

　KEKBとPEP-IIは，熾烈な競争を行っているまっただなかにある．PEP-IIは，1997年7月にまず，電子リングが完成し，1年後の1998年7月には，陽電子リングも完成した．これに対して，KEBKはようやく1998年11月に両リングが同時に完成をみた．このため，1999年と2000年は，加速器の性能では，PEP-IIが先行し，KEKBがその後をほぼ半年の遅れで追うという状態であった．2001年になってからは，PEP-IIの性能が足踏みを続けるなかで，KEKBの性能は急速に向上し，2001年4月には性能が逆転した．2002年10月の時点では，KEKBのルミノシティは，PEP-IIを80％上回ることになった．大きく水を空けられていた積分ルミノシティについても，2002年10月2日にはBELLEの収集した積分ルミノシティは，BaBarを追い抜くことができた．さらに10月26日には，人類未踏の100/fbを達成した．

　2001年の7月，BELLE[17]もBaBar[18]の双方とも，B中間子においてCPが破れているという実験結果をPhysical Review Lettersに発表した．1964年にK中間子におけるCPの破れが見つかってから37年にして，初めてK中間子以外で，CPの破れが見つかったことになる．CPの破れの大きさを表す量であるA(CP)の値は，BELLEでは，$0.99\pm0.14\pm0.06$，またBaBarでは，$0.58\pm0.15\pm0.05$であり，前者では，99.999％以上で，また後者でも，99.997％以上の確率で，CP対称性が破れていることになる．小林-益川の理論は，大きなCP対称性の破れを予言しており，今回の観測結果を支持するものである．B中間子におけるCP不変性の破れの検出の詳細およびその後の実験の進展にともなうCPの破れの測定結果については付録2を参照してほしい．

　この発見は，電子の発見以来の過去100年にわたる素粒子物理学研究において，日本の加速器によってなされた最初の大発見である．トリスタンによって大きな飛躍を遂げた，日本の高エネルギー物理学と加速器科学は，KEKBとBELLEにおいて，加速器科学の先達である米国と堂々と太刀打ちできるまでに成長を遂げたといえる．

（**黒川眞一**）（筆者＝くろかわ・しんいち，高エネルギー加速器研究機構教授．1945年生まれ，1968年東京大学理学部卒業）

参考文献

1) Y. Kojima, *et al*.: "Superconducting RF Activities at KEK", Proceedings of the 4th Workshop on RF Superconductivity, KEK Report 89-21, pp. 85-96.
2) K. Tsuchiya, K. Egawa, K. Endo, Y. Morita and N. Ohuchi : "Performance of the Eight Superconducting Quadrupole Magnets for the TRISTAN Low-Beta Inser-

tions", IEEE Trans. Magn. MAG-27 (1991) 1940.
3) A. Yamamoto, et al.: J. Phys. **C1** (1984) 1337.
4) G. T. Danby, et al.: "The Brookhaven muon storage ring magnet", Nucl. Instr. and Meth. **A457** (2001) 151.
5) H. N. Brown, et al.: g-2 collaboration, Phys. Rev. Lett. **86** (2001) 2227.
6) M. Kobayashi and T. Maskawa : Prog. Theo. Phys. **49** (1973) 652.
7) F. Abe, et al.: Phys. Rev. **D 50** (1994) 2966. F. Abe, et al.: Phys. Rev. Lett. **73** (1994) 225.
8) KEKB B-Factory Design Report, KEK Report 95-7, August 1995.
9) J. H. Christenson, J. W. Cronin, V. L. Fitch and R. Turlay : Phys. Rev. Lett. **13** (1964) 138.
10) I. I. Bigi and A. I. Sanda : Nucl. Phys. **B193** (1981) 85.
11) P. Oddone : Proceedings of the UCLA Workshop : Linear Collider BB Factory Conceptual Design, D. Stork, ed., World Scientific, p. 243 (1987).
12) KEKB加速器には非常に進んだビーム光学設計がとり入れられており，衝突点の $\beta_y{}^*$ を設計値よりもはるかに小さい6.5mmまで絞ることに成功している．
13) ビーム不安定性については，A. W. Chao 著の *Physics of Collective Beam Instabilities in High Energy Accelerators* が標準的な教科書である．
14) クラブ衝突は R. B. Palmer によりリニアコライダーのために提唱され，KEK の生出と横谷が，リング型衝突型加速器への適用を提案した．R. B. Palmer : SLAC-PUB 4707 (1988)．K. Oide and K. Yokoya : Phys. Rev. **A40** (1989) 315．
15) H. Fukuma, et al.: "Study of Vertical beam Blowup in KEKB Low Energy Ring", Proceedings of HEACC 01, March 2001.
16) PEP-II An Asymmetric B Factory, SLAC-418, June 1993.
17) A. Abbe, et al.: Phys. Rev. Lett. **87** (2001) 091802.
18) B. Auber, et al.: Phys. Rev. Lett. **87** (2001) 091802.

付録1 ルミノシティと積分ルミノシティの単位について

ルミノシティとは，衝突型加速器の性能を表す物理量であり，通常記号 L で表される．ある現象の生成断面積を σ，この現象の生成する頻度を N としたとき，ルミノシティ L は

$$N = L\sigma$$

によって定義される．生成断面積 σ の単位は cm^2，N の単位は s^{-1} であることから，ルミノシティの単位は $cm^{-2}s^{-1}$ となる．

積分ルミノシティとは，ルミノシティの時間積分のことであり，衝突型加速器におけるデータ蓄積量に比例する量である．積分ルミノシティの単位は，cm^{-2} であるが，これは生成断面積の単位のちょうど逆数になっていることから，生成断面積の単位 nb, pb, fb の逆数を用いて，1/nb, 1/pb, 1/fb と表されることが多い．ここで b とはバーンとよばれる量であり，$10^{-24} cm^2$ を意味する．nb, pb, fb はそれぞれ，b (バーン) の 10^{-9}, 10^{-12}, 10^{-15} のことであり，それぞれ，$10^{-33} cm^2$, $10^{-36} cm^2$, $10^{-39} cm^2$ となる．これから，1/nb, 1/pb, 1/fb は，$10^{33} cm^{-2}$, $10^{36} cm^{-2}$, $10^{39} cm^{-2}$ となる．

たとえば，平均ルミノシティが $1\times 10^{34} cm^{-2}s^{-1}$ で1日連続して運転したときの積分ルミノシティは，$1\times 10^{34} cm^{-2}s^{-1} \times 864,000 s = 8.64\times 10^{38} cm^{-2}$，すなわち 864/pb となる．また，平均ルミノシティが $1\times 10^{34} cm^{-2}s^{-1}$ で 10^7 秒連続して運転したときは（ちなみに，1年間の

秒数は，3.15×10^7 秒であり，10^7 秒はほぼ 1/3 年に相当する），積分ルミノシティは 10^{41} cm^{-2}，すなわち 100/fb となる．

付録2 *B* 中間子における CP 不変性の破れの発見について

CP 不変性の破れとは，粒子と反粒子の間の振る舞いの違いのことである．現在の宇宙は粒子だけから成り立っていると考えられている．宇宙創生時には，同じ数の粒子と反粒子が存在したはずであり，宇宙が発展する過程で，反粒子が消え，粒子のみが残るためには，CP の不変性が破れていなければならない．この宇宙がなぜ粒子だけからできているのかという素粒子物理学と宇宙論における最大の謎の一つを解くためには，CP 不変性が破れる機構を解明することが必須である．

1973 年に小林と益川は，もしクォークの数が 6 個であれば，弱い相互作用におけるクォークの混合行列の要素のすべてを実数で表すことはできず，複素数の位相が必要となること，そしてこの複素数位相の存在が CP 不変性の破れを引き起こすという理論を提唱した[1]．この理論を小林-益川理論という．1973 年当時は，3 つのクォークのみが知られていただけであるが，その後さらに 3 つの重いクォークが発見され，現在では，クォークの数は，6 個であることがわかっている．小林と益川の先見性は感嘆すべきものである．CP 不変性の破れが，実際に小林-益川理論が提唱する機構によるものであるかどうかを調べることは，現在の素粒子物理学の非常に重要な課題である．

1981 年に三田たちは，*B* 中間子の崩壊過程において大きな CP 不変性の破れが生ずる可能性があることを示した[2]．この提唱は，非対称エネルギー B ファクトリー建設に向かう重要なきっかけとなった．2001 年 7 月の，BELLE と BaBar による *B* 中間子における CP 不変性の破れの発見[3] は，1964 年の *K* 中間子の崩壊における CP 不変性の破れの，実に 40 年後の，*K* 中間子以外の場所における初めての CP の破れの発見であり，また，小林・益川・三田という，日本人物理学者による提唱を，日本の加速器である KEKB によって検証したという画期的なものである．

クォーク混合行列は

$$\begin{pmatrix} d' \\ s' \\ b' \end{pmatrix} = \begin{pmatrix} V_{ud} & V_{us} & V_{ub} \\ V_{cd} & V_{cs} & V_{cb} \\ V_{td} & V_{ts} & V_{tb} \end{pmatrix} \begin{pmatrix} d \\ s \\ b \end{pmatrix} \quad (1)$$

のように書き表すことができる．この行列がユニタリ行列であることから，この行列の 1 列目と 3 列目より

$$V_{ud}V_{ub}^* + V_{cd}V_{cb}^* + V_{td}V_{tb}^* = 0 \quad (2)$$

となる関係が成り立つ．この式は，複素平面上で，3 辺が，それぞれ，$V_{ud}V_{ub}^*$，$V_{cd}V_{cb}^*$，$V_{td}V_{tb}^*$ である三角形を示している．これらの辺の間の角をそれぞれ，図 8 に示すように，ϕ_1，ϕ_2，ϕ_3 という．

KEKB のような非対称エネルギー B ファクトリーにおいては，電子と陽電子の衝突によって生成された B^0 と $\bar{B}^0$ の対は，電子の進行方向に数 100 ミクロン飛んだ後に崩壊する．ここで注意しなければならないことは，一方の粒子を例えば B^0 と特定した時点で，他方が反 B^0 であることが確定することである．

時刻 $t=0$ において B^0 であったものが時刻 t において CP の固有状態 f_{cp} に崩壊する頻度を $\Gamma(B^0 \to f_{cp})$，また時刻 $t=0$ において反 B^0 であったものが時刻 t においてやはり同じ CP の固有状態 f_{cp} に崩壊する頻度を $\Gamma(\bar{B}^0 \to f_{cp})$ とする．$\Gamma(B^0 \to f_{cp})$ と $\Gamma(\bar{B}^0 \to f_{cp})$ の間の非対称 $A(t)$ は

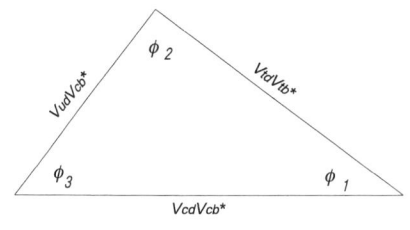

Unitary Triangle

図 8 クォーク混合行列要素がつくる三角形

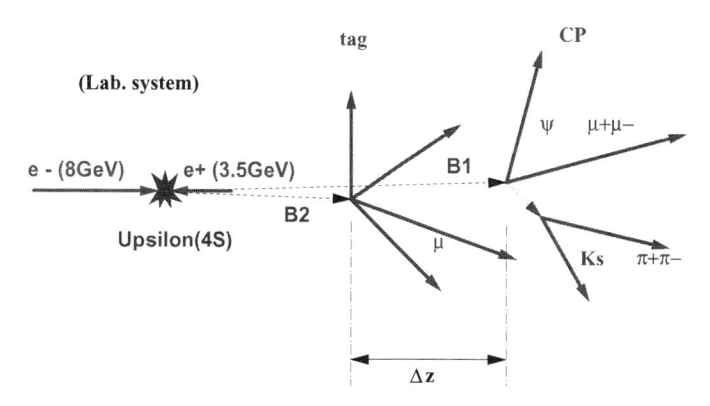

図 9 3.5 GeV の陽電子と 8 GeV の電子が衝突し，二つの B 中間子（図では，B1とB2）が生成される．B1とB2は，電子の進行方向に飛び出し，いくつかの粒子に崩壊する．図の場合，先に崩壊したB1からの崩壊粒子を調べ，B2がたとえば B 中間子として特定された時点で，B2は反 B 中間子であることが確定する．B1はその後距離 z だけ飛んだ後，CPの固有状態である J/Ψ と K_s に崩壊する．z は数百ミクロン程度の大きさである．タグによって特定された粒子が B 中間子のときと反 B 中間子のときに，それぞれ z の分布がどうなるかを調べることによって，CP不変性の破れを調べることができる．

$$A(t) = \frac{\Gamma(\bar{B}^0 \to f_{cp}) - \Gamma(B^0 \to f_{cp})}{\Gamma(\bar{B}^0 \to f_{cp}) + \Gamma(B^0 \to f_{cp})} = -\xi_f \sin 2\phi_1 \sin \Delta mt \quad (3)$$

と書き表される．ここで Δm は B^0 と反 B^0 の2つの組み合わせ間の質量差であり，ξ_f はCPの固有値（1または -1），ϕ_1 は上に述べた角度であり，$\sin \Delta mt$ の項は，B^0 と $\bar{B}^0$ がお互いに変わりあうことにより現れる項である．ϕ_1 が 0 でないことは，クォーク混合行列の要素が複素数であり，CP不変性が破れていることを意味する．f_{cp} が $(c\bar{c})K^0$ のときは（ここで c はチャーム・クォークを，$\bar{c}$ は反チャーム・クォークを意味する），強い相互作用による影響が非常に小さく，かつ崩壊振幅自身のCPの破れ（これを直接的CPの破れという）の寄与が小さいため，上の式が良い精度で成立する．

実験は，B^0 反 B^0 対のうち，一方がCPの固有状態である $J/\Psi K_S$（CP$=-1$），$J/\Psi K_L$（CP$=1$）などに崩壊した事象をとらえ（Ψ は c と $\bar{c}$ からなる），他方が B^0 であるか反 B^0 であるかを見極める（これをタグを付けるという）．これら2つの事象間（CP固有状態への

16.1 KEKBファクトリー

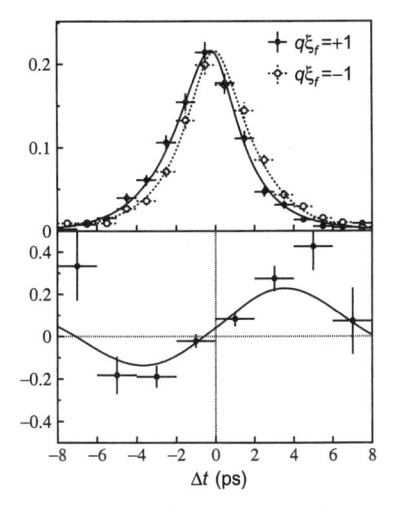

図 10 2002 年 7 月に発表された，78/fb の積分ルミノシティ（これは $85\times 10^6\ B^0\bar{B}^0$ 対に対応する）を用いて得られたデータ
横軸は，崩壊事象間の時間差，縦軸は，上の図においては，q を，タグ付けされた側が B^0 のときは $q=+1$，反 B^0 のときは $q=-1$ としたときに，$q\xi_f$ が $+1$ と -1 のそれぞれの場合の事象の頻度を，また，下の図は，式 (3) の $A(t)$ を示す．

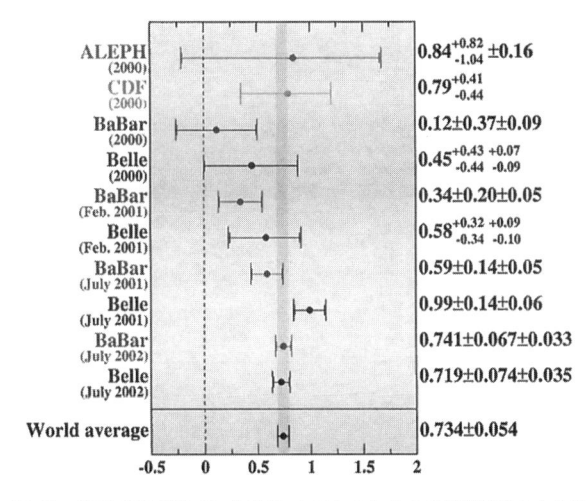

ALEPH (2000)	$0.84^{+0.82}_{-1.04}\pm 0.16$
CDF (2000)	$0.79^{+0.41}_{-0.44}$
BaBar (2000)	$0.12\pm 0.37\pm 0.09$
Belle (2000)	$0.45^{+0.43}_{-0.44}\ ^{+0.07}_{-0.09}$
BaBar (Feb. 2001)	$0.34\pm 0.20\pm 0.05$
Belle (Feb. 2001)	$0.58^{+0.32}_{-0.34}\ ^{+0.09}_{-0.10}$
BaBar (July 2001)	$0.59\pm 0.14\pm 0.05$
Belle (July 2001)	$0.99\pm 0.14\pm 0.06$
BaBar (July 2002)	$0.741\pm 0.067\pm 0.033$
Belle (July 2002)	$0.719\pm 0.074\pm 0.035$
World average	0.734 ± 0.054

図 11 2002 年 7 月時点における $\sin 2\phi_1$ これまでの実験結果のまとめ

崩壊とタグ付けされた B 中間子の崩壊）の距離を測り，速度で割ることにより，式 (3) における t を計測する．t は，CP 固有状態への崩壊とタグ付け崩壊の時間的前後により正負どちらの値もとることになる（図 9）.

図10には2002年7月に発表された[4]，78/fbの積分ルミノシティ（これは85×10^6 $B^0\bar{B}^0$ 対に対応する）を用いて得られたデータを示す．この図の横軸は，上で説明した崩壊事象間の時間差，縦軸は，上の図においては，q を，タグ付けされた側が B^0 のときは $q=+1$，反 $\bar{B}^0$ のときは $q=-1$ としたときに，$q\xi_f$ が $+1$ と -1 のそれぞれの場合の事象の頻度を，また，下の図は，式 (3) の $A(t)$ を示す．この結果，$\sin 2\phi_1$ として，

$$\sin 2\phi_1 = 0.719 \pm 0.074(stat) \pm 0.035(syst)$$

が得られた．最初の±は統計誤差を，次は系統誤差を示す．ちなみに，ほぼ同時期に発表された BaBar の値[5]は

$$\sin 2\phi_1 = 0.741 \pm 0.067(stat) \pm 0.034(syst)$$

である．これらの値は小林-益川理論の期待値である $\sin 2\phi_1 = 0.70 \pm 0.06$ によくあっているといえる．

図11には，2002年7月時点における各種の実験結果の比較を示している．

参考文献

1) M. Kobayashi and T. Maskawa: Prog. Theor. Phys. **49** (1973) 652.
2) A. B. Carter and A. I. Sanda: Phys. Rev. **D 23** (1981) 1567.
   I. I. Bigi and A. I. Sanda: Nucl. Phys. **B 193** (1981) 85.
3) K. Abe, et al.: Phys. Rev. Lett. **87** (2001) 091802.
   B. Auber, et al.: Phys. Rev. Lett. **87** (2001) 091802.
4) K. Abe, et al.: Phys. Rev. **D66** (2002) 071102.
5) B. Auber, et al.: Phys. Rev. Lett. **89** (2002) 201802.

16.2　K2K 長基線ニュートリノ振動実験

KEK-PS では国際的にも高い評価を受けている多くの素粒子・原子核の実験が行われてきたが，最も世界の注目を浴びているのは K2K（KEK-to-Kamioka の意味）長基線ニュートリノ振動実験である．世界の 10 GeV 級以上の陽子シンクロトロンではほとんどニュートリノ実験が行われてきた．KEK-PS では 1980 年代に神岡陽子崩壊実験，Kamiokande の大気ニュートリノバックグラウンドに対するレスポンスを調べるためニュートリノビームが欲しいという話はあったが，実現しなかった．1999 年に開始された K2K 実験は，岐阜県神岡にある東大宇宙線研の5万トン水チェレンコフ検出器 Super-Kamiokande までの距離 250 km という世界初の数百 km 級の長基線ニュートリノ振動実験（図12）であるとともに，日本で最初の加速器を用いるニュートリノ実験である．

K2K 実験の目的は，東大宇宙線研の戸塚洋二らが Super-Kamiokande による大気ニュートリノの観測で確実な証拠を見いだし，1998 年に岐阜県高山でのニュートリノ国際会議で発表したミューニュートリノの振動[1]，すなわちニュートリノの有限質量を，人工的にコントロールされた加速器からのミューニュートリノビームを用いて確認することである．ニュートリノの有限質量は素粒子の標準模型を超える初めて

16.2 K2K長基線ニュートリノ振動実験

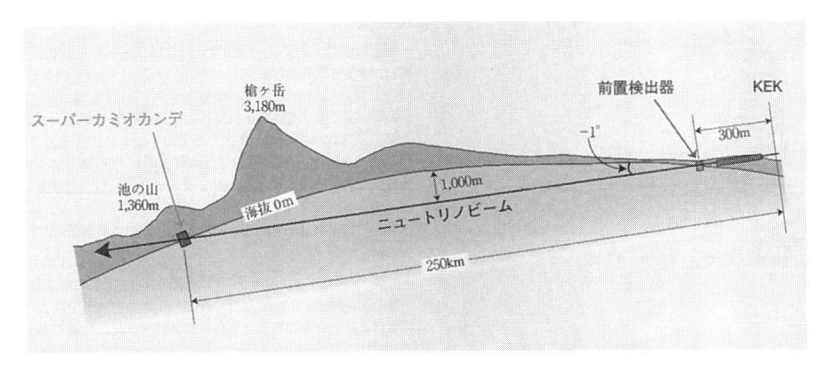

図 12 K2K長基線ニュートリノ振動実験の概念図

の事実であり，柳田勉および Gell-Mann らのシーソー機構[2]によれば微少なニュートリノ質量は超重質量スケールの存在を意味することから，物理学に対するインパクトは計り知れない．

Super-Kamiokande の結果が発表されるや，$\mathit{\Delta}m^2$ の許容領域からこれが加速器を用いる数百 km 級の長基線ニュートリノ振動実験で検証できるため，FNAL と CERN でも実験計画が真剣に議論され始めた．しかし，FNAL の Main Injector から Soudan 鉱山へ 730 km の MINOS 実験は 2005 年に実験開始，CERN の SPS からイタリアの Gran Sasso 国立研究所へ同じく 730 km の OPERA と ICARUS 実験は 2006 年実験開始の予定（ICARUS 実験は 2002 年現在，提案中のままで，まだ実施が決まっていない）であり，我が国の K2K 実験ははるかに先行して開始された．その理由は，Kamiokande の大気ニュートリノ観測データがミューニュートリノの不足[3]や天頂角分布の異常[4]などから既にニュートリノ振動の兆候を示していることに注目し，1996 年に Super-Kamiokande が完成するとほぼ同時に KEK-PS のニュートリノビームラインの建設を開始したためである．この段階では，Kamiokande の結果をニュートリノ振動と見ることについて，欧米ではまだ懐疑的であった．

この間の経緯を述べると，1993 年頃，当時東大核研の西川公一郎が KEK-PS から建設中の Super-Kamiokande へ向けての長基線ニュートリノ振動実験の構想を含む Letter of Intent を提出した．KEK の菅原所長は，1994 年に発表された Kamiokande の大気ミューニュートリノ天頂角分布の論文[4]を見て，この実験は進めるべきであると判断し，また中井実験企画調整室長も PS におけるニュートリノ実験を強く支持した．1994 年 12 月に行われた PS 実験の外部評価でも K2K 実験計画は高く評価され，翌年 3 月の PS 共同利用実験審査委員会で条件付きながら実施の方向で採択されて，いよいよニュートリノ実験が KEK のプロジェクトとして認知された．とはいえ，このプロジェクトはニュートリノビームラインの建設を含むかなり大きな事業で

あり，菅原所長は東大宇宙線研に対しこれを推進するプロジェクトリーダーを要求し，これに応じて中村健蔵がKEKに移った．当時KEKはBファクトリーの建設中であり，ニュートリノビームライン建設のため数10億円の新たな予算を獲得するのは困難な状況であったが，文部省の理解を得て，運良く1995年度から制度化された先導的研究設備費を1996年度から3年間措置していただき（このためには当初東大から施設整備費を概算要求するなど，東大宇宙線研と東大施設部に協力をお願いしたが，結局この経費はKEKに措置された），また後に述べるように経費節減に努め，1998年末にはニュートリノビームラインの建設がほぼ完成した．

ところで，K2K実験は予算的に見た場合，KEKと東大宇宙線研の共同事業であると共に，研究者の側からは東大核研も加わった3研究所が推進したものであり，そのため3所長が1995年に合意して覚書を取り交わした．（その後1997年にKEKと東大核研は統合された．）また，その経緯からもわかるように，日米共同のSuper-Kamiokande実験グループのかなりの部分がK2K実験グループの母体となったが，1996年に韓国研究者が加わり，日米韓の国際共同研究となった．実験開始時において日本が10研究機関から約50名，米国が5機関から約25名，韓国が4機関から約25名，その他ポーランドからも加わり，総勢約100名の規模の実験グループとなった．

16.2.1 準備段階

ニュートリノ実験がKEKの正式プロジェクトとなって，山根功主幹の率いる12 GeV陽子シンクロトログループ（以下，PS加速器グループと略称）もビーム増強と速い取り出し装置の建設に取り組んだ．ビーム増強については佐藤皓をリーダーとするグループ横断的なタスクフォースが編成され，それまでパルスあたり4×10^{12}個が最大であったものを，6×10^{12}個の陽子を加速することを目標に，1995年から精力的なスタディーを行った．目標を超える強度のビームが安定に加速できるようになったのはK2K実験がスタートした直後の1999年5月に入ってからであった．それには，トランジションエネルギーを超える前にRF電圧にホワイトノイズ的な電圧を重畳してビームを拡散させ，縦方向の空間電荷効果を緩和させたことが非常に有効であった．12 GeV主リングでのキッカー電磁石による速い取り出しは勿論初めてであり，同じEP1ラインでの遅い取り出しへの変更が簡単にできること等の条件もあり難しい設計であったが，1998年の秋に取り出しシステムの設置を行った．

ビームラインの建設は，高崎稔の率いるビームチャンネルグループが担当した．北カウンターホールの壁をぶち抜いて既存のEP1ラインを外部に延長し，西の神岡の方向に90度曲げて標的に導くが，途中にある建物をよけるため長さ400 mのトンネルが必要となり，その先に200 mの崩壊領域が置かれる（図13）．ビームの方向を正確にSuper-Kamiokandeに向けるため，GPSを利用する長基線測量を行ったが，勿論高エネルギー実験で世界初の試みであった．π中間子を収束するための磁気ホーン

16.2 K2K長基線ニュートリノ振動実験

図 13 高エネルギー加速器研究機構内のK2K実験施設全景

①の陽子シンクロトロンは、実際は写真の左側にある。写真左上端の大きなカウンターホールで、そこから延びる放射線遮蔽用の土盛りの下に、加速器から引き出された陽子線のビームライン②がある。電磁石群が並ぶ。③はπ中間子生成標的と磁気ホーン。④はパイオンモニターと呼ばれ、生成されたπ中間子の運動量・角度分布を測定し、ニュートリノのエネルギー分布を推定するための装置。モニターデータの取得時だけ短時間ビームライン中に入れられ、ニュートリノ振動の測定中はビームラインの外に置かれる。④'はミューオンモニターと呼ばれる装置で、π中間子の崩壊から生じるミュー粒子を測定し、ニュートリノビームの安定性をモニターする。⑤は前置検出器を収容する半地下実験室。

と呼ばれる大電流パルス電磁石の製作も，KEK では経験のない技術で，多くの難しい課題を抱えた仕事であった．長いビームラインには 86 台もの電磁石が必要であったが，カウンター実験ホールの幾つかのビームラインをシャットダウンして相当数の電磁石を転用し，更に TRISTAN 加速器の電磁石の転用，SLAC から Bevatron に使われた古い電磁石 20 台の供与，等々可能な限り経費節減を図った．

K2K 実験では，陽子ビームのエネルギーが 12 GeV と低いため，二次粒子の運動量も低く，生成角が大きく広がる．そこで π 中間子をできるだけ収束させるため，生成標的をホーン本体と一体化したが，有効磁場体積を大きくするために大口径で，しかも構造体の物質量をできるだけ減らすという難しいものとなった．短い距離で必要なキックを与えるため，250 kA の大電流パルスを必要とするが，パルス電流による衝撃力は最大 4.4 トンにもなり，運転中はすさまじい振動と巨大な太鼓をたたくような轟音を発する．このホーンの電源も，過酷な運転に耐え長期的に安定して作動することが必要だが，メーカーは未経験で，ビームチャンネルグループが開発・設計を行った．

K2K 実験のニュートリノビームは，いわゆるワイドバンドビームで，一次陽子ビームが二次粒子と共に崩壊領域を通過する．従って，崩壊領域を囲むコンクリートシールドの外部の土壌，あるいは地下水の放射化対策が問題となる．これは日本ではそれまで詳しく検討されたことのない問題で，陽子加速器で土壌放射化の実験を行ったり，敷地内の地下水の動態調査を行って安全基準を作るところから始める必要があった．ニュートリノ実験施設の放射線障害防止法に基づく施設検査を，実験開始予定に間に合わせて合格に導いた，近藤健次郎とその後を継いだ柴田徳思の率いる KEK 放射線管理グループの努力も特筆される．

KEK 敷地内に置かれる前置検出器は，K2K 実験グループが製作した．ここでも経費節減に努め，1,000 トン水タンクは水チェレンコフ検出器による μ/e 弁別のビームテスト実験に，ミュー粒子検出器用ドリフトチェンバーと鉄の厚板，鉛ガラス検出器，シンチレーターは，いずれも TRISTAN 実験にそれぞれ使用したものを再利用した．シンチレーションファイバー検出器や前置検出器全体の組立経費等は，基本的には科研費の特別推進研究の経費を得てまかなった．その他，共同研究者として加わった米国と韓国のグループも前置検出器製作のある部分を分担した．

16.2.2 実験開始

全ての準備が整い，新しく建設された陽子ビームの速い取り出しシステムとニュートリノビームラインのコミッショニングを開始したのは，1999 年 1 月末である．2 月 3 日に速い取り出しビームが標的位置に達したことが確認され，PS 加速器グループは祝杯を上げた．その後ビームラインの調整運転を続け，この段階ではまだホーンは設置せず単体の標的であったが，2 月 13 日に前置検出器で最初のニュートリノ事象

16.2 K2K長基線ニュートリノ振動実験

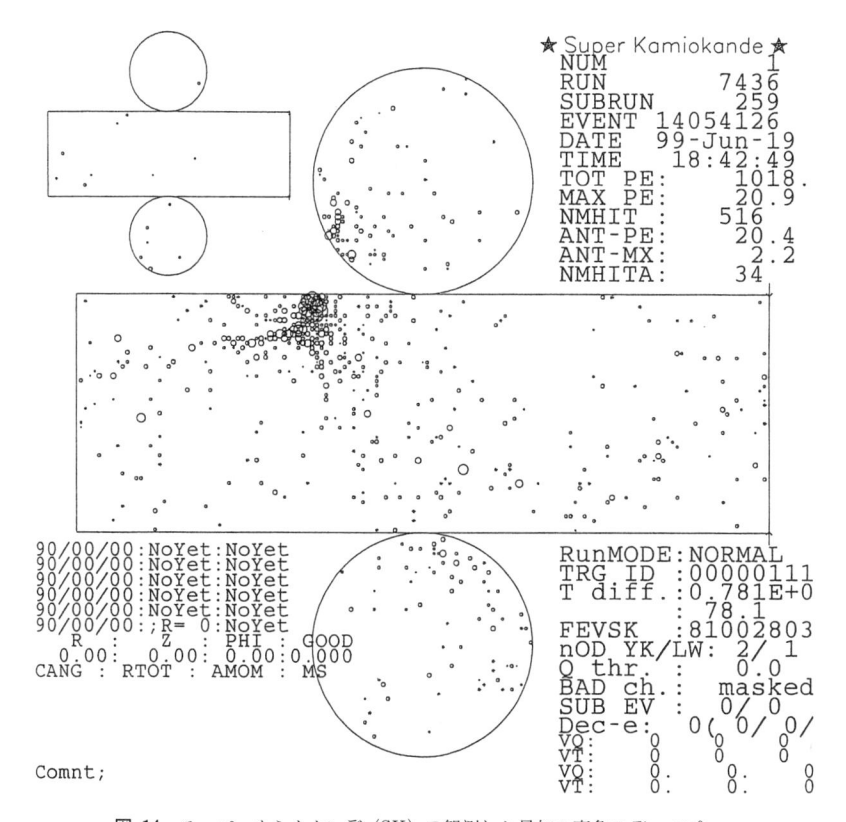

```
                              ★ Super Kamiokande ★
                              NUM          1
                              RUN          7436
                              SUBRUN       259
                              EVENT        14054126
                              DATE         99-Jun-19
                              TIME         18:42:49
                              TOT PE:      1018.
                              MAX PE:      20.9
                              NMHIT :      516
                              ANT-PE:      20.4
                              ANT-MX:      2.2
                              NMHITA:      34




90/00/00:NoYet:NoYet          RunMODE:NORMAL
90/00/00:NoYet:NoYet          TRG ID :00000111
90/00/00:NoYet:NoYet          T diff.:0.781E+0
90/00/00:NoYet:NoYet                   78.1
90/00/00:;R= 0:NoYet          FEVSK  :81002803
     R :    Z :  PHI :GOOD    nOD YK/LW: 2/ 1
  0.00: 0.00: 0.00:0.000      Q thr.    : 0.0
 CANG : RTOT : AMOM : MS      BAD ch.   : masked
                              SUB EV    : 0/ 0
                              Dec-e:  0( 0/ 0/
                              VQ :     0
                              VT :     0
 Comnt;                       VQ :     0:    0:    0
                              VT :     0:    0:    0
```

図14 スーパーカミカカンデ（SK）の観測した最初の事象のディスプレー
円筒形の SK の展開図上に，ニュートリノの反応によって発生したチェレンコフ光を受けた光電子増倍管が，信号の大きさに比例した小円で示されている．左上の挿入図は，外部からの宇宙線の進入をモニターする外水槽（アンタイカウンター）のディスプレーで，目立った活動がないことから，この事象は内部の水槽で起こったことがわかる．

の検出が確認された．その後ホーンを設置して3月に調整運転を行い，設計通りニュートリノビームのフラックスを10倍以上に強めることが確認された．

予定では3月末までに全ての調整を終え，新年度から K2K 実験を開始するはずであったが，4月，5月は連続してホーンのトラブルに見舞われ，KEK から発射されたニュートリノを Super-Kamiokande で検出するには至らなかった．ホーンのトラブルは，周到に設計された本体ではなく，付属品の冷却水配管や電流フィーダーが振動によって破壊された初期故障で，それらを強化した後6月に実験が再開された．ホーンは標的と一体化されているため，陽子ビームを当てると当然放射化する．従って一度故障すると，近づいて作業できるまで放射線レベルが下がるには相当の時間を要

する．しかしこの間を利用して，既に述べたように PS 加速器グループが集中的にビーム増強のスタディーを行い，当初設定目標を超えるビーム強度を達成した．

実験再開直後問題になったのは，ニュートリノビームの強度とニュートリノ振動のパラメーターにもよるが，数日に1事象が予測されるところ，2倍，3倍と待っても一向に KEK からのニュートリノが神岡で検出されないことであった．こうなるとビームが本当に正しく Super-Kamiokande の方向に発射されているのかという疑いまで出てくる中，とうとう6月19日に Super-Kamiokande のフィデューシャル（規準）体積 22,000 トン内で最初の事象が観測されたことが報告された．ニュートリノ発射のタイミングとの関係から見て，間違いなく KEK から発射されたニュートリノであり，人工的に生成したニュートリノを地中数百 km 飛行させた後に検出した初めての例である（図14）．

翌年（2000年）6月までに，世界初の長基線ニュートリノ振動実験，K2K は，ニュートリノビームの方向，エネルギー分布等の長期安定性やそのモニターの方法，前置検出器やパイオンモニターで測定したニュートリノのエネルギー分布から，遠方の Super-Kamiokande での（ニュートリノ振動が起きないとしたときに観測されるべき）ニュートリノのエネルギー分布を推定する方法，Super-Kamiokande による加速器ニュートリノの検出と，それが確かに KEK から発射されたニュートリノであると確認する方法，等々を確立し，長基線ニュートリノ振動実験がプリンシプル通りに実施可能であることを証明した．これらは論文[5]としてまとめられた．

16.2.3 2001年—2002年の状況

K2K 実験の一応の目標は，10^{20} 個の陽子を π 中間子生成標的に照射することとされている．この場合，ニュートリノ振動が起きない（つまり，KEK から発射されたミューニュートリノが，途中何事もなくそのまま神岡に達する）と仮定すると，Super-Kamiokande で KEK から発射されたニュートリノが約 200 事象観測されるはずである．KEK-PS は共同利用施設であるため，ニュートリノ実験に供されるマシンタイムは1年あたり5カ月程である．目標の半ばに達したのは 2001 年1月のランが終了した7月初めであった．

実験再開予定の 2002 年1月までに，Super-Kamiokande では完成以来初めて水を抜き，故障した光電子増倍管の交換作業を行った．しかし，作業を終え，再び純水を注入中に，1個の光電子増倍管が水圧により破壊され，発生した衝撃波が連鎖反応的に多数の光電子増倍管を破壊した．最初に破壊された光電子増倍管に，交換作業中の何らかの理由で，小さな傷が入ったことが原因と考えられる．この不幸な事故により，Super-Kamiokande は約半数の光電子増倍管を失った．しかし，当初の Super-Kamiokande は低エネルギーの太陽ニュートリノを精度良く測定するように設計されており，K2K 実験の高エネルギーニュートリノを測定するには半分の光電子増倍

16.2 KEK 長基線ニュートリノ振動実験

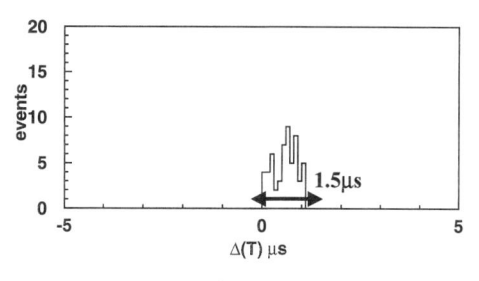

図 15

横幅の $\Delta(T)$ は，Super-Kamiokande でニュートリノが検出された時間から，その直前の KEK でのニュートリノビーム発射開始時刻を差し引き，更に KEK・神岡間のニュートリノの飛行時間を差し引いたもの．Super-Kamiokande で検出された（KEK からの）ニュートリノは全てニュートリノビームのパルス幅に収まっており，その前後にバックグラウンドは存在しない．

管数で十分である．これは K2K 実験にとって，不幸中の幸いであった．Super-Kamiokande は急ピッチで残った光電子増倍管の再配置を進め，2002 年 12 月には完了した．2003 年 1 月からは K2K 実験も再開した．

さて，目標の半分に達した 2001 年夏までのデータによれば，Surer-Kamiokande のフィデューシャル体積内で KEK から発射されたニュートリノが 56 事象観測された．これらの事象が全て KEK からのニュートリノであることは，KEK でニュートリノビームが発射された時間と Super-Kamiokande で事象が検出された時間の相関（図 15）を調べることで確認される．ほとんど真空中の光速度で飛行するニュートリノは，KEK・神岡間 250 km を 0.8 ミリ秒で通過する．KEK-PS の速い取り出しモードでは，陽子ビームは 2.2 秒毎に 1.1 マイクロ秒のパルスとして取り出され，ニュートリノビームも同じパルス幅をもつ．従って，Super-Kamiokande の事象検出時刻から直前のニュートリノビーム発射開始時刻を差し引き，さらにニュートリノの飛行時間を差し引くと，KEK から発射されたニュートリノは 0 から 1.1 マイクロ秒の間に分布するはずである．時間分解能を考慮すればこの幅は少し広がるが，図 15 の分布はまさにそうなっており，前後にバックグラウンドは全く存在しない．

この 56 事象に対して，KEK の前置検出器のデータからは，ニュートリノ振動が起きない場合には $80.1^{+6.2}_{-5.4}$ 事象が検出されると推定される．Super-Kamiokande の大気ニュートリノ振動の結果によれば，ミューニュートリノはタウニュートリノに振動するが，K2K 実験ではニュートリノの平均エネルギーが 1.3 GeV と低いため，荷電カレント反応でタウ粒子を作れない．タウニュートリノは中性カレント反応で検出されるだけで，反応確率，検出効率が共に低く，その結果ニュートリノ振動が起きない場合より検出される事象数が減少する．K2K 実験の結果は，まさにニュートリノ振動により検出事象数が有意に減少していることを示している．

検出事象数よりさらに確実なニュートリノ振動の証拠は，エネルギー分布の変化で

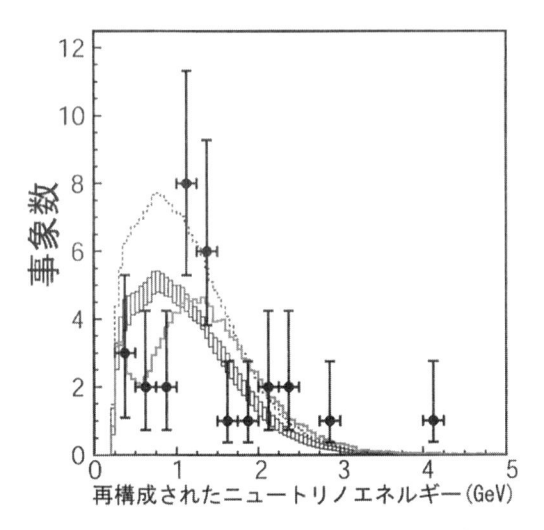

図 16 KEK から発射され Super-Kamiokande で観測されたニュートリノのエネルギー分布
幅のあるヒストグラムは KEK でニュートリノの発生直後に測定されたエネルギー分布．一方，実線のヒストグラムはニュートリノ振動を仮定した場合のベストフィット．これらのヒストグラムは分布の形だけを比較するため，面積を事象数に規格化してある．Super-Kamiokande で観測された事象数が予想より減っていることを考慮すると，点線のヒストグラムがデータと比較するべき発生直後のニュートリノのエネルギー分布である．

ある．飛行距離と Δm^2 が一定の場合，ニュートリノ振動の確率はニュートリノのエネルギーに依存し，Super-Kamiokande の大気ニュートリノ振動が示す Δm^2 の最確値（~0.003 eV^2）は，K2K 実験ではニュートリノエネルギー 0.6 GeV 近辺で振動確率が最大（ミューニュートリノのエネルギー分布では事象数が最小）となることを予言する．Super-Kamiokande で検出された事象のうち，ミュー粒子のチェレンコフリングが 1 個だけの事象を選ぶと，その大部分は 2 体反応 $\nu_\mu + n \to \mu^- + p$（陽子は運動量が低くチェレンコフ光を出さない）であり，親のニュートリノのエネルギーが推定できる．結果は図16 に示すように，ニュートリノ振動の特徴的なエネルギー分布の変化を示唆する．なお，このようなニュートリノ振動の特徴的エネルギー依存性は，ニュートリノ振動の絶対的証拠であるが，Super-Kamiokande の大気ニュートリノ観測はこの分布に関しては精度が悪く，大気ニュートリノ振動が本当にニュートリノ振動であると完全に決まったわけではない．この意味で K2K 実験は Super-Kamiokande の単なる追試ではなく，積極的にニュートリノ振動を証明できる可能性を持つ．

K2K 実験でこれまで得られた，事象数に関する結果とエネルギー分布に関する結果が，共にニュートリノ振動ではなく単なる統計的変動でそのように見える確率を計算すると，1% 以下である．これらのデータをニュートリノ振動を仮定して解析する

と,Δm^2 と $\sin^2 2\theta$ (θ は混合角)についての許容領域は,Super-Kamiokande の大気ニュートリノ振動の解析結果と良い一致を示し,既に Super-Kamiokande の大気ニュートリノ振動の結果を追認したといっても良い.今後 Super-Kamiokande で KEK から発射されたニュートリノの検出数を倍増することにより,さらに確定的な結果となることが期待される.

16.2.4 日本のニュートリノ物理:将来への期待

理論的にニュートリノ振動の可能性を初めて予言したのは,牧二郎,中川昌美,坂田昌一[6]であり,ニュートリノの混合行列は MNS 行列と呼ばれる.更に柳田のシーソー機構の提案[2]など,日本のニュートリノ物理はまず理論面で世界に誇る成果を上げた.次いで,小柴昌俊らによる Kamiokande での世界初の超新星爆発からのニュートリノの検出成功[7],戸塚洋二らによる Super-Kamiokande でのニュートリノ振動の発見[1]と,非加速器素粒子実験で世界のトップに躍り出たが,今や K2K 実験や,更には丹羽公雄ら名古屋大学グループがエマルション技術を用いて Fermilab で行ったタウニュートリノの確認[8]によって日本のニュートリノ物理はあらゆる面で世界の第一線にある.しかし競争は激しく,特に実験的研究では,これまでの成果に安住していては 10 年と経たない内に再び世界の後塵を拝することになりかねない.幸い,KEK と日本原子力研究所の共同事業として 50 GeV の大強度陽子シンクロトロンの建設を含む計画の予算が認められ,2001 年度から建設がスタートした(16.3 節参照のこと).この加速器からの強力なニュートリノビームと Super-Kamiokande を用いて,$\nu_\mu \to \nu_\tau$ 振動の Δm^2 や混合角を精密に決定し,更には未発見の $\nu_\mu \to \nu_e$ 振動を初めて検出しようという実験計画が練られている[9].その先で 50 GeV 陽子シンクロトロンの強度増強と,神岡の次期計画としての 100 万トン水チェレンコフ検出器が実現すれば,ニュートリノセクターでの CP 非保存の測定も現実味を帯びてくる[9].更には 50 GeV 陽子シンクロトロンを用いるニュートリノファクトリー計画の R&D も開始されている.これらの計画が一歩一歩実現されて,将来も我が国がニュートリノ物理で世界をリードすることを期待したい.(**中村健蔵**)(筆者=なかむら・けんぞう,高エネルギー加速器研究機構教授.1945 年生まれ,1968 年東京大学理学部卒業)

参考文献

1) Y. Fukuda, *et al.*: Phys. Rev. Lett. **81** (1998) 1562.
2) T. Yanagida: *Proc. of the Workshop on the Unified Theory and Baryon Number in the Universe*, edited by O. Sawada and A. Sugamoto (KEK Report 79-18, 1979) p. 95. M. Gell-Mann, P. Ramond, and R. Slansky: *Supergravity*, edited by P. van Nieuwenhuizen and D.Z. Freedman (North Holland, Amsterdam, 1979) p. 315.
3) K. S. Hirata, *et al.*: Phys. Lett. **B205** (1988) 416, Phys. Lett. **B280** (1992) 146.
4) Y. Fukuda, *et al.*: Phys. Lett. **B335** (1994) 237.
5) S. H. Ahn, *et al.*: Phys. Lett. **B511** (2001) 178.

6) Z. Maki, M. Nakagawa, and S. Sakata: Prog. Theor. Phys. **28** (1962) 870.
7) K. Hirata, *et al.*: Phys. Rev. Lett. **58** (1987) 1490.
8) K. Kodama, *et al.*: Phys. Lett. **B504** (2001) 218.
9) Y. Itow, *et al.*: KEK Report 2001-4, hep-ex/0106019.

16.3 大強度陽子加速器プロジェクト（J-PARC）

16.3.1 プロジェクトのあらましとこれまでの経緯

　加速器計画には，より高いエネルギーをめざす方向と，より大きなパワーをめざす方向の二つがある．近年注目され始めたのは後者の大パワー化で，その要求は，ニュートリノビームなどの素粒子物理学，K中間子ビームなどの原子核物理学，中性子やミュオンを用いた物質・生命科学，そして，核廃棄物の処理に関連する原子核工学，といった多方面から沸き起こっている．この要望に応えようとするのが，大強度陽子加速器プロジェクトである[1]．建設は2001年度に始まり，高エネルギー加速器研究機構（高エネ機構）と日本原子力研究所（原研）との共同企画として実施される．2002年10月にこのプロジェクトの愛称がJ-PARC（Japan Proton Accelerator Research Complex）に決定した．

　この共同企画に至るまでには，多々の試みや提案がなされた．原子核物理学においては，1980年代の半ば，それまでのニューマトロン計画に替わる計画として大ハドロン計画が提案された．この提案は，東大原子核研究所による大型ハドロン計画の原型となり，その後，高エネルギー物理学研究所と東大核研が合併する大きな要因ともなった．

　一方，高エネルギー研の陽子加速器の一つである500 MeVブースターにおいて進められてきた二つの学際研究も，大強度化への動機となった．一つは，東北大電子シンクロトロンにおいて始まったパルス中性子による中性子散乱の物質科学研究である．この研究はブースターにおいて精力的に進められてきた．そして，中性子物性物理学者は，さらに強力なパルス中性子源の建設を強く要求していた．第二は，ブースターにおいて世界に先駆けて日本がはじめたパルス状ミュオンビームによるミュオン物性科学研究である．この研究は，東大理学部中間子科学実験施設を中心に精力的に進められ，ここでも大強度化の要求が起こっていた．

　これらの諸要求を合体し，さらに高エネルギー研12 GeV陽子シンクロトロンにおいて展開していた素粒子・原子核実験のユーザー層によるビーム強度化の要求を汲み入れたのが，高エネ機構によって提案された大型ハドロン計画[2,3]である．1997年の機構発足以来，機構を挙げての提案となっていた．

　一方，原子炉における核廃棄物の処理は，古くから社会的問題として取り上げられてきた．原子力研究の中心である原研においては，オメガ計画と呼ばれる群分離・消

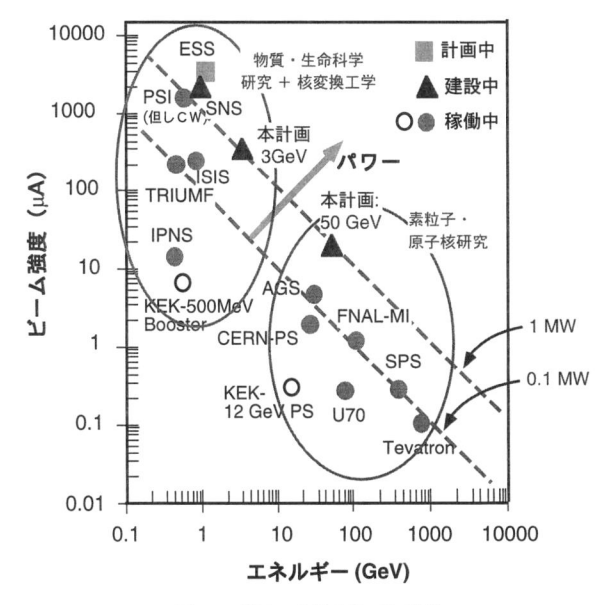

図 17 世界の大強度陽子加速器
現在稼働中のものは，0.1 MW 級のものが多く，2000 年代後半に向けて 1 MW 級の建設競争が始まりつつある．

減処理技術開発長期計画が立てられ，その一環として，陽子加速器を用いた長寿命核種の短寿命化が検討されてきた．さらに，原研では JRR-3 M と呼ばれる原子炉を用いた中性子科学研究が，近年大きく進展してきた．そのため，核廃棄物の核変換を行いつつ中性子科学を飛躍的に進展させるため，中性子科学研究計画とよばれる陽子加速器計画の提案が生まれた[4]．

このように，高エネ機構と原研の両加速器計画は，共に大強度の陽子ビームを得ることをめざしていた．そのため，両機関は，二つの計画を一本化し，世界に誇ることのできる最高級の陽子加速器を日本に一つ作ろうと話し合いを始め，共同企画が生まれたのである．

本プロジェクトは，完成すれば 21 世紀の学際科学を支える世界最先端の加速器となる．中性子科学研究においては，米国・オークリッジ国立研究所において 1 MW 級の陽子加速器の建設が始まったばかりである．日本の本プロジェクトも 1 MW をめざしている．ヨーロッパでも，この二つに追い付こうと真剣な検討が始まっている．また，原子核物理学では，K 中間子工場として世界の研究者の中核を形成することが期待されている．さらに，ニュートリノにおいては，フェルミ国立研究所や CERN と並んで世界の三つのセンターの中で最も進んだプロジェクトとして注目を

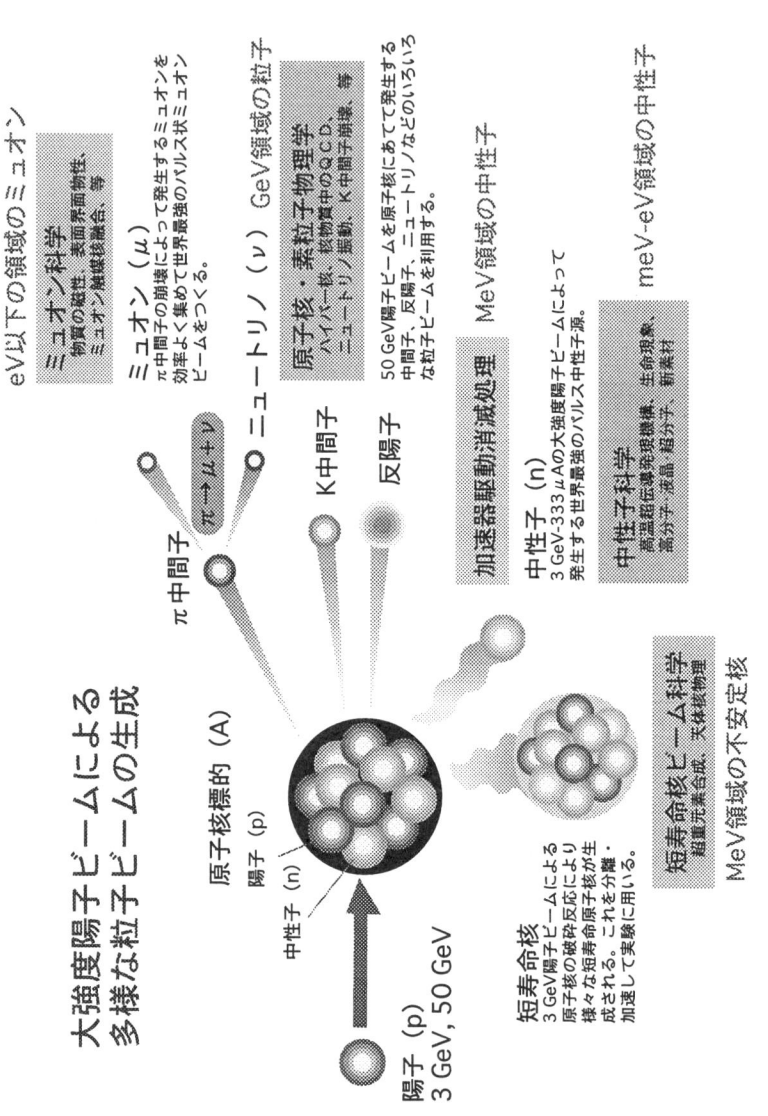

大強度陽子ビームによる多様な粒子ビームの生成

陽子 (p)
3 GeV, 50 GeV

原子核標的 (A)
陽子 (p)
中性子 (n)

短寿命核
3 GeV陽子ビームによる原子核の破砕反応により様々な短寿命原子核が生成される。これを分離・加速して実験に用いている。

大強度陽子ビームにより生成される二次粒子と、二次粒子ビームを用いて展開する科学

eV以下の領域のミュオン

ミュオン科学
物質の磁性、表面界面物性、ミュオン触媒核融合、等

ミュオン (μ)
π中間子の崩壊によって発生するミュオンを効率よく集めて世界最強のパルス状ミュオンビームをつくる。

π中間子
π → μ + ν

ニュートリノ (ν) GeV領域の粒子

原子核・素粒子物理学
ハイパー核、核物質中のQCD、ニュートリノ振動、K中間子崩壊、等

K中間子

反陽子

50 GeV陽子ビームをC標的にあてて生成する中間子、反陽子、ニュートリノなどのいろいろな粒子ビームを利用する。

加速器駆動消滅処理

中性子 (n)
3 GeV-333 μAの大強度陽子ビームによって発生する世界最強パルス中性子源。

MeV領域の中性子

中性子科学
高温超伝導発現機構、生命現象、高分子・タンパク、超分子、新素材

meV-eV領域の中性子

短寿命核ビーム科学 超重元素合成、天体核物理

MeV領域の不安定核

図 18　大強度陽子ビームにより生成される二次粒子と、二次粒子ビームを用いて展開する科学

浴びることになる．

図17に世界のパワーフロンティア加速器を示した．1 GeV 領域の陽子加速器は中性子やミュオンを用いる物質・生命科学に用いられるものが多く，100 GeV 領域の陽子加速器は素粒子や原子核の研究に用いられる．いずれの場合も，世界のフロンティア加速器は0.1 MW のものが多い．本加速器プロジェクトのような MW 級の加速器は，21世紀の最先端加速器となる．

16.3.2 施設構成とそこで展開される科学

1 GeV 領域以上の陽子ビームを原子核標的に照射すると，図18に示すように，原子核を構成している要素の一つである中性子が叩き出され，標的原子核の一部である短寿命原子核が放出される．さらに，50 GeV といった高エネルギー陽子を用いると，原子核内部には元来存在しなかった K 中間子・反陽子といった粒子が生成される．さらに，高エネルギーの π 中間子が生成され，その崩壊により，高エネルギーのニュートリノやミュオンが生成される．

これらの生成粒子は「二次粒子」と呼ばれる．大強度陽子加速器プロジェクトは，これら二次粒子をビームとして取り出し，それを用いた研究を展開しようとするものである．このような二次粒子ビームを最も有効に使うためには，一次粒子である陽子ビームの大強度化が必至である．大強度陽子ビームが必要になる理由がここにある．

図19に完成予想図を示した．シンクロトロンへの入射器としては 400 MeV の常伝導リニアック（線型加速器）を用いる．さらに，その後段に超伝導リニアックを製作し，そのビームを「核変換実験の工学基礎実験」に用いる．放射性廃棄物処理の可能性を見極めるための開発研究をここで行うためである．核変換実用器としての将来の加速器としては，連続ビームを供給する数 10 MW 級の超大強度の超伝導リニアックが必要だと考えている．この後段リニアックは，これに向かう加速器の超伝導技術の習得・開発も兼ねている．

リニアックからのビームは 25 Hz の速い繰り返しのシンクロトロンへと導かれ，そこで 3 GeV にまで加速される．出力にして 1 MW 級の陽子ビームがここで得られる．このビームは「物質・生命科学実験施設」に送られ，中性子散乱やミュオン実験に供される．パルス中性子の施設としては，世界最大級のものとなる．

さらに，3 GeV シンクロトロンからのビームの約 20 分の 1 は，次の 50 GeV シンクロトロンに送られる．そこで加速された後，一つのビームは K 中間子等を用いる「原子核・素粒子実験室」に送られ，もう一つは，ニュートリノビーム生成ラインに導かれる．神岡鉱山のスーパーカミオカンデ検出器を用いたニュートリノ振動実験を行うためである．特に，ニュートリノビームの強度は，高エネ機構で現在得られているものの百倍以上となる．すなわち，世界最大級の K 中間子ビームやニュートリノビームが得られる施設となる．

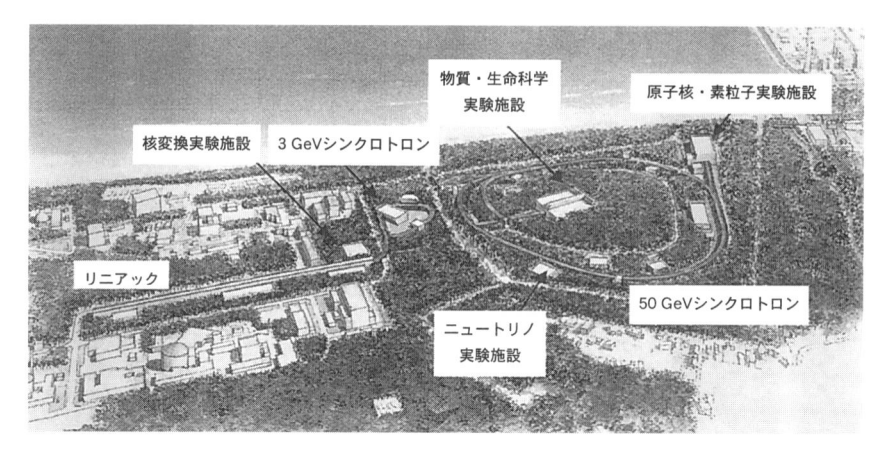

図 19 大強度陽子加速器の完成予想図
場所は日本原子力研究所・東海研究所敷地内に設置される．

このように，本施設を用いて展開される科学は多彩である．ニュートリノやミュオンを用いると，ニュートリノの質量は存在するのかという疑問の解明に始まり，レプトン族の混合は定量的にどの程度か，といった物理学の基本的研究が展開できる．レプトン族のCP対称性の破れは，宇宙空間の物質・反物質の非対称性を解明する重要データとなる．また，K中間子ビームを用いると，原子核の中にストレンジネス自由度を持ち込んだハイパー核分光や，核物質中のストレンジ中間子の振る舞いの研究，といった新しくユニークな原子核物理学研究が可能になる．さらに，反陽子ビームを用いたハドロンスペクトロスコピーは，QCD（量子色力学）研究における新しい局面を拓く．このような興味深い研究が50 GeVシンクロトロンにおいて展開される．

また，中性子はミクロな磁石であり，その性質を有効に利用した中性子散乱による物質の磁性研究は，今後も大いに進展するであろう．近年，ラザフォード研究所では，パルス中性子を用いた磁性体のスピン波やその励起に関する興味深い研究が進んでいる．3 GeVシンクロトロンにおいては，このような研究を飛躍的に発展させることが出来よう．また，中性子は電荷をもたずその質量が水素原子の質量とほぼ同じであるため，中性子散乱は原子番号の小さい元素を鋭敏に検出するといわれる．そのため，中性子散乱は蛋白質の水分子を鋭敏に眺める[1]．この蛋白質がDNA鎖を動くときには，水和構造が重要な役割を果たすといわれており，強力な中性子ビームを用いた散乱実験による蛋白質の機能研究にも期待が寄せられている．

さらに，二次ビームとして得られるミュオンは自然偏極しており，いわゆるμSR法と呼ばれる日本の研究者が開拓した分野におけるさまざまな磁性研究をはじめ，ミ

ュオンを用いた多々の応用研究が考えられる．たとえば，ミュオンの質量は陽子の10分の1なので，正のミュオンと電子の系はミュオニウムとよばれ，物質中で水素原子的な振る舞いを示す．また，ミュオンの質量は電子の200倍なので，負のミュオンが原子核に束縛されると，ボーア半径は電子半径の200分の1となる．この性質を利用して，二つの原子核間の距離を縮めるミュオン触媒核融合，等々，ユニークな応用が考えられる．

以上は研究のほんの一例であるが，本加速器は多彩な学際分野を開拓するものであり，その意味で大いに注目されている．

16.3.3 加速器の工夫

大強度陽子加速器は，加速器技術的にも開発部が多く，技術的に大いなる進展が期待されている．従来のシンクロトロンでは，いったん加速器のサイズを決めると，ビームが不安定になるトランジション・エネルギーと呼ばれるエネルギーが決まり，それ以上のエネルギーにビームを加速するのは種々の技術的困難があるとされていた．今回建設するシンクロトロンでは，この難点を巧みに解決し，トランジション・エネルギーの存在しない磁石配置構造が採用される．また，高周波加速の方法においても，特殊な磁性体を採用することにより，1 m 当り 50 kV も加速できるという，従来の10倍以上に加速勾配を上げることに成功した．この原理に基づく加速空胴は，米国のブルックヘブン国立研究所や高エネルギー加速器研究機構において設置され，実機としてのテストも完了している．

全加速器系のビームの質は，線型加速器のほぼ初段で決定される．そのため，初段の技術開発は最も重要である．イオン源において作られた負水素イオンは，RFQと呼ばれる最前段の高周波四重極線型加速器によって 3 MeV のエネルギーまで加速される．RFQ には，高エネ機構において発明された π（パイ）モード安定化ループという加速電場を安定化させる機構が取り付けられる．ビームは，その後ドリフトチューブ型線型加速器（DTL）に送られるが，ドリフトチューブ間には四極電磁石が組み込まれており，これらの四極電磁石には，新しく開発された電気鋳造方式のコイルが使用されている．これにより飛躍的にコンパクトな四極電磁石が可能となった．図20に建設中のドリフトチューブ型線型加速器を示す．

このように，本プロジェクトには加速器技術に対する多くのユニークな工夫が盛り込まれているが，今後解決しなければならない課題もある．それは，加速器が莫大な数の部品から成っている複雑系の要素を持つことによる不安定性の課題である．先に述べたように，本加速器はリニアックと二つのシンクロトロンから成る．大強度の加速器は加速器自体の放射線損傷を最小限にしなければならず，そのために，異なる種類の加速器間のビーム輸送をビームの損失を最小にして行わなければならない．さらに，大強度ビームを多数の粒子群（バンチ）構造をもって加速するが，バンチ内の粒

図 20 初段の加速に用いられるドリフトチューブ型線型加速器 (DTL)
コンパクトな四重極電磁石を組み込むなど,大強度化に向けて多くの工夫が凝らされている.

子同士の相互作用やバンチと周辺環境との相互作用は,ビーム不安定性の大きな要因となる[5]. このような問題の解決はこれからの課題である.

16.3.4 建設計画

建設計画は2期に分けて実施されるが,第1期は2006年度に終了予定である.全体計画のコストは1,890億円と計上されているが,第1期分は1,335億円で,現在のところ,この第1期分の建設着手が認可されている.諸外国における中性子源やニュートリノ実験なども2010年以前に稼動予定のものが多く,日本の大強度陽子加速器は,その頃に世界の一大センターを築くであろう.

私たち当事者としては,第2期分も含めて,建設開始から7～8年後,すなわち2010年以前には全施設のフル稼動が可能なように,その目標に向かって努力を続ける.

冒頭に述べたように,建設着手に至るまでには長い歴史があった.しかし,この本施設では,大出力の中性子ビーム,ミュオンビーム,K中間子ビーム,ニュートリノビーム,等々,世界で大いに注目され,これから待望されるビームがある.古くて新しい,時宜を得た加速器プロジェクトといえよう.(**永宮正治**)(筆者=ながみや・しょうじ,高エネルギー加速器研究機構教授.1944年生まれ,1967年東京大学理学部卒業)

参考文献

1) 永宮正治,永江知文,大山幸夫,三宅康博,高野英機,J. R. Helliwell, J. C. Peng:エネルギーレビュー,Vol. 19, No. 12 (1999) pp. 4-23.
2) 永宮正治:日本物理学会誌 **52** (1997) 154.
3) 池田宏信,永嶺謙忠,野村 亨:日本物理学会誌 **51** (1997) 430.
4) 向山武彦:日本原子力学会第29回炉物理夏期セミナー (1997) p. 147.
5) 西川哲治:学術月報,Vol. 150, No. 10 (1997) 982.

17. ニュートリノ振動の予言と実証

牧　二　郎

まえがき

　超新星爆発で大量に放出されたニュートリノが170,000光年の彼方から地球に到達し，その数例が観測にかかった（1987年3月）．人類はその発生源を直ちに見抜いた[1]が，わずか60年前までその存在にすら気付いていなかったのである．だからニュートリノの物語は，かのパウリ（Wolfgang Pauli）が1930年12月4日付で放射能学者マイトナー女史（Lise Meitner）らの集会にあてた公開書簡からはじまる[2]．

17.1 無と有の狭間から：パウリとフェルミ

　その短い書簡にニュートリノ仮説のすべてが簡潔に語られていた．エネルギー，角運動量ならびに統計性の保存は原子核においても正確に成立すべきであり，そのためにはスピン角運動量＝1/2（プランク定数を単位），電荷ゼロ（中性）で排他律（パウリの禁制原理）にしたがう未知の粒子が存在すればよいという主張で，彼はこれを当初はニュートロンと呼んでいた．原子核のベータ崩壊のエネルギー保存則からこの粒子の質量は電子のように軽く，過去に見つかっていないのは物質透過能力がきわめて高いからだとする．一方でその存在を主張しながら，他方でそれは容易に見付かっては困るというジレンマがこの仮説の特徴である．パウリもこのことに悩み，手紙の中で「存在しているならとうの昔に見つけられていたでしょうから，私の解決法が始めから駄目だと見られても止むをえません」と言いながら，なお「冒険なくして勝利なしです」と言葉をついでこの着想の検討を求めたのである．実験家の反応は必ずしも悪くはなかった．

　当時ローマ大学にあったフェルミ（Enrico Fermi）は中性子の発見（1932年）の以前からこの仮説を支持し，原子核のベータ崩壊を扱う本格的な理論を創り上げることに成功し（1934年）[3]，この理論によりパウリの粒子（フェルミはこれをニュートリノと命名した）の持つべき重要な性質のいくつかがまず明らかにされた．

　（ⅰ）　ニュートリノも電子も原子核の中にあらかじめ在ったものではなく，一対となって生成されたものである．

　（ⅱ）　電子と同じく反粒子（反ニュートリノ）が存在する．

　（ⅲ）　電子のエネルギースペクトルの理論値の上端付近を実験データと比べて質量の上限値をしらべると，電子よりはるかに軽く，質量ゼロとして矛盾はない．

(iv) ニュートリノを核粒子に当てて電子が出る反応(ベータ崩壊の逆過程)は全く観測できぬほど弱い．ガンマ線の鉛板への有効透過距離が 10 cm だとすればニュートリノのそれは $10^{16} \sim 10^{17}$ cm に及ぶので通常の条件では検出は絶望的である．エディントン (A. S. Eddington) は 1939 年の啓蒙書「物理科学の哲学」の中で
「いかに才能に富んだ実験物理学者といえどもニュートリノを作ることはできまい」とまで書いていた[4]．

ニュートリノ研究の第一歩がこうして踏み出されたが，上記 (iv) のハードルを乗り越えるにはさらに 20 年を必要とした．

17.2 初期のニュートリノ像

この謎めいた粒子の質量については，パウリの考えも揺れ動いた．前述の書簡のなかでその中性粒子は '光速度で走るのではないから光子と区別がつく' とのべ質量ゼロとは考えたくなかった様子であるが，3 年後のソルヴェー会議(1933 年 10 月)ではフェルミの命名を紹介しつつニュートリノは '固有質量はゼロに等しくてよい，そして光子のように光速度で伝播する' と発言している．余談にわたるが当時のヨーロッパの雰囲気を伝える戯作の脚本[5]を読むと，電子から電荷も質量も取り去るようなことはメフィスト(パウリ)の所業であると主の神(ボーア)の眼には映ったようになっている．また，晩年にパリティ非保存の発見を受け入れた後(1957 年 1 月)に行った彼の講演では 'その質量は理論的にはゼロである' と報告している．それは，弱い相互作用のパリティ非保存の形が質量ゼロのニュートリノと整合すると感じたからであろう．

わが国に眼を移せば，中間子論の時代に入り 1942 年には谷川(安孝)，坂田(昌一)の二中間子論が生まれたが，とくに坂田-井上(健)の唱えたモデル[6]では核力の湯川中間子(パイ中間子)は宇宙線中間子(今日のミューオン)と他の一つの中性粒子とに崩壊すると考えた．後者の質量は(当時の宇宙線の実験知識の範囲では)両中間子より十分軽ければよく，'したがって中性微子(ニュートリノ)と同一物と見なして差支かない' と論じていた．またミューオンの発見(1947 年)をうけてこの理論を分析した他の著者の論文にも '種々の理由からしてこれは中性微子と考えられる' という記述が見られる．

この粒子こそ後年のミューオン・ニュートリノであるが，当時はパウリの粒子から自らを区別する積極的な論理を見出せなかったのである．

17.3 ニュートリノ物理学の確立

物理学の立場からすれば，ある 'もの' の存在を証明するとは，思考の対象からそれを実験の対象に変えることであろう．

フェルミ理論にしたがえば，ニュートリノは通常の粒子に比べていわば '1,000 億分の 1'（象徴的な数値）の確率でしか物質と反応しない．しかし同時にこの理論は万一われわれが '10 億個' ものニュートリノ反応の実験を可能にすれば，その存在が証明されることを示唆していた．この大きな数値の壁を打ち破って生まれたのがニュートリノ物理学である．

　圧倒的大量のニュートリノの発生源として核分裂反応が持続する原子炉が選ばれたことは周知の通りである．ライネス（F. Reines）とコーワン（C. Cowan）は巨大な液体シンチレータでベータ崩壊の逆過程からの陽電子の検出に成功し，ニュートリノの存在を遂に実証した（1956 年）[7]．同年から翌 1957 年にかけてリー（T. D. Lee），ヤン（C. N. Yang），ウー（C. S. Wu）の研究によってベータ崩壊にパリティ非保存の現象が発見された．パウリが他界したのはその翌年である．

　大量のニュートリノ反応を実現する他の方法は，粒子加速器で発生させた高エネルギーパイ中間子ビームの崩壊でミューオンと組みになって生まれるニュートリノを用いることである．パイ中間子ビームの粒子あたりのエネルギーを上げれば反応確率は急激に増大する．ビームの強度と収束性に改良を加えて，標的への照度を上げる効果と相まって加速器物理としてのニュートリノ研究が軌道に乗ったのは 1969 年代である．この時代とは，乱暴な言い方が許されるならば，ともかく素粒子の種類が急激に増えた時代である．パウリや湯川の置かれた状況とは異なる局面となっていた．一から多に向い，またその統一を求めるのがこの世界である．「奇妙さ」，「色」，「香り」とか「世代」といった jargon の洪水もこのためである．

　これまで 1 種類のように扱われてきたニュートリノも今や豊富な素粒子の仲間に加えられた．ニュートリノと反ニュートリノという自由度のほかに他の自由度があるかどうかが自ずから問われる時代となったのである．

　まず，パウリのニュートリノとパイ中間子の崩壊やミューオンの原子核への吸収のさいに発生するニュートリノとが同種類のものかどうかを問題にしなければならない．実はミューオンも 'ベータ崩壊' して電子と二つの 'ニュートリノ' になることが知られたが，この二つが同種類か否かの問題でもある．ミューオンは電子と光子（ガンマ線）とに崩壊する例がないことを説明するほとんど唯一の考えは，ニュートリノには対となるレプトン（電子かミューオンか）が本来定まっており，そのことによって互いが区別されているとすることである．ここではその説明は省くが，1960 年前後に多くの人が独立にこの考え方を展開した[8]．質量についての実験的知識は相変らずどちらもゼロに近いという程度にどとまっていたが，2 種ニュートリノ理論に質量の問題はあまり関係しない．ただしパリティ非保存と質量＝0 のニュートリノを結びつけると反ニュートリノとの関係でこの理論にも異なる拡張の可能性が出てくるが，今は立ち入る余裕はない．

ここに来て望まれたことはこの 2 ニュートリノ理論を実験によって直接テストすることであった．米国のブルックヘヴン国立研究所（BNL）に完成した AGS 大型加速器のニュートリノ・ビームと新型の粒子検出装置の組合せによってこれが可能となった．

以下ではいろいろな素粒子を化学元素のように慣用の記号で表わして話をすすめよう．言葉の簡約のためである．電子を e^-，ミューオンを μ^- など．肩のマイナスは負電荷を表わすので，反粒子は e^+，μ^+ となる．ニュートリノは ν，反ニュートリノは $\bar{\nu}$ と書くのが普通である．さらに添字をつけて ν_e と書けば，電子と対となるニュートリノ（電子ニュートリノ），ν_μ は同様にミューオンニュートリノの記号である．しかし添字によって ν を使い分けるだけでは意味はなく，両者が異なる粒子であることを実験で示したいのである．質量による区別が不可能ならば他の排反事象によって実証するほかはない．たとえば 'μ^- とともに生じた ν_μ ビームを標的物質に当てれば，μ^- を発生することはあっても e^- は生ぜず，また ν_e を当てれば e^- のみが生じて μ^- は見られない' ことを事実によって確かめればよい．

前記 BNL の実験でこの命題の前半部分が高い信頼度で実証された．百歩ゆずっても ν_e と ν_μ とはもはや「同一物」とは見なせないので，ニュートリノが 1 種類でないことが決定的に確立したのである．レーダーマン（L. Lederman），スタインバーガー（J. Steinberger），シュヴァルツ（M. Schwarz）らのチームの業績（1962 年）である．

17.4 ニュートリノ振動

ニュートリノに（すくなくとも）2 種類あることが確認されたので ν_e と ν_μ とをあらためて '一つのニュートリノの取りうる二つの異なる状態である' と考えよう．排反的なこの二つの状態は量子力学の言葉で 'たがいに直交する' と呼ばれる．

ニュートリノはこれらの粒子状態 ν_e，ν_μ においてどんな質量をもつだろうか？もしそれが確定した値をもつならば，（i）ともにゼロ，（ii）ゼロではないが等しい，（iii）等しくないの三通りである．とくに（iii）の場合はその条件自体により ν_e と ν_μ とは直交していなければならない．

だがニュートリノといえども量子力学に支配されるので話はここで終らない．それがニュートリノ振動の現れる場合である．

ここでニュートリノに限らず素粒子が「振動する」とは，異なる種類の素粒子がその状態の内容を周期的に交換し合うことである．これが可能な例は限られており，1950 年代に K-中間子が中性の K^0 状態とその反粒子状態 $\bar{K}^0$ との間で振動することが明らかにされた．他の例を探すならばこれと類似してニュートリノ（ν）-反ニュートリノ（$\bar{\nu}$）状態の振動があるが（ポンテコルボ，1957 年）[9]，ここでは異なる種類の

17.4 ニュートリノ振動

ニュートリノ間に生ずる振動について解説しよう．

先述のように，ニュートリノの種類を確定するとは'その量子力学的状態を定めることである'という考え方に立てば，状態 ν_e, ν_μ における質量を問う代わりに，質量の大きさが確定していることを条件としたニュートリノ状態を別に定義することも可能である．2種類のニュートリノの（確定した）質量値 m_1, m_2 が異なる場合には，対応するニュートリノ粒子状態 ν_1 と ν_2 とは互いに直交する．一方であれば必ず他方ではないからである．

対となる相手が e^- か μ^- かで定義したニュートリノ（ν_e, ν_μ）と質量によって定義したもの（ν_1, ν_2）とは，一方の組が他方の組の'重ね合わせ'状態として表わされる，という関係にある．重ね合わせとはベクトルの加え算などを頭に描けばよい．直交する二つの状態によって2種類のニュートリノを定義する仕方は，（ν_e, ν_μ）や（ν_1, ν_2）のほかにも無数にあるが，質量値（m_1, m_2）自体は自然が定めた大きさの量であることに注意しておこう．定義（ν_e, ν_μ）と定義（ν_1, ν_2）の二つが特に選ばれる理由は観測を通じて知られるニュートリノの物理的性質と直接結びついているからである．前者はニュートリノの識別が弱い相互作用（ベータ崩壊など）で発生/吸収されるレプトン（e^-, μ^-, τ^-）によってなされるからであり，また後者の定義は一般に素粒子がある時空点から十分遠方の別の点まで自由粒子として伝播することは定まった質量値をもってのみ許されるという事実に対応する．定義の異なるこの粒子状態は角度 θ によって互いに重なり合っている．θ は混合角とよばれるが，これが $0°$，$90°$ などでは両者は等価であり，二つの質量値がたまたま等しければ，ν_e も ν_μ もその質量値をもつ粒子である．ニュートリノ振動はこのどちらでもない場合に生ずる．レプトンの種類（フレーバー）が3種あれば'フレーバー'ニュートリノと'量質'ニュートリノとを結ぶパラメーターは1個から4個に増えて複雑となる．さらに言えば，以上の枠組みから外れたニュートリノ（不毛ニュートリノと仇名される）を導入する理論もあり，これを含めた振動も考えられるがここでは省略する．

いまある点で生まれたニュートリノ（例えば ν_e）が，離れた別の点で検出されるまでの時間的経過を追ってみよう．状態 ν_1, ν_2 の重ね合わせ（混合）として出発した状態（ν_e）の時間的変化は成分状態 ν_1, ν_2 の時間的振動を重ね合わせた形に記述でき，そして後者の時間的振動の周波数はそれぞれのエネルギーに比例するが，運動量の同じ状態で比べれば，エネルギーは質量の大きい方が大となるので時間的周波数もその分だけ高くなるわけである．質量が十分小さいニュートリノの場合には，二つの周波数の差は（質量）^{2} の差：$\Delta m^2 = |m_1^2 - m_2^2|$ に比例する．この周波数の差のために成分状態 ν_1, ν_2 の時間的振動には位相差がともなうことになり，合成に際して状態 ν_1 と ν_2 の振幅は強め合ったり弱め合ったりの変化を周期的に繰り返すことになる．この効果が最大となるのは混合角 θ が $45°$ の場合であって，最初に ν_e であった

ものがある時間経過後には完全に ν_μ となり,さらに同時間たてば元の ν_e に戻るという周期運動となる. θ が 45° より小さくなれば $\nu_e \longleftrightarrow \nu_\mu$ の完全な入れ替りは生ぜず相手の成分による変調 (modulation) の形となるがその周期は θ の大きさによらず一定であって,いずれにせよ前記の質量差 Δm^2 に逆比例する.周期(時間)にニュートリノの速度を乗じて得られる'うなり振動'の節の長さは振動長とよばれるが,それは Δm^2 が 0 に接近するとともに非常に長くなり,巨視的な空間領域(地球のサイズ,あるいは太陽系のサイズで)これを見ることができるのである.

以上でニュートリノ振動の物理的骨子を概説した.数式抜きの説明のため冗長となったことをお許し頂きたい.

17.5 史料的断片とむすび

筆者らは前節にのべた研究を 1962 年 3 月末から 6 月の時期に仕上げ,論文[10]として投稿するとともに 1962 年 7 月 4-11 日ジュネーヴの CERN において開催された「1962 年度高エネルギー物理学国際会議」(第 11 回ロチェスター会議)において発表した.筆者の講演の頭目は投稿論文と同じだが,内容は上記ニュートリノ振動の理論の部分にしぼった (7 月 6 日,セッション T 1,座長は山口嘉夫教授)[11]. 3 節に紹介したブルックヘヴン研究所 (BNL) の成果は同会議 7 月 9 日の特別セッションでシュヴァルツ教授によって詳細に報告された(司会はワイスコップ (V. F. Weisskopf) CERN 所長)[12].

BNL の 2 ニュートリノ説実証の結果は,1962 年 3 月には非公式ながら世界に知られていた.筆者らはこれを受けて従来の複合モデルを改良するために混合角 θ を導入したが,同じ考えは独立に京都グループの片山(泰)らによっても提出された[13]. ただし後者の論文は混合角の自由度は質量ゼロの故に可能であると考えたように読みとれる.それが振動の話まで進まなかった理由であろう.また,筆者がニュートリノ振動の可能性に気付いたのは,逆説的にも BNL の実験が暗黙に各フレーバーのニュートリノ (ν_e, ν_μ) の安定性(あるいは自己同一性)を前提していることに疑問を感じたからであった.したがって論文ではこのことに触れ,この実験は '質量差 $|m_1 - m_2|$ が 1 eV(電子ボルト)程度以内でなければ 2 ニュートリノ仮説のテストに有効ではない' と論じたのである[14]. なお,同論文中の振動を説明する文章,'$\nu_e \leftrightarrow \nu_\mu$ の仮想的遷移のために(これらの)ニュートリノは安定ではない' はあまり適当だとは言えない.それは飛行中のニュートリノが,これを観測するか否かにかかわらず周期的にフレーバーを変えているかのような印象を与えるからである.

ニュートリノ振動の理論は量子力学の正直な応用から生まれたものであるが,微小なエネルギー差(この場合には質量差)を巨視的なスケールの干渉効果として把える

という点では測定手段に一つの break through をもたらしたとも言える. ニュートリノに限らず, より多くの複雑な '振動問題' が研究されてよいと思われる. また, ゼロに近い質量値を説明する柳田 (勉) らのシーソー機構[14] にも振動問題と絡み合わせて未だ追求すべき問題が多く残されているように思われる. (筆者＝まき・じろう, 京都大学名誉教授. 1929 年生まれ, 1952 年東京文理大学物理学科卒業)

文　献

1) 「学術月報」52 巻 9 号（1999）の小柴昌俊氏の記事.
2) W. Pauli : *Writings on Physics and Philosophy* (edit. C. P. Enz & K. von Moyenn, Springer, 1994) p. 198.
3) E. Fermi : Zeitschrift für Physik **88** (1934) 161.
4) A. S. Eddington : *The Philosophy of Physical Science* (Cambridge, 1939) p. 112.
5) 《史劇》中性子誕生の前夜（朝永振一郎訳), 朝永著作集第 8 巻（みすず書房, 1982）p. 208.
6) 坂田昌一, 井上　健：日本数学物理学会誌 **16** (1942) 232.
7) C. L. Cowan and F. Reines : Phys. Rev. **107** (1957) 528.
8) R. P. Feynman, K. Nishijima, J. Schwinger, T. D. Lee, C. N. Yang ほか. (文献未詳)
9) B. Pontecorvo : Zh. Exp. Teor. Fiz. **33** (1957) 549.
10) Z. Maki, M. Nakagawa and S. Sakata : Prog. Theor. Phys. **28** (1962) 870.
11) 著者同上：*Proceedings, 1962 International Conference on High Energy Physics of CERN* (edit. J. Prentki, Genéve, 1962) p. 663.
12) G. Danby, J. M. Gaillard, K. Goulianos, L. M. Lederman, N. B. Mistry, M. Schwarz and J. Steinberger : *ibid.* 809.
13) Y. Katayama, K. Matumoto, S. Tanaka and E. Yamada : Prog. Theor. Phys. **28** (1962) 675.
14) T. Yanagida : in *Proceedings of the Workshop at KEK*, edit. S. Sawada *et al.* KEK report 79-18 (1979) p. 95.
    M. Gell-Mann. P. Ramond and R. Slansky : in *Supergravity* (North Holland, 1979) p. 315.

初出：「学術月報」52 巻 9 号（1999）pp. 17-22.

18. 素粒子標準理論の形成

長 島 順 清

18.1 は じ め に

　ベックレルの放射能発見（1896）により，物質間に働く相互作用には古くからの重力と電磁気力の他に，強い力および弱い力があると認識されたが，それを記述する数学的枠組みは，弱い相互作用はフェルミにより1934年に，強い相互作用は湯川により1935年に初めて提案された．そのころの素粒子は，陽子，中性子，電子およびフォトンを意味したが，湯川理論にはパイ（π）メソンが，フェルミ理論にはパウリの提案したニュートリノ（ν）が存在すべき仮説の素粒子として組み込まれていた．πメソンは核力の担い手として導入されたが，力の媒介粒子はその後の素粒子論の底流となった重要な概念である．現代標準理論の形成は，1960年代における物質のクォーク構造の発見により急速に発展したが，素粒子を記述する基本的な数学的枠組みとしての場の量子論の原型は，既に量子力学成立直後の1929年に提案されている．数ある場の量子論の中から，$SU(3)_{\text{color}} \times SU(2)_L \times U(1)_Y$ゲージ理論を正しい理論として抽出する過程は，素粒子の性質と対称性を理解する過程であるが，それは原子構造の解明に始まり，原子核，核子構造からクォーク・レプトンの発見に至る長い道のりで徐々に明らかにされた．"素粒子とは何か"の基本概念は，物質粒子も電磁場などと同様な場の励起状態とみなすことを出発点とする．初期素粒子論には量子力学の形成と重複する部分が多々あるが，素粒子を生成消滅する実体として捉え，強電弱相互作用の担い手として認識した時点から量子力学とは別個の発展を始めたと考えることができる．素粒子の生成消滅は場の量子論により記述されるので，素粒子標準理論の歴史は場の量子論から出発するのが適切であろうが，これに関しては中西氏の解説（第14章）が収められているのでここでは触れない．ただ，場の量子論に現れる無限大の発散については，全て質量と電荷の再定義，波動関数の規格化などに押し込めるくりこみ手法で整合性のある体系を築けることが，1946-49年に朝永‐シュウィンガー‐ファインマンにより示された歴史的事実は指摘しておく必要がある．時を同じくして行われた水素原子エネルギー準位におけるラムシフトや電子磁気能率の精密実験値が，繰り込み計算により見事に再現されることが判り，量子電磁力学（QED；Quantum Electro-Dynamics）が確立したのである．QEDは電子やミューオンの磁気能率計算において10桁の精度で実験値を再現することができる．適用範囲は，10^{-16} cmの極微の世界から銀河スケールに到る40桁近くをカバーし，今なお限界を広げ

つつある．QEDの成功は，場の量子論が素粒子を記述する正しい言語であることの証であり，その後の場の量子論は常にQEDを規範としつつ発展してきたと言えよう．

18.2 強い相互作用（1935-1965）

中間子論 1935年に提案された核力の湯川理論は電磁相互作用をモデルとしている．質量ゼロのフォトンの代わりに有限質量を持つ力の場は，クーロンポテンシャルの代わりに湯川ポテンシャル $V(r) = \dfrac{g^2}{4\pi}\dfrac{e^{-\mu r}}{r}$ を与える．すなわち到達距離（$r \simeq \hbar/\mu c$）が有限の短距離核力は有限質量 μ を持つ粒子により媒介されることを示し，電子の約200倍の質量を持つ π メソンの存在を予言した．湯川理論の提唱後，1937年にアンダーソンとネッダーマイヤーは宇宙線の中から，予言通りの質量を持つミューオンを発見したが，貫通力が高く強い相互作用を媒介する粒子としての性質が充たされてないようにみえた．坂田-井上，谷川やマルシャック等は2中間子論（1942）を唱えてこの解決法を示唆し，1947年のパウエル等による π メソンの発見で決着が付いた．核力ポテンシャルが重陽子の性質や低エネルギー核子散乱などを再現したことで湯川理論の基本的正しさは証明されたが，πN 散乱を始め1940年代の後半に発見されたストレンジ粒子や1960年代に大量に発見された各種共鳴間などの生成散乱の振る舞いを定量的に記述することはできなかった．理由は強い相互作用の強さが $g^2/4\pi \simeq 15$ と非常に大きな値をとり，摂動計算が適用できないことにあった．このため結合定数の逆数で展開する強結合の理論や朝永による中間結合の理論など種々の試みが行われた．この辺の事情については町田氏の解説（第6章）を参照されたい．1954年にはヤン-ミルズ[1]による非アーベルゲージ理論の定式化という重要な進展があったが，一般的にはあまり注目を浴びなかった．ゲージ理論における力の媒介粒子は質量ゼロを持ち，長距離力でなければならなかったが，強い力や弱い力は明らかに短距離力であったから，現実的に役に立つ理論とは思われなかったのである．1950〜60年代は場の量子論に対する信頼性がゆらいだ時代であり，代わりとなる方法を模索する時代でもあった．その中で有望と思われたのは観測量間の関係だけを議論する S 行列の方法であった．

素粒子民主主義 S 行列では粒子や共鳴状態は，複素平面における極，結合定数はその留数として表される．S 行列の方法とは，解析性のよい関数について成り立つ分散公式に，散乱振幅を規制するユニタリティ条件と交叉対称性[*1]を使って種々の粒子の間に生じる関係式を自己無撞着に解くことにより散乱振幅を計算し，粒子スペクトルや力学構造を再現しようとする試みである．πN 散乱では u チャネルの核子交換により引力が生じて s チャネルに3—3共鳴の $\varDelta(1232)$ を，π—π 散乱では t チャ

[*1] 例えば πN 散乱の場合，散乱振幅 f(s,t,u) は，変数の値により s チャネル（$\pi^+ N \to \pi^+ N$），t チャネル（$\pi^+ \pi^- \to p\bar{p}$），u チャネル（$\pi^- N \to \pi^- N$）を同時に記述する．

ネル ρ 交換により s チャネルに ρ 共鳴を導くことに成功したことから,チューは靴ひも理論を唱えた[2] (1962).靴ひも理論は,全ての素粒子は同等で互いが互いを靴ひものように結い上げるという素粒子民主主義を主張し,基本粒子のラグランジアンから出発する場の量子論とは対極に位置する思考である.これには,1960年代前半の電子・核子弾性散乱データが,核子は芯を持たない柔構造を持つことを示したという支持材料もあった.さらに散乱振幅の複素角運動量平面における極としてのレッジェ軌跡が,スピンパリティ以外は同じ量子数を持つ共鳴群のスペクトルとして実現されること,レッジェ軌跡交換による表式では s チャネル高エネルギー散乱現象が一連の低エネルギー t チャネル共鳴の和という形で表されることなども明らかにされた.粒子群寄与の和として表される散乱振幅が,組み替えにより s チャネル振幅とも t チャネル振幅ともなるという双対性(duality)が具体的に示され,ハドロンの紐モデルから後の超弦理論へ発展する重要な契機ともなった.最終的には,S 行列の解析性だけから全てを導こうという試みは,ある程度の成功は収めたものの,厳密なフォーマリズムを完成するところまでは行かなかった.やがて,ハドロンが少数の基本的粒子クォークより構成されることが判って再び場の量子論に戻ることになる.

18.3 クォークモデル (1956-1970)

18.3.1 ストレンジ粒子の発見

西島-ゲルマンの法則 宇宙線の中からストレンジ粒子が発見されたのは 1947 年であり[3],π の発見とほぼ同時であった.当時の理論家を悩ませた新粒子(ストレンジ粒子)の性質は,物質中での飛程距離が ~ 1 cm 以下という強い相互作用の持ち主でありながら,生成後崩壊するまでの飛程距離も同程度あること,つまり崩壊するときは弱い相互作用をするという 2 重性であった.この 2 重性は,新粒子が常に連携生成されることから中野-西島-ゲルマン (1953) により,強い相互作用では保存するが弱い相互作用では保存しないストレンジネスという量子数を導入することにより解決した.ストレンジネス S は,電荷 Q,バリオン数 B,アイソスピン第 3 成分 I_3 との間に次の西島-ゲルマンの法則を充たす.

$$Q = \frac{S+B}{2} + I_3 = \frac{Y}{2} + I_3 \qquad (1)$$

Y はハイパーチャージである.このころ知られていたストレンジ粒子は,今日で言うところの安定粒子,つまり寿命が $10^{-8 \sim 10}$ 秒程度の K メソン及びハイペロン (Λ, Σ, Ξ) 等であったが,1960 年代に入ってからは,ローレンスバークレー研究所のベヴァトロン (6 GeV) やブルックヘブン研究所 (BNL) の AGS (30 GeV) により続々と共鳴群(寿命 $10^{-22 \sim 24}$ 秒)が発見され,粒子の数は百個を越えるほどとなった.素粒子の数がこれだけ多くなれば,より基本的な粒子を探し求めるのは当然であ

ろうが，坂田モデル[4] はそれに先駆けて早くも 1956 年に提唱されていた．

18.3.2 $SU(3)$ 対称性

坂田モデルからクォークモデルへ 素粒子群を分類する量子数としては，従来のスピン-パリティの他にアイソスピンとストレンジネスが加わり，各粒子間の相互作用を力学的に再現することを含めて，いろいろなモデルが提案された．坂田モデルの重要性は基本粒子として全てスピン 1/2 で質量がほぼ等しいフェルミオンを採用し，池田-大貫-小川による IOO 対称性[5] (1959)，今日の $SU(3)$ ユニタリー対称性につなげたことであろう．$SU(3)$ 対称性の導入により，メソン 8 重項の説明に成功したが，基本粒子として (p, n, Λ) を採用したがためにバリオン 8 重項の存在には目をつぶってしまい袋小路に入り込む．これを修正したネーマンとゲルマン[6] (1961-1962) の八正道説やゲルマン-大久保の質量公式[7] は実験データを良く再現する事ができた．さらにスピンパリティ $3/2^+$ の 10 重項の最後の欠員 Ω^- が発見され[8]，$SU(3)$ 対称性への信頼度は多いに高まった．

$SU(3)$ 対称性の成功に刺激されてクォークモデル[9] (1964) が提唱されたが，これは基本粒子 (p, n, Λ) を (u, d, s) の組に置き換えたものである．坂田モデルとの違いは $SU(3)$ の保存量としてストレンジネス S の代わりにハイパーチャージ Y を採用したこと，$q=(u, d, s)$ が，バリオン数 1/3，半端電荷 $(2/3, -1/3, -1/3)$ を持つことにあった．ただし，半端電荷の存在は当時としては異端の考えであり，提唱者のゲルマンは，当初クォークは実在の粒子でなく分類のための数学的枠組みと考えるべきであると言っていたほどである．基本粒子存在の否定には当時の流行であった靴ひも理論も影響したと思われる．$SU(3)$ ユニタリー対称性にスピンの時空対称性を含めた拡張型の $SU(6)$（崎田他[10]：1964）クォークモデルによれば，$q\bar{q}$ がスピンパリティ 0^-，1^- の 1 重項と 8 重項を合わせた 9 重項を作り，qqq にはスピンパリティ $1/2^+$ の 8 重項と $3/2^+$ の 10 重項が現れる．これらの共鳴状態が全て観測され（図 1）かつ初期にはこれのみが観測されたこと，$SU(6)$ モデルがバリオンの磁気能率をほぼ正確に再現したことはクォークモデルの信用を大いに高めた．

チャーム：第 4 のクォーク クォークモデルが正しいと誰もが確信を持つようになったのは，チャーム発見の影響が大きい．1974 年にティン等のグループが BNL/AGS の pp 反応で，同時にリヒター等のグループもスタンフォード線形加速器センター（SLAC）の SPEAR における e^-e^+ 反応で，今日 $J/\psi(1S)$，$m \simeq 3097$ MeV として知られる共鳴の存在を発表した[12]．この共鳴発見が衝撃的であったのは，測定器分解能限度以下という共鳴幅の小ささであった．この事実は何らかの選択規則[*2] が働

[*2] 反応のファインマンダイアグラムを描いたとき，クォーク線が途中で切断する過程は反応率が小さいという OZI 則（大久保・Zweig・飯塚）[13] と解明された．QCD の解釈ではグルーオンで繋がっている．

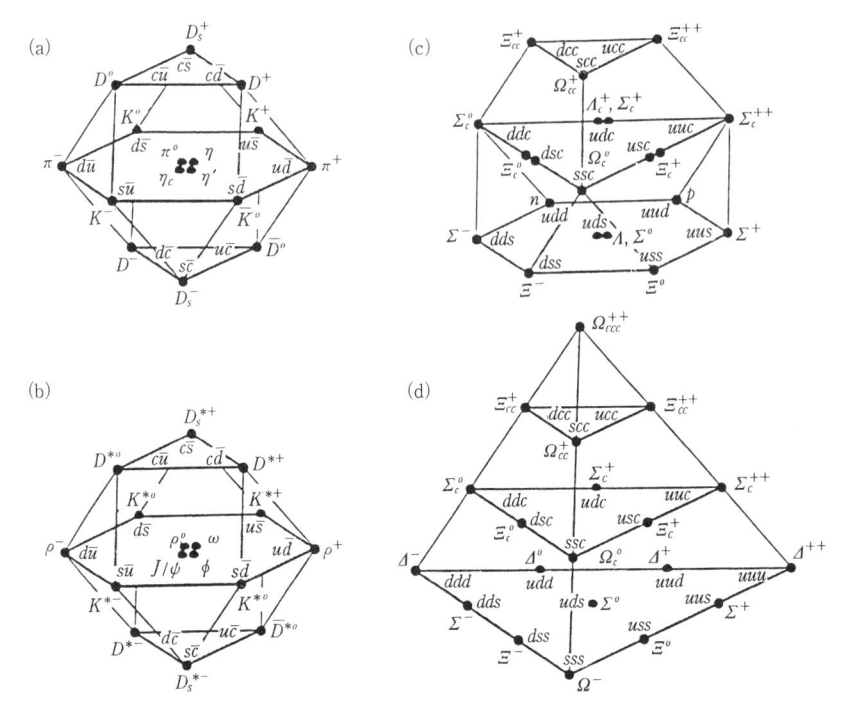

図1 クォークモデルによる各種ハドロンのクォーク構成要素[11]
(a) $J^P=0^-$ 擬スカラーメソン，(b) 1^-ベクトルメソン，(a)(b) 共 $SU(4)16$ 重項を表し，上からチャーム量子数 $(1, 0, -1)$ の面，η_c, J/ψ を除く中央面のメソンが $SU(3)9$ 重項を表す．(c) $1/2^+$ バリオン $SU(4)20$ 重項，(d) $3/2^+$ バリオンの $SU(4)20$ 重項で下からチャーム量子数 $(0, 1, 2, 3)$ の面，最下面が $SU(3)8$ 重項，10 重項を表す．

いていることを意味し，J/ψ はただちに新しいチャームクォーク $c\bar{c}$ 対の束縛状態であると決定された．第4のクォークの存在は，レプトン・バリオン対応などから牧や原の4元模型[14] として，また，弱い相互作用においてストレンジネスの変わる中性カレントの不在を説明するための GIM 機構[15] 等によってもその存在が予言され，しかも中性 K メソン $K_1^0-K_2^0$ の質量差から質量はほぼ $1.5\,\mathrm{GeV}$ と予想されていた．続いて発見された $\psi(2S)$，$m\simeq 3686\,\mathrm{MeV}$ およびその崩壊スペクトルは，ポジトロニウム (e^-e^+ の束縛状態) の示す励起状態にそっくりであり，チャーモニウムと名付けられた．違いはポジトロニウムのエネルギー準位差が $\sim 5\,\mathrm{eV}$ であったのに対し，J/ψ のそれは $\sim 500\,\mathrm{MeV}$ と1億倍も大ききかったことである．これはスピン $1/2$ を持つ2粒子間にクーロンポテンシャルに類似のしかし遙かに強い力が働いて束縛状態ができていることを示す．

閉じこめ チャーモニウムのスペクトルは純粋のクーロン力でなくポテンシャルが

$$V(r) = \frac{a}{r} + br \qquad (2)$$

という構造を持つとして良く再現できる．距離に比例するポテンシャルは $M^2 \propto J$ の回転励起状態を作るので，レッジェ軌跡を再現することができる．データから $a \sim 0.1\,\text{GeV} \times 10^{-13}\,\text{cm}$，$b \sim 0.7\,\text{GeV}/10^{-13}\,\text{cm}$ と決められた．クォーク間には強い力が働いていること，しかもその力の強さは距離が大きくなっても一定でクォークを引き離すことができない紐構造を持つことを意味する．クォークを単独に取り出すためには無限大のエネルギーを必要とするので，紐が引き延ばされると真空から $q\bar{q}$ 対を作り紐がちぎれて多数のハドロンを生成する方がエネルギー的に得である．実際次に述べるようにパートンがジェットとして観測されることからも，クォークを単独では取り出せないという"クォークの閉じこめ"説が生まれた．

クォークは6個 チャーモニウムの発見に続いて，チャームクォークを含み，チャーム量子数を陽に持つチャームメソンやバリオンが次々と発見され，そのスペクトルが $SU(4)$ 対称性構造を充たすことも明らかになった（図1参照）．次いで1978年には第5のボトムクォーク (b)，1998年には第6のトップクォーク (t) が発見されたが，これは標準理論が定着した後の話である．

18.3.3 パートンモデル

ハドロンの透視 ハドロンの分類学による基本粒子の追求と平行して，ハドロンの内部構造を調べる動力学的研究も行われた．構造を調べるためのプローブとしてまず使われたのは電子であった．電磁気相互作用は QED により記述できるから，電子と核子の散乱反応式は核子内の電荷分布と磁気能率分布が判れば書き下ろせる．反応断面積の式の中には，標的の広がりを表す分布関数がフーリエ変換された形状因子という形で入るので，

$$F(Q^2) = \int \rho(r) e^{iqr} dr, \quad q = p_i - p_f, \quad Q^2 = |q^2| \simeq 4 p_i p_f \sin^2 \frac{\theta}{2} \qquad (3)$$

電子・核子弾性散乱の断面積を調べることにより，$r \geq 1/Q$ までの分布が調べられる[*3]．もし，分布の中心に電荷 λ の点粒子があれば形状因子はどんなに Q^2 を大きくしても，λ の値以下には下がらない．すなわち，$\langle F(Q^2) \to$ 定数 $\rangle$ は点電荷の存在を意味する．

ハドロンの階層構造 1960年代前半のホフシュタッター等による弾性散乱実験データは，核子が $\sim 10^{-13}\,\text{cm}$ 程度に広がっていて堅い芯を持たない柔らかな分布であることを示した．核子の深奥構造を調べるために Q^2 を大きくすると非弾性散乱が優勢になる．非弾性散乱の場合は自由度が一つ増えて，形状因子（この場合は構造関

[*3] 式(3)を見れば，$|\boldsymbol{q} \cdot \boldsymbol{r}| > 1$ の部分は振動が激しく積分に寄与しない．ちなみに，現在最高エネルギーの加速器は $\sim 1\,\text{TeV}$ なので，おおざっぱに言って $r \sim 10^{-16}\,\text{cm}$ までの小さな構造体を調べる能力があることになる．

数という言葉を使う）は Q^2 と $\nu=E_i-E_f$ の関数となる．標的ハドロンがより基本的な点粒子（パートン）の集合体であれば，そうしてパートン同士の相互作用が緩ければパートンは核子内で自由に動いているとみなせるので，eN 非弾性散乱はパートンとの弾性散乱の和で書き直せる．この場合構造関数は $x=Q^2/2M\nu$ のみの関数となる（ブジョルケンスケーリング[16]）．x はパートンの核子内での（親核子の運動量で規格化した）運動量を表す．MIT/SLAC グループによるスケーリングの発見[17]（1969）はハドロンに階層構造があることを示し，長い間低迷していたハドロン力学に発想転換の契機を与えた点で画期的であった．

パートンはクォーク　　1972 年にはフェルミ研究所の陽子加速器，1976 年には CERN の SPS（共にビームエネルギー 400 GeV）が動き出して，本格的な高エネルギーニュートリノ実験が始まり，νN 深非弾性散乱データを eN 深非弾性散乱と比較してパートンの性質を決めることができた．データは両者が全く同じパートン分布を与えることを示し[18]，パートンモデルの正当性を再確認した上，パートンがスピン 1/2 の点粒子であること，クォークモデルの予言する半端電荷を持つこと，そして核子内には電磁相互作用も弱い相互作用も行わない（つまり強い相互作用のみを持つ）成分があることも示していた．これはグルーオンの存在を意味する．パートンとはクォークとグルーオンであることが深非弾性散乱により証明されたのである．こうしてクォークモデルはハドロンのスペクトルを再現し，動力学的にも点粒子としての構造を持つことが証明され，ハドロンは素粒子としての位置をクォークに譲り渡したのであった．

パートンのジェット化　　パートンモデルが確立したからと言って，パートンを取り出して見ることができたわけではない．実験的にはパートンがあるべき所には常に多量のハドロン（主に π）が存在しただけであったが，その集団的行動は一つの親パートンから多数の π メソンが派生したとするジェット構造で良く説明できるものであった．クォークがジェットとして現れることの確証は，1975 年 SLAC の PEP 電子コライダーにおける実験で，2 ジェットがスピン 1/2 の 2 体反応に期待される角分布を再現したことで得られた[19]．後にグルーオンもジェットとして現れることが示され，1979 年ドイツの PETRA でその存在が確認された．

18.4　弱い相互作用（1934-1967）

18.4.1　普遍 $V-A$ 型相互作用

フェルミ相互作用　　弱い相互作用はまず β 崩壊で発見された．β 崩壊の特徴は同時に発見された γ 崩壊や α 崩壊と違って β 線（放出電子）のエネルギースペクトルが連続であり，エネルギー保存則を破っているように見えたことである．パウリはこの困難を解決するため，また同時にスピンと統計の困難を救うために 1930 年に電子と共にニュートリノが放出されると提案した．実験に整合するためにはニュートリ

18.4 弱い相互作用 (1934-1967)

ノはスピン 1/2 を持ち，電気的に中性で質量がほぼゼロ，そして貫通力が強くなければならなかった．フェルミは 1934 年に電磁相互作用をモデルとして弱い相互作用の理論を提唱した．陽子 (p) と中性子 (n) がカレントを作り，電子 (e) とニュートリノ (ν) の作るカレントと結合するとして，相互作用はカレント・カレント型4フェルミオン相互作用で表される．

$$\mathcal{L}_{\text{Int}} = -G_\beta(\bar{n}\gamma^\mu p)(\bar{\nu}\gamma_\mu e) + h.c. \quad : G_\beta \simeq 10^{-5}\,\text{GeV}^{-2} \quad (4)$$

$h.c.$ はエルミート共役項である．ここに現れるカレント（以下弱カレントと言う）は相互作用により電荷を変えるので荷電カレントと呼ばれる．また中性子・陽子間の遷移のように書いたが，実際は原子核間の遷移である．フェルミ理論は β 崩壊のエネルギースペクトルを説明することに成功した．さらにローレンツ不変性を充たす一般的なラグランジアンに拡張して，ベクトル型 (V) の他に，スカラー型 (S)，テンソル型 (T)，軸性ベクトル型 (A)，擬スカラー型 (P) の相互作用を含め，各種 β 崩壊に対応できるようにした．1935～1957 年の間はどの相互作用が効くかを決める作業が主であったが，実験が困難で混乱していた．

パリティ非保存　1957 年のパリティ非保存の発見[20]は，対称性に対する常識を覆した大事件であった．相互作用もパリティ非保存項を含めるよう拡張されたが，これを境に実験データは急速に収束し，S，T は寄与しないことが判った．電子やニュートリノのヘリシティも測定され，カイラリティ L 状態[*4]にあることが判明した．なお P 型相互作用は原子核では許容遷移が無く，後に $\pi \to \mu\nu_\mu$，$e\nu_e$ 崩壊の比較で P も無いことが確かめられた．

CVC 仮説　ミューオン崩壊もまたフェルミ理論で記述でき，しかも結合の強さが β 崩壊に等しいことが判った．ミューオンはそれ自体基本粒子で強い相互作用をしないから結合定数は最低次のものである．一方，核子は強い相互作用をするから中間状態に π などを含み高次の補正が付け加わる．最低次で同じであっても高次補正後も両者が同じである必要はない．実際軸性ベクトルカレントの結合定数には 26% の高次補正効果が付加されている．これを説明するために弱カレントのベクトル部分は保存カレント（CVC=Conserved Vector Current）という考え[21]が 1958 年に提唱された．核子の弱カレント j_W のベクトル部分と電磁カレント j_{EM} を

$$j_W^\mu = \bar{p}\gamma^\mu n = \bar{N}\gamma^\mu \tau_+ N \quad (5)$$

$$j_{EM}^\mu = \bar{p}\gamma^\mu p = \bar{N}\gamma^\mu\left(\frac{1+\tau_3}{2}\right)N \equiv \bar{N}\gamma^\mu\left(\frac{Y+\tau_3}{2}\right)N \quad (6)$$

$$N = \begin{bmatrix} p \\ n \end{bmatrix},\quad \tau_+ = \begin{bmatrix} 0 & 1 \\ 0 & 0 \end{bmatrix},\quad \tau_3 = \begin{bmatrix} 1 & 0 \\ 0 & -1 \end{bmatrix}$$

[*4] カイラル演算子 γ^5 はヘリシティの相対論的拡張概念で，正負の固有状態は $\psi_{R,L} = (1\pm\gamma^5)\psi$ と表される．カイラリティ L の粒子は，粒子速度を β とするとヘリシティ $h = <\frac{\boldsymbol{\sigma}\cdot\boldsymbol{p}}{|\boldsymbol{p}|}> \simeq -\beta$，反粒子はヘリシティ $h \simeq \beta$ を持つ．

と書き換えると，j_{EM} の式は西島-ゲルマンの法則 $Q=Y/2+I_3$ を再現する．弱カレントのベクトル部分と電磁カレントのアイソスピン部分は同じアイソスピンカレント：$\bar{N}\gamma^\mu\tau N$ に属する兄弟と見なせる．もしそうならば高次効果として電磁カレントに誘起される異常磁気能率項が弱カレントにも現れる（弱磁気能率）はずであるが，1963年に実験で確かめられ[22] CVC 仮説の正しいことが判った．クォークモデルを使えば，$p\to n$ 変換は $u\to d$ 変換となるから，弱い相互作用はクォークレベルでは

$$\mathcal{L}_{\text{int}} = -\frac{G_\beta}{\sqrt{2}}\left[\bar{u}\gamma^\mu(1-\gamma^5)d + \bar{\nu}_\mu\gamma^\mu(1-\gamma^5)\mu\right]\left[\bar{e}\gamma_\mu(1-\gamma^5)\nu_e\right] + h.c. \quad (7)$$

によって統一的に記述できることになる．これを普遍 $V-A$ 型相互作用という．

世代の謎 ミューオン崩壊：$\mu^+\to e^++\nu_e+\bar{\nu}_\mu$ で2個のニュートリノが放出されることは電子のエネルギースペクトルから判るが，2種類のニュートリノがあると疑うきっかけになったのは，$\mu\to e\gamma$ 反応が存在しないと言う事実であった．二つのニュートリノが同じならば，ニュートリノを仲介して $\mu\to e$ 遷移が可能なはずだからである．1962年には，BNL における最初の加速器ニュートリノ実験[23] で確かに ν_e と ν_μ は違うことが証明された．ミューオンは重い電子と呼ばれるくらいに電子と共通の性質を持っているが，これにより（$\nu_e,\ e^-$）と（$\nu_\mu,\ \mu^-$）は違う量子数（レプトンの香り）を持つことが判ったのである．この違いは世代の謎として現在に引き継がれ未だに解明されていない．その後，1975年には第3世代の τ レプトンが発見され，1980年代後半には LEP における（$e^-e^+\to Z\to\sum\nu_i\bar{\nu}_i$）反応で，3種類のそして多分3種類だけのニュートリノが存在することが確認された．クォークも3世代存在する．宇宙物質のほとんどは第一世代で尽きており，第2第3世代は第一世代の繰り返しでしかなく世代の謎はここにも存在する．

ニュートリノ質量 質量は β 崩壊のスペクトルからゼロに近いとは予想されていたが，正確にゼロと思われるようになったのは，パリティ非保存発見により2成分ワイルニュートリノの可能性が高くなってからである．1960年代以降ニュートリノ質量測定の試みは精力的に行われたが，常に実験精度以下の質量値しか得られなかったので通常はゼロに設定する．ニュートリノ質量問題はいろいろ興味ある話題を提供するが，これに関しては梶田氏および牧氏の解説（第12,17章）を参照されたい．

ストレンジ粒子の崩壊 種々の反応データから，ストレンジ粒子の崩壊に共通する特徴は，(1) $\Delta S=\Delta Q$ 則および $\Delta I=1/2$ 則に従い，スペクトルは $V-A$ 型に合う．(2) 崩壊相互作用の強さは約1/20である；ことが明らかになった．$\Delta S=\Delta Q$ 則および $\Delta I=1/2$ 則とは，例えば，$K^+\to\pi^0+e^++\nu_e$ のようにハドロン部分が，反応の前後でストレンジネスの増減と電荷の増減が一致していること，アイソスピンが1/2変化していることを意味する．これらの規則は，弱カレントのクォーク部分に $\{j_W^\mu=G_s\bar{u}\gamma^\mu(1-\gamma^5)s,\ G_s\simeq 0.22\ G_\beta\}$ を付加すれば導ける．

カビボ回転　カビボ[24]は，1963年にクォーク弱カレントを，$j_W^\mu = \bar{u}\gamma^\mu(1-\gamma^5)d'$，$d' = d\cos\theta_c + s\sin\theta_c$ の形にすることを提案した．そうすると $G_\mu = G_F$，$G_\beta = G_F\cos\theta_c$，$G_S = G_F\sin\theta_c$ と書き換えて，弱い相互作用を一つの普遍結合定数 G_F で代表させることが可能となり，かつ弱い相互作用反応における良い量子状態が，質量固有状態 d, s ではなく，d', $s' = -d\sin\theta_c + s\cos\theta_c$ であることも判る．この考え方が正しいならば，ミューオン崩壊の結合定数と原子核 β 崩壊の結合定数はわずかながら違うはずである．実際，G_μ，G_β の精密測定によって両者に 2% の差があることが示され，カビボ回転の正しさが証明された．

小林-益川行列　カビボ回転は2世代のクォーク2重項 (u, d'), (c, s') 間の混合を表す．3世代に拡張すると小林-益川行列[25]となり，パラメターは3個の混合角と1個の位相に増える．この位相は CP 非保存を引き起こすので，小林-益川は CP 非保存はクォークが3世代あれば可能と 1973 年に提案したのであった．CP 非保存現象は 1964 年に発見されたが[26]，パリティが 100% 破れていたのに対し，破れの大きさが $\sim 10^{-3}$ と小さく実験が困難であり，しかも数例の K 稀崩壊反応においてしか観測されなかったためモデルの検証は 21 世紀に持ち越された．

18.4.2　ゲージ理論への道

フェルミ理論の整形　$V-A$ 型相互作用は，カイラル変換：$\psi \to \exp(-i\gamma^5\alpha)\psi$ に対する不変性からも導くことができる．カイラル対称性はフェルミオンの質量がゼロであるならば厳密に成立する対称性であり，カイラリティが正と負の世界は分離して独立となる．式(7)によれば弱い相互作用はカイラリティ負の ψ_L にのみ働くから，ψ_L のみが弱い相互作用を引き起こす"弱荷"を持つと考えれば，弱カレントはベクトル型となる．また，弱い相互作用は現象論的には4フェルミ型相互作用で良く再現はされるものの，本来は湯川理論と同じく力の媒介粒子 ($W^\pm$) を通して実現されるのではないかという考え方は古くからあった（リー；1949）．W が ψ_L にのみ結合し，相互作用ラグランジアンが

$$\mathcal{L}_{\text{int}} = -\frac{g_W}{\sqrt{2}}\left[\sum \bar{\psi}_{iL}\gamma^\mu \tau^+ \psi_{iL} W^+_\mu + \text{h.c.}\right] \tag{8}$$

と書けるならば，W 粒子交換反応による β 崩壊行列要素は

$$\frac{g_W^2}{8}(\bar{u}\gamma^\mu(1-\gamma^5)d)\frac{g_{\mu\nu}-\dfrac{q_\mu q_\nu}{m_W^2}}{q^2-m_W^2}(\bar{e}\gamma^\nu(1-\gamma^5)\nu_L) \tag{9}$$

となるので，$q^2 \ll m_W^2$，$g_W^2/8m_W^2 = G_F/\sqrt{2}$，と置けば，4フェルミ相互作用を再現できる．こうすると，弱い相互作用が弱いのは m_W が大きいからであって，結合定数は必ずしも小さくなく，$g_W \sim e$ という考え方ができる．さらに一歩踏み込んで，W^0 なる中性ボソンが存在しアイソスピン不変性が成立しているとするならば，

$$\mathcal{L}_{\text{int}} = -\frac{g_W}{2}\sum \bar{\Psi}_L \gamma^\mu \boldsymbol{\tau} \cdot \boldsymbol{W}_\mu \Psi_L \tag{10}$$

$$\Psi_L = \begin{bmatrix} u_L \\ d'_L \end{bmatrix}, \begin{bmatrix} c_L \\ s'_L \end{bmatrix} \cdots \begin{bmatrix} \nu_{eL} \\ e_L \end{bmatrix}, \begin{bmatrix} \nu_{\mu L} \\ \mu_L \end{bmatrix} \cdots \tag{11}$$

と書けるので, $SU(2)$ 対称性を充たす非アーベルゲージ理論の相互作用と同じ形を実現し, 理論的に端正な形となる. 形を整える代償として中性のゲージボソンを導入せざるを得ないが, 未発見なだけで存在するとみなす. ただし, W の質量が大きいのでこのままではゲージ粒子としての資格はない. ゲージボソンの質量問題は次に述べるヒッグス機構をとり入れることで解決するが, 電磁相互作用と整合させるためにはもう少し工夫が必要である.

18.5 ゲージ理論の進展 (1954-1971)

ゲージ理論は最初ワイルにより 1918 年に提案された. マクスウェル方程式はゲージ不変性を充たし, 1949 年頃に完成された QED は $U(1)$ 対称性に基づくゲージ理論である. ゲージ場が質量を持っても, ゲージ不変性を保つ処方があることを理解する前に, 1954 年にヤンとミルズにより定式化された非アーベルゲージ理論[1]の骨格をさらっておこう.

18.5.1 ゲージ場の幾何学的解釈

アーベルゲージ理論　　アーベルゲージ理論では, 場 ψ がラグランジアン $\mathcal{L}(\psi, \partial_\mu \psi)$ によって記述され, $U(1)$ 変換: $\psi \to \exp(-i\alpha)\psi$ に対して不変であるとき大域的ゲージ不変性を充たすといい, 保存量 (一般的に電荷ということにする) が定義できる. ここで微分 ∂_μ を $D_\mu = \partial_\mu + iqA_\mu(x)$ に置き換えてベクトル場 A_μ を導入すると, $\mathcal{L}(\psi(x), D_\mu \psi(x))$ は, 局所ゲージ変換

$$\psi(x) \to \exp(-iq\alpha(x))\psi(x), \quad A_\mu(x) \to A_\mu(x) + \partial_\mu \alpha(x) \tag{12}$$

に対し不変である. こうして相互作用を導入することを $U(1)$ 対称性をゲージ化するといい, 導入したベクトルボソンをゲージ粒子という. q は場 ψ の持つ電荷でありゲージボソンと場 ψ との結合の強さを表す. ゲージ場 A_μ の充たす運動方程式は質量項を持たないのでゲージ場が媒介する力は長距離力である.

電荷は空間を曲げる　　ゲージ化手続きを直観的に理解するために, 電荷を持つ場 ψ を時空と内部空間を合わせた超空間のベクトルとみなし, 重力の幾何学的解釈にならってこの超空間が電荷の存在により曲がると考えよう[*5]. 曲がった空間の幾何学は

[*5] この考え方は, 最初に 5 次元時空の重力を考え, 第 5 の座標が巻き込まれて小さな円になり閉じているとすると, 一般相対性理論から電磁場を導けるというカルーツァ・クライン理論 (1921) にルーツがある. 重力場もゲージ理論の一種であるとの内山の指摘[27] (1956) と相まって, 近年では超対称性を $4+n$ 次元空間に拡張してゲージ化することにより, 全ての統一理論を作る試みに発展している.

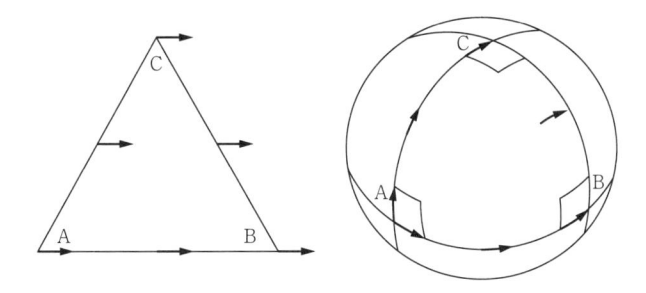

18.5 ゲージ理論の進展 (1954—1971)

図 2
ベクトル V を閉曲線 $A \to B \to C \to A$ に沿って平行移動すれば，平坦な空間（左図）ではベクトルが元に戻るが，曲がった空間（右図）では元に戻らない．この例では余剰角 $\pi/2$ を閉曲線で囲んだ面積 $\pi R^2/2$ で割れば空間の曲率 $1/R^2$ を得る．

微分幾何学により記述される．ベクトルの微分演算は近傍の 2 点 x と $x+dx$ におけるベクトルの差を計算することであるが，曲がった空間では x 点におけるベクトルを $x+dx$ まで平行移動したベクトルと，$x+dx$ 地点でのベクトルとの差をとらなければならない（共変微分）．曲がった空間での平行移動を指定する量を微分幾何学では接続と呼び，空間の性質と座標系を指定すれば計算できる量である．平坦空間の場合，接続は全領域でゼロであるか，もしくは適当な座標変換によりゼロにできる（デカルト座標系の存在）．曲がった空間ではベクトルを閉曲線上で平行移動し元に戻ったときベクトルの向きが一致せず（余剰角），余剰角を閉回路の面積で割った量が空間の曲率を表す（図2）．アインシュタインの重力方程式は時空における物質分布が曲率を決めるという式である．物質が存在すると空間を曲げるので，そこを通過する粒子や光の経路が曲げられる．平坦空間での粒子（相互作用のない自由粒子）の経路は慣性の法則により与えられ，$dv/d\tau = 0$ と書くことができ，曲がった空間での慣性の法則は微分を共変微分で置き換えれば得られる（等価原理）．以上が物質間の重力相互作用という力学現象を空間の幾何学に置き換える手続きである．

電磁場は空間の曲率　電磁相互作用の場合，荷電物質場 ϕ の平行移動は接続 $A_\mu(x)$ を用いて，

$$\phi_\parallel(x+dx) = \phi(x) - iqA_\mu(x)\,dx^\mu \phi(x) \tag{13}$$

と定義できる．ゲージ変換は内部空間における座標変換に対応づけられる．内部空間のベクトル ψ を時空内の微少閉回路に沿って平行移動して位相角のずれを計算すると

$$\Delta\alpha = i\frac{\Delta\phi}{\phi} = q\oint A_\mu \phi dx^\mu / \phi \sim q(\partial_\mu A_\nu - \partial_\nu A_\mu)\,dx^\mu dx^\nu = qF_{\mu\nu}dx^\mu dx^\nu \tag{14}$$

となるので電磁場 $F_{\mu\nu}$ は超空間の曲率であることが判る．従ってマクスウェル方程式は空間の電荷分布が曲率を決める方程式となり，曲がった空間（電荷の存在する空間）での荷電物質場の方程式は，平坦空間（電荷の無い空間）での自由場ラグランジアン $\mathcal{L}(\psi(x), \partial_\mu \psi(x))$ の微分を共変微分で置き換えた $\mathcal{L}(\psi(x), D_\mu \psi(x))$ となり，ゲージ化の処方に一致する．

非アーベル場 　非アーベルゲージ理論では内部空間の次元が増え，場 ψ は列ベクトル Ψ となる．ゲージ変換は行列変換となるので2回続けて行う変換は順序により異なる変換となるが，それ以外の手続きは同じである．式(13)と同じように次式で平行移動を定義する．

$$\Psi_\parallel(x+dx) = \Psi - ig\boldsymbol{W}_\mu \cdot \boldsymbol{t} dx^\mu \Psi \tag{15}$$

$\boldsymbol{t}$ は非アーベル対称群の生成演算子である．$SU(2)$ の場合 $\boldsymbol{t}$ はパウリ行列 $\boldsymbol{\tau}/2$ であり，$SU(3)$ ではゲルマンの $\boldsymbol{\lambda}/2$ 行列となる．従ってゲージボソンは $SU(2)$ では3個，$SU(3)$ では8個現れる．共変微分は $(D_\mu = \partial_\mu + ig\boldsymbol{W} \cdot \boldsymbol{t})$ で与えられる．再び，式(14)にならって Ψ を微少閉回路で平行移動すれば，ゲージ場 $F_{\mu\nu}$ の表式が決められる．

$$\boldsymbol{F}_{\mu\nu} = \partial_\mu \boldsymbol{W}_\nu - \partial_\nu \boldsymbol{W}_\mu - g\boldsymbol{W}_\mu \times \boldsymbol{W}_\nu \tag{16}$$

非アーベルゲージ場もまた質量項を持たないが，アーベル場と異なるところは，非アーベルゲージ場が非線形であり，ゲージ場がさらにゲージ場を生み出すことができるということである．ゲージ場を生み出す源を電荷と呼ぶならば，ゲージ場自身が電荷を持つがアーベル場のフォトンは電荷を持たない．

18.5.2 対称性の自発的破れ

南部-ゴールドストーンボソン 　素粒子の振る舞いを解明する歴史は素粒子の持つ対称性を発見する歴史である．しかし，対称性が整然とあるいは厳密に自然界に現れることはまれであり，大抵の場合何らかの不規則性を示す．場の理論では対称性を基本ラグランジアンに織り込み，不規則性は，わずかではあるが明白に対称性を破る摂動項を付加して処理するのが伝統的処方であった．これに対して，ラグランジアンは対称性を充たすが，対称性の良い状態は不安定で，実現した基底状態（真空）では対称性が破れている場合，対称性が自発的に破れるという．連続対称性が自発的に破れる場合は，質量がゼロの南部-ゴールドストーンボソンが発生する[28]．ある温度以下ではスピンの方向がそろい回転対称性を破る強磁性体は自発的対称性の破れ（物性論では相転移という）の例であり，マグノンが南部-ゴールドストーンボソンである．磁化の方向は任意に選べて基底状態が縮退しているところに回転対称性の名残がある．場の理論では自己相互作用を持つスカラー場（ヒッグス場）が存在するときこのような状況が発生する（図3）．場の量子論では自由度が無限大なので選ばれた真空は他の選ばれなかった真空に移行することはできない．全ての状態は選ばれた真空か

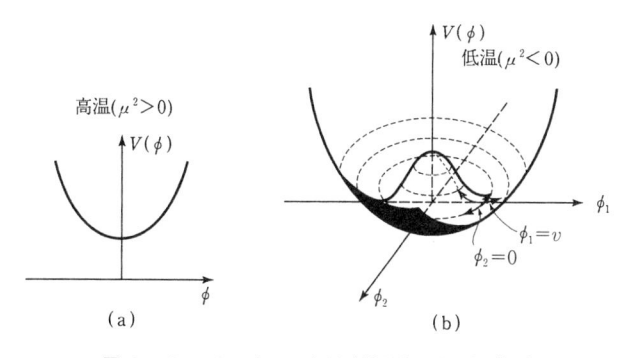

18.5 ゲージ理論の進展 (1954—1971)

図 3 ゴールドストーン定理（対称性の自発的破れ）
ポテンシャル $V(\phi)$: $\phi=(\phi_1+i\phi_2)/\sqrt{2}$ は，高温では対称的で $|\phi|=0$ が真空となるが，低温ではポテンシャルの形が変わり $|\phi|=v/\sqrt{2}$ が無限に縮退した真空状態となる．$\phi_1=v$, $\phi_2=0$ が真空になったとすると，ϕ_2 が南部-ゴールドストーンボソンとなる．ゲージ場と共存する場合に $\phi=\exp(i\phi_2/v)|\phi|$ と表記し直すと，真空の選択は位相（ゲージ）の固定化を意味することが判る．

らの励起状態であるので対称性は見えなくなる．物性では，種々の特性がある温度を境に急速に変化するので相転移の発生が判るが，素粒子集合体の温度をコントロールして相転移を起こさせることは非常に困難である*6. 観測される相転移の兆候は錯綜しており，自発的対称性の破れの本質を理解して初めて背後に隠れている対称性を見抜くことが可能になったのであった．

真空の相転移 場の量子論に初めて自発的対称性の破れを取り入れたのは，南部-ジョナラジニヨ[29] (1961) である．カイラル不変性が破れるとフェルミオン対が凝縮し π メソンが現れることを示し，後にゴールドストーンが一般の場合に定式化した．しかし，長距離力（ゲージ場）があると南部-ゴールドストーンボソンは現れず，代わりにゲージボソンが質量を獲得する（ヒッグス機構[30]; 1964）．ゲージ場と結合したヒッグス場の充たすラグランジアンは，超伝導において秩序パラメーター（クーパー対の波動関数）の充たすギンズブルグ-ランダウの自由エネルギー方程式と同じ形をしている．高温ではクーパー対が存在せず臨界温度より下がるとクーパー対が大量発生して凝縮した状態が基底状態となる．この超伝導相ではクーパー対による遮蔽効果が働いて，磁力線は超伝導体にわずかしか進入できないというマイスナー効果が生じる．フォトンが質量を獲得したのである．この事例からヒッグス場の真空期待値 $<\phi>=v$ はボース-アインシュタイン凝縮体を表すことが判る．ボース凝縮体は巨視的な量子状態であるが，全空間に広がっていて粒子としては観測されないと言う

---
*6 重イオンを衝突させて，クォークグルーオンプラズマ相を作る試みが，現在 BNL の RHIC で進行中である．

意味で古典的な場である．高温では真空はゲージ対称性を充たしゲージ粒子はゼロ質量であるが，臨界温度以下になるとヒッグス場が真空期待値を獲得して（凝縮して），対称性が自発的に破れ（相転移が起こり），ゲージボソンが質量を獲得する．この際ヒッグス場自身も自己相互作用によって質量を獲得する．なお，自発的対称性の破れに伴う真空の選択はゲージの固定化を意味する（図3）．

隠された対称性　対称性は破れたのではなく隠されたと言うべきである．自由フェルミオン場の方程式をゲージ化したゲージセクターは，ゲージ不変性を充たすがゲージボソンは質量を持たない．ヒッグス場とゲージ場の結合もゲージ不変性を充たす．ゲージボソン質量項は対称性の自発的破れに伴いヒッグスセクターに現れるが，質量項だけを取り出してゲージセクターに付加し，残りのヒッグスセクターを切り離すとゲージ不変性は破れる．しかし，全ヒッグスセクターを考慮すれば，ゲージは固定されるものの固定の仕方に自由度があり，ゲージ不変性は充たしている．通常は物理的錨像の見やすいユニタリー（U）ゲージが使われる．しかし，ゲージ不変性が充たされていれば結果はゲージによらない．ト・フーフトは計算の容易な R ゲージを考え，対称性が自発的に破れると否とに関わらず，非アーベルゲージ理論が繰り込み可能であることを 1971 年に証明して[31]，ゲージ場量子論は大きな転機を迎えた．

18.6　GWS　理　論

左は左，右は右　弱い相互作用と電磁相互作用を結びつけたのはグラショウ（1961）であり，ヒッグス機構を取り入れてゲージ理論に仕立てたのがワインバーグとサラム（1967-1968）である[32]．ゲージボソンが質量を持ってもゲージ不変性が保証されているならば，弱い相互作用は $SU(2)$ 対称性をゲージ化するのが最も簡単であるが，先に述べたように電磁カレントの中にアイソスピン成分が混入しているので，電磁相互作用と無関係に扱うわけには行かない．しかも，弱い相互作用は負のカイラリティにのみ作用しパリティを破るが，電磁相互作用はパリティを保存する．そこで，電磁相互作用が $Q=Y/2+I_3$ という構造を持っていることに着目し，電磁相互作用はハイパーチャージ Y により誘起される $U(1)$ ゲージ相互作用とアイソスピン相互作用の和であると考え，Y によって調整を計ることにする．弱い相互作用の下ではクォーク・レプトンには多数の2重項があるが，以下の議論では $\Psi_L=(\nu_L, e^-_L)$ で代表させることにする．e_R は $W^\pm$ に結合しないので1重項である．$I_3(\nu_L)=1/2$, $I_3(e_L)=-1/2$, $I_3(e_R)=0$ と電荷から Y を求めれば，$Y(\nu_L)=Y(e_L)=-1$, $Y(e_R)=-2$ となる．ν_R は，$Q=I_3=Y=0$ を持つので相互作用をせず対象外となる．こうしてみると本来の $U(1)$ 基本相互作用と $SU(2)$ 基本相互作用を生む源であるハイパーチャージと2種類の弱荷（$I_3=\pm1/2$）は，同じ粒子でもカイラリティが違うと異なる値を持っていて，宇宙は本質的に左右独立な世界であることを示している．両

者の混合した電磁相互作用で $Q_L=Q_R$ が成り立ちパリティが保存するのがむしろ偶然のように見えるのは興味深い．

ヒッグスは幾つある？ 質量を獲得するゲージボソンの数は中性ボソンを含めると3個あるので，ヒッグス場の自由度は最低4である．最も簡単な4を採用すれば，ヒッグス場 $\Phi=(\phi^+, \phi^0)$ は2重項で $Y(\Phi)=+1$ を持つ．

質量はヒッグスの引きずり効果 電子の質量項は $\mathcal{L}_{mass}=-m_e(\bar{e}_L e_R + h.c.)$ と書けるが $I_3(e_L)=-1/2$, $I_3(e_R)=0$ であるから $SU(2)$ 対称性を破っている．そこで電子の質量もまた自発的対称性の破れで生じると考えて，$\mathcal{L}_{mass}=-g_e[(\bar{\Psi}_L\Phi)e_R+\bar{e}_R(\Phi^\dagger\Psi_L)]$ としてやれば $SU(2)$ 対称性を充たす．対称性が破れれば $<\Phi>=(0, v/\sqrt{2})$ となり，電子は質量 $m_e=g_e v/\sqrt{2}$ を獲得する．質量値は電子とヒッグスの結合の強さに比例することが判る．以上の考察から，ゲージ粒子だけでなく，物質粒子もまた本来はゼロ質量を持っていたことが判る．質量は素粒子固有の性質ではなく，ヒッグスの海を泳ぐことから生じる引きずり効果であると言う主張は，質量概念を根本的に変えたと言える．フェルミオン質量に関する考察もまた，対称性が破れる前の世界ではカイラル不変性が成立しており，左と右の世界は独立な世界であったことを示している．パリティの破れは奥深いところにその本質的な原因があったのである．

中性カレント相互作用がある？ $SU(2)_L \times U(1)_Y$ ゲージ相互作用は共変微分項

$$\bar{\Psi}\gamma^\mu D_\mu \Psi, \quad D_\mu=\partial_\mu+ig_W W_\mu \cdot t + i\frac{g_B}{2}B_\mu Y \tag{17}$$

の中に含まれている．B_μ, g_B は $U(1)$ ゲージ場と結合定数を表す．中性ベクトル場 W^0, B は同じフェルミオンに結合して混合が生じるので，混合角を $\tan\theta_W=g_B/g_W$ で定義し，

$$Z_\mu=-\sin\theta_W B_\mu + \cos\theta_W W_\mu^0 \tag{18}$$
$$A_\mu=\cos\theta_W B_\mu + \sin\theta_W W_\mu^0 \tag{19}$$

によって中性ボソン Z と電磁場 A を導入して W^0 と B を書き換え，$Q=Y/2+I_3$ を使うと，電磁相互作用および中性カレント相互作用を得る．

$$\mathcal{L}_{int}=-\left[e\bar{\Psi}\gamma^\mu Q\Psi A_\mu + g_Z\bar{\Psi}\gamma^\mu(I_3-Q\sin^2\theta_W)\Psi Z_\mu\right] \tag{20}$$

$$e=g_W\sin\theta_W, \quad g_Z=\frac{e}{\sin\theta_W \cos\theta_W} \tag{21}$$

$Q_L=Q_R$ であるから電磁相互作用はパリティを保存する．$Q(\nu)=I_3(\nu_R)=0$ であるから，ニュートリノは電磁場に結合せず，ν_R は Z にも結合しない．$W^\pm$ に結合する荷電カレントは純粋なカイラリティL状態であるが，ゲージ化で導入した中性カレントは電流成分をも含み，やや複雑な構造を持つものとなった．

重くてもゲージボソン W と Z はヒッグスにも結合しているからヒッグス場 Φ が真空期待値を持てば質量項が出現する．$W^\pm$ 交換行列要素をフェルミ相互作用と比

較して質量値を求めることができる．

$$m^2{}_W = \left(\frac{g_W v}{2}\right)^2 = \frac{\sqrt{2}e^2}{8 G_F \sin^2\theta_W} = \left(\frac{37.5 \text{ GeV}}{\sin\theta_W}\right)^2, \quad m_Z = \frac{g_Z v}{2} = \frac{m_W}{\cos\theta} \quad (22)$$

質量が出現するのは Φ が真空期待値を持つことによりゲージが固定されるからであり，その結果として $SU(2)$ 対称性は破れる．しかし $Q<\Phi> = (Y/2 + I_3)<\Phi> = 0$ であるため，ゲージ変換：$\exp(-iQ\alpha(x))$ により真空期待値は変わらずゲージ不変性が残っているので，電磁場 A_μ は質量ゼロのままである．

GWS モデルの検証 こうして電弱相互作用統一モデルが得られたが，当初はあまり注目されなかったという興味深い事実を指摘しておこう．1971 年にト・フーフトが繰り込み可能を証明して急に脚光を浴びるようになり，1973 年にはニュートリノ散乱で中性カレントの存在が証明され[33]，$\sin^2\theta_W \simeq 0.23$ と決められた．実験データの混乱により GWS モデルの妥当性が一時期ゆらいだこともあったが，1979 年の SLAC における偏極電子と重陽子との散乱データにより[34]，GWS モデルは電弱相互作用の正当な理論として市民権を得た（図 4）．1983 年には，ルビアのグループ他が CERN の $Sp\bar{p}S$ 衝突反応で W, Z を発見し[36]，予言通りの質量 $m_W = 80$ GeV，$m_Z = 91$ GeV を持つことがわかって，GWS 理論は疑いの余地なく立証されたといえる．1980 年代後半から 1990 年代にかけては CERN の LEP において，$(e^- e^+ \to Z \to X)$ 反応における種々のチャネルの精密データが得られた．GWS 理論の高次計算に

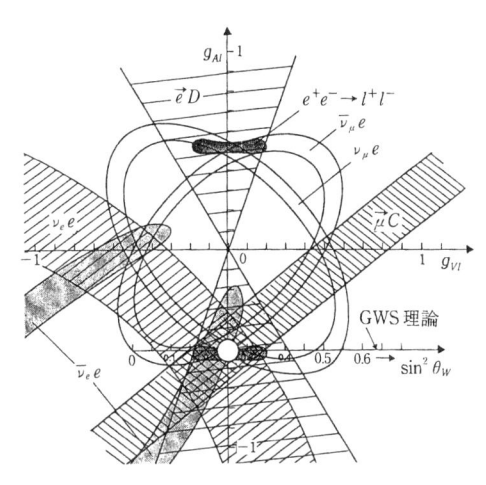

図 4 種々のレプトン反応による GWS 理論の検証[35]
ベクトル結合定数 g_V と軸性ベクトル結合定数 g_A が，GWS 理論の $\sin^2\theta_W \simeq 0.23 (g_V = -1/2 + 2\sin^2\theta_W \sim 0, g_A = -1/2)$ に収斂した．

18.7 QCD

よる輻射補正値はこれらのデータを全てきわめて正確に再現し，他のモデルの入る余地はないことが示された．GWS 理論は QED に匹敵する精度で実験値を正確に再現する能力のあることが示されたのである．

18.7 QCD

カラー自由度　1964 年にクォークモデルが提唱されたとき一番の難点はその半端電荷にあった．ハン-南部[37] (1965) は，3 種類のカラーと呼ばれる量子数を導入することにより半端電荷が避けられることを示したが，半端電荷を認めたとしてもカラー量子数は必要である．これを簡単に見るためにはスピン $3/2^+$ の $\Omega^- = sss$ が同一フェルミオンの複合体であり，軌道角運動量の基底状態と考えられることに注目すればよい．この状態は 3 個のクォークの入れ替えに対し完全対称性を持つが，スピン統計の関係を充たすためには全反対称でなければならず，余分な自由度を必要とする．しかも 3 個の入れ替えで全反対称であるためには，カラーの自由度もまた 3 でなければならない．自由度 3 のカラー量子数が存在することは他にも多数の証拠に裏付けられる[*7]．ハドロンがより基本的な構成要素のクォークでできていると判った時点で，場の量子論が復活するのは当然の成り行きであろう．そのころまでには場の量子論に対する信頼がかなり復活していた．GWS 理論がト・フーフトによって繰り込み可能と証明され，実験的にも成功したことの影響は大きかった．

カラー交換力　南部は，カラーが $SU(3)$ 対称性を充たし，付随する 8 色のゲージ粒子（グルーオン）による束縛力が働いてクォークがハドロンを作ると推測した．カラー交換力が $q\bar{q}$, qqq のカラー一重項で引力となる事実は，ハドロンが $q\bar{q}$, qqq という形でのみ現れることに適合する．さらにスピン交換力などを加えた非相対論的ポテンシャルモデルの質量公式は，メソンやバリオンの質量スペクトルをかなり正確に再現することができた[38]．こうして 1964〜70 年代初頭にかけて，クォークが実在して半端電荷と 3 色のカラーを持ち，強い力がカラー荷を源とする $SU(3)$ ゲージ理論（QCD: Quantum Chromo-Dynamics）に従うとの認識が徐々に浸透していった．深非弾性散乱から得られたクォークの質量は，$m_u \sim 4$ MeV, $m_d \sim 8$ MeV, $m_s \sim 150$ MeV と非常に小さかったが[39]，ハドロンの質量スペクトルや磁気能率から得た実効的クォーク質量 $m_u \sim m_d \sim 300$ Mev, $m_s \sim 500$ Mev との差は，運動エネルギーと閉じこめポテンシャルの圧力により生じると説明された．これはクォークがグルーオンを何回も交換して実効的質量が生じることを意味する．本来は軽いクォーク質量とそれに伴う大きな束縛エネルギーの存在は，核子内で各パートンが自由に振る舞うとす

[*7]　$R = \sigma(e^-e^+ \to \text{all hadrons})/\sigma(e^-e^+ \to \mu^-\mu^+) = 3\sum \lambda_i^2$ (λ_i はクォークの電荷)，$\pi^0 \to 2\gamma$ 崩壊率，ドレル-ヤン過程 $(\pi(p) + p \to \mu^-\mu^+ + X)$ 反応率，τ や W の崩壊におけるハドロン・レプトン分岐比等．

るパートンモデルと矛盾する錨像を与えるが，これは漸近自由（asymptotic freedom）によって折り合いが付いた．

漸近自由　QCD が強い相互作用理論の最有力候補として急浮上したのは，1973 年のグロス–ポリツァー–ウィルチェックの漸近自由発見による[40]．カラー荷の大きさは，試験カラー荷との間に働く力の強さで測れる．真空偏極効果によりその強さが変

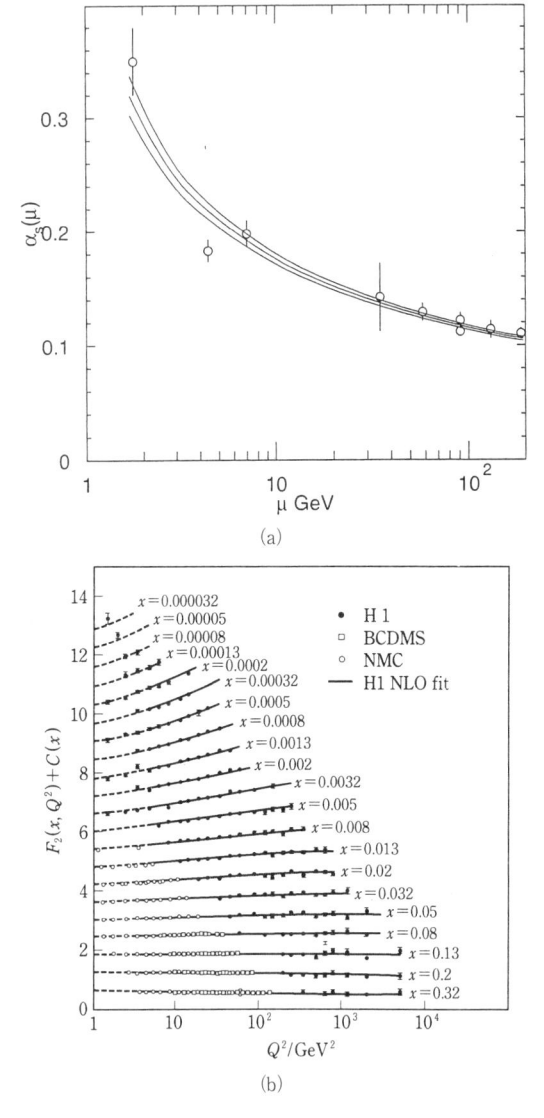

図 5
(a) 漸近自由の実験的証明：α_s の μ 依存性[11]．線はデータの平均中央値と $\pm 1\sigma$ の幅．データは左から順に τ 崩壊，深非弾性散乱，Υ 崩壊，25 GeV における e^-e^+ 反応率，TORISTAN におけるジェット事象解析，Z の崩壊幅，TEVATRON での 135 GeV と 189 GeV におけるジェット事象解析．
(b) 陽子構造関数 $F_2(x, Q^2)$ のデータ（HERA：ZEUS，H1）[42]と発展方程式を使って計算した数値の比較．

わり Q^2 の関数となるが（実効結合定数），電磁場とは逆に至近距離（Q^2 の大きいところ）で小さくなり（漸近自由），遠くで強くなる（反遮蔽効果）．この違いは，真空偏極効果がグルーオン対の仮想生成を含むという非アーベルゲージ理論の性質に由来する．漸近自由は Q^2 の十分大きいところで摂動論使用を可能とするので，パートンモデルを正当化するだけでなくその QCD 補正を計算する手段をも与える．漸近自由近似が使える条件は $Q \gtrsim 1\,\mathrm{GeV}$ である．図 5(a) に種々のコライダーにおけるハドロン反応から抽出した QCD の結合定数 α_s の値を図示する．

QCD の検証 $\nu(e)N$ 深非弾性散乱はパートンモデルを使えば $\nu(e)q$ 散乱の和で書ける．クォークは核子内で運動量分布を持つが，この分布はグルーオン多重交換により生じる長距離効果であり，漸近自由が成り立てば静的な分布で置き換えられる．QCD 補正効果はクォークのグルーオン放出もしくは核子内に定常的に存在するグルーオンのクォーク対発生による分布関数の補正として現れる．分布関数自体を導くには非摂動計算を必要とするので簡単ではないが，ある $Q^2 = Q_0^2$ での分布関数が与えられたときに，Q^2 とともにどう変化するかを与える発展方程式を作ることはできる（DGLAP[41], 1977）．パートンモデルではブジョルケンスケーリングが成り立ち $F(x, Q^2) = F(x)$ であるが，QCD の場合は分布関数 $F(x, Q^2)$ が $\log Q^2$ の関数として発展する．実際に実験データがそのように振る舞うことがわかり，データを細部にわたって再現することに成功して（図 5(b)），1970 年代の末頃には QCD は強い相互作用の正当な理論として認知されるようになった．

ジェット現象も OK QCD が認知されてから後もクォークの閉じこめ構造や QCD の力学構造を理解しようとする試みは続いた．パートンとジェットを対応づける厳密な理論式は存在しないが，QCD をベースにした現象論的手法のハドロン化モデル[43,44] を使って実験値の定量評価をすることは可能である．1980 年代には，種々の電子コライダー（PEP, PETRA, TRISTAN, LEP）における $e^-e^+ \to$ ハドロン反応を解析してジェット現象の定量化が計られた．また，グルーオンの長距離効果などソフトな部分はパートン分布関数に繰り込み，漸近自由近似の可能な堅い成分のみを分離して摂動論で扱う "factorization" 手法がQCDによる理論的裏付けを得て，ハドロン-ハドロン反応もまた定量的な記述が可能になった．例えば $A+B \to C+X$ 反応は，ハドロン A の中のパートン a とハドロン B の中のパートン b とが大角度散乱してパートン c, x になり，その各々がハドロン化してジェットとなると考える．そうするとハドロン A, B の持つ運動量を P_A, P_B，パートン a, b の持つ運動量を $x_a P_A, x_b P_B$ とすれば，反応断面積は

$$d\sigma(AB \to CX) = \int f_a^A(x_a, \mu) f_b^B(x_b, \mu) \, d\hat{\sigma}(ab \to cx\,;\,\mu) \, dx_a dx_b \quad (23)$$

と表すことができる．ここに $f_a^A(x, \mu)$ は香り a のクォークがハドロン A の中で運

動量 x_a を持つ確率分布関数で, 深非弾性散乱で得られた分布関数を μ まで解析接続したものである. $d\hat{\sigma}$ は摂動計算によるパートン反応断面積である. こうした手法で, 1980〜90年代にかけてハドロンコライダー ($Sp\bar{p}S$, TEVATRON) におけるジェット現象を定量的に評価し, 9桁に及ぶ包含断面積データの変化を再現することが可能になった. 断面積が細部にわたり QCD で再現できることはパートンが点粒子であることの証拠であり, パートンサイズが 10^{-16} cm を越えないことが結論できる.

QCDの課題　　QCDグルーオンは質量がゼロであり, 自発的対称性の破れを起こさずにゲージ不変性が成立していると考えられるが, 閉じこめ機構のためハドロン間に働く力は短距離力になっていると解釈できる. 湯川理論が対象とした核力はクォークの複合体であるハドロン間で交換される π メソンにより生じる2次的なカラー力で, いわば分子間のファン・デル・ワールス力と見なすべきものである. 今日, QCD は, 強い相互作用データを定量的にかつ詳細に記述できる理論として定着している. 今後の課題は, ソフトグルーオンの多重交換を扱う部分など非摂動的計算手法の開発や閉じこめ機構の完全理解である. 格子ゲージ理論に望みがかかるが, 定量的計算は今のところハドロン質量スペクトルや少数の崩壊定数など一部の物理量に限られている.

18.8 ま と め

素粒子標準モデル　　GWS理論と QCD は, 1960年代後半から1970年代初頭にかけて提案され1970年代の終わりには定説となり, 合わせて標準理論と呼ばれるようになった. 標準理論の本質は次の3点に要約できよう.
1. 物質の究極構成要素としての素粒子はクォークとレプトンである.
2. 素粒子間に働く力はゲージ理論で記述される.
3. 真空は"超伝導相"にある.

この簡単な記述をもう少し拡大すると, 物質構成要素としての素粒子群はクォーク, レプトンとも3世代存在する. 電弱相互作用による分類ではアイソスピン2重項と1重項が存在し,

$$\text{クォーク}: \begin{bmatrix} u_L \\ d_L \end{bmatrix} \begin{bmatrix} c_L \\ s_L \end{bmatrix} \begin{bmatrix} t_L \\ b_L \end{bmatrix} \quad u_R, \ d_R, \ c_R, \ s_R, \ t_R, \ b_R \qquad (24)$$

$$\text{レプトン}: \begin{bmatrix} \nu_{eL} \\ e^-_L \end{bmatrix} \begin{bmatrix} \nu_{\mu L} \\ \mu^-_L \end{bmatrix} \begin{bmatrix} \nu_{\tau L} \\ \tau^-_L \end{bmatrix} \quad e_R, \ \mu_R, \ \tau_R \qquad (25)$$

と書けるが, クォークはさらに3色のカラー荷 (R, G, B) を持つ. ニュートリノはゼロ質量を持つとし ν_R は含めない. クォークとレプトンはスピン1/2の構造を持たない点粒子で, その大きさは 10^{-16} cm を越えない. 自然界に存在する相互作用の

18.8 まとめ

うち重力を除く強い力，電磁力，弱い力は，$SU(3)_{color} \times SU(2)_L \times U(1)_Y$ 対称性に基づくゲージ理論で記述される．このうち電磁力と弱い力は統一されていて合わせて電弱相互作用と言う．ゲージ相互作用は本来長距離力であるが，強い力は閉じこめ機構により，弱い力は対称性の自発的破れにより見かけ上短距離力になる．もともとはゼロ質量であったフェルミオンやゲージボソン（W^+, Z^0, W^-）は，ヒッグス場と結合して質量を獲得する．ヒッグス場は素粒子として存在するならばスピンゼロのスカラー粒子であるが，正体は今のところ不明であるので，素粒子の仲間からは外してある．

最近の話題 標準理論の残された課題としてCP非保存問題があったが，2000年になって非対称Bファクトリー加速器が建設され，KEK/BELLE および SLAC/BABAR グループが，Bメソン崩壊の非対称性を測定して小林-益川モデルの正当性が確立した[45]．観測されているCP非保存現象は，全て過不足なく標準モデルで説明できて他のモデルの入る余地はない．現在ほとんど全ての素粒子現象は標準理論で記述できる．ただ一つの例外はニュートリノ質量のゼロ設定がくずれたことである．標準理論が提案された段階ではゼロ以外の有限値に設定する理由は無かったが，標準理論の成功そのものがゲージ対称性に裏付けられない保存則は真の保存則ではないという見解を育てた．ニュートリノ質量のみをゼロにすべき対称性は存在しなかったから，ゼロ設定は当面の暫定措置であることはおおかたの研究者が認識していた．1998年のスーパーカミオカンデによるニュートリノ振動の発見[46]は，むしろこの見解の正しさを裏付けたと言うべきであろう．標準理論への影響は小さく，ごく一部の修正を必要とするのみである．他の粒子に比べて極端に小さな質量を生む有力なモデルはシーソーメカニズム[47]であるが，これは標準理論を越えた大統一理論の範疇に入る．

力の統一 標準理論の功績は真空の相転移という概念を導入して，力の統一または統一の分離処法を与えたことである．真空偏極効果を取り入れた実効結合定数が Q^2 と共に発展し，大統一エネルギー（10^{14-16} GeV）付近で強電弱力が一致する可能性が示されたこと[48]は，大統一が成り立つことを示唆する．この考えは宇宙論に取り入れられて，宇宙はビッグバンから温度が下がるに従いプランクエネルギー（$\sim 10^{19}$ GeV）付近で第一の相転移が起こり重力が分化し，次いで大統一エネルギー付近で第2の相転移が生じて強い相互作用が分化し，~ 1 TeV 付近で電弱相互作用が分離したとする考え方が定着した．初期宇宙論と素粒子論は一体となった．

標準理論の課題 標準理論の問題点を挙げるならば世代の謎と質量の起源であろう．世代が存在し何故3世代なのか説得力ある提案は今のところ存在しない．質量は対称性の自発的破れで生じたとすることにより有限質量のゲージ粒子問題は解決したが，質量値をヒッグス場との結合に置き換えただけでパラメターの数は減らせていない．判らないことをヒッグスに責任転嫁しただけであって，ごみをとりあえず絨毯の

下に掃き寄せて隠しただけと言われる由縁である．ヒッグス場の本質や自発的に対称性が破れる力学的要因は未解決のままであり，ヒッグスが素粒子なのか力学的現象の実効表現なのか，ヒッグスを実際に生産して性質を解明する必要がある．

また，標準理論に含まれるパラメターの数は，力の3つの結合定数（α_S, e, $\sin\theta_W$）の他に世代間の3個の混合角と位相，それに全ての質量値（9個のフェルミオン，1個のゲージボソン，ヒッグス粒子），それにこの解説では触れなかったが，QCD真空に伴うθパラメターなど20個近くもあり，重力理論がただ一個のパラメター（万有引力定数）により記述されることに比較すると統一理論としては大いに不満である．

さらに，1 TeV以上の質量を生産できるほどの高エネルギーでは，標準理論の予言能力が失われる．なぜならヒッグス場の真空期待値（$v=246$ GeV）から相転移の起こる温度は大体1 TeV前後と予想され，相転移を引き起こすヒッグスの凝縮原因が明らかにならない限り，相転移温度以上の現象に理解は及ばないからである．この状況を救うために，フェルミオン・ボソン入れ替えの超対称性と超粒子の存在可能性，強電弱の3力を統一する大統一理論や重力を含む超弦理論の提案などいろいろな試みがある．現在建設途上で2007年に稼働予定のLHC加速器（重心エネルギー14 TeVのppコライダー）が動き出せば，何らかの手がかりが得られるであろうと期待される．（筆者＝ながしま・よりきよ，大阪大学名誉教授．1938年生まれ，1960年東京大学理学部卒業）

文　献

1) C. N. Yang and R. L. Mills: Phys. Rev. **96**(1954)191.
2) G. F. Chew: Phys. Rev. Lett. **9**(1962)233.
3) G. D. Rochester and C. C. Butler: Nature **160**(1947)855.
4) S. Sakata: Prog. Theor. Phys. **16**(1956)686.
5) M. Ikeda, S. Ogawa and Y. Ohnuki: Prog.Theor. Phys. **22**(1959)715.
6) Y. Ne'eman: Nucl. Phys. **26**(1961)222.
   M. Gell-Mann: Phys. Rev. **125**(1962)1067.
7) S. Okubo: Prog. Theor. Phys. **27**(1962)949.
8) V. E. Barnes, et al.: Phys. Rev. Lett. **12**(1964)204.
9) M. Gell-Mann: Phys. Rev. Lett. **6**(1964)214.
10) B. Sakita: Phys. Rev. **136**(1964)B 1756.
    F. Gursey and L. A. Radicati: Phys. Rev. Lett. **13**(1964)173.
11) PDG: Eur. Phys. J. **C15**(2000)91.
12) J. J. Aubert, et al.: Phys. Rev. Lett. **33**(1974)1404.
    J. E. Augustin, et al.: Phys. Rev. Lett. **33**(1974)1406.
13) S. Okubo: Phys. Rev. Lett. **5**(1963)163.
    G. Zweig: CERN Report No. 8419/TH 412.

- J. Iizuka : Prog. Theor. Phys. Supplement No. 37-38(1966) 21.
14) Z. Maki, et al.: Prog. Theor. Phys. 23(1960) 1174.
- Y. Hara : Phys. Rev. 134(1964) B 701.
15) S. L. Glashow, J. Iliopoulos and L. Maiani : Phys. Rev. D2(1970) 1285.
16) J. D. Bjorken : Phys. Rev. 179(1969) 1547.
- R. P. Feynman : *Photon Hadron Interactions* (Benjamin, 1972).
17) M. Bleidenbach, et al.: Phys. Rev. Lett. 23(1969) 935.
- J. I. Friedman and H. W. Kendall : Ann. Rev. Nucl. Sci. 22(1972) 203.
18) CDHS ; H. Abramowicz, et al.: Z. Phys. C17(1983) 283.
19) G. G. Hanson, et al.: Phys. Rev. Lett. 35(1975) 1609.
20) T. D. Lee and C. N. Yang : Phys. Rev. 104(1956) 254.
21) R. P. Feynman and M. Gell-Mann : Phys. Rev. 109(1958) 193.
22) Y. K. Lee, et al.: Phys. Rev. Lett. 10(1963) 253.
23) G. Danby, et al.: Phys. Rev. Lett. 9(1962) 36.
24) N. Cabibbo : Phys. Rev. Lett. 10(1963) 531.
25) M. Kobayashi and S. Maskawa : Prog. Theor. Phys. 49(1973) 652.
26) J. H. Christenson, et al.: Phys. Rev. Lett. 13(1964) 138.
27) R. Utiyama : Phys. Rev. 101(1956) 1597.
28) Y. Nambu : Phys. Rev. Lett. 4(1960) 380.
- J. Goldstone : Nuovo Cimento 19(1961) 154.
29) Y. Nambu and G. Jona-Lasinio : Phys. Rev. 122(1961) 345, 124(1961) 246.
30) P. W. Higgs : Phys. Rev. Lett. 12(1964) 132, 13(1964) 508.
31) G. 'tHooft : Nucl. Phys. B33(1971) 173, B35(1971) 167.
32) S. L. Glashow : Nucl. Phys. 22(1961) 579.
- S. Weinberg : Phys. Rev. Lett. 19(1967) 1264.
- A. Salam : Elementary Particle Theory, *Proc. 8th Nobel Symp.*, N. Svartholm, ed. (Wiley-Interscience, 1968).
33) J. Hasert, et al.: Phys. Lett. B46(1973) 121, B46(1973) 138.
34) C. Y. Prescott, et al.: Phys. Lett. B77(1978) 347, B84(1979) 524.
35) F. Dydak : *Proc. 25th Int. Conf. High Energy Physics* (Aug. 1980).
- M. W. Grunewald : *Int. Conf.High Energy Physics at Vancouver* (July 1998).
36) UA 1 ; G. Arnison, et al.: Phys. Lett. B122(1983) 103, B129(1983) 273.
- UA 2 ; M. Banner, et al.: Phys. Lett. B126(1983) 398, B129(1983) 130.
37) M. Han and Y. Nambu : Phys. Rev. 139B(1965) 1006.
38) De Rujula, A. H. Georgi and S. L. Glashow : Phys. Rev. D12(1975) 147.
- N. Isgur and G. Karl : Phys. Rev. D18(1978) 4187, D19(1979) 2653, D20(1979) 1191.
- S. Godfrey and N. Isgur : Phys. Rev. D32(1985) 189.
39) S. Gasiorowicz and J. L. Rosner : Am. J. Phys. 49(1981) 954.
40) D. Gross and F. Wilczek : Phys. Rev. Lett. 30(1973) 1343.
- H. D. Politzer : Phys. Rev. Lett. 30(1973) 1346.
41) Yu. L. Dokshitzer : Sov. Phys. JETP 46(1977) 641.
- V. N. Gribov and L. N. Lipatov : Sov. J. Nuc. Phys. 15(1972) 438 and 675.
- G. Altarelli and G. Parisi : Nucl. Phys. B126(1977) 298.

42) ZEUS ; M.Derrick, *et al.* : Phys. Lett. **B316** (1993) 412.
    H 1 : DESY 96-039.
43) X. Artu : Phys. Report **B97** (1983) 147.
    P. Mattig : Phys. Report **177** (1989) 142.
    T. Sjostrand : Int. J. Mod. Phys. **A3** (1988) 751.
44) B. R. Webber : Ann. Rev. Nucl. Part. Sci. **36** (1986) 253.
    G. Marchecini and B. R. Webber : Nucl. Phys. **B310** (1988) 461.
45) BELLE ; M.Yamauchi and BABAR ; Y. Karyotakis : Invited talks at ICHEP 02 (2002), *Proc. Int. Conf. High Energy Phys*.
46) Y. Fukuda, *et al* : Phys. Lett. **B436** (1998) 33, Phys. Rev. Lett. **81** (1998) 1562.
47) T. Yanagida : Prog. Theor. Phys. **B135** (1978) 66.
    M. Gell-Mann, *et al.* : *Supergravity* (North Holland, 1979).
48) U. Amaldi, *et al.* : Phys. Lett. **260** (1991) 447.

III 原子核

19. 原子核の実験研究50年間の展開

杉 本 健 三

はじめに

過去半世紀にわたる日本での原子核実験を展望するに当り，まず核物理学発展のあらましを思い起こしておこう（図1）。放射能の発見以降1930年に至る天然放射能による研究は原子核の発見とその認知を導いた。この時期に導入された散乱実験の"入射線と標的"の方法は以後の散乱実験の規範となり，また α 線による元素人工転換の発見は加速器の開発を促した。

1930年代に入ると中性子 n の発見があり，核は陽子 p と n の多体系とする核理論の展開が始まる。Cockcroft 型装置，Van de Graaff 型装置（VdG），サイクロトロン等の加速器が稼動を始め，数 MeV 領域の研究が進展する。湯川による核力中間子論の導入もあった。大戦後1950年代にかけては，安定核とその近傍の低励起準位のデータ集積が進み，核構造について殻模型，次いで集団運動模型が導入される。核の励起様式として，核子励起，表面振動励起及び変形核の回転励起などが分かり，核子を構成子とする核物理の基本的枠組が形成された。一方では数百 MeV の加速器が稼動を始め，二体核力には短距離斥力やスピン軌道力も働くことが分かる。また核子の励起状態 Δ と各種中間子の発見があって，高エネルギー（素）粒子物理学が分岐発展する。

1960年代以降は，加速器，測定器の技術の発達に伴い核の示す多様性の発掘が進展する。研究領域も1970年代には重核領域に至る重イオン反応の実験，1980年代には放射性核（RI）ビームによる反応の実験へと拡張される。これらの発展につれて新局面の展開があり，核の示す多様な特性が明らかにされてきた。それらには，スピン，アイソスピンその他の量子数で特定される種々の集団励起状態，重イオン反応の巨視的反応過程，変形核の高スピン状態及び超変形，核分裂アイソマー，安定領域から遠く離れた核の特異性，等の核子有限多体系に固有の特性の発見があった。

一方，1970年代には中間エネルギー物理学と呼ばれる新領域が拓かれる。高エネルギー陽子シンクロトロン（PS）または中間子工場と呼ばれる数百 MeV 大強度陽子加速器による一次加速線及び発生中間子，π, K 等の二次線を用いた研究が始まる。ここでは核特性に見られる核子以外の自由度（π, Δ 等）の役割の追求と，ストレンジネス S を担うハイペロン（$\Lambda, \Sigma, \cdots$）を含むハイパー核の研究が課題となる。また1970年代中期には核子当り数 GeV（数 A GeV）に至る重イオン加速が Berkeley（米），Dubna（ロ）等で始まり，高エネルギー核・核衝突の研究が開始される。ここでは核物質の高温高密度での様相と，クォーク・グルオン・プラズマ（QGP）の探

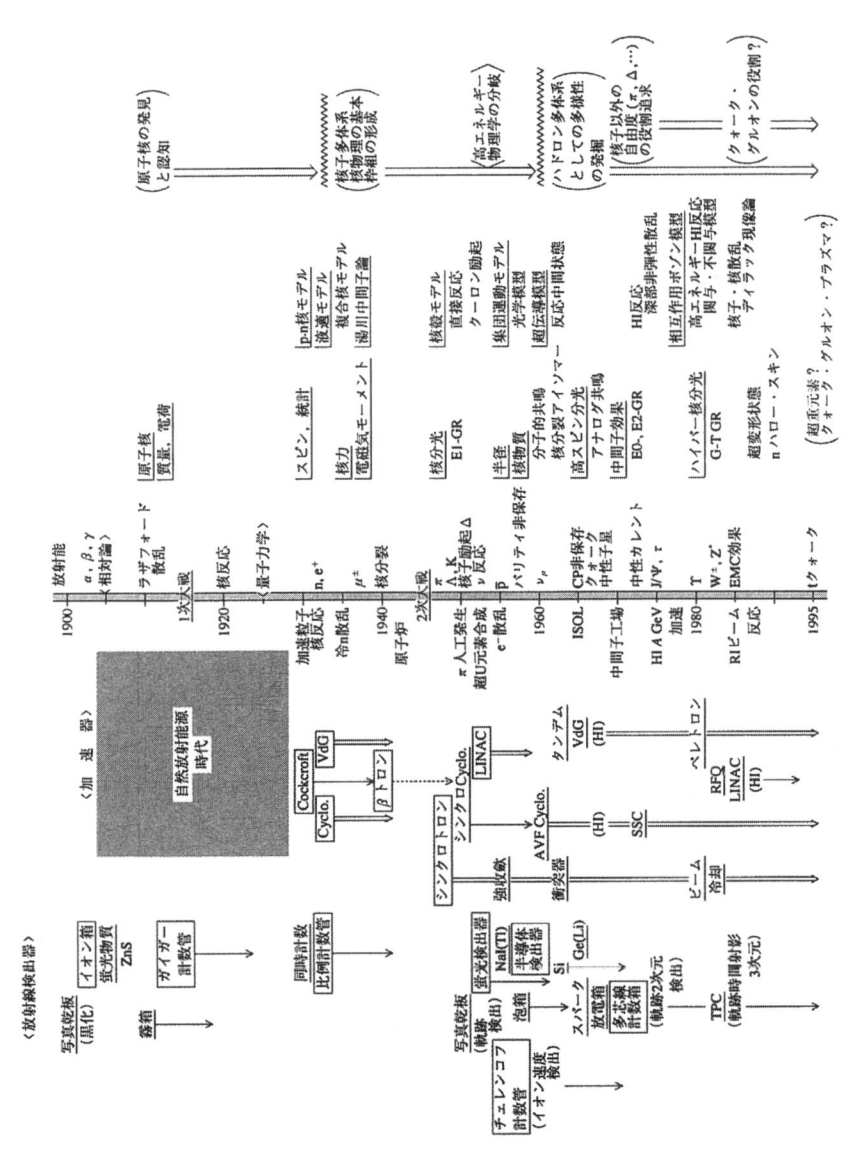

図 1 原子核物理学の発展

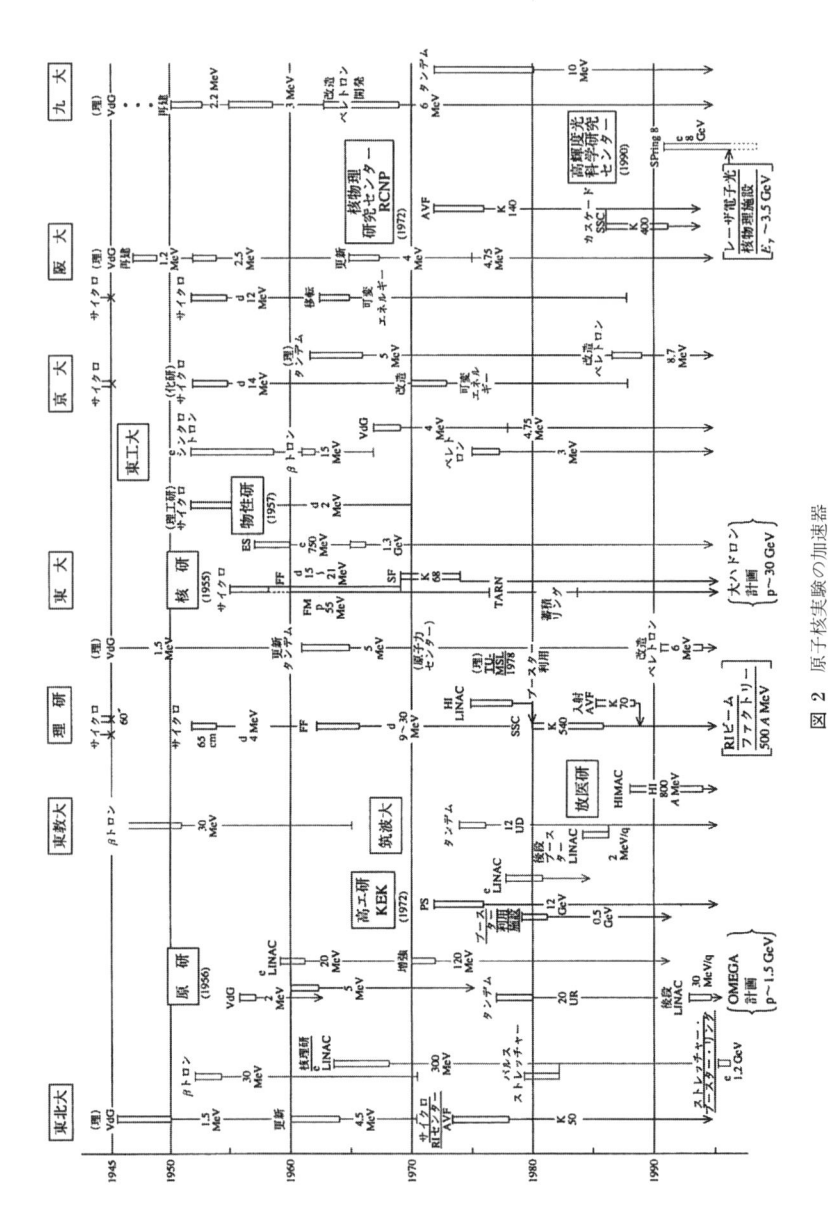

図 2 原子核実験の加速器：$E = K(Q^2/A)$ MeV，ただし Q はイオン電荷，A はイオン質量数．SSC：分離セクター・サイクロトロン．VdG：バンデグラフ．

究が課題として台頭する．1970年代に導入された量子色力学（QCD）は，核子，中間子などのハドロンをクォークとグルオンからなるものととらえ，強い相互作用の本質的理論と考えられている．そこで，ハドロン多体系の原子核は新たな自由度の下にとらえ直すことが問われはじめた．ただし現在までのところ，超高エネルギー・レプトン散乱のEMC効果（核内核子のクォーク分布を表わす構造関数の核質量数A依存性）以外，核の構成上で直接クォークの関与を示す事実は知られていない．

以上に加えて，他分野との関連で特に追求されてきた課題には天体現象，特に元素生成の素過程の研究があり，核物理研究の進展につれてその理解に必須の知識を提供してきた．一方ではまた原子核は，基本的対称性の検証に有用な場を与えてきた．このことは核が良い孤立系であり，各種の量子数で規定される状態の選択を可能とすることによる．

以下では各年代を追って日本での研究活動をながめよう．まず実験施設の推移を知るための代表として，原子核実験用加速器についての年表を図2に示す．

19.1 戦後から1960年代

戦後から1950年代にかけては荒廃からの復興の時代であった．戦前には理研，阪大等での活発な研究によって世界の水準に達していた原子核実験も，戦時での中断と戦後の極端な疲弊の下に，進駐軍による理研，京大，阪大のサイクロトロン撤去もあり，潰滅に瀕した．バンデグラフなどは一部復旧が計られたが，世上窮乏の下にはかばかしくはなく，一方海外からはπ中間子の発見や人工発生等のニュースが次々と聞こえ，焦燥の時期が続いた．1950年代に入ると復旧された装置による研究報告も徐々に聞かれるようになり，Lawrenceの来日（1951年）をきっかけとしてサイクロトロン再建の気運が高まる．1952年には阪大，京大，科研（理研）でサイクロトロンの建設が始まった．また1953年には研究者の要望を受けて学術会議が原子核研究所（核研）の設立を政府に勧告，1955年に東大附置共同利用研究所としてその発足をみた．

核研最初の主装置は磁極径60インチサイクロトロンであり[1]，一定周波数（FF）での加速（$E_p=7.5\sim16\,\mathrm{MeV}$）と変調高周波（FM）による加速（$E_p\sim55\,\mathrm{MeV}$）の二方式共用であった．これは研究者間の対立する意見の結果であるが，このサイクロトロンの顕著な特徴はFF加速でのエネルギー可変性であり，完成時はタンデム・バンデグラフの稼動に先行する世界独自の地位を占めた．この特性を生かした初期の研究には，松田グループによる陽子の弾性，非弾性散乱や野中グループの(α,p)反応などの励起関数の測定実験がある．このエネルギー領域では励起関数は，高励起高準位密度によりなめらかとする予想に反し，大きく変化することが見出され，驚きもあって"ガタガタ"と呼ばれた．1960年にカナダで開かれた原子核国際会議ではこれ

らの結果の報告で注目を集め，Tokyo Cyclotron として知られることになった．このサイクロトロンの建設の主導者熊谷の指針は，若い研究者にできるだけ広い研究の場を提供することにあった．なおこのガタガタは 1960 年代に多準位相関に起因する"Ericson のゆらぎ"として理解され，また高励起にも拘らず比較的単純な構造をもつ中間共鳴（アナログ共鳴など）につながる研究であった．

　各大学でも 1950 年代中期からサイクロトロン，バンデグラフ，ベータトロン等が稼動を始め，原子核実験が軌道に乗りだした．阪大の緒方グループは質量分析の研究で質量分解能，$M/\Delta M \sim 90$ 万の世界レコードを達成し研究を進めた．阪大バンデグラフの杉本らは核励起状態 $^{19}F^*$ ($I=5/2$, $\tau=128$ ns) の磁気モーメント測定に成功し，カスケード γ 崩壊の擾乱場角度相関（1952 年）の方法を核反応 γ 線角分布にも適用できることを提示した[2]．九大バンデグラフの野中，森田らは $^{14}N(d,n)^{15}O$ 反応 ($E_d \sim 1.85$ MeV) の n 角分布測定から，重陽子ストリッピングによる前方ピークの他に，その 3 倍も強い後方（$\sim 180°$）ピークを見出した[3]．Butler の反応理論（1950 年）により，放出粒子の角分布の測定が生成核準位のスピン決定に有効なことが示され，その実験が流行する．直接反応の特性から角分布は主に前方に集中するので，一般には前方の測定に重点が置かれたが，後方までの測定により枠外の現象が見出された．この現象は他でも見出され，標的核からの n 放射（重粒子ストリッピング）として説明された．京大のサイクロトロンでは d, α の散乱，反応の実験が進められ，1960 年代には α 準弾性散乱（α, 2α）による軽核クラスター構造の研究が進展した．阪大のサイクロトロンでは p, d, α の散乱，反応，反応 γ 線のオンライン計測；及び β 線分析器による $\beta\gamma$ 核分光の実験が進められた．山部らは 22 MeV α による直接反応（α, p）の研究から，陽子角分布の移行角運動量 $J=L+S$ 依存性を見出した[4]．それ迄は移行軌道角運動量 L のみの依存性が考えられていた．この J 依存性は，しかしながら，明確に指摘した翌 1964 年の報告により，Lee-Schiffer 効果として知られることになった．

19.2　1960 年～1970 年代

　1960 年代には核研 FF/FM サイクロトロンによる研究成果が大いに挙がり，共同利用研として全国の研究水準向上に貢献し，以降の研究に指導的な多くの人材を育成した．核研の電子シンクロトロン（ES）も稼動を始める．FF/FM サイクロトロンの運転モード切替は効率的でないとしてその分離が計られ，FF 加速に代る SF サイクロトロン（$K=68$）が 1974 年に完成する．また 1960 年代初めには全国的将来計画が，高エネルギー物理の研究推進計画と共に検討され，1962 年の学術会議勧告には，関西に新研究所を設置する案が含まれた．この計画は 10 年後の 1972 年，阪大附置核物理研究センター（RCNP）の創設として遂に実現された．この時期各大学の研究者

は，研究の拠点ならびに若手養成上で必要な大学固有の施設充実と，他方では第一級施設をもつ共同利用研の推進という，限られた予算の下では両立し難い選択に悩まされる．東北大では 300 MeV の電子リニアック(LINAC) が，核物理研究に限らず，発生中性子による物性，生物，医学にわたる多目的学内共同利用として設置され，1967 年に稼動する．九大では既存バンデグラフの抜本的改造が磯矢の下に進められ，従来の荷電ベルト方式を排し，新方式のペレット・チェーンが世界に先駆けて開発される[5]．1970 年には電圧 7 MV の安定稼動に成功し"ペレトロン"の有効性を世界に示した．理研では多目的利用の 60 インチ可変エネルギーサイクロトロンが建設され，1966 年に稼動する．その特徴は N, O 等を加速し重イオン反応の研究を進めたことである．日本での原子力総合研究機関として日本原子力研究所（原研）が 1956 年に発足した．当初核物理の研究はバンデグラフ，電子リニアックによって進められ，原研の性格から，中性子物理を中心課題とした．1977 年，20 MV タンデム完成後はより広い基礎研究が重イオン核物理の分野で進められる．京大附置原子炉実験所は 1963 年全国共同利用研として発足し，原子炉（5 MW）を中心施設とした研究が進められ，核物理研究では中性子照射 RI による $\beta\gamma$ 核分光の研究，1980 年には核分裂生成物の迅速分離器による中性子過剰核の系統的研究が進展する．

1960 年代の原子核実験では，核研の真田ら核力研究グループは，FM サイクロトロンの 50 MeV p による p-p 散乱微分断面積の精密測定から P 波, D 波の寄与を明らかにし，このエネルギー領域で既に LS 力（当然必要なテンソル力の約 1/2 の強さ）が必要なことを示した[1]．その他に核子 2 体散乱のスピン偏極を含む各種測定も進めた．FM サイクロトロンの 50 MeV p による散乱，反応の研究では磁気分析器が活用される．非弾性散乱 (p, p′) の実験は核表面振動（四重極，$I^\pi = 2^+$；八重極，3^-，など）の研究に有力であり，^{40}Ca では 32 極振動準位を発見した．組替反応 (p, d)，(p, t) の研究では八木らによる核内核子対相関の研究がある[1]．2 n 移行反応，^{118}Sn(p, t)^{116}Sn の励起スペクトル測定から，基底状態が他に比べて異常に強いという顕著な特徴を見出した．このことは超伝導状態の対中性子（$^1S_0$）移行による遷移増強と理解される．A. Bohr らは超伝導 BCS 理論を核構造に適用し，偶々核の格子励起状態に見られるエネルギー・ギャップを対核子凝縮による現象として説明した（1957 年）．これを受けて吉田は (p, t) 反応での遷移増強を予言した（1962 年）．実験では Sn などの遷移領域核の (p, t) 反応の研究から，単極子相関（$L=0$）と四極子相関（$L=2$）の関与を明らかにする等の成果を挙げた．一核子移行 (p, d) 反応は中性子空孔及び空孔アナログ状態の研究に活用される．ここでは坂井による内殻空孔励起の指摘がある[1]．(p, d) 反応の d スペクトルに外殻励起による一群の準位より一段高い励起領域で観測される小山が，内殻励起によるものと解釈された．FM サイクロトロンの ^{3}He 加速による （^{3}He, α）反応の研究では，Sn($A=116\sim124$) の内殻

空孔 $g_{7/2}$ 準位の明確な観測に成功し，ピックアップ反応による深い空孔準位研究に先鞭をつけた．核研の βγ 核分光グループは独自設計の角度相関測定に適した β 線分析器，および大型空芯分析器（1968年）を建設して，中重核，重核領域の振動核準位構造などの研究を進めた．1962年に森永による高スピン核分光実験の成功があり，これを契機として核研でもインビーム β 線分析器，続いて Ge 検出器による広範な γ 線核分光研究が展開される．核励起準位のバンド構造，反応生成核のスピン整列，アイソマー準位と磁気モーメント，等の研究で成果を挙げた．バンド構造の研究では，球形核領域から変形核領域にわたって幾つかの系統的構造が明らかにされ，これらすべてを quasi (-ground, -beta & -gamma) bands に統一して考える試みが坂井により提案され[1]，実験データの集大成が進められ，その理論的解析を先導した．

1962年，森永は Gugelot とオランダのサイクロトロンを用いて $(α, xn)$ 反応により変形核回転準位系列の γ 線スペクトル観測に成功し[6]，以降の高スピン核分光の発展を導いた．数 10 MeV α 線による $(α, xn)$ 反応では，複合核に持込む角運動量 L が大きく，蒸発 n の持出す L は小さいので，生成核は高スピン状態にある．次いで起こる γ 崩壊でも個々の γ 線の持出す L は小さいので，その結果，イラスト（一定スピンの内でエネルギー最低）準位系列に到達する．最終段階ではこの系列 γ 線が放射され，そのスペクトルが明瞭に観測される．この実験の動機は，阪大サイクロトロンの吉沢らの実験，Ag $(α, 3n)$ In での高スピンアイソマー励起関数の測定に触発されたものであった．

阪大バンデグラフの杉本らは短寿命ベータ放射性元素（β-RI）に適用できる核磁気共鳴の方法を開発し，^{17}F($T_{1/2}$=66 s)，^{12}B(20 ms) などの磁気モーメントの測定に成功した[7]．この方法は反応の反跳により放射される生成核を一方の角度で捕集し偏極 β 放射線源を作り，偏極核からの β 線放射の非対称（パリティ非保存による）を指標として NMR を観測する．この際，β-RI の捕集過程及び崩壊寿命間の偏極保持が成功の鍵となった．この実験は β-NMR として以降の超微細構造の研究に活用され，阪大バンデグラフでは鏡核 ($A ≲ 40$) の電磁気モーメントの系統的研究が進められた．阪大の緒方らは質量分析による極微量分析の方法を用い，大谷で採集した Te 鉱物中の Xe を同定計測し，二重 β 崩壊 ^{130}Te の寿命（～$8×10^{20}$ 年）の測定に初めて成功した[8]．この値は Dirac ニュートリノ仮説（ν≠ν̄）を支持した．

原研バンデグラフでは数 MeV n の散乱実験により複合核準位の統計的性質の研究が進められた．塚田らは非弾性散乱スペクトルを n 飛行時間により計測し，その解析から準位密度の励起エネルギー依存性（E_x=2～8 MeV）に関する標準的データを得た[9]．また東大等との共同研究では，結晶中のブロッキング効果を用いて，核反応時間の直接同定に初めて成功する[10]．Ge 単結晶を標的とする数 MeV p の非弾性散乱において，放出 p′ のチャネリングに対する複合核反跳の効果を観測することで，

10^{-17} s の反応時間を決定した.

理研サイクロトロンでは東大の山崎らが, 高スピン・アイソマーの磁気モーメントの測定から, 核内陽子軌道 g_l 因子の異常を初めて検出する[11]. ^{208}Pb$(\alpha, 2n)$ ^{210}Po* 反応で ^{210}Po* ($I^\pi = 11^-$, $\tau = 24$ ns) を生成し, 外部磁場の下での γ 線角分布の回転を, サイクロトロンのパルスビームを利用した遅延時間スペクトルから観測し, 磁気モーメントを求めた. その結果 $g_l \cong 1.1$ と約 10% の異常を見出し, 宮沢による中間子交換効果の理論予測 (1951 年) と見事に一致した. なお ^{210}Po* (11^-) 準位は二重閉殻核 ^{208}Pb にそれぞれ $h_{9/2}$ と $i_{13/2}$ 軌道を占める 2 個の p が j 平行の伸びた状態に結合し, 核 g 因子は, $g \cong g_l + \{(g_s - g_l)/121\}$ とほとんど g_l 因子に支配される. このことにより一般には分離困難な配位混合による不確さを避けることができた. 他のアイソマー準位についても研究が進められた. 物性研サイクロトロンの小林らは, 偏極 n 散乱 (~1 MeV) での標的核スピン $I_{核}$ 依存性を調べた[12]. 極低温で偏極された ^{165}Ho, ^{59}Co による全散乱断面積の測定から, 光学ポテンシャルに n スピン s 依存項として, $s \cdot L$ 項の他に, $s \cdot I_{核}$ 項の必要性を示した. また弾性散乱での減偏極度の測定にも初めて有意な結果を得た.

東北大電子リニアックは 1960 年代後期から, 第 2 世代電子リニアックの競合の下に, 第 1 世代(Stanford)に比べて 1 桁以上強い電子線による高分解実験を進め, 非弾性散乱と光核反応の研究で成果を挙げた[13]. 鳥塚らは非弾性散乱の実験により新しい巨大共鳴(GR)を発見した. 光反応では E1 モードのみが強く励起されるが, 電子散乱ではいずれの電気多重極モードも励起され, また移行運動量を変化させて観測できる. このことを用いて ^{90}Zr(e, e′) の実験では, 光反応の励起スペクトルとの比較から, E1 GR に近接する E0 または E2 GR を発見し, その強度がアイソスカラー E2 の総和則の~70% を尽すことを見出した. また E2, E0 両モードの共存, 高励起アイソベクトル E2 GR の存在, それらの質量数 A 依存性, 等の成果を得た. 光核反応の研究で庄田らは, ^{90}Zr(e, e′p) 反応の p スペクトルにアナログ状態 (IAS) の鋭いピークを発見した[13]. この p のみの検出実験は理論的には制動放射による光反応と同等と見做されるので, ピークは E1 励起の粒子-空孔状態と同定される. これは光反応最初の IAS ($T = T_3 + 1$) の観測であった. 他の重核についても研究を進め, 光反応励起の IAS は外殻のみならず内殻の陽子励起も関与することを示した. また π 発生光反応 (e, e′π) の実験から軽核のスピン・アイソスピン $(\tau\sigma)$ 共鳴の研究が進められた. 1981 年には 150 MeV パルス・ストレッチャーが稼動し, 連続電子線による (e, e′p), (e, e′n), 標識付光子による光反応, 等の同時計数実験が進行する.

19.3 1970 年~1980 年代

1972 年には阪大附置核物理研究センター (RCNP) が発足し, 主装置 AVF サイ

クロトロン（K=140）が1976年に稼動する[14]．核研（INS）では1970年代中期に次期計画を策定し，重イオンを核子当り～1 GeV（1 A GeV）に加速するシンクロトロンを中核とする"NUMATRON（ニューマトロン）計画"がとり挙げられた[15]．1978年より入射器リニアック，イオン蓄積リング，等の開発と，BEVALACによる高エネルギー重イオン実験がINS-LBL共同研究（1979～1983年）として進められた．しかしながらこの計画は，用地ならびに組織の更新に関する難しさもあり，実現には至らなかった．東北大では移転整備計画に伴い多目的学内共同利用のAVFサイクロトロン（K=50）が設置され1979年に稼動する．九大ではペレトロン開発の実績を生かした10 MVタンデムが建設される．筑波大の新設に伴い学内共同利用ペレトロン・タンデム（12 UD）が設置される．原研では世界最高水準のペレトロン・タンデム（20 RD）の建設が始まり，1982年に稼動する．理研では次期計画リングサイクロトロンの入射器重イオン・リニアックが建設される．

核研ESでは1970年代初期，0.7 GaV電子と核内陽子の準自由散乱（e, e'p）の実験により，釜江らは核内核子軌道の研究を行なった[16]．数百MeV陽子の準自由散乱（p, 2p）と同じく，この実験は核内軌道，特に深い軌道の探索に適している．Li, Be, C, Ca, Vを標的とし，最深1sに至る軌道，束縛エネルギー，占有率に関する良好なデータが得られた．1970年代後期に本間らは核子Δ共鳴領域での光反応の実験から，核内二核子の"準重陽子相関"を発見した[17]．標識付光子（E_γ=200～400 MeV）を用いた軽核，^{9}B，^{12}C，光反応の放出陽子スペクトルに準二体反応による二つの山が見出された．その一つは核子"N"でのπ発生，γ+"N"→p+πであり，いま一つはγ+"p-N"→p+Nによるものと同定される．また同時計数の実験から，p-N系の～94%は重陽子p-n系であることがわかった．この相関は微視的にはΔ関与の中間子交換電流効果によるものとされている．

理研サイクロトロンでは1970年代，重イオン（HI）による研究で成果を挙げた．野村らはサイクロトロンのパルスビーム特性を利用したインビームα線分光の方法を開発した[18]．(HI, xn) 反応によりN=128のアイソトーンを生成し，寿命μs以下のα崩壊核 ^{216}Ra, ^{217}Acの同定に初めて成功した．重イオン反応の反応機構の研究では，γ線多重度測定による移行運動量の研究，反応生成核のスピン偏極の研究，反応生成核の回転帯γ線を角運動量の指標とする不完全融合反応の研究，等がある．(^{14}N, ^{12}B) 反応生成核 ^{12}Bのスピン偏極の測定実験は阪大グループとの共同研究であり，β-RI ^{12}Bの偏極検出はβ-NMRを用い，90 MeV ^{14}N入射の準弾性散乱領域で～10%に及ぶ偏極を検出した[19]．この実験は重イオン反応が偏極β-RIの生成に有効なことを初めて示した．その後阪大RCNPのAVFサイクロトロンを用いて，入射エネルギーと標的核質量数への依存性に関する系統的研究が進められた．

阪大バンデグラフの杉本グループは，森田らの理論的研究に支えられて，鏡映β$^\pm$

崩壊，^{12}N $\xrightarrow{\beta^+}$ ^{12}C $\xleftarrow{\beta^-}$ ^{12}B のスピン整列相関項の測定から，核 β 崩壊の G パリティ（荷電空間の座標反転）保存の検証に成功した[20]．核 β 崩壊には核子内部構造に起因する誘導項の寄与があり，ベクトル流 J_V の誘導弱磁性項の存在は J_V 保存 (CVC) から要請され，実験でも検証されている．一方の擬ベクトル流 J_A では誘導テンソル項の存否が問われ，もし存在すれば主項と G が異なり（G 非保存），$\beta^{\pm}$ 崩壊に基本的非対称を導入する．実験は整列核 ^{12}N, ^{12}B の $\beta^{\pm}$ 崩壊角分布を β 線エネルギーの関数として計測する．この際 NMR によりスピン整列の正負を調整し，整列相関係数を測定した．結果は弱磁性項のみとする期待値に一致し，誘導テンソル項の寄与は認められなかった．また，この実験は一般には測定困難な J_A の時間成分に関するデータも提供するので，以降は南園らにより，精密な測定実験が行なわれた．なお同時期には Princeton（米），ETH（スイス）その他でも同様の検証実験が進められた．阪大サイクロトロンの江尻グループは，中重核領域のインビーム e, γ 分光の実験を進め，M1 遷移，禁止 β 遷移，等の測定から多重極スピン・アイソスピン分極効果を見出した[21]．筑波大タンデムでは，p, d の偏極ビームによる核子移行反応，軽い重イオンによる融合反応と分裂反応，等の研究が進められた．二核子移行反応 (p, t) の研究で八木らは多段階過程の寄与を明確にした[22]．(p, t) 反応の断面積と偏極分解能の両測定結果を同時に説明するためには，二段階過程 p → d → t が直接過程に加えて必要なことを示し，それら過程の競合と干渉の様相を調べ，20 MeV 領域の反応機構の理解を深めた．

　阪大 RCNP の AVF サイクロトロンは稼動の安定性とビーム分析器による高いエネルギー分解能を実現し，反応粒子分析器 RAIDEN の測定系によって世界記録の高分解能 $p/\Delta p \sim 2 \cdot 10^4$ を達成した[23]．また高強度 p, d 偏極ビーム（偏極度 $\gtrsim 80\%$，~1 μA）も安定に加速した．陽子 40～70 MeV 領域の加速器としては後発であったが，これらの技術開発による顕著な測定精度の向上により，1980 年代にかけて多岐にわたる未確定問題の解決に貢献した[24]．それらの課題には，弾性散乱と光学ポテンシャル；非弾性散乱によるスピン励起，集団運動励起，巨大共鳴；高励起前平衡反応と連続状態；少数粒子系と分解反応；核子移行反応と粒子-空孔状態；インビーム核分光；重イオン反応と生成核スピン偏極，等がある．弾性散乱の研究で小林（京大）らのグループは，偏極 p による全質量域にわたる測定で光学ポテンシャルの精密化を図る．1980 年代には散乱粒子分析器 DUMAS を設置してスピン回転係数も測定し，散乱振幅の完全測定を進めた．非弾性散乱による巨大共鳴 (GR) の研究では，微小散乱角 $(\theta \sim 0°)$ 実験による E0, E2 GR の分離同定，高分解能実験による GR 微細構造の観測などの成果を挙げた．江尻らのグループは非弾性散乱粒子と GR 崩壊中性子の同時計数実験により，GR の n 放出崩壊に対する部分幅の観測に成功し，GR の微視的構造の理解を深めた．非弾性散乱によるスピン励起の研究では，M1 励起アイ

ソスピン $\Delta T=0$, 1 の核スピン 1^+ 準位についての研究が進められ，^{208}Pb については懸案の謎，1^+ 準位について初めて $\Delta T=0$ 準位 ($E_x=5.84$ MeV) を同定した．ただし強いとされる $\Delta T=1$，M1遷移の大部分の強度は未だ不明のまま残される．また中重核領域でもスピン励起強度の不足が問題として提起された．核子移行反応の研究では高分解能測定による空孔アナログ状態の微細構造，深い空孔状態の観測などに成果を挙げた．分解反応の研究では，d → p+n，^{3}He → d+p の粒子連続スペクトルを精密測定し，理論との照合により，反応の相当部分を占める機構の理解を深めることに貢献した．

19.4 1980 年代以降

1980 年代には高エネルギー研究所 (KEK) の 12 GeV 陽子シンクロトロン (PS) による中間エネルギー核物理と，500 MeV ブースター利用のミューオン及び中性子を用いた研究 (主に物性) が進展する．PS では，e^+-e^- 衝突器 TRISTAN 計画の進行にともない，素粒子以外の課題も広くとりあげ，ハイパー核分光と GeV 領域ハドロン入射の核反応の研究が進行した．このエネルギー領域はメソン工場のものより高く，BNL (米) と CERN (欧) にある PS との競合の下に独自の成果を挙げた．核研では中間エネルギー物理研究部が発足し，KEK-PS でのハイパー核分光をめざした超伝導分析器 SKS が建設される．また BNL (米) の加速器 AGS の重イオン加速 ($15A$ GeV) による核・核衝突実験が日米協力事業の一環として進行した[25]．LBL-BEVALAC での共同実験では RI ビームによる核反応実験が始まった．1987 年には核研の次期計画として 30 GeV に至る大強度の p 及び重イオン加速による広範な研究をめざした"大型ハドロン計画"が策定され[26]，関連する開発計画が進められる．阪大 RCNP では AVF サイクロトロンに接続するカスケード計画[27]，リング・サイクロトロン ($K=400$) が建設され，1991 年に完成する．数百 MeV 領域の軽イオン反応の精密実験を主眼とし，高性能の反応粒子分析器，n 飛行時間測定器などが整備された．理研では重イオン加速を主目的とするリング・サイクロトロン ($K=540$) が建設され 1986 年に稼動した[28]．

原研の 20 MV タンデムでは重イオン反応の研究を進め，軽核分子共鳴状態，不完全融合過程，サブクーロン反応，核分裂の時間スケール，等の研究で成果を挙げ，インビーム核分光の研究も進展した．1994 年にはタンデム後段加速器超伝導リニアックが設置され，すべての質量域での核反応が可能となる．東北大サイクロトロンの織原と大沼 (東工大) らは高分解能の n 飛行時間測定により (p, n) 反応の研究を進め，Gamow-Teller 共鳴，$I^{\pi}=0^-$ 励起などのスピン・アイソスピン励起モードの研究に成果を挙げた．またオンライン質量分析器による短寿命 RI の研究で，藤岡らは鏡核 ($T=1/2$) ^{59}Zn，^{57}Cu の同定と fp 殻領域の鏡核 β 崩壊の換算寿命 ft 値の決定

19.4 1980年代以降

などの成果を得た．東工大バンデグラフの武谷らは，核反応に伴う制動X線（$E_\gamma \sim 100$ keV）の核反応時間 Δt での干渉効果の観測に成功した[29]．実験は ^{12}C+p 共鳴散乱（$E_p=1.73$ MeV）について行なわれ，その解析から得られた $\Delta t \sim 10^{-20}$ s は共鳴幅よりの値（$2\hbar/\Gamma$）に一致した．東工大 3.2 MV ペレトロンのパルス中性子源による（n, γ）反応の研究で永井らは，宇宙初期での元素合成に重要な天体反応 ^{12}C(n, γ)^{13}C 及び p(n, γ)d の $E_n=(10\sim100)$ keV 領域の断面積の決定に成功した．

LBL-BEVALAC での共同研究では谷畑，杉本らのグループが RI ビームによる反応実験で先駆的成果を挙げた[30]．高エネルギー重イオン反応で入射線方向に放射される入射核破砕片を二次入射線とする反応実験で，軽核（p殻）領域のすべての RI について核半径の系統的測定を進め，極端な中性子過剰核 ^{11}Li での n ハロー，^{8}He での厚い n 表皮層，等の中性子異常分布を発見した．これらは安定核領域では見られない特性であり，核構造研究の新局面を拓いた．

KEK-PS によるハイパー核の研究では，停止Kまたは（π, K）反応が用いられた．これらの生成過程は，1970 年代に CERN の実験で用いられた無反跳（K, π）反応による置換状態の生成に比べて選択性がなく，高分解能測定が要求されるが，深い準位まで研究できる．東大の早野らは停止Kを用いて Σ ハイパー核 $^4_\Sigma$He の束縛状態を発見した[31]．それ以外の Σ 核は ΣN → ΛN 転換幅が広く観測困難とされた．（π, K）反応による実験では 1990 年代に高分解能の分析器 SKS が稼動し，$^{12}_\Lambda$C の準位では既知の顕著な s, p 準位の他に，内殻励起を伴う二つの衛星 s 準位の存在が初めて観測された．江尻，岸本（阪大）らは，^{12}C (π, K) 反応で生成される軽 Λ 核のスピン偏極の検出に初めて成功する．実験では反応平面に垂直方向の偏極を散乱 K の左右で弁別し，Λ 核の弱崩壊での上下非対称陽子放射を指標として偏極測定を達成した．今井ら京大・名大グループは（K^-, K^+）反応による二重ハイパー核（ストレンジネス $S=-2$）生成の新たな確認に成功した[32]．それまでは 1960 年代のエマルジョン実験によるただ二例の観測のみであった．実験にはエマルジョン・計数器混成検出系が用いられ，（K^-, K^+）反応の反応点を計数器系で押えることによってエマルジョンの走査効率を向上し，Ξ ハイペロンが ^{12}C または ^{14}N に捕獲されて生成される ΛΛ 核（$^{10}_{\Lambda\Lambda}$Be または $^{13}_{\Lambda\Lambda}$B）の飛跡と崩壊の軌跡を同定した．この研究は理論的に予言される H 粒子（6 クォーク [uuddss]）探索の目的もあり，H 粒子は見出されなかったが，$_{\Lambda\Lambda}$B の質量（$2,204$ MeV/c^2）は H 粒子質量の下限を与えた．細線蛍光体束による検出効率向上の計画が進められている．

KEK-PS による核反応の研究は，核内に入射されたハドロン（p, π, K）の時間・空間的発展を調べようとの観点の下に進められる．中井らのグループはハドロン入射反応を核・核衝突の素過程と位置づけ，その機構を探る実験を行なった．この目的で大立体角多粒子分析器 FANCY を設置し，放出粒子のスペクトルと相関の測定から，

数 GeV 入射粒子の核内でのエネルギー付与率（停止能）とその機構に関する現象論的理解を深めた．新井，八木（筑波大）らのグループは，π+C 反応によるハイペロンの生成とスピン偏極の測定を進め，π+核子の二体反応では達し得ない後方で，π+p 反応の場合とは大きく異なる偏極を見出し，その機構が問われている．1990 年代には PS による d 及び α の加速が始まる．千葉らは d, α 入射の核反応での反陽子，p̄ 発生の励起関数を，p+p 反応での閾値（5.6 GeV）以下の領域で測定した．3.5 A GeV の d+Cu による断面積は p+Cu の場合に比べて 2 桁も大きいことが見出され，その p̄ 発生機構の解明に関心が寄せられている．

BNL-AGS での 15A GeV の重イオン実験では，クォーク・グルオン・プラズマ（QGP）相への相転移現象の検出をめざして，Si+Au 反応からの発生粒子測定を進め，(K^+/π^+) 発生比が p+p 反応の場合に比べて 2～4 倍大きいことを見出した．ただしこの現象は反応系内多重散乱によるものとも考えられ，相転移の確実な証拠とはなっていない．CERN でも 200A GeV HI による実験が進められているが，相転移検出の決定的実験方法は懸案課題である．BNL では 100A GeV の重イオン同士の衝突器 RHIC の建設が 1999 年の稼動をめざして進められ，日本グループはその測定器 PHENIX の実験に参加し，準備が進められている．

理研リング・サイクロトロンの稼動により，軽核では 100A MeV に至る重イオン実験が，先発の GANIL（仏），後発の NSCL（米）等との競合の下に進められ，核子 2 体反応閾値以下での π^- 発生；破砕反応生成核のスピン偏極；極端な中性子過剰核；天体核反応；超重元素の生成；高スピン異性核ビームの生成，などの研究が進展する．入射核破砕反応による二次 RI ビームが，RI 分離器 RIPS によって高効率で生成される．不安定核領域の核反応の研究では，中性子過剰核の n 分布の研究や ^{10}He の非束縛状態の同定などで成果を挙げた．RI ビームによる天体核反応の研究では，ビッグ・バンでの Li より重い元素合成に重要な反応，^{8}Li+α→ n+^{11}B の反応率の直接測定，または恒星中のホット CNO 循環の点火に重要な反応 ^{13}N(p, γ)^{14}O の反応率を，逆反応の ^{14}O クーロン分解の断面積から決定するなどの成果を挙げた．

阪大 RCNP のリング・サイクロトロンによる実験は 1992 年より始まる．反応粒子分析器による研究で藤原らは，荷電交換反応，^{208}Pb(^{3}He, t)^{208}Bi* で励起された Gamow-Teller 共鳴の陽子崩壊，^{208}Bi*→^{207}Pb+p の観測に初めて成功する．粒子分析器による散乱角 0° の t 検出と共鳴崩壊 p の同時計数二次元スペクトル測定であり，共鳴の微視的構造の解明に有用なデータを得た．また ^{71}Ga(^{3}He, t)^{71}Ge 反応の実験から，太陽ニュートリノの検出に重要な反応，^{7}Ga(ν, e$^-$)^{71}Ge の反応率の正確な値（誤差数%）を求めた．

核研の空芯 β 線分析器を用いて川上らは，^{3}H の β 崩壊スペクトルの最大値（≈ 18.5 keV）付近を精密測定し，電子ニュートリノ ν_e 質量の直接測定による上限値

$m_\nu < 13\,\mathrm{eV}/c^2$ (95% C.L.) を得た[33]．実験では線源（脂肪酸の二重分子層）の調整とエネルギー校正とに特別の注意が払われ，LASL（米）の値（$m_\nu < 9.3\,\mathrm{eV}/c^2$，1991年）と並ぶ最低限界値が得られた．阪大の江尻グループは二重ベータ（$\beta\beta$）崩壊，^{100}Mo の ν を伴う崩壊（$2\nu\beta\beta$）の β 線スペクトルの直接測定に初めて成功し，半減値 $T^{2\nu}_{1/2} = 1.3^{+0.3}_{-0.2} \cdot 10^9$ 年を得た[34]．実験は ν 放射なしの崩壊（$0\nu\beta\beta$；レプトン数非保存）の検出をめざして低バックグラウンド計数で高感度の $\beta\gamma$ 検出器 ELEGANT V を開発し，神岡の地下 1,000 m で測定された．（$0\nu\beta\beta$）は検出されなかったが，その半減期の上限値 $T^{0\nu}_{1/2} > 7 \cdot 10^{21}$ 年を得た．これは ν 質量の上限値 $\sim 6\,\mathrm{eV}/c^2$ に対応し，より一層の精度向上が計られている．

KEK のパルス中性子源による eV 領域の偏極 n 共鳴散乱の実験で，増田らは ^{139}La $(\vec{n}, \gamma)$ 反応の p 波（$l=1$）共鳴，$E_n = 0.743\,\mathrm{eV}$ で 10% と大きいパリティ非保存効果を再確認した[35]．この顕著な効果は，1983 年に Dubna（ロ）で発見されたが，共鳴の特性（高準位密度での s-, p-波共鳴の混合と $l=1$ 遠心力障壁による狭い共鳴幅）による 10^6 倍増幅の結果とされている．この共鳴は時間反転 T 非保存の検証に有望な対象として，その実験計画が進められている．

以上，原子核実験の発展を追ってきたが，特に近時は世界的に高水準の研究で多くの成果が挙げられてきたことに意を強くする．また次期計画も（図 2 参照），GeV 領域の電子及び光子による研究，RI ファクトリ，その他の魅力ある計画が進行し，それらからの展開も大いに期待される．

本稿のため，各地の多くの方々から資料を送付していただいたが，十分その意を尽くせなかったことは諒とされたい．なお境界領域の研究では，p̄-He 原子の発見などすぐれた研究がなされたが，紙数の制限のため凡て割愛した．

追 記 以上は物理学会誌の特集記事，"50 年をかえりみる"の一つとして 1995 年 6 月にまとめたものであった．ここではその後の展開について筆者の知るところを要約しておこう．

阪大 RCNP サイクロトロンによる研究では，東大の酒井らは，中性子飛行時間測定装置を用いて ^{90}Zr(p, n)^{90}Nb 反応の微分断面積の前方角度分布とスピン反転確率 S_{NN} とを観測し，10 数年来懸案の "Gamow-Teller (G-T) 型巨大共鳴の強度欠損問題" に一つの決着を与えた[36]．測定は，入射陽子 295 MeV を用いて，生成核の励起エネルギー数 10 MeV にわたって行われた．その解析から G-T 遷移強度は共鳴線 9 MeV 付近に集中した強度の外に高い励起エネルギーにわたって分布し，20～50 MeV の領域では配位混合の効果による理論的予測と良い一致を見た．また遷移強度の和則値と実験値との比較から，G-T 励起の Δ-h 励起との結合が従来の予測に比してかなり弱いことを示唆した．

理化学研究所のサイクロトロン SSC では，軽核から中重核領域へ向けて，安定核から離れた n または p 崩壊極限のドリップラインに至る．不安定核の研究が進展し，安定核領域で知られている魔法数とは異なる不安定核領域での新しい魔法数が見出された[37]．n または p が魔法数の核では結合エネルギーが近傍の核にくらべて極大を示し，核内核子軌道の閉殻構造を指示している．

　π 中間子原子の深い束縛状態の発見があった．π^- 原子の X 線分光は π と核の相互作用の知識をあたえる．ところが軽核以外では基底状態とその近傍の 1s や 2p などの深い束縛状態への X 線は観測できなかった．そこでこれらの深い束縛状態は，π^- 軌道が核内に侵入し強い相互作用によって核に吸収されてしまうため，観測にかからないものとされてきた．ところが，土岐と山崎が X 線分光や π^- 核散乱から決められた現象論的相互作用を用いて予測し[38]，π^--Pb 原子でも基底状態に至る準位幅は準位間隔より狭く，離散準位として観測できるはずであることを示した．この深い束縛準位の探索は，種々の反応についての試行の末，ドイツ GSI 研究所の重イオン・シンクロトロン SIS と核破砕片分析器 FRS を用いた ^{208}Pb(d, ^{3}He) 反応の Q 値スペクトルの測定で初めて達成された[39]．これは新しい核分光の始まりであり，核基底状態から 140 MeV も高い所に幅の狭い新種の共鳴準位（G-T 型）が存在する発見であった．

　ハイパー核の研究では，Λ ハイパー核は多くの核で観測され，寿命も $\sim 10^{-7}$ s と長い．一方，Σ ハイパー核は多くの探索実験の結果，ただ一例 $^4_\Sigma$He の存在が確定された[40]．KEK-PS によるハイパー核の研究では，東北大の田村らは，超伝導磁石 K 粒子分析器 SKS と，14 個の Ge 半導体検出器で構成された大立体角 γ 線検出器 Hyperball とを組み合わせ，^{7}Li$(\pi^+, K^+)^7_\Lambda$Li 反応の生成核よりの γ 線の精密測定に初めて成功し，ハイパー核分光学の進展に重要な一歩をもたらした[41]．測定された $^7_\Lambda$Li 基底状態のスピン 2 重項の分岐値は ΛN 相互作用のスピン・スピン項の選定に決定的に重要であった．

　高エネルギー重イオン衝突実験は，1986 年，欧州の CERN において 200A GeV（格子当たり 200 GeV）の重イオンビームが，また米国の BNL 研究所において 15A GeV の重イオンビームが加速され，新たな時代が始まった．さらに，2000 年には BNL において，100A GeV + 100A GeV の超高エネルギー重イオン衝突器（RHIC）が稼動し，実験が始まった[42,43]．超高エネルギーの重イオン間の衝突では，数 100 fm^3 程度と核子サイズでは大きな容積が 10^{12} K 以上の高温状態になり，そこには 10^4 個ものクォーク・反クォークが出現すると考えられている．この高エネルギー密度の状態では"クォークが開放された相"に転移し，クォーク・反クォークやグルーオンがあたかもスープ状になるものと考えられ，"クォーク・グルーオン・プラズマ（QGP）"と呼ばれる．この相転移は超高速計算機を用いた格子ゲージ理論に基づく

計算でも予測されている．この新しい QGP 相の検出を目指して，日本グループは RHIC の測定器 PHENIX に参加し実験を進めている．最近もっとも注目されているデータは，CERN の NA 50 グループによる J/ψ 粒子収量の減少に関するものである．衝突の初期には発生可能な J/ψ 粒子も QGP 中で，ちょうど熱い油に蠟の小塊を落とすと溶解消失するように，その発生が抑制されると理論的に予言されていた[44]．CERN での測定はこのような現象を示唆し[45]，今後の RHIC におけるより詳細な測定に期待がかけられている．

次期計画に関しては，理化学研究所の RI ビーム・ファクトリーが 1998 年度から発足した．この計画は 2 つのカスケード・サイクロトロンにより軽核では $400A$ MeV，ウランにいたる重核では $150\sim200 A$ MeV まで加速でき，また多目的実験用の蓄積リングも設置される計画である[46]．元東京大学附置原子核研究所以来の計画であった大型ハドロン計画は[47,48]，高エネルギー加速器研究機構（高エネ機構）と日本原子力研究所（原研）の共同企画として，2001 年度から発足した．この大強度陽子加速器計画は，大強度陽子（$\sim 10~\mu$A）を加速できる 50 GeV シンクロトロンとその前段の早い繰り返し（25 Hz）の 3 GeV シンクロトロン（加速電流 0.3 mA）を主装置とする．元来は，素粒子・原子核物理学，並びに物質科学の研究を行うための大型ハドロン計画（高エネ機構）と，中性子ビーム利用に主眼を置いた中性子科学研究計画（原研）とが提案されていた．これらの計画は共にそれぞれのエネルギー領域で大強度ビームを得ることを目指しているので，これらを一本化し最先端の一連の陽子加速器施設を建設することに両機関で合意し推進されてきた．なおこの間，東大原子核研究所は高エネルギー研究所と統合されて，1998 年に高エネルギー加速器研究機構が発足した[49]．（筆者＝すぎもと・けんぞう，大阪大学・東京大学名誉教授．1923 年生まれ，1946 年大阪大学理学部卒業）

参考文献

1) 片山一郎，柴田徳思：日本物理学会誌 **49**（1994）200，一核研 FF/FM Cyclo. の歴史，引用文献参照．
2) 杉本健三：日本物理学会誌 **13**（1958）775．
3) I. Nonaka, *et al*.: J. Phys. Soc. Jpn. **12**（1957）841．
4) T. Yamazaki, *et al*.: J. Phys. Soc. Jpn. **18**（1963）620．
5) 磯矢　彰：日本物理学会誌 **25**（1970）907．
6) H. Morinaga and P. C. Gugelot: Nucl. Phys. **46**（1963）210．
7) 杉本健三：日本物理学会誌 **20**（1965）801，**24**（1969）227．
8) N. Takaoka and K. Ogata: Z. Naturforsch. **21A**（1966）84．
9) K. Tsukada, *et al*.: Nucl. Phys. **78**（1966）369．
10) 藤本文範：日本物理学会誌 **25**（1970）454．
11) 山崎敏光：日本物理学会誌 **26**（1971）637．

12) 小林晨作：日本物理学会誌 **24**（1969）732.
13) 鳥塚賀治：日本物理学会誌 **33**（1978）801.
14) 山部昌太郎，山崎 魏：日本物理学会誌 **26**（1971）29, **31**（1976）932.
15) 坂井光夫：日本物理学会誌 **30**（1975）330. 杉本健三，他：同誌 333.
16) K. Nakamura, et al.: Nucl. Phys. A**268**（1976）381.
17) 本間三郎：日本物理学会誌 **37**（1982）1117.
18) T. Nomura, et al.: Phys. Lett. **40B**（1982）543.
19) K. Sugimoto, et al.: Phys. Rev. Lett. **39**（1977）323.
20) K. Sugimoto, et al.: J. Phys. Soc. Jpn. **44** Suppl.（1978）801.
21) 藤田純一，江尻宏泰：日本物理学会誌 **30**（1975）424.
22) 八木浩輔：日本物理学会誌 **35**（1980）593.
23) 池上栄胤：日本物理学会誌 **36**（1981）834.
24) 近藤道也，他編：『精密核物理・核の高励起（RCNPの成果1976〜1985）』(阪大RCNP出版，1985).
25) 永宮正治：日本物理学会誌 **43**（1988）607.
26) 福田共和，西川公一郎：日本物理学会誌 **43**（1988）421. 中井浩二：同誌 **44**（1989）641.
27) 池上栄胤，鈴木 徹：日本物理学会誌 **43**（1988）268.
28) 石原正泰：日本物理学会誌 **42**（1987）771.
29) 武谷 汎：日本物理学会誌 **40**（1985）140.
30) 谷畑勇夫：日本物理学会誌 **41**（1986）905. 谷畑勇夫，小林俊雄：同誌 **45**（1990）790.
31) R. S. Hayano, et al.: Phys. Lett. B **231**（1989）355.
32) K. Imai: Nucl. Phys. **547**（1992）1990.
33) 川上宏金，大島隆義：日本物理学会誌 **43**（1988）429；Phys. Lett. B **256**（1991）105.
34) 江尻宏泰，田中純一：日本物理学会誌 **47**（1992）41.
35) 増田康博：日本物理学会誌 **46**（1991）1047.
36) 酒井英行，若狭智嗣：日本物理学会誌 **52**（1997）441.
37) A. Ozawa, et al.: Phys. Rev. Lett. **84**（2000）5493.
38) H. Toki and T. Yamazaki: Phys. Lett. B**213**（1988）129.
39) 板橋健太，早野龍五：日本物理学会誌 **52**（1997）354.
40) 永江知文，原田 融：日本物理学会誌 **53**（1998）274.
41) H. Tamura, et al.: Phys. Rev. Lett. **84**（2000）5963.
42) 浜垣秀樹，早野龍五：日本物理学会誌 **54**（1999）961.
43) 永宮正治：パリティ **1**（1986）No. 1 p. 18；**15**（2000）No. 1 p. 31, & No. 12 p. 102.
44) T. Matsui and H. Satz: Phys. Lett. B **178**（1986）416.
45) 杉立 徹，三明康郎：日本物理学会誌 **55**（2000）868.
46) I. Tanihata: J. Phys. G: Nucl. Part. Phys. **24**（1998）1311.
47) 永宮正治：日本物理学会誌 **52**（1997）154.
48) 池田宏信，永嶺謙忠，野村 亨：日本物理学会誌 **52**（1996）430.
49) 木村嘉孝：日本物理学会誌 **51**（1996）887.

初出：日本物理学会誌 **51**（1996）245-252.

20. 原子核分光学の展開
―私の来た道―

森 永 晴 彦

20.1 ひとりで考えていた頃

　核分光学の，私にとっての原点は多分，終戦直後，大学卒業まであと一年の間（1945年10月～1946年7月頃まで）に聞いた嵯峨根先生の講義「放射能作学」の中にあった．先生の講義は装置のことが多く，しかも，どっちの方が安上がりだというような「不純」な話が多くて，つまらなく，殆ど全部忘れてしまったが，一つだけ，私がその後不純なことをやらされている間を通して頭に残っていたのは，「α 線や γ 線が線スペクトルをもっていることからして，核にも原子や分子のような構造があることは期待されるが，原子や分子を結びつけている Coulomb 力に比べて，核の中の陽子と中性子を結びつけている核力はずっと複雑で，しかもその精しい性質は未だわかっていないから，α 線や γ 線のエネルギースペクトルから得られる核の励起準位のスペクトルがわかっても，それを解釈することは困難であろう」という一節であった．因みに，それを解明してそれから核力を知ることができれば……というのは，一つの大きな夢で，また核力を知るということは聖なる物理屋の使命であると思っている人に会うことは少なくなかった．

　私は，それから嵯峨根研に入った．仕事は，日本の原子核研究のために次世代の加速器の可能性を勉強することだったので，その頃出てきたシンクロトロン原理や，L. W. Alvarez によるリニアックなどすべての加速器の文献をわくわくしながら読みあさったり，新しい加速器のアイディアのモデル・テストなどしていたので，核物理自身の方はわからず，眠たい H. A. Bethe の赤本輪講ぐらいの付き合いしかなかった．

　原子核の研究室のそもそもの目的である原子核研究を，本場の好条件で自分でやるチャンスにめぐまれたのは，1951年にアメリカ Iowa 州立大学に GARIOA 基金による留学生として行ったときだった．嵯峨根先生はもう古巣の Berkeley に行ってしまわれていたが，どうも私がこんなところに行くことになったのは，少なくとも間接的に先生の影響があったらしく，いろいろと私のことを心配して下さった．その頃の言葉でよく覚えているのは，「アイディアで勝負するか，テクニックで勝負しろ」というのだった．ところが，テクニックで勝負するにはどうしても現場に出ざるを得ない．ところがシンクロトロンの実験室に行っても，わかる言葉は"ビーム・カミング・オン"ぐらいで，16人に一人で選ばれた私の英語が全く通じない，というわけで，最初の1年は毎日深夜まで，Chicago 大学でミュー中間子にあてた原子核乾板と

にらめっこをしていた．見たものは2万3千個の中間子が止ったポイントである．その中，約2パーセントの場合に何か起こっている．1個陽子が出ている場合，それにリコイルがついているとき，α粒子，そのほか小さなスター等，これらの一つ一つを，あるいはその統計をどう解釈するかは，まさに楽しみの宝庫で，私の核物理の研究の出発点だった．

2年目からは，シンクロトロンで働くことになった．速いエレクトロニクスをやってはとの提案もあったが，一つには前と同じような意味で自信がなかったことと，シンクロトロンではまともな提案さえできれば好きなことをやらせてもらう可能性があったからだった．しかし，二年間いたシンクロトロンでは私の提案（三つ〜四つ）はどれもうまくいかなかった．今から考えると，これは私が全く核物理に関して未熟だったからだ．たとえばアルミニウムを70ミリオンボルトのX線で照射して（γ, 3n）反応を用いて ^{24}Al を作り（馬鹿な話），その崩壊から ^{24}Mg の構造を調べようと思った．その一つの訳は，当時まだ殻模型はまだ私にはよくわからず，Weisskopfの教科書に出ている α 模型でこれをオクタヘドロンとしてうまく行かないか調べてみたかったからだった．これは全然うまく行かなかったが，その近所の原子核をずっと調べていくうちに，^{8}Be では同じだが，^{13}C 以降クローズ・パックの代りに線形になる可能性があるのではないかと考えはじめて，紆余曲折の末，線形核の可能性を指摘したところ，当時は極めて厳しかった Physical Reviews が掲載してくれた．おかげで α 模型というものをだいたい体得することができた．

もう一つ，この頃探して随分やったのに見つからなかった核は，^{26}Al の長い半減期（今は 7.5×10^5 年と知られている）のアイソマーであった．当時の競争には負けたが，おかげで鏡像核とかアイソスピンが核スペクトルに与える影響がよくわかってきた．このころ書いた（γ, p）反応の断面積が異常に大きくなることをアイソスピンの選択則で説明した説は，はじめての，その選択則の動的範疇になった．

3年間の Iowa の，牧歌的だが物理の仕事では何も殆ど不成功に終った生活の後に，Indiana 州 Purdue 大学の核グループに移って1年半仕事をした．ここには古い小型のサイクロトロンがあった．スイスの ETH 出身の Bleuler 教授はその主任だったが，理論の Peaslee 教授と共に良く私の考えを聞いてくれ，かつ指導してくれた，またとない師であった．この短い間に10程の論文，しかもいくつかはあとで何度も引用されたものを書き上げた．その他，アイソスピンの知識に基づいて ^{42}Sc の半減期が0.6秒であることを予想して，まさに，それと全く同じ値を観測するのに成功した他，^{50}Sc，^{40}Cl，^{74}Ga という三つのアイソトープも見つけて，大体その崩壊を決定した．なお，私がうれしく思っていることは，これらの半減期の値が，その後，多くの研究者により追試されても，はじめ私のきめた値と殆ど違っていないことである．この頃までの論文は約半数が個人名で，残りはすべて二人の連名のもので，重要な間

違いは未だ見つかっていない．

20.2 核分光学のフロンティアへ

Purdue 大学にいる間は仕事の方も一気に進んだが，勉強の方も大変面白い契機があった．それは，同じ州の文科系の方，Indiana 大学の物理教室とわれわれの方のそれとの合同ゼミナールが両校で交替で行われ，そこで，その当時，花火のように盛り上った六人ほどの若手理論家に接する機会があったことだった．その内の一人は，すぐ数ヶ月前 Columbia 大学で，当時日本から流出して居られた湯川秀樹教授のところで博士号を取り就職してきたばかりの Carl Levinson 博士で，私には湯川先生のところでやらされたテーマ（多分非局所場理論のことだろう）はあまりにも抽象的でむずかしかったので，今度はもっと実験に近い話をやりたいのだと言っていた．彼がその合同ゼミナールで話したのは，次のようなものであった．

実験データの集積により，いま多くの核の低い励起状態に殻モデルによる状態のアサインメントができるようになった．一つの実例として，^{41}Ca はダブル・マジックのコアに一つの中性子がついたアルカリ原子のようなものなので，^{41}Ca の下の方の励起状態は j-j 結合の殻模型の $1f_{7/2}, 2p_{3/2}, 1f_{5/2}, 2p_{1/2}, \cdots\cdots$ と考えることができる．それでこれらのエネルギーから，中性子に対するコアの一体ポテンシャルがスピン軌道力まで入れて出せる．次に ^{42}Ca の低い状態は下から順に $f_{7/2}^2(n)$ からできる 0-2-4-6 の状態と仮定できる．これから核内の中性子間の力を出す．すると，ありそうもない三体力がないと仮定すれば，上記のパラメターのみから $f_{7/2}^3(n)$ だと考えられる ^{43}Ca の低い状態が計算できる．それでやってみたところ，実験ときわめて正確に一致したというのだった．このようにして，嵯峨根先生の講義では考えも及ばなかった核スペクトルが，少なくとも現象論的には解釈がされ得る糸口が見つかったのである．

Indiana 大学はそもそも原子核分光学という言葉をはじめた Mitchel 教授が居り，^{43}Ca の実験的なスペクトルもここで決定されたものだった．ところが，Levinson の理論が出て 1 年たったかたたない間に，この実験は間違いだったことがわかり，核物理学者の短い成功の夢は消え去った．

この一事件は私のところにも波及してきた．というのは，前記の新しく見つけた ^{50}Sc の崩壊型式の中に見出された ^{50}Ti のスペクトルが，かなり Levinson の使った ^{42}Ca のスペクトルと異なっていたことで，なぜ $1f_{7/2}(n)$ である ^{42}Ca が $1f_{7/2}(p)$ である ^{50}Ti のスペクトルとこんなに違うのか，いろいろな理論家にきいてまわったが，ちがっていけないとは断言できないとか，わからないとか言う答が大部だった．それもあって ^{50}Sc については内部研究報告だけにしておいた．だが一年半後に Purdue 大学を去ってスウェーデンの Lund に向う途中 New York でお会いした呉健雄女史

が，もしや ^{42}Ca のスペクトルに間違いでも……と暗示的なことを言われた．

1956年の初めから1年半，前に Iowa 大学のシンクロトロンで一緒にいたスウェーデンの Johansson が Lund 大学に席をつくってくれて大変有益な時を過した．ここは，Copenhagen に近く，金曜日のコロキウムは未だいつも Niels Bohr が司会して，世界中の第一線で仕事をした人達が話しに来て，私はいつも一時間の船旅で当時まだ仕事をしたばかりの Nilsson と一緒に聞きに行った．日本からは当時，田村太郎，亀淵 迪，江夏 弘氏が来ておられ，大抵のときは田村さんと最終の船までしゃべっていった．そんなおかげで，また，Iowa の時のように論文はひとつもできなかったが，大変勉強をした．特に Nilsson モデルを十分に理解できたのは後日のため非常に役に立った．

1957年秋，木村一治教授の招きで東北大学に助教授のポストを得たとき，日本の核物理学は将にスタートの用意ができていた．仙台では木村，北垣のグループが総力をあげて手作りしていた 25 MeV のベータトロンが殆ど完成，また，東大核研の新しいサイクロトンも運転が近く，東海村の原研の1号炉による研究も殆ど始まっていた．それで最初に手をつけた実験は，その1号炉で ^{42}K を作り，その崩壊形式を調べ直し，前記の Purdue 以来やりたいと思っていた ^{42}Ca の準位構造を調べ直してみることだった．木村研の優秀な若い人達の助力を得，数回の東海村行の後に，やはり呉女史が言ったように前の第二励起状態のスピンの値が間違いで，この状態は $1\,f_{7/2}^2(n)$ からくる 4^+ ではなく，所謂イントルーダー 0^+ であることが一意的に示された．その間約2年間考えていた問題がホーム・グラウンドで解決されたのは大変意義あることだった．^{50}Sc の方は後 1962年 Amsterdam から1週間 Napoli に行ったとき，そこの小さな機械で Purdue 時代の追試を行ない $1\,f_{7/2}^2(p)$ のスペクトルを確認し，それが新しい仙台での $1\,f_{7/2}^2(n)$ と酷似しているという殻模型としては満足すべき結果が得られた．

こういう結果が出ると当然考えてみたいことは，^{41}Ca の低い状態の Levinson の殻模型によるアサインメントも大丈夫かということだ．この核については，実験をやり直す機会は当時私にはなかったので，当時知られていたすべての核データを考え直してみることしかできなかった．そうすると一つの面白い点が浮かび上ってきた．それは，中性子捕獲に伴うガンマ線が，いままで考えられていたような統計的なものとは全く違うことだった．当時は，実は今でも，中性子捕獲は，まず核が中性子を捕獲して複合核ができ，それがガンマ崩壊するという二段階の過程と考えられていた（る）．そうだとガンマ・スペクトルはもっともっと複雑なはずなのに，最初のガンマ線は大部分がたった二つの状態にしかいかない．それは Levinson も $2\,p_{3/2}$ とした 2 MeV の状態と，Levinson が $2\,p_{1/2}$ とした 2.5 MeV のものよりはるかに高い 4 MeV の状態なので，むしろ中性子捕獲が複合核を経ない直接過程で 2 p 状態のペアが捕獲に関与

しているのではないかと勘ぐるようになってきた．それで若い理論家に頼み，当時，原子力研に入ったばかりのアナログ計算機を菊池正士所長の御厚意で使われていただいて計算したところ，計算値は捕獲断面積とp状態への比をきわめてよく再現した．中性子捕獲の直接過程については殆ど同時に米国と英国で別の観点からその存在を提唱する論文が出た．一人は中性子屋，一人は直接過程屋で，ちなみに私はガンマ屋ということになっている．

この頃，原子核理論の第一人者のWeisskopf教授が来日された．その頃われわれはまだ日常生活は貧しく，教授はもらった滞在費を寄附して行かれたのを覚えている．しかし学会の方はそろそろサポートも得て来て，京大基研で湯川秀樹所長が，Weisskopfが来るから御前講演をしたいものは申し込むように，という檄をとばして下さった．私も仙台からの旅費をいただいて，この中性子の捕獲過程の計算の報告をしに行った．Weisskopf教授は大変面白いとほめて下さり，「実は，中性子が発見された直後，新しい核理論の展開を試みたBetheは他にどういう理論も考えにくかったので，一応私の考えたような直接過程を考えたのだが，すぐ直後に出た一連のFermiの中性子捕獲の，特にその断面積がしばしばとんでもなく大きくなる現象が直接過程では説明できず，それでNiels Bohrの複合核理論ができたのだ」と歴史を教えて下さった．あとで昔，教科書に用いたBetheの赤本（Reviews of Modern Physicsの1936~37年に出たものを集めたもの）を見たところ，そのとおりのいきさつがはっきり書かれていた．

湯川さんが直接司会されたこの会は大変印象的なものだったが，私にとって特に重要な意義のあるものだった．それは，そこに来て居られた吉沢康和氏による，銀に α 粒子をあててできるインジウムの放射性同位元素の基底状態とアイソマーとの生成比を α 粒子のエネルギーの関数として測ると，非常に広いエネルギー範囲で，それが1程度から20までリニアーに変るという報告だった．それで，まだ着席中——多分その次の講演が行なわれている間に——インプットの角運動量が，その二つの異性体のスピンの平均値より少ないような，いわば正面衝突に近いときは基底状態になり，角運動量が大きいときにはアイソマーになるという簡単な仮定で計算してみたら，吉沢氏のデータが極めてきれいに説明できた．別に論文を書くなどということは考えなかったが，いろいろそれについて考えたり人に話しているうちに，大変重要なその意味がわかってきた．というのは，前記の仮定が使えることは予想したものの，それが本当ならば一意的にある実験条件（特定のエネルギー，単一核種のターゲット）の下に，連続領域の複合核反応の際に出てくるガンマ線の中に，際立ってイラスト状態——特に偶-偶の変形核ならばその回転状態——を経るガンマ・カスケードが見える，ということである．この基本的アイディアの中には，その他案外知られていなかったが，中性子捕獲をやっていた人達が出していたデータ「複合核から出るガンマ線の数

は3乃至5」ということも入っている．

　このアイディアをやってみる機会にありついたのはそれから約2年後，Amsterdam の国立研究所においてであった．物理的には東大核研でやれる実験だったが，制度的にとてもできるはずはないし，既に私のグループがやっていた他の実験もあったので申し込めなかった．当時は，この日本唯一の新鋭の加速器には使用申込が多く，一度やった方は数ヶ月御遠慮下さい，というような条件では，やってみては条件を改善してまたやる，ということの必要な新しいジャンルの開発などできなかった．

　Amsterdam には一応お茶を濁す程度の普通のベータ，ガンマ分光学のテーマなどを考えていったが，前出の Bleuler とスイスで同窓だった所長の Gugelot 博士がはじめて私のアイディアを買ってくれて，「僕が手伝うから，やってみよう」ということで，彼のサイクロトロンの経験を十分に生かして，行ってから二月ほど後に，すでにディスプロシウム160の知られている回転状態をつなぐガンマ線が 6^+-4^+ まで，更に知られていなかった 8^+-6^+ の状態が極く簡単なバラック・セットの実験で見えてきた．これは大変な喜びであった．その第一の理由は，それまで多くの人からそんなものが見える筈はないと言われたし，特に行く道に寄った Copenhagen で Aage Bohr から，似たような試みが Berkeley（米）と Dubna（ロシア）の両方でなされたが不成功だった，というニュースを聞いていたからだった．

　その後，バラック・セットを止め，特にこのための測定システムを作っていき，全10ヶ月 Amsterdam 滞在の間に合計200時間のマシンタイム（ただしこれはトライ・アンド・エラーのできるようにアレンジできた）を用いて，変形核35についてスピン状態が8乃至10までの回転レベル，その他いくつかの準変形核や振動核のイラスト・レベルをみつけることができた．

20.3　みんなと一緒に

　Amsterdam の Gugelot と一緒に実験の一シリーズのあと帰国の途中，Copenhagen でこの話をしていった．たまたま幸に後でよくのびていった人達がたくさんいて，私の結果に非常に注目したが，特に Mottelson が大いに興奮して，私の話の後3分の1は彼に演壇をとられてしまった．彼はそのころ回転レベルがスピン 14～16 位で切れるという予想をしており，これは集団運動模型の基礎に拘わることなので何とか調べたいと思ったが，Amsterdam の実験の成功はこの可能性を与えたことに特に重点をおいた．結局比較的すぐこの乱れ（いわゆるバック・ベンディング）は Stock-holm のグループにより見つかり，その後この問題は長く核物理学界を賑わした．実験的には，私はまだシンチレーション・カウンターを使ったのに，すぐその後ゲルマニウム検出器が出てきて，これと急速に進んだ同時計数回路とコンピューターの発達により，この分野——実験的に言えばイン・ビーム・ガンマ線分光学，多少理論的

にいうと高スピンの核物理——は世界中をにぎわすことになった．私自身はその後，この分野を進めるために良い条件のところにはいなかったが，むしろ楽しんだのはこの60年代の日本の核物理の盛り上りだった．

　もちろん，この盛り上りを招来したのは，終戦直後に再建のために努力された我々の先生方や先輩の仕事の結実である．これらの努力によって，前記の1958年頃に日本でも，ホーム・グラウンドで原子核物理ができるようになってきた．それまでの若手（私達）ができた仕事は，理論か，外国に行ってする仕事だった．それで60年の初め頃には少しずつ日本国内でもデータが生産されはじめ，当然のこととして起こったのが理論と実験との接触で，これはそれまであまりなかったことであった．私の年代（終戦の年±2，3年に大学卒）ではまだ理論家は主に素粒子屋で直接実験とは関係なく，実験家はまだ余り核物理自身は専念できず，これを可能にするために働いた先人の感じと似ている．

　ところが60年の初め頃から（前記の湯川研のWeisskopfを囲む研究会などがその最初の一つだったが）理論実験合同の原子核の研究会というのがしばしば行われるようになった．これは主に東大核研がその中心となり，その中で私が特に多くを学んだのは坂井光夫氏が中心になって開いたものに多く，そこではよく理論家と実験家が共通の言葉の模索をした．量子力学の講義を空襲のためまともに聞けなかった我々の年代の者にとって，例えば有馬朗人氏の話はまあわかったが，丸森寿夫氏は大変有難い努力をしてわかるようにと話して下さっても，梵語の説教であった．しかし，お蔭でやはり我々は習っていったのである．しかし今思うと，このころ議論しあったレベルは世界の未知の最先端をいったものだった．

　こういう盛り上がりからは色々な線が出てきた．もちろん，その前の先人の仕事も含めながらであるが，まず私の近くで実験の方では，核研の坂井光夫，山崎敏光等によるインビーム核分光学の角分布の測定の導入である．私は大変いけないことであるが，角分布というのは嫌いだったので，余り興味がなかった．これは更に山崎氏により遅延ガンマ線の場合に押し進められ，日本の杉本健三氏等の伝統と合流して核分光学の一ジャンルとして確立し核内中間子の問題を解く鍵にまで発展した．なお，この線では核モーメントの問題が，終戦直後の宮沢弘成氏のモーメントの中間子論と，有馬・堀江の配位混合の理論と相俟って日本の核物理のおはこになっていたので，重要な貢献がいくつかなされた．

　インビーム・ガンマ分光学が与えた厖大な核の（主に）高スピン状態の研究は，世界的に核構造論研究界を賑わしたが，ここでも日本では先人の重要な貢献を更に開花させる一流の理論家達がまっていた．それは朝永振一郎先生が戦後すぐの頃に考えられたいわゆるボゾン展開で，故藤田純一氏や最近では丸森グループで強くその理論的基礎がおしすすめられた．最も特筆すべきこととして，これを定式化した有馬-Iachello の相互作用ボゾン・モデルは Mayer-Jensen の殻模型，Bohr-Mottelson の集団運動模型とならんで現在核分光実験屋が知っていなければならない三つの重要なモデルの一つとなっている．

以上の盛り上がりの中で，坂井さんは「校長先生」と呼ばれていて，私は副校長を自任していた．そして，そこの先生達で本当に盛り上がりを築いていったのは，我々より次の年代（私の年代論によれば 6.25 年若い）である．どうせ何をやったって食えないのだから学問をやろう，就職の世話をしなくてよければいくらでも私のゼミに来なさい，という朝永振一郎の言葉に導かれてきた人達で，有馬さんにきいたら汽車弁を買ってまず蓋の裏についたゴハン粒を食べる年代だそうである．

この盛り上がりはもう去ってしまったものだが，紙面をいただいたので書きしるしておく．（筆者＝もりなが・はるひこ，1968〜1991 年ミュンヘン工科大学正教授．1922 年生まれ，1946 年東京大学理学部卒業）

初出：日本物理学会誌 **51**（1996）795-798．

21. 原子核構造理論の発展と現在
―殻模型を中心として―

有 馬 朗 人

　戦後より現在まで50年間の原子核構造理論の発展における日本の寄与について述べる．その際殻模型を用いた研究に主な焦点を当てて議論を進めて行く．

21.1 黎　明　期

21.1.1 原子核の基本的性質

　原子核の基本的構成粒子は陽子と中性子である．今日では核子（陽子及び中性子）は更にクォークから成立していることが明らかになってきた．現在の最前線の問題の一つは，クォークから原子核がどのように形成されるかであるが，まだその途は遠い．この小論では従って陽子と中性子から原子核が作られているという，古典的描像を中心に話を進める．一つの原子核で陽子の数をZ，中性子の数をN，和を質量数と呼び，通常それをAと書く．$A=Z+N$である．
　原子核の半径は
$$R=r_0A^{1/3}, \quad r_0=1.2\times 10^{-13}\,\mathrm{cm}$$
従って体積VはAに比例している．このr_0は初期にはα粒子の散乱断面積の分析などから$1.4\times 10^{-13}\,\mathrm{cm}$と思われていたが，1953年Rainwater達のμ原子のエネルギーの測定や電子散乱の断面積の測定によって現在の値に定着したのである．また結合エネルギーは
$$\mathrm{BE}(A)\cong 8A\,\mathrm{MeV}$$
である．この二つの性質は原子核の飽和性と呼ばれる．
　飽和性を示す巨視的物体は水滴である．そこで原子核の液滴模型がN. Bohrたちによって提案され，それを用いたWeizsäcker-Betheの質量公式[1]
$$\mathrm{BE}(A)\cong a_vA-a_sA^{2/3}-k_cZ^2A^{-1/3}+さまざまな補正$$
$$(a_v=15.68\,\mathrm{MeV},\ a_s=18.56\,\mathrm{MeV},\ k_c=0.717\,\mathrm{MeV})$$
は現在でも第一次近似としてよく用いられている．原子核の分裂はHahn等によって発見されたが[2]，BohrとWheeler[3]は液滴模型に基づいて，この現象を理論的に解明したのである．

21.1.2 原子核の魔法数の発見

　液滴模型によれば原子核の性質は，ZやNになだらかに依存するだけである．ところがさまざまな原子核の存在量や，核反応の断面積がZやNにかなり鋭敏に左右される場合があることが判ってきた．特に特定の数のとき原子核の安定性が大きくな

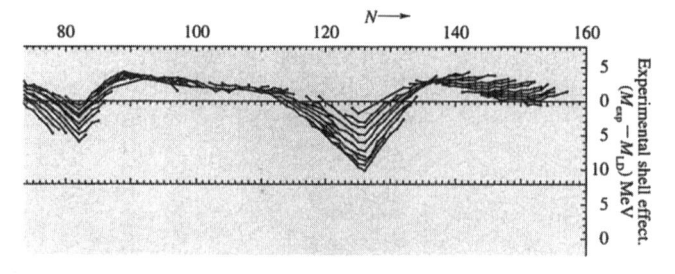

図1 原子核の質量の実験値 ($M_{\exp}$) と液滴模型質量公式による予言値 (M_{LD}) との差を中性子数 (N) の関数として図示した．(W. D. Myers and W. J. Swiatecki : Annu. Rev. Nucl. Part. Sci. **32** (1982) 309による．)

る．その数を原子核の魔法数と呼んでいる．それは

$$\left.\begin{array}{l}Z\\N\end{array}\right\}=2, 8, 20, 28, 50, 82, 126$$

である．ただし $Z=126$ はまだ作られていない．$N=126$ を越えた所にも魔法数があるかも知れない．そういう超重元素を探ることは最先端の問題である．

魔法数の存在を一番はっきり示すには，質量の実験値から先程の質量公式による理論値を引いてみるのが良い．図1はその結果である．この差はせいぜい 10 MeV で，1,000 MeV 前後の大きな結合エネルギーに比べて，小さな量であるが，魔法数のところで結合エネルギーが大きくなることが明瞭に判るであろう．

天然には $Z=92$ のウラニウムまでであるが，現在は $Z=112$ まで存在することが確かめられている．陽子や中性子を放出する原子核を人工的に作る努力が現在盛んに行われているが，核子の放出に対して安定な原子核は，ほぼ3,000種あると考えられている．

21.1.3 *j-j* 結合殻模型

原子核の魔法数の存在は，原子と同じように原子核も殻構造を持っていることを示している．核内の核物質の密度はほぼ一定であるから，核内核子が作る平均場は図2のような滑らかなものである．Wigner はこのような模型で 2, 8, 20 の魔法数を説明した[4]．ところがそれ以上の魔法数は説明できなかった．そこで Mayer と Jensen は独立に，平均場に強いスピン軌道力

$$\xi(\boldsymbol{r})(\boldsymbol{s}\cdot\boldsymbol{l})$$

を加えることによって，28以上の魔法数を見事に説明したのである[5]．球形な平均場内の核子はその軌道角運動量 l を量子数として持つ．その平均場に強いスピン-軌道力が加わると，軌道とスピンが結合して j ($\boldsymbol{j}=\boldsymbol{l}+\boldsymbol{s}$) が良い量子数になる．そこで Mayer と Jensen の殻模型を *j-j* 結合殻模型と呼ぶ．一方，Wigner のものを *LS* 結合

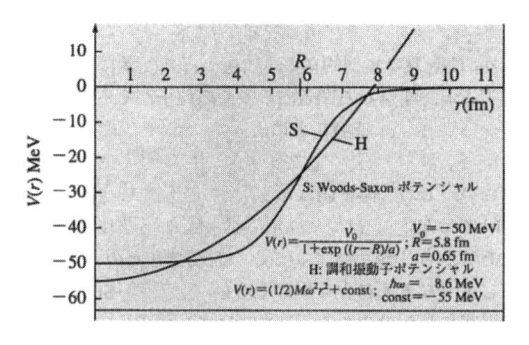

図 2 核子に対する一体ポテンシャルの例

殻模型と呼んで区別している. ^{16}O より軽い核では LS の方が第一近似として優れている. j-j 結合殻模型は, 中重核や重い核のスピンや磁気双極子能率を見事に予言した.

質量公式の第 2 項は表面張力項であった. この力により原子核は球形になろうとする. 特に魔法数を持つ原子核—それを閉殻核と呼ぶが—は球形になる. そこで電気四重極能率は, 閉殻外の陽子の分布が持つ球形からのずれに比例していると考えられて

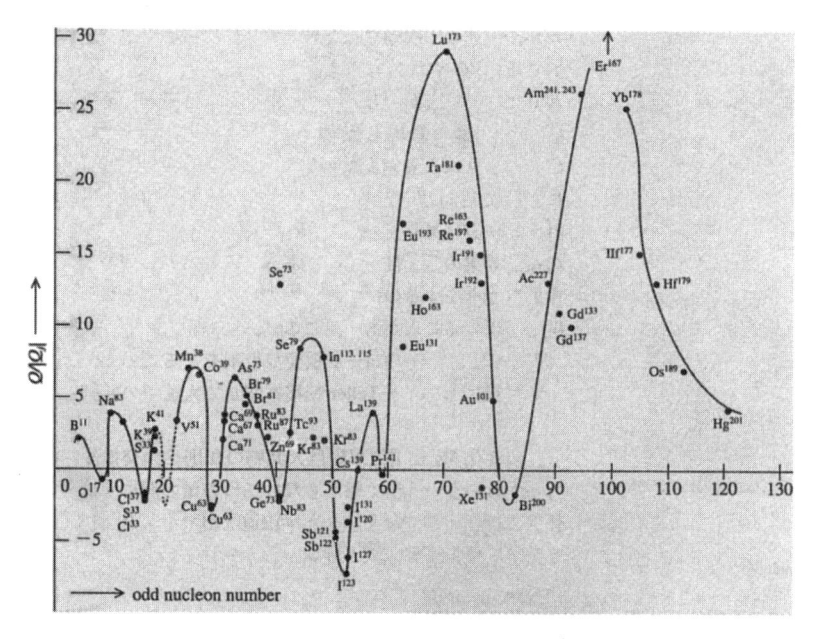

図 3 電気 4 重極モーメントの観測値 (Q) と $|Q_J||=\dfrac{2j-1}{2j+2}\dfrac{3}{5}r_0^2 A^{2/3}$ との比 $r_0=1.2\times 10^{-13}$ cm としてある.

いた．実はここに二つの問題が含まれていたのである．閉殻外の核子が球対称の平均場を回転していて全体にほぼ球形に分布する．そして最後の1核子だけが電気四重極能率を持つという，単一粒子近似では到底説明できない程大きな値を持つ核が発見されたのである．その典型は ^{175}Lu であった．これが第一の問題であった．もう一つの問題は ^{17}O のように閉殻外に1個電荷のない中性子を持つ核が，かなり大きな電気四重極能率を持つことであった．即ち一方で j-j 結合殻模型は，原子核のさまざまな性質を見事に説明しつつあった時に，早くもこのようなほころびを見せていたのである（図3）．

21.1.4 変形核と回転運動の発見

巨大な電気四重極能率の問題は Rainwater によって解決された[6]．その考えによれば，ある種の原子核は楕円体にゆがんで，単一の陽子だけでなく多くの陽子が四重極能率に寄与するというのであった．ちなみに Rainwater は物理学者としてごく数の少ないアメリカ・インディアンである．この考えを発展したのが A. Bohr とその協力者の B. Mottelson であった．核は変形すれば回転運動がある筈であると Bohr は予言し，それは見事に実証された（図4）．巨大な四重極能率の存在と，回転レベルの存在は，楕円変形した原子核を明瞭に証明したのである[7]．

Rainwater-Bohr-Mottelson 模型のはなばなしい成功は，球対称の平均場の代りに四重極変形した場―通常異方性のある調和振動子場で近似する―での単一粒子レベルに示された．これは Nilsson によって計算された[8]．この Nilsson 模型の予言は，重い変形核のスピンの実験値と実に良く一致し，変形核の概念を確立したのである．

21.2　殻模型の精密化

21.2.1　磁気双極能率と有効電荷

j-j 結合殻模型の成功点の一つは核のスピンと磁気双極能率を良く説明できること

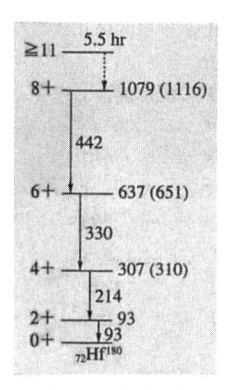

図 4　回転核の例
（ ）内の数字は $E=aI(I+1)$ を仮定し，2^+ のエネルギーで a をきめたときの予言値．

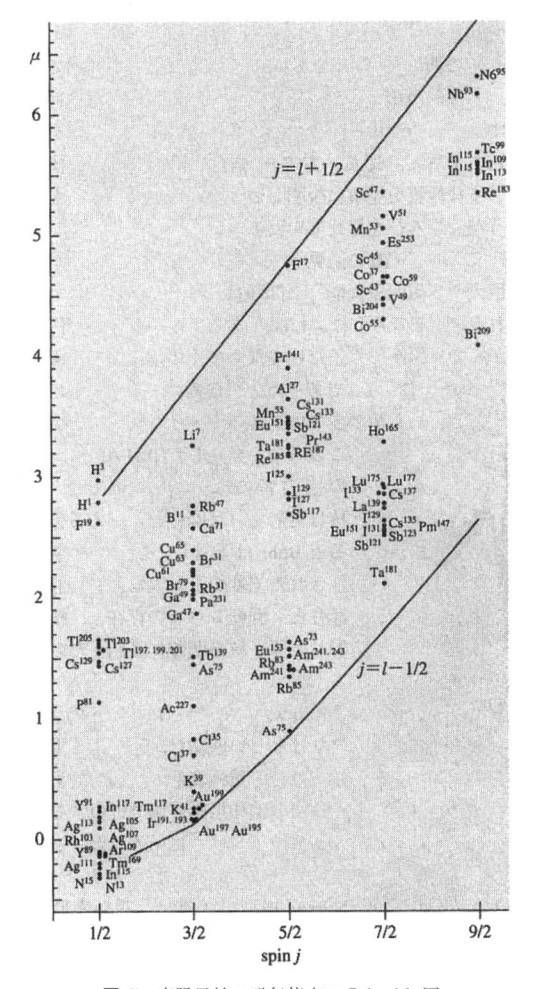

図 5 奇陽子核の磁気能率の Schmidt 図

であった．単一粒子模型によれば，軌道角運動量 l でスピン j の核子の磁気双極子能率は

$$\mu_s = j\left\{g_l \pm \frac{g_s - g_l}{2l+1}\right\}_{\text{n.m}} \quad \begin{array}{l} g_l=1, \ g_s=5.585 \text{（陽子の場合）} \\ g_l=0, \ g_s=-3.826 \text{（中性子の場合）} \end{array}$$

で与えられる．これを Schmidt 値と呼んでいる．きわめて多くの奇 A 核の磁気能率は奇陽子核，奇中性子核それぞれ 2 本の Schmidt 線に挟まれた領域に分布する．その外へ出るのはごく軽い ^{3}H, ^{3}He, ^{15}N 等ごく少数の核に過ぎない（図 5 参照）．

ところでもしこの模型が完全に正しければ，実験値は2本の線のどちらかに乗る筈である．しかし現実にはかなりそれからずれている．この問題に世界的に最も早く挑戦したのは宮沢弘成であった[9]．宮沢は核子間に Pauli 禁止則が働くため，パイオンの寄与が核内で変ることを指摘したのである．これはパイオン交換流についての先駆的な仕事であった．宮沢は g_s が大きく変化することを予言したが，これはやや大きく評価し過ぎであった．しかし g_l が10%程度陽子で大きくなり，一方中性子では－0.1 ぐらいになるという予言は，15年程後になって山崎敏光たちの実験によって確認されたのである[10]．

一方，堀江久と有馬は1953年当時，きわめて安定と考えられていた j–j 閉殻に核子をつけ加えることによって，いわばスピンの潮汐運動が起る可能性に気がついた．その結果，殻模型の波動関数 $\phi(jm)$ は，

$$\phi(jm) = \phi(jm) + \alpha \Phi(j_1^{-1} j_2(\lambda) j; jm) \tag{1}$$

という風に配位の混合が起ると考えたのである．ここで j_1^{-1} は閉殻にある j_1 なる軌道に孔があいたこと，j_2 はそれが閉殻外の j_2 軌道に励起したこと，λ はこの1孔-1粒子状態が持つ角運動量である．α は混合振幅で小さいとする．$j_1 = l_1 + 1/2$, $j_2 = l_1 - 1/2$ で $\lambda = 1$ であると，α が小さいにもかかわらずこの混合は大きく μ を変化させる．その理由は μ_s を Schmidt 値として，(1) の波動関数を用いると μ は

$$\mu = \mu_s + \delta\mu, \qquad \delta\mu \propto \alpha < 0 \| \mu \| j_1^{-1} j_2 1 >$$

で $\delta\mu$ は閉殻の集団的な M1 励起の行列要素に比例するからである．すなわち閉殻内の多くの粒子がそろって貢献するからである．このことによって $l \pm 1/2$ 両方が閉殻である核，例えば ^{17}O, ^{17}F などではこの M1 励起がないので $\delta\mu$ が小さい．しかし陽子側は $h_{11/2}$, 中性子側は $i_{13/2}$ まで閉殻の ^{209}Bi では $h_{11/2}^{-1} h_{9/2}(1^+)$, $i_{13/2}^{-1} i_{11/2}(1^+)$ というM1励起が可能であるから，$\delta\mu$ が大きいことを説明できたのであった[11]．同じような考えは少々早いくらいに R. Blin-Stoyle によって提案されたのである[12]．当時はプレプリントがまだ流行せず，雑誌も船便で来た．我々にとって幸いなことであった．

^{209}Bi の $\delta\mu$ が大きいという謎はこうして解けたかに見えたが，上述の1次効果―有馬・堀江効果―のみでは足りないこと，^{17}O や ^{41}Ca など LS 閉殻±1核子核といえども $\delta\mu$ が0でないことが明らかになり，高次の補正と交換流の重要性が議論に登場したのは1970年前後のことである．Chemtob[13] による宮沢効果の再発見（$\delta g_l = \pm 0.1$），交換流について日向裕幸たち[14]や Towner と Khanna[15] の精細な計算が一方にあり，一方清水清孝，市村宗武と有馬の2次の摂動効果の重要性の指摘があった[16]．この2次の効果で重要な働きをするのはテンソル力であるので，テンソル相関と呼ばれることがある．この効果は許容型 β 崩壊―例えば ^{17}F → ^{17}O, ^{41}Sc → ^{41}Ca―で重要な役割をすることが判った．これは後に Gamow-Teller 転移に関して大論争

の要因となった．

g_l の変化 δg_l と電気双極巨大共鳴の和則への交換流の寄与（κ）という一見全く繋がらない二つの量の間に，比例関係があることを故藤田純一と平田道紘が発見した[17]．これを藤田-平田の関係式と呼ぶ．

$$\delta g_l = 2\kappa$$

κ は古典的和則からのずれである．ところが和則の実験値からは $\kappa=0.1$ の程度，従って δg_l は 0.2 程度になる．しかし実験によると $\delta g_l=0.1$ である．そこで有馬は G. E. Brown，日向裕幸，市村宗武と協力して藤田-平田の関係式を補正したのである[18]．

話が再び 1954 年頃に戻るが，(1) 式の配位混合で閉殻内陽子 j_1 が，閉殻外の j_2 に励起し，$\lambda^{\pi}=2^{+}$（π はパリティ）という 1 孔-1 粒子状態を作ると，閉殻外の核子が中性子でも有限の電気四重極能率（Q）を持つことになる．この計算は 1955 年に堀江久と著者で行われた[19]．この時 ^{17}O の Q は -0.04×10^{-24} cm^2 と予言したが，当時の実験値は -0.004×10^{-24} cm^2 と遙かに小さかった．しかし後に Townes が実験しなおして -0.027×10^{-24} cm^2 と我々の予言に近い値を得たのであった[20]．こうして中性子が有効電荷 $\delta e_N \sim 0.5e$，陽子が $e+\delta e_p$ で $\delta e_p \sim (0.3\sim 0.5)e$ を持つことが理論的に導かれたのである．似た考えは Amado が出している[21]．

この配位混合の考え方は，λ^{π} の状態としてスピン λ の巨大共鳴をとることによって，もっと概念を一般化することができる．そこでこのような効果は芯偏極効果と呼ばれるようになった．この一般化においては Bohr と Mottelson の寄与が大きい[22]．事実磁気能率に対する有馬-堀江効果を最初に認めてくれたのは，この二人とイスラエルの de Shalit と Talmi であった．

この芯偏極効果は佐野光男たちによって l-禁止 M1 転移や[23]，堀江-有馬によって l-禁止 β 崩壊[24]，そして浜本育子によって許容型 β 崩壊に応用された[25]．

21.2.2 多粒子殻模型

^{4}He から ^{16}O までは 0p-軌道が占拠されるので，p-殻核と呼ばれる．初期の段階で Inglis や Kurath は，0p-軌道にいる格子間に 2 体の相互作用を導入し，更に 1 体のスピン-軌道力を加えたハミルトニアンを対角化する計算を行った．LS と j-j の中間にあるので，中間結合模型と呼ばれたものである[26]．しかし本格的な配位混合による多粒子殻模型の計算は Elliott と Flowers によるものであった[27]．^{16}O を閉殻として，それに 2 核子付加した ^{18}O，^{18}F，3 核子付加した ^{19}O，^{19}F のエネルギーの計算であった．これらの核子は 0d 軌道と 1s 軌道に入っている．有効相互作用としての現象論的な 2 体力とスピン-軌道力の強さをパラメタにして，低いエネルギー準位の実験値を再現することに成功した．

この結果に励まされて日本でも有馬は井上健男，瀬部孝，萩原仁の諸氏と協力し

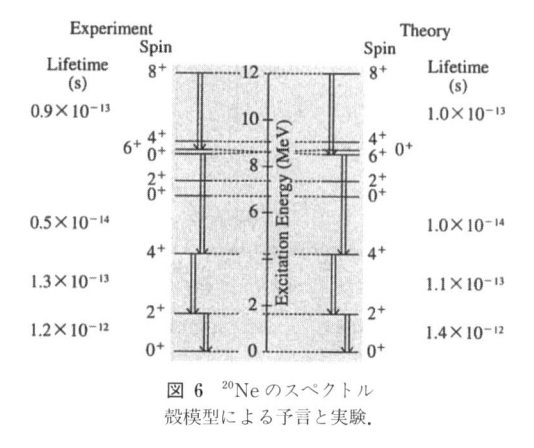

図 6 ^{20}Ne のスペクトル
殻模型による予言と実験.

て，0d-1s軌道に4個核子が入る核，^{20}O, ^{20}F, ^{20}Ne の構造を計算した[28]．世界で初めて ^{20}Ne のレヴェル構造の計算に成功し，実験値に良く一致する結果が得られたことは嬉しかった（図6）．日本の大学にはまだ2K語のパラメトロン型の計算機しかなく，それを用いて50次元ほどの対角化を行ったのであった．このとき我々は2陽子-2中性子系が核内できわめて安定であること，^{20}Ne は ^{16}O の周りに α 粒子が廻転しているというクラスター描像と，殻模型の描像がよく似ていることを認識したのである．この事実は後述する α クラスター・グループの活躍と殻模型グループが協力する一つの起因であった．

ところで Elliott と Flowers そして井上-瀬部-萩原-有馬と共に成功したと思われていた ^{18}F($=^{16}$O+p+n) の構造で不思議なことがあった．それはどんなに2体力のパラメタを変化させても，1.7 MeV にあるスピンが1でパリティ＋の準位を説明できなかったのである．勿論基底に近い低い準位には問題なかった．しかし殻模型によれば 1.7 MeV あたりには準位がなく，それ以外の準位はそれよりずっと高い所にしか予言できなかった．

その前後アメリカの Argonne 研究所の Cohen, Lawson, MacFarlane と曽我は，当時最高の計算機を駆使し，また，1粒子エネルギーや2体の核力の行列要素をパラメタとし，それを χ^2 法で実験に合わせる方法をとって，$N=50$ で $38 \leq Z < 50$ の原子核の構造を説明することに成功した[29]．大規模殻模型計算の走りであった．更に ^{18}O, ^{19}O, ^{20}O の計算にも成功したが，^{18}F, ^{19}F, ^{20}Ne は成功しなかった．

この問題の解決は殻模型における α 的4体相関の重要性を考慮することによって与えられた．^{19}F には何と 110 keV という低いエネルギーに $1/2^-$ という状態がある．これを説明するためにはどうしても $0p_{1/2}$ という負のパリティの閉殻軌道から1個粒

子を正パリティの 0 d-1 s 軌道に上げなければならない．このために必要な励起エネルギーは，調和振動子型平均場を仮定すると $\hbar\omega \sim 12$ MeV は必要である．それがどうしてこのように低く出るか．その理由は 1 陽子が 0 p$_{1/2}$-軌道から励起して，0 d-1 s 殻に入る．そこで 0 d-1 s 殻には 2 陽子-2 中性子が入ることになり，^{20}Ne のように安定な α-クラスター的状態を作ることにあった．^{19}F の第 1 励起状態（1/2$^-$）を用いて 0 p$_{1/2}$ 孔と（0 d-1 s）^{4} との相互作用を評価すると，きわめて弱いことが判る．そこで空孔と 4 粒子の弱結合近似を，有馬，堀内昶，瀬部孝は発表したのである[30]．この着想を 2 空孔に拡張すると，まさに ^{18}F の 1.5 MeV あたりに 1$^+$ が現れて良いことが判明した．即ちこの状態は閉殻の励起を考えなければいけなかったのである．そしてエネルギーが低くなる理由は α-型相関のためであった．

これに先立って，Brown と Green は 2 重閉殻の ^{16}O の第一励起 0$^+$ 状態が 6 MeV という異常に低いエネルギーに現れる理由を，当時の常識に大きく反して，閉殻より 4 核子が空殻に励起する，即ち 4 孔-4 核子状態であると考えたのである[31]．その原因として二人は ^{16}O が励起すると大きく変形して，エネルギーを得るとしたのである．我々の弱結合近似を用いると，きわめて自然にその状態が 6 MeV に現れたのであった．即ちこの大きな変形は α-クラスター構造によることが明らかになった．

弱結合するのは何も α 型 4 核子系の基底状態 0$^+$ だけではなく，2$^+$，4$^+$，6$^+$，8$^+$ という励起状態にも空孔が弱結合することが予想され，事実，Ogloblin たちの実験によって見事に証明されたのである[32]．例えば ^{19}F には p$_{1/2}^{-1}$ と 2$^+$ が結合した 3/2$^-$，5/2$^-$，4$^+$ と結合した 7/2$^-$，9/2$^-$ などが存在している．

こうして空孔状態と思われるもの，例えば ^{18}F の 1.5 MeV 1$^+$ を排除して 0 d$_{5/2}$ と 1 s$_{1/2}$ 軌道のみを用いて，上述した Argonne のプログラムで χ^2-計算をすると，^{18}O，^{18}F，^{19}O，^{19}F，^{20}Ne の構造を見事に説明できたのである．そして ^{20}Ne の 8$^+$ → 6$^+$ 遷移の B(E 2) の予言値は後に行われた実験の測定値と見事に一致した．

このような殻模型計算はその後も孜々営々と続けられた．特に MSU の B. A. Brown と Wildenthal の貢献は大きい[33]．パラメタを χ^2-法で最適化して 0 d-1 s 殻の原子核すべてのエネルギー，磁気能率，γ 遷移，β 遷移等々の計算に成功している．一例を挙げておこう（図 7）．

χ^2-法を ^{40}Ca を超えた領域で用いて成功したのが，堀江久，小田健司，小川建吾のグループであった．現在でも（0 f$_{7/2}$，0 f$_{5/2}$，1 p$_{3/2}$，1 p$_{1/2}$）殻での計算の出発点になっている[34]．

さて殻模型計算は計算機の進展と共に伸びてきた．その時最大の問題は，ハミルトニアンを対角化する際考慮に入れなければならない次元の大きさ，即ち基底の数である．例えば ^{154}Sm は，$Z=50$，$N=82$ の 2 重閉殻の外に 12 個の陽子が 50-82 殻軌道に，10 個の中性子が 82-126 殻軌道に入っている．この時の次元は

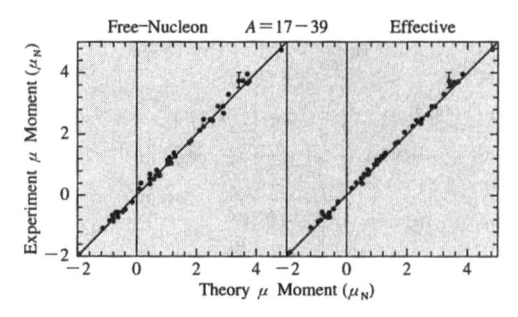

図 7 Os-1 d 殻の磁気能率
実験値と殻模型による予言値.

0^+　41,654,193,516,797
2^+　346,132,052,934,889
4^+　530,897,397,260,575

等々である．10^{14} 次元の対角化をするのが大変であるが，その前に $10^{14} \times 10^{14}$ の行列要素を勘定しなければならない．勿論実際 0 でない行列は，これよりずっと少ない．しかし，それにしても膨大な量の行列要素を計算しなければならないのである．

この問題を避ける二つの方法が考えられる．一つはその系が持つ何らかの対称性，例えば相互作用に基づくシニオリティ形式（SU_2 対称性）とか，後述する Elliott の SU_3 対称性などを用いて重要でないと考えられる状態を切り捨てること (truncation) である．この方法には一般に適切な対称性を見つけることがむずかしいという難点がある．もう一つは算法の工夫である．対角化を Householder 法のように正面攻撃せず，低いもの（固有値の大きいもの）を何本か求める Lanczos 法の応用もその一つであり，原子核には瀬部孝と Nachamkin[35] によって導入された．最近注目を浴びているのは Monte Carlo 法の応用であり，S. Koonin によって開発されている[36]．この方法によると普通のやり方では達し得ない巨大な次元でも，計算可能になる．ただ計算の際に正の量であるべきものが負になるという問題が残っているし，最低エネルギー状態しか得られないという困難がある．そこで大塚孝治たちは出発点の状態を複数化し，Monte Carlo 法と対角化を組合せてこの困難を解決する可能性を提案している[37]．

21.2.3 多粒子殻模型と近似的対称性

2 体力が中心力のみでスピン軌道力がない時，LS 結合方式が成り立つ．ここで L は各粒子の軌道角運動量の和，S はスピンの和である．このとき L と S はそれぞれ良い量子数である．更に 2 体有効相互作用が，2 核子の距離のみに依存する Wigner 力，距離と 2 核子の状態が座標の入れかえに対する対称性のみによる Majorana 力

21.2 殻模型の精密化

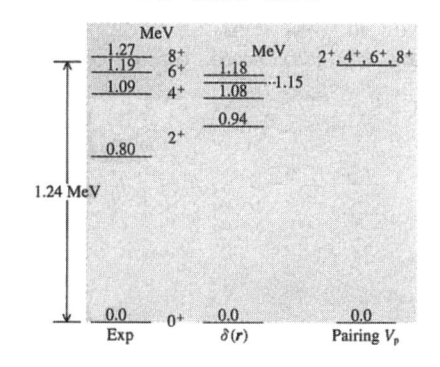

```
          MeV
         1.27   8⁺      MeV          2⁺,4⁺,6⁺,8⁺
         1.19   6⁺     1.18
         1.09   4⁺     1.08        ··1.15
                       0.94
         0.80   2⁺
1.24 MeV


         0.0    0⁺     0.0            0.0
         Exp           δ(r)         Pairing Vₚ
```

図 8　^{210}Pb のエネルギー準位

の和である場合，全波動関数は空間対称性で分類できる．これを Wigner の超多重項 (super multiplet) 理論という[38]．軽い核で比較的良く成立する[*1]．スピンだけからは ^{19}Ne$(1/2^+) \to {}^{19}$F$(1/2^+)$ も ^{19}O$(5/2^+) \to {}^{19}$F$(5/2^+)$ も許容 β 崩壊する筈であるが，前者は [3] 対称から [3] 対称で移転可能であるが，後者は ^{19}O が [2,1] に，一方 ^{19}F は [3] 対称性に属しており，β 崩壊の演算子はこの対称性を変えないから，^{19}O $\to {}^{19}$F の β 崩壊は第 1 次近似では起らないことになる．事実後者の転移確率は小さい．

Z も N も偶数な原子核の基底状態のスピンは例外なく 0^+ である．例えば ^{208}Pb に 2 中性子を加えると，この 2 個の中性子は $1g_{9/2}$ という軌道に入るから，全体の角運動量は 0^+，2^+，4^+，6^+，8^+ が可能である．ここで 1^+，3^+，5^+，7^+ は Pauli 禁止則によって禁止される．図 8 からわかるように 0^+ が基底状態である．このことは 2 中性子間に 0^+ や 2^+ を低くする 2 体力が働いていることを意味している．この 2 体力の近似としては $\delta(r)$ 型の引力を考えれば良い．もって大胆に 0^+ になるときだけ引力が働くと近似することもできる．このような力を単極-対相互作用と呼ぶ．j-軌道のみがあり，そこに多くの同種核子が入るとする．そして核子間にこの単極-対相互作用のみが働くと考えよう．その時

[*1] 核力は中性子と陽子を区別しない．例えば陽子-陽子間も中性子-中性子間も同じ力である．更に中性子-陽子が陽子-陽子と同じ対称性をもつ場合にはその間の力も同じである．そこでアイソスピンという概念が導入された．核子は従ってスピン自由度とアイソスピン自由度を持つ．核力はアイソスピンを保存する．更に核力が 2 核子間の距離のみの関数である場合，核子のスピン↑，↓，アイソスピン p, n を全く区別しない．即ち SU(4) 不変である．これがスーパーマルティプレットである．このとき，SU(4) 空間では 4 核子系まで完全に反対称状態が作られる．即ち 4 核子まで空間の波動関数を完全に対称にできる．N 核子系の空間波動関数が完全に対称のとき [N] というラベルを用いる．一部分が対称で一部分が反対称である場合，[N-1, 1]，[N-2, 2]……というラベルをつけている．SU(4) 空間の対称性と空間の対称性を掛け合わせると，勿論完全反対称でなければならない．

$$\left.\begin{aligned}
&S^+ = \sum_m (-1)^{j-m} a^+_{jm} a^+_{j-m}/\sqrt{2\Omega}, \\
&S_0 = (N-\Omega)/2, \quad N = \sum a^+_{jm} a_{jm}, \quad \Omega = (2j+1)/2, \\
&S = \sum_m (-1)^{j-m} a_{j-m} a_{jm}/\sqrt{2\Omega}
\end{aligned}\right\} \qquad (2)$$

という三つの演算子を導入する．a^+_{jm} は粒子を jm の状態に生成，a_{jm} はその状態から消滅させる演算子である．このとき単極-対相互作用は

$$V_p = g S^+ \cdot S \qquad (3)$$

と書ける．また S^+, S_0, S は

$$[S^+, S] = 2S_0, \quad [S_0, S^+] = S^+, \quad [S_0, S] = -S$$

という交換関係を満足する．これはスピン演算子が満たすものと全く同じである．そこで V_p のみが働く系は SU_2-群で分類できる．これはシニオリティ形式と呼び G. Racah が導入した[39]．しかし上記のような演算子を用いると，この形式は SU_2-群に他ならないことが明らかになった．そこで準スピン (quasi-spin) 形式と言うこともある．準スピンの大きさは

$$\mathcal{S}^2 = \frac{1}{2}[S^+ S + S S^+] + S_0^2 = S^+ S - S_0 + S_0^2 \qquad (4)$$

である．この固有値を $\mathcal{S}(\mathcal{S}+1)$ と書こう．また，j-軌道にいる陽子又は中性子を n 個とすると，S_0 の固有値は $(n-\Omega)/2$ である．ただし $2\Omega = 2j+1$ である．S^+ は 0^+ 対 ($j^2(0)$) を生成し，S は 0^+ 対を消滅する．n 体系に S を何回か掛けて，これ以上 0^+ 対を含まない状態を作り，それを $j^v(JM)$ とすると，この v をシニオリティと呼ぶ．このとき $\mathcal{S} = (\Omega-v)/2$ と書ける．また (4) により V_p の固有値は

$$\langle j^n v J | V_p | j^n v J \rangle = \frac{1}{4} g(n-v)(2\Omega-v-n+2)$$

で与えられる．重要なことは n 体系 j^n でこの値を最低にするのは，g を負すなわち V_p を引力として，n が偶数なら $v=0$ のときであり，次に低いのは $v=2$ のときである．そしてエネルギー差は $g\Omega$ であり，これは $v=0$ の 2 体系 0^+ 対が持つエネルギーに他ならない．この $g\Omega$ は超伝導のエネルギーギャップに対応する．n が奇数なら $v=1$ が最低である．

Racah, Talmi, de Shalit はシニオリティ形式を大いに発展させたが，第 2 量子化を初期には用いなかった[40]．従ってこの形式の理解はやや面倒であった．にもかかわらず，上記の事実を 1950 年当時の核理論研究者は良く知っていた．しかしこれを超伝導現象に結びつけて考える人は，私自身を含めていなかったことは残念である．上記の準スピンによる形式は BCS 理論の発見に伴って，A. Kerman によって導入された[41]．これは BCS で運動エネルギーを無視する強結合近似に対応し，和田靖，高野文彦，福田信之，Anderson によっても論じられた[42]．また，原子核における超伝導

性については Bohr, Mottelson, D. Pines によって指摘された[43]．

準スピン形式による行列要素の計算などは Lawson, MacFarlane と独立に有馬と市村宗武によって発展された[44,45]．ただし公式の殆どは Racah の導出したものであった．一つだけ長年の問題であったのは $\phi(j^n vJM)$ 状態での，2体力の対角成分についての公式であった．これは古いやり方で有馬と河原田秀夫により[46] 1964年に，1966年に準スピン形式で有馬-市村によって求められた[45]．その公式は

$$\langle j^n v\alpha J | V | j^n v\alpha' J \rangle = \text{const} + F(n,v) \langle j^v v\alpha J | V | j^v v\alpha' J \rangle$$
$$+ G(n,v) \langle j^v v\alpha J | \bar{V} | j^v v\alpha' J \rangle$$

と書ける．F, G は n, v の2次関数である．n 体系の行列要素が v 体系のものに帰着することに注意して欲しい．ここで，$\bar{V}$ は粒子-空孔相互作用と呼ばれ，粒子-粒子相互作用から，粒子の一つを空孔へ変換することによって求まる．

この公式によって一つの長年の問題が解決した．^{50}Sn のアイソトープで偶々核のエネルギー準位を見ると，基底状態は常に 0^+ で，第1励起状態は常に 2^+ である．しかもその励起エネルギーは殆ど一定である．一方，原子核構造の計算では良く単極-対相互作用と $Q \cdot Q$ 相互作用の和が用いられる．ここで Q は四重極能率 ($Q = r^2 Y_m^{(2)}(\theta, \varphi)$) である．後に述べる BCS＋Random Phase Approximation の手法でしばしばこの力が用いられている．ところが対相互作用と，$Q \cdot Q$ 相互作用のみでは 2^+ の位置が粒子数 n に大きく依存してしまうのである．そこで $Q \cdot Q$ 力と 2^+-対のみにきく四重極-対相互作用を加えれば n に依存しなくなることが，先程の公式から明らかになるのである．一般に $V = \bar{V} +$ 定数型の力であれば 2^+ のエネルギーは n によらなくなるのである．これが $Q \cdot Q$ 力に加えて四重極-対相互作用を必要とする一つの根拠になる．

以上の準スピン形式は同一粒子のみの系で成立する．しかし現実には陽子と中性子がいる．j-殻に2種の核子が入り，単極-対相互作用があるときへの拡張は，市村宗武によって行われた[47]．その時 SU_2 ではなく O_5 群が必要になる．

21.2.4　SU(3)形式

Elliott は ^{19}F の構造を多粒子殻模型で計算した[27]．一方 ^{19}F の構造は，Bohr-Mottelson の変形核模型に Coriolis 力を考慮すると良く似た結果が得られることが知られていた．Elliott はそこで両者の間に密接な関係があると睨み，SU_3 模型を発見したのである[48]．スピン-軌道力を無視し調和振動子の平均場を仮定する．さらに $Q \cdot Q$ 力のみが働くとすると，この力は SU_3 形式で対角的である．そのエネルギーは

$$E(\lambda\mu\kappa LM) = C(\lambda\mu) - 3\kappa L(L+1)$$

で与えられる．ここで $C(\lambda\mu)$ は SU_3 群の Casimir 演算子，$\lambda\mu$ は表現のラベルである．この式で自然に回転エネルギーが得られることが判る．また $Q_0 = (3z^2 - r^2)$ は $C(\lambda\mu)$ とは交換し，同時対角化できる．これは Bohr-Mottelson 模型の intrinsic 状

態に対応する．ただし L の固有状態を射出（project out）しなければならない．

SU_3 形式の良い応用は 0 d-1 s 核であり，特に ^{20}Ne である．秋山佳巳，有馬，井上健男，瀬部孝をはじめ，SU_3 群を用いて状態を制限した多くの計算がある[49]．しかし先述したように現在は完全に対角化が行われるようになったので，このような制限法は不要になったかも知れない．しかし殻模型と回転運動及びすぐ後で述べるクラスター模型との関係を見る上で，SU(3) 模型は今でも役立っているのである．

21.3 クラスター模型

原子核でクラスターとは，核内で中性子や陽子のみでなく，重陽子や3重水素，^{3}He, ^{4}He$=\alpha$ などやそれに近い状態を作っているとき，このような成分をいう．核がいくつかのクラスターからできているという考えは，早くも 1937 年に Wheeler により共鳴群模型として提案されたが，計算が困難なため長年用いられなかった[50]．この模型はドイツの Hackenbroich グループ，ロシアの Neudatchin グループなどが p-殻に応用していた[51]．また Wildermuth と Kanellopoulos は各クラスターが調和振動子の単一粒子からなるとし，相対運動もまた調和振動子という模型を出した[52]．しかし直ちに Bayman と Bohr によってこれは SU_3 結合と同一であると批判された[53]ために，この方向はあまり発展しなかった．

最も精力的にこのクラスター模型を発展させたのは日本である．出発点は 1960 年代に田中一，玉垣良三を中心にした共鳴群法に基づく α と α の散乱の分析であった[54]．この計算によって 2α 間の近距離での斥力の起源が格子間の Pauli 禁止則に原因があることが明らかになった．そして一般に Pauli 禁止則のためにクラスター間相対運動がとれない Pauli 禁止状態の概念が生み出された．それに基づきクラスター間相対運動を記述する強力な模型として，直交条件模型が斉藤栄により提案された[55]．

先述したように ^{20}Ne は殻模型でも良く理解できる．しかしまた，この状態は ^{16}O$+\alpha$ とすることもできる．ただし (0 d-1 s)^4 では 8^+ までしか発生しないし，実験的にもそうである．一方，クラスター模型では $10^+, 12^+\cdots$ と続く．そこでクラスター模型に殻効果を入れなければいけないことが明らかである．このような混合模型に基づく計算は例えば友田敏章によって行われた[56]．ここで ^{16}O と α とは相互作用が弱いこと，(0 d-1 s)^4 の α 的状態と 0 p-孔とが弱結合している，というような事実から堀内昶と池田清美は，^{20}Ne が単に殻模型の枠内で4粒子が強く相関するだけでなく，空間的にクラスターが局所的に存在し，^{16}O$+\alpha$ 構造を持つなら正パリティ回転状態以外に，それとパリティ 2 重項の関係にある負パリティ回転状態が存在することを予想した．そして ^{16}O$+\alpha$ 弾性散乱の共鳴準位として見つかった負パリティ回転帯をそれと同定し，殻模型的平均場内のクラスター相関の研究の他に，空間的に局在するクラスター構造の研究へ向う端緒を作ったのである[57]．

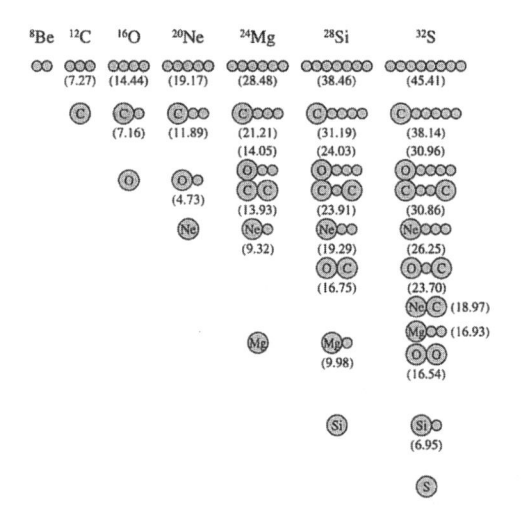

21.3 クラスター模型

図 9 池田図
原子核が α 粒子を構成単位とするサブユニットへこわれる閾値エネルギーを図示したもの。この閾値付近にサブユニットに対応する分子的構造が現れ易いと考えられている。

^{16}O には 6.0 MeV 0^+ を起点とする $(0\,p)^{-4}$-$(0\,d$-$1\,s)^4$ 型の ^{20}Ne に似た回転帯があることは、先述した弱結合近似の予言通りである。これも ^{20}Ne の基底状態もそれぞれ α 粒子分離の閾値エネルギー近傍にある。また森永晴彦が三つの α 粒子が鎖状に連なる構造を持つと推定した ^{12}C の正パリティの励起状態もまた、α 粒子分離の閾値エネルギー近傍に存在する[58]。このようにクラスター的状態はお互いに弱い相互作用をするようなエネルギーに発現する。強ければ融合して殻模型的構造になってしまうであろう。従ってクラスター状態はクラスター分離の閾値付近に現われる筈である。これを閾値則と呼ぶ。それに基づいて発現が期待されるクラスター分子的構造を図式で表現したものを池田図と呼んでいる（図9）。

殻模型的構造と共存し、またそれに結合するクラスター構造の研究を進めるには、微視的に核子の自由度まで戻ったクラスター模型を開発しなければならない。その代表的な手法は上述した Wheeler の共鳴群法であるが、極めて煩雑で実際計算できるのは 0p 殻前半の核に限られていた。一方同じく Wheeler によって提案された生成座標法は、集団運動を記述する上で有力であり、しかも計算が容易である[59]。そこで堀内昶は、D. Brink が導入した Slater 行列型のクラスター模型波動関数を用いた生成座標法と、共鳴群法とは等価であることを証明し、両方法の間の変換公式を導い

た[60]．こうして計算が遙かに易しい生成座標法の積分核から，この変換公式により共鳴群法の積分核が計算できるようになったのである．上村正康は広がりパラメタの異なるガウス関数を単一粒子を記述するのに用い，上記の変換を使って，原子核（それ自身一つのクラスター）間の散乱を取り扱う計算法を大幅に発展させたのである[61]．そして実験をまさにきわめて正確に予言するに到った．

クラスター模型は特に軽い核で有効である．最近不安定核を加速することによって，中性子や陽子の放出限界に近いところまで新しい不安定核の研究が進んでいる．その中でも谷畑勇夫を中心にした ^{11}Li，特にその，いわゆる中性子ハローの発見は重要であった[62]．このような核の研究にもクラスター模型は有力である．

クラスター模型の研究に関係して，分子共鳴状態の問題と重い核の α 崩壊の問題がある．分子共鳴の理論的研究は 1960 年代の実験に触発されて，野上茂吉郎と今西文龍によって始められた[63]．その発展としてバンド交叉模型が阿部恭久たちによって提唱され多くの成果を挙げている[64]．一方重い核の α 崩壊に関しては H. Mang による先駆的研究が殻模型を用いて行われた．原田はその絶対値が単極-対相互作用により大きく増幅されることを示した[65]．しかし依然絶対値は実験に比べて遙かに小さかった．殿塚勲と有馬は殻模型波動関数に高エネルギー配位を系統的に混合することにより，親核の核表面のクラスター形成確率が著しく増大することを，^{212}Po $\rightarrow$ ^{208}Pb $+ \alpha$ を例にとり調べた[66]．この流れの上の最近の仕事に Varga 達の仕事がある[67]．また α 崩壊に関して，表面近くの α の娘核に対する相対運動について，Pauli 禁止則の影響を入れて規格化しなおすべきであることが，Fliessbach によって指摘された[68]．この効果は ^{20}Ne $\rightarrow$ ^{16}O $+ \alpha$ で指摘されたが，上村正康，松瀬丈浩，福嶋義博の計算でも知られていたことであり[69]，有馬朗人と吉田思郎の ^{20}Ne の α 崩壊の計算は規格化しなおす必要があったのである[70]．しかし依然として核内と核外の α-クラスター波動関数を重い核でどうつなぐかは問題である．なお対相関によって 2 核子転移確率が著しく増幅されることは 1961 年吉田思郎によって予言され，実験で確かめられている[71]．原子核における超伝導性の確立の上で大きな仕事であった．

21.4 原子核の集団運動

21.4.1 乱雑位相近似（RPA）

1953 年 Bohr と Mottelson は核の液滴模型をとり，表面振動を量子化した[72]．この表面振動模型が核の低エネルギー準位に関する数多くの実験事実を説明した．そこで個々の核子の運動から表面振動を理解しようという努力が始まった．勿論変形核とその回転運動についても同様である．後者については日本では朝永振一郎の仕事があるが，残念ながら発展が見られていない[73]．宇井治生，最近では D. Rowe と共同研究者が，いわば Elliott の SU$_3$ を noncompact 群へ拡張した SU$(1,1)$ 模型を提案し

たが，ある意味で朝永模型の発展という側面を持っている[74]．

表面振動は，物性論におけるプラズマ現象について成功した．沢田克郎による乱雑位相近似（Random Phase Approximation, RPA）を原子核に適用して，素励起モードを説明しようという試みがなされた[75]．高木修二による 3^- 振動[76]，田村太郎，宇田川猛による 2^+ 振動などがその先駆的なものである[77]．

2^+ を1表面振動子（ボソン）の励起とし，2個振動子を励起させると 0^+, 2^+, 4^+ という三つの状態が生じ，第1励起エネルギーの2倍のところに現われる筈である．その傾向はあるが，三つの状態のエネルギーはかなり違っている．これは非調和効果と呼ばれる．また，本来のフェルミオン系から，振動子というボソンをどうして作るかが問題になる．そこでフェルミオン多体系からボソン多体系への写像を導入する考えがある．これを最初にやってのは1962年の Belyaev と Zelevinsky であった[78]．彼等はフェルミオン演算子をボソンのものと置きかえようとしたのである．これに対して丸森寿夫，山村正俊，徳永旻は，二つの異なる空間での行列要素が等しくなるような写像を行おうという方法を提案した[79]．丸森グループの活躍は日本の集団運動研究の発展を促した[80]．例えば岸本照夫，田村太郎によるボソン展開法[81]，高田健次郎等による Dyson 型ボソン展開法などはその発展の線上にある[82]．最近の発展としては，集団運動部分空間を微視的な立場から規定する方法として，自己無撞着集団座標法が，丸森寿夫，益川敏英，坂田文彦，栗山悼により提案されている[83]．これらの模型では閉殻の場合を除き，殆どすべて先ず BCS 近似で単極-対相互作用を処理し，BCS 真空の上に準粒子-準粒子の対で素励起状態を作っている．これがすぐ後で論じる相互作用するボソン模型での2核子対と密接な関係があることが判っている．

21.4.2 相互作用するボソン模型

有馬は1966年に相互作用するボソン模型の雛型となるものを提案していたが[84]，1974年 F. Iachello と協力して「相互作用するボソン模型（IBM）」を打出した[85]．IBM ではスピンとパリティが 0^+ と 2^+ のsボソンとdボソンを仮定する．sボソンの数を N_s，dボソンの数を N_d とすると，全ボソン数 $N = N_s + N_d$ が保存されると考える．次に IBM のハミルトニアンは，ボソンの1粒子エネルギーと2体のボソン-ボソン相互作用からできていると仮定する．相互作用の強度を示すパラメタの値を適切に選ぶと，さまざまな偶々核の励起エネルギーや転移確率を良く説明できる．核力という複雑で強い相互作用を通じて束縛されている多核子であるという事実からは，想像もつかないほど美しい規則性があることが発見された．この模型の基礎になる対称性は SU(6) 群である．

IBM のボソン・ハミルトニアンは6個の独立なパラメタを含む．それが適当な値をとるとき，三つの極限的な場合が得られ，そのときハミルトニアンを解析的に解くことができる．これは（1）球形核表面の四重極振動（振動核），（2）楕円体変形の回

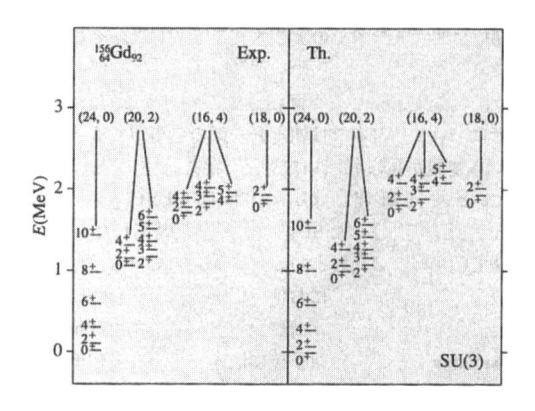

図 10　^{156}Gd のスペクトル
実験値と IBM の SU(3) 極限による予言値．（二つのパラメタを実験に合わせてある．）

転（回転核），(3) 軸の長さが振動しながらの回転（ガンマ不安定核）に対応している．IBM ではそれぞれ O(5)，SU(3)，O(6) の極限と呼んでいる．なお (1) の場合，先述した非調和性は自然に考慮されている．この典型的な場合のエネルギー準位の実験との比較を図 10 に示しておく．

IBM の微視的基礎づけが次の問題であった．その時最も有力な考え方は，ボソンをコヒーレントな核子対に対応させるものである．まず原子核の BCS 状態をつくる 0^+ Cooper 対（S 対と呼ぶ）に対して s ボソンを，このコヒーレント対を 2^+ に拡張したもの（D 対）に対して d ボソンを対応させる．閉殻外軌道にいる核子の個数 n が縮退度 $\Omega=\Sigma(2j+1)/2$ に比べて小さければ，これらの核子対はボソン的振舞をする．しかし n は 2Ω を超えられない．これがボソンの数を IBM では保存させる理由である．

フェルミオンよりボソンへの写像は，両空間で行列要素が等しいことを要請する OAI 写像が良く用いられている[86]．これは丸森写像と精神において共通する所がある．この方法は振動核や遷移核ではうまく行っているが，変形核においてはいまだに問題がある．この事実は吉永尚孝によって詳しく調べられている[87]．

IBM の拡張として中性子と陽子それぞれに対して s, d ボソンを導入する np-IBM (IMB-2) や，奇 A 核を記述するためフェルミオンを加えた IBFM などが成功を収めている[88,89]．

原子核の高い励起状態の集団運動的性質の研究は 1963 年の森永晴彦と Gugelot の (α, nx) の仕事が始まりであった[90]．また偶々核の回転帯及び振動運動についてのき

わめて包括的情報の整理が坂井光夫によって精力的に行われた[91]．私たちの理論的研究はこの3人の実験家の業績に大きく依存しているのである．

21.4.3 核力と有効相互作用

原子核の構造を理解するために最も基本的なことは，核子間の相互作用即ち核力である．核力の研究は湯川秀樹の中間子論（1935）に始まり[92]，日本グループが中心的役割を演じた．武谷三男は1956年に，核力をその到達距離によって三つの領域に分けて研究を進めることを提案し，大きな影響を与えた．三つの領域とは，（I）2 fm以上離れて静的な1パイオン交換による核力（OPEP）がきく領域，（II）1～2 fmで，パイオン交換の非静的部分や，2個以上のパイオン交換，重い中間子の交換などが寄与する領域，（III）1 fmより近距離で，複雑な相互作用がある領域，である．

この考えに従って領域（I）でOPEPが岩垂純二たちによって1956年に確立した[93]．領域（II）では福田-沢田-武谷により非静的パイオン-核子相互作用が定式化され，武谷-町田-大沼ポテンシャルが提案された[94]．領域（III）では強い斥力があることが判ってきている．

この強い斥力をハード・コアで近似する浜田-Johnstonポテンシャルと，有限な斥力（ソフト・コア）で近似するReidポテンシャルが導入された[95]．どちらもパラメタが核子-核子散乱のデータに合せてあり，現象論的ではあるが，核構造や核反応計算の基礎的ポテンシャルとして長く用いられた．

1970年以後領域（II）の研究が進んだが，それは主としてフランスやドイツで行われ，日本の伝統は失われたかに見えた．

しかし領域（III）の斥力を理解する上で日本のグループはその伝統を復活した．先ず α-α 散乱から類推して核子のクォーク構造とクォークの反対称化から生じる斥力の可能性である．それを最初に指摘したのは V. G. Neudatchin, Y. F. Smirnovと玉垣良三であり，1977年であった[96]．しかしそれだけではなくクォーク間力まで考慮に入れなければならないことが岡真と矢崎紘一によって示された[97]．その際クォークは非相対論的に取扱い共鳴群法を用いて計算している．こうして近距離斥力の起源がかなり明確になったのである．更にSU(3)クォーク模型による短距離力，クォーク・クラスター模型による短距離力と中間子力を組み合せて，核力のみならず一般のバリオン間相互作用を導出する試みなどが行われている．

21.4.4 少数多体系と有効相互作用の理論

前項で論じた核力で核構造を論じるのが理想的であるが，近距離の斥力—特にハード・コア—があるため摂動計算が使えないという困難がある．

しかし3体系では核力から出発して厳密に計算することが可能になった．1980年代に入ってからである．それはFaddeev方程式を精度良く解くことができるようになったからである．この3体問題では笹川辰弥とその協力者が大いに活躍してい

る[98]．また Hannover グループと Los Alamos グループの寄与も大きい．トリトンの結合エネルギーは Reid ポテンシャルで 7.35 MeV，Argonne V 14 ポテンシャルで 7.67 MeV となる．実験値 8.45 MeV には少々足りない．そこで現象論的な 3 体力を加えて結合エネルギーに合わせると，形状因子，Coulomb エネルギー等の性質を良く再現することができる．

変分法も用いて 3 体以外の軽い核についてもかなり精度が良い計算が行われていて，^{4}He の場合，その結合エネルギーは前述の Reid ポテンシャルで 23.5 MeV，Argonne V 14 ポテンシャルで 24.6 MeV である．実験は 28.3 MeV であるが，この差は ^{3}H の束縛エネルギーで必要であった 3 体力で説明できることが知られている[99]．このような性質が非相対論的取扱いで再現できることは注意すべきである．

21.4.5 有効相互作用

もっと質量が大きくなったとき，強い近距離斥力を考慮に入れるには，変分関数に $\prod f(r_{ij})$ という関数を掛ける方法が Jastrow によって提案された[100]．ここで $f(r)$ は r が小さくなると 0 になり，遠くなると 1 になる関数である．この方法は岩本文明と山田勝美によって発展させられた[101]．有限核ではあまり使われなかったが，最近 ^{4}He より少し重い核で用いられている．しかし大計算になるために普通は Brueckner の G 行列理論とそれを発展させた Bethe-Goldstone 方程式を解くことから出発する[102,103]．こうやって求めた G 行列を用い，芯偏極効果など高次の補正を加えて殻模型に用いる有効相互作用を計算することも行われている．特に Kuo と Brown によって精力的に計算が進められた[104]．日本でも坂東弘治，永田 忍たちを中心とする京都グループの寄与が大きい[105]．

1982 年鈴木賢二は，ユニタリー模型-演算子法を提案したが，これによって現実的な 2 体核力から G 行列を求め，それから使用可能な有効相互作用を求める，一つの処方が得られたと言えそうである．事実，鈴木と岡本良治が ^{16}O に応用した結果は有望である[106]．

Brueckner-Bethe の方法で得られた G 行列を用いて Hartree-Fock 計算が多数行われた．しかし核物質の結合エネルギーと密度の実験値を得るに到っていない．

近年 Walecka によって相対論的平均場近似が導入された[107]．この模型に基づいて Hartree-Fock 計算をすると，核物質の性質が良く説明できるという．しかし手離しで喜べない．

軽い核では相対論効果なしで説明できたのに，^{16}O ぐらいになるとどうして相対論効果がいるようになるのか，不思議である．また核子はクォークからできている．それがかたまって核子になって，核子全体としては Dirac 方程式を満たすようになるのは，どのような仕掛によるのであろうか．

21.4.6 巨大共鳴

原子核が γ 線を吸収すると励起エネルギーが $77A^{-1/3}$ MeV あたりに大きな確率で励起する．これは電気双極子遷移によるものであり，遷移確率は古典的和則をほぼ満たしている．これを E1 巨大共鳴と呼ぶ．

原子核が変形すると長軸方向の E1 巨大共鳴と短軸方向のものとは違ってくる筈である．この可能性は岡本和人と Danos によって指摘された[108]．実験により確かめられている．

E2 巨大共鳴や E0 巨大共鳴の存在は以前から指摘されていたが，その発見には鳥塚賀治を中心とする東北大グループの寄与が大きい[109]．

スピンに関する巨大共鳴としては，アイソバリック・アナログ状態の発見の直後，藤田純一，藤井三朗と池田清美によって Gamow-Teller 巨大共鳴が 1963 年に予言された[110]．この状態は 1975 年 Indiana グループの (p, n) 反応によって発見された[111]．LS 結合が成立する軽い核だと，空間対称性即ち Wigner の超多重項が良い近似であり，そこではアナログ状態だけではなく，G-T 状態も当然存在する．しかしスピン-軌道力も Coulomb 力も大きい，従って空間対称性がきわめて破れている中重核や，重い核に，アナログ状態も G-T 状態も存在するという事実は，驚きをもって迎えられた．

ところで，この G-T 状態の (p, n) 反応断面積は，殻模型による理論値の 1/3 ぐらいしか実験的に発見されていなかった．そこで Δ-空孔状態が混って (p, n) 反応の断面積を小さくする可能性が指摘された．一方，浜本と Bertsch は，G-T 状態に 2 粒子-2 空孔状態が混ることによって，この断面積が小さくなることを指摘した[112]．これは有馬，市村，清水が主張したテンソル相関に他ならない．2 粒子-2 空孔が基底状態に混ることは，逆に G-T 状態が沢山ある 2 粒子-2 空孔状態に混ることを意味する．そこで 2 粒子-2 空孔が分布する 40〜50 MeV の励起状態への (p, n) 反応の断面積を測って和をとれば，予想される和則を満足する筈である．こういう説が浜本たちや有馬たちのものである．もし Δ-空孔の混合が本当に必要であれば，和則を満足するためには Δ の励起エネルギー 300 MeV 前後まで和をとる必要があることになる．実験が軍配をどちらへ上げるであろうか．私はテンソル相関の重要性が実験で既に以下のように確かめられていると思う．この文を発表して後，酒井たち[128] により 50 MeV まで断面積の和をとる実験が行われ，Δ-空孔の寄与はあっても 10% 以下で，2 粒子-2 空孔状態の寄与でほとんど説明できることが判明した．

Δ のアイソスピンは 3/2，1 空孔のものは 1/2 であるから，Δ-h 状態のアイソスピンは 1 か 2 である．そこでアイソスピンが 1 だけ変る遷移には，Δ-h の混合がきく可能性があるが，アイソスピンが変らない遷移では Δ-h はきかない．しかし実験的にはアイソスピンが変化しないような ($\Delta T = 0$) 励起も，断面積が抑制され小さい

ことが判っている．また2個の鏡映核（例えば$^{17}_{8}O_9$と$^{17}_{9}F_8$）の磁気能率の和の1/2，すなわちアイソスカラー磁気能率のスピン部分が，殻模型値よりずっと小さいことが確かめられた．アイソスカラーな量に，Δ-空孔の影響は第1次近似で0である．しかしテンソル相関はこの場合にも大きな効果を持ち，実験値を良く説明できる[113]．

アイソベクトル型の遷移にΔ-空孔の効果が大きく評価され過ぎたのは，軽い核については表面効果が無視されたこと，中重核では残留相互の近似としてよく用いられるLandau-Migdal力を大きくとり過ぎたためである．2倍にして入れたという計算間違いの論文は論外にしても，全卓樹と清水清孝が指摘したようにもう少し小さい値をとるべきである[114]．そうするとLandau-Migdal力を用いないでやった計算，例えばTownerとKhannaの結果とも良く一致する[115]．

E1やE2巨大共鳴の幅には，共鳴の主要部分である1粒子-1空孔状態が直接に粒子を放出する幅と，1粒子-1空孔が2粒子-2空孔以上の複雑な状態に移って行く幅がある．前者を崩壊幅，後者を分散幅と呼ぶ．後者について^{16}Oと^{40}Caをとって最もきちんとした計算が星野享と有馬によって[116]，また中重核や重い核でも用いられる普遍的な優れた計算法が吉田思郎と安達静子によって提案された．今日世界的に類似の方法が用いられているが，吉田-安達を出発点としていると言ってよい[117]．

素粒子のY-scalingの概念を原子核のE1巨大共鳴に応用して，武田暁と川添良幸はこの概念が原子核でも良く成り立つことを示した[118]．Westも同じ結論を前後して得ている[119]．このようなscalingとか，総和則とかは，しばしば問題にしている体系の大局的な性質を調べる上で，大変役に立つ．このY-scalingはその良い例と言えるのである．

21.4.7 ハイパー核の構造

素粒子のSU(3)模型によれば，陽子，中性子と6個のハイペロン（$\Lambda, \Sigma^+, \Sigma^0, \Sigma^-, \Xi^0, \Xi^-$）は一つの組を作っていて性質が良く似ている．ただしハイペロンはストレンジネスを持っていて，質量が核子より少々大きい．このハイペロンが含まれている核をハイパー核と呼んでいる．ハイパー核の研究は原子核構造研究の先端の一つである．

この分野における故坂東弘治を中心としたグループの活躍は，GalやDoverに互して大きなものである．特に山本安夫と坂東はバリオン間相互作用から出発し，ハイペロンと核子間のG行列を作ったところが特筆すべきである[120]．このG行列を用いてハイペロンの核内での単一粒子運動の性質を導いている．例えば平均場の形や深さ，有効質量，スピン-軌道力である．こうして得られた核子-ハイペロン有効相互作用を用いた殻模型計算は元場俊雄，糸永一憲たちによって精力的に進められている．また日本で特に開発が進んでいるクラスター模型のハイパー核への応用も活発に行われている．この方法で軽いハイパー核の生成，構造，崩壊がかなり良く理解されてい

る．

原田融や赤石義紀たちは Σ 粒子と原子核の相互作用を研究し，Σ ハイパー核の可能性を検討した．Σ の寿命は短いのみならず核子と強い相互作用をするので，幅の狭い Σ ハイパー核が存在するかどうか疑問である．しかし赤石たちは $^4_\Sigma$He の存在を予言し[121]，事実早野龍五たちの KEK，BNL での実験によって実証されたのである[122]．

21.4.8 温度の高い変形核及び超変形核

変形核については Hartree-Fock-Bogoljubov（HFB）法を用いた研究が標準的である．ここではつじつまの合った平均場を生み出すために HF 法が用いられ，その上に強い単極-対相互作用の効果を加味するため，Bogoljubov 変換が考慮に入れられている．近年変形核の高いエネルギーの研究が盛んになり，レベル準位の密度や変形が温度とともにどう変化するかが問題になってきている．この場合 HFB 法に温度の効果を考えに入れなければならない．そのような計算において田辺孝哉及び菅原・田辺和子の活躍は注目すべきである[123]．

長軸と短軸の比が 2：1 になるような大きな変形核の存在は，核分裂アイソマーの発見によって明らかになったが，そのような大きな変形核が持つ回転状態の研究が大いに発展した．この超変形核の回転帯の発見は最近の原子核物理学における最も重要な事項の一つである．

色々面白い性質が見つかっているが，その一つは，一つの偶々核とその隣の奇核が全く同じ回転帯を持つことである．浜本育子と Mottelson の擬スピンによる説明がある[124]．ここで擬スピン機構は有馬，清水，Harvey により[125]，また独立に Hecht たちによって発見された[126]．殻模型の軌道で，例えば $p_{3/2}$ と $f_{5/2}$，，$f_{7/2}$ と $h_{9/2}$ のように，$(l, j=l+1/2)$ と $(l+2, j'=l+2-1/2)$ の 2 本の軌道のエネルギーがほぼ縮退している．そこで $\tilde{l}=l+1$ という擬角運動量を導入すると $(\tilde{l}, j=\tilde{l}-1/2)$，$(\tilde{l}, j'=\tilde{l}+1/2)$ と読み換えることができる．この $\tilde{l}$ と擬スピン $\tilde{s}$ を用いると，擬スピン・軌道力 $(\tilde{l}\cdot\tilde{s})$ が殆ど 0 ということになる．そこで擬スピンを用いると，$\tilde{L}=\Sigma \tilde{l}_i$ と $\tilde{S}=\Sigma \tilde{s}_i$ がどちらも良い量子数を与えるのである．

このような超変形核でクランクト殻模型がよく使われるが，これに RPA を加えた興味深い研究が松柳研一たちによって行われている[127]．この分野は実験的にも理論的にも更に大きな発展が期待される．

最後に中間エネルギー核物理の発展について述べるべきであるが，予定の枚数を遙かに上廻ったので割愛することをお許しいただきたい．

この論を書くに当って矢崎紘一，大塚孝治，堀内昶，岡真，吉永尚孝，全卓樹の諸氏と小川洋子さんの御援助をいただいた．ここに深く感謝する．（筆者＝ありま・あきと，東京大学名誉教授．1930 年生まれ，1953 年東京大学理学部卒業）

参考文献

1) C. F. von Weizsäcker : Z. Phys. **96** (1935) 431. H. A. Bethe and R. F. Bacher : Rev. Mod. Phys. **8** (1936) 82.
2) O. Hahn and F. Strassman : Naturwissenschaften **27** (1939) 11.
3) N. Bohr and J. Wheeler : Phys. Rev. **56** (1939) 426.
4) E. P. Wigner : Phys. Rev. **51** (1937) 106.
5) M. G. Mayer and J. H. D. Jensen : *Elementary Theory of Nuclear Shell Structure* (Wiley, New York, 1955).
6) J. Rainwater : Phys. Rev. **79** (1950) 432 ; Rev. Mod. Phys. **48** (1976) 385.
7) A. Bohr : Mat. Fys. Medd. Dan.Vid. Selsk. **26** (1952) No. 14 ; *Rotational States of Atomic Nuclei* (Munksgaard, Copenhagen, 1954). A. Bohr and B. R. Mottelson : *Nuclear Structure, Vol. 2* (Benjamin, New York, 1975).
8) S. G. Nilsson : Mat. Fys. Medd. Dan. Selsk. **25** (1955) No. 16.
9) H. Miyazawa : Prog. Theor. Phys. **6** (1951) 801.
10) T. Yamazaki, T. Nomura, S. Nagamiya and T. Katou : Phys. Rev. Lett. **25** (1970) 547. S. Nagamiya and T. Yamazaki : Phys. Rev. C **4** (1971) 1961.
11) A. Arima and H. Horie : Prog. Theor. Phys. **11** (1954) 509. A. Arima and H. Horie : *ibid*. **12** (1954) 623.
12) R. J. Blin-Stoyle : Proc. Phys. Soc, A **66** (1953) 1158. R. J. Blin-Stoyle and M. A. Perks : *ibid*. A **67** (1954) 885.
13) M. Chemtob : Nucl. Phys. A **123** (1969) 449.
14) H. Hyuga and A. Arima : *Proc. Int. Conf. Nuclear Moments and Nuclear Structure, Osaka, 1972*, J. Phys. Soc. Japan **34** (1973) Suppl., p. 538.
15) I. S. Towner and F. C. Khanna : Nucl. Phys. A **399** (1983) 334 ; Phys. Rev. Lett. **42** (1979) 51.
16) K. Shimizu, M. Ichimura and A. Arima : Nucl. Phys. A **226** (1974) 282.
17) J. I. Fujita and H. Hirata : Phys. Lett. **37B** (1971) 237.
18) A. Arima, G. E. Brown, H. Hyuga and M. Ichimura : Nucl. Phys. A **205** (1973) 27.
19) H. Horie and A. Arima : Phys. Rev. **99** (1955) 778.
20) M. J. Stevenson and C. H. Townes : Phys. Rev. **107** (1957) 635.
21) R. D. Amado : Phys. Rev. **111** (1958) 548.
22) B. R. Mottelson : *Le Prix Nobel*, en 1971~en 1976, by the Nobel Foundation［邦訳：ノーベル賞講演物理学 12, 中村誠太郎・小沼通二編 1973~1976（講談社）］
23) A. Arima, H. Horie and M. Sano : Prog. Theor. Phys. **17** (1957) 567.
24) A. Arima and H. Horie : *Proc. Rehovoth. Conf. Nuclear Structure*, ed. H. J. Lipkin, (Weizmann Institute, Rehovoth, 1957) p. 213.
25) I. Hamamoto : Nucl. Phys. **62** (1965) 49, **66** (1965) 176.
26) D. R. Inglis : Rev. Mod. Phys. **25** (1953) 390.
27) J. P. Elliott and B. H. Flowers : Proc. Roy. Soc. (London) A **229** (1955) 536.
28) T. Inoue, T. Sebe, H. Hagiwara and A. Arima : Nucl. Phys. **59** (1964) 1.
29) S. Cohen, R. D. Lowson, M. H. MacFarlane and M. Soga : Phys. Lett. **9** (1964) 180.
30) A. Arima, H. Horiuchi and T. Sebe : Phys. Lett. **24B** (1967) 129.

参 考 文 献

31) G. E. Brown and A. M. Green: Nucl. Phys. **75** (1966) 401.
32) V. V. Davydov, A. A. Ogloblin, S. B. Sakuta and V. I. Chuev: Izv. Akad. Nauk SSSR, Ser. Fiz. **33** (1969) 597 [Bull. Acad. Sci. USSR, Phys. Ser. **33** (1970) 551]. Y. A. Glukhov, B. G. Novaskii, A. A. Ogloblin, S. B. Sakuta and D. N. Stepanov: Izv. Akad. Nauk SSSR, Ser. Fiz. **33** (1969) 609 [Bull. Acad. Sci. USSR, Phys. Ser. **33** (1970) 561]. V.Z. Goldberg, V. V. Davydov, A. A. Ogloblin, S. B. Sakuta and V. I. Chuev: Izv. Akad. Nauk SSSR, Ser. Fiz. **33** (1969) 566 [Bull. Acad. Sci. USSR, Phys. Ser. **33** (1970) 525].
33) B. A. Brown and B. H. Wildenthal: Annu. Rev. Nucl. Part. Sci. **38** (1988) 29-66.
34) H. Horie and K. Ogawa: Prog. Theor. Phys. **46** (1971) 439. H. Horie and T. Oda: Prog. Theor. Phys. Suppl. Extra No. (1968) 403.
35) T. Sebe and J. Nachamkin: Ann. Phys. **51** (1969) 100.
36) S. E. Koonin: Nucl. Phys. A **574** (1994) No. 1-2, 1-9. C. W. Johnson, S. E. Koonin, G. H. Lang and W. E. Ormand: Phys. Rev. Lett. **69** (1992) 3157.
37) M. Honma, T. Mizusaki and T. Otsuka: Phys. Rev. Lett. **75** (1995) 1284.
38) E. P. Wigner: Phys. Rev. **51** (1937) 106.
39) G. Racah: Phys. Rev. **63** (1943) 367.
40) A. de Shalit and I. Talmi: *Nuclear Shell Structure* (Academic, New York, 1963).
41) A. K. Kerman: Ann. Phys. (USA) **12** (1961) 300.
42) P. W. Anderson: Phys. Rev. **112** (1958) 1900.
43) A. Bohr, B. R. Mottelson and D. Pines: Phys. Rev. **111** (1958) 936.
44) A. K. Kerman, R. D. Lawson and M. H. MacFarlane: Phys. Rev. **124** (1961) 162.
45) A. Arima and M. Ichimura: Prog. Theor. Phys. **36** (1966) 296.
46) A. Arima and H. Kawarada: J. Phys. Soc. Jpn. **19** (1964) 1768.
47) M. Ichimura: Nucl. Phys. A **131** (1969) 398.
48) J. P. Elliott: Proc. Roy. Soc. London A **245** (1958) 128, 562.
49) Y. Akiyama, A. Arima and T. Sebe. Nucl. Phys. A **138** (1969) 273. N. Yoshinaga, Y. Akiyama and A. Arima: Phys. Rev. C **38** (1988) 419; Phys. Rev. Lett. **56** (1986) 1116.
50) J. A. Wheeler: Phys. Rev. **52** (1937) 1083, 1107.
51) H. H. Hackenbroich: Z. Phys. **231** (1970) 216. H. H. Hackenbroich and P. Heiss: *ibid*. 225. H. Hutzelmeyer and H. H. Hackenbroich: *ibid*. **232** (1970) 356. H. H. Hackenbroich, T. H. Seligman and W. Zahn: Nucl. Phys. A **259** (1976) 445. V. G. Neudatchin and Yu. F. Simirnov: At. Energy Rev. **3** (1965) 157; Prog Nucl. Phys. **10** (1969) 275.
52) K. Wildermuth and Th. Kanellopoulos: Nucl. Phys. **7** (1958) 150, **9** (1958/59) 449.
53) B. F. Bayman and A. Bohr: Mucl. Phys. **9** (1958/59) 596.
54) R. Tamagaki and H. Tanaka: Prog. Theor. Phys. **34** (1965) 191. I. Shimodaya, R. Tamagali and H. Tanaka: *ibid*. **27** (1962) 793. J. Hiura and I. Shimodaya: *ibid*. **30** (1963) 585, **36** (1966) 977.
55) S. Saito: Prog. Theor. Phys. **40** (1968) 893, **41** (1969) 705.
56) T. Tomoda and A. Arima: Nucl. Phys. A **303** (1978) 217.
57) K. Ikeda, N. Takigawa and H. Horiuchi: Prog. Theor. Phys. Suppl. Extra No.

(1968) 464. H. Horiuchi, K. Ikeda and Y. Suzuki : *ibid.* Suppl No. 52 (1972) Chap. 3.
58) H. Morinaga : Phys. Rev. **101** (1956) 254.
59) D. L. Hill and J. A. Wheeler : Phys. Rev. **89** (1953) 1102. J. J. Griffin and J. A. Wheeler : *ibid.* **108** (1957) 311.
60) H. Horiuchi : Prog. Theor. Phys. **43** (1970) 375.
61) M. Kamimura : Prog. Theor. Phys. Suppl. No. 62 (1977) 236.
62) I. Tanihata, H. Hamagaki, O. Hashimoto, Y. Shida, N. Yoshikawa, K. Sugimoto, O. Yamakawa, T. Kobayashi and N. Takahashi : Phys. Rev. Lett. **55** (1985) 2676. T. Kobayashi, O. Yamakawa, K. Omata, K. Sugimoto, T. Shimoda, N. Takahashi and I. Tanihata : *ibid.* **60** (1988) 2599. P. G. Hansen and B. Jonson : Europhys. Lett. **4** (1987) 409.
63) B. Imanishi : Phys. Lett. **27B** (1968) 267 ; Nucl. Phys. A **125** (1969) 33.
64) K. Kato, S. Okabe and Y. Abe : Prog. Theor. Phys. Vol. 74, No. 5 (1985) 1053.
65) H. J. Mang : Z. Phys. **148** (1957) 572 ; Phys. Rev. **119** (1960) 1069. K. Harada : Prog. Theor. Phys. **26** (1961) 667.
66) I. Tonozuka and A. Arima : Nucl. Phys. A **323** (1979) 49.
67) K. Varga, R. G. Lovas and R. J. Liotta : Phys. Rev. Lett. **69** (1992) 37.
68) T. Fliessbach : Z. Phys. A **272** (1975) 39.
69) T. Matsuse, M. Kamimura and Y. Fukushima : Prog. Theor. Phys. **53** (1975) 706.
70) A. Arima and S. Yoshida : Phys. Lett. **40B** (1972) 15.
71) S. Yoshida : Nucl. Phys. **123** (1961) 685.
72) A. Bohr and B. R. Mottelson : Mat. Fys. Medd. Dan. Vid. Selsk. **27** (1953) No. 16.
73) S. Tomonaga : Prog. Theor. Phys. **13** (1955) 467, 482.
74) H. Ui : Ann. Phys. (USA) **49** (1968) 69. D. J. Rowe : Rev. Mod. Phys. **40** (1968) 153 ; Phys. Rev. **175** (1968) 1283.
75) K. Sawada : Prog. Theor. Phys. **41** (1969) 664.
76) S. Takagi : Prog. Theor. Phys. **21** (1959) 174.
77) T. Tamura and T. Udawawa : Nucl. Phys. **53** (1964) 33.
78) S. T. Belyaev and V. G. Zelevinsky : Nucl. Phys. **39** (1962) 582.
79) T. Marumori, M. Yamamura and A. Tokunaga : Prog. Theor. Phys. **31** (1964) 1009.
80) T. Marumori, F. Sakata, T. Maskawa, T. Une and Y. Hashimoto : *Nuclear Collective Dynamics, Lectures of 1982 Int. Summer School of Nuclear Physics* (World Scientific, Singapore, 1983) 1-45.
81) T. Kishimoto and T. Tamura : Nucl. Phys. A **163** (1971) 100, **192** (1972) 246, **270** (1976) 317.
82) K. Takada, T. Tamura and S. Tazaki : Phys. Rev. C **31** (1985) 1948. K. Takada : *ibid.* **34** (1986) 750, **38** (1988) 2450.
83) T. Marumori, A. Maskawa, F. Sakata and A. Kuriyama : Prog. Theor. Phys. **64** (1980) 1294.
84) A. Arima : 素粒子論研究 **35** (1967) E 47.
85) A. Arima and F. Iachello : Phys. Lett. **57B** (1975) 39 ; Phys. Rev. Lett. **35** (1975)

参 考 文 献

1069.
86) T. Otsuka, A. Arima and F. Iachello : Nucl. Phys. A **309** (1978) 1.
87) N. Yoshinaga : Nucl. Phys. A **522** (1991) 99 c.
88) T. Otsuka, A. Arima, F. Iachello and I. Talmi : Phys. Lett. **76B** (1978) 139.
89) N. Yoshida, H. Sagawa, T. Otsuka and A. Arima : Phys. Lett. **215B** (1988) 15.
90) H. Morinaga and P. C. Gugelot : Nucl. Phys. **46** (1963) 210.
91) M. Sakai : Nucl. Data Tables **15** (1975) 513, **20** (1977) 441, **31** (1984) 399.
92) H. Yukawa : Proc. Phys. Math. Soc. Jpn. **17** (1935) 48.
93) J. Iwadare, S. Otsuki, R. Tamagaki and W. Watari : Prog. Theor. Phys. **16** (1956) 455 and 86.
94) M. Taketani, S. Machida and S. Onuma : Prog. Theor. Phys. **7** (1952) 45.
95) T. Hamada and I. D. Johnston : Nucl. Phys. **34** (1962) 382. P. V. Reid : Ann Phys. (USA) **50** (1968) 411.
96) V. G. Neudatchin, Yu. F. Smirnov and R. Tamagaki : Prog. Theor. Phys. **53**(1977) 1072.
97) M. Oka and K. Yazaki : Phys. Lett. **90B** (1980) 41 ; Prog. Theor. Phys. **66** (1981) 556 ; Nucl. Phys. A **402** (1983) 477.
98) T. Sasakawa and T. Sawada : Phys. Rev. C **19** (1979) 1498. T. Sasakawa, H. Okuno and T. Sawada : *ibid.* **23** (1981) 905. T. Sasakawa, H. Okuno, S. Ishikawa and T. Sawada : *ibid.* **26** (1982) 42.
99) W. Glöckle and H. Kamada : Phys. Rev. Lett. **71** (1993) 971. B. S. Pudliner, V. R. Pandharipande, J. Carlson and R. B. Wiringa : Phys. Rev. Lett. **74** (1995) 4396.
100) R. Jastrow : Phys. Rev. **98** (1955) 1479.
101) F. Iwamoto and M. Yamada : Prog. Theor. Phys. **17** (1957) 543.
102) K. A. Brueckner : Phys. Rev. **97** (1955) 1353.
103) H. A. Bethe and J. Goldstone : Proc. Roy. Soc. London A **238** (1957) 551.
104) T. T. S. Kuo and G. E. Brown : Nucl. Phys. **85** (1966) 40.
105) S. Nagata, H. Bando and Y. Akaishi : Prog. Theor. Phys. Suppl. No. 65 (1979).
106) K. Suzuki : Prog. Theor. Phys. **68** (1982) 1627, 1999. K. Suzuki and R. Okamoto : *ibid.* **92** (1994) 1045.
107) J. D. Walecka : Phys. Rev. **126** (1962) 653.
108) K. Okamoto : Phys. Rev. **110** (1958) 143. M. Danos : Nucl. Phys. **5** (1958) 23.
109) S. Fukuda and Y. Torizuka : Phys. Rev. Lett. 29 (1972) 1109. M. Nagao and Y. Torizuka : *ibid.* 30 (1973) 1068. T. Suzuki and D. J. Rowe : Nucl. Phys. A **289** (1977) 461.
110) K. Ikeda, S. Fujii and J. I. Fujita : Phys. Lett. 2 (1962) 169, 3 (1963) 271.
111) D. E. Bainum, *et al.* : Phys. Rev. Lett. **44** (1980) 1751. D. J. Horen, *et al.* : Phys. Lett. **95** (1980) 27, **99B** (1981) 383. C. Gaarde, *et al.* : Nucl. Phys. A **369** (1981) 258.
112) G. F. Bertch and I. Hamamoto : Phys. Rev. C **26** (1982) 1323.
113) A. Arima, T. Cheon and K. Shimizu : Hyperfine Interact. **21** (1985) 79.
114) T. Cheon, K. Shimizu and A. Arima : Phys. Lett. **38B** (1984) 345.
115) I. S. Towner and F. C. Khanna : Phys. Rev. Lett. **42** (1979) 51.
116) T. Hoshino and A. Arima : Phys. Rev. Lett. **37** (1976) 266.

117) S. Adachi and S. Yoshida : Nucl. Phys. A **306** (1978) 53.
118) Y. Kawazoe, G. Takeda and H. Matsuzaki : Prog. Theor. Phys. **54** (1975) 1394.
119) G. B. West : Phys. Rep. **18C** (1975) 269.
120) H. Bando, et al. : Prog. Theor. Phys. Suppl. No. 81 (1985).
121) T. Harada and Y. Akaishi : Phys. Lett. **234B** (1990) 455.
122) R. S. Hayano, T. Ishikawa, M. Iwasaki, H. Ohta, E. Takada, H. Tamura, S. Sakaguchi, M. Aoki and T. Yamazaki : Nuovo Cim. **102A** (1989) 437 ; Phys. Lett. **231B** (1989) 355.
123) K. Tanabe and K. Sugawara-Tanabe : Phys. Lett. **97B** (1980) 337 ; Nucl. Phys. A **390** (1982) 385.
124) I. Hamamoto and B. R. Mottelson : Phys. Lett. **167B** (1986) 370, **333B** (1994) 294.
125) A. Arima, M. Harvey and K. Shimizu : Phys. Lett. **30B** (1969) 517.
126) K. T. Hecht and A. Adler : Nucl. Phys. A **137** (1969) 129.
127) T. Nakatsukasa, S. Mizutori and K. Matsuyanagi : Prog. Theor. Phys. **87** (1992) 607.
128) Wakasa, et al. : Phys. Rev. C**55** (1997) 2909.

初出：日本物理学会誌 **51** (1996) 707-718.

22. 原子核構造理論の将来

大塚　孝治

　21世紀の核構造理論を考えるにあたり，20世紀の発展の歴史をごく簡単に振り返りたい．N. Bohrの複合核模型は秩序だったものとしての核構造を否定したものと言っていいので，それに対するアンチテーゼとして出てきた殻模型を核構造理論の出発点とするのは極めて自然である．殻模型はM. G. MayerとJ. H. D. Jensenにより1949年に，原子核におけるスピン―軌道力の導入とともに明確な形で示された．

　当初の殻模型では，各々の核子は3次元調和振動子ポテンシャルの一粒子軌道上をまわり，ほとんどの核子は閉殻，即ち，球対称な芯をなし，最後の1個または少数個の粒子で多体系としての量子数が決まる，という描像であった．このような簡単な模型でありながら，スピン―軌道力を含める事により，当時実験的にはほぼ判明していた原子核の魔法数がことごとく説明できてしまう，という画期的な成果をあげたのである．この描像には，核力（核子間の強い相互作用）は元々の姿では現れて来ず，その効果は平均化されて1粒子ポテンシャルが構造をほぼ決めている．殻模型はその後，単純なポテンシャル模型から発展をとげ，名前は同じでも内容は大きく変わっていった．つまり，様々な配位を考え，それらの重ね合わせにより動的な相関も取り込める多体系理論へと進化していったのである．殻模型の例は後で再び議論する事にして，一般に，核構造論とは，核力という甚だ扱いにくい相互作用によって束縛している量子多体系の理論といえよう．理論そのものは一般的なので，対象を原子核に限る必要はないが，原子核の特性を考えて発展させられてきた．ここでは，21世紀初頭の時点で核構造論を代表すると広く認められている3つの主な理論を取り上げる．対象とする原子核が軽い方から順にそれらを紹介し，それぞれの21世紀への展望へと進めたい．

22.1　少数多体系の構造

　まず，最も軽い原子核を扱う少数粒子系の理論であるが，V. R. Pandharipandeらのアルゴンヌを中心にしたグループが進めている量子モンテカルロ法による計算，具体的には，Variational Monte Carlo法とGreen Function Monte Carlo法を組み合わせた研究があげられる[1]．この方法では，自由な核子どうしの散乱の約4,000個のデータを再現するように決めた核子-核子間ポテンシャルをそのままハミルトニアンの2体ポテンシャル部分とし，その固有解としての多体状態が求められる．その意味で，核構造理論に限らず，あらゆる分野を通じて最も第一原理的な多体計算であると

言っても過言ではない．当然，数値計算は簡単ではなく，2001年前半の時点で質量数10に到達したところである．それを，12まで持っていくだけで数年はかかると当事者達は言っている．そのような困難な計算ではあるが，ある意味ではほとんど完全な多体計算であり，21世紀においても継続的な発展が期待され，その重要性ははかりしれない．最大の関心はいつ，どの原子核まで扱えるようになるか，という点にあるが，計算機の技術的な進歩にもよっており，近未来においては1年あたり質量数で1程度進めるように思われる．また，ゆるく束縛された粒子が含まれると，特に波動関数において精度が落ちるようであり，今後の課題である．興味深い成果が多く出ているが，一例として，3体力を考えたい．自由な空間での核子間衝突は2体のプロセスであるが，中間状態で，陽子，中性子以外のバリオンが形成されるとその効果を核子の自由度だけで表そうとすれば3体力などの多体力を含んでしまう．この効果が核構造において重要な課題であったが，それが系統的に評価された．3体力は，軽い核で，全ポテンシャル・エネルギーの期待値に対して2〜9%程度であるが，運動エネルギーがポテンシャル・エネルギーとキャンセルしているので，束縛エネルギーと比較すると15〜50%になる．この計算で，藤田-宮沢模型[2]が役に立っていることを付記したい．4体力ははるかに寄与が小さい．もう一つの重要な点は，2体力に戻って，テンソル力の重要性である．それがポテンシャル・エネルギー期待値の大きな部分を占めていることが示されており，一方，テンソル力の主要な起源はπ中間子交換力なので，やはり核力にはその性質が強く含まれているのである．

22.2 核力と殻模型

ここで殻模型に戻ろう．殻模型が1粒子ポテンシャル模型から多体理論へ進化する過程において決定的に重要な役割を果たしたのが，バレンス粒子間の有効相互作用である．バレンス粒子の運動はより複雑な状態との結合を陰に含んだ準粒子的なもので，そのためにバレンス粒子間の相互作用は自由な空間における核子間相互作用とは異なり，有効相互作用と呼ばれる．有効相互作用の導出には，摂動論的な意味における中間状態が関わっており，芯の存在に起因するパウリ原理の効果や芯の偏極効果がある．芯偏極に関しては，有馬-堀江理論[3]が先駆的であった．さらに，元々の核力に含まれるハードコアの扱いも含めて，原子核中での有効相互作用の計算は大きく進歩してその信頼性はかなり高くなっている．有効相互作用が与えられれば，ハミルトニアンが決まったのであるから，それを多体問題への入力とすれば原子核の構造が第一原理的に解けることになる．なお，有効相互作用には上述の3体力や，テンソル力の効果もくりこみによって必要に応じて入っているのであるが，くりこみが様々な原子核や状態に対してどのように機能しているかは現在でも問題であり，興味深いテーマである．実際，有効相互作用の導出には100%の信頼性はまだなく，大きくはない

が現象論的な補正をして計算しないと実験に合わない．残されたずれは飽和性や3体力などにも関係しているようなので，それを如何に埋めていくかは今後の課題であり，新しい理論がいるのかもしれない．いずれにせよ，実験との比較から判断する限り，有効相互作用は全般的にはうまく行っており，むしろ，そうでないところには新しい物理の種があると考えられる．

　さて，元の問題に戻って，殻模型で多体系をどう解くか，という事になるが，伝統的な方法は多体系を表す適当な基底（通常はスレーター行列式）により，そのハミルトニアンを行列で表し，対角化することである．計算機の進歩のおかげで20世紀末には1億次元の行列を対角化することができるようになった．1億次元の行列は決して小さくはないが，質量数50前後の原子核の基底状態，低い励起状態の記述に必要な次元でしかない．扱える行列の次元は年々大きくなってきているが，長期的にならして見れば2年で2倍位の進歩である．1兆次元，1京次元という原子核も沢山あり，計算技術，計算機の進歩だけでは足りないのは明らかである．実際，殻模型はもう限界かと1990年代初めには思われていた．そういう中で登場したのが量子モンテカルロ法の応用である．その最初のものは，Shell Model Monte Carlo法といい，Caltechグループを中心に提唱・発展してきた[4]．しかし，負符号問題がある，基底状態の情報しか基本的に得られない，という通常の量子モンテカルロ法と同じ問題や限界があり，ある程度の成功を収めたに留まっている．それの数年後に，わが国のグループにより提唱され発展しているのが，モンテカルロ殻模型である[5]．前者と後者は名前は似ているが内容は全く異なる．モンテカルロ殻模型は，負符号問題がなく，全ての原子核に等しく適用可能で，基底，及び励起状態のエネルギー固有値，波動関数が求まるという利点を持つ．何兆，何京という巨大な次元のヒルベルト空間から重要な基底ベクトルのみを選んでくるので *importance truncation* と特徴づける事もできる．並列計算に向いているので，不安定核を中心にますます盛んになってきた．

22.3　不安定核の構造と新しい魔法数

　ここで，核構造論の現在最大の課題である不安定核について触れたい．核構造論が始まったのが1950年頃とすると，その後40年間の研究のほとんどが，β安定線に近い（つまりβ崩壊に対して安定な）「安定核」に関するものであった．安定核は地球上の物質のほとんどを構成しているので，実験対象になったのも安定核及びその近傍であった．そのような原子核でも，Bohr-Mottelsonの変形核理論，相互作用するボゾン模型，スピンやアイソスピンに関する励起，最も最近では超変形など，多様な物理が発展させられてきた．しかし，20世紀最後の10年位になって事情が一変した．谷畑勇夫らにより，放射性イオンビーム法（RIビーム）という実験方法が考案され，安定核でなくてもビームにする事ができ，実験に使えるようになった．これは原子核

物理学にとって革新的な変化であった．それにより，β 安定線から離れた，短寿命で β 崩壊を起こす「不安定核」がビームとなり研究され始めた．不安定核は別名，「エキゾチック核」とも言われる．何故ならば，不安定核は単に寿命が短いだけでなく，中性子数（N）と陽子数（Z）が互いに大きく異なっていて，そのために安定核にはない様々なエキゾチックな性質・構造を持つからである．その一例が中性子ハローである．中性子を大量に含んでいる不安定核ではフェルミレベルが上がってしまい，基底状態であっても，束縛エネルギーの極めて小さい軌道にまで中性子が詰まっている．そのような中性子は，ごくかすかに束縛されているだけなので，その波動関数はトンネル効果で非常に遠方まで伸びてしまう．その密度分布は広がり，平均自乗半径は極めて大きくなる．中性子ハローに付随して面白い現象が励起モードなどに起こり，21 世紀の課題の一つである．

中性子ハローはゆるい束縛を条件として起こる量子力学的な効果であり，特に中性子 1 個の場合には，核力は直接には関係ない．エキゾチック核をエキゾチックたらしめるもう一つの重要なメカニズムで，核力にも密接に関係しているものとして魔法数の変化，即ち，殻構造の変化をあげたい．不安定核では魔法数が消えたりする事があるのは部分的には 20 年以上前から知られていたが，魔法数の系統的な変化のメカニズムの研究が最近進み，多くのエキゾチックな性質の背後に魔法数の変化＝殻構造の変化があることが示された[6]．図 1 に，ともに $N=16$ である ^{30}Si 及び ^{24}O 原子核の 1 粒子軌道のエネルギーが示されている．前者は安定核，後者は不安定核である．前者では，Mayer-Jensen 以来の魔法数 $N=20$ が成り立ち，シェルギャップが見えているが，後者では $N=16$ という全く違う魔法数が現れている．このように不安定核で

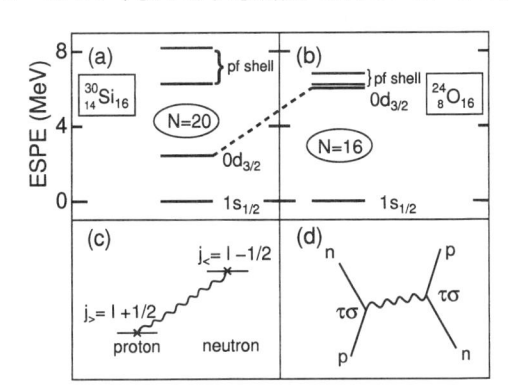

図 1 (a) ^{30}Si 及び (b) ^{24}O における中性子の有効一粒子エネルギーで，$1s_{1/2}$ 軌道を基準にしたもの．点線は $0d_{3/2}$ 軌道の変化を示す．(c) (a) と (b) の変化を起こす主要な相互作用．(d) (c) の相互作用に関係するプロセス．文献 6 より引用．

は魔法数，或いは，殻構造という最も基本的な多体構造が変わってしまうのである．それを引き起こすメカニズムが図1の下半分に示されている．図1(c) には軌道角運動量とスピンの結合の仕方が逆向きになっている陽子と中性子の間の引力が示されており，図1(d) にはその引力の重要な起源としてπ中間子交換力からも出てくるスピン・アイソスピン結合（$\tau\tau\sigma\sigma$）力が示されている．この引力の効き方が安定核と不安定核で大きく異なり，魔法数まで変わってしまうのである．同様な現象は他の原子核でも起きている．詳しくは文献[6]を見ていただく事にして，このような原子核，或いはハドロン多体系に特有な力が安定核と不安定核の違いに寄与している事を強調したい．この基本性質に基づき，原子核中の1粒子軌道の構造，スピン構造，アイソスピン構造，変形の様相，などが全て安定核から不安定核へと変化していくと考えられ，それらの探求・検証は既に一部行われているが，まさに21世紀の課題である．また，殻構造がNやZとともに変わっていくと，殻模型計算は二つの殻を合わせた大きな配位空間で行わなければならない．モンテカルロ殻模型を用いればそのような場合でも，計算は問題ない．新しいアイデアと新しい計算方法がほぼ同時期に出てきた事は21世紀に核構造論が発展するためにも期せずして幸運であったと言える．

22.4 平均場計算

現在，質量数が十分に大きい原子核は，平均場理論によって扱われている．平均場の概念は核構造論でこれまで大きな役割を果たしてきた．それは色々な意味で物性分野での密度汎関数法による研究に対応する．非相対論的な方法と，相対論的な方法があり，原子核中の核子は相対論的な運動学を必要としている訳ではないので，後者の方が絶対的に優れているという事はない．どちらも，模型的な核力を用いたり，交換力を入れてなかったり，改善の余地はあり，21世紀の構造論の展開にそれらの改良された平均場は必要なものである．特に，上で述べてきたスピン・アイソスピンの効果や連続状態まで含んだペアリング相関などを本格的に取り入れたものが不安定核の研究のためには必須と考えられる．

22.5 クラスター構造論

以上が，3つの主な構造理論についてであるが，原子核にはもう一つ特徴的な多体理論がある．それはクラスター構造論である．安定核では複数のα粒子（^{4}He原子核）から成るクラスターとしての原子核の研究が進んできた．特に，α崩壊の閾値近くでのαクラスター形成の起こりやすさを指摘した池田ダイアグラムはよく知られている[7]．21世紀に入ろうとする時期に，αクラスター模型の拡張と言える原子核の分子的構造理論が出始めた．そこでは，α粒子の他に，中性子を配し，それらがα粒子どうしを繋ぎとめる共有結合の電子に似た役目を果たす．例えば，3個のα粒子が

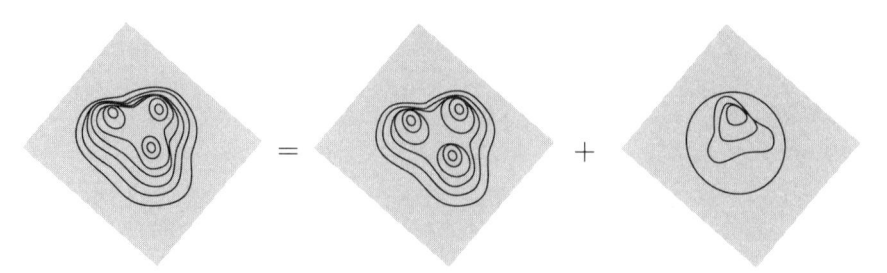

図 2 ¹⁴C 原子核の密度分布
左にあるのが陽子と中性子の密度の総和で，中央は 3 個の α 粒子からの寄与（陽子と中性子の密度の和），右は 2 個余分についている中性子の分布である．α 粒子の三角形と中性子の三角形は入れ子になっていることに注意[8]．

正三角形の頂点にあるような，極めてエキゾチックな形の原子核を考えよう．このような状態は，池田ダイアグラムで示されるように，安定核では閾値近傍でしか現れられないが，さらに 2 個の中性子を加える事により，それらが糊の役目を果たし，その状態は束縛状態となる．そのようにしてできた ¹⁴C 原子核のある状態の密度分布が図 2 に示されている[8]．

最後に 以上のように，20 世紀の終わりにかけて核構造理論は大きく発展し，その勢いを加速しつつ 21 世紀に入った．今後予想もつかないような多体構造や励起様式を見せてくれそうであり，量子多体問題の新しい章が幾つか書けそうである．両世紀の関わりにも留意して書いてきたつもりであるが，陽子過剰核での陽子放出や中性子スキンなど，紙幅の関係上多くの重要な興味深い事柄や参考文献を省略せざるを得なかった事は残念であり，お詫びしたい．（筆者＝おおつか・たかはる，東京大学教授．1952 年生まれ，1974 年東京大学理学部卒業）

参考文献

1) R. B. Wiringa, S. C. Pieper, J. Carlson and V. R. Pandharipande : Phys. Rev. C **62** (2000) 014001 に最新のレビューがある．
2) J. Fujita and H. Miyazawa : Prog. Theor. Phys. **17** (1957) 360.
3) A. Arima and H. Horie : Prog. Theor. Phys. **12** (1954) 623.
4) S. E. Koonin, D. J. Dean and K. Langanke : Phys. Rep. **278** (1997) 1 にレビューがある．
5) 最初の論文は M. Honma, T. Mizusaki and T. Otsuka : Phys. Rev. Lett. **75** (1995) 1284；簡単な解説は，大塚孝治：「量子多体系を解く画期的方法」，科学，**69**（岩波書店，1999）945．
6) T. Otsuka, et al. : Phys. Rev. Lett. **87** (2001) 082502.
7) K. Ikeda, N. Takigawa and H. Horiuchi : Prog. Theor. Phys. Suppl. Extra Number (1968) 464.
8) N. Itagaki, et al. : 私信

23. 原子核多体問題の研究をふりかえって
―集団運動の微視的理論を中心として―

丸 森 寿 夫

23.1 は じ め に

　原子核の'集団運動'なるものに魅せられてその微視的理論の研究をはじめてから，あっという間に40年がたった．やっと'見えてきたな'と感じた時は，もう定年を迎える齢になっていた．"少年老いやすく学なりがたし"とはまさにこのことだな，と実感するこの頃である．編集部からの宿題は'核構造の研究をふりかえって'である．論旨を明確にするため，ここではさらに焦点をうんとしぼって，集団運動の微視的理論の研究をはじめた頃から現在迄の各時期での，自分自身のこの問題についての課題意識がどのようなものであったかを想起してみることにした．さいわい各時期ごとに，当時抱いていた問題意識を記したものがいくつかある[1),2)]ので，それらを土台にして再現することにつとめた．

23.2 核 構 造 模 型

　原子核構造論の歴史はきわめて浅い．1932年の中性子の発見と，それに伴うW. Heisenbergの画期的な論文 "原子核の構造について" (Zeitschrift für Physik 77 (1932) 1) がその誕生である．Heisenbergはこの論文で以後の物質構造論のフロンティアについて二つの方向を示唆した．その一つは，原子核がこの中性子と陽子とからどのようにして構成されているかを追究する課題である．第二は，中性子，陽子等の素粒子そのものの性質を追究する課題である．以後物質構造論のフロンティアは，この線に沿って前進を開始する．一つは原子核論であり，他は素粒子論である．

　私が学生の頃に勉強した古い原子核論の教科書をどれでもよいから一つ取り上げてみよう．そこには次のような内容の言葉が書かれているはずである．"核構造の理論的研究での特別な困難は，原子・分子の場合と同様に複雑な多体系をいかに解くかという問題のほかに，われわれがまだ核子間に働く核力を支配する法則を充分によく知っていない，というところにある．"核構造の研究はこのような状況下で出発したわけである．たとえ核力についての正確な知識を持っていたとしても，核子多体系としての核のシュレディンガー方程式を解くことは極めて困難である．そのうえ，核力についての知識は当時においては極めて貧弱なものであった．この場合残されたただ一つの手段は，原子核についてのいろいろな実験事実の規則性や特徴を調べ，その性質を端的な形で表現する模型をつくり，これをテストし改良していく，といった方法で

あろう．核構造論誕生以後，こうして '核模型の設定' が研究出発の基本課題として登場する．

核力という強い相互作用下にある有限個の核子が，自己束縛状態をつくっている原子核の場合には，この基本課題は，その出発点から概念上の困難に悩まされ続けてきた．複合核模型や液滴模型に代表される '強結合模型' と，殻模型に代表される '独立粒子模型' の宿命的な対立である．独立粒子模型は，量子力学への発端をつくった原子模型と対比させて考えられた．原子模型では，原子核のまわりをとりまいている電子系は，第0近似として電子間相互作用を平均場として取り扱えば，各電子は1粒子運動を他の電子と独立に行う．こうして系はいわゆる可積分系に近似できる．原子核の場合には，原子と違ってクーロン力のような中心がないが，核子間相互作用をある平均化されたポテンシャルで置きかえることにしよう．そして第0近似として，この平均ポテンシャルの中を互いに独立に核子が特定の軌道をもって1粒子運動を行うことを想定する．

独立粒子模型のこの基本前提は，核力の示す強い近距離作用と飽和性という特性と矛盾しないであろうか．核力のこの特性からみれば，核内の各核子の運動は近くに来た核子によって強く影響されるはずで，この強い相関こそが核子多体系としての原子核の特徴であるはずである．強結合模型の主張は，まさにこの点にあった．この模型の主張に従えば，核内での個々の核子の軌道運動を想定することはおよそ不可能なことであり，原子核は基本的にはカオス力学系となる．当時，熱中性子による核反応実験で鋭い共鳴が存在することが知られていた．入射中性子に対する標的核の影響を核半径程度のひろがりをもった平均ポテンシャルでおきかえる独立粒子模型では，このような鋭い共鳴を説明することができない．N. Bohr は強結合模型の立場から，この共鳴を次のように考えた．入射中性子が標的核の表面近くに到達すると，標的核の核子と強く相互作用をして，そのエネルギーは核内のすべての核子に分配されてしまう．その結果，この励起された核は核子を放出するに充分なエネルギーを持っているにもかかわらず，核内の核子1個をとると，そのもっているエネルギーは核から飛びだすのに不充分になる．入射中性子はこうして標的核に捕獲され，長い寿命の励起された '複合核' がつくられる．N. Bohr のこの考えに基づけば，鋭い共鳴は複合核のこの長い寿命によるものとして理解できる．こうして第2次大戦直後まで原子核研究の主力は，複合核模型の量子力学的定式化，複合核準位が密に重なり合う場合の統計理論などの核反応論が中心となった．

強結合模型の立場に立てば，原子核での唯一可能な秩序運動は核内の核子全体としての集団運動である．実験事実の示す '密度の飽和性' と '結合エネルギーの飽和性' に基づいて，原子核を液滴になぞらえる液滴模型が，この集団運動の可能な型を見出す模型として古くから存在していた．液滴はいろいろな運動を行うことができるが，

23.2 核構造模型

最も低いエネルギーで生じうる運動は，密度の変化を伴わない表面振動であろう．この表面振動の中でも4重極変形を行う表面振動が最低の振動数をもつ．このような表面振動を量子力学の対象として取り扱えば，そのスピンとパリティが $I^{\pi}=2^+$ であるようなボソン（フォノン）が得られる．したがって（偶数個の中性子および偶数個の陽子からなる）偶-偶核の第1励起状態は，このボソンが1個生じた状態とみなせる．液滴模型の考えは，このほか N. Bohr-J. A. Wheeler による核分裂の定性的説明や，光核反応でみられる巨大共鳴の解釈などに重要な役割を演じてきた．

このような状況下で，実験技術の著しい進展によって蓄積された事実に基づいて，1949年 M. G. Mayer と J. H. D. Jensen らによってそれぞれ独立に殻模型が提出された．当時の研究者の衝撃は異常なものであった．事実，私自身後年ハイデルベルクに Jensen を訪ねた時，この画期的な論文がある学術雑誌から掲載を断られたと聞かされた．この模型の出発点は，ある特定の中性子（あるいは陽子）の数（'魔法の数'）をもつ原子核が特に安定であるという事実である．このことは，原子における殻構造と同様な性質が原子核の場合にも存在していることを示唆する．この魔法の数（閉殻）を足がかりにして独立粒子模型の考えを原子核に適用した（j-j 結合）殻模型は，多くの核の基底状態のスピン，パリティ，磁気能率などをみごとに説明することに成功した．核内での核子の運動をある平均ポテンシャルの中での軌道運動として記述し得ることが実証されたのである．原子核の殻模型の著しい成功は，'核分光学' という新研究分野開拓の基礎を提供することになる．

その後，クーロン励起反応などの発展と共に低い励起状態についての多くの情報が得られるようになった．原子核における集団運動についてのデータが集積されはじめたのである．1953年以降の核分光学は，原子核の示す豊富な集団運動効果の発見によって特徴づけられる．集団運動励起のスペクトルの知識から，原子核は大別して以下の三つのクラスに分類されることがわかってきた．（i）集団運動として4重極表面振動を行う球形核（球形領域核）．このタイプには，魔法の数（閉殻）からあまり離れていないような核子数をもつ原子核が属する．（ii）回転スペクトルを示す4重極変形をした原子核（変形領域核）．閉殻からもっとも離れた領域の原子核がこのタイプに属し，その形状が大きな4重極変形を持つことが，4重極能率の測定から知られる．（iii）核子数が（i）と（ii）の中間に位する原子核（遷移領域核）．振動とも回転とも明確に区別されない複雑な励起スペクトルを示す．

殻模型にこのような集団運動の効果を取り入れようという努力は，1953年コペンハーゲンの A. Bohr と Mottelson の集団模型（統一模型）によって実現された．殻模型では，球対称な平均ポテンシャルを剛体のように変形不可能なものとみなしている．そこで，この平均ポテンシャルが変形可能な柔らかいものであると考えよう．すると，この中の核子の運動によって平均ポテンシャルの壁は反作用を受けて変化する

ことになる．この運動こそが，従来の液滴模型の表面振動として考えてきた集団運動にほかならない．これが Bohr-Mottelson の集団模型の基本のアイディアである．この考えによれば，核全体のハミルトニアン $H_{集団模型}$ は

$$H_{集団模型} = H_{殻模型} + H_{表面振動} + H_{相互作用} \tag{1}$$

と拡張される．$H_{殻模型}$ は従来の殻模型のハミルトニアンで，粒子の運動を記述する．$H_{表面振動}$ は液滴模型の表面振動のハミルトニアンで，平均ポテンシャルの変化を記述する．$H_{相互作用}$ は粒子の運動と表面振動との相互作用を表わす．

$H_{相互作用}$ の弱い'弱結合'の場合には，第0近似として，殻模型から生じる粒子励起のエネルギー・スペクトルのほかに，核の集団運動としてのボソン励起のスペクトル（フォノン・スペクトル）が生じる．これが球形領域核に相当する．つぎに'強結合'の場合を考えよう．この場合は強い $H_{相互作用}$ のために，平均ポテンシャルは大きく4重極変形をした平衡形をもつ．これが変形領域核に相当する．このときは，まず変形した平均ポテンシャルの下での粒子の状態を求め，つぎに集団運動を表わす変数を動かして集団運動の状態を求める，といった'断熱近似'を採用する．この場合，集団運動はさらに平衡変形を保ったままでの回転運動と平衡変形付近での振動に分離されうることが示される．遷移領域核は $H_{相互作用}$ の'中間結合'の場合に対応する．このときは摂動論も断熱近似も使用できなくなり，スペクトルは複雑な性質を示す．

23.3 殻模型・集団模型の基礎

1952年，名大理学部物理を卒業して素粒子・原子核理論（坂田）研究室の旧制大学院に入った私は，原治氏の協力者として湯川秀樹先生の'非局所場理論'の研究を行っていた．当時は素粒子論も原子核論も'物質構造論'のフロンティアにあり，現在のような分化はなかったので，核模型をめぐる当時の核構造論の花々しい進展にも強い関心を持っていた．

殻模型や集団模型が低エネルギー・スペクトルに関する数多くの実験事実をみごとに説明するにつれて，これまでの核構造論ではみることのできなかった'新しい問題意識'が芽ばえてきた．1955年頃から'殻模型の基礎'とか'集団模型の基礎'とかいうような言葉が一部の研究者によって語られるようになったのは，この事情を物語っている．この問題意識は，これまでのそれと明確に区別されるものであった．これまでは'模型の設定とその実証性の追求'がその主要課題であったのに対して，この新しい問題意識は'模型の必然性の追求'という次の段階を指向しているからである．戦後の核力研究の著しい発展によって，少なくとも当時の核構造論に使用するのに充分なだけの核力の知識が得られるようになったことも，この問題意識を前面に押し出した．

原子核における殻構造の存在に対する理論的検討は，殻模型を特徴づける核内核子

の独立粒子運動と，核力は'固い芯'を含むような特異性をもった強い相互作用であるという事実との，一見したところの矛盾の解明という端的な形式をとってはじめられた．1955 年以降精力的に展開された Brueckner 一派の研究である．Weisskopf や Bethe らの大物を動員したこの理論の基本の考えは，以下のようなものである．核力のように特異性の強い近距離相互作用に対しては，通常の Hartree-Fock の方法によって平均ポテンシャルを導くことは不可能である．そこでこの相互作用によって最も強く生じると推定される 2 体散乱相関と，核内核子間のパウリ原理をできるだけ正しく採りあげ，これらの相関によって遮蔽された，特異性の少ない'相互作用'（G 行列）を核力からつくりだす．この G 行列から独立粒子運動を特徴づける平均ポテンシャルを導く[*1]．この考えに基づく Brueckner の理論は，原子核の理想化された模型である無限に拡がった'核物質'を対象にして展開された．しかし，この理論が当時の研究者の間に定着するまでかなりの年月を必要とした．課題が実験とはなれてアカデミックであった上，その初期にこの理論の解釈として，"殻模型は現実の原子核の描像ではなく，われわれが原子核のある一側面（の物理量）を認識するときに使う一つの道具にすぎない"，という経験主義的な考えが流布されたのも，その一つの原因であったろう．

集団模型の基礎についての理論的検討は，集団運動と独立粒子運動との相互関連の理論的解明という形で展開された．そのためには，原子核の表面振動を液滴模型に基づくものではなく，核子の多体問題として記述しなければならない．Brueckner 一派が'殻模型の基礎'についてその精力的な研究を開始した頃，日本では世界にさきがけて'集団運動の基礎'についての問題意識が顕在化してきていた．

私が原子核の研究にのめり込むことになったのは，この時点であった．この研究開始当時の次の動機は，40 年後のいまでも鮮明に思い出すことができる．'集団運動の発生は，哲学（弁証法）で古くから認識されていた"量から質への転化"の法則の単純な具体例にすぎない．しかし，原子核研究の現発展段階は，新しい"質"としての集団運動のダイナミックスを，核子の多体問題という微視的な立場から解明する研究を可能にする条件がととのったことを意味している．集団運動の発生・成長・転化・消滅の機構を論理的に理論体系として展開することによって，"量から質への転化"の法則の内包する本質に迫ることこそ，原子核物理学の本来の使命であるはずである．'

A 個の核子からなる原子核のシュレディンガー方程式から出発して，Bohr-Mottelson の集団模型のハミルトニアンを再現することを，この研究の出発点とし

[*1] Brueckner 理論のこの"基本前提"を，ハドロン多体系としての近距離相関の研究や QCD の立場からの核内核力の研究を通じて，新しい立場から検討することは，現代原子核論の主要課題の一つである．

た．これが可能になると，集団模型で導入された集団運動を特徴づける種々のパラメーターの物理的意味を，粒子運動との関連において理解することができる．これを実行するには，まず集団運動を記述する集団座標を新たに独立変数として含むように原子核の波動関数を拡張し，A-核子系のシュレディンガー方程式から集団模型のそれが，拡張された状態空間でのユニタリー変換によって導かれるようにすればよい．この場合集団座標と粒子座標との間の関数関係は，拡張された波動関数に対する補助条件となる（'補助変数の方法'）[3]．

1955 年には京大基礎物理学研究所（基研）で朝永振一郎先生，久保亮五先生らが中心となって"多体問題"の研究会が開かれた．集団運動を多体問題として記述しようという '朝永の方法' (Prog. Theor. Phys. **13** (1955) 467, 482) が提出され，私たちも '補助変数の方法'[3] を議論して頂いた．これらの理論は，集団運動を A 個の核子からなる原子核のシュレディンガー方程式から導き出す一つの有力な方法である．しかしこれらの方法では，集団運動を記述する集団座標と粒子座標との関数関係が，あらかじめ設定されていることが前提となっている[*2]．当時の実験事実は，集団座標と粒子座標との関係がそのような '勘' を働かして求まるような単純なものではないことを，すでに明らかにしはじめていた[*3]．では一体どのような集団座標を選んだらよいのか．この問題はせんじつめれば，原子核にどのようにして（特定のエネルギー領域で）特定の集団運動が発生するのか，というダイナミカルな問題を解くことに還元されてしまうのである．

1956 年基研の助手となり，翌年京大理学部物理の原子核理論（小林）研究室に移った．国際的にはコペンハーゲンの N. Bohr 研究所（当時は理論物理学研究所）を中心として，活発な実験を基礎に集団模型の精密化が精力的に展開されていた時期であった．日本でも新設された東大原子核研究所（核研）が最新鋭の実験設備をもって，その活動を開始した頃である．一方京大の核実験の設備の貧弱さは目にあまるものであった．京都を中心とする原子核多体問題研究グループの萌芽は，このような状況の下で生れた．京都では，豊富な新実験事実に基づいた '核模型の一層の発展と精密化' という当面の主要課題をねらうよりは，基研があるという地の利をいかして '模型の必然性の追求' という新しい萌芽を積極的に発展させよう．この視点に立って，高木修二，田中一，玉垣良三，永田忍氏らと共に京大・北大の研究グループ（'核力と核構造グループ'）で次のような研究方針を長い議論のうえ決定した．'新し

[*2] Bohr-Mottelson の集団模型では，集団運動に伴う核子の流れを '渦なし' と仮定している．この場合には集団座標と粒子座標との関数関係は容易に求まる．

[*3] 変形領域核の示す回転スペクトルから，実験的に求めることのできる変形核の慣性能率 $\mathcal{J}_{\text{実験}}$ か，$\mathcal{J}_{\text{渦なし}} < \mathcal{J}_{\text{実験}} < \mathcal{J}_{\text{剛体}}$ という中間の値を持つことが明らかになった．$\mathcal{J}_{\text{渦なし}}$，$\mathcal{J}_{\text{剛体}}$ はそれぞれ核子の流れを '渦なし' と仮定した場合，変型核を剛体と仮定した場合の慣性能率を表わす．

い萌芽'はまだアカデミックなものであるが,これを核構造論の主要課題として登場させるために,当面,意識的に以下の三点を積極的に解明する.（ⅰ）低エネルギー・スペクトルを特徴づける核内核子間の相関の特性をしらべ,その多体問題的取扱いを開発する.そして,これによって従来の核模型の背後にかくされた基本的な物理的要素を明示すること.（ⅱ）この核内核子間相関を特徴づける'有効相互作用'とBrueckner理論におけるG行列との相互関連を検討すること.（ⅲ）その際,Brueckner理論の基本前提（無限核物質）の'有限核'に対する適用限界を明確にすること.わが国における多体問題としての核構造研究の第一歩であったといえよう.この研究グループは,その後,"集団運動の微視的理論","核力とスピン軌道結合力の関係","核物質における対相関の理論","有限核における対相関力とG行列との関係","Brueckner理論の適用限界と軽い核に対するα-クラスター模型の展開"など,実りある多くの成果をあげた.

23.4 多体問題としての核構造

原子核多体問題の立場からみれば,核模型の発展は核内核子間の相互作用によって生ずる核子間の特徴的な相関を一つ一つ考慮することによって,押し進められてきたということができよう.殻模型の成功は,核内核子間相互作用の主要な部分が,ある球対称な自己無撞着平均ポテンシャルとして取り扱われうることを意味する.また集団模型の成功は,核子間相互作用の残りの部分から,さらに付加的な,4重極変形の集団運動を行う自己無撞着平均ポテンシャルが取りだされうることを意味する.このような平均ポテンシャルの4重極変形に寄与する有効相互作用は,'4重極（相関）力'と呼ばれている.勿論,核内核子の相互作用のすべてが,このようなタイプの平均ポテンシャルに置きかえられうるとはかぎらない.そのような有効相互作用の一つとして,一対の核子を角運動量$J=0$の状態に結びつけようとする'対相関力'の存在が,殻模型の成立当時から知られていた.

1950年代後半から60年代初頭にかけては,物性物理学,核物理学で'量子力学的多体問題'の研究が爆発的に進展した輝かしい時期であった.核構造論では1959-60の2年間に二つの飛躍的な発展があった.'対相関理論'と'集団運動の微視的理論'である.超伝導のBCS理論が提出された直後,SolovievやBelyaevらによってこの方法が対相関力を取り扱う点において有用であることが見出された.これが'対相関理論'である.この理論は原子核の基底状態を,$J=0$対相関力による'BCS状態'として記述する認識に導き,粒子と空孔とを重ね合わせるBogoliubov変換によって生ずる（1粒子モードである）'準粒子'の概念が核物理に定着する.この準粒子概念は,殻模型で古くから使用されているセニオリティー結合スキームを一般化したものであることも明らかになった.こうして原子核固有の平均場近似がBrueckner-Hartree-Fock-Bogoliubov 理論の名のもとに定式化された．ここでは，殻模型の基底状態は，対相関力を内包する Hartree-Fock-Bogoliubov 基底状態（BCS 状態）に対応し，その励起状態は準粒子によって特徴づけられることになる．

'4 重極相関力' による集団運動の記述にとって重要だったことは，振動の基準モードを，基底状態相関を伴った 2 個の準粒子励起（'着物を着た 2 準粒子モード'）として見る新しい解釈だった[4]．こうして，集団振動は沢田克郎氏らがプラズマ振動の理論で用いた乱雑位相近似（RPA）を使って，一般化された 2 体問題の解として定式化することが可能となった．このとき求められた最低エネルギー解は，基底状態相関によって特別に低い励起エネルギーを持ち，表面振動のフォノンを記述することになる．これが '集団運動の微視的理論' である．多様な粒子励起から，相互作用に基づいて振動運動を導くこの理論は，'核構造 RPA' の名の下に以後の核構造動力学の研究の出発点として，様々なタイプの '素励起モード' の発見と研究に決定的な役割を演ずることになる．振動運動の古典的描像を脱却して量子多体系に固有な振動現象を考えうるようになったからである．

多体問題的方法の開発は，核分光学の分野に重要な発展をもたらした．対相関力と 4 重極力を有効相互作用とする殻模型のハミルトニアン

$$H = H_{殻模型} + H_{対相関力} + H_{4 重極力} \quad (2)$$

から出発して，多体問題の立場から集団模型のハミルトニアン (1) をそっくり再現することが可能になったのである．この場合，ハミルトニアン (1) で集団運動を特徴づけるためにパラメーターとして導入された様々な物理量が，すべて二つのパラメーター（対相関力の強さ G_0 と 4 重極力の強さ χ）と関与する核子数 N の関数として求まる，ということが重要である．ハミルトニアン (2) は '対相関力＋4 重極力模型' の名の下に '核構造の微視的理論' の出発点として用いられることになった．この模型では短距離相互作用である対相関力は N に比例し，一方 4 重極力は N^2 に比例する．したがって，安定な球対称な形状をもつ（対相関を含む）Hartree-Fock-Bogoliubov 基底状態は，閉殻からはなれたある核子数を超えると，4 重極力の方が強くなり，安定な 4 重極変形をした基底状態を持つであろう．この場合にはこの変形によって '破られた回転対称性' を回復させる新しい集団運動として，回転運動が発生することになる．変形した Hartree-Fock-Bogoliubov 基底状態に基づく RPA 方程式では，この回転運動は，ゼロ・エネルギーを持つ特別な解（南部-ゴールドストン・モード）として現われる．この解から求まる回転運動の慣性能率は，実験的に回転スペクトルから求まるもの（脚注 3 参照）を正しく再現する．

1950 年代後半から 60 年代初頭にかけてのこの時期は，核物理学が "量子多体系の物理" として物性物理学との同質性を大いに享受した時期であった．この発展期について，B. R. Mottelson はノーベル賞受賞講演（1975）で次のように述べている．'こ

23.4 多体問題としての核構造

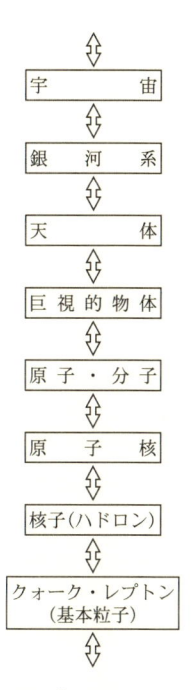

```
         宇      宙
          ⇕
         銀  河  系
          ⇕
         天      体
          ⇕
         巨 視 的 物 体
          ⇕
         原 子・分 子
          ⇕
         原  子  核
          ⇕
         核子(ハドロン)
          ⇕
         クォーク・レプトン
         （基本粒子）
          ⇕
```

図 1　"物質"の構造（存在様式）
（田中一「未来への仮説」(1985，培風館)
に基づく）

の発展期の原子核物理の全体的描像は，1960年のキングストン国際会議でのWeiss-kopfの総括報告にみごとに表現されている．会議で何度も何度も繰り返しいわれたのは，"それは驚くほどよく成り立つ"という彼の言葉だった．'

　この時期はまた，素粒子物理学が'素粒子の構造'を中心課題として飛躍的に発展し，"物質の存在様式（構造）"についての認識に大きな転換がなされた科学史上重要な時期であった．こうして坂田昌一先生によって提唱された"自然の階層構造"（図1）が，自然科学者の間に次第に認識されてゆくことになる．概念図1に示されるように，"物質"の階層構造は下部の"物質"の集合体が新しい"質"を持つことによってはじめて形成される．"原子核"という階層は"核子（ハドロン）"の単なる集合体ではなく，この階層に特有な"質"が生ずることによって存在する．こうして，その誕生当時素粒子物理学と共に"物質の構造"の物理のフロンティアであった核物理学は，素粒子物理から分化して，新たに独自の"存在理由"を明確化することになる．核子（ハドロン）の固有な"自己束縛有限量子多体系"としての"原子核"の'存在形態と運動様式'の研究を通じて新しい"質"の発生機構を解明するという独自

の基本課題を設定することになる.

23.5　自己束縛有限量子多体系としての原子核

1963年森永(晴彦)-Gugelotによって提唱されたインビーム核分光学は，これまで球形領域核と考えられてきた原子核のほとんどが遷移領域核と見做されることを明らかにした．これはRPAによって記述される集団運動の'素励起モード'間の非調和効果が非常に大きいことを意味する．RPAによって近似的にボソンとして取り扱われる素励起モード間のパウリ原理による補正[*4]と，RPAに取り込むことができなかった核子間相互作用の部分による補正が，この非調和効果の原因である．これらの効果を詳細に分析する方法として，(偶数個の)フェルミオン多体系をボソン多体系に転写する'ボソン展開法'が，二つの異なった形式で展開された．'Belyaev-Zelevinsky転写法'(Nucl. Phys. 39 (1962) 582) と'丸森・山村・徳永転写法'[5]であり，両者は等価であることが明らかにされた．[*5] この方法によって，微視的理論の立場からボソンの内部構造がRPAによって規定されさえすれば，フェルミオン系をこのようなボソン空間へ転写して，非調和効果を明示した上で正しく評価することが可能になった．

1964年私はコペンハーゲンのN. Bohr研究所に招かれた．非調和効果とボソン展開をめぐって討論会が開かれ，やがて世界の各地でこの方法での数値計算が実行された．その結果，'有限'量子多体系としての原子核の特性が明らかになった．素励起モード間の非調和効果は重大で，集団運動の振幅が大きくなるにつれて素励起モードの内部構造それ自身にも大きな変更を受けるのである．これは特定の内部構造をもつ素励起モードをビルディング・ブロックとしてボソン展開を行っても，得られたボソン・ハミルトニアンの展開形の収斂が保証されていないことを意味する．1966年，コペンハーゲンから帰国し，当時の理工系ブームで新設された九大理学部の原子核理論研究室に着任した．新幹線はまだなく，東京・京都から遠くはなれた地であった

[*4] 集団振動の素励起モードはボソン(フォノン)として取り扱われるが，RPAによればこの素励起モードの微視的構造は'着物を着た2準粒子励起モード'で記述される．強い基底状態相関によってこのモードは，沢山の2準粒子の生成演算子対と消滅演算子対の線形結合からなる．この相関のため，個々の準粒子対(フェルミオン対)間のパウリ原理の効果が弱められ，'ボソン近似'が成立すると仮定されている．

[*5] Belyaev-Zelevinskyの方法は，フェルミオン対演算子の満たす代数関係を再現するようにボソン空間へ転写を定める方法である．丸森・山村・徳永の方法は，フェルミオン空間の状態ベクトルとボソン空間の状態ベクトルとを1対1に対応させ('物理的ボソン部分空間')，それぞれの空間の中での物理量の行列要素が等しくなるように転写を決める方法である．後に，Belyaev-Zelevinskyの転写演算子に，左右から，物理的部分空間への射影演算子を掛けたものが，丸森・山村・徳永の転写演算子に等しいことがMarshalekによって証明された．原子核研究におけるボソン写像法については，総合報告，A. Klein and E. R. Marshalek : Rev. Mod. Phys. **63** (1991) 375 に詳しい．

が，新任の物理教室のスタッフは皆若く，研究の情熱で熱気に溢れていた．非調和効果が素励起モードの内部構造にまで変更を与えるという事実は，この効果をはじめから有効に取り込んだ'集団運動部分空間'の設定という考えに導いた．

この立場に立って京大の山村正俊氏，宮西敬直氏，西山精哉氏らと，主要な素励起モードを構成する核子対の演算子間の交換関係が近似的に閉じて一つの群をつくる性質を利用する'対演算子の代数的方法'[6]を考えたり，高田健次郎氏，栗山惇氏，松柳研一氏，坂田文彦氏ら九大グループで'着物を着た n 準粒子モードとモード・モード結合の方法'[7]等，微視的理論の立場からの非調和効果の構造の分析を行った．この効果をうまく取り込むと，奇質量数核に存在する独特の'異常結合状態'を'着物を着た 3 準粒子'からなるフェルミオン型の素励起モードとして理解しうる[8]ことなど，実りある結果が種々得られた．

遷移領域核の複雑な励起準位群を特徴づけるパターンの実験的解明は核分光学の中心課題となり，坂井光夫氏を中心とする核研のグループが活躍した．1967 年には IUPAP 主催の大規模な'核構造国際会議'が東京で開かれ，日本の核構造研究は国際的に指導的な役割を演じた．低励起スペクトルを特徴づけるパターンの分類については，1975 年有馬-Iachello による代数的ボソン模型（相互作用するボソン模型）が提出され，集団運動と系の'動力学的対称性'との関連の解明に大きな進展をもたらした．この仕事の意義と問題意識については，是非とも有馬朗人氏から直接に詳しく伺いたいものである．

23.6 大振幅集団運動と非線形動力学

1970 年代から 80 年代にかけての特徴は，世界各地に重イオン加速器が建設され，インビーム分光学や重イオン物理が飛躍的に進展したことである．こうして高スピン回転状態スペクトルの生成や消滅，大振幅集団運動の減衰や散逸についての情報が蓄積された．これらの情報から，原子核は様々なタイプの'相転移'と結びついた"マクロ的性格"と"ミクロ的性格"の驚くべき共存系である，という新事実が次々と明らかになった．核構造研究の分野では，（重イオン反応で得られた）大きな角運動量をもつ超低温の原子核の研究（高スピン・イラスト分光学）が，新たな展望を開いた．このような核では，その高い励起エネルギーの殆どを高速回転運動が荷っているため，回転運動の変化に伴う個々の独立粒子運動の振舞いの特異な変化を，実験事実に基づいて詳しく調べることができる．この研究開始に当って強調された A. Bohr-Mottelson の次の言葉（Physics Today, June (1979)）は，当時の核構造研究の新しい課題意識をみごとに表現している．'有限量子多体系である原子核では，勿論，マクロ系のような鋭い特異性をもった相転移は期待できない．しかし，このことは逆に，有限系である原子核は，個々の量子状態の言葉でこのような相転移を研究するこ

とを可能にする.'

　1972年, 私は核研理論部へ転任した. そしてこの新しい課題意識の下で, 集団運動部分空間を微視的な立場からどのように'最適に'規定するかという問題から取り組んだ. RPAによって様々な2準粒子対の線形結合として構成される集団運動の素励起モードの内部構造が, 非調和効果のため集団運動の振幅に依存して変更を受けるという事実は, 独立粒子運動と集団運動との間の強い相互循環関係の存在を意味する. 集団運動は, Hartree-Fock-Bogoliubov基底状態によって指定される'静的'平均ポテンシャルの量子論的ゆらぎを記述するが, 原子核のような有限量子多体系では, これが'大振幅'のものとなり, 平均ポテンシャル中の独立粒子運動自身が大きな変更を受ける. このことは, '部分と全体'の相互循環関係を自己無撞着に正しく取り扱わねばならないことを要求する. 独立粒子運動('部分')から成り立つはずの集団運動('全体')が決まらないと, 独立粒子運動自身の性質が決まらないからである. こうして, 有限多体系としての原子核の理論的研究では, 独立粒子運動と集団運動との間の'自己無撞着性'が最優先されねばならない. すでに実験事実は, 原子核にはHartree-Fock-Bogoliubov基底状態以外に様々な'安定な'Hartree-Fock-(Bogoluibov)状態が存在することを明らかにしていた. 集団運動はこれらの状態をいろいろな形で相互に結びつける役割を演ずるが, 独立粒子運動はこれと自己無撞着に次々と準位交差を行いながら, 系の新しい'内部構造'を準備する. こうして, 集団運動の発生・成長・転化・消滅の動力学と, このような'内部構造'の変化との自己無撞着な相互循環関係の記述を可能にする理論的枠組を整備することが, '原子核多体問題'の当面の主要課題として登場する(大振幅集団運動論).

　'動的'な平均ポテンシャルと, それに自己無撞着な独立粒子運動は, 原理的には'時間依存Hartree-Fock-Bogoliubov (TDHFB) 理論'を使って定義することができるはずである. 実際に, 変形核における'回転座標系での独立粒子運動'は, TDHF (B) 理論の単純な利用として'クランキング(殻)模型'の名の下で慣性能率の解明に重要な役割を演じていた. 遷移領域核での集団運動についても, TDHF (B) 理論を基礎にして, 集団運動と独立粒子運動との関係を'断熱近似'を大前提として求めようという試みも行われていた. しかし, この大前提である'断熱近似'は実験的に保証されたものではなく, 本来は理論自身の中から, その近似の成立条件が導き出されなければならないものである. RPAで記述される集団振動の素励起モードは'断熱近似'に依存しない点にその重要な利点があった. TDHFB理論に'調和振動子近似'を行うと, 集団運動変数 $\{\hat{\mathcal{O}}_{\rm RPA}^*(t), \hat{\mathcal{O}}_{\rm RPA}(t)\}$ についての運動方程式が得られるが, それが丁度RPAでの素励起モードの生成・消滅演算子 $\{\hat{X}^\dagger, \hat{X}\}$ にc-数近似('古典近似')を行ったものになることも知られていた.

　そこで, 集団振動のRPAモードを大振幅集団運動に自動的に拡張し, 同時に断熱

23.6 大振幅集団運動と非線形動力学

近似によらない'集団運動座標系での独立粒子運動'を自己無撞着に与える変分原理として,'時間依存シュレディンガー方程式の不変性'を仮定した.[*6] この原理は以下のように表わされる[9]).

'集団運動変数 $\{\mathcal{6}(t), \mathcal{6}^*(t)\}$ の時間発展は,つぎの形式をもった TDHF (B) 方程式

$$\delta\langle\phi(\mathcal{6},\mathcal{6}^*)|(i\frac{\partial}{\partial t}-\hat{H})|\phi(\mathcal{6},\mathcal{6}^*)\rangle=0 \qquad (3)$$

を満足するように決定される.'($\hbar=1$ の単位を使用.) ここで,TDHF(B) 状態 $|\phi(\mathcal{6},\mathcal{6}^*)\rangle$ の $\{\mathcal{6},\mathcal{6}^*\}$ についての無限小生成演算子 $\{\hat{O}^+(\mathcal{6},\mathcal{6}^*), \hat{O}(\mathcal{6},\mathcal{6}^*)\}$ を

$$\begin{aligned}\hat{O}^+(\mathcal{6},\mathcal{6}^*)|\phi(\mathcal{6},\mathcal{6}^*)\rangle &= \frac{\partial}{\partial\mathcal{6}}|\phi(\mathcal{6},\mathcal{6}^*)\rangle, \\ \hat{O}(\mathcal{6},\mathcal{6}^*)|\phi(\mathcal{6},\mathcal{6}^*)\rangle &= -\frac{\partial}{\partial\mathcal{6}^*}|\phi(\mathcal{6},\mathcal{6}^*)\rangle,\end{aligned} \qquad (4)$$

で与え,$\{\mathcal{6},\mathcal{6}^*\}$ が正準変数であるという条件式[*7]

$$\langle\phi(\mathcal{6},\mathcal{6}^*)|\hat{O}^+(\mathcal{6},\mathcal{6}^*)|\phi(\mathcal{6},\mathcal{6}^*)\rangle=\frac{1}{2}\mathcal{6}^* \qquad (5)$$

をつけると,(3) 式は大振幅集団運動の正準運動方程式

$$\begin{aligned}i\dot{\mathcal{6}}&=\frac{\partial}{\partial\mathcal{6}^*}\mathcal{H}(\mathcal{6},\mathcal{6}^*), \quad i\dot{\mathcal{6}}^*=-\frac{\partial}{\partial\mathcal{6}}\mathcal{H}(\mathcal{6},\mathcal{6}^*), \\ \mathcal{H}(\mathcal{6},\mathcal{6}^*)&\equiv\langle\phi(\mathcal{6},\mathcal{6}^*)|\hat{H}|\phi(\mathcal{6},\mathcal{6}^*)\rangle,\end{aligned} \qquad (6)$$

と,断熱近似によらない'集団運動座標系での独立粒子運動'を記述する変分方程式

$$\begin{aligned}\delta\langle\phi(\mathcal{6},\mathcal{6}^*)|\hat{H}'|\phi(\mathcal{6},\mathcal{6}^*)\rangle&=0, \\ \hat{H}'\equiv\hat{H}-\frac{\partial\mathcal{H}(\mathcal{6},\mathcal{6}^*)}{\partial\mathcal{6}^*}\cdot\hat{O}^+(\mathcal{6},\mathcal{6}^*)-\frac{\partial\mathcal{H}(\mathcal{6},\mathcal{6}^*)}{\partial\mathcal{6}}\cdot\hat{O}(\mathcal{6},\mathcal{6}^*),\end{aligned} \qquad (7)$$

に分解されることが示される[9)*8].

[*6] この原理は,RPA の提出者である沢田克郎氏がその解説を物理学会誌 (**16** (1961) 446) に書かれた時の,以下の示唆をそのヒントにした."RPA の方法は他の運動と結合しない集団運動モードをとり出すことを目的としているが,そのような運動モードの存在自身,本来は考察下の系のある種の変換に対する不変性に対応しているはずである."(動力学的対称性)

[*7] 一般には $\langle\phi(\mathcal{6},\mathcal{6}^*)|\hat{O}^+(\mathcal{6},\mathcal{6}^*)|\phi(\mathcal{6},\mathcal{6}^*)\rangle=(1/2)\cdot\mathcal{6}^*-i\partial S(\mathcal{6},\mathcal{6}^*)/\partial\mathcal{6}$ と表わされる.$S(\mathcal{6},\mathcal{6}^*)$ は $S=S^*$ を満たす任意の関数で,$\{\mathcal{6},\mathcal{6}^*\}$ の間の任意の正準変換を許す.(5) 式とこれにエルミット共役の関係式をそれぞれ $\mathcal{6}^*$ および $\mathcal{6}$ で微分し,その結果から,'弱い'正準変換関係

$$\langle\phi(\mathcal{6},\mathcal{6}^*)|[\hat{O}(\mathcal{6},\mathcal{6}^*),\hat{O}^+(\mathcal{6},\mathcal{6}^*)]|\phi(\mathcal{6},\mathcal{6}^*)\rangle=1, \qquad (8)$$

が得られる.

[*8] (4) 式の生成演算子を用いれば,(3) 式は

$$\delta\langle\phi(\mathcal{6},\mathcal{6}^*)|\hat{H}-i\dot{\mathcal{6}}\cdot\hat{O}^+(\mathcal{6},\mathcal{6}^*)+i\dot{\mathcal{6}}^*\cdot\hat{O}(\mathcal{6},\mathcal{6}^*)|\mathcal{6},\mathcal{6}^*\rangle=0$$

と書ける.この式の変分を $\{\mathcal{6},\mathcal{6}^*\}$ の方向,すなわち,$\delta_\|\|\phi(\mathcal{6},\mathcal{6}^*)\rangle\equiv\{\hat{O}^+(\mathcal{6},\mathcal{6}^*)|\phi(\mathcal{6},\mathcal{6}^*)\rangle,\hat{O}(\mathcal{6},\mathcal{6}^*)|\phi(\mathcal{6},\mathcal{6}^*)\rangle\}$ にとれば,交換関係 (8) を使って,運動方程式 (6) が得られる.(6) 式を使って,上式の $i\dot{\mathcal{6}}$ と $i\dot{\mathcal{6}}^*$ を置きかえると (7) 式になる.

本来の TDHF（B）波動関数は，個々の粒子-空孔（2 準粒子）励起に対応する巨大な数のパラメーターによって規定される．この巨大次元のパラメーター空間（シンプレクティック多様体；以後 'TDHF（B）位相空間' と呼ぶ）で正準変数を採用すれば，TDHF（B）理論の変分原理の基礎方程式を，この空間の中での古典ハミルトン力学系の正準運動方程式の形に書きかえることができる．[2),10)] この立場からみると，上記の '時間依存シュレディンガー方程式の不変性' の仮定は，この巨大次元の TDHF（B）位相空間の中から，'停留な' 大振幅集団運動部分空間を抜きとることに対応することが示される．[*9] こうして，'最適な' 集団運動部分空間を巨大次元 TDHF（B）位相空間の中の停留部分空間として自己無撞着に構築する，'自己無撞着集団座標（SCC）法'[9)] が核研理論部を中心として開発された．

この方法を提出して後 1980 年，筑波大学物理学系に転任した．1 セットの方程式 (5), (6), (7) は，SCC 法の基礎方程式を構成し，問題にしている集団運動を指定する適当な '境界条件' を与えれば，集団運動のハミルトニアン $\mathcal{H}(\mathcal{b}, \mathcal{b}^*)$ と '集団運動座標系での独立粒子運動' を決める必要十分な条件を与える[9)]．たとえば，遷移領域核の集団運動については，この 1 セットの方程式を $\{\mathcal{b}, \mathcal{b}^*\}$ で展開し（'$(\mathcal{b}, \mathcal{b}^*)$-展開法'），その最低次が RPA で求めた集団変数 $\{\mathcal{b}_{\mathrm{RPA}}, \mathcal{b}^*_{\mathrm{RPA}}\}$ のものと一致するという '境界条件' を与えることによって，必要な次数まで $\mathcal{H}(\mathcal{b}, \mathcal{b}^*)$ を決めることができる．この方法のモデル計算でのテストは極めてよく，また実験事実との比較もこれまで数値計算が実行されたものはすべて満足すべき結果を与えている．

TDHF（B）位相空間での古典ハミルトン力学系を正準量子化して得られたボソン多体系は，§5 で述べた 'ボソン展開法' で得られたそれと明確な対応をもつ（図 2）[2),10)]．この関係を使えば，量子化された形式での SCC 理論の構築が可能となる[2)]．そして，'$(\mathcal{b}, \mathcal{b}^*)$-展開法' での $\{\mathcal{b}, \mathcal{b}^*\}$ を正準量子化して得られたボソンが，'内部構造が自己無撞着に変化する素励起モード' を与えることがわかる．

TDHF（B）の理論が TDHF（B）位相空間での古典正準運動方程式として表現で

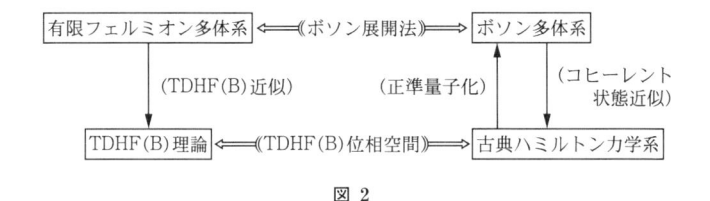

```
有限フェルミオン多体系 ⇔《ボソン展開法》⇔ ボソン多体系
        ⇕                                    ⇕
   (TDHF(B)近似)          (正準量子化)    (コヒーレント
                                            状態近似)
        ⇕                                    ⇕
   TDHF(B)理論 ⇔《TDHF(B)位相空間》⇔ 古典ハミルトン力学系
```

図 2

[*9] (7)式で，$\{\mathcal{b}, \mathcal{b}^*\}$ 方向の変分 $\delta_{\|}|\phi(\mathcal{b}, \mathcal{b}^*)\rangle \equiv \{\hat{O}^+(\mathcal{b}, \mathcal{b}^*)|\phi(\mathcal{b}, \mathcal{b}^*)\rangle, \hat{O}(\mathcal{b}, \mathcal{b}^*)|\phi(\mathcal{b}, \mathcal{b}^*)\rangle\}$ と直交する変分 $\delta_{\perp}|\phi(\mathcal{b}, \mathcal{b}^*)\rangle$ を採用すると，$\delta_{\perp}\langle\phi(\mathcal{b}, \mathcal{b}^*)|\hat{H}'|\phi(\mathcal{b}, \mathcal{b}^*)\rangle = \delta_{\perp}\langle\phi(\mathcal{b}, \mathcal{b}^*)|\hat{H}|\phi(\mathcal{b}, \mathcal{b}^*)\rangle = 0$ となり，集団運動部分空間は，$\{\mathcal{b}, \mathcal{b}^*\}$ 以外の方向については，ハミルトニアン $\hat{H}$ の停留部分空間になる．

きることに着目すれば，SCC法で抜き出された集団運動の減衰や散逸の動力学を非線形ハミルトン力学系でのカオス発生機構と結びつけて解明することの可能性がでてくる．核構造と非線形動力学の間にはN. Bohrの複合核模型にさかのぼる長い歴史があるが，坂田文彦，橋本幸男氏らと共にこの観点から，原子核の規則的な運動様式とカオス的な運動を統一的に理解する糸口を得ようと試みている．この場合，TDHF (B) 位相空間での正準座標が，このフェルミオン系に対するボソン展開法でのボソンと明確な対応関係を持つことは，その結果を'量子論的'に理解する土台を提供している（図2)[2]．私自身，この課題は実りある成果を得るものと期待している．その際，独立粒子運動の準位交差や配位変化と集団運動の構造変化との'自己無撞着な微視的構造'の解明が，この課題の遂行にとって決定的となるであろう．'準位交差と集団運動部分空間のトポロジカルな構造'等，このために整理しておかなければならない問題が山積している．[*10]

23.7 展 望

1970年代後半から80年代にかけての物理学の進歩は急激であり，その課題意識が'秩序-カオス転移の非線形動力学'を足がかりとして，"物質の存在様式（構造）の物理"から"物質の発展（進化）の物理"へと大きく転換しつつあることが，その特徴といえよう．こうして，取り扱う対象や現象は様々であるが，「非平衡の揺らぎの自己秩序形成（散逸構造）」，「マクロ系とミクロ系の量子力学，"複層系"の動力学（巨視的量子効果，観測問題）」，「マクロ階層の形成における集団変数と"環境変数"への分離の構造」，「量子論的秩序-カオス転移の動力学（可積分系-エルゴード系，量子カオス）」，「量子力学系における"摩擦"（散逸と不可逆性の起源）」等の解明が，"発展の物理"への橋渡しへの物理学の共通な具体的課題として登場する．

これらの諸問題は，波動関数の境界条件が重要な役割を演ずる有限量子多体系においてはじめて顕在化し，実験的に解明可能になるであろう．準マクロ系とミクロ系の複合系としての特性が顕在化するメソスコピック系やマイクロクラスターや低次元系を人工的に造り，それを使って精密実験を行うことに比べれば，原子核は自然界に自ら存在する有限量子多体系である．この意味で"発展（進化）の物理"への橋渡しを研究するための"最適な対象"であるということができよう．こうした"発展（進化）の物理"の立場からみれば，"原子核"は"原子・分子"と共に"新しい生体系の側鎖"を生みだす，きわめて重要な階層に位置することが直ちに理解できる（図3）．事実，原子核構造論は，その誕生直後から"発展の物理"への上記諸問題に常に

[*10] （後記）この論文の執筆（1994年）以後，これらの問題について，いくつかの実りある発展があったが，紙数の都合上省略する．

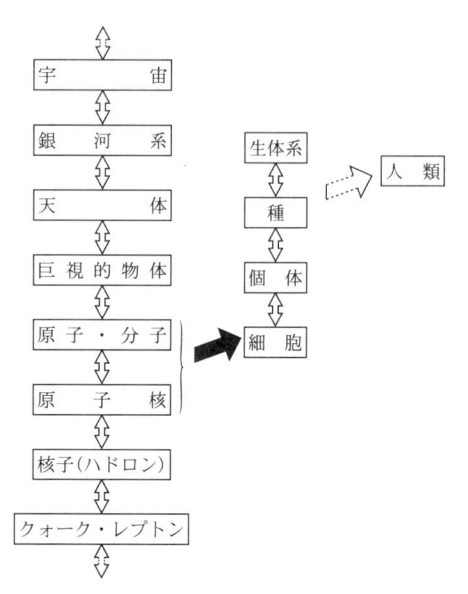

図 3 "物質"の発展（進化）
（田中一「未来への仮説」(1985，培風館)
に基づく）

遭遇し困難を味わってきた．これらの古くからペンディングであった諸問題が，最近になってやっと物理学の共通の具体的課題として登場したといえよう．これは，来たるべき核物理学の輝かしい"存在理由"の顕在化に他ならない．

物質の極微の構造に迫る素粒子物理学は，"存在（構造）の物理"の最前線として今後ともその"存在理由"を明確にして行くことに間違いはない．しかし現在では，科学のほとんどの分野で，このような解析的（還元主義的）な方法だけでは"物質の存在の必然性"は理解し得ないということが常識となっている．従来の解析的な"存在（構造）の物理"と現在急速に成長しつつある"発展（進化）の物理"の進展の延長線の交点において，はじめて"物質存在の必然性"のシナリオが見いだされるはずである．（筆者＝まるもり・としお，筑波大学名誉教授．1929年生まれ，1952年名古屋大学理学部卒業）

参考文献

1) 丸森寿夫：科学 **28**（1958）No. 8〜**29**（1959）No. 3.
   丸森寿夫：科学 **38**（1968）No. 6, No. 7.
   高木・丸森・河合：原子核論（岩波講座，現代物理学の基礎9，岩波書店，1978）
   T. Marumori, K. Takada and F. Sakata : Prog. Theor. Phys. Suppl. **71**（1981）p. 1

参 考 文 献

~47.
T. Marumori : Proc. T. Taro Memorial RIKEN Symp. (World Scientific, 1990) p. 23~34.
2) F. Sakata and T. Marumori : Nuclear Collective Dynamics and Chaos, *Directions in Chaos, Vol. 4* (World Scientific, 1992) p. 459~550.
3) T. Marumori, J. Yukawa and R. Tanaka : Prog. Theor. Phys. **13** (1955) 442.
T. Marumori and E. Yamada : Prog. Theor. Phys. **13** (1955) 557.
T. Marumori ; Prog. Theor. Phys. **14** (1955) 608.
4) T. Marumori : Prog. Theor. Phys. **24** (1960) 331.
M. Kobayashi and T. Marumori : Prog. Theor. Phys. **23** (1960) 387(L).
M. Baranger : Phys. Rev. **120** (1960) 957.
R. Arvieu and M. Véneroni : Compt. Rend. **250** (1960) 992, 2155.
5) T. Marumori, M. Yamamura and A. Tokunaga : Prog. Theor. Phys. **31** (1964) 1009.
6) T. Marumori, M. Yamamura, Y. Miyanishi and S. Nishiyama : Suppl. Prog. Theor. Phys. Extra Number (1968) 179 ; Soviet J. Nucl. Phys. **9** (1969) 287.
7) K. Kaneko, T. Marumori, F. Sakata, K. Takada and T. Tazaki : Suppl. Prog. Theor. Phys. **71** (1975).
8) A. Kuriyama, T. Marumori, K. Matsuyanagi, R. Okamoto and T. Suzuki : Suppl. Prog. Theor. Phys. **58** (1975).
9) T. Marumori, T. Maskawa, F. Sakata and A. Kuriyama : Prog. Theor. Phys. **64** (1980) 1294.
10) A. Kuriyama and M. Yamamura : Prog. Theor. Phys. **66** (1981) 2130.
F. Sakata, T. Marumori, Y. Hashimoto and T. Une : Prog. Theor. Phys. **70** (1983) 424.

初出：日本物理学会誌 **47** (1994) 531-536.

24. 核構造におけるクォークの役割

土 岐 博

1978年頃にレーゲンスブルグでパイオン凝縮の研究に没頭していたときに，CERNの夏の学校の講義録に出会った．その一つにイリオピュルス（Iliopoulos）のゲージ理論の講義が書かれていた．その美しさに触れて，強い相互作用のゲージ理論の主役であるクォークから原子核を記述したいと考えた．思えばそのときから，表題の「核構造におけるクォークの役割」を導き出そうとしていた．今回上記の表題をいただいた機会に，その頃から今日までの発展と展望について書きたいと思う．

24.1 クォークはシャイ

クォークは核子に閉じ込められている．そのために核物理では直接には姿を見せない．それでも核子は電子散乱から察するにある程度の大きさをもっており，その電磁半径は 0.86 fm（フェムトメータ (fm) は長さの単位で 10^{-15} m）である．原子核における核子間の平均距離は 2 fm 位なのでこれはかなりの大きさである．クォークの効果が核物理で見えても不思議ではない．ところが，核子間の相互作用を眺めてみると強い斥力が短距離で働いていて，核子は他の核子を近づけない性質を持っている．強い核子間の斥力でクォークは自らを隠しているように見える．その意味でクォーク

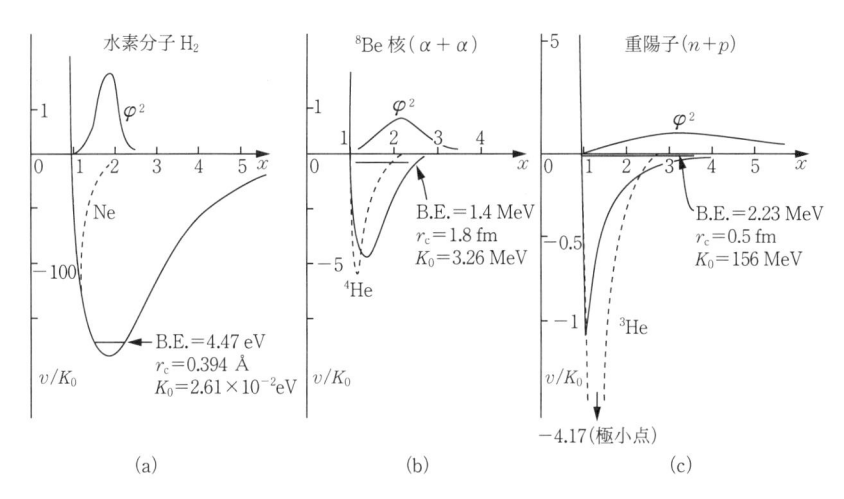

図1 階層の違う3つの系の相互作用を短距離での斥力の距離の単位で示したもの．（a）原子間相互作用，（b）アルファ粒子間相互作用，（c）核子間相互作用

は非常にシャイである．

それでは何がその斥力を作り出しているのか．短距離の性質なので核子が適当な広がりをもっている限りは，クォークがその性質を決めていると考えるのはよさそうに思える．実際複合粒子間の相互作用は短距離では斥力，長距離では引力になっているのが普通のようである．原子間の相互作用やアルファ粒子間の相互作用も良く似ている．参考のためにそれらの比較を図1に示す．図1に示されている水素原子間の斥力は陽子を取り巻く電子の雲のパウリ効果による．アルファ粒子間もその構成子である核子のパウリ効果による[1]．それでは核子間の斥力も核子を構成するクォーク間のパウリ効果によると考えるのは非常に自然である．

24.2 クォークの作る強い斥力

核子は3つのクォークからできている．その核子同士が近づくと明らかにパウリ原理が働く．ところが短距離で核子が重なり合って，空間的に全てのクォークが同じ状態に入ったとしても，スピン・アイソスピン・カラーの空間として12の量子状態が存在する．そこに6個のクォークを入れるのに何の困難もない．多くの量子状態が存在するためパウリ効果からだけでは斥力は生まれない．アルファ粒子のときには同じ考察をすると，スピン・アイソスピンによる4つの量子状態に8個の核子を入れようとするのに困難があり，そのことによりパウリの斥力が生じたのとは大きく異なっている．パウリ原理だけでは核子間の斥力は出ない．

そこでクォーク間の相互作用を考慮し，簡単のためにグルオン交換力を採用する．さらに，核子内のクォークの波動関数を調和振動子型に仮定する．まずはグルオン交換の相互作用の大きさをデルタ粒子と核子の質量差を与えるように決める．核子間の距離を固定して，そのままで直接グルオン交換の行列要素を計算しても，核子のカラーは3つのクォークの色の和として白なので，カラーの行列要素がゼロとなり相互作用はゼロとなる．核子がお互いに短距離に来たときに，異なる核子間のクォークの重なりが実現し，2つの核子間でクォークの交換が可能になる．その上でグルオン交換すれば有限の値を持つことができるようになる．実際にその大きさを計算すると必要な強い斥力が生じることを示すことができる[2,3]．つまりはクォークは自らで強い斥力を作り出して自分を隠してしまうのである．クォークは本当にシャイである．その意味では，核物理でのクォークの直接の役割は短距離での斥力を与えることといえる．

24.3 クォークがパイオンを作る

クォークはシャイでただ隠れているだけなのか．核子がクォークでできている限りはその証拠を必ず見せてくれているはずである．クォークは非アーベル理論である量

子色力学（QCD）に従う．QCDではクォークはほとんど質量がゼロ（核子の質量と比較する意味において）であり，カイラル対称性が良い近似で成り立っている．しばらくはクォーク質量がゼロとして話をする．それでも真空の複雑さのためにクォークは完全にハドロン内に閉じ込められていることにより，お互いに離れようとすると引き戻され，質量ゼロの自由粒子のようには振舞えない．すなわち閉じ込めの効果がカイラル対称性を破ってしまう．すると南部-ゴールドストンの定理により質量がゼロのパイオンが生じる．クォークは自らが閉じ込められていることにより，自らの質量を獲得し，さらに自由空間を運動できるカラーがゼロで質量がゼロのパイオンを作り出す[4]．このパイオンが湯川粒子と呼ばれる核子間の相互作用を与える基本的な粒子である．クォークは黒衣（くろご）として自らの演技者であるパイオンを働かせることになる．

話を定量的にしよう．クォークはQCDのレベルでは約10 MeVの質量をもつ．このクォークが閉じ込められていて，QCDのダイナミックスのために約300 MeVの質量を得る．この質量を得たクォーク（構成子クォーク）が3つ集まって核子（質量は約940 MeV）を作り上げる．さらに，カイラル対称性の破れとこの小さなクォークの質量のために，パイオンは140 MeVの質量をもつ粒子として振舞う．そのパイオンは湯川粒子として核子間の強い相互作用を与える．クォークは自らは表舞台には登場しないが，3つ集まって核子を構成し，さらにパイオンを生み出して核子間の長距離での相互作用を与え，核子の多体系である原子核の構造や振舞いを決定しているのである．相互作用という意味ではクォークは短距離での強力な斥力と長距離での引力を与える．その意味ではクォークは核物理の基本的な要素の全てを与えているといえる．もちろん，1 MeVの精度で構造が変化する核物理では，パイオンより重いメソンや核子の多体効果が重要になってくる．有限多体系としての現象の面白さは文献[5]に詳しく述べられている．

24.4 構造を持たない核子からなる原子核

原子核は有限の広がりをもつ多体系であり，集団振動としての巨大共鳴や，超流動性をも持っている有限系である．多くの興味深い現象を引き起こすこの有限多体系は，それらの現象の豊富さで我々を魅了する題目に事欠かない．その面白さや発展の様子は文献[5]に要領よく述べられている．ここではむしろ，核子は構造をもたず，原子核を上記の核子のクォーク構造から生じる二体の相互作用をしている核子の多体系だと捉えて，原子核を記述する多体系の取り扱いを議論する．

二体の相互作用はクォーク物理が与えるが，その正確な値を理論的に導出するのは難しく，核子の散乱のデータから導出することにする．最もよく使われるのはパイオンのようなボソンを交換する相互作用で，ほぼ10個くらいのパラメータを使って相

互作用は表現される[1]．その上で原子核内ではまわりに核子が存在することによるパウリ効果を取り込んだ理論（ブルックナー理論）を使って核子散乱を計算すると短距離での斥力の効果を減らすことができて，普通のハートレー-フォック理論での多体系の計算を行うことができる．この際に非相対論近似で計算すると密度の大きすぎる原子核を実現してしまう．さらに相対論を取り込んで計算すると核力の持つ性質のために強い密度依存な斥力が生じ，非常に実験に近い結果を得ることができる．[6]

ここまで議論してくると核構造においてのクォークの役割は核子間の相互作用として短距離での斥力と長距離での引力を与えることであり，その核力の正確な形を自由空間での核子散乱のデータから決めてやるとその役割を終え，多体理論を展開してやると核構造をほぼ再現することができるように見える．本当にそうなのか．

24.5　EMC 効　果

核物理にとって衝撃的な実験結果が 1983 年に発表された．核子の深部非弾性散乱は核子内のクォーク構造を調べる有力な方法である．ヨーロッパ・ミューオン・コラボレーション（EMC）のグループは原子核を標的とした高エネルギーのミューオン（電子の仲間）の衝突実験を行った．ミューオンは高エネルギーのために核内の核子のクォーク構造を引き出す．結果は驚くべきことに，自由空間の核子のクォーク構造関数に較べて核内核子のそれは大きくずれていた．これは核子が核内では大きく変化していることを意味している．この段階から核子のクォーク構造が原子核の分野で脚光を浴びるようになった．つまりは核子が核内で変化しているとすると，その核子のクォーク構造の変化が原子核の多くの物理量に反映されるということになる．

その一方でアメリカでは相対論的超高速度に加速された金のような重い原子核同士を衝突させて，高温度・高密度の核物質を作る装置 RHIC をブルックヘブンにおいて最近完成させた．高温度・高密度の核物質では核子のクォーク構造は激変することが予測でき，広い意味での核構造の研究に実際にクォークの扱いをする必要性が生じてきた．核物理におけるクォークの役割は俄然多くの研究者の注目するところとなってきた．このあたりの話は文献[7]に譲る．

24.6　南部-ジョナラシニオ模型

それでは核子は自由空間の時と比べて原子核内や高い温度状態ではどれくらい変化するものなのか．カイラル対称性を扱うことができる南部-ジョナラシニオ（NJL）モデルによると，原子核内部では核子の質量は約 20% くらい小さくなる[4]．もっと密度を上げていくと約 5 倍の核密度で質量がゼロとなり，クォークは核子内から開放される．一方で，RHIC のように高い温度が実現されると，温度が 200 MeV くらいになるとカイラル対称性は回復しクォークは閉じ込めから開放される[7,8]．

NJL モデルはカイラル対称性を扱う意味では問題ないが，クォークの持つもう一方の重要な性質である閉じ込めを実現できない．QCD は閉じ込めもカイラル対称性も実現するがその取り扱いがあまりに複雑で，強力なコンピュータでの大計算を必要とする．その意味で閉じ込めを記述でき，クォークの世界の描像を描くことができる定量的なモデルの構築は重要である．その試みとして双対ギンズブルグ–ランダウ理論やインスタントン・モデルなどトポロジーの絡んだ議論がなされている[9]．

24.7 クォーク核物理実験

核内の核子のクォーク構造の変化を本当に把握するためには，自由空間での核子の構造がどの様になっているのかをまず把握する必要がある．クォークが閉じ込められているのは QCD の真空が複雑になっていることを意味している．それでは QCD の真空はどの様になっているのかはまず答えを出す必要がある．その真空からの励起状態としてメソン（パイオンはこの仲間）やバリオン（核子はこの仲間）等のハドロンはどの様に構成されているのかなどが次の大きな問題である．アメリカの JLAB の電子，日本の JHF の強力な陽子や SPring 8 の GeV 光での研究，ドイツや CERN での HERA やコンパス計画などでこれらの物理が実験・理論面から明らかにされようとしている．

24.8 まとめに代えて

「核構造におけるクォークの役割」という表題をもらってこの原稿を書き進んだ．クォークは核子の中に閉じ込められているが，自らは黒衣となって，強い相互作用を引き起こす粒子であるパイオンを生み出す．核構造の基になる核子間の相互作用を作り出す以上にはクォークの働きを必要としないように見えていた．1983 年の EMC 効果の実験はこの信念を一変した．核子のクォーク構造が核内で変化している可能性が指摘されたのである．密度や温度を上げていくと質量が小さくなりついにはゼロになってしまう可能性もある．これは中性子星の内部の構造に大きな影響をもたらす．アメリカのブルックヘブンでは相対論的重イオン衝突加速器（RHIC）がその実験を，開始した．超高温の核物質が実現されることになり，核子が完全に溶けたクォーク・グルオン・プラズマ（QGP）が実現される可能性が高い．核子の核内での変化を知るには，核子やパイオンの構造の研究をきっちりとやりぬく必要がある．その研究はアメリカでは JLAB の電子，日本では SPring 8 での GeV 光や JHF の強力な陽子ビームがその研究の道具となると期待されている．

この表題で書き出して，ここまで来たがもっと書きたい気がしている．クォークの閉じ込めのメカニズム，カイラル対称性の破れ，パイオンの構造などなど興味深い物理が山済みである．ただ，現在進行中の物理でもあり，別の紙面で書く方が適当とも

思われるのでここで筆を置く[10]．この表題は重要な意味を持っていると思う．原子核は核子からできている．その核子はクォークからできている．この2段階の構造の積み上げの探求は，自然が随所で階層構造をなしている機構を探索する意味でも，興味深い課題である．（筆者＝とき・ひろし，大阪大学核物理研究センター教授．1946年生まれ，1969年大阪大学理学部卒業）

参考文献

1) 玉垣良三：科学 **46** (1996) 10.
2) H. Toki: Z. Physik **A294** (1980) 173.
3) M. Oka and K. Yazaki: Phys. Lett. **90B** (1980) 41.
4) Y. Nambu and G. Jona-Lasinio: Phys. Rev. **122** (1961) 345.
5) 有馬朗人：日本物理学会誌 **51** (1996) 706.
6) R. Brockmann and R. Machleidt: Phys. Rev. **C42** (1990) 1965.
7) 初田哲男：高エネルギー核物理（本書27章）．
8) U. Vogl and W. Weise: Prog. Part. Nucl. Phys. **27** (1991) 195.
9) H. Suganuma, S. Sasaki and H. Toki: Nucl. Phys. **B435** (1995) 207.
10) 土岐　博：科学 **69** (1999) 775.

25. 核反応理論の発展の一断面

河 合 光 路

25.1 始 め に

　今から50年前からの数年間は，それまで核反応論に君臨していた複合核模型の破綻が明らかになって時期であった．まず，Berkeleyで行われた90 MeVの核子，200 MeVの重陽子を用いた一連の実験で，高エネルギーの粒子が前方に強く放出されるのが観測された．複合核模型によれば，入射粒子は標的核と融合して複合核を作り，放出粒子は複合核の熱平衡状態から前後（即ち$90°$に対して）対称に，Maxwell型のエネルギー分布をもって"蒸発"されるはずであった．R. Serber[1]はこの現象を，入射粒子と核内核子との少数回の衝突で終る，複合核を経過しない反応，即ち直接過程によるものと解釈した．この描像で観測された色々な反応の機構が解明された[2]．50年代に入ると，数〜10数 MeV重陽子のstripping過程（25.3.2項参照）が発見された[3]．さらに，中性子の0〜3 MeVの低分解能ビームで観測された全断面積が，入射エネルギーと標的核の質量数の関数として大きな山と谷（粗い構造）を持つことが発見され[4]，H. Feshbach, C. E. Porter 及び V. F. Weisskopfは，それが複素一体ポテンシャル（光学ポテンシャル）による散乱として良く記述できることを見いだした[5]．これが光学模型（当初は"Cloudy Crystal Ball Model"と呼ばれた）である．

　私の世代が研究に参加したのはその直後である．私自身について言えば，1954年の初め（1953年度の終わり）に基研（京大基礎物理学研究所）で行われた原子核理論の長期（3カ月間）研究会（"学校"）[6]に参加したのが決定的な第一歩であった．

　この小文では，このシリーズの編集方針を汲んで，話を軽イオンによる直接過程の理論に限り，この"学校"以後，私が関係した研究課題の幾つかを振り返ってみたい．ここで取り上げるのは，核の離散および連続状態への直接過程の理論で，光学模型，DWBA，チャネル結合理論，直接過程と複合核統計理論の関係等に関するものである．

25.2 連続状態への遷移

　基研の"学校"に行った当時，私は核内での核子の平均自由行路（mean free path, m.f.p.）の直接反応との関係に興味を持っていた．同じ興味を持っておられた，"学校"の早川幸男先生，"生徒"の一人だった菊池健さんと三人の共同研究がすぐ始

25.2 連続状態への遷移

まった。早川さんのアイディアは，当時観測された 10～30 MeV の陽子の非弾性散乱 (p, p′) で，高いエネルギーの陽子が蒸発模型の予言よりはるかに強く出る，という現象を核内カスケード (Intra Nuclear Cascade, INC) 模型[2,7]で説明することだった。この模型では，入射粒子と核内核子との衝突，衝突された核子と別の核内核子との衝突の繰返しで，核内に励起した核子のカスケードが発生し，その一部が直接核外に放出され，残りは複合核を形成すると考える。

各粒子の運動，衝突を古典力学的に取り扱い，Monte Carlo の方法で事象をシミュレートする。INC は高エネルギー核反応の模型だと思っていた私は内心少々驚いたが，とにかくやってみることにした。M. L. Goldberger[7] に従って，核に縮退 Fermi ガス模型を仮定し，その中での核子の平均自由行路 (m.f.p.) と核子-核子散乱断面積を Pauli 原理を考慮して計算した。低エネルギー（Fermi エネルギーの 2 倍以下）に対して m.f.p.を Goldberger 流に計算するのは甚だ面倒であるが，幸い簡単に計算する別の方法を見つけた。入射，放出粒子の，核の平均ポテンシャルによる屈折，表面での全反射を考慮に入れた。計算結果は，18 MeV では過少評価であったが，31 MeV ではまずまずであった[8]。

この仕事には副産物があった。その一つは m.f.p.と光学ポテンシャルの虚数部 W との比較である[8,9]。W が m.f.p.の逆数に比例すると仮定すると，両者のエネルギー依存性は consistent であることが分かった。特に低いエネルギーで W が非常に小さくなるのは，二体散乱の多くが Pauli 原理によって禁止されることで説明される。同様な計算は同じ時期にヨーロッパでも何人かの人達によって行われ[10]，同じ結論が得られた。また，核の密度の空間的変化を考慮すると，低エネルギーで W が核表面に集中することも説明された[11]。Weisskopf はこの種の計算を"ふまじめ (frivolous) 模型"と評したが，二体衝突に核内での有効相互作用を用いれば，それほど悪い近似ではないと思われる。但し，定量的には平均ポテンシャルの非局所性（速度依存性）を考慮しなければ，かなり過小評価になることが知られている[12]。

もう一つの副産物は INC の量子力学的解釈である。INC の基本的な仮定の一つに，核内の核子-核子衝突が起こる場所が特定できる，ということがある。量子力学的には，放出波は核のあらゆる点で発生し，それらは互いに干渉するから，"衝突場所"を特定することは一見できそうにない。この問題の鍵は，観測される断面積は連続無限個の状態への遷移の断面積の平均値である，ということである。個々の状態に対応する放出波の位相が乱雑なら，問題の干渉はこの平均をとるとき相殺してしまう。実際，DWBA (25.3.3 項) から出発し，このことを使い，入射，放出粒子の運動に対して半古典近似，核に対して局所密度 Fermi ガス模型を仮定すると，INC を光学ポテンシャルの影響まで取り入れて拡張した断面積の式を導くことができ，数値計算も可能である。それを使って中間エネルギーの (p, p′)，(p, n) に対する実験の

25.3 弾性散乱，離散状態への直接過程

25.3.1 光学模型

しかし当時，世の中の大勢は残留核の離散状態への遷移の研究に向かった．光学模型が色々な入射粒子，入射エネルギーの弾性散乱等に対して検証されていった．井戸型ではなく，なだらかな縁をもつ光学ポテンシャルによる散乱の計算が Woods と Saxon によって初めて行われた[14]（図1）．その論文に，一つの角分布の計算が電子計算機を使って 15〜20 分でできた，と書いてあるのを読んで，その速さに驚嘆したのを覚えている．彼らが使ったポテンシャルの形，

$$f(r) = [1+\exp\{(r-R)/a\}]^{-1}$$

は今日 Woods-Saxon 型として核物理の随所に登場する．

やがて計算機が発達，普及し，光学模型による実験の解析が日常的に行われるようになった．その結果，光学模型の普遍性が明らかになり，それは全ての核反応理論の基礎になった．

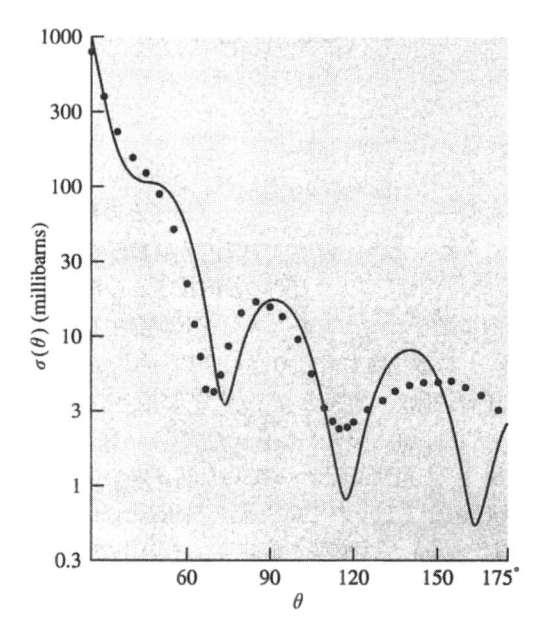

図1 初めての，縁がなだらかな光学ポテンシャルによる計算
18 MeV 陽子の Ni による弾性散乱の微分断面積の計算値（実線）と実験値（点）．(R. D. Woods and D. S. Saxon: Phys. Rev. **95** (1954) 577 による．)

25.3.2 離散状態への直接過程

　一方，直接過程による，核の束縛状態への遷移も人々の強い関心の的になった．そのきっかけは重陽子 d による，(d, p) 反応に対する S. T. Butler による stripping 理論[3]の成功であった．この理論によると，d の中の中性子 n は標的核にはぎ取られ，決まった軌道角運動量 l の殻模型軌道の一つに入る．p は反応を"傍観"するだけで，そのまま出て行く．反応が核表面付近で起こるために，p の角分布は l に強く依存する，干渉縞のような特異なものになる（図2）．これを逆に利用して，角分布から l を決めることもできる．これは反応に関与する準位のスピン・パリティの決定に非常に役立つ．実際，stripping 理論の出現以後，(d, p) 反応を利用することによって，核の準位のスピン，パリティの決定が飛躍的に進んだ．

　やがて，(d, p) だけでなく，核子による反応でも同様な直接反応が起こることが分かった．N. Austern ら[15]は (n, p) 反応による一粒子状態の励起を予言し，早川と笹川辰弥[16]はその断面積の大きさを評価した．しかし，干渉縞様の角分布はまず 17 MeV の (p, p′) で観測された[17]．早川と吉田思郎[18]は核子の非弾性散乱による核の集団運動の励起の機構を提唱し，低エネルギー中性子の非弾性散乱と上記の (p, p′) 反応を解析した．D. Brink[19]も独立に同じ機構を提唱した．

　これらをきっかけとして，その後色々な反応で核の離散的終状態への直接過程が発見され，それがきわめて普遍的な現象であることが分かった．その研究は核構造についての情報を得る有望な手段となり，核反応研究の中心的課題となった．

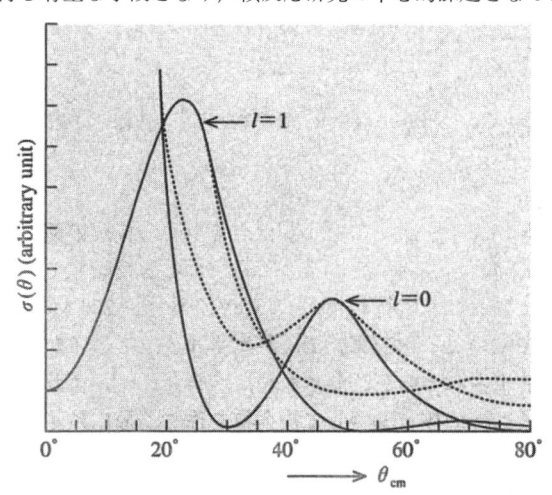

図 2　入射エネルギー 7.9 MeV での ^{14}N (d, p) ^{15}N 反応の角度分布の Butler 理論による計算値（実線）と実験値（破線）
　　　l は移行角運動量．(S. T. Butler : Proc. Roy. Soc. **208A** (1951) 559 による．)

25.3.3 DWBA

しかし，(d, p) stripping 反応の Butler 理論には一つ大きな問題があった．それは断面積の角分布の特徴をよく捉えたが，細部まで正確には再現せず，大きさに対しては全く無力であった．これらの問題を解決したのが歪曲波 Born 近似（Distorted Wave Born Approximation, DWBA）である[20,21]．DWBA は (d, p) 反応だけでなく，前節で述べた (n, p) 反応の計算[16]，(p, p′) の計算[18,19] でも使われた．特に文献 18 では，今日の核反応論で標準的な DWBA の定式化が与えられている．これを使った前記 (p, p′) 反応の角分布の計算が梶川良一ら[22] によって行われ，実験との良い一致が得られた．

DWBA は原子衝突の理論では以前から知られていた[23] が，核反応論に導入されたのはこの時期が初めてである．DWBA は一次の摂動論で，反応 i → f の遷移行列要素は

$$T_{fi} = \langle \chi_f^{(-)} \Phi_f | V - U | \Phi_i \chi_i^{(+)} \rangle$$

で与えられる．ただし，$\Phi_{i,f}$ は始，終状態の核の波動関数である．始，終状態の粒子と核の相対運動の波動関数 $\chi_{i,f}^{(\pm)}$ は普通の Born 近似と違って，平面波ではなく，歪曲（光学）ポテンシャル $U_{i,f}$ で歪められた波（distorted waves）である．そのかわり，摂動は粒子と核の相互作用 V から U を差し引いたものになっている．

V, U には始，終状態いずれのものをとっても T_{fi} は等しい．非弾性散乱の場合は Φ_i と Φ_f の直交性の故に U は寄与しない．(d, p) の場合には普通 "post form" $V_f - U_f$ を使い，それを V_{np} で近似する．この近似の精度については久保謙一[24] が実例につき詳しく検討した．

反応による内部状態の遷移は形状因子

$$F = \langle \Phi_f | V - U | \Phi_i \rangle$$

で記述される．但し，F の計算に際しては $V - U$ に対して上記の近似をする．T_{fi} は F の $\chi_{i,f}^{(\pm)}$ 間の行列要素である．F は移行角運動量 l を含め，反応前後の核の準位の構造に強く依存する．表面振動の励起の場合，l はフォノンの角運動量であり，F の大きさは振動の振幅 β_l に比例する．(d, p) 反応では F は $f = \langle \Phi_i | \Phi_f \rangle$ に比例する．f は Φ_f の中での n の一体運動の "波動関数" で，その振幅はその一体運動が Φ_f の中に存在する確率振幅である．$S = \langle f | f \rangle$ を分光学的因子という．これらの量は準位の構造を知る上で非常に有用な情報である．

S の理論的計算には始，終状態の核の構造論的知識が必要である．一核子移行反応に対しては殻模型状態[25]，集団運動状態[26]，対相関状態[27] に対して計算が行われ，実験と比較された．(p, t) 反応の場合には，S は移行する二つの中性子がどのような殻模型軌道に，どのような相関を持って入っているかによる．吉田は，標的核が対相関による超流動状態だと，S が非常に大きくなることを見いだした[28]．多核子移行反応

の S の計算も殻模型によって行われた[29].

一方, f の空間的な動径依存性は, 普通, 簡単な模型で計算する. たとえば (d, p) 反応の場合, n は Woods-Saxon 型の一体ポテンシャルに分離エネルギーと等しいエネルギーで束縛されているとし, その規格化された波動関数に殻模型などで計算された $S^{1/2}$ を掛けたものを f とするのである. この"分離エネルギー法"の近似は, Φ_f が一粒子状態に近い場合, 即ち S が大きい場合には良いが, そうでなければ疑問である. もし, $\Phi_\mathrm{i,f}$ が構造論で正確に与えられれば, f は定義式を使って正確に計算できる. しかし, 構造論が与える波動関数は, 一般に反応にとって最も重要な, 核表面付近から外では当てにならない. 構造論で問題になるのは核の内部だからである.

そこで, 私達は一核子移行反応に対して, 核の内部で正確な波動関数が分かっている時, f を無限遠まで良い近似で計算する簡単な方法を考えた[30]. Austern らと G. R. Satchler ら[31] も独立に類似の方法を提案した. それぞれの方法でいくつかの例に対して計算が行われた. より詳細な Hartree-Fock 型の計算[32], n と芯の集団運動との相互作用を入れた計算[33] もなされた. 分離エネルギーの方法はこれらの計算と S が大きい場合にはよく合うが, S が小さいときには合わない[20]. 後になって, 生井良一[34] は $N=50$ の同調核 (中性子数一定の核) ^{89}Sr, ^{90}Zr, ^{92}Mo からの (d, t) 反応の f を私達の方法で計算し, 断面積の標的核の陽子数による変化を説明した.

DWBA の導入は直接反応の理論にとって画期的なことであった. それは非常に広範囲の直接反応の記述に大成功を収め, 直接反応の標準的な理論の一つとなった. それは核構造について定量的な情報を引き出すことを初めて可能にし, "直接反応による核分光学"を開いた.

25.3.4 巨大共鳴状態の励起

これより先, Uppsala で行われた 180 MeV 陽子の ^{40}Ca までの核による非弾性散乱の一連の実験で, 超前方 (散乱角～数度) に放出される陽子のエネルギースペクトルが測定された[35]. 際立った二種類のピークが観測された. その一つは励起エネルギー 10 数～20 MeV に対応する大きな山で, 測定された全ての核に対して見られた. もう一つは励起エネルギー数～10 数 MeV に幾つかずつ観測された, より狭い幅のピークであった.

私達は第一の山を (実験者と同じく) 双極子巨大共鳴の Coulomb 励起によるものと考え, その断面積を既知の光核反応の断面積を使って Born 近似で計算した[36]. 結果は理論, 実験の精度を考えれば, 絶対値を含めて実験とよく一致した. ずっと後になって, 実はこれが当時誰も知らなかった四極子巨大共鳴の, 核力による励起であることがわかったときには大いに驚いた. 我々が考えた機構の断面積は, DWBA で計算するとずっと小さくなる.

第二のピークは移行軌道角運動量 $l=0$ で, スピン角運動量が移行する反応である

と私達は考え，spin-flip 過程と名付けた[37]．これが電磁力によるものでないことは，断面積の大きさからすぐ分かった．核力による遷移の断面積の絶対値を評価するためには，なるべく理論的模型によらない評価が必要であった．計算には（平面波）インパルス近似[38]を使った．核の遷移行列要素の評価には，例として良く知られた ^{12}C の 15.1 MeV にある 1^+ アイソスピン $T=1$ の状態の励起をとり，^{12}N または ^{12}B の基底状態から ^{12}C の基底状態への Gamow-Teller 型のベータ崩壊の ft 値を使って計算した．計算結果は実験の断面積を，角分布も含め〜2 倍の範囲で再現した．

^{20}Ne から ^{40}Ca までの，いわゆる (s, d) 殻核に対しては，核の状態に一粒子模型や RPA を仮定し，歪曲波インパルス近似（DWIA）の計算を行った[39]．これは最も初期の DWIA 計算の一つである[21,40]．計算結果は実験とよく合い，spin-flip という機構が立証された．この間に，池田清美ら[41]は Gamow-Teller 型の巨大共鳴が存在することを予言した．それは，約 10 年後，40 MeV での (p, n) 反応で初めて観測された．現在でも，中間エネルギー核反応による核のスピン・アイソスピン励起は盛んに研究されている．

25.3.5　DWBA 計算コード

さて，このような"distorted wave の時代"の初期に困ったことがあった．それは，日本で使える大型電子計算機がなかったことである．米国に行って計算したり，実験データを米国の研究者に送って解析してもらったりする他なかった．文献 39 の数値計算も，寺沢徳雄氏が Oak Ridge で，そこで開発された DWBA のコードを使って行ったのである．1962 年〜1964 年にアメリカに行っていた私は，その DWBA コードの製作者の一人からコピーを貰う約束を得たが，結局果たされなかった．

その頃，日本にもコマーシャルな計算サービス（IBM 704 の使用料一時間 30 万円！）が行われるようになった．核研（東大原子核研究所）から予算を出して DWBA のコードを開発する，というプロジェクトが始まったのはこの時期である．幾人かの，主として理論のボランティアが奮闘した結果できたのが，光学模型と DWBA の INS-DWBA シリーズのコード[42]である．これらはすべて核研理論部に作られたプログラム管理機関に収められ，共同利用に供された．東大計算センターができると，コードのオブジェクト・モジュールのカード・デック（！）（その製作には東大の核理論の人たちが当たった）が利用者に配られた．利用者の多くは実験家で，実験データの解析に盛んに使われた．私が関与した DWBA-2 について言えば，或年の利用件数が 800 件を超えたのを覚えている．1 ジョブで複数のデータセットが入力できたので，入力されたデータセットの数は膨大なものであったろう．

25.3.6　二段階過程

DWBA は大成功を収めたが，万能ではなかった．直接過程の中には，一段階では禁止または強く抑制されるものがあるからである．2 フォノン状態の励起はその典型

的な例である．低エネルギーでの (^{3}He, t) 反応でも，残留核の高いスピン状態に対しては，一段階の荷電交換過程は，角運動量の不整合のために非常に強く抑制されることが分かった．外山学及び R. Schaeffer と G. F. Bertsch[43] は，二次の DWBA によって，この場合には (^{3}He, α)(α, t) という二段階過程が重要であることを示した．これがきっかけとなって，(p, t)(t, d)，(^{3}He, d)(d, t)，(p, d)(d, t)，(p, d)(d, p')，(d, ^{3}He)(^{3}He, α) など色々な反応で組替え二段階過程が発見され，その多くが日本物理学会会員によってなされた[44]．二次の DWBA でそれを計算するコードも作られ[45]，核研のライブラリに入れられた．

25.3.7 チャネル結合法

時として，反応が二段階では済まず，中間状態間を無限回往復，経由する過程まで進むことがある．実は，集団運動状態の励起ではこのような場合がむしろ普通である．このような場合には摂動論展開そのものが無効である．これに対して導入された

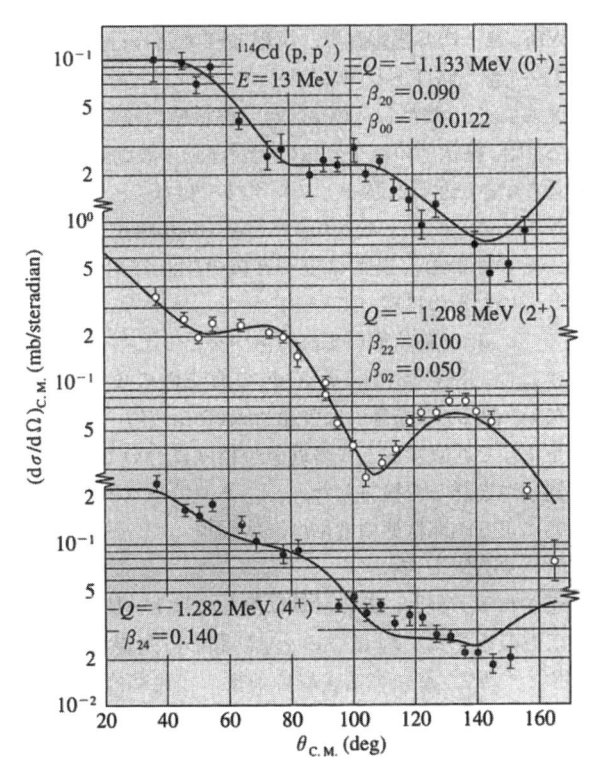

図 3 入射エネルギー 13 MeV での ^{114}Cd(p, p') による集団状態励起の CC による計算値（実線）と実験値（丸）との比較（P. H. Stelson, et al.: Nucl. Phys. A119 (1968) 14 による）

のがチャネル結合法（Method of Coupled Channels, CC）である．

CCでは系の波動関数 Ψ を強く結合した状態（チャネル）$1, 2, \cdots, N$ の波動関数の和

$$\Psi^{CC} = \chi_1\phi_1 + \chi_2\phi_2 + \cdots \chi_N\phi_N$$

で近似する．チャネルの内部波動関数 ϕ は既知とし，相対運動の波動関数 χ を未知として，Schrödinger 方程式

$$\langle \phi_c | H - E | \Psi^{CC} \rangle = 0 \quad (c = 1 \sim N)$$

から導かれるCCの基本方程式

$$(E_c - K_c - U_{cc})\chi_c = \sum_{c' \neq c} U_{cc'}\chi_{c'}, \quad (c, c' = 1 \sim N)$$

を適当な境界条件のもとに解き，各 χ の漸近形から遷移振幅を決定する．ここに，E_c はチャネルcの相対運動のエネルギー，$U_{cc'} = \langle \phi_c | H - E | \phi_{c'} \rangle$ がチャネルc, c'間の結合ポテンシャルである．無視したチャネルの影響は各チャネルの U_{cc} を適当な複素ポテンシャルにすることで取り入れることができると仮定する．

CCが直接過程の理論で使われたのは，吉田の (p, p') による集団励起の計算[46]が初めてである．その後，計算機の発達と相まってCCは著しい発展を遂げ，非弾性散乱による集団励起，荷電交換反応によるアイソバリック・アナログ状態の励起等の記述に大きな成功を収めた（図3）．これに対する田村太郎，宇田川猛らのTexas大学グループの寄与は特に大きい[20,47]．

やがて，組替え多段階過程もあることが明らかになった．この場合には始，終状態で相対運動の座標が異なるため，チャネル結合のポテンシャル $U_{cc'}$ は非局所型になる．私達は (d, p) 反応でdとpのチャネルが結合する場合について，定式化から数値計算まで詳しく研究した[48]．一般的な組替え過程に対するチャネル結合法（Method of Coupled Reaction (Rearrangement) Channels, CRC）は宇田川ら[49]によって開発され，色々な実験の解析に応用されている．CRCは重イオン反応でも有用である[50]が，ここではそれを指摘するにとどめる．

重陽子のように二つの粒子が弱く結合した粒子が関与する反応では，それがvirtualまたはrealに分解する過程が重要である[51]．この過程を精度良く取り扱うには，分解状態を取り入れたCC計算をすれば良い．しかし，分解状態は連続状態であるから，そのままでは結合チャネルが連続無限個になってしまう．そこで考えられたのが離散化連動チャネル結合法（Method of Continuum Discretized Coupled Channels, CDCC）[52]である．この方法では，分解する二粒子間の相対運動量 k と相対角運動量 l の大きさをそれぞれ適当な上限値以下に制限する： $k \leq k_m$, $l \leq l_m$. k の区間 $[0, k_m]$ を N 個の小区間 $[k_{i-1}, k_i]$ $(i = 1 \sim N)$ に分け，各小区間を一つのチャネルと考え，適当な一つの内部波動関数で代表させる．こうして，有限個のチャネルのCC計算が可能になる．計算結果が数値的に収束するのに十分な k_m, l_m, N を選ばねばな

らない．数値的収束性の入念な検討，その他の計算法の工夫，改良等の結果，CDCC は d ばかりでなく，弱く結合した粒子一般の反応に対して信頼できる解析法として確立した．

この方法は現象論として成功しているが，理論的には模型空間を広げた極限での収束性の保証がない，という批判が出された．しかし，この問題について有望な肯定的知見が得られたと思っている[53]．

このような発展の結果，今では，CC は直接過程の現象論の一般的枠組みとして確立した，と言ってよいであろう．

ここで注意すべきことは，光学模型や低次の DWBA が CC の摂動論の 0 ないし低次の近似ではないことである．たとえば光学模型は CC の 0 次ではなく，CC から弾性チャネル以外のチャネルをすべて消去した方程式の解である．チャネル c の光学ポテンシャルは U_{cc} ではなく，

$$U_c^{\mathrm{OPT}} = U_{cc} + \Delta U_c$$

である．ΔU_c は消去されたチャネルの効果を表し，dynamical polarization potential と呼ばれる．Love，寺沢，Satchler[54] はそれを近似的に計算する方法を与えた．同様に DWBA も CC の一次近似ではない．この場合には始，終チャネル以外の全てのチャネルを消去するが，その答を DWBA で再現できるかどうかは問題である．非弾性散乱の場合にはそれが可能なことが示された[55]．しかし，組替え反応の場合には明らかでない．

25.4 直接過程と複合核過程

直接過程（以下 D と略す）と複合核過程（以下 C と略す）とは常に共存する．これらを統一的に理解することは核反応理論の基本的な課題の一つである．理論的な枠組みとして，C に対しては S 行列の分散公式，D に対してはチャネル結合理論が存在する．早くから光学模型を S 行列の分散公式から導こうとする試み[56]や，低エネルギーの (d, p) 反応で，stripping と複合核過程が同時に起こる場合の理論の提唱などがなされた[57]．

この問題に対する鍵はエネルギーと時間の関係である．今，エネルギー E での S 行列 $S(E)$ を，D と C による部分 $S_D(E)$ と $S_C(E)$ について

$$S(E) = S_D(E) + S_C(E)$$

のように分けたとする．F. L. Friedman と Weisskopf[58] は，D は短い時間 τ の幅の波束で観測されると考えた．従って，

$$S_D(E) = \langle S \rangle_I,$$

ただし，$\langle S \rangle_I$ は S の E の周りのエネルギー幅 $I = h/\tau$ にわたる平均値である．$S_C(E)$ は $S_C(E) = S(E) - S_D(E)$ で与えられる．

佐野光男, 吉田, 寺沢[59] は初めて S 行列の分散公式を D と C を同時に含む形,
$$S(E) = S_U(E) + S_{V-U}(E) + \sum_n a_n/(E-W_n)$$
に書き下した. ただし, $W_n = E_n + \Gamma_n/2$ である. S_U は D を記述するチャネル結合のポテンシャル (行列) U による項, 即ち S_D, S_{V-U} はハミルトニアン中の相互作用を V とすると $V-U$ の一次の項, 第三項が共鳴項である. S_U, S_{V-U} は E と共にゆっくり変化し, $\langle S_U \rangle = S_U = S_D$, $\langle S_{V-U} \rangle = S_{V-U}$ である. 共鳴項 $S_{res} = \sum_n a_n/(E-W_n)$ は E と共には激しく変化する. しかし, そのエネルギー平均は 0 ではなく, $\langle S \rangle_I = S_D = S_U$ から容易に分かるように, $\langle S_{res} \rangle_I = -S_{V-U}$ である. これは共鳴項の間には相関があることを示す. S_C は $S_C = S_{res} - \langle S_{res} \rangle_I$ で与えられる.

一方, Feshbach は射影演算子による統一理論を展開した[60]. 波動関数の Hibert 空間を入射チャネルを含む任意の部分空間 (P 空間) とそれ以外 (Q 空間) に分け, P 空間を支配する有効ハミルトニアン H_{eff} を求める. H_{eff} の中のポテンシャル V_{eff} のエネルギー平均 $U = \langle V_{eff} \rangle$ は P 空間を入射チャネルに限れば光学ポテンシャル, P 空間に入射チャネルに強く結合したチャネルまで入れればチャネル結合法のポテンシャル (行列) となる.

私達はこの Feshbach の理論形式を使って, S 行列を
$$S = S_U + \sum_n \tilde{a}_n/(E-\widetilde{W}_n)$$
のように, D の部分と共鳴項, $S_{res} = \sum_n \tilde{a}_n/(E-\widetilde{W}_n)$ の和の形に書けることを示した[61]. ただし, $\widetilde{W}_n = E_n + \widetilde{\Gamma}_n/2$ である. $\langle S \rangle = S_D = S_U$ であるから, S_C は $S_C = S_{res}$ で与えられる. また, $\langle S_{res} \rangle = 0$ である. これは各共鳴項が互いに統計的に無相関であることを意味する. その意味でこの式は, D が存在する場合の統計的理論を展開する場合の基礎として適している[62].

最後に, 統一理論の基礎としてランダム行列の理論[63] があることを付け加える. ハミルトニアンの非摂動系による行列要素がランダムであると仮定すると, 断面積等の統計的平均が解析的に計算できることが示された. これによって D と C を統一的に取り扱う可能性が開けた. この理論による実際の計算については今後を期待したい.

25.5 終わりに

核反応の研究は着実にその範囲と深さを広げてきた. 現段階では, 軽イオンによる直接反応での興味の中心は再び連続状態への遷移 (数 GeV 以下のエネルギーでの特定スピン・アイソスピン・パリティの状態の励起, 前平衡多段階過程, 破砕反応等) に移っている. 陽子-重陽子衝突をはじめとする少数核子系の反応は依然として重要な研究課題である. 天体核物理の分野では超低エネルギー荷電粒子の捕獲反応の研究に進展がある. 重イオン反応ではクーロン障壁以下の低エネルギーでの反応, 超重核

の生成反応などに研究の前線が広がっている．近年の新しい盛んな研究領域は不安定核，ハイパー核に関するもので，それらの生成と分光学，不安定核を入射粒子とする反応などがある．また，次の大きな研究課題には，今まさに実験が始まった相対論的高エネルギー重イオン反応による高温高密度ハドロン物質，特にクォーク・グルーオン・プラズマ，の形成と崩壊がある．これら研究が今後どの様な新しい世界に導くのか興味は尽きない．

核反応論の進展の中で，直接・複合核過程を中心とする理論は常に基本的な役割を果たしてきた．それが築かれてきた過程の中で本稿で述べたような努力もあったことを知って頂けたら幸いである．言うまでもなく，ここで取り上げたのは核反応研究の極く一部に過ぎない．ここで触れなかった多くの研究と重要な寄与が我が国の研究者によってなされてきた．それらについては，別の機会にどなたかが紹介されることに期待したい．（筆者＝かわい・みつじ，九州大学名誉教授．1930 年生まれ，1953 年東京大学理学部卒業）

参考文献

紙面の都合もあり，実験の論文の引用は殆ど省略したことをお断りする．

1) R. Serber : Phys. Rev. **72** (1947) 1114.
2) 野上茂吉郎編：新編物理学選集 25『高エネルギー核反応』（日本物理学会，1960）．
3) S. T. Butler : Proc. Roy. Soc. **208A** (1951) 559.
4) H. H. Barshall : Phys. Rev. **86** (1952) 431.
5) H. Feshbach, C. E. Porter and V. F. Weisskopf : Phys. Rev. **96** (1954) 448.
6) 京大基研編：『京都大学基礎物理学研究所 1953～1978』(1978).
7) M. L. Goldberger : Phys. Rev. **74** (1948) 1269.
8) S. Hayakawa, M. Kawai and K. Kikuchi : Prog. Theor. Phys. **13** (1955) 415.
9) K. Kikuchi and M. Kawai : *Nuclear Matter and Nuclear Reactions* (North-Holland, 1968).
10) たとえば，A. M. Lane and C. F. Wandei : Phys. Rev. **98** (1955) 1524.
11) K. Harada and N. Oda : Prog. Theor. Phys. **21** (1959) 260. K. Kikuchi : Nucl. Phys. **12** (1953) 305, **20** (1960) 601.
12) J. Negele and K. Yazaki : Phys. Rev. Lett. **47** (1981) 71. S. Fatoni, B. L. Friman and V. R. Pandharipande : Phys. Lett. B **104** (1981) 89.
13) 理論：M. Kawai : Prog. Theor. Phys. **27** (1962) 155. Y. L. Luo and M. Kawai : Phys. Rev. C **43** (1991) 2367. M. Kawai and H. A. Weidenmüller : *ibid*. **45** (1992) 1856. 実験の解析：Y. Watanabe and M. Kawai : Nucl. Phys. A **560** (1993) 43 ; Y. Watanabe, *et al.* : Phys. Rev. C **59** (1999) 2136 ; K. Ogata, *et al.* : *ibid*. **60** (1999) 054605 ; Sun Weili, *et al.* : *ibid*. (1999) 064605.
14) R. D. Woods and D. S. Saxon : Phys. Rev. **95** (1954) 577.
15) N. Austern, S. T. Butler and H. McManus : Phys. Rev. **92** (1953) 350.
16) S. Hayakawa and T. Sasakawa : Prog. Theor. Phys. **12** (1954) 401.
17) G. Shrank, P. C. Gugelot and I. E. Dayton : Phys. Rev. **96** (1954) 1156.

18) S. Hayakawa and S. Yoshida: Proc. Phys. Soc. London A **68** (1955) 656; Prog. Theor. Phys. **14** (1955) 1.
19) D. Brink: Proc. Phys. Soc. London A **68** (1955) 994.
20) W. Tobocman and M. Kalos: Phys. Rev. **97** (1955) 132.
21) G. R. Satchler: *Nulear Direct Reactions* (Oxford Univ. Press, 1983).
22) R. Kajikawa, T. Sasakawa and W. Watari: Prog. Theor. Phys. **16** (1956) 152.
23) N. F. Mott and H. S. W. Massey: *The Theory of Atomic Collisions, 2 nd ed.* (Oxford Univ. Press, 1949) p. 115.
24) K.-I. Kubo: Prog. Theor. Phys. **44** (1990) 929.
25) M. H. Macfarlane and J. B. French: Rev. Mod. Phys. **32** (1960) 567.
26) S. Yoshida: Prog. Theor. Phys. **12** (1954) 141.
27) S. Yoshida: Phys. Rev. **123** (1961) 2122; Nucl. Phys. **38** (1962) 380.
28) S. Yoshida: Nucl. Phys. **33** (1962) 685.
29) T. Honda, H. Horie, Y. Kudo and H. Ui: Nucl. Phys. **62** (1965) 561.
30) M. Kawai and K. Yazaki: Prog. Theor. Phys. **37** (1967) 638. M. Igarashi, M. Kawai and K. Yazaki: *ibid*. **42** (1969) 245, **49** (1973) 825.
31) A. Prakash: Phys. Rev. Lett. **20** (1968) 864. A. Prakash and N. Austern: Ann. Phys. (New York) **51** (1969) 418. R. J. Philpott, W. T. Pinkston and G. R. Satchler: Nucl. Phys. A **119** (1968) 241.
32) K. Sugawara: Nucl. Phys. A **119** (1968) 305. K. Sugawara-Tanabe: *ibid*. **177** (1971) 650.
33) I. Hamamoto: Nucl. Phys. A **126** (1969) 545, **141** (1970) 1.
34) R. Namai: Prog. Theor. Phys. **69** (1983) 1704.
35) H. Tyren and Th. A. Maris: Nucl. Phys. **3** (57) 35 and 52, **4** (57) 277, 637, and 662, **6** (58) 82 and 446, **7** (58) 24 and 281.
36) M. Kawai and T. Terasawa: Prog. Theor. Phys. **22** (1959) 513.
37) M. Kawai, T. Terasawa and K. Izumo: Prog. Theor. Phys. **27** (1962) 404.
38) A. K. Kerman, H. McManus and R. M. Thaler: Ann. Phys. (New York) **8** (1959) 738.
39) M. Kawai, T. Terasawa and K. Izumo: Nucl. Phys. **59** (1964) 289.
40) N. Austern: *Direct Nuclear Reaction Theories* (John Wiley & Sons, 1970).
41) K. Ikeda, S. Fujii and J. I. Fujita: Phys. Lett. **3** (1963) 271. J. I. Fujita, S. Fujii and K. Ikeda: Phys. Rev. **133** (1964) B 549. J. I. Fujita and K. Ikeda: Nucl. Phys. **67** (1965) 145.
42) 宇田川猛、吉田　弘、久保謙一、山浦　元: *ELAST SCAT, INSDWBA-1*, INS-PT-8 (1965). 河合光路、久保謙一、山浦　元: *INSDWBA-2*, INS-PT-9 (1965). (その後、岡井末二による改良が加えられた。) T. Une, T. Yamazaki, S. Yamaji and H. Yoshida: *INS-DWBA-3*, INS-PT-10 (1965).
43) M. Toyama: Phys. Lett. **38B** (1972) 147. R. Schaeffer and G. F. Bertsch: *ibid*. 159.
44) 文献が多いので、文献21と初期のものについては下記を参照されたい。外山　学、今西文竜: 素粒子論研究 **52** (1976) 127. M. Kawai: in *Proc. 1978 INS Int. Symp. Nuclear Direct Reactions, Fukuoka, 1978*, ed. M. Tanifuji and K. Yazaki (INS, Univ. of Tokyo, 1979).

45) TWOSTP, 外山 学, 五十嵐正道, 1991, TWOFNR, 五十嵐正道, 1991 [英訳, Y. Aoki and M. Yabe]. 特に二核子移行反応については, U. Götz, M. Ichimura, R. A. Broglia and A. W. Winther : Phys. Rep. **16C** No. 3, 115 (1975) ; M. Igarashi, K. Kubo and K. Yagi : Phys. Rep. **199**, No. 1, 1 (1991) を参照のこと.
46) S. Yoshida : Proc. Phys. Soc. London A **69** (1956) 668.
47) (a) T. Tamura : Rev. Mod. Phys. **37** (1965) 679 ; Annu. Rev. Nucl. Sci. **19** (1969) 99.
    (b) P. H. Stelson, J. L. C. Ford, Jr., R. L. Robinson, C. Y. Wong and T. Tamura : Nucl. Phys. A **119** (1968) 14.
48) T. Ohmura, B. Imanishi, M. Ichimura and M. Kawai : Prog. Theor. Phys. **41** (1969) 391, **43** (1970) 347, **44** (1970) 1242. B. Imanishi, M. Ichimura and M. Kawai : Phys. Lett. **52B** (1974) 267.
49) T. Udagawa and H. H. Wolter and W. R. Coker : Phys. Rev. Lett. **31** (1973) 1507. W. R. Coker, T. Udagawa and H. H. Wolter : Phys. Rev. C **7** (1973) 1154 ; Phys. Lett. B **46** (1973) 27.
50) B. Imanishi and W. von Oeritzen : Phys. Rep. **155** (1987) 29.
51) R. C. Johnson and P. J. R. Soper : Phys. Rev. C **1** (1970) 976. H. Amakawa, S. Yamaji, A. Mori and K. Yazaki : Phys. Lett. B **82** (1979) 13.
52) M. Kamimura, M. Yahiro, Y. Iseri, Y. Sakuragi and M. Kawai : Prog. Theor. Phys. Suppl. No. 89 (1986) 1. N. Austern, Y. Iseri, M. Kamimura, M. Kawai, G. Rawitscher and M. Yahiro : Phys. Rep. **154** (1987) 126.
53) N. Austern, M. Yahiro and M. Kawai : Phys. Rev. Lett. **63** (1989) 2649. N. Austern, M. Kawai and M. Yahiro : Phys. Rev. C **53** (1996) 314.
54) W. G. Love, T. Terasawa and G. R. Satchler : Nucl. Phys. A **291** (1977) 183.
55) S. K. Penny and G. R. Satchler : Phys. Lett. **5** (1963) 212.
56) G. E. Brown : Rev. Mod. Phys. **31** (1959) 893.
57) R. G. Thomas : Phys. Rev. **100** (1955) 25. M. Nagasaki : Prog. Theor. Phys. **16** (1956) 429. H. Ui : *ibid*. 299.
58) F. L. Friedman and V. F. Weisskopf : in *Niels Bohr and the Development of Physics*, ed. W. Pauli (Pergamon, London, 1955).
59) M. Sano, S. Yoshida and T. Terasawa : Nucl. Phys. **6** (1958) 20. M. Sano : Prog. Theor. Phys. **27** (1960) 180.
60) H. Feshbach : Ann. Phys. (New York) **5** (1958) 357, **19** (1962) 287 ; Annu. Revs. Nucl. Sci. **8** (1958) 49.
61) M. Kawai, A. K. Kerman and K. W. McVoy : Ann. Phys. (New York) **75** (1973) 156.
62) H. Feshbach : *Theoretical Nuclear Physics, Nuclear Reactions* (John Wiley & Sons, 1992).
63) H. Nishioka, J. J. M. Verbaarschot, H. A. Weidenmuller and S. Yoshida : Ann. Phys. **172** (1986) 67. H. Nishioka, H. A. Weidenmuller and S. Yoshida : *ibid*. **183** (1988) 166.

初出:日本物理学会誌 **51** (1996) 799-805.

26. 不安定核ビームによる物理

谷 畑 勇 夫

26.1 は じ め に

1980年代の中頃に、核物理の分野で新しい道具（不安定核ビーム）が開発された[1]。不安定核ビームとは、安定同位体に加えて不安定同位体をビームとして利用するものである。最近では、種々の粒子ビームが、多くの研究分野で重要な役割を果たしているが、不安定核ビームはこれまでにない優れた特徴を持っており、その使用により原子核物理や、宇宙物理では新たな発展の道が開かれた。ここでは、まず不安定核ビームの特徴を述べ、その後、新しく開かれた核物理学研究について簡単に紹介する。

天然に存在する原子核のイオンを加速した重イオンは、1950年代以降、多方面の研究や応用に使用されている。天然には、安定なアイソトープは元素によっては一種だけ、多くても数種しか存在しない。そのため、重イオンを用いた研究では、一種の元素に限ると、質量やスピンを変化させて系統性を見ることは不可能であった。

不安定核（ベータ崩壊、核分裂等で自然壊変する原子核）は6,000種以上もあると考えられており（安定核は約270種）、これらのビームは利用可能な核種及び方法を大幅に増やし、種々の系統的研究の可能性を開くことになった。不安定核ビームの利用上の特徴をまずリストすると、

1) 元素及びアイソトープの選択が自由である。
2) 植え込みの位置、深さのコントロールが容易である。
3) 放射性であるので検出感度が高い。
4) 寿命が選べる。
5) スピンが選べる。

などである。このような特徴は、あるものは重イオン、他のものは放射性核一般の特徴として使われてきたものがほとんどである。不安定核ビームは、これらの特徴を加え合わせて持ち、これまで不可能であったか、または非常に困難であった現象の解明に役立つものと信じられている。

26.2 新しく開かれた核物理

26.2.1 核 半 径

原子核の構造を研究する上で、これまでの大きな制限は散乱実験に使えるビーム及

びターゲットが，安定な核に限られることであった．この制限は核物理学にとって，単に多くの原子核へのアクセスを妨げるだけでなく，研究が可能な現象の種類を狭い範囲に縛るものであり，基本的な意味をもっていた．この制限があるため，核半径，磁気モーメント，一粒子軌道，巨大共鳴散乱過程や反応機構などの詳細な実験データは，核図表上で安定線近くの細い帯の中でしか得られていなかった．

不安定核ビームの登場により，この制限は一気に取り払われた．たとえば，短寿命不安定核の半径や磁気モーメントが，次々と決定され，さらに短寿命核の散乱過程の測定がなされるようになった．都合の良いことに，不安定核という新しいサンプルを取り扱うということを除いては，これまで安定核の研究において開発され，発展し，確立した実験法，解析法が，そのまま使える．このため，系統的研究の重要なパラメータとして望まれていた，アイソスピンや，核子分離エネルギーなどを自由に変化させて研究することが可能となった．

さて，このような中で発見された新しい核構造と現象について，以下に述べる．原子核の密度分布は，電子散乱による電荷分布と，高エネルギー陽子散乱による核子分布の測定により，陽子分布と中性子分布を分離して測定される．これらの結果から，以下の三つの重要なルールが得られていた．

1) 核半径は質量数（すなわち総核子数 A）の1/3乗に比例する．
2) 核表面の厚さ（密度が減少する部分）はすべての核で同じである．
3) 陽子と中性子の分布は相似である．

これらの性質は核力の飽和性，到達距離，対称性などの基本的な原理から生みだされるものと考えられた．しかし不安定核の密度分布の測定（測定法については文献1)により，これらは安定核のみで成り立つ特殊な性質であることがわかってきた．中性子スキンや中性子ハローの出現がそのことを日の下に照らし出した．これらの現象はどのようなものか見てみよう．

26.2.2 中性子スキン

まず，^{8}He+C と ^{4}He+C 反応の全相互作用断面積や中性子除去反応断面積から，^{8}He核では中性子分布の平均2乗半径が，陽子分布のそれより約1 fm も大きいことがわかり，表面付近には陽子がほとんど存在せず，中性子だけの層"中性子スキン"ができていることが発見された．これほど厚い中性子層が観測されたのは初めてのことである[2]．

また，Na のアイソトープで系統的に，陽子分布の半径と中性子分布の半径が決定された．陽子半径はアイソトープシフトの測定から，中性子の半径は全相互作用断面積から決定された[3]．その結果，安定なアイソトープ ^{23}Na では陽子と中性子の半径は等しく，そこから中性子が増すにつれて徐々に中性子の半径が陽子半径より大きくなっていき，0.3 fm 以上の厚さの中性子スキンができている．また ^{23}Na より中性子欠

損核では陽子半径のほうが大きくなっている．このように中性子過剰な不安定核では中性子スキンが，中性子欠損核では陽子スキンが作られていることが明らかになった．

以前には，安定核では中性子数が陽子数の1.5倍もある^{208}Pbですら中性子スキンの厚さは0.1fm以下と見積もられていたので，驚くべきことである．その後の発展により，現在，中性子スキンは中性子過剰不安定核では，一般的に存在するものと考えられている．

26.2.3 中性子ハロー

中性子を増やしてゆくと，アイソトープは束縛エネルギーが小さくなって，より不安定になり寿命が短くなる．そして，それ以上中性子を付け加えても束縛状態を作らなくなる極限があり，それを中性子ドリップ線と呼ぶ．中性子ドリップ線近くにある短寿命核^{11}Liや^{11}Beには密度は薄いが大きく拡がった中性子の霧（中性子ハロー）が存在することが核半径の系統的測定から発見された[4]．中性子ハローは中性子の分離エネルギーが小さくなった時に生じる．たとえば^{11}Beでは分離エネルギーは540KeV, ^{11}Liでは300KeVである．安定核での分離エネルギー6〜8MeVに比べて極端に小さいことがわかる．

その他にも，^{17}B, ^{19}C等ほとんどの元素のドリップ線近傍には中性子ハローを持った原子核があることがわかった．この中性子ハロー核は，これまでになかった新しい核構造であり，ポテンシャルの変化，新しい低エネルギーにおける巨大共鳴，分子状構造を持った原子核など，種々の新しい問題を投げかけている．また，粒子軌道の変化を誘導するため，下記の魔法数の変化などの発見の手がかりにもなった[5]．

26.2.4 魔法数の変化

原子核の魔法数は，原子核の結合エネルギーが増大すること等により発見された．1948年メイヤー（Mayer）とイェンセン（Jensen）は，核力の中に軌道・スピン相互作用を導入することにより，すべての魔法数をみごとに説明し，それを基にした殻模型（シェルモデル）は，原子核の性質を説明する強力な道具となった．それ以来，魔法数は陽子と中性子の混合比によって変化しない，すなわち陽子の魔法数は中性子数によらず，また中性子の魔法数は陽子数によらないと考えられてきた．しかし，それは安定な原子核の性質から認識されたものであった．

ところが最近の不安定核ビームを用いた実験により，短寿命原子核，特に陽子数に比べて中性子数の大きな中性子過剰核で，魔法数が消滅することを示す，いくつかの測定結果が発表された．これらによると，陽子数が5より小さいときには中性子の魔法数8が，陽子数が10以下では中性子の魔法数20が消えているというものであった[6]．さらに，中性子過剰核の，半径の異常と分離エネルギーの系統的な研究から，中性子過剰の場合のみ16という魔法が，新しく現れることが，最近発見された[7]．

これらの観測は，魔法数は不変のものではなく，中性子と陽子数の比が変化するにともなって，変わっていくことを示している．不安定核における魔法数は，これからの観測で大きく変えられる可能性がある．

26.3 おわりに

原子核物理学における不安定核ビームの利用について述べた．不安定核ビームはそれだけではなく，天体核物理学においても，大きな可能性を開いた．その中でも，最も注目されているのが元素合成過程の研究である．

非一様ビッグバンモデルに関連した ^{8}Li$(\alpha, n)^{11}$B 反応の研究[8]，高温の恒星での CNO サイクルから HotCNO サイクルへの変化の始まりとなる ^{13}N$(p, \gamma)^{14}$O とそれに続く反応[9]，太陽ニュートリノの生成に重要な ^{7}Be$(p, \gamma)^8$B 反応など[10]，不安定核が関与した反応の研究が次々と進んでいる．今後，より重い元素の合成過程である，R-過程などの研究も進むものと期待される．

不安定核ビームは，その他にも，物性研究に，希釈不純物によるNMR，短寿命核を親核とするメスバウワー分光などにも利用が広がりつつある．

今後の発展が期待される分野である．　（筆者＝たにはた・いさお，前 理化学研究所 RI ビーム科学研究室．1947年生まれ，1969年大阪大学理学部卒業）

参考文献

1) I. Tanihata : *TREATISE ON HEAVY-ION SCIENCE, Vol. 8*, Edited by D. A. Bromley (Plenum Publishing Corporation, 1989) p. 443. I. Tanihata : *Progress of Particle and Nuclear Physics, Chapter 6, Vol. 35* (1995) 505.
2) I. Tanihata, D. Hirata, T. Kobayashi, S. Shimoura, K. Sugimoto, and H. Toki : Phys. Lett. B **289** (1992) 261.
3) T. Suzuki, *et al*. : Phys. Rev. Lett. **75** (1995) 3241.
4) I. Tanihata : J. Phys. G : Nucle. Part. Phys. **22** (1996) 157-198.
5) A. Ozawa, *et al*. : Nucl. Phys. A **608** (1996) 63-76.
6) T. Motobayashi, *et al*. : PL B **346** (95) 9.
7) A. Ozawa, T. Kobayashi, T. Suzuki, K. Yoshida and I. Tanihata : Phys. Rev. Lett. **84** (2000) 5493.
8) R. N. Boyd, *et al*. : Phys. Rev. Lett. **68** (1992) 1283.
9) T. Motobayashi, *et al*. : Phys. Lett. B**264** (1991) 259. S. Kubono : Nucl. Phys. A**588** (1995) 305.
10) T. Motobayashi, *et al*. : Phys. Rev. Lett. **73** (1994) 2680.

27. 高エネルギー核物理

初 田 哲 男

ハドロン（陽子，中性子，パイ中間子や，その励起状態）は，クォークとグルオンの束縛状態で，量子色力学（QCD）がその多様な構造や相互作用を支配している．量子電気力学（QED）のハミルトニアンが書けても，超伝導現象が理解できたとは言えないように，ハドロンの力学は，QCDハミルトニアンからの自明な帰結ではない．たとえば，QCDの真空は，クォーク・グルオンの凝縮状態である事がわかっているが，これは本質的に摂動論では扱えない現象である．今日の高エネルギー核物理（しばしばハドロン物理学と呼ばれるので，ここでもそれに従う）は，ハドロンの構造，QCDの真空構造，高温高密度核物質の構造と相転移などを，QCDに基礎をおいて，クォーク・グルオンの量子多体問題という観点から研究する分野と位置付けられる．以下，ハドロン物理学の成立に至る過程と現在のフロンティアについて述べよう．

27.1 ハドロン物理学の成立過程

非整数電荷を持つクォークは，ハドロンの分類学における仮想粒子として1964年に初めて導入された．更に，1967年から始まったスタンフォード線形加速器センター（SLAC）における電子-核子の深部非弾性衝突実験で，核子中に存在する点状粒子の存在が明らかになった．その後の詳細なレプトン-核子衝突実験や，チャームクォークの発見などにより，クォークとグルオンを支配する力学がQCDである事が，1970年代半ばには確立する．QCDは，カラー $SU_c(3)$ ゲージ対称性を持ち，その帰結として以下の特徴を持つ．

(1) 漸近自由性：QCDの有効結合定数が高エネルギーで対数的に弱くなる現象．70年代初頭に理論的に証明され，現在では高い精度で実験的に確かめられている．

(2) クォークの閉じ込め：QCDの有効結合定数が低エネルギーで強くなり，クォークやグルオンは，カラー $SU_c(3)$ の1重項であるハドロンの中に閉じ込められる現象．現在では，格子QCDの数値シミュレーションにより，強い数値的証拠が蓄積されている．しかし，その解析的証明はまだ存在しない．

(3) カイラル対称性の自発的破れ：低エネルギーでのQCDの強い相互作用のため，真空中でクォーク-反クォーク対が凝縮する．これは，クォーク質量をゼロとした時にQCDが持つカイラル対称性が自発的な破れをおこし，同時にクォ

ークの有効質量が生まれる事を意味する．また，パイ中間子は，カイラル対称性の自発的破れに伴う南部-ゴールドストーン粒子と同定できる．

1970年代にQCDが確立した後，1980年代初頭からハドロン物理学は新しい展開をみせる．それはクォーク・グルオンの多体問題である．たとえば1980年代初めに，構成子クォーク模型の核力への応用がなされた．これは，原子核の安定性に必須である核子間の近距離での強い斥力の起源を，核子のクォーク構造に求めるもので，原子核物理においてクォークの自由度が本格的に導入される端緒になる．また，格子QCDの数値シミュレーションで，QCDの有限温度相転移と，高温でのクォーク・グルオン・プラズマの存在が示されたのもこの時期である．以後，EMC効果，ストレンジ物質，高密度星中でのクォーク物質，カラー超伝導，核子のスピン構造問題，媒質中でのハドロンの構造変化，相対論的重イオン衝突とクォーク・グルオン・プラズマなど，さまざまな方向でのクォーク・グルオン多体問題の研究が80年代，90年代を通じて進展してきた．

27.2 ハドロン物理学のフロンティア

現在のハドロン物理学には，4つの主要なフロンティアがある．

第1のフロンティアは，高温でのQCD相転移である．ビッグバン宇宙論では，宇宙は高温状態から始まり，膨張に従って温度を下げながら，約100億年の年月を経て，現在に至ったと考えられている．ビッグバンから約10^{-5}秒までは，宇宙は$T_c = 2 \times 10^{12}$ K（約170 MeV）を越える温度にあり，一様なクォーク・グルオンのプラズマ状態にあった．しかし，温度がT_cより低くなると，クォーク・グルオンはハドロンの中に閉じ込もってしまう．この閉じ込め相転移に伴い，系のエントロピー密度は急激に減少する．これは，高温側ではカラーの自由度が解放されているのに対して，低温側ではカラー1重項の励起しか許されないためである．この高温QCD相転移を実験室で生成する目的で建設されたのが，ブルックヘブン国立研究所（BNL）の相対論的重イオン加速器RHICで，2000年6月から稼動を始めている．RHICでは，核子あたり最高100 GeVで重イオンを衝突させ，衝突の中間状態でクォーク・グルオン・プラズマを生成する事を目標としている．相転移のシグナルとして，ストレンジネスの異常生成，J/Ψ粒子の異常抑制，レプトン対の異常スペクトルなど複数の理論的予言がある．実験的には，これら複数のシグナルを同時観測する事で相転移を確認する事になる．今後数年間に，RHICからの大量のデータが蓄積され，高温核物質とクォーク・グルオン・プラズマの研究が大きく進展すると期待されている．

第2のフロンティアは，高密度核物質と中性子星の構造の研究である．中性子星は，半径が約10 km，質量が太陽の約1.4倍の高密度星である．クラストと呼ばれる表面1 km未満の固体層を除けば，中性子の一様物質にわずかな陽子と電子が混ざっ

た量子液体相が中性子星の大部分を占めると考えられてきた．しかしながら，10^{12} kg/cm（原子核の密度の約3倍）を越える中性子星の深部では，ストレンジネスを含むハイペロンの混合，K中間子凝縮体，そして高密度クォーク物質が現れている可能性もある．中性子星は，このような高密度におけるQCDの諸相を研究する上での格好の対象なのである．さらに，星全体が非閉じ込め相にあるクォークで構成され，ストレンジクォークを大量に含むクォーク星が存在する可能性もある．観測面では，その質量や半径のみならず，パルサーの回転周期やその変動，磁場，温度などの観測データの蓄積が進んでおり，中性子星やクォーク星の内部構造に関する拘束条件となっている．理論的には，通常の原子核やハイパー核のデータから得られる核物質や核力の情報を用いた外挿が，これまでの標準的手法であったが，今後，格子QCDからの第一原理計算の発展が期待される．また，中性子星内部のハイペロン混合については，ハイペロン-核子，ハイペロン-ハイペロン相互作用がその鍵になり，2006年完成を目指して東海村に建設が開始されている Japan Hadron Facility（JHF）で，その実験的研究が大きく進展すると期待されている．

第3のフロンティアは，高エネルギーQCD過程（レプトン-ハドロン反応及びハドロン-ハドロン反応）による，核子のクォーク・グルオン構造の研究である．クォーク・グルオン複合系である核子は，その内部運動が本質的に相対論的であるのみならず，クォーク・グルオンの対生成対消滅が頻繁に起こるという点で，これまで知られている分子・原子・原子核などのいかなる束縛系とも異なっている．レプトンによる核子の深部非弾性散乱や，ハドロン-ハドロンのドレル-ヤン過程の断面積は，クォーク・グルオンが関与する高エネルギーQCD素過程と，クォーク・グルオンの核子中での分布関数に因子化できる（QCDの因子化定理）．したがって，素過程を摂動計算すれば，縦運動量分布，縦スピン分布，横スピン分布，歪対称分布など，色々なクォーク・グルオン分布関数を実験データから引き出すことができる．すでに，核子のスピン1/2がクォーク・反クォーク・グルオンにどのように分配されているのか（核子のスピン問題），低運動量でのグルオン分布とポメロン，偏極グルオン分布，などが精力的に研究されている．実験的には，HERA（DESY）での陽電子-陽子衝突，Tevatron（フェルミ国立研究所）での陽子-反陽子衝突実験，CERNでのCompass共同研究による偏極ミューオン-陽子衝突，RHICでの偏極陽子-陽子衝突など，今後ますます新しいデータが現れ，核子のクォーク・グルオン構造がより鮮明に見えてくるであろう．

第4のフロンティアは，QCDの数値シミュレーションである．1974年の提唱以来，格子ゲージ理論は第1原理からQCDを解く最も有力な方法として発展してきた．現在では，1 Tflops級の超並列計算機を用いて，クォークの真空偏極を無視する近似（クェンチ近似）を用いれば，ハドロンの質量を実験値に対して10%以内の

精度で計算できる．また，高温 QCD 相転移の相図や相転移温度，高エネルギー QCD 過程でのハドロン行列要素，弱い相互作用の関与するハドロン行列要素などが研究されており，第1，第3のフロンティアの拡大に欠かせない要素となっている．今後，10 Tflops, 100 Tflops 級の計算機の開発，クェンチ近似を越えた精密計算，第2のフロンティアに関連した有限密度におけるシミュレーション技法の開発が進むであろう．

　以上，高エネルギー核物理（ハドロン物理学）の成立とフロンティアを概観した．その柱を一言で述べれば，「クォーク・グルオンの量子多体問題」と言うことができる．その対象は，ハドロンの構造，宇宙初期，高密度星，そして実験室での高温プラズマ生成などの広い領域にまたがり，理論・実験・観測があいまった研究が進展すると考えられる．（筆者＝はつだ・てつお，東京大学大学院理学系研究科教授．1958 年生まれ，1981 年京都大学理学部卒業）

IV 超高温

28. 核融合をめざしたプラズマの研究

宮 本 健 郎

28.1 は じ め に

　核融合反応が発見されたのは 1920 年代のことであった．それは，陽子や重陽子の粒子線を，原子番号の小さい元素を標的にしてぶつけるというものである．しかしこのような方法によると，粒子線のエネルギーの大部分は，標的元素のイオン化その他の非弾性衝突により熱化に費やされてしまい，核融合反応を起こす確率は極めて小さくなってしまう．

　現在エネルギー開発をめざす核融合は，高温プラズマを利用している．プラズマ中においては，水素イオンがさらに高次の電離をしたり励起されたりすることはあり得ない．またイオンや電子がクーロン衝突を繰り返しても，もしプラズマがある領域内に断熱的に閉じ込められていれば温度は下がらない（ただし制動放射，シンクロトロン放射などは無視できると仮定した場合）．したがって高温プラズマを長く閉じ込めておくことができれば，クーロン反発力を乗り越えて核融合反応を起こす粒子数がふえ，エネルギーを取り出すことが期待できる．重水素 D-三重水素 T プラズマの場合は，1 億度（10 keV）以上に加熱し，プラズマ密度 n とエネルギー閉じ込め時間 τ_E との積 $n\tau_E$ を少なくとも 10^{20} m^{-3}·s 以上にする必要がある[1]．

　高温プラズマの不安定性をいかに抑制するか，放射，対流，熱伝導によるエネルギー損失をいかに小さくするかが，核融合を目指すプラズマ物理の最も重要な課題である．数々のプラズマ閉じ込め装置，加熱法が考案され，試みられてきた．それらから得られた多くの成果の積み上げにより，途方もないことと思われていた炉心プラズマ臨界条件（核融合出力＝外部加熱入力）も，ようやく大型トカマク実験により実現されるようになってきた．かかる時期にあたって日本におけるこれまでの研究の道程をたどってみたい．

28.2　1958〜1961 年

　制御熱核融合に関する研究は，第 2 次大戦後米国，ソ連，英国などで極秘裡に進められ，当時としてはかなり大型の実験装置（Stellarator C, Zeta, Ogra など）が建設されていた．しかし当初の期待に反して，プラズマが激しい電磁流体力学的（MHD）不安定性を示すことが観測され，核融合の実用化にはほど遠く，プラズマの基礎的研究，国際的な研究情報の交換の必要性が認識されるに至った．1958 年に

第2回原子力平和利用国際会議がジュネーブで開かれ，この会議の核融合部会では，これまで秘密のベールに包まれていた研究内容が堰を切ったように発表された．この会議を境にして核融合研究は国際的な研究活動へと広がっていった．かかる状況は，フランス，ドイツと共に後発の日本の核融合研究者にとっても，先発の国々に追いつき肩を並べる機会をもたらすことになったわけで，幸運なことであったかも知れない．

　1958年には，現在のプラズマ・核融合学会の前身となる核融合懇談会が発足し，学術雑誌『核融合研究』が誕生した．この新しい分野の核融合研究に参加してきた研究者の出身分野は原子核，電気工学，放電物理など様々であった．プラズマ・ベータートロン（宮本梧楼），ヘリオトロン（宇尾光治），環状放電（山本賢三），Zピンチ（岡田実）などの研究が始まっていた．

　同じく1958年には，総理府，原子力委員会に核融合専門部会が設置され，湯川秀樹を部会長として研究方針が検討された．多くの議論が重ねられ，学術会議核融合特別委員会でも意見の調整が行われたが，結局，湯川部会長は菊池正士原子力委員，伏見康治核融合特別委員会長，嵯峨根遼吉原子力研究所理事と協議の結果，プラズマを総合的，基礎的に研究する研究所として，1961年全国的な協力体制のもとに名古屋大学にプラズマ研究所を開設することになった[2,3]．初代研究所長は伏見康治である．プラズマ研の設置にあたって，名古屋大学に既にあったプラズマ研究施設（山本賢三施設長）は包摂されることになった．名古屋大学側の大局的見地からの判断であったと推察される．

28.3　1961〜1971年頃

　国際原子力機関（IAEA）の主催によるプラズマ物理・制御核融合に関する第1回国際会議（以下 IAEA 会議[4]と略する）は，1961年 Salzburg で開催され，それ以降この会議は2000年までに既に18回を重ねている．1961年に開設されたプラズマ研究所で最初に進められていたのは線形プラズマの研究であった．トーラス（環状装置）より装置が簡単で，不安定性を避けプラズマの物性が調べられやすいためであった．比較的大型のQP(長尾重夫)，BSG計画(内田岱二郎)とTPD(高山一男)，TPM(池上英雄)，TPC計画が進められた．QPマシンは，PIGプラズマ源によるプラズマを線形磁場に導き，イオン・サイクロトロン波加熱やシーターピンチを加えて高温プラズマの研究を行った．BSG装置は，シーターピンチで発生した高温プラズマを弱い磁場に膨張させ，高速プラズマ流をミラー磁場で止めてプラズマの断熱圧縮を目標とした．TPDでは，高密度，定常プラズマ（10^{20} m^{-3}）の発生とその応用，TPMでは，ミラー磁場における電子サイクロトロン加熱機構や速度空間における非等方性による whistler 不安定性の研究，TPCでは，セシウムプラズマを用いてイオ

ン波によるエコーの現象などの研究が行われた．研究者たちは，実験プロジェクトに追われ海外から洪水のように入ってくる研究情報を理解し咀嚼するのに無我夢中であった．ハードウェアにおいても大型の高真空技術，大電流密度のホロー・コンダクター・コイルの製作，高速高精度の各種計測法など，どれをとっても新たな挑戦であった．

大阪大学超高温理工学研究施設（伊藤博）のコニカル・ピンチ・ガン・プラズマのカスプ入射実験（IAEA 会議'64），日本大学（吉村久光）のシーターピンチ・プラズマ（IAEA 会議'68），日本原子力研究所（森茂）のコニカル・ガン・プラズマ入射実験など，活発な研究がなされた．京都大学工学部のヘリオトロン計画（宇尾光治，IAEA 会議'68），名古屋大学工学部のトカマク計画（山本賢三）は，当時数少ないトーラス・プラズマ研究への挑戦であった．また浜田繁雄（日大）がトーラス系解析のため 1962 年に導入した自然座標系は Hamada Coordinates とよばれて，その後のトーラスの平衡，安定性の解析に広く用いられている[5]．

日本においてようやく研究体制が整いはじめた 1965 年頃，プラズマの MHD 不安定性の理解が進み，安定化の方法が明らかになってきた．米国の General Atomics にいた大河千弘は，toroidal octapole 磁場で平均最少磁場（磁場圧力の磁気面上の平均値がプラズマの外側に向かって増大する配位）を構成し，トーラス・プラズマを始めて安定に閉じ込めることを実証し，注目を集めた（IAEA 会議'65）．平均最少磁場や磁気シアー（捩じれ）が MHD 安定化に有効であることが認識され，最適なトーラス配位が模索された．

プラズマ研においては，このような世界のトーラス閉じ込め研究の進展に対応すべく平均最少磁場の性質をもったステラレータ JIPP-1 計画（宮本健郎）を 1970 年に始めた．日本原子力研究所においては toroidal hexpole 計画（森茂，IAEA 会議'71）が，京都大学ではヘリオトロン D（宇尾光治，IAEA 会議'71）が進められた．JIPP-1 ではトーラスプラズマにおいて対流セルによる損失が探針によって観測された（IAEA 会議'71）．

Princeton 大学プラズマ物理研究所で活躍していた吉川庄一は，内部導体系の spherator を提案し，静かなプラズマ閉じ込めを実証した（IAEA 会議'71）．

28.4 1968〜1973 年（Artimovich の時代）

第 3 回 IAEA 会議は，ソ連の Novosibirsk で 1968 年に開かれた．この会議の最大のトピックスは Kurchatov 研究所の L. A. Artimovich が率いるトカマク・グループの発表であった．T-3 装置によって電子温度 1 keV（1.16×10^7 K）の高温プラズマをボーム時間の 30 倍にあたる数 ms を閉じ込めたという内容である．トカマク計画を始めてから 10 年あまり，世界からあまり注目されないまま，トーラス磁場の精度を

28.4　1968〜1973年（Artimovichの時代）

高め，回転対称性を追求し，MHD安定化のための導体シェルを導入し，真空容器をステンレス・ライナーにし，徹底的に放電洗浄をくり返し，プラズマと真空壁との相互作用を少なくするリミッターの導入などの改良に改良を重ねての結果である．またトカマク・プラズマの平衡，不安定性について解析を進めたV. D. Shafranovの貢献も大きい．

　会場においては，プラズマ抵抗から算定された電子温度は電子の小数高温成分の温度ではないかという疑いが残ったが，もしこれがバルクの電子温度であるとすれば画期的な実験結果である．L. A. ArtimovichとUK国 Culham研究所所長のR. S. Peaseは，イギリスチームによるレーザー散乱電子温度測定の国際的共同研究の実施を合意し，その結果トカマク・グループの実験結果を確認した[6]．これは当時のソ連の体制

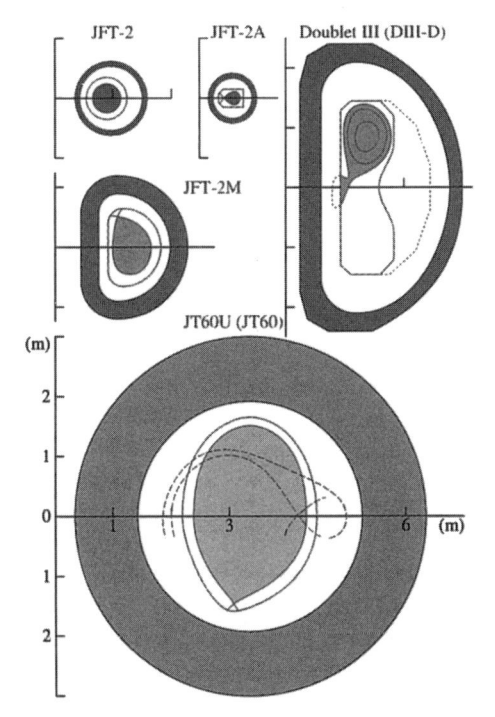

図1　日本原子力研究所のトカマク装置JFT-2, JFT-2A, JFT-2M, JT 60, JT 60UおよびGeneral AtomicsのDoublet IIIの概略断面図
　　トロイダル・コイル，真空容器，プラズマのみを示す．ポロイダル・コイル，架台などは省略してある．JT 60の真空容器，プラズマは上半分のみ点線でJT 60U断面図に重ねて表示した．

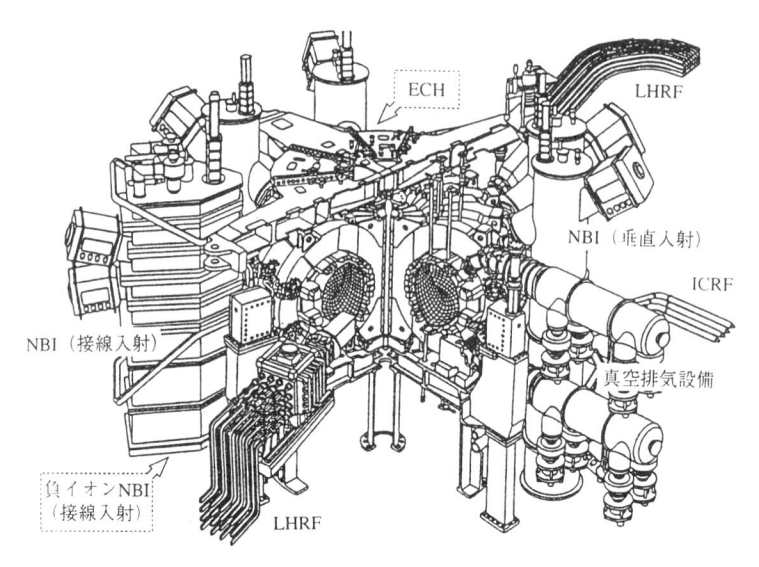

図2 JT60Uの鳥瞰図

下では特別の計らいであった．T-3実験の影響は世界の核融合研究分野に衝撃波のように伝わり，各国で新しくトカマク計画が発足した．Princetonプラズマ物理研究所（PPPL）は1年足らずでステラレーターCをSTトカマクに造り変え，1971年のIAEA会議においてT-3の結果を再確認する報告をしている．

日本原子力研究所（原研）ではトカマク装置JFT-2，JFT-2Aを1971年に建設し始めた．1974年東京で開催された第4回IAEA会議では，JFT-2，JFT-2Aの結果が吉川允二から発表された．日本からは18件の発表があり，ようやく先発国のレベルに仲間入りすることができた．プラズマ研においては第2次計画を作成し，1974年にトカマクとステラレーターのhybrid型JIPP-T2の建設を始めた．おりしも1973年秋の第一次石油ショックは核融合研究にとっては追い風となった．

28.5 トカマクの発展（1974年以降）

28.5.1 大型トカマクへ

トカマク・プラズマの研究は世界の磁気閉じ込め研究の主流になった．研究の進展にともなって，装置の規模は大きくなり，新しい特徴を持った装置が数多く加わった．日本原子力研究所が実験を行ったトカマク装置の概略断面図を図1に示す．

第一次石油ショックの前後からTFTR（Tokamak Fusion Test Reactor，米国，1973年発足），JET（Joint European Torus，1972年発足），JT60（Japan Torus 60 m^3，1975年発足），T-15の計画が，着手された．TFTRは当時最も優れたデータを

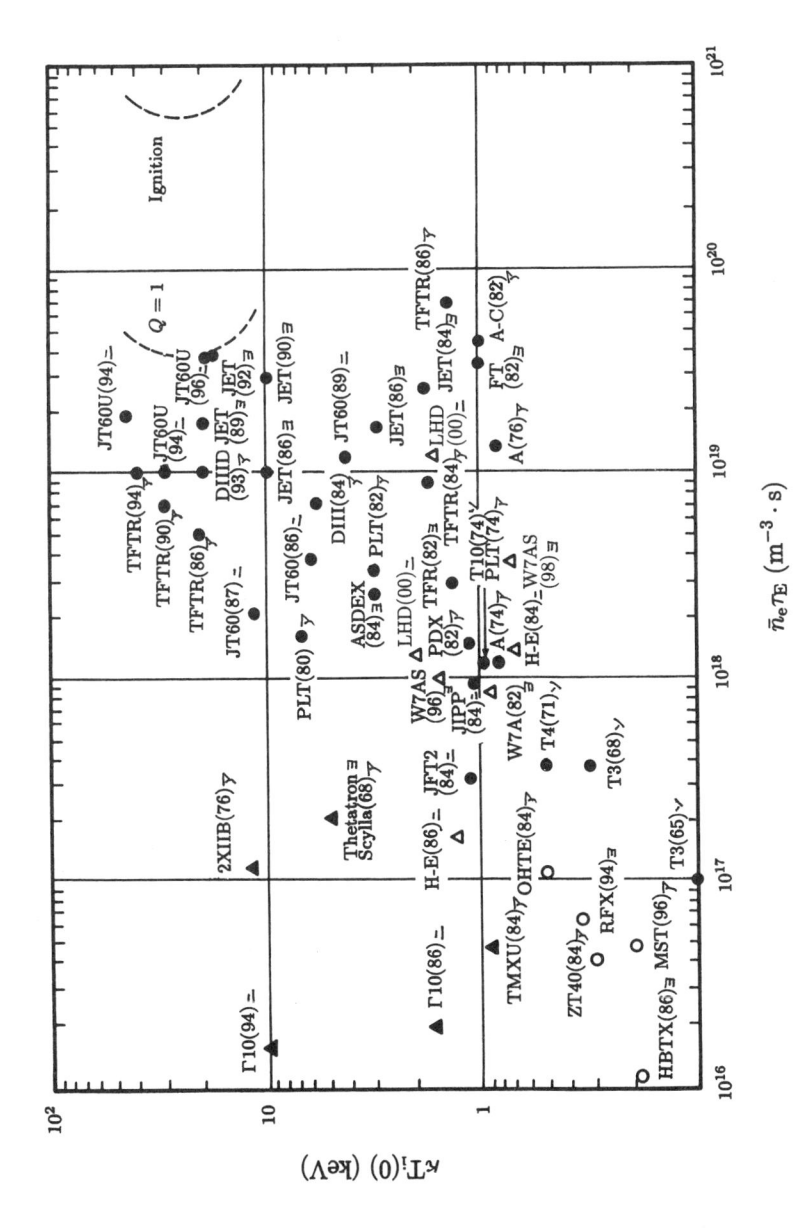

28.5 トカマクの発展（1974年以降）

図3 $\bar{n}_e\tau_E$ − $T_i(0)$ ダイアグラムにおける研究の進展（$\bar{n}_e$：線平均電子密度, τ_E：エネルギー閉じ込め時間, $T_i(0)$：中心イオン温度）. トカマク（●), ヘリカル系（▲), RFP（○), タンデム・ミラー, シータピンチ（△). $Q=1$ の曲線は臨界条件. プロットした点は実験データの一部のみ. 二はアメリカ, ヨはヨーロッパ

出していた PLT の延長線上の，オーソドックスな無駄の無い円形断面トカマクの設計であった（1982 年末運転開始）．JET の設計原則はトカマク・プラズマ閉じ込めにとっての基本パラメーターはプラズマ電流値であるとし，これを最大にするために縦長断面トカマク（円形も可能）を採用した（1983 年運転開始）．JT 60 の特徴は，外側ダイバーター配位の円形断面トカマクであった[7]．T-15 は，Kurchatov 研究所の電源容量の制約と超伝導コイルの実績を踏まえて大型超伝導コイル・トカマクを計画した（惜しむらくは政治経済情勢のため技術開発コストを負担できず中断した）．これらの大型トカマクの建設が始ってからも，open divertor の有効性，divertor 配位における H モードの閉じ込め状態の発見，縦長断面プラズマの高ベーターにおける安定性の実証などの相次ぐ新たな進展があり，JT 60 は 1991 年から JT 60 U（図 1）に改造されて現在に至っている[8]．JT 60 U の鳥瞰図を図 2 に示す．主なパラメーターは後出の表 1 に示す．

平均密度 $\bar{n}_e$ とエネルギー閉じ込め時間 τ_E との積 $\bar{n}_e \tau_E$ と中心イオン温度 $T_i(0)$ のダイアグラムにおける研究の進展を図 3 に示す．

28.5.2 日本の貢献

数多くのトカマクの成果の中で，日本が大きく貢献したと思われるものを述べていく．

（1）ポロイダル・ダイバーター

不純物イオンの混入による放射損失は，高温プラズマ閉じ込めにとって，最初からいつも悩まされた課題であった．プラズマの境界をリミターの物質で決める代わりに，磁気面のセパラトリックス[*1]で決める配位が，ポロイダル・ダイバーターである．

JFT-2 A（図 1，通称 DIVA）のダイバーター配位による不純物制御の実証は，世界最初の試みであり注目された（IAEA 会議'76，'78）．

米国 GA の Doublet III（大河千弘）との共同研究による open divertor（図 1）の有効性の実証と物理機構の解明も注目された（IAEA 会議'80）．この共同研究では，日米が対等に予算を出し日米両チームがそれぞれの研究課題についてマシンタイムを分割使用するというスタイルをとった．この配位は，大型トカマク JET および JT 60 U に取り入れられている．またこの考え方はトカマク核融合炉の国際的な共同設計装置 INTOR, ITER にも取り入れられている．

（2）電流駆動

トカマク配位ではトーラス・プラズマ中に電流を流し，それが作るポロイダル磁場

[*1] 磁力線がトーラスを何周もまわることによって作られる面を磁気面という．図 1 の JT 60 U, JFT-2 A に示されているように，X 点型の特異点を含む磁気面をセパラトリックスといい，その内側の磁力線はトーラス状に閉じている．しかしその外側の磁力線は真空容器の内壁に取り付けられたダイバーター板（熱負荷に対する保護板）にぶつかる．

によって，プラズマの平衡と閉じ込めが保たれている．プラズマ電流を駆動するためには，通常変流器を用いているため，有限の時間（1,000秒程度）しかプラズマ電流を駆動できない．

大河千弘は，1970年高速中性粒子入射により高速イオンをプラズマ中に入射し，そのモーメンタムをイオンや電子に与え，結果としてプラズマ電流を駆動できることを提案した[9]．この提案は1980年DITE（Culham Lab.）によって実証された．

N. J. Fischは，低域混成波（LH波）をプラズマに入射し，波のモーメンタムを電子に与え，電流を駆動する方法を提案した．この提案は1980年JFT-2において最初に実証された[10]．

電子サイクロトロン加熱によってターゲット・プラズマをつくり，これに低域混成波を入射してプラズマ電流を零から立ちあげる実験が，WT-2において初めて行われた（1983年[11]）．ひきつづいてJIPP-T 2, PLT(PPPL)等でも行われた（IAEA会議'84）．

超伝導トロイダルコイルをもつTRIAM-1 Mにおいては，3分もの間，プラズマ電流をLH波により駆動した（IAEA会議'88）．さらにこの装置で1991年には，70分の電流駆動 ($I_p=22$ kA, $\bar{n}_e=2\times10^{18}$ m^{-3}) に成功し注目を集めた．

大型トカマクJT 60 Uにおいては，プラズマ電流 $I_p=3$ MA を効率 $\eta_{CD}\equiv R n_e I_p/P_{RF}=3.5\times10^{19}$ m^{-2}A/W で駆動し，しばらくは他の追従を許さない結果を得た（IAEA会議'94）．

(3) ブート・ストラップ電流

高温プラズマにおいては，径方向のプラズマ圧力勾配によってトーラス方向にプラズマ電流を駆動することが理論的に予測されていた．JT 60 Uにおいては高ベーター・ポロイダル*2をもつ急峻なイオン温度分布をもつプラズマをつくり，条件によってはブート・ストラップ電流が全プラズマ電流の80%になるような状態を実現した（IAEA会議'90）．このようなデータ・ベースを基にしてSSTRのような定常核融合炉の概念が提案された（IAEA会議'90）．

(4) イオン・バーンシュタイン波加熱

JIPP-T 2 Uにおいてイオン・バーンシュタイ波による本格的なプラズマ加熱が初めて実証され注目された[12]．

(5) プラズマ閉じ込め

実験で観測されるエネルギー閉じ込め時間は，通常Lモードとよばれる比例則に従っていた．しかしダイバーター配位で加熱入力があるしきい値を超えると，エネル

---

*2 プラズマ電流 I_p によるポロイダル磁場 $B_p=\mu_0 I_p/2\pi a$ の磁気圧とプラズマ圧力 $p=n\kappa(T_e+T_i)$ の比 $\beta_p=p/(B_p^2/2\mu_0)$ をベータ・ポロイダルあるいはポロイダル・ベータという．

ギー閉じ込め時間が L モードに対して 2～3 倍改善される H モードが ASDEX (F. Wagner, Max Planck プラズマ物理研究所) において発見された (1982 年)[13]。この L―H 遷移の現象は多くの理論家によって研究されたが伊藤早苗，伊藤公孝は，この L―H 遷移の際プラズマ周辺に現れる径電場の重要性を最初に指摘しこの分野の研究に影響を与えた[14]。

JT 60 U においては，高ベーター・ポロイダルの急峻なイオン温度分布をもつプラズマを形成すると，閉じ込めのよい状態になることを発見し (IAEA 会議'92)，さらにこの状態と H モードの特性を合わせもつ high β_p H モードを発見している (IAEA 会議'94)。

最近 (1996～) 負磁気シアーあるいは最適化磁気シアー配位において，安全係数 q (r) プロファイルが最小になる位置付近でエネルギー輸送障壁が形成され，そこで閉

表 1 3 大トカマク JET, JT 60 U, TFTR の装置およびプラズマパラメーター

	JET	JT 60 U	TFTR
	ELM free No. 26087	ELMy No. E 21140	Supershot
I_p (MA)	3.1	2.2	2.5
B_t (T)	2.8	4.4	5.1
R/a (m/m)	3.15/1.05	3.05/0.72	~2.48/0.82
κ_s	1.6	1.7	1
$q's$	$q_{95}=3.8$	$q_{eff}=4.6$	$q^*=3.2$
q_1	2.8	3.0	2.8
$n_e(0)$ (10^{19} m^{-3})	5.1	7.5	8.5
$n_e(0)/\langle n_e \rangle$	1.45	2.4	―
$n_1(0)$ (10^{19} m^{-3})	4.1	5.5	6.3
$T_e(0)$ (keV)	10.5	10	11.5
$T_e(0)/\langle T_e \rangle$	1.87	―	―
T_i (keV)	18.6	30	44
W_{dia} (MJ)	11.6	7.5	6.5
dW_{dia}/dt (MJ/s)	6.0	―	7.5
Z_{eff}	1.8	2.2	2.2
β_p	0.83	1.2	~1.1
β_t (%)	2.2	~1.3	~1.2
g (Troyon factor)	2.1	~1.9	2
P_{NB} (MW)	14.9	24.8	33.7
E_{NB} (keV)	135, 78	95	110
$\tau_E^{tot} = W/P_{tot}$ (s)	0.78	0.3	0.2
$H = \tau_E^{tot}/\tau_E^{ITER-P}$	~3.0	~2.1	~2.0
$n_1(0)\,\tau_E^{tot}\,T_i(0)$ (10^{20} keVm^{-3}s)	5.9	5	5.5
$n_T(0)/(n_T(0)+n_D(0))$	0	0	0.5
P_{fusion} (MW)	―	―	9.3

$n_1(0)\,\tau_E^{tot}\,T_i(0)$ は核融合積，κ_s は縦半径と横半径の比，$q's$ はプラズマ境界附近の実効的安全係数，q_1 は円筒近似の安全係数，P_{tot} は加熱全入力，E_{NB} は中性粒子入射加熱の粒子エネルギー。

じ込めが非常によくなるモードがDIII-D, JT 60 U, TFTR, JETその他で発見された (IAEA 会議'96).

28.5.3 トカマク核融合炉にむけて

トカマクの実験は，軽水素あるいは重水素プラズマによって進められ性能を向上させてきた．JET, JT 60 U, TFTR の3大トカマクの装置およびプラズマパラメーターを表1に示す．

そしていよいよJETおよびTFTRによって重水素D—三重水素Tプラズマの実験が進められた．1991年JETにおいて三重水素の密度 n_T が11% ($n_T/(n_D+n_T)=0.11$) の予備的D-T実験が行われ，15 MWのNBI (中性粒子入射) 加熱により，DT核融合出力1.7 MW, すなわち核融合出力と加熱入力の比エネルギー増倍率 $Q=0.11$ の結果が得られた．1994年には，TFTRにおいて本格的なDT実験が行われ，supershotのモードで34 MWのNBI加熱により9.3 MWの核融合出力，すなわち $Q\sim 0.27$ の結果が得られた (IAEA 会議'94)．JETグループは1998年加熱入力25.7 MW (MBI：22.3 MW, ICRF：3.1 MW) により，DT核融合出力16.1 MW, す

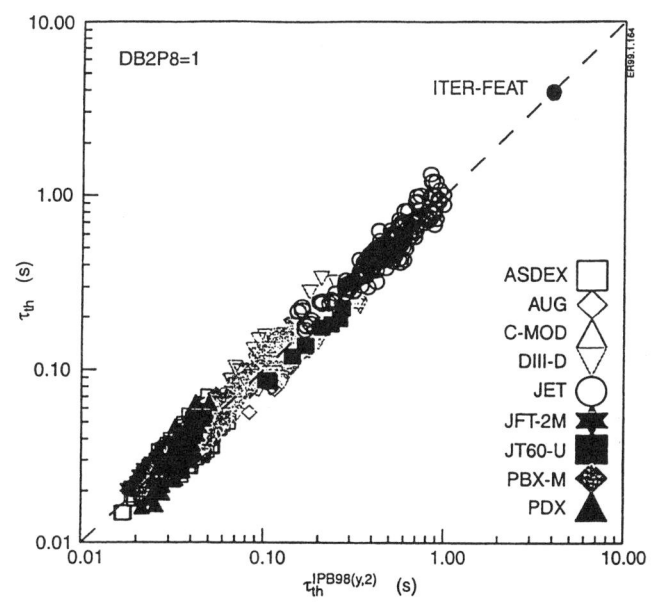

図4 Hモード (Elmy) のエネルギー閉じ込め時間の実験値 τ_E^{exp}(s) とその比例則 $\tau_E^{\mathrm{IPB98y2}}$(s) との比較

I_p：プラズマ電流 (MA 単位), B_t：トロイダル磁場 (T 単位), P：加熱入力から放射損失を引いた量 (MW 単位), n_{19}：$10^{19}\mathrm{m}^{-3}$ 単位の電子密度, R：トーラス大半径, a：プラズマ小半径 (m 単位), M_I：イオンの原子量, $\varepsilon = a/R$, κ：プラズマ断面縦横比．

表 2 ITER (2000年) のパラメーター (P_aux 追加加熱入力, P_rad 放射加熱, $\beta_\text{N} \equiv \beta/(I_\text{p}/aB_\text{t})$: 正規化ベーター, $N_\text{G} \equiv n_\text{e}/(I/\pi a^2)$: グリーン・バルド係数 $\beta(\%)$, I_p(MA), a(m), B_t(T) n_e(10^{20} m^{-3}))

I_p	15 MA	P_fusion	410 MW
B_t	5.3 T	P_α	82 MW
R	6.2 m	P_aux	41 MW
a	2.0 m	P_rad	48 MW
R/a	3.1	z_eff	1.65
κ_s	1.7	β_t	2.5%
$\langle n_\text{e} \rangle$	1.01×10^{20} m^{-3}	β_N	1.77
$\langle T \rangle$	8.5 keV	q_{95}	3.0
W_thermal	325 MJ	N_G	0.85
τ_E^tr	3.7 s		

なわち $Q \sim 0.62$ を導いている (IAEA 会議'98)[15].

JT 60 U では DT 実験はできないが, 重水素実験で高性能プラズマを生成し, おなじ条件の D-T プラズマの核融合出力を想定して計算される等価増倍率 $Q_\text{eff} \sim 1.0$ の結果をえている (IAEA 会議'98).

また更に世界の多くのトカマク装置から得られる H モードの閉じ込めデーターが収集, 吟味, 解析され, プラズマ熱エネルギー閉じ込め時間の種々パラメーターに対する依存を表す比例則を導く作業が続けられた. その代表的な比例則 $\tau_\text{E}^\text{IPB98y2}(s)$ の結果と実験データとの比較を図4に示す[16] (IAEA 会議 2000).

$$T_\text{E,th}^\text{IPB98y2} = 0.0562 I_\text{P}^{0.98} B_\text{t}^{0.15} P^{-0.69} M_\text{I}^{0.19} R^{1.97} \bar{n}_{\text{e}19}^{0.41} \varepsilon^{0.58} \kappa^{0.78}$$

この他, 電子密度やベーター比の限界を示す比例則も導かれている.

トカマク研究の進展にしたがって, あるべき核融合炉の概念設計は絶えず進められてきた. INTOR (International Tokamak Reactor) Workshop は国際原子力機関によって組織された核融合炉の国際共同設計の試みであった. 森茂は INTOR のワーキング・グループの chairman として, 概念設計をまとめるのに腐心した (1979~1987, IAEA 会議'86). この作業は, 3大トカマクのデータ・ベースが整い始めた段階で, 発展的に ITER (International Thermonuclear Experimental Reactor, 1988~2001) に引き継がれた. ITER の 2000年における設計パラメーターを表2に示す. またその断面図を図5に示す (IAEA 会議 2000). ITER の目標は, 誘導電流駆動において $Q \sim 10$ のプラズマを数百秒間達成すること, 更に非誘導電流駆動により $Q > 5$ の定常プラズマを目指している.

28.6 磁気閉じ込め代替方式の研究

前節で述べてきた標準的トカマク方式以外の磁気閉じ込めとして, ここではステラレーター, コンパクト・トーラス (球状トカマク, 逆転磁場ピンチ, スフェロマック, 反転磁場配位), タンデム・ミラーを取り上げる. それぞれトカマクにはない長

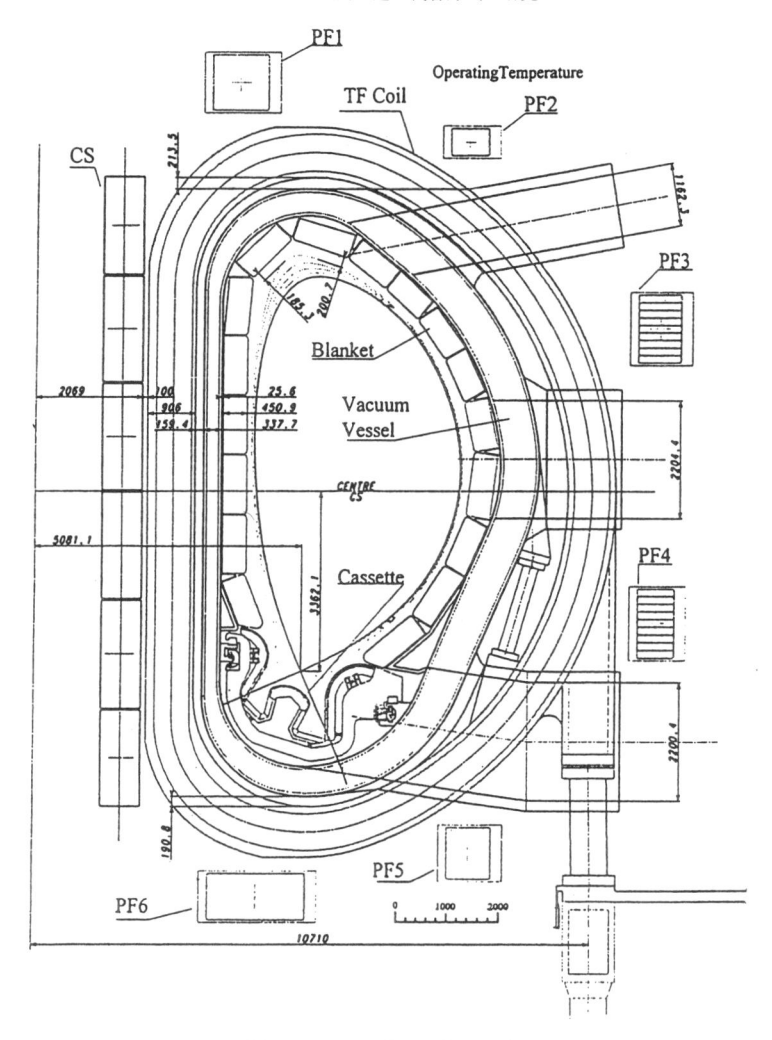

図 5 ITER の断面図 (2000 年)

所はあるが，他方トカマクのもつ長所である閉じ込めの良さを欠いている．それぞれの方式が核融合炉の候補となるためには，突破すべき多くの課題が控えている．

28.6.1 ステラレーター

外部導体に流す電流でつくられる磁場のみによって，プラズマを閉じ込めることができるので，定常的なプラズマ維持の可能性をもっている．現在のところその閉じ込め性能はトカマクに比べて劣る．

ヘリオトロン E (京大ヘリオトロン核融合研究センター，$R=2.2$ m $a=0.2$ m,

$B=2$ T, $\ell/m=2/19$ のヘリオトロン・トルサトロン型）においては，電子サイクロトロン波加熱（ECH）によってターゲットプラズマをつくり，それに中性粒子入射加熱（NBI）をし，$\bar{n}_e=2\times10^{19}$ m^{-3}, $T_i(0)=0.85$ keV, $\tau_E=$ 数 ms の無電流プラズマを閉じ込めた（IAEA 会議'84）．また世界のステラレーターの実験データを集めてヘリカル系のエネルギー閉じ込め時間の実験的比例則（LHD 比例則）を導いている[17]．

CHS（名大プラズマ研，IAEA 会議'88）は，$R/a=1.0/0.2=5$ のファットなヘリカル系で ECH, NBI により無電流プラズマを生成した．

トカマクの H モードにおいては径電場によるシアーのある流れが重要なことは知られている．磁場のリップルの大きいヘリカル系 CHS とリップルの無視できるトカマク JIPP T-2U について，径電場の詳細な比較測定が行われ，その制御法や機構を明らかにする実験が発表された（IAEA 会議'94）．

1989 年にプラズマ研，京大ヘリオトロン核融合研究センター，広島大核融合理論センターが統合され，核融合科学研究所（飯吉厚夫初代所長）が発足した[18]．超伝導コイルの大型ヘリカル装置 LHD の建設が始まり，1998 年から実験が始まった．LHD 装置の鳥瞰図を図 6 に示す．LHD はトーラス半径 $R=3.6\sim3.9$ m，プラズマ平均半径 $a=0.6\sim0.65$ m，トーラス磁場 $B=3.0$ T，ヘリカル巻線の極数 $\ell/m=2/10$ のパラメーターを持っている（IAEA 会議 '98）．$B=2.75$ T, $\bar{n}_e=6.3\times10^{19}$ m^{-3}, $T_e(0)\approx1.6$ keV, $W_{store}=0.76$ MJ, $\tau_E\sim0.2$ s 等のプラズマが生成されている．この閉じ込め時間は，LHD 比例則や ISS 95 比例則のおよそ $1.5X$ の値である（IAEA 会

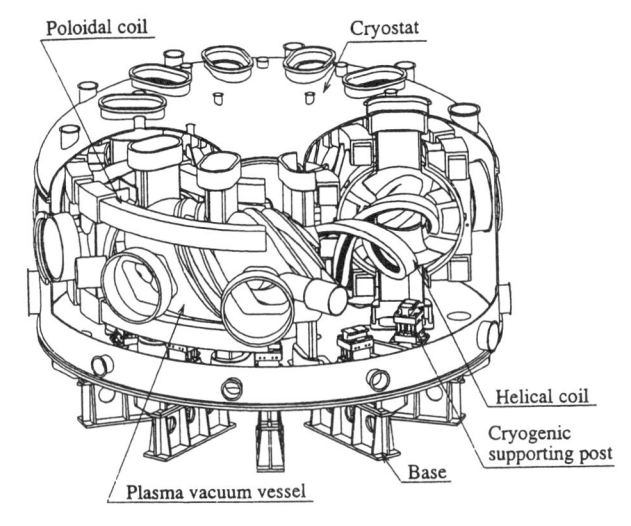

図 6　核融合科学研究所 LHD の鳥瞰図

議2000). また得られた最大ベーター比は $B=1.3$ T で $\beta=2.4\%$ である.

しかしこれまで得られている実験比例則の延長線上に現実的なステラレーター核融合炉へのシナリオを描くことは出来そうにもない. ステラレーターにおいては, 高温プラズマの生成 ($T_i \approx 10$ keV), その閉じ込め時間の大幅な改善, 高ベーター化, さらには 3.5 MeV の α 粒子閉じ込めのシナリオ等などの重要課題が控えている.

28.6.2 コンパクト・トーラス

(1) 球状トカマク (ST)

アスペクト比 $A=R/a$ を 1.0 へと限りなく近づけた球状トカマク (Spherical Tokamak) の利点は, Peng と Strickler によって述べられている[19]. この利点として, プラズマ断面の高非円形度 ($\kappa_s \sim 2$), 高トロイダルベータ, トカマクと同様な閉じ込め特性等が期待できる. これらの予測はカラム研究所の Start 装置により実験的に確かめられ, $\beta \sim 40\%$, 標準的トカマクと同じ閉じ込め比例則が得られている. MAST (Culham), NSTX (Princeton) はこのタイプの代表的な装置である.

わが国では STS-2 (東大理), TS-3 (東大工) で小規模実験が行われている (IAEA 会議 2000).

(2) 逆転磁場ピンチ (RFP)

RFP プラズマにおいては, トカマクと同様回転対称系であるが, トーラス磁場の大部分が RFP プラズマの MHD 緩和 (ダイナモ効果) によって形成される特徴を持っていて, コンパクトな装置となる. しかしながら磁気揺動によるエネルギー輸送が大きく, これをいかに小さく抑えるかが重要課題である.

電子技術総合研究所においては RFP プラズマの研究が TPE 1 RM, TPE 1 RM-15, TPE 1 RM=20, TPE RX と着実に進められている. 特に TPE 1 RM (小川潔) においては放電管をメタル・ライナーに変えプラズマ電流密度を大きくとり, 中心電子温度 0.6 keV という, 当時の RFP としては非常に良い実験結果を出し, この分野の注目をあびた (IAEA 会議'82). それ以来 RFP の最前線の研究が続けられている.

プラズマ研の STP 3 M においては RFP プラズマの位置制御を行い, 小型ながら, 0.8 keV の高温電子温度を得ている (IAEA 会議'88).

東大 REPUTE-1 においては RFP プラズマの MHD 緩和とダイナモ現象の物理的過程の実験と理論との対応, イオンの異常加熱現象が研究された (IAEA 会議'90). またこの装置で ULQ (超低 q プラズマ, q 値の領域においてトカマクと RFP との中間配位) の MHD 安定性, 緩和現象が調べられた (IAEA 会議'88).

(3) スフェロマック (Spheromak)

スフェロマック磁場配位は, 与えられた初期条件と境界条件のもとにトロイダルコイルも変流器コイルもない配位で, MHD 緩和によって落ち着くトーラス・プラズマである. しかし得られている閉じ込め性能は良くない.

CTCC 装置（阪大超高温）においては，flux conserver の導体シェルの形を磁気面にできるだけ一致させ比較的長い時間（1.2 ms）磁場配位を持続させた（IAEA 会議'88）．

TS-3('92) においては，中心 OH コイルをもつ配位で二つのスフェロマックを同軸上に生成し二つのスフェロマックを合体（merge）させて，一つのスフェロマックあるいはトロイダル磁場のない反転磁場配位（FRC）を生成し，merging の機構について興味ある実験結果を出している．

（4）反転磁場配位（FRC）

反転磁場配位（FRC）は逆バイアス磁場をかけたリニアー・テーター・ピンチから発展した配位である．

OCT, PIACE-1（阪大超高温）においては，FRC に見られる回転不安定性を四極磁場の導入によって止められることを実証した（IAEA 会議'82）．また NUCTE 3(IAEA 会議'90) においては中心軸に沿う交流軸電流を導入し，FRC の回転不安定性の抑制効果を実証した．

佐藤（哲也），林等は，トーラス・プラズマの振舞いを三次元非線形 MHD 運動方程式を用いて調べ，計算機シミュレーションによってスフェロマック，RFP，ST の MHD 緩和現象，自己形成の過程を見事に再現した．磁力線の駆動再結合によるプラズマのトポロジー変化の物理過程を明らかにしている（IAEA 会議'82, '84, 2000）．

28.6.3 タンデム・ミラー

ミラー磁場にとっては，その端損失の抑制は本質的な課題である．イオンの端損失抑制のため，中央ミラーの両側に，正の静電ポテンシャル領域を発生させるためのプラグミラーを並べたタンデム・ミラー方式は TMX（米国），Gamma-10（筑波大プラズマ研究センター），Hiei（京大工）などで行われた．

Gamma-10（装置の長さ $L \sim 20$ m, $a=0.15$ m, $B \sim 0.5$ T, 図 7）においては，2 keV 程の静電ポテンシャルを作り，イオン・サイクロトロン周波数領域加熱（ICRF）により，$T_i \approx 10$ keV, $\bar{n}_e \approx 2 \times 10^{18}$ m^{-3}, $\tau_{EI} \approx 8$ ms, $\tau_{Ee} \approx 2$ ms, ($B=057$ T) のプラズマを閉じ込めた．また強い径電場によりドリフト波揺動が押さえられ，磁場を横切る損失が端損失より小さくなっていることを確かめている（IAEA 会議'94）．また ECRH の放射パターンの軸対称化により，閉じ込め静電ポテンシャル（0.3 KeV）を 150 ms 持続させ，また ICRF, NBI 加熱の組み合わせにより，密度を 4×10^{18} m^{-3} に増大させた（IAEA 会議 2000）．

Hiei においては ICRF のヘリコン速波によってプラズマ生成，加熱，安定化，更に静電ポテンシャルを発生させている．中央ミラーのリミターにバイアス電圧を加えて径電場を誘起し，トカマクの H モードの場合のように，径方向損失が減ることを確かめている（IAEA 会議'92）．

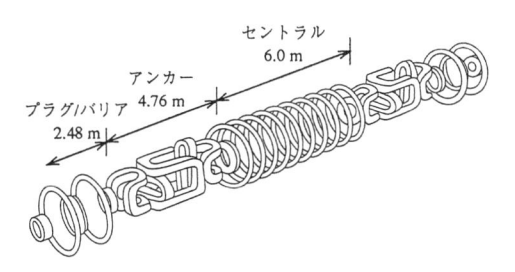

図7 筑波大プラズマ研究センターの Gamma-10

28.7 慣性閉じ込め

　プラズマが膨張し広がるまでには，イオンの慣性によりある短時間を必要とする．その極短時間内に超高密度の高温プラズマを発生させ，核融合反応を完了してしまおうとする試みが慣性閉じ込めである．慣性核融合は，1952年中部太平洋において水爆という大規模な形で実証されているが，これをどこまで小さく，そして制御可能な規模で実現できるかの鍵は，爆縮の物理過程の究明にかかっている．

　阪大レーザー核融合研究センター（ILE，山中千代衛初代センター長）においては，1981年から激光XII号レーザー装置を用いて爆縮による核融合の研究が精力的に行われている．12ビームから成り，3倍高調波の波長351 nm，エネルギー10 KJ の性能を持つに至っている（図8)[20]．爆縮過程では，レーザー照射によって高速でアブレイトする低密度プラズマがロケットのように高密度燃料を加速するため，本質的に Rayleigh-Taylor 不安定である．したがってその影響を押さえるため，均一な球形燃料ペレット・シェルを作り，そのペレット表面全体を一様にレーザー光で照射する必要がある．そのためランダム位相板をレーザー光の集光レンズの瞳に置き，12ビームのレーザーによって平均14%程度以下に照度の不均一性を押さえる．重水素化，三重水素化したプラスチックの中空球状シェルにレーザー光を直接照射し，固体密度の600倍（600 g/cm）の爆縮の成果を発表した（IAEA 会議'90）．また計測法として爆縮過程のスタグネイション200 ps の間に25コマ撮れる X 線高速フレイムカメラを開発し，これらの観測により Richtmyer-Meshkov 不安定性（Rayleigh-Taylor 不安定性の一変形）による燃料とプッシャー（pusher）とのミキシングの機構を解析している（IAEA 会議'94）．

　現在800 J，0.8 ps，1 PW（10^{15} W）の Peta Watt Module を製作中であり，爆縮された超高密度プラズマに照射して高速点火実験を計画している（IAEA 会議2000）．

　電子技術総合研究所の KrF レーザー開発も注目されている．Super-ASHRA は短波長250 nm，エネルギー効率10%以上，エネルギー8 KJ の高性能を目指している

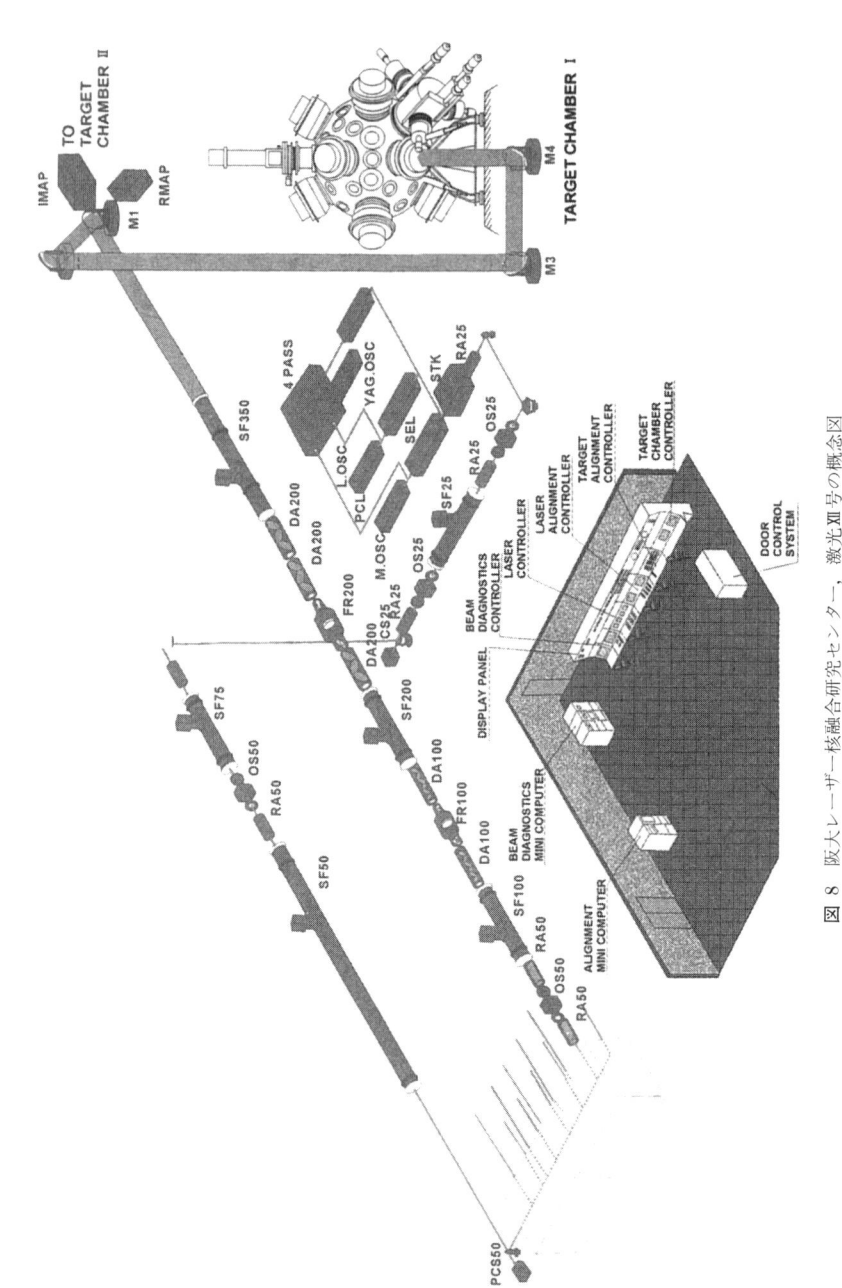

図 8 阪大レーザー核融合研究センター，激光Ⅻ号の概念図

(IAEA 会議'94).

後 記 我が国のプラズマ・核融合の分野は,この50年の間に,全く零の状態から先発国に追いつき,やがて第一線に立ち,世界の研究動向に影響を与えるようになった.そして炉心プラズマの臨界条件を満たすプラズマをようやく生成できるまでになった.プラズマ物理・核融合の分野は多様であり,これら総てを与えられた紙面に紹介することは著者の能力を超えることであった.大きな研究の流れを記述することを意図したがために,紹介しきれなかった多くの業績や公正を欠くこともあると思われるが,読者の寛容を切に請う次第である.なお本文は,日本物理学会誌 **51** (1996) 549 に発表されたものにその後の動向を付け加えたものである. (筆者=みやもと・けんろう,東京大学名誉教授.1931年生まれ,1955年東京大学理学部卒業)

参考文献

1) 例えば,宮本健郎:『プラズマ物理入門』(岩波書店, 1997). K. Miyamoto: *Plasma Physics for Nuclear Fusion* (The MIT Press, 1989).
2) 原子力委員会核融合専門部会長湯川秀樹:核融合反応の研究の進め方について (原子力委員会委員長宛報告) 昭和35年 (1960年) 10月5日 (早川幸男,木村一枝:核融合研究 **57** (1987) 201 に収録).
3) プラズマ研究所10年の歩み (名古屋大学プラズマ研究所, 1972).
4) *Plasma Physics and Controlled Nuclear Fusion, Conf. Proc.* (Int. Atomic Energy Agency, Vienna). 1961 in Salzburg, 1964 in Culham, 1968 in Novosivirsk, 1971 in Madison, 1974 in Tokyo, 1976 in Berchtesgarden, 1978 in Innsburg, 1980 in Brussel, 1982 in Baltimore, 1984 in London, 1986 in Kyoto, 1988 in Nice, 1990 in Washington D. C., 1992 in Wurzburg, 1994 in Seville, 1996 in Montreal, 1998 in Yokohama, 2000 in Sorrento.
5) S. Hamada: Nucl. Fusion **1** (1962) 23.
6) M. Forrest, N. J. Peacock, D. C. Robinson, V. V. Sannikov and P. D. Wilcock: Culham Report CLM-R 107, July (1970).
7) 『特集 JT 60 実験』核融合研究別冊 **65** (1991).
8) 永見正幸:日本物理学会誌 **46** (1991) 196.
9) T. Ohkawa: Nucl. Fusion **10** (1990) 185.
10) T. Yamamoto, T. Imai, M. Shimada, N. Suzuki, M. Maeno, S. Konoshima, T. Fujii, K. Uehatra, T. Nagashima, A. Funahashi and N. Fujisawa: Phys. Rev. Lett. **45** (1980) 716.
11) S. Kubo, N. Nakamura, T. Cho, S. Nakano, T. Shimazuka, A. Ando, K. Ogura, T. Maekawa, Y. Terumichi and S. Tanaka: Phys. Rev. Lett. **50** (1983) 1994.
12) O. Ono, T. Watari, R. Ando, J. Fujita, *et al.*: Phys. Rev. Lett. **54** (1985) 2339.
13) F. Wagner, G. Becker, K. Behringer, *et al.*: Phys. Rev. Lett. **49** (1982) 1408.
14) S. I. Itoh and K. Itoh: Phys. Rev. Lett. **63** (1988) 2369.
15) M. Kailhacker, A. Gibson, *et al.*: Nucl. Fusion **39** (1999) 209.
16) ITER Physics Basis: Nucl. Fusion **39** (1999) No. 12.
17) S. Sudo, Y. Takeiri, Z. Zushi, F. Sano, K. Itho, K. Kondo and A. Iiyoshi: Nucl.

Fusion **30** (1990) 11.
18) 早川幸男:日本原子力学会誌 **30** (1988) 297.
19) Y-K. M. Peng and D. I. Strickler: Nucl. Fusion **26** (1986) 769.
20) 『激光XII号によるレーザー核融合研究の現状と展望』核融合研究別冊 **68** (1992).

初出:日本物理学会誌 **51** (1996) 549-556.

29. ITERに触れて

若 谷 誠 宏

29.1 はじめに

ITER (International Thermonuclear Experimental Reactor：国際熱核融合実験炉) 計画の内容については，物理学会誌の解説記事[1]を参考にしていただき，ここでは，最近の ITER 計画の現状，ITER の物理の概要，および ITER を通して個人的にかかわった研究者の印象をまとめてみる．

ITER 計画の具体化は，EU，日本，ロシア，米国の四極の国際協力により，工学設計活動 (Engineering Design Activities：EDA) が 1992 年に開始されてから進展した．6年間の設計活動の結果，1998年2月に ITER の最終設計報告書 (Final Design Report：FDR) が完成した．1998 年 7 月の EDA 終了後に建設を前提とする活動に移行することを目指して，非公式の協議が行われたが，四極の社会的・経済的環境が整わず，EDA を 3 年間延長して，低コスト化を計り，定常運転の可能性を検

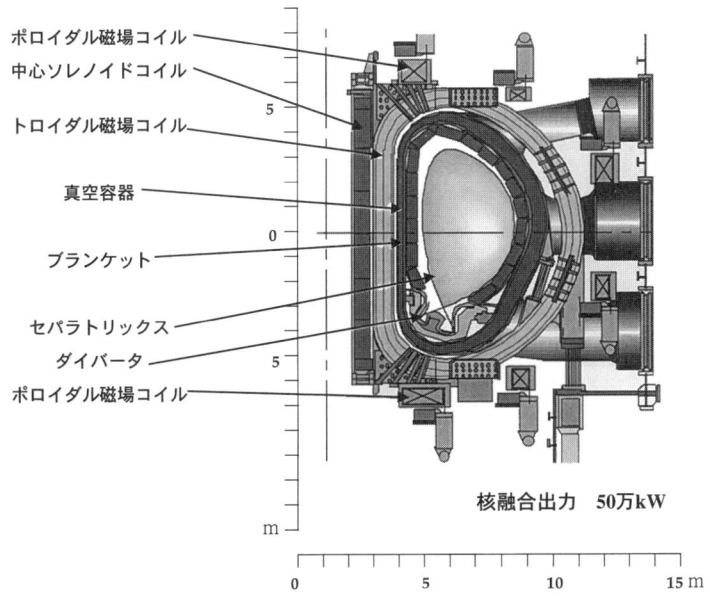

図 1 新しい ITER 装置の断面図

表 1 新しい ITER の装置サイズおよび性能

パラメータ	標準値
プラズマ主半径 R (m)	6.2
プラズマ小半径 a (m)	2.0
楕円 κ_{95}	1.70
三角形度 δ_{95}	0.33
トロイダル磁場 B (T)	5.3
プラズマ電流 I_p (MA)	15
安全係数 q_{95}	3.0
核融合出力 P_{fus} (MW)	500
燃焼時間 (s)	$\gtrsim 300$
$Q=$(核融合出力/加熱入力)	$\gtrsim 10$
壁中性子負荷 (MW/m^2)	0.57
プラズマ体積 (m^3)	837
加熱・電流駆動入力 (MW)	73

討することになった．ただし，小型化しても現在の大型トカマクと原型炉をワンステップで橋渡しできるような実験炉であることが条件となった．この時期に，EDAの単純延長を認めない米国議会の反対により，米国は，ITERの物理研究への参加等の活動を残して，EDAから撤退することになった．残った三極の協力により，新しいITERの設計がほぼ完成している．その概略図が，図1である．核融合出力は，50万 kW であり，将来への発展の基礎としては十分な性能を有している．新しいITERの装置サイズと性能が表1に示されている．ITER-FDEに比べて，プラズマ大半径を 8.1 m から 6.2 m へ，プラズマ電流を 21 MA から 15 MA へ下げたことにより，出力が半分になりコストが半減している．現在のEDAは，2001年7月に終了し，その後は建設協議の進行とともに建設サイト予定地に合わせた設計を2002年末まで行うことになっている．

今後予定されているスケジュールの概略は，各国からの建設サイトの立候補を受け付け，2002年末には，建設サイトの決定とITER事業体を確定することになっている．現在，建設サイトとして可能性のある国は，日本，フランス，カナダ，スペインである．また，重要な課題として，建設資金の分担案の確定がある．これからの1〜2年が，ITERの行方を決める重要な時期となるだろう．

29.2 ITERの物理課題

核融合プラズマの物理の説明には，核融合三重積がわかりやすい．これは，(プラズマ密度)×(閉じ込め時間)×(プラズマ温度)である．トカマクプラズマには，密度限界があり，MITのGreenwaldが見い出した経験則に従う．トカマクプラズマ内を流れるプラズマ電流に比例し，プラズマ断面積に反比例することを示した．理論的モデルはまだ確立していないが，新しいITERでは，このGreenwald限界の85%の

密度を標準として設計されている．

　一方，トカマクプラズマには，プラズマ圧力がある限界値を超えると電磁流体的不安定性が発生することが知られている．つまり，電磁流体的に安定であるためには，プラズマ圧力と磁気圧の比であるベータ値を限界値以下に保たなければならない．プラズマ圧力は密度と温度の積であるので，密度限界はベータ限界と同じと予想されるが，実験結果は違っている．ベータ限界値以下であっても，密度が Greenwald 限界に近づくと，閉じ込めが劣化する傾向が現れる．

　閉じ込め時間は，プラズマの径方向の輸送現象により決まるが，これを支配するのはプラズマ乱流であり，異常輸送と呼ばれている．最近の研究によると，プラズマ内には乱流と同時に，ゾーナル（zonal）流やストリーマー（streamer）と呼ばれる構造が形成される．それらはケルビン-ヘルムホルツ不安定性等の破壊機構と拮抗していることが示されつつある．残念ながら，このような理論モデルに基づいて，輸送係数が計算できるレベルになっていないので，閉じ込め時間の予測は，経験則（比例則）に頼ることが多い．

　ITER では，トカマクプラズマの中で，閉じ込めが良くて準定常プラズマが実現できる ELMy H(high) モードと呼ばれる放電を標準としている．ELM は edge localized mode の略称である．このモードの閉じ込め時間の経験則を導くために，ITER 物理専門家グループ（年2回程度の専門家会議を開いていて，現在も四極の研究者が参加している）では，世界中のデータを組織的に集めて，統計的処理を行った．この結果は，飛行機設計で使われる風洞実験とおなじような同一無次元パラメータ実験を複数のトカマク装置で行って確認されている．また，経験則の無次元表示は，理論モデルと矛盾しないことも確認されていて，この経験則による ITER の閉じ込め時間の予測は十分な信頼性があると考えられている．

　核融合炉のプラズマ温度は，核融合反応の断面積の温度依存性で決まり，当面の目標である重水素と三重水素の間の核融合反応では，$(10 \sim 20)\,\mathrm{keV}$ が必要である．この値は，すでに JT-60 等の大型トカマクにおける ELMy H モードプラズマの大電力加熱実験で達成されている．

　トカマクプラズマの物理の最近の成果は，トカマク炉の定常運転が可能であることを示したことである．電磁誘導によるプラズマ電流は原理的に有限時間しか保持できないが，電磁波や粒子ビームにより運動量を与え続けることにより，電流が駆動されることが多くのトカマク装置で実証された．ここで重要なことは，閉じ込め磁場の不均一性による局所ミラーに捕捉された電子がクーロン衝突により非捕捉電子になることにより，運動量がプラズマに与えられ，ブートストラップ電流が流れることが，確認されたことである．この電流は，外部から電磁波や粒子ビームを入れなくても，自発的に流れるので，トカマクの電流を維持して定常運転を実現するために，大きな意

味を持っている．ただし，この電流は，プラズマの圧力勾配に依存するので，大きなブートストラップ電流を得るにはプラズマ圧力を高くする必要があるが，プラズマの不安定性が発生しやすくなるので，プラズマを安定に保持するための制御が不可欠になる．

さらに興味深いことは，ブートストラップ電流の割合が高くなると，ホロー状電流分布のピーク付近に輸送障壁が形成され，閉じ込め時間が改善されることである．この運転モードは，ELMy H モードとは質的に違っていて，内部輸送障壁モードと呼ばれ，定常運転型トカマク炉を可能にすると期待されている．

トカマクプラズマの最も危険な不安定性は，デスラプションである．この原因は，電磁流体的不安定性であるが，不安定性が成長してデスラプションに至る非線形過程は複雑であり，まだ完全には解明されてはいないが，デスラプションを回避したり，フィードバック制御する手法の開発は進展している．ITER では，デスラプションは発生するが，危険性を最小限にできると考えられている．

以上のようなプラズマ物理の知見が，ITER における核燃焼プラズマに対しても有効であるかどうかを調べることは，チャレンジングな研究課題であるだろう．

29.3 ITER を通して関わった研究者の印象

筆者が ITER 物理専門家グループのメンバーとして，ITER に関わり始めてから，何人かの記憶に残る国外の研究者がいる．たとえば，EDA の初代の所長であった Rebut（フランス）である．個人的には，ほとんど話したことはないが，EU の大型トカマク JET の設計，建設および実験にわたり指導的な地位にあり，その功績を評価されて，1992年に ITER の設計チームの所長になった．EDA を開始して，ITER の予備的な設計としてまとめられていた CDA (Conceptual Design Activity) 案とは全く異なった，大半径8mの ITER 装置の設計に切り替えたことは記憶に残る．ところが，このようなスタイルの EDA の進め方は，国際協力ベースの設計には合わず，2年余りで四極の支持を失い，同じフランス人の現所長の Aymar が継いだ．

Aymar が EDA が置かれていた米国のサンディエゴへ所長として赴任した時，ITER 物理専門家会議を開いていて，偶然にも彼の就任の挨拶を聞くことができた．Rebut はトカマク実験の論文だけでなく，若い頃は理論の論文も書いている．彼の論文は読んだことがあるが，Aymar の論文は読んだことがない．彼の有名な仕事は，フランスの超伝導トカマク TORE-SUPRA を設計・建設したことである．Rebut の残した ITER の設計案を ITER-FDR にまとめたことは評価されるが，新しい ITER の設計変更では，必ずしも主導権を持っていたとは感じられない．国際協力による設計活動のむずかしさかもしれない．

有名な米国の理論家 M. N. Rosenbluth (UCSD) も ITER を積極的に推進してき

た．しかし，米国がEDAから撤退したため，ITER物理専門家会議で会う機会もなくなった．1998年にプラハで開かれたICPP (International Congress on Plasma Physics) でのITER物理に関する講演が印象に残っている．

米国の理論家では，Perkins (GA) を忘れることができない．ITER物理委員会のまとめ役として，1998年まで重要な役割を果たしてきた．ITER Phsyics Basis[2]をまとめるに際しては，Nuclear Fusion 誌用の原稿集めから編集，校正まで，精力的に行った．彼がいなければ，トカマク物理の集大成であるITER Physics Basisは完成しなかったと思われる．

米国の古い友人であるCarreras (ORNL) は，ITERの輸送現象の専門家グループへ最初は参加していたが，ITER物理が狭い範囲にしか関心を示さないために，数年で興味をなくし，ITER物理専門家会議から辞退してしまった．そのため，ITER Physics Basisの草稿を書いたにもかかわらず，著者から名前を抜いている．

EUでは，ITERのためのデータベースの収集と経験則導出を指導してきたCordey (JET) の役割は大きい．EUの理論家として知られていたが，JETに参加してからは，実験データベースを使って物理を解明することに興味を持ち，特に，経験則の精密化とその物理的な意味付けを行ってきた．ITERにおけるELMy Hモードの閉じ込め時間の予測では，ITER物理専門家グループの活動を通して，大きな貢献をしている．

ロシアのMukhovatovは，ITER専門家グループでは，筆者と同じ輸送現象グループに属している得難い協力者である．彼は，旧ソ連では，クルチャトフ研究所でトカマク実験家として有名であった．とくに，Nuclear Fusion誌に著名な理論家であるShafranovと発表したトカマクのレビュー論文は良く知られている．ITER-EDAには，最初から参加し，サンディエゴに1998年までいたが，その後，米国のEDAからの撤退により，原研那珂研究所のEDAチームに加わっている．

29.4 お わ り に

ここでは，主として新しいITERの物理についてまとめたが，工学的側面が重要であることはいうまでもない．特に，燃料としてトリチウムを毎年1kg程度使用することと，核融合反応で発生する14 Mevの中性子による壁材や構造材の放射化の問題がしばしば議論になる．前者に対しては，多重防護をすることによりITER実験棟からの漏洩を防ぐことができること，後者に対しては低放射化材の開発が進められているが，炉材料については，ITERの重要な研究課題であると見たほうがよい．

ITERの長時間運転には，プラズマの閉じ込め領域から逃げる粒子束と熱流束をダイバータへ導き，ここで排気と冷却によって処理しなければならない．ダイバータ板で高熱流束を処理できる材料は開発され，設計が可能になっている．また，燃料注入

も重要であり，重水素と三重水素の氷からなるペレットを加速して入射することになっている．トーラスの内側から入射すると，供給効率がよいことが見い出されている．

2002年になれば，ITERの建設をめぐる議論が活発になると思われる．ITER懇談会の中間報告では，核融合は日本の将来の主要なエネルギー源の選択肢として研究開発する意義があるという「保険論」の立場が述べられている．また，日本の核融合研究は，国際的に見てトップレベルにあるので，日本に建設し，国際協力を活用して核融合炉実現に向けてさらに研究をリードするという研究実績に基づく「国際貢献論」もある．約5,000億円といわれているITERの建設費に，長期にわたる実験経費，さらに実験停止後の処理を考慮すると，相当な税金を投入する研究計画になるので，簡単には決まらないと思われるが，21世紀の国際的な大型研究計画のモデルとして，前向きの議論を期待したい．なお，学術会議の物理学研究連絡委員会の議論では，基礎科学としても重要な計画と認識されている．（筆者＝わかたに・まさひろ，元 京都大学大学院エネルギー科学研究科教授．1945年生まれ，1968年京都大学工学部卒業．2003年1月9日死去）

参考文献

1) 若谷誠宏，嶋田道也，玉野輝男，藤原正巳：日本物理学会誌 **54**（1999）417-423．
2) ITER Physics Basis, Nuclear Fusion **39**（1999）2137．

# V 宇宙物理

30. 宇宙論の進展と展望

佐 藤 勝 彦

30.1 は じ め に

　我々の住んでいる世界には果てがあるのだろうか？　この世界には始まりというものがあったのだろうか，また終わりがあるのだろうか？　世界各地に残されている神話にも見られるように，人類はその歴史の始まったころから自らの住んでいるこの世界がどのようなものであるのか問いつづけてきた．自らの生活体験の中から世界を構成する物の性質や運動の規則を見つけ，自らの体のサイズを基準として，よりスケールの大きい世界，小さい世界へと認識を広げてきた．20世紀はこのような人類の歴史の中でも極めて大きなマイルストーンとなる世紀であった．現代物理学を支える2本の柱である量子論と相対論が20世紀初めに作り上げられ，その上に現代物理学の摩天楼が建設された．また同時にこの物理学を基礎として，宇宙，地球，生命を含むすべての科学が爆発的に進んだ．直接手にすることができない宇宙については電波からガンマ線にいたる電磁波を用いた望遠鏡により，また肉眼では見ることのできない極微の世界は光学顕微鏡，電子顕微鏡，そして加速器という究極の顕微鏡によって物質の存在様式と運動の法則を探求してきた．いまや我々は小は時空の量子論的スケール，プランク長さ（$\approx 10^{-33}$ cm）から，大は観測的宇宙の果て（$\approx 10^{28}$ cm）まで，自身の体の大きさを基準として大小それぞれの方向におよそ30桁のスケールで世界の階層構造を知っている．

　宇宙とは，難しく言えば時空多様体とそれを満たしている物質の系である．したがって宇宙論の科学的研究が可能になったのは，時空の物理学である一般相対論の成立以後である．アインシュタインは直ちに自分の方程式が初めて宇宙を全体として記述できるものであることを認識し，永遠不変な宇宙のモデルを作ろうとした．しかしその宇宙は自分にはたらく重力によって，縮んでつぶれてしまうことがわかった．そこで空間が互いに押し合う効果を持つ宇宙定数を，元々の方程式に加え，今日アインシュタインの静的宇宙モデルを作った．一方ロシアのフリードマンは，1922年アインシュタイン方程式を解き宇宙が膨張したり，収縮する解を見つけた．しかしアインシュタインは，自分の方程式を素直に解いて必然的に導き出される，宇宙膨張の解を初め好まなかった．それはアインシュタインが宇宙は永遠不変のものと信じていたからである．膨張宇宙の解を認めると，もはや宇宙は永遠不変なものでなくなり，加えて世界には始まりがあったことになってしまうからであった．ハッブルは1929年，遠

方の銀河ほど我々から早い速度で遠ざかっているという法則，宇宙の膨張を発見した．これらにより私たちの住んでいる宇宙は大きな極限では銀河が無数に広がった銀河宇宙であり，それが膨張を続けているということがわかったのである．ハッブルの発見は我々の住んでいる世界の描像を静的な永遠不変なものから，動的に進化するものへと革命的に変えてしまった．

ガモフはこの始まりに，当時最先端の科学であった「原子核物理学」を応用し，我々の宇宙は火の玉，ビッグバンとして始まったことを示したのである（1946 年）．ガモフは私たちの宇宙を構成している元素の 70% 以上がもっとも単純な元素，水素であり炭素や酸素より重い重元素が 1, 2% であることを説明するには宇宙は熱い火の玉として生まれなければならないことを示したのである．そして 1965 年，この火の玉の名残であるマイクロ波宇宙背景放射（3 K 放射）がペンジャスとウィルソンによって発見され，このビッグバン理論は揺るぎのないものとなったのである．ビッグバン理論は今日大筋において宇宙論的な観測ともよく一致し，科学的な宇宙論の標準となっている．

30.2 宇宙のインフレーション

ビッグバン理論は，このように 3 K 放射の発見によって，標準理論となったが，しかし未解決な問題も残された．第 1 は"始まり"の問題である．宇宙膨張の解，フリードマンの解では宇宙は時空の特異点から始まる．特異点とは，時空の曲がりを表す曲率などの量が無限大になり，因果の関係を表す曲線がここから出発したり，終わってしまう点である．この特異点がある自然な条件のもとでは避けることができないという「特異点定理」も S. ホーキングや R. ペンローズによって証明されている．因果の曲線が出発する特異点から宇宙が始まることは，宇宙の出来事は特異点の彼方からの情報に依存することを意味する．物理学者としてはこのような，いわば"神の一撃"によって宇宙が始まるという描像より，物理学の中で自己完結的に宇宙の創生から終焉まで記述できるという描像を持ちたい．このようなアカデミックな問題に加えて奇妙なことは，①宇宙は因果の関係を超えて極めて一様であること，②宇宙の曲率が極めてゼロに近いこと，つまり観測的に容易にゼロからのずれが測定できないほど平坦であるということ，そして③宇宙の大きな構造（銀河団，超銀河団など）の種は，因果の関係を超えて仕込まれたように見えることである．①は地平線問題と呼ばれている．地平線とは因果の関係を持つことのできる領域の大きさで，宇宙開闢の時刻にある地点を出発した光が到達できる距離である．宇宙開闢以来一度も因果関係を持つことのなかったところが，まったく同じ密度状態にあるということは奇妙である．②は平坦性問題と呼ばれている．宇宙膨張を記述する方程式，重力場の方程式は，時空の曲がりが少しでも正であったり，また負であるとその方向に急激に成長し

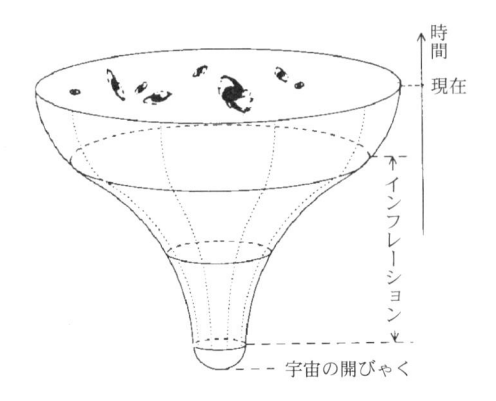

図 1 宇宙の進化と構造の形成

てしまう性質がある．現在の宇宙の曲率はゼロに近いが，曲率の値が観測的上限値内に収まるためには，宇宙創生の瞬間（仮にプランク時刻とする）には 120 桁の精度で初期密度を設定してやらなければならない．これは極めて不自然である．③の密度揺らぎの起源問題は，実際観測されている宇宙の大構造の種を初期宇宙で作ろうとしても，光速を超えるような速さで物質を運んでやらなければ凸凹を作れないという困難であり，アカデミックな問題を越えて具体的な困難である．

1980 年ころから，宇宙論の研究は爆発的な進歩を始めた．それは当時大きく進歩した力の統一理論に基づいて，また刺激されて始まった宇宙初期の理論的研究である．統一理論に基づいて提唱されたインフレーション理論は①から③の問題を原理的には解決できることを示し，また引き続いてインフレーションの進展によって始まった量子宇宙論は，特異点なしの宇宙創生のモデルを示すことができた．現在この理論的研究の成果として我々は次のようなパラダイムを持っている．1. 我々の宇宙は時間も空間も物質もない"無"の状態から量子論的効果によって創生された．あるいは，"果てのない条件"から虚時間として始まった．2. 生まれた宇宙はまもなくインフレーションと呼ばれる急激な加速度的膨張を始めた．この急激な膨張により宇宙の曲率はその初期値の如何にかかわらずゼロに収束し，平坦となる．そしてインフレーションの終わるころに開放された真空のエネルギーは熱エネルギーに転化し，火の玉宇宙が始まった．3. インフレーション中に量子論的揺らぎとして仕込まれた密度の凸凹は，宇宙が膨張冷却する過程で次第に成長し，現在の銀河や銀河団などの大構造をはじめとする多様で豊かな宇宙が形成された．現在の宇宙論の研究は基本的にはこのパラダイムの中で進められている．（図 1）

30.3 宇宙論的観測の急激な進展

1992年,アメリカの宇宙背景放射観測衛星,COBEは宇宙開闢から30万年しか経っていないころの宇宙の姿を描き出した.わずか10万分の1というマイクロ波電波の強弱であるけれど,描きだされた宇宙構造の種は,インフレーション理論の予言する揺らぎの予言と一致したのである.もっとも標準的なインフレーション理論は,揺らぎの波長ごとの振幅の大きさを表すパワースペクトラムが波数kの1次の冪に比例することを予言している.COBE衛星によって観測されたパワースペクトラムの冪は,観測誤差内で1であったのである.これによってインフレーション理論は観測から大きな支持を受けることになったのである.

COBEの成果は,実は1980年代中ごろから,爆発的に進み始めた観測的宇宙論の一つの成果である.宇宙では遠方を観測するということは過去を見ること,つまり宇宙の初期に近づくことである.しかし,遠方であるということはそれだけ観測が困難であり,以前の観測は誤差も大きく観測的に宇宙の初期を探ることはできなかったのである.しかし,CCDに代表される光電技術の急激な進歩,人工衛星による観測などにより,電磁波の全波長にわたる観測が可能になり,また計算機技術の進歩による大量データ処理が可能となったことなどにより,いまや宇宙論の研究は観測的宇宙論の時代になったのである.宇宙論の根幹にかかわる発見のまず第1は,1970年代から1980年代にかけて確かとなった暗黒物質(ダークマター)の存在である.その正体は謎のままであるが,その量は宇宙を平坦にする物質密度,すなわち臨界密度の30%程度,Ω_{DM}である.ここでΩ_{DM}は暗黒物質の密度を臨界密度で割ったもので,暗黒物質の密度パラメータである.ちなみに,我々の体をはじめ星などを作っている通常の物質,バリオンの量は,宇宙初期の元素合成の理論や,銀河団ガスなどの観測から,せいぜい$\Omega_B \approx 0.01-0.02$程度と考えられており,暗黒物質の量に比べると一桁以上少ない.

第二の発見は,1980年中ごろの宇宙の大構造の発見である.銀河が群れをつくり,銀河団や超銀河団を形成していることは,はるか前から知られていたが,それらが互いに繋がり,あたかも蜂の巣のセルのように連なっていることが,M.ゲラー等のグループによって発見されたのである.しかも蜂の巣のセルの中は銀河の数が希薄な,空白領域,ボイドなのである.

新たな発見ではないが,宇宙論におけるもっとも重要なパラメータ,宇宙の膨張の速さを示すハッブル定数,H_0の値も,この数年でほぼ10%程度の誤差範囲で定まったのではないかと考えられるようになった.ハッブル宇宙望遠鏡を長時間駆使し,ハッブル定数を誤差10%の精度で決めようとする,W.フリードマン等のハッブルキープロジェクトの最終報告は$H_0 = 72 \pm 8$ km/s/Mpcであることを示している.

最近のもっともインパクトの大きな宇宙論的観測は，現在の宇宙には真空のエネルギーが満ちており，それに働く斥力によって宇宙は今加速度的膨張をしているという発見である．2つの遠方の超新星を観測するグループが独立に真空のエネルギーの量は臨界密度の70%，つまり$\Omega_A \approx 0.7$にもなることを示したのである．ここでΩ_Aは真空のエネルギー密度を臨界密度で割ったもので，真空のエネルギーの密度パラメータである．

　真空のエネルギーが存在しているということは，アインシュタインの宇宙定数が存在していることと数学的に同等である．かつてアインシュタインは永遠不変な宇宙モデルを作るためにこの宇宙定数を導入したものの，ハッブルによる宇宙膨張の発見によって，1929年みずからもはや不要であると捨て去った．もし観測が正しいならアインシュタインの宇宙定数は70年ぶりに復活したことになる．この"発見"は，一時インフレーション理論の危機といわれていた困難を一挙に解決するものである．インフレーション理論は宇宙が平坦であることを予言する．宇宙膨張の式から宇宙の曲率の符号，$k=+1, 0, -1$は$k/H_0^2 = \Omega - 1$によって決まる．ここで，Ωは宇宙の密度パラメータで，それぞれの密度パラメータの合計，$\Omega \equiv \Omega_B + \Omega_{DM} + \Omega_A$である．

　しかし最近の天文学的な観測は宇宙を平坦にするほど物質がこの宇宙に満ちておらず暗黒物質を，宇宙の膨張の速さが速すぎるため，空間の曲率は負になり（$k=-1$），永遠に膨張を続けることを示唆していたのである．しかし，超新星の観測から"発見"された真空のエネルギーを加えるとちょうどインフレーションの予言どおりの平坦な宇宙が実現できる．しかし宇宙論的な観測には系統的な誤差や統計的な誤差がつきまとう．より遠方の超新星を数多く観測する必要がある．

　最新のもうひとつのインパクトの大きい宇宙論的観測は，宇宙背景放射の細かな揺らぎの観測から，宇宙は極めて平坦であることが示されたことである．2000年5月，ブーメランチームとマキシマチームは独立に，気球を用いてCOBEの観測より何十倍も細かな揺らぎの観測を行い，$\Omega = 0.9(+0.18, -0.16)$という結果を示したのである．$\Omega$がほぼ1で宇宙が平坦（$k=0$）であるという結果は，まさにインフレーション理論の研究者が待ち望んでいたデータである．これと遠方の超新星による真空のエネルギー密度パラメータの観測と組み合わせるならば，Ωの中の配分も$\Omega_A \approx 0.7$，$\Omega_B + \Omega_{DM} \approx 0.3$と決まってしまうのである．

　このように21世紀はじめに，宇宙論の基本的なパラメータはほとんど決まってしまったように見えるのである．しかもその結果はインフレーションを前提とするビッグバン理論と見事に一致するのである．しかし，それにもかかわらず，中身をみれば正体不明の暗黒物質や真空のエネルギーなど，根源的な謎が残されているのである．また宇宙創生の問題は，インフレーションと量子的創生という枠組みができあがったが，その根拠となっている統一理論は未完のままである．

30.4 量子宇宙論

　筆者やグースの考えた当初のインフレーション理論は，当時盛んに研究されていた大統一理論に基づいて考え出されたものである．この理論はワインバーグとサラムの電磁力と弱い力の統一理論をさらに拡張し，強い力も含めて統一する理論である．宇宙開闢，10^{-36} 秒頃，宇宙の温度が 10^{15} GeV（GeV $= 10^9$ eV）であったころ，真空の相転移[*1]が起こり，強い力が枝別れを起こしたことをこの理論は予言している．ワインバーグ-サラムの統一理論や，大統一理論では真空の相転移とは，ヒグス場と呼ばれている素粒子の場の相転移である．相転移前の状態では真空のエネルギー密度は高い状態にあり，これに働く重力は斥力である．宇宙は指数関数的な急激な加速膨張をするようになり，ミクロな宇宙でも，一挙に何億光年ものマクロな宇宙になってしまう．インフレーションの持続する時間は，真空が不安定になったエネルギーの高い状態にどれだけ我慢して止まることができるかによって決まるわけである．しかも真空のエネルギーの密度は，宇宙が急膨張しても，まったく変化しない．つまり，宇宙の体積が 100 桁大きくなったとしたならば，その中の真空のエネルギーの総量も 100 桁大きくなるのである．相転移が最終的に起こると，真空のエネルギーは潜熱として開放され，通常の物質エネルギーに転化する．このシナリオはエネルギー保存則を満たす重力場の方程式やヒグス場の方程式を解くことで導かれているのではあるが，見かけ上，無からエネルギーを生み出すメカニズムとなっている．今日，宇宙を満たしている物質エネルギーはすべて，インフレーションが作り出したものである．これがインフレーション理論の真髄である．

　ヒグス粒子は残念ながらまだ発見されていない．CERN（ヨーロッパ素粒子研究機構）にあった加速器 LEP-II でヒグス粒子らしきシグナルが 2000 年夏観測され，2.9σ の統計で質量が 115 GeV である予想と一致した[*2]．しかし結局次の大型装置，大ハドロン衝突装置，LHC の建設のため LEP-II はシャットダウンされてしまった．ヒグス粒子の発見は LHC 稼動（2005 年予定）を待たねばならない．もちろんこの粒子が発見されたならば，真空のエネルギーや真空の相転移は地上の実験で確認されたことになり，インフレーション理論は理論的な強い根拠を持つことになる．

　しかし，もともとのインフレーション理論は，問題があった．パラメータの値によっては相転移が完了しなくなる，また相転移終了後の宇宙の凸凹の度合いが強すぎる

[*1] 力の統一理論では仮想的なスカラー粒子の場であるヒグス場が自発的対称性の破れを起こすことによって，力を媒介するゲージ粒子に質量を持たせ力の性質を変える．物性物理学の超伝導理論からのアナロジーによって導入された．したがって温度が臨界温度以下になると相転移を起こし自発的対称性の破れを起こす．

[*2] はっきりとヒグス粒子であることを確認するためには，ノイズをはるかに越える事象数が必要である．

ことなどである．銀河団やグレートウオールをはじめとした宇宙の構造を作るための種として，凸凹を仕込んでやる必要があるが，これでは揺らぎの振幅が大きすぎ，成長して宇宙はブラックホールだらけになってしまう．最初の改良版として新インフレーションモデルがリンデやスタインハートなどによって提案された．しかしそれにも問題が残されていたことから，カオティックインフレーション，ハイブリッドインフレーション，拡張インフレーションモデル，超拡張インフレーションモデル，ソフトインフレーション，ナチョラルインフレーション，オープンインフレーションと数え切れないほどのモデルが今日までに提案されている．このような，いろいろなインフレーションのモデルが提案されるなかで，力の統一理論に基づいてインフレーションモデルを作り上げる精神は失われてしまった．インフレーションを起こす真空の相転移は統一理論ではヒグス場という，素粒子に質量を与える必要性から導入されたものであったが，いまや真空の相転移をになう場は"インフラトン場"と呼ばれている．つまり，ともかく素粒子論的には何の根拠もないが，インフレーションを起こすだけのためにいろいろ工夫をして作る仮想的な場である．もちろん新たな力の統一理論，超重力理論や超紐理論などから導く努力も進められていることはいうまでもない．

　インフレーション理論の，興味深い予言の一つは，宇宙が無限に作られることである．佐藤，佐々木，小玉，前田は 1982 年，インフレーションの研究の中で，宇宙の多重発生の理論を提唱した．そこでは相転移が単純な 1 次の相転移である場合を前提に議論を進めたが，後に考えられたインフレーションの改良版でも基本的に同じ事が起こる．リンデは自己増殖する宇宙モデルを提唱しているが，これは真空のエネルギーが凸凹だらけとなる原因を相転移ではなく，量子論的な揺らぎに求めている点が異なる．量子論的な揺らぎで真空のエネルギーに凸凹が生じるようなエネルギーのスケールはプランク・エネルギーと呼ばれているスケールである．

　一つの母宇宙が存在すれば無限に宇宙が作られることをインフレーション理論自体が予言しているが，しかし完璧な宇宙創生論となるためには，インフレーション宇宙の種となる，"母宇宙"を創ってやらねばならない．それは A. ビレンケンや，J. ハートルと S. ホーキングによって展開された量子宇宙論である．言うまでもなくインフレーション理論がミクロな時空を瞬時にマクロな宇宙へと膨張させ，かつその中に物質エネルギーを満ち溢れさすことができるという道筋を準備していたからこそ可能になったのである．量子宇宙論によって作られる宇宙は当然，創生と同時に直ちにインフレーションを起こすモデルである．

　当然ながらビレンケンやホーキングの量子宇宙論も無限の宇宙の存在を予言する．無から作られる宇宙がわれわれの住んでいる宇宙一つだけであるはずはなく，ほかにも無限に作られているはずである．現在宇宙を考える時，このような無限に数多くの宇宙がありそのひとつが我々の宇宙であるとしてとらえなければならなくなってきて

いる．このような考えはマルチバース（multiverse）と呼ばれている．無限に生まれ続けている一つの宇宙に我々は住んでいることになるが，他のすべての宇宙が，必ずしも我々の宇宙と同じように，多様で美しい世界であるわけではない．創造の直後にすぐ膨張から収縮に転じつぶれてしまう宇宙もあるし，また逆に急激な膨張が止まらないため，ガスが集まり銀河や星が形成することのできない宇宙もある．それどころか，私たちの世界を支配している物理法則とは異なる法則が支配している宇宙も存在するであろう．例えば大統一理論では一つの力が真空の相転移によって枝分かれを起こし，色の力と電弱力が生まれることになっているが，相転移で異なった真空に転がり落ちると，電磁力は生まれるものの，色の力でも弱い力でもない別の種の力へと枝分かれしてしまう．また最近の超紐理論はもともと10次元のような高い次元の空間の存在を考えている．私たちの宇宙は3次元の空間と1次元の時間からなる世界であるが，量子宇宙論の立場では空間の次元が5次元である宇宙や逆に2次元しかない宇宙も生まれたはずである．

　我々の住んでいる宇宙の性質は，あたかも神が人間を創造するためにデザインしたかのように見えるほど，都合よく物理定数が調整されている．なぜこのような精密な調整がおこなわれたのであろうか？　しかしよく考えてみると，人類のような知的生命体が生まれない宇宙が存在していても，そのような宇宙は存在が認識もされない．認識される宇宙は知的生命体が誕生する宇宙のみである．その生命体は，自分の住んでいる宇宙はあたかも自身を生むように設計されたと思ってしまうのである．このような考えは「人間原理」とか「人間原理の宇宙論」として知られている．マルチバースは，多様な宇宙が創られることを示唆し，「人間原理」の基礎をあたえている．

　量子論的宇宙創生の最近の話題は，多次元宇宙の創生である．超紐理論の進展やその刺激を受けて，多様なアプローチが進められている．従来の多次元宇宙モデルでは，時空となる4次元を除いた残りの次元，内部空間はプランクスケールの大きさに縮まっている，つまりコンパクト化されていると考えていた．一方，3次元空間となる方向には宇宙は膨張しなければならない．このような宇宙モデルはカルツア-クライン宇宙モデルとよばれているが，このもっとも単純なものは，真空のエネルギーに満ちた多次元宇宙である．すでに内部空間が収縮，もしくは創生時のままの大きさを保ち，外部空間がインフレーションを起こすモデルにつながるインスタントン解（虚時間での古典解）などが求められている．また，このようなWKB近似ではなく直接，時空の運動を記述するシュレディンガー方程式であるウイーラ-ドゥイット方程式を解き，宇宙の波動関数の振る舞いを調べることもおこなわれている．これらの解析は内部空間も外部空間も共に大きくなるインスタントンの寄与がもっとも大きいことを示している．内部空間を小さく保ち，外部空間でインフレーションを起こすためには，どうしても内部空間と外部空間で圧力などが非対称な物質場を考えざるを得な

い．

　最近の新たな，もっとも興味深い宇宙のモデルはブレーン宇宙モデルである．究極の統一理論となりうる超紐理論として考えられている M 理論の示唆するところでは，高次元の空間の中に，3 次元の膜が存在し，それが我々の住む宇宙である．物質はこの膜内に閉じ込められていると考えるので，この膜に垂直な方向は決してコンパクト化される必要はない．ランダールとスンドラムは 5 次元アンチドシッタ時空の中に，3 次元の空間の膜があるモデルを用いて，5 次元的な重力がこの膜内では，ニュートン的 4 次元重力則となるモデルを示した．特にブレーンが正の表面張力を持つモデルは，多くの研究者によって調べられ，ブレーン内での重力則が確かにニュートン則となることが示されている．またそのブレーン宇宙の宇宙膨張の式は通常の式に，2 つの付加項が加わったものである．これらの項は物質密度が小さくなり，スケール項が大きくなった時点では，寄与は小さく無視できるが，宇宙初期には効果を現し，宇宙が単なるフリードマン宇宙ではなく，ブレーンの世界であることを示すものである．

　現在ブレーン宇宙モデルは，多くの研究者の興味を引きつけ，大きく進展しつつある．これが新たなパラダイムとなるようなものとなるのか，一つの流行なのか現時点では判断できないが，たとえ後者であっても，このモデルが豊かな内容を持っていることは，確かである．

30.5　真空のエネルギー，ダークエネルギー

　遠方の超新星の観測や気球を用いた背景放射の観測から得られた，真空のエネルギー密度パラメータの値は $\Omega_\Lambda \approx 0.7$ であり，暗黒物質や通常の物質密度の合計，$\Lambda_B + \Omega_{DM} \approx 0.3$ を超えている．これは再び真空のエネルギーが宇宙の主なエネルギーとなり，宇宙は急激な膨張，"第 2 のインフレーション"を始めたことを意味する．この真空のエネルギーの正体はいったい何なのだろうか？　最近，正体不明の物質をダークマター（暗黒物質）と呼ぶのに対応して，この正体不明の真空のエネルギーをダークエネルギー（暗黒エネルギー）と呼ぶようになった．謎はその正体だけではない．なぜ我々は第 2 のインフレーションが始まったという宇宙の歴史の特別な時期に生きているのか？　偶然そのようなことが起こる確率は極めて小さい．そこには何らかの必然性があるはずである．この疑問は偶然一致問題と呼ばれる．本来何の関係もない量である両者の値は 50 桁，100 桁違っていてもそのほうが自然なのである．物理学法則の必然的帰結として，例えば量子重力理論の帰結として現在の真空のエネルギー密度が導かれるなら，宇宙定数はもはや物理定数であり，"何故このような値をもつのか"という疑問は宇宙論の疑問ではなくなる．真空のエネルギーが存在するとその値として自然な値は，量子重力理論のスケールであるプランクエネルギー密度 $G^{-2} \approx (10^{19}\,\text{GeV})^4$ である．ここで G は重力定数である．しかし現在の真空のエネルギー密

度はプランクエネルギー密度の 10^{-120} である.

このような 120 桁の違いを, 現在の物理学の範囲で人為的操作なしに自然に導くのはほとんど不可能であろう. この疑問は小ささの問題と呼ばれている. しかし, ともかく宇宙時刻で言えば最近始まった第 2 のインフレーションは永遠に続くものなのだろうか? 未完ではあるが力の統一理論の大筋を信じるなら, 宇宙の真空の相転移にしたがって, 真空のエネルギー密度は, プランクエネルギー密度から, 大統一理論のスケールへ, また電弱力のスケールへ, そして強い力のスケールへと, 階段状に下がって来たはずである. クォークハドロン相転移以後真空のエネルギーはゼロとならずに現在の値となって落ち着いたのだろうか? それとも滑らかに変化しながら今日に至っているのだろうか? 前者の場合, 再度何兆年後に真空の相転移がおこり第 2 のインフレーションは終了するのだろうか? しかし, わずかながらも再度真空のエネルギーが残され, 第 3 のインフレーションが始まるのだろうか?

真空のエネルギーが, 宇宙初期から緩やかに減衰して今日の値になっているというモデルも提唱されている. 最近減衰していく真空のエネルギーに, quintessence, つまり第 5 の元素という実に仰々しいい名前がつけられて盛んに研究が進められている. しかし, ちょうど今, 真空のエネルギーが物質のエネルギーを上回るようになり始めたのかを本質的に説明できるものではない. もちろん, 適当な減衰モデルを作り, モデル内の減速速度に対応するパラメータを微細調整し, 人為的に今の時刻に合わせることはできるが, それでは偶然一致問題を解いたことにはならない. しかしこのような現象論的モデルでまずアプローチすることは研究の第一歩である. しかし個人的には, 偶然一致問題は, 人間原理的解決しかないのではないかと考えている. 現在観測されている真空のエネルギー密度をはるかに越えるような値を持つ"宇宙"では, 早い時期に第 2 のインフレーションが始まり宇宙構造は形成されず知的生命体も生まれない. 知的生命体が生まれるのは現在の値程度の真空のエネルギー密度, もしくはそれ以下の値を持つ宇宙のみである (S. Weinberg (1989)).

30.6 終わりに

宇宙論研究は今二つの方向で進んでいる. 第 1 は最近しばしば言われる精密宇宙論の方向である. 20 世紀末に宇宙論パラメータの基本的値はほぼ決まり, 21 世紀の課題はこれを精度よく決め, かつインフレーションを含むビッグバン宇宙論を基に, 宇宙進化の描像を明確に描き出すことである. 最近打ち上げられた NASA の宇宙背景放射観測衛星, MAP や, ESA が 2007 年に打ち上げる PLANCK は密度パラメータをはじめとする量をまさに精密に決めることになる. また宇宙における構造形成, 天体形成, 化学進化の研究は, 今爆発的に進みつつある. 現在, すばる望遠鏡をはじめとする 10 メータクラスの巨大望遠鏡が世界で 10 台以上稼動する時代となりつつあ

る．さらに，ハッブル望遠鏡の後継宇宙望遠鏡計画も具体化しつつある．X線天文衛星，CHANDRA, NEWTON をはじめとして宇宙空間から全波長での観測が進んでいる．宇宙論は，今はっきりと，"論"から天文学となったのである．21世紀前半には，観測によって豊かな宇宙進化の描像が天文学として描き出されるであろう．21世紀末には，COBE が宇宙開闢30万年ころの宇宙の地図を描いたように，重力波によってインフレーションの起こった頃の地図が描かれると夢見ることもできる．

しかし，同時に期待したいことは，従来の理論に矛盾，もしくはそれまでの理論では説明することのできない観測が出てくることである．知の世界の体積が膨らめば当然それだけ，その表面，フロンティア，も広がるのは当然である．実際，ダークマター，ダークエネルギーの問題は大きな謎である．我々は，我々の住んでいるこの宇宙を構成する物質の99％が何であるかをまったく知らないのである．第二の方向はこの謎へのチャレンジである．ダークマターの候補としては超対称性理論が予言するニュートラリーノをはじめとして各種の素粒子が考えられている．その直接検出を目指す実験も行われている．21世紀はじめの10年内には稼動するであろうLHCによって何らかの示唆が得られることを期待したい．一方ダークエネルギーの存在の"発見"はそれが正しいならば，宇宙論的意義以上に物理学の根幹にふれる発見であり，歴史に残る大発見である．超新星を用いた方法でさらにデータを増やし統計誤差を小さくすると同時に，異なる方法での観測で確認することも必要であろうが，ダークエネルギーの存在は，インフレーションをふくむビッグバン理論と整合性がよいだけでなく，他の宇宙論的観測とも整合性が高く，その存在が否定されることはないであろう．

科学は矛盾や謎を解くことによって進む．宇宙定数問題は，21世紀に花開く新たな宇宙論，物理学への鍵なのかもしれない．（筆者＝さとう・かつひこ，東京大学大学院理学系研究科教授．1945年生まれ，1968年京都大学理学部卒業）

参考文献

1) E. Kolb and M. Turner: *The Early Universe* (Addison Wesley, 1990).
2) 数理科学，素粒子的宇宙論特集，1991年7月号．田中貴浩：日本物理学会誌 **55**(2000) 932．佐藤勝彦：数理科学 **442**(2000) 33, **451**(2001) 19.
3) S. Weinberg: Rev. Mod. Phys. **61**(1989) 1．佐藤勝彦：日本物理学会誌 **51**(1996) 347.
4) 日経サイエンス，宇宙論特集，2001年4月号，および別冊「宇宙論の新展開」，2001年，12月．

31. 天体物理理論
―京大天体核研究室の足跡から―

佐 藤 文 隆

31.1 は じ め に

　本稿で触れる範囲を限定する幾つかの事項をはじめに記しておく．第一に，天体物理には素粒子の「標準理論にいたる途」のような一筋の歴史の階梯があるわけでなく，何が「主な進歩か？」に客観的な答はない．また天文学という物理学全体と制度的には肩を並べる老舗の隣接分野がある．過去50年の歴史を見れば現実には「物理学化」が即天文学「近代化」であり，現在では研究内容で天文学と天体物理を分ける客観的な基準はない．観測も含む天文学が独自の学問的使命を見失って物理学の価値観に併合されつつあることの問題はあるが，ここでは論じない．

　第二に，仮に天体物理を，物理教室で宇宙の現象を研究することであると「現象論的」に定義すれば，我が国における理論天体物理の発祥は比較的明確に特定できる．基礎物理学研究所が1955年に物理学者と天文学者を集めて企画した共同研究がそれである．これについて第2節で述べる．

　第三に，今から振り返って見ると，我が国での天体物理理論の展開にとって，林忠四郎と彼が主宰した京都大学の「天体核研究室」の役割が大きかったことは衆目の一致するところである．したがって第3節には林の研究歴とその研究手法の特徴について記す．

　第四に，私自身の研究の遍歴は前述の林の研究歴と相補的であるので，第4節では私の経験した1960年代における天体核研究室と基研を中心とした研究活動を述べる．

　第五に，この時期までは基研と天体核グループの研究を述べれば我が国の理論天体物理の相当な部分をカバーすることになるが，70年代からは事情が変わる．X線天文学などがこの時期に興隆期を迎え，また基研以外の共同利用研究所の活動が活発になり，日本でも観測と関係した理論研究が生まれ，多極化した．これらの歴史は前史・動機とも多岐にわたり，理論研究の観点からだけ記述するのは適当でなく，また私が記述するのも適当でないので触れない．第5節には，1970年代での天体核研究室からみた多様化のスケッチと私自身の周辺で起こったことを記す．それ以後については，紙数が尽きるので私自身が関心を持つテーマについての感想を第6節に述べる．

　これでは日本での研究の全貌は記述できないが，私が特徴を持って書ける内容ということで上記に限定する．また文中では敬称を略す．

31.2 基研研究会「天体の核現象」

「1954年の初秋,武谷三男先生を交えて(湯川秀樹,早川幸男)三人でサロンでだべっていた.何かの拍子に湯川先生が,お星さまの話はどうかねといい出された.地上の研究で発展した物理で,天体現象がどこまで理解できるのか知りたいということであった」[1].基研の原子核理論部門の初代教授に着任した早川は早速この企画に取りかかり,55年2月に第一回の研究会が開かれ,その後も半年おきぐらいに集まった.天文学からは畑中武夫が中心になった.最初の会では天文学の一柳寿一,畑中の他に,当時京大物理教室湯川研の助教授として非局所場の理論やBethe-Salpeter方程式などを研究していた林忠四郎などが,物理学者に対して天体物理を講義した.次節で見るように,林は1947,1949年に恒星の内部構造の論文を書いたが,その後はこの分野から遠ざかっていた.早川はその林を口説いて講義を実現したのである.

この研究会の議論を基礎にまとめたのがTHOと呼ばれた論文である[2].これは星の種族,球状星団の分布などから渦巻き銀河の形成の筋書きを総合的に論じたものである.この研究会を期に天体核の論文がプログレス(湯川が創刊した学術誌Progress of Theoretical Physics)に出るようになった(図1[3]参照).この展開の背景にはいろいろな動機があった.湯川は新しい型の研究所に相応しい構想を摸索しており,天体以外にも生物物理を入れてくる.また所長業としての提案だけでなく,湯川と天体との出会いは1939年のSolvay会議にまで遡るという.この会議はナチスのポーランド侵攻で中止になったが発表予定の論文は後に配られ,その中にH. BetheやC.F. Weizsackerらの熱核融合反応での太陽エネルギーの論文があり,原子核物理の展開の一つの方向として早くから認識していたようである[4].

早川は二次宇宙線の研究で既に地位を築いていたが,素粒子実験の主役が宇宙線か

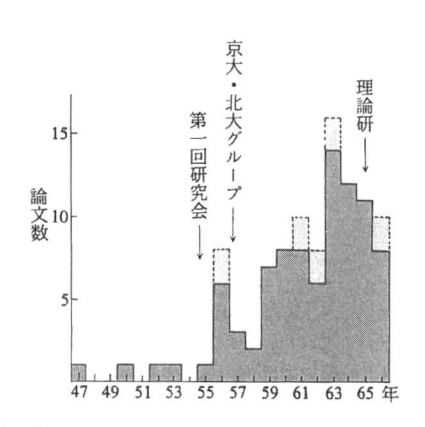

図1 プログレスに発表された天体物理関係論文数(点線は外国人)

ら加速器に交代しつつあり，天体物理としての宇宙線物理へと研究を転換しつつあった．軽元素 D, Li, Be, B の存在比などから早川は宇宙線の超新星起源説を展開した．宇宙線と天体物理の接点は，電波天文学が初めに捉えた電波源の多くが高エネルギー電子によるシンクロトロン放射だったことにもある．早川らは1958年にこれらの研究の大論文を書いた[5]．

宇宙線の加速とも関連する天体プラズマの研究は，次に述べる核融合以外に，ロケットや人工衛星の打ち上げで活気づいていた宇宙空間（space）科学とも関係していた．1961年には京都で宇宙線と space 科学合同の国際会議があった．また当時は，日本で原子力研究が解禁になって間もない時期であり，原子力ブームで研究機関が拡大した．1956年5月には基研で核融合の研究会が初めて開かれ，61年に創設されたプラズマ研究所の性格決定に重要な役割を果たした．大学でも原子力関連講座の増設があり，京大理学部にも3講座新設され，1957年には林がそのうちの一つ「核エネルギー学」講座担当の教授に就任した．この時期に林と同様に非局所場理論から天体物理に転向した北大の大野陽朗の研究室と林の研究室が物理教室の中に初めて天体物理の拠点を築いた．名大に移った早川は実験を主にしたグループを作った．当時，湯川ノーベル賞効果で増加していた素粒子や原子核の理論物理学を修めた若手の就職問題が深刻化していたが，この原子力ブームはその緩和に若干寄与した．

31.3 林の研究経歴

1980年に林は天体物理との出会いについて語っている[6]．東大の学部生時代の Bethe「赤本」（Review of Modern Physics 誌, **8**, 83, 1936, **9**, 69, 245, 1937 に載った原子核物理の総合報告）の学習会，卒論でのウルカ過程（ニュートリノ放射で星の冷却に利く β 過程）の G. Gamow らの論文学習，終戦で海軍から解放されて実家のある京都市に帰り，京大の湯川研究室に入った．当時，湯川は宇宙物理学教室のある講座を兼担していた．これは戦争に熱心だった前任教授が敗戦で若くして辞職し，空席となっていたためである．湯川は林にこの教授室に机を与えた．そこは天体物理文献の宝庫で，林の独学には理想的な環境であった．新情報は市内のアメリカ文化センターに出向いて雑誌から学んだ．こうして巨星の内部構造説明に必要な星のコア（中心核）とエンベロープ（外層）のポリトロープ解を繋ぐという問題で最初の論文を書き，第二論文は当時では珍しく Physical Review 誌に投稿した．

1949年，湯川が Nobel 賞を受賞した．「素粒子論研究」誌の記念号に林は日本語でいわゆるビッグバン宇宙での p/n 比の論文を寄せ，翌年英文で出版した．1948年の論文で Gamow が始原物質の組成を中性子と勝手に仮定したことを批判した林論文を，Gamow はじめ当時の一流の核物理学者が評価した．当時アメリカを訪れることのできた日本のボス物理学者が「ハヤシ」のことを尋ねられたという逸話がある．

この論文には後に林が口癖のように云った「素過程から積み上げる」手法の原型を見ることができる．中間子の反応まで遡って超高温状態での素粒子反応を論じることで，Gamow が無視していたニュートリノ黒体放射の存在を明らかにした．これは暗黒物質を初めて導入した論文という評価もできる[7]．ビッグバン宇宙論はその後注目されなかったし，また素粒子論の主流の研究を手掛けたいという指向が林に強かったから，前節で述べた基研の強い要請があるまで天体物理に戻る気はなかったという．

1957 年に発足した「核エネルギー学」講座は当初，湯川研と小林研からの移籍組で構成され，林は研究室の半分を天体物理，半分をプラズマ核融合にする構想を持っていた．スタッフもそういう配置で考えた．1959 年に出版された「核融合」という岩波講座の冊子は「天の部」を早川が，「地の部」を林が執筆している[8]．林は天体物理だけでは就職に苦労するだろうという危惧をもっていた．しかし 1959 年から一年間，NASA で研究する機会を得て帰った後，林本人は天体物理に熱中することになった．

1950 年代の後半における星の天体物理の課題は，様々な質量と組成をもつ星の進化を総合して，天文学の観測で描かれた星団の H－R 図を説明することであった．エネルギー輸送を含めて，星の構造を表面まで解く計算と観測を定量的に対比する段階になっていた．林はこの星の進化を広い質量範囲にわたって系統的に調べ，この複雑な課題を解明する目標を立てた．これには「熱核融合反応」と「内部構造論」の二つの側面があったが，理論的に難しいのはガス球の重力平衡を扱う後者の方であり，これは林が 1947，1949 年の論文で扱った問題である．非線形性を数値計算でうまく扱うことが要求される問題で，従来扱われていた量の対数を変数に取り直し，広い数領域での計算を行うなどの工夫をして，解の振舞を一般的に理解する努力をした．この経験が十年近く経た後の研究再開に役立った．

1950 年代後半は戦後の原子核物理の興隆の一翼を担って，国際学界でも「星の進化と元素の起源」という天体核物理が活発な段階にあった．3α 反応に導く ^{12}C 核の励起レベルが特定されたことをはじめとする，核物理と天文学の知識の統合があった．元素起源の大筋を明らかにした B^2FH と呼ばれた 1957 年の大論文[9]は，この時期の到達度を表している．また，1955 年，Hoyle-Schwarzschild の仕事から低質量星の巨星の計算と球状星団の H－R 図との対比が本格的に始まった．1960 年には Hoyle-Fowler が超新星爆発の二つのメカニズムを提案し，Feynman-Gell-Man の弱い相互作用の中性カレントが存在すれば，高温・高密度になる星の終段階で中心部の進化に影響を与えることを，B. Pontecorvo が指摘した（1959 年）．また，この時期から始まったコンピュータの性能向上が，この分野の研究にも大きく影響した．進化して多重組成層になった星構造の計算を可能にする，L. G. Henyey に始まるコンピュータを駆使した計算法が，60 年代に急進展した．

31.3 林の研究経歴

こうした活発な状況に新たに参入した林がとった戦略は見事なものであった．その戦略の中身を外から窺えるのは，1962年に出版された「サプルメント」と呼ばれた論文である[10]．それは徹底した物理素過程の再吟味と，星平衡方程式の解の包括的な理解である．当時既にこの分野では種々の観測結果と理論モデルを直接対比する研究もあったが，林はその前線には参入せず，基礎から組み立て直すという戦略をとったと思われる．その後この論文が息の長い影響を及ぼすことになるのはこのためであろう．

この徹底した再吟味の中であぶり出された成果が，原始星に関する林フェーズの発見である[11]．林の表現によれば，これは「巨星研究の副産物」だった．半径が大きくなってエンベロープが低温になれば原子を中性化し，放射輸送よりも対流による熱輸送が卓越してくる．こういう表面条件のもとでの平衡解の考察から，H−R図上の低表面温度領域に平衡解の禁止領域（解の存在しない領域）が存在することを発見したのである．そしてこれは，巨星の半径がどこまで大きくなるかという問題に答えるだけでなく，主系列に向かう原始星の進化過程を支配する．即ち，動的重力収縮で準平衡状態に達した後に，対流平衡のかたちで光度を減じ，その後に放射平衡で冷却するHelmholtz-Kelvin収縮という段階に達することとなる（図2参照）．これは天文学でそれまでの定説を変更するものであったから，非常に大きいインパクトを天文学に与え，1970年にはEddingtonメダルを受賞した．この「思わぬ発見」で林の星研究は主系列から最終段階への進化（advanced phase）と，星間雲から原始星（protostar）への進化の二手に分かれることになった．ちょうど新講座の大学院生が増加した時期とも重なり，幾つかのサブグループに分かれるきっかけになった．研究室運営でこの時期に林が重視したのは，コンピュータによる計算の積極的導入である．これ

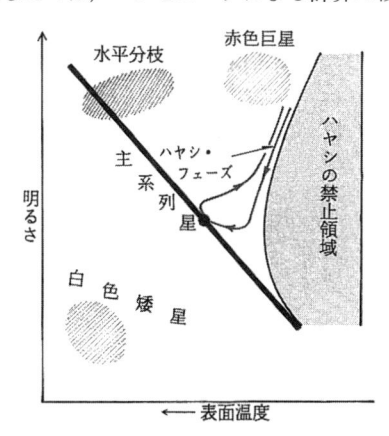

図2　H−R図上での星の進化
ハヤシの禁止領域の限界に沿って明るさが減少する段階がハヤシ・フェーズ．

は1959～60年のNASA滞在でIBMの大型計算機を使った経験と，それが星研究に不可欠な時期にさしかかっていたことによる．数値計算の経験蓄積をサブグループを繋ぐ共通課題と位置づけていた．1962年のサプルメントは前コンピュータ時代の精華であり，複雑な数値計算の結果のみに着目するスタイルに批判的な観点を強調していた．しかしこの手法に拘ることをせず，新時代の道具を先進的に導入したのは先見の明があった．東京にしかIBM機がない段階から，これを使う手だてを講じた．

　advanced phaseの計算にはますますコンピュータが不可欠になり，複雑で錯綜したものとなった．この面で若手を指導しつつも，林自身は未開拓なprotostarに大筋をつけることに力を入れ，星間物質の加熱・冷却といった新たなテーマの大局的な解析を行った[12]．これらが1970年以降に太陽系形成に集中する出発点になった．多分，50年代末に星研究に戻った頃は，ニュートリノ過程や中性子星などを通じた素粒子・核物理との接点が大きくなるという見通しがあったし，また研究室の分野も実際その方向に拡大したが，林自身が直接手を下す問題は，非球対称自己重力ガス体の不安定や惑星・地球科学との接点を求める方向に移っていった．70年代には研究室のコロキュームのテーマは「地球の大気」から「宇宙初期の素粒子」まで拡大していた．

　林の研究の後半期のテーマ「太陽系の起源」は，天文学から地球科学に拡がる漠然としたものとして長い間止まっていた．他の星での惑星系形成は観測されておらず，他方では，一個の例である太陽系については衛星の数から岩石まで含めて事細かな情報がある．したがって探究の手法も一通りではありえない．林は，1962年のサプルメントの精神で，ここでも太陽系という一つの例に関するあり余る観測情報から説き起こすのではなく，物理素過程からモデルを積み上げて太陽系での一般性と偶然性を相対化する分析を徹底して行った．原始太陽系星雲での固体微粒子が赤道面に集中して薄い円盤を形成し，それが重力不安定で分裂して，まず微惑星という小天体ができ，これらの衝突集積で惑星に成長する，という大筋である．特に微惑星の集積が，原始星雲のガスが存在する中で起こり，太陽表面の活動性と絡んで，ガスが原始太陽から吹き飛ばされる時期などが内惑星，外惑星の形成に連なるといった，グランドシナリオを提出した[13]．これは個別に増えつつある観測データを総合的に理解する段階にあった地球惑星科学に大きなインパクトを与えた．

31.4　1960年代―天体核研究室と基礎物理学研究所―

　当初，星と並ぶ研究室のテーマはプラズマ，核融合で，前者は宇宙線の起源を含んでいた．私が4回生の時に「核融合」[8]が出版され，これを種本に11月祭でポスター展示をした記憶がある．1960年に大学院に入ったのが蓬茨霊運と私で，蓬茨は一年先輩の杉本大一郎とサプルメントの完成のため林に協力した．早川と宇宙線の起源を

31.4　1960年代—天体核研究室と基礎物理学研究所—

研究し，当時助手だった寺島由之助と私は天体プラズマを研究しようとしたが，寺島は直ぐにプラズマ研究所に転出した．院生は星とプラズマに分かれるのが「正常な」あり方だった．M1ゼミもテキストはSpitzerとB^2FH[9)]やSchwarzschildの本[14)]の一部だった．しかし，プラズマ分野は拡張期で就職がよく，後を継いだ天野恒雄，百田弘も次々に他に転職し，この分野は60年代後半になくなった．私自身は宇宙線起源を勉強中の1961, 1962年頃の準星（クェーサー）発見により，それを追いかけて急速に天体物理に移っていった．

1963年にHFB^2というプレプリント[15)]を林から手渡され，その紹介をした．これは，1939年のOppenheimer-Snyderの重力崩壊とブラックホールの論文を観測と対比するような場面に引き出す画期的なものであった．この頃，J. A. WheelerやYa. B. Zeldovichがこの課題について理論物理的議論をしていたが，準星のエネルギーが核エネルギーでは不足で，相対論的重力系の形成がそれを上回るエネルギーを提供できる，というHoyle達の論点は新鮮なものだった．また1964年10月に基研で「ニュートリノ天文学」という素粒子と天体合同の研究会があり，私は1950年の林論文を含むビッグバン宇宙と残存ニュートリノの報告をした[16)]．その頃，林は星起源ではHeはC以上の重元素と同程度にしか作れないから，Heにはビッグバン合成が必要になるとして，ビッグバン元素合成の再考を言いだし，私がそれに取り組んだ．そこに1965年のPezias-Wilsonの「3K放射」（宇宙マイクロ波背景放射）の発見が公表された．

こうした時代の動きに小突かれて天体プラズマの初志は霧散し，60年代中頃には膨張宇宙，一般相対論などで私は仕事をするようになっていた．高エネルギー天文学と一般相対論の進展を活気づけたのは，1963年から始まったTexasシンポジウムであった．早川はよくこれらに出席して話題を教えてくれた．国内的には基研の研究会が私の研究遂行に重要な役割を果たした．

基研研究会の初期の話題は準星のエネルギー源で，武谷が音頭をとって，「パイル理論」が提唱された．これは現在でいうスターバーストの様なもので，超新星の連鎖的爆発理論である．新天体の発見には「同じカテゴリーに属する異常なものが最初に発見される」という法則性がある．これは少数でも強力なものから観測にかかるので当然である．準星のときも非熱放射にまず目が奪われ，超新星では同様に例外的なカニ星雲の集合体とみなす見方に引きずられた．その後の観測の進展では，AGN（活動的銀河中心核）は輝線や熱X線の放射が基本で，シンクロトロン放射の電波源を持つものはむしろ例外である．反省するに，銀河の観測天文学の全般的な素養がないので，「異常なもの」の同類項の探索が次にどう進展するかについて正しい判断を持っていなかったように思う．

国際的にはHFB^2の影響で，星の最終段階も含めて，一般相対論的な重力崩壊へ

の理論的関心が天体物理の前面に出てきた．日本では成相秀一がこれについて論文を書き始め，また天体核研究室で相対論を研究しはじめた冨田憲二が広島大学理論研に移った．私の学位論文も超重質量星の一般相対論的不安定性であった．実は1962年にWheelerが基研で一般相対論について何回かの連続講義をしたことがあった．中性子星，重力崩壊から量子時空までの彼の先駆的業績の講義であるが，聴講した我々にはいささか"ネコに小判"であった．数学がかっていた当時の一般相対論の専門研究では，何が"質のよい"もので，何か"質の悪い"ものかが判然としなかった．天体物理から相対論に接近すると，当時はHoyleのC場理論とかBrans-Dicke理論に出会うという変な状況にあった．こうした修正理論ではなく，一般相対論を正準形式で書いたADM論文のような，Einstein理論そのものを展開する手段の発展はなかなか見えなかった[17]．山内・内山・中野の教科書が出たのが1967年であるが，重力の正準量子化への興味が前面に出ていて，天体との接点は日本ではしばらくなかった．

3K放射発見当時，私は林の示唆で宇宙起源の元素合成の計算を手掛けていたが，日本では当時まだ開拓的だったコンピュータでの数値計算で骨を折り，また軽元素核反応データをゼロから集めることで手間取った．結局，この計算の決定版とも云うべきWagoner, Fowler, Hoyleの論文と同じ頃に私の論文[18]も出たが，核データ等での差は歴然としていた．私の論文ではLi, Be, Bも宇宙初期起源でないかという観点を出したが，当時これは斬新な主張だった．Dも含め軽元素組成は隕石の分析から主に得られていたから，これらの起源は太陽系内での宇宙線による核破砕であると信じられていた．軽元素が宇宙初期起源でないかと真剣に議論されだしたのは，紫外線衛星COPERNICUSが星間空間にDを発見した1973年以後のことである．

会津晃と私が提案者となって1967年から70年にかけて宇宙論の研究会が基研で行われた．60年代，基研で走っていた宇宙関係の研究計画は星の進化，銀河の構造と進化，ニュートリノ天文学などの他に，地球と惑星の内部という物性との境界を目指すものがあった．初期にあった宇宙線，核融合プラズマ関係は新しい共同利用研究所に移っていた．宇宙論の研究会は途中から「宇宙論と銀河の形成」と目的が絞られた．現在はSilk質量と呼ばれる，放射粘性によるゆらぎの散逸スケールが銀河質量に近いことを発見し，放射と物質の脱結合後での水素分子形成を計算した．また原始雲収縮での水素分子による冷却について，京大と立教のグループが初めて大筋を明らかにした[19]．松田卓也，武田英徳が加わり，コンピュータで数値計算が簡単になり，面白いほど結果が出た．最近これらの問題が再び詳細に調べられるようになったが，25年以上前の仕事では引用もされず，少し早すぎた感じがする．この他に，木原太郎，東辻浩夫による銀河分布の統計的相関関数を出すという仕事（1969年）もこの研究会で発表されたが，これはその後このアイデアを体系的に展開したJ. E. Peebles

の業績になってしまった．この研究会の成果の一部はプログレスのサプルメントとして出版された[20]．

31.5 1970年代——一般相対論と素粒子宇宙——

　大学紛争を間に挟んで70年代に入り日本の天体物理も拡大した．第一節で断ったように，ここには私の周辺での70年代の歴史を記す．天体核グループでの星のadvanced phaseの研究はコンピュータが主役になり中沢清，池内了らが引き継いだが，主流は京都からでた杉本グループになっていった．中沢はその後，林の太陽系研究に協力し，地球惑星科学に進んだ．また原始星の動的形成を林と初めから研究していた中野武宣は星間物質の研究に傾斜していった．我々の「宇宙論と銀河形成」の興味は，重元素を全く含まない星や重元素の濃縮過程に移っていった．松田は銀河の化学進化を学位論文にした．元素の拡散は超新星爆発によるとの観点から，池内を巻き込んで爆発残骸の膨張の論文を一緒に書いたりした．彼はその後，星間空間での泡形成を研究し，後に銀河間物質のテーマに拡大した．我々のグループは職場がバラバラになって一段落した．

　この頃から重力崩壊，ブラックホールが一般相対論の課題として注目を浴びてきた．Caltechのオレンジ色カバーのプレプリントの発行数が急増し，大抵が相対論になっていくのに刺激された．当時，PrincetonとCaltechの相対論のグループに全米から優秀な大学院生が集中したといわれた程の活況を呈した．話題は準星の巨大ブラックホールと異なって，もっと定量性のある近接連星X線源の観測が結果を出し始めたことで，ブラックホールの現実感が増した．また少し遅れて1975年，連星パルサーの電波観測で一般相対論のきれいな検証がなされた．一般相対論的な研究をフォローしていくと，どれもKerr時空を用いて議論されている．1972年当時，これがブラックホール時空として唯一であるという「奇妙な」証明が試みられていたが，私にはその証明の動機が真面目なものには思えず，理解しなかった．そこで，回転を持つこの解以外のものを出すという目標をたてた．そして当時は全く無視されていたErnst形式に着目して，Kerr解を含む整数で分類される一群の厳密解シリーズ（T-S解）を1972～73年に冨松彰と見いだした[21]．観測的には現在でもブラックホール時空がKerr解かどうか探ることはできない．しかし，いわゆる裸の特異点を許さないという数学的要請がKerr解の唯一性を導くことは，その後の証明で完結した．T-S解が動機となって，この厳密解問題はソリトンの数学と同一であるとの認識に達した．定常軸対称でのEinstein方程式は，ソリトンと同じ2次元空間上の非線形方程式である．その対応で云うと，1978年頃にT-S解は多重ソリトンのシリーズであることがわかった[22]．こうしてT-S解は数理物理の研究に刺激を与えた．ブラックホールがどんな時空解になるかは解決済みでなく，重力崩壊を実際に解いてみなければ

判らない．という見解を私は周辺に話していた．これは当時も主流の見解ではなかったが，こうした風潮が重力崩壊を数値計算でやってみるという仕事を若い人に啓発することになった．1979 年，ADM 形式と数値計算を組み合わせて先駆的な仕事をした[23]．またその後，佐藤勝彦のアイデアを定式化したワークホール形式（1982 年），膨張宇宙のゲージ不変な摂動（83 年），ブラックホール摂動での重力波放出（84 年），などの研究を推進した中村卓史，前田恵一，小玉英雄，佐々木節，等は本格的な一般相対論の研究を日本に根付かせた．重力崩壊の数値計算に参加した観山正見はその後天体物理のシミュレーションで活躍する．

1974 年のチャームの発見前後での素粒子標準理論の確立は天体物理にとっても大きな意味を持った．星の物理には中性カレントは折り込み済みであったが，現象論的パラメーターの数値が確定した．さらに膨張宇宙を温度が 1 GeV 以上の時期に理想気体の状態方程式で遡ることが正当化された．このことは「物事をよく考えない連中が結局正しかった」ということなので，現在は殆ど指摘されないが，こうなる直前にはハドロンの弦模型に基づいた温度には最高値があるという説に熱中していた．弦模型の熱力学として理論的には結構面白いこの議論に終止符を打ち，単に理想気体でよいとなったのは電弱理論と QCD のおかげである．

標準理論とその延長上での GUT（大統一理論）を超高エネルギーの宇宙初期状態に適用する考察が始まった．現時点で整理した課題を次節で述べることにして，ここでは当時の自分の周辺であったことを記す．一年間の Berkeley 滞在後，基研に帰って間もなくチャーム騒動（74 年）があったが，当時多くの理論屋を惹きつけていたものに S. Hawking のブラックホール蒸発があった．私もこれに関心を持ったが，場の量子論の勉強におわった．その頃，佐藤（勝）が宇宙現象での Higgs 粒子の効果を考えているので議論して欲しい，とやってきた．彼はそれまで中性子星物質，超新星，r-プロセス（中性子吸収による重元素合成過程）等の星の終末を研究テーマとしていて，WS（Weinberg-Salam）理論をよく勉強していた．彼と一緒に Higgs 粒子の効果を論文にしたが[24]，その後彼は引き続き弱作用粒子の質量と寿命を宇宙現象から現象論的に狭めていくという仕事をし，素粒子宇宙論に本格的に入っていった．これらについて「自然」に解説を書き[25]，1977 年には海外でも講義をしたが，当時は学界の関心がそこにないことを知った．

1978 年に素粒子の国際会議が東京であり，WS 理論の大成功と GUT が喧伝された．陽子崩壊，宇宙バリオン数生成，等の GUT の予言が確認される日が間近に迫った緊迫感があった[26]．吉村太彦のバリオン数の論文，KAMIOKANDE 計画等，日本も中心となり熱気があった．この興奮冷めやらぬ内に書いた「自然」の解説（1978 年）に登場するのが図 3 である[25]．これは GUT の説明で，エネルギー（横軸）と相互作用の強さを描いた図を縦にして，エネルギーと一緒に時間を入れただけのもので

31.6 現状と未来

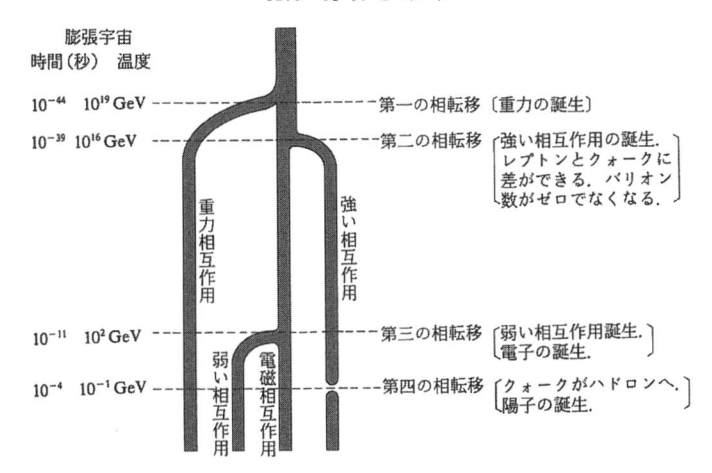

図3 初期宇宙での温度降下によって真空の相転移が起こり相互作用が分化してきたという．現代の「力の統一理論」のパラダイムを表現した図[25]

ある．この「力の分岐発展図」は1980年代の素粒子宇宙論流行の中で繰り返し登場した．我々は英文の論文にもこの図を用いたので，あちらの解説本にまでこの図が登場し，その翻訳本で再上陸もした．

1980年の春に軽いニュートリノ質量が検出されたという報道があった．これは私が1964年に勉強した課題である．早速，高原文郎と構造形成の論文を書き，その年の暮れのTexasシンポジウムに招待された[27]．ニュートリノ等の暗黒素粒子がこの会のメイントピックスであったが，A. Guthのインフレーション説が話題になりかけていて，夜の分科会，サテライトの会議で彼の話に多くの人が聞き入ったが，どう評価するか皆迷っていた．これが爆発的に流行り出すのは新インフレーション説になり，場の量子論真空の量子ゆらぎで天体構造形成の種である密度ゆらぎが形成される，という理論が追加されてからである[28]．80年夏にコペンハーゲンから帰った佐藤（勝）は旧インフレーションでのバブル膨張ではうまく相転移は完結しないと言っていた．何れにせよ，モノポールを薄める動機といい，この説はマッチポンプであるというのが私の第一印象で，当時物理学会の特別講演でもそのように紹介した記憶がある．

31.6 現状と未来

1980年以後については歴史を離れて私が関心を持つ事項についてコメントする．

31.6.1 素粒子宇宙論の憂鬱[28]

「1984年の虚脱感」ということを私は言ってきたが，この頃にGUT理論への緊迫感が遠のいたことを指す．勿論，嘘となったわけでもないが，Higgs部分の具体的構

造などが当分確定しない雰囲気になった．素粒子宇宙には新粒子論と真空理論の課題がある．前者の代表は暗黒物質，宇宙バリオン数，後者は大別して位相欠陥（モノポール，宇宙ひも等）とインフレーション説にわかれる．真空部分の不定さはインフレーション説の研究を繁盛させたが，物理としては押さえどころがないことを認識する結果に終わって，白けてしまった．マッチポンプ的でないポジティブな主張はゆらぎ生成だが，1992年のCOBEで観測されている振幅を予言する能力を持っていない．FriedmanモデルでHarrison-Zeldovich型に近いスペクトルを導くことは必要条件を満たすに過ぎない．Einstein方程式に真空エネルギーがどう入るか，あるいは真空エネルギーの絶対値に意味があるのか，こうした問題はくりこみ理論の時もやり過ごした，場の量子論の大問題である．また，これは現在の宇宙項問題とも絡む．宇宙の問題になった途端にこの物理学上の歴史的難問が軽く扱われている印象を持つ．ともかく課題山積で挑戦的分野ではあるが，一通り荒らし回った後で意味のある前進をするのは大変である．一様等方時空は量子宇宙での「選択」である可能性もあり，量子宇宙とインフレーション期を分離して考えねばならない必然性も定かでないと思う．何れにせよ実証が遠のいた現在，現実をどう押さえるかは憂鬱な事態である．

31.6.2 大規模構造とlook-backの観測

1981年頃から話題になった銀河分布の大規模構造の発見は，今後さらにSDSS (Sloan Digital Sky Survey)などの観測で明確になっていくであろう．またスバルを初め大型望遠鏡の活躍で，ますます古い原始銀河をlook-backすることが可能になる．またlook-backの限界である宇宙マイクロ波背景放射のゆらぎの観測が，大立体角でのCOBE衛星での観測から小立体角での地上観測に移り，着実に進みつつある．これら天文学的look-back観測はしばらくは順調に結果を出すであろう．ただし観測の進展は多様性を確認し，物理学が好む単純さは失われていく可能性もある．いちいち騒いで狼少年にならない注意がいる．理論的な考察で欠けているのは，ちゃんと星を含む銀河をどう作るかである．これは単純な重力系の問題でなく，原子分子，放射過程の絡んだものであろう．

31.6.3 高エネルギーガンマ線

SN 1987 A出現はKAMIOKANDEと日本のX線天文学に幸運な贈り物であったし，また，生の観測データを有効に宇宙物理の発見にもっていける理論的素養が日本に存在することを世界に実証した（このテーマは別項参照）．この際，この天体からの高エネルギーガンマ線をNew Zealandで観測する実験に私は関わった[29]．これはKAMIOKANDEの発見に刺激されて何か観測をしたいという実験家のフィーバーがもたらしたもので，たまたま私が1977年に書いた話がきっかけになった．超新星爆発で形成された中性子星や膨張する残骸雲で宇宙線が発生すれば，濃い物質で囲まれ

た爆発直後では，それがシャワーをつくって高エネルギーガンマ線やニュートリノとなるという話である．やや紛らわしいポジティブイベント一回以外は上限を押さえただけであったが，この経験は Australia での CANGAROO を生み出す動機になったし，さらに宇宙線望遠鏡に進展している．

31.6.4 超高エネルギー宇宙線

宇宙線エネルギースペクトルがどこまで伸びているかという問題がある．これに関して3K放射の発見直後にだされた予言にGZKカットオフがある．そして私はこの議論が相対性原理の適用限界を検証する現象だと指摘した[30]．空気シャワーによる高エネルギー宇宙線の観測は日本で忍耐つよく進められた．そして1990年代の初めにこのGZKカットオフを越えるエネルギーのイヴェントを発見した．確認のための次期計画が動き出している[31]．

31.6.5 重力波実験

病に倒れた早川が晩年情熱を傾けて立ち上げたのがレーザー干渉系重力波検出であった．平川浩正が先駆的に70年代に方形アンテナ等での実験を始めていたが，実験室からはみ出る大型化を考えればレーザー干渉系に将来性があるという世界の風潮に沿ったものである．

31.6.6 観測実験との共同を

1960年代は素晴らしい「宇宙の発見の時代」だった．クェーサー，3K放射，パルサー，ブラックホール発見や，「検出」が話題になった重力波や太陽ニュートリノといった課題が登場して観測と理論の双方で天体物理の枠が広がり，しかも物理学者の活躍する舞台が用意された．こんな観測上の研究が日本でできるとは私は当時考えたこともなかった．しかし経済と技術で豊かになった日本の観測実験は，現在，世界一を目指せる可能性を持っている．このことは，これまで我々理論家の周辺ではお手本であった「林スタイル」での研究だけでなく，積極的に観測実験とも絡んで理論研究も進める「早川スタイル」の研究の環境ができてきたことを意味する．宇宙物理のテーマは観測可能性を第一条件にしていることを歴史は教えている[32]．次の世代に期待したいものである．　　（筆者＝さとう・ふみたか，甲南大学理工学部教授．1938年生まれ，1960年京都大学理学部卒業）

参考文献

1) 早川幸男：天文月報 **63** (1970) No. 4.
2) M. Taketani, T. Hatanaka and S. Obi : Prog. Theor. Phys. **15** (1956) 89.
3) 早川幸男：基礎物理学の進展．基研創立15周年シンポジュウム記録（1967）p.114.
4) 林忠四郎：湯川秀樹博士追悼講演会記録（理論物理学刊行会，1982）．
5) S. Hayakawa, K. Ito and Y. Terashima : Prog. Theor. Phys. Suppl. No. 6 (1958).
6) 林忠四郎，杉本大一郎，佐藤文隆：自然（中央公論社，1980）8月号（佐藤：『宇宙の

しくみとエネルギー―』朝日文庫（1993）に再録）.
7) H. Sato: *Dark Matter in the Universe*, ed. H. Sato and H. Kodama (Springer, 1990) ―Yukawa and Dark Matter.
8) 早川幸男，林忠四郎：『核融合』岩波講座現代物理学，第2版（岩波書店，1959）.
9) E. M. Burbidge, G. R. Burbidge, W. A. Fowler and F. Hoyle: Rev. Mod. Phys. **29** (1957) 547.
10) C. Hayashi, R. Hoshi and D. Sugimoto: Prog. Theor. Phys. Suppl. No. 22 (1962).
11) C. Hayashi: Publ. Astron. Soc. Jpn. **13** (1961) 450.
12) C. Hayashi: Annu. Rev. Astron. & Astrophys. **4** (1966) 171.
13) 林忠四郎：月・惑星シンポジュウム，第5回（宇宙航空研究所，1972）. K. Nakazawa and Y. Nakagawa: Prog. Theor. Phys. Tuppl. No. 70 (1981)（林還暦記念号）11.
C. Hayashi, K. Nakazawa and S. Miyama, ed.: Prog. Theor. Phys. Suppl. No. 96 (1988).
14) M. Schwarzschild: *Structure and Evolution of the Stars* (Princeton Univ. Press, 1958).
15) F. Holye, W. A. Fowler, G. R. Burbidge and E. M. Burbidge: Astrophys. J. **139** (1964) 909.
16) 素粒子論研究 **30** (1964) No. 3―Neutrino Astronomy 研究会報告.
17) 佐藤文隆：素粒子論研究 **39** (1967) 385 参照.
18) H. Sato: Prog. Theor. Phys. **38** (1967) 1089.
19) T. Matsuda, H. Sato and H. Takeda: Prog. Theor. Phys. **42** (1969) 216. T. Hirasawa: *ibid*. 523.
20) Prog. Theor. Phys. Suppl. No. 49 (1971).
21) A. Tomimatsu and H. Sato: Phys. Rev. Lett. **29** (1972) 1344; Prog. Theor. Phys. **50** (1973) 95.
22) A. Tomimatsu and H. Sato: Prog. Theor. Phys. Suppl. No. 70 (1981) 215.
23) T. Nakamura: Prog. Theor. Phys. No. 70 (1981) 202.
24) K. Sato and H. Sato: Prog. Theor. Phys. **54** (1975) 912, 1564.
25) 佐藤文隆，佐藤勝彦：自然（中央公論社，1976）6月号，(1978) 12月号，(1981) 6月号.
26) 佐藤文隆編：『宇宙論と統一理論の展開』（岩波書店，1987）.
27) H. Sato: *Proc. 10th Texas Symp*., ed. R. Ramaty and F. Jones, Ann. NY Acad. Sci. (1981) 43.
28) 佐藤文隆：科学 **62** (1992) No. 7；天文月報 **85** (1992) No. 11, **86** (1993) No. 9. S.ワインバーグ：『宇宙創生はじめの三分間』（ダイヤモンド社，1995）解題.
29) 佐藤文隆，政池 明：学術月報 (1990) No. 4, 367.
30) H. Sato and T. Tati: Prog. Theor. Phys. **47** (1972) 1788.
31) 「科学」（岩波書店）2001年2月号の小特集.
32) 佐藤文隆：『宇宙物理』岩波講座現代の物理学11（岩店書店，1995）.
H. Sato and N. Sugiyama ed.: *Black Holes and High Energy Astrophysics* (Universal Academy Press, 1998).

初出：日本物理学会誌 **51** (1996) 172-178.

32. X線天文学の誕生とその発展

小 田 稔

　宇宙物理の歴史を追ってみると，1960年代が特殊な時代だったことに気がつく．この分野でその時々に解かれていなかった問題を個人的に整理し見直しをつけるために，やや主観的だがいくつかのダイアグラムを描いて見たことがある．すでに色々なところでご披露しているが[1]，1960年代のものをお目にかけることにする．図1の縦軸は北に向かって"意外性"セレンディピティー（serendipity）[*1]を表している．南は知識の深まりである．セレンディップというのは，セイロンの三人の王子という民話から派生した，思いがけない発見という意味に科学者がよく使う言葉である．

　1960年代は思いがけない発見が相次いだ疾風怒濤の時代だった．パルサーやクェーサーといった，いずれも常識的な物理では理解しがたい天体が発見され，火の玉宇宙の残照（ぬくもり）3K背景放射が検出された．そして，MITのBruno RossiのインスピレーションによるX線天体の発見からX線天文学が始まったのである．地球は厚い大気に包まれている．そのために，X線は大気に吸収されて地表までは到達しない．Rossiは，誰もが強いX線を放射する天体があるとは想像していなかった1960年代初期に，「自然は人間の想像を越えた姿を見せることがある．いまは大気の外に出る手段があるのだから…」と小さなガイガー計数管をロケットに載せて大気の外に送りだしたのである．今からみると小さなロケットによる幼稚な観測だったが，それでも1960年代は発見に次ぐ発見の時代だった．当時の米国天文学会誌Astrophysical Journal（ApJ）の速報誌を見ると，40%ほどがX線天文学の速報である．筆者の個人的な話になって恐縮だが，私は以前からRossiのもとで働いていたので，幸いにもこの新しい学問分野の誕生に初めから立ち会うことになった．

　何故，X線天文学がこんなに急速な実りをもたらしたのだろうか．熱的なメカニズムによるX線は，超高温プラズマから放射される．非熱的なメカニズムによるX線は，シンクロトロン放射や逆Compton効果によって，プラズマの中の高エネルギー電子から放射される．いずれにしても，これまでみたこともなかった天体，宇宙の姿が見えてくることになったのである．当時Princeton高等研究所のFreeman Dysonは「Copernicus, Newton, Einsteinを通じて基本的には変えられることのなかった静的な宇宙像が，X線天文学の出現によってダイナミックなものに，すっかり

[*1] SerendipというのはセイロンのむかしのA称で，serendipityは「セイロンの三人の王子」というペルシャのお伽話に発して「思いがけない発見をする才能」を意味する．——Webster's Third New International Dictionary

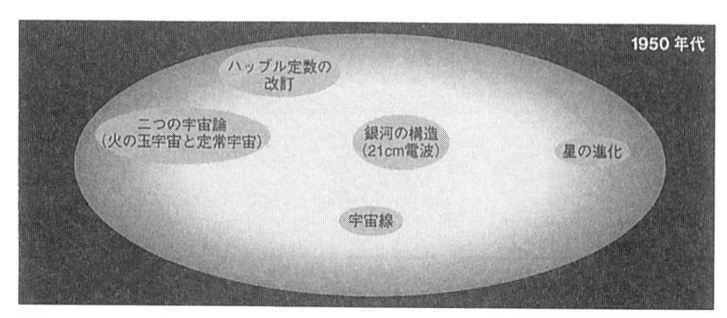

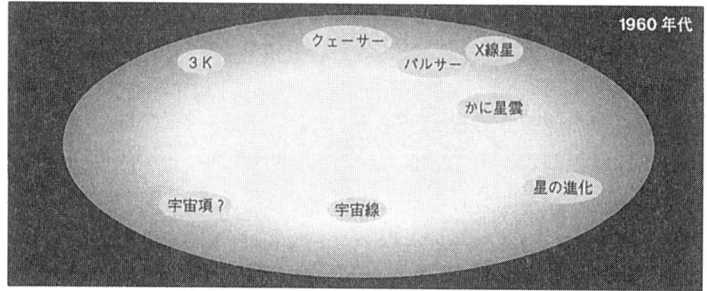

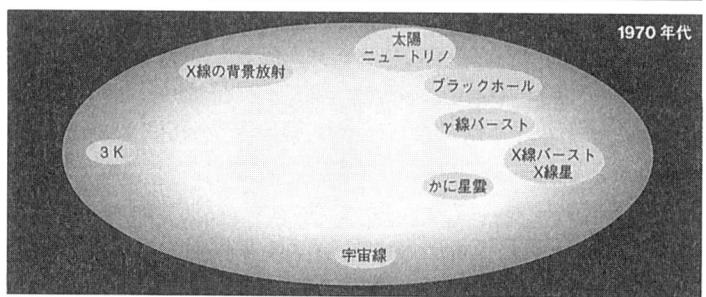

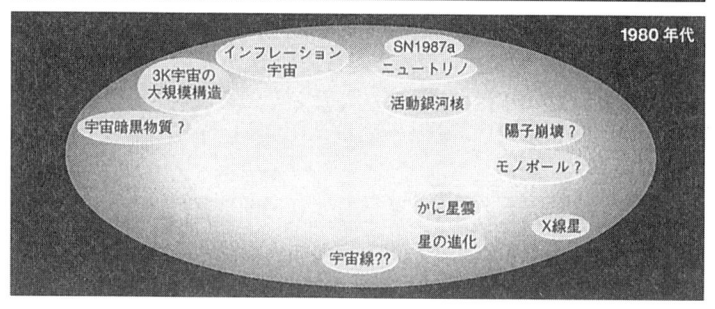

416　32. X線天文学の誕生とその発展

1950年代
- ハッブル定数の改訂
- 二つの宇宙論（火の玉宇宙と定常宇宙）
- 銀河の構造（21cm電波）
- 星の進化
- 宇宙線

1960年代
- 3K
- クェーサー
- X線星
- パルサー
- かに星雲
- 宇宙項?
- 宇宙線
- 星の進化

1970年代
- X線の背景放射
- 太陽ニュートリノ
- ブラックホール
- γ線バースト
- X線バースト
- X線星
- 3K
- かに星雲
- 宇宙線

1980年代
- 3K宇宙の大規模構造
- インフレーション宇宙
- SN1987a ニュートリノ
- 活動銀河核
- 宇宙暗黒物質?
- 陽子崩壊?
- モノポール?
- かに星雲
- X線星
- 宇宙線??
- 星の進化

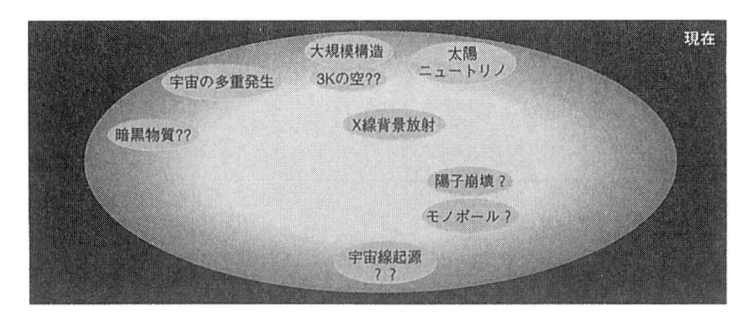

図 1 宇宙物理学の変遷

宇宙物理学の問題や発見を，ほぼ10年ごとにまとめた．この"地図"では，北に向かって「意外性」を，南に向かって「知識の深まり」を表している．水平軸は左から順に，宇宙全体にかかわる話，遠い銀河の話，私たちの銀河の話，銀河の中の天体の話と並んでいる．1950年代には，水素原子が放射する波長21 cmの電波のドップラー効果を使って，銀河の渦巻構造が明確になった．また，星が生まれて進化するものだということも明らかになり，1960年代以降，コンピューター技術の発達とともに，星の誕生や進化の理論が急速に発展した．1920〜30年代からの宇宙線の研究は，新粒子の発見などを通して素粒子物理学の基礎を築いたが，その起源については謎が深まるばかりである．1960年代は，火の玉の残照3K，宇宙の果ての天体クェーサー，正確な周期でまたたく電波星パルサー，X線星の発見が相次いだ．X線天文学は，中性子星の研究，ブラックホールの発見を経て，X線銀河の研究，宇宙全体のX線放射など，物理学の地平線を大きく広げつつある．この間に発見されたガンマ線バーストの正体はいまなお明らかではない．1987年に出現した超新星が神岡鉱山地下の装置で捕らえられたことは，新しいニュートリノ天文学への道をひらく画期的な出来事だった．この装置は，その後も太陽ニュートリノ観測装置として活躍している．大統一理論が予測する陽子崩壊や磁気モノポールが見つかっていないのも大きな謎である．遠い宇宙がむらのある大規模構造をもつことは，宇宙論の根底にふれる問題である．(小田　稔：日経サイエンス (1994) No.1より転載)

書き換えられてしまった．」と言っている[2]．

1960年代，1970年代には，X線星からX線を放射させているのは，連星を形成している高密度の星に恒星から流れ込むプラズマが解放する重力エネルギーだということがはっきりしてきた．こうして，もとは理論物理学者の頭脳の産物だった，自分の重力でつぶれてしまった高密度星，つまり中性子星やブラックホールを実際に観測する手段を，X線天文学が提供することになったのである．

X線天文学の歴史を，大づかみに論文の数の変遷としてとらえてみる．図2のグラフは1962年のX線天文学の発祥以来，1年間に発表されたX線天文学の論文の数を示している[3]．1966年以前はNatureを含むすべての学術雑誌，それ以後はApJのみについてかぞえてある．1970年末には，米国の初のX線天文衛星Uhuruが，ケニア海岸の沖合の海中にあるイタリアの人工のロケット基地San Marcoから打ち上げられている．そこまで観測ロケットがせいぜい10分か長くとも30分間しか大気圏外にとどまっていなかったのに対して，科学衛星は地球を回る軌道上にあって観測を続けるのである．これを境に論文の数は急激に増えて，1980年代にかけてApJだけで

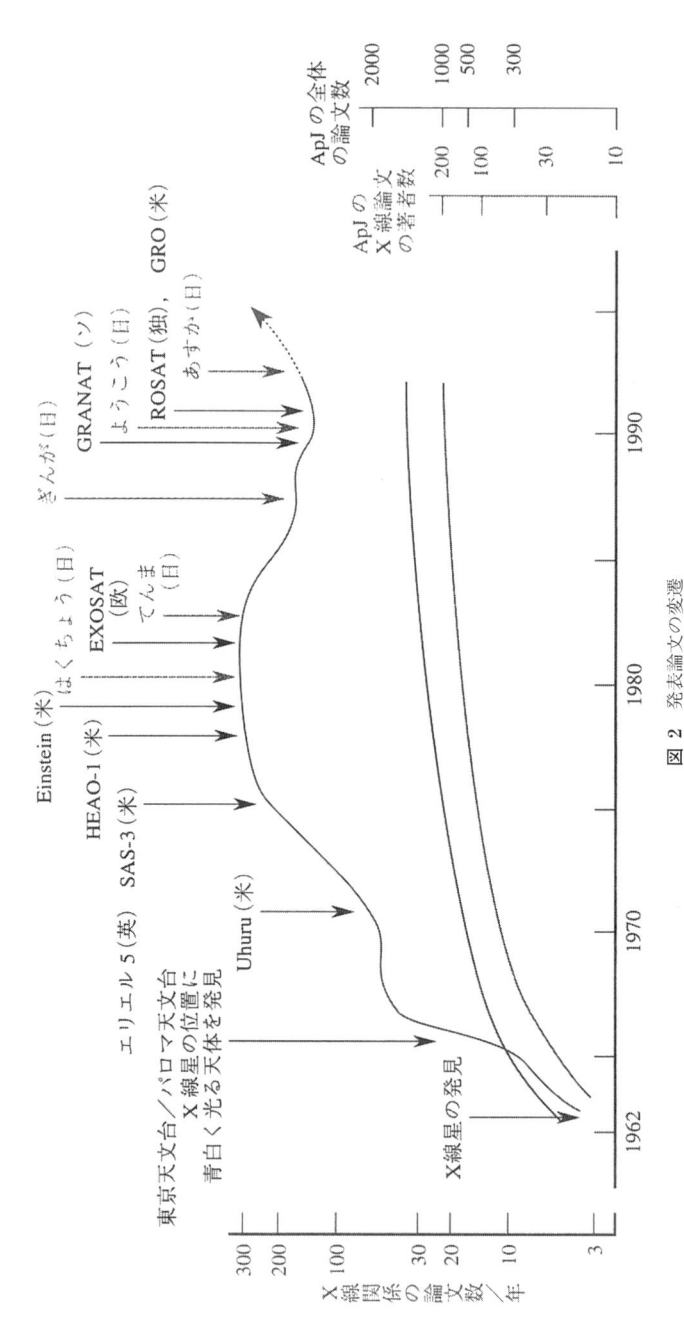

418   32. X線天文学の誕生とその発展

図 2 発表論文の変遷

天文学雑誌 Astrophys. J. に掲載された X 線天文学関連の論文数と著者数. 1966 年以前は天文学の一部という意識はなかったので, Astrophys. J. 以外の全雑誌について数えた. 打ち上げた X 線天文衛星も示しながら, 1980 年代以後, 日本のウェートが大きくなっていることがわかる. (小田稔: 日経サイエンス (1994) No.1 より転載.)

一年に200編の論文がでる時代が続く．1982年には，天文学全分野の中でX線の占める割合は15%になっている．図のカーブの上に衛星の名前，あるいはニックネームがつけてある．

この歴史の中での日本の役割を拾ってみる．X線天文学が天文学の「市民権」を得るきっかけをつくったのは，1966年東京天文台岡山観測所がさそり座にあるX線星 Sco X-1 を光学的に同定したことだった[4]．これは，やや手前味噌になるが，筆者自身が関与したモジュレーション・コリメーターによる New Mexico 州 White Sands でのロケット観測が火をつけたと言って良いかも知れない．この装置は，レンズも使えず，特殊な条件以外では反射鏡による普通の望遠鏡も使えないX線波長領域で，精密な"望遠鏡のようなもの"を工夫したものである．ここではその原理や構造には触れないが，かつて滞在した京都を深く愛した恩師の Rossi 先生が「これは，まるで京都の宿のすだれ（bamboo screen）だね」と言われたことから，すだれコリメーターとよぶことになったのである．その後，1980年頃には米国で打ち上げられた巨大な天文衛星に搭載された精密な"すだれ"が次々にX線星の位置を決め，そこに光の天体も発見されてX線星カタログが作られていった．

32.1　日本のX線天文学

日本では宇宙科学観測は1957～58年の国際地球観測年を契機に，工学の糸川英夫，高木昇，理学の永田武，前田憲一，畑中武夫の諸先生の先導で開かれた東京大学宇宙航空研究所（後の文部省宇宙科学研究所）で育てられていた．その観測ロケットを使って，1963年には当時名古屋大学の早川幸男，松岡勝がいち早くX線天文学の仲間入りをしている．

生まれて間もない日本のX線天文グループが心血をそそいだ衛星CORSAの打ち上げが手痛い失敗を喫した3年後，1979年には日本初の天文衛星「はくちょう」が誕生した．この頃には，X線バースト，X線パルサー，そして思わぬ時に思わぬところに現われるX線新星などに代表されるように，「X線星は激しい時間変動を見せる」ことがわかってきた．したがって，小型の衛星にも十分に活躍の場があることがわかった．

1980年代初期には英国 Leicester 大学との人の往来・交流が始まって，1987年2月には共同作業のようにして「ぎんが」が軌道にのった．そして間もなく，数世紀に一度天空に起きる華麗な物理現象，超新星に遭遇するなど，論文数のカーブからも読み取れるように，日本のX線天文学の比重が大きくなっていくのである．

これには日本特有の宇宙科学の戦略がものを言っている．わが国では，宇宙開発に対して，科学と実用の計画・実施とを明確に区分している．現在，宇宙科学研究所と宇宙開発事業団とがそれぞれを担当して，これを宇宙開発委員会が総合するという体

制をとっている.

もとはと言えば,ロケットや宇宙通信等の宇宙工学が大学で始められたという歴史的事情があったが,結果的には,本来科学と実用とではっきり違うはずの目的意識と戦略が,それぞれ上手に活かされることになった.こうして,NASA（米航空宇宙局）や ESA（欧州宇宙機関）の科学者たちのうらやむような体制が,わが国に確立されたのである.

日本の宇宙科学の成果を詳しく見た Princeton の Dyson は,これを "small but quick is beautiful" という言葉で表現し,NASA Goddard 研究所の所長だった Noel Hinners は「ISAS（宇宙研）は学問と人の連続性を重視して,Goddard の 6% の予算で大きな成果をあげている.こんなことができるのだ.」と NASA に警告を発している.

1982 年の「ひのとり」を先駆として 1991 年に打ち上げられた太陽 X 線天文衛星「ようこう」は,地味な学問になるように見えていた（少なくとも私には）太陽物理学に,たいへんな活力を与えることになったようである[5].

「はくちょう」に始まる日本の X 線天文衛星は,年を追うとともに数多くの外国の研究者をひきつけている.「ようこう」や「あすか」にいたっては,欧米の X 線天文学者は「自分たちのもの,学界の共有の財産」と思ってくれているようである.

32.2 科学衛星「あすか」

図2を見ると日本の X 線天文学が 1980 年以降に急成長した有様がみられる.こうして,1960 年代中期の東大宇宙研を中心に呱々の声を挙げた日本の X 線天文学のグループは,1980 年代には欧米からの訪問者も含めて世界でも有数の大グループに成長している.1980 年代以降,田中靖郎に率いられた若者達の活躍は目ざましいものがある.その努力の最近での集大成と考えられるのが,太陽物理学については「ようこう」衛星であり,銀河系内から遠く銀河団におよぶ X 線天文学については「あすか」衛星である.1995 年夏現在,活動を続けている「あすか」（ASCA）はドイツの ROSAT 衛星とともに宇宙物理学に豊かな稔りをもたらしている.

現役をはなたれた筆者には,論文の中身はおろか,その表題を追っていくことにも困難を覚えるほど,その質と量は膨大なものになっている.もう 1 年以上前のことになるが,1994 年 3 月に New Horizon of X-ray Astronomy—First Results from ASCA と題する国際会議が八王子の都立大学で開かれている.これは田中靖郎の退官記念の意味ももっていたが,国内外からそれぞれ 100 名を越える参加者を数えたものである.

「あすか」の英文表記である ASCA は,Advanced Satellite for Cosmology and Astrophysics を表すことになっているが,筆者は仏教文化が華を咲かせた 6~7 世紀

32.2 科学衛星「あすか」

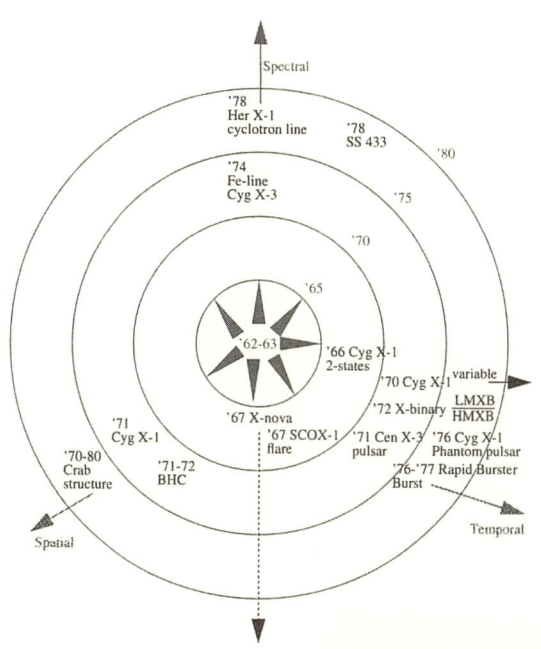

Statue of Maitreya Bodhisattva
in meditation
Chugu-ji Temple in Asuka
(From Heibonsya's Encyclopedia, 1982)

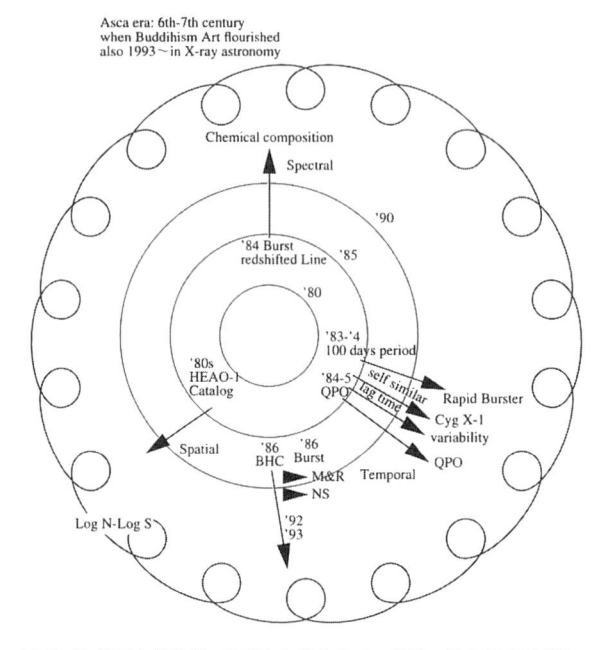

図 3 X線天文学発祥の時期から現在までの発展の歴史ダイアグラム

の飛鳥時代に対比させて現在をX線天文学の「あすか」時代と呼んでいる．X線天文学発祥の時期から現在までの発展の歴史を，ややふざけ過ぎかとも思うが，漫画風のダイアグラムで表してみたのが図3である．空間的，スペクトル，時間変動という三つの方向の観測に分類して，それぞれのマイルストーンを描きこんである．個々の内容に触れるのが本稿の目的ではないので，詳細については八王子会議のプロシーディングス[6]を参照されたい．矢印で示してあるように，rapid burster RB, QPOと呼ばれる現象等，またブラック・ホールの最有力候補 Cyg X-1 の時間変動等，10年あるいはそれ以上にわたって観測データが蓄積されてきているのに，未だにその物理的正体が明らかでないものがいくつかある．その著名なものの一つはガンマ線バーストである．その発見以来20年を越えるのにその正体はおろか，それが銀河系内の近い天体なのか，遠い天体なのか（そうだとすれば想像を絶するエネルギーがかかわってくるのだが！）すら明確ではない．

32.3 草創期のいくつかのエピソード

さて，X線天文学の揺籃期のいくつかのエピソードを紹介しておこう．それはク

レジットについて他人の事だけでなく自分についても極めて厳しく公正なひとであるMITのWalter Lewinが"個人的な偏見でみたX線天文学30年史"と題する論文[7]の中で,「科学の進歩の歴史はデリケート,いつ何が誰によって発見されたかという記憶はしばしば曖昧なものになる」と言っているように,忘れ去られてしまうかもしれないことを記憶にとどめておくことにはある意義があるかもしれないと思うからである．

32.3.1 さそり座X線星Xco X-1の光学的同定

この問題についてのLewin教授の論文の一部を引用してみる：

1966 brought the optical identification of Sco X-1 using the modulation collimator invented by Minoru Oda. This was a joint endeavor between AS & E and MIT. Minoru hand-carried to Japan two small error boxes (each about 1 by 2 arcmin). In spite of the rainy season in Japan (June !), the Japanese found the star right away (peeking between the clouds). I quote from the historical optical identification paper by Sandage et al. (1966):

"Although frequently interrupted by clouds, which are prevalent in Japan during the rainy season, the observations gave $V=12.6\pm0.2$…"…"These results were communicated by cable to Giacconi, who relayed them by telephone to Palomar on June 23, P.S.T"

Observations with the 200 inch that same night confirmed the colors measured in Japan and revealed the "fast flicker of the order of 2 percent (0.02 mag) in several minutes".

Based on an extrapolation of the X-ray spectrum down to optical wave-lengths, Sco X-1 was expected to be a blue star of ~ 13 mag, and that is precisely what it turned out to be.

事実は,私はロケット実験の結果を日本に持ち帰ったのではなかった．そのデータ解析はなかなか骨の折れるものだったので,私を手伝ってくれていたHale Bradt（現MIT）等が結果をだしたのはもう少し後になってからのことである．一方,東京天文台の寿岳潤は,私とHerbert Gurskyの"もし,Sco X-1が光っているとすれば,それはマグニチュード$V=12\sim13$の極端に青い天体だろう"という推論にもとづき,その辺の空のかなり広い領域（1 deg.×1 deg.）にわたりUVと青のフィルターによる2重写しの像をつくって,青い星を探そうと考えた．当時の大沢清輝台長と共に岡山天体物理観測所の90インチ望遠鏡を使って観測した結果,Lewinの文にあるように青い天体を発見したのである．これには現場の石田五郎所長や市村,他のスタッフに加え,私も許されて望遠鏡を覗いて初めてX線星の光を見るという興奮を味わったのである．この星の位置はまさに私やBradt達の解析による二つのエラー

ボックスの一つにぴたりと収まったのである．

　この発見は後に多少問題を残してしまった．それはもともとこのロケット実験を実施した Riccardo Giacconi, 私，そして Palomar 天文台の Allan Sandage の間で，「我々の観測で Sco X-1 の位置が決まったら，そこを Sandage が Palomar の 200 インチ望遠鏡で捜索する」ということになっていたからである．ところが，寿岳の思いがけない着想による方法で青い星が見つかってしまったのである．

　私は二つの点で非難を浴びることになった．
1) 日本の天文学者に青い星の重要性を知らせたのはアンフェアではなかったか？
2) 逆に，全く独立な方法で青い天体が発見されたのなら，共著論文の筆頭著者は Sandage ではなく，日本側ではないのか？

ということである．Sandage の紳士的な態度と日米双方の仲間の友情のおかげで，ややぎすぎすした感情もしばらくして永解してしまった．私が Sandage を筆頭著者にした背景には，発見はこちらだったが 80 インチと 200 インチの望遠鏡がつくるスペクトルの質の余りの違いにショックを受けたこともあったように思う．

32.3.2　白鳥座 X 線星 Cyg X-1 の位置決定

　これも Lewin の論文に引いてある Astrophys. J. Lett. Aug. 15, 1971 号の目次を見てみる．

X-rays Observations of Virgo XR-1
　M. Lampton, S. Bowyer, J. E. Mack and B. Margon

X-rays from the Magellanic Clouds
　R. E. Prince, D. J. Groves, R. M. Rodrigues, F. D. Seward, C. D. Swift and A. Toor

Measurement of the Location of the X-ray Source Cygnus X-1
　S. Miyamoto, M. Fujii, M. Matsuoka, J. Nishimura, M. Oda, Y. Ogawara, S. Ohta and M. Wada

X-ray Source Positions for Cyg X-1, Cyg X-2, and Cyg X-3
　A. Toor, R. Prince, F. Seward and J. Scudder

On the Location of Cyg X-1
　S. Rappaport, W. Zaumen and R. Doxsey

Radio Emission from X-ray Sources
　R. M. Hjellming and C. W. Wade

X-ray Observations of GX 17+2 from Uhuru
　H. Tananbaum, H. Gursky, E. Kellog and R. Giacconi

となっており，三つの論文が Cyg X-1 の位置決定に関わるものである．この X 線の位置が電波観測や光学観測によって精密化され，最終的には Cyg X-1 をブラック・

ホールとする推論に導いたのである．ところが，Miyamoto et al. の論文は結論は同じことなのだが，その結果は電波，光学観測には直接は使われていない．それは，論文の結論が：

In view of the possible variability of the source, the estimation of the size of the error box is not simple. But we conclude that the region near the west edge of the latest error box produced by Uhuru observations is the most probable position of Cyg X-1 with an accuracy of 1 arc minute.

とやや文学的（？）表現になっているせいかもしれない．実験の論文での結論の表現について学ぶところがあったと考えたものである．

32.3.3 Cyg X-1 の時間変動

Uhuru 衛星が観測を始めてまもなく，それまでの予想と違って X 線星は定常的に輝くものではなく，激しい時間変動を示すものが多いことが分かってきた．中でも，Cyg X-1 の激しい変動は何かブラック・ホールに特有なメカニズムを秘めているのかと思わせるものがあった．筆者はこの天体に深くこだわって "Oda's baby" とかからかわれたこともあったが，結局は実らなかった．この辺のことをあるエッセーに書いたことがある：

I enjoyed producing the dynamic power spectrum of the intensity variation of Cyg X-1 with a "sonagraph" which makes the voice print (so, voice of swan!). A graduate student Kosei Doi, noting that I was weak at "statistics", tricked me. He handed me data which he deliberately shuffled. I found a periodicity there too! (Let me add that there still may be something in Cyg X-1). And this method of voice print is essentially similar to what is used to find QPO (quasi-periodic oscillation) 15 years later. But do not misunderstand: I do not cliam that I found QPO earlier.

32.3.4 Rapid Burster という不思議な挙動をする X 線天体

もはや 15 年以上も「はくちょう」「てんま」「ぎんが」が監視を続けていて十分なデータが溜っていると思われるのに，いまだに Rapid Burster の物理的な正体は明らかではない．

以上，1960 年代初期に生まれた若い分野，X 線天文学が，その後の 30 年間に我々の星，天体，銀河系，そして宇宙全体に対する視界を革命的に広げた有様を漫画風の図の授けを借りながら解説した．一方，いわば開拓史の初期のエピソードを何かのご参考になればと思って物語として紹介したのである．（筆者＝おだ・みのる，東京大学名誉教授．1923 年生まれ，1944 年大阪帝国大学理学部卒業．2001 年 3 月 1 日死去）

参考文献

1) 小田　稔：日経サイエンス（1994）No. 1, 19—X 線天文学の展開．
2) F. Dyson: *Infinite in all Directions* (Harper & Row, 1985) p. 163. 鎮目恭夫訳『多様化世界——生命と技術と政治』（みすず書房, 1990）．引用は 207 ページから．
3) 小田　稔：日経サイエンス（1994）No. 1, 21．
4) A. R. Sandage, P. Osmer, R. Giacconi, P. Gorenstein, H. Gursky, F. Waters, H. Bradt, G. Garmire, B. V. Sreekantan, M. Oda, K. Osawa and F. Fugaku: Astrophys. J. **146** (1966) 316—On the optical identification of Sco X-1.
5) *Physics of Solar & Stellar Coronao*, ed. J. F. Linsky and S. Serio (Kluwer Academic, 1993) pp. 59–68.
6) *New Horizon of X-ray Astronomy*, ed. F. Makino and T. Ohashi (Universal Academy Press, 1994).
7) W. H. G. Lewin: *The Evolution of X-Ray Binaries, AIP Conf. Proc. 308* (American Institute of Physics, 1994)—Three decades of X-ray astronomy from the point of view of a biased observer.

初出：日本物理学会誌 **51**（1996）557-561．

33. 重力波

三尾典克

33.1 重力波の研究

　重力波は，重力が波動として伝播する現象である．アインシュタインが1916年に完成した一般相対性理論によりその存在が予言されたが，重力相互作用が極めて弱いため，それを検出することは不可能と考えられていた．また，理論的にも存在が疑問視されたこともあった．しかし，この半世紀の研究の進展には，目覚しいものがあった．特に，連星パルサーの観測からその存在が確認されたことの意味は大きい．1993年に発見者のテイラーとハルスがノーベル物理学賞を受賞したのも，もっともなことであろう．そして，現在は直接観測を目指し，巨大な検出器が建設されている．理論的な研究でも，数値計算の手法が発展し完全に相対論的なシミュレーションが可能になった．ただ，このように重力波研究での様々な展開を網羅することは筆者の能力を超える．そこで，ここでは地上の検出器の開発に焦点を絞って話を進めたい．

33.2 ウェーバー・バー

　重力波を実際に検出しようとする試みは，米国のウェーバーによって始められた．この検出器は，アルミ製の円柱を真空中に吊るしてその固有振動モードを観測するというもので，重力波が入射するとその振動が励起されるのである．最初の装置（質量1.4tで共振周波数1,660 Hz）は，メリーランド大学とアルゴンヌ国立研究所の2カ所に設置された．この2つの検出器は約1,000 km離れているので，局所的な影響には相関がないと考えられる．したがって，もし，2つの検出器が同時に信号を出せば，それは重力波によるものである可能性が高い．そして，1969年，彼は重力波を観測したと発表した．しかし，その後，解析に使われたソフトウエアに誤りがあることや，放出されたエネルギーが大きすぎることなどが指摘され，その結果については疑わしいと考えられている．ただ，この実験が契機になり，世界各地で重力波を検出しようとする試みが始まったのは事実で，この分野の創始者として彼の果たした役割は非常に大きい．このように弾性体の機械共振を利用した検出器を共振型検出器というが，ほとんどの装置が現在も彼の開発した円柱型の検出器を用いており，ウェーバー・バーと呼ばれている（なお，本稿を執筆中に彼の訃報が届いた．一つの時代が終わったということであろうか）．

　ウェーバー・バーは最初，常温で観測が行われた．しかし，バーの振動モードの熱

振動（ブラウン運動）が感度を制限するため，次の世代の検出器では振動子全体を極低温（4 K 以下）に冷却する方式を取り入れ，現在の装置の感度は，ウェーバーのものより3桁も高い．ただ，このような最新の装置でもいまだに重力波を観測した例はない．ところで，この低温検出器は，スタンフォード大学のファエバンクによって始められた．また，ヨーロッパではローマ大学がCERNで研究を展開してきたが，その際は，アマルディのリーダーシップによるものが大きい．低温物理や高エネルギー物理の大家であった彼らを新しい分野に引きずり出した重力波の研究の魅力は，今も変わることはなく，多くの研究者の関心を集めている．

33.3　バーから干渉計へ

バーの実験が進行している時，まったく異なる原理で重力波を捕らえようとする提案がMITのワイスによって行われた．レーザー干渉計を用いて重力波によって生じる空間の変化を観測しようとするものである．この方法では，特定の機械共振を利用せず，干渉計の鏡を振り子のように吊るすことで自由空間に漂わせ，重力波による変動を測るための基準点とするものである．そのため，自由質量型検出器とも呼ばれる．この方法の最大の利点は，周波数帯域が広く入射重力波の波形を観測できるということである．これは，非常に重要な点であった．もし，波形が観測できれば，その波形から重力波を発生させた現象の詳しい情報を引き出すことができるからである．もうひとつの利点は，干渉計のサイズを大きくすることで感度を上げることができることである．

干渉計の実験は実験室内の小型干渉計から始まり，1980年代にはプロトタイプと呼ばれる数10 mの大きさの干渉計に移行し，先行していた共振型に匹敵する感度に到達した．現在，巨大な干渉計を建設することで，宇宙の果てまで見渡すことのできる検出器を実現しようとしている．

33.4　日本の研究の進展

日本での実験的研究は，東大理学部物理の平川によって，ウェーバーの報告の直後に始められた．平川は外国の研究グループがみなウェーバーの方式を採用したこととは異なり，別の形状の共振型検出器を開発し，より低周波数の重力波を目標にした．特に，いつ起こるか不明な天体現象を相手にせず，常に存在すると考えられるパルサー，特にかに（Crab）パルサーからの連続重力波を狙ったのである．パルサーの回転は光学や電波の観測で非常に正確に観測されており，その情報を用いることで感度を上げることが可能であった．そして，Crab Iと呼ばれる常温400 kgの検出器を用いた実験からCrab IV（液体ヘリウム温度，1,200 kg）にいたる一連の研究が行われた．残念ながら，かにパルサーの重力波を検出するには感度不足であったが，後に高

速回転のパルサーが数多く発見され，パルサーからの重力波検出の可能性が見直されている．

干渉計に関しては，1984年ころから，宇宙科学研究所の河島が長さ10mの干渉計を作り始めた．この干渉計は，マックスプランク研究所の30m干渉計をモデルに設計されたが改良を繰り返し，1988年には，世界的なレベルの感度に到達した．この検出器は当時世界に4台しかない干渉計のひとつとして活躍し，現在の研究の基礎を固める上で大きな役割を果たした．

このような流れのなかで，平川は病に倒れ，研究グループの構成に大きな変化が起きた．名古屋大学学長（当時）の早川幸男が，重力波検出には干渉計を用いるべきとの判断のもと，重力波の研究グループの再編を行ったのである．そして，1992年，基研の中村卓史を研究代表者とし文部省科学研究費の重点領域研究「重力波天文学」がスタートし，本格的な干渉計建設の歩みが始まった．そして，重点領域の研究期間が終了するころには，いくつかのプロトタイプ干渉計が完成し，特に干渉計の運転に必要な制御技術に関して，世界のトップレベルに到達した．その成果をもとに，新たな干渉計の建設が，やはり科研費の創成的基礎研究のテーマとして採択され，国立天文台の古在由秀を代表として300mの干渉計の建設が始まった．この干渉計にはTAMAという名前が付けられ，1994年に建設を開始し，現在，ほぼ完成して，短期的な観測を繰り返しながら，感度の向上に努めている．2000年の夏には，これまでカリフォルニア工科大の40m干渉計が持っていた感度の世界記録を超え，現在，最高感度の検出器となった．また，2001年8月から9月にかけては1000時間を越える観測を世界に先がけて実施した．

33.5 重力波天文台

世界に目を移せば，すでに米国とヨーロッパでTAMAを超える大型検出器が建設されている．米国のLIGOは東海岸と西海岸に4kmの干渉計を2台建設するという計画で，2003年の観測開始を目標に着実に建設が進められている．これが完成すれば，重力波検出の実現性はかなり高いものになるだろう．また，ヨーロッパではフランスとイタリアが共同でVIRGOという検出器をイタリアのピサの近くに作っている．こちらの方は当初の計画から遅れ気味であるが，高い光学技術を蓄積しているグループであり，インフラや真空装置の建設が完了すれば，その後は順調に進む可能性が高い．また，イギリスとドイツが共同でGEO 600（600m）という装置を作っている．この研究の母体は干渉計の研究をリードしてきたマックスプランク研究所とグラスゴー大学の研究グループで，2001年の観測開始を目標に建設を続けている．

21世紀には，世界各地で大型干渉計が稼動し，早い時期に重力波が検出される日がくると思われる．日本の研究は，現時点ではTAMAが順調に動き始めて，世界を

リードする形となっているが，理論的な予測からTAMAで重力波を観測できる可能性はかなり低いといわざるを得ない．次が必要である．そこで，熱揺らぎを抑えるために低温技術を導入し，さらに地下深くの静粛な環境に設置することで，感度を向上させ宇宙の果てからの重力波でも検出できるような検出器（LCGT）の提案とその基礎研究を開始した．これらの研究が実を結び，重力波天文学の時代がやってくることを強く期待している．

後記 紙面の都合で，参考文献を挙げることができなかった．詳しい内容，文献等に興味をお持ちの方は，下記の本を参照ください．

中村卓史，三尾典克，大橋正健編著『重力波をとらえる―存在の証明から検出へ』（京都大学学術出版会，1998年）

（筆者＝みお・のりかつ，東京大学大学院新領域創成科学研究科助教授．1959年生まれ，1982年東京大学理学部卒業）

事項索引

和文索引

ア行

アイソスピン
　　——・カレント　240
　　——空間　80
　　——保存　104
アイソバリック・アナログ状態　303
　　——の励起　348
アイソマー　276, 279
アイソマー準位　264
アインシュタインの重力方程式　243
明野の空気シャワー観測　158
あすか　420
アナログ共鳴　262
アナログ状態　263, 265
アノーマリー　163
αクラスター　290
(α, p)反応　261
α模型　276
泡箱実験　174
泡箱写真解析施設　181
暗黒物質　393, 398, 404
アンモニア分子　21
　　——の形　22

イオン・リニアック　266
池田ダイアグラム　297, 315
異常磁気モーメン
　　電子の——　68
異性核　279
位相安定性の原理　169
1億次元の行列の対角化　313
1粒子軌道
　　原子核中の——　315
一般座標変換　166
イラスト準位　264
イラスト状態　279
インスタントン・モデル　338

インビーム核分光学　280, 281, 327
インフレーション　392, 398
ウイーラ-ドウィット方程式　397
ウェーバー・バー　427
宇宙
　　——になぜ反粒子が少ないか　193, 205
　　——の創生　392
　　——の大構造　393
　　——の波動関数　397
　　——の膨張　392
　　静的——　390
　　膨張——　390
宇宙科学研究所　419
宇宙空間科学　403
宇宙項　412
宇宙航空研究所　154, 419
宇宙線
　　——強度の連続観測　145
　　——中の反陽子　158
　　——の加速理論　147
　　——の強度変化　148
　　——の超新星起源　147
　　——の超新星起源説　159, 403
　　——の発見　145
　　原子核乾板による——の研究　148
宇宙線研究　147
　　——の国際協力　152
　　——の将来計画　151
宇宙線研究所　154
宇宙線望遠鏡　157
宇宙定数　394
宇宙の初期　87
宇宙背景放射　391, 407
　　——の揺らぎ　394

宇宙物理学　147
宇宙論
　　——のパラメータ　394, 399
埋めこまれた固有値　36
ウルカ過程　403
エキゾチック核　314
液滴模型
　　原子核の——　283, 318
エネルギー増倍率　373, 374
エマルション・チェンバー　149, 151, 153, 154, 156
遠距離型ポテンシャル　34
　　振動する——　35
遠距離相関
　　超光速の——　5
エンタングルド状態　46, 48, 53
エントロピー　43

大型電離箱　145
大型ハドロン計画　185, 218, 268, 273
オークリッジ国立研究所　219
オブザーバブル　29
オープン・ダイバーター　370
オメガ計画　218
Ω^-の発見　235
音波の理論
　　Blochの——　68

カ行

階層　90
回転核　300
回転状態　280
回転スペクトル　322
カイラリティ　239, 241
カイラル異常　95
カイラル・ゲージ理論　166
カイラル対称性　241, 245, 336
　　——の自発的破れ　358

索　　　引　(2)

カイラル変換　241
カウンター実験　174
『科学の社会的機能』　70
可逆　45
核エネルギー　112
殻構造
　　原子核の——　276, 284, 311, 312, 320, 345
核構造論　317
核構造 RPA　324
核子　78
　　——のクォーク・グルオン構造　360
　　——の内部構造　176, 182
核子移行反応　267, 268
核子-核子衝突
　　核内で——が起こる場所　341
核子対相関　263
核の励起状態　82
核-ハイペロン有効相互作用　304
学術会議　171
　　——の勧告　261, 262
学術審議会　171, 172
核内核子軌道　266
核内カスケード模型　341
核半径　269
核反応
　　——時間　264
　　中間エネルギー——　346
核表面振動　263
核物質
　　——の結合エネルギー　302
　　高密度——　359
核分光学　264, 275, 319, 345
　　高スピン——　264
核分裂　227, 319
殻模型　276, 311, 312, 320, 345
　　——の基礎　320
核融合　403
　　——科学研究所　376
　　——懇談会　365
　　——三重積　384
　　——反応　132
　　ミューオン触媒——　223
核力　75, 78, 263, 275, 311, 317
　　——とスピン軌道結合力　323
　　——の近距離作用　318

　　——の飽和性　318
　　——の領域　301
核力ポテンシャル
　　遠方の——　81
　　武谷-町田-大沼——　301
　　浜田-Johnston——　301
　　Argonne V 14——　302
　　Reid——　301, 302
　　Woods-Saxon 型——　342
隠れた変数　5
　　局所的な——　6
　　Bell の——　7
　　Bohm の——　7, 10
重ね合わせ　229
　　——状態　48
　　——の原理　46, 53
ガス球の重力平衡　404
加速器　79
　　——将来計画国際委員会　184
活動的銀河中心核　407
荷電カレント → アイソスピン・カレント
荷電交換反応　348
荷電スピン空間 → アイソスピン空間
カニ星雲　407
かにパルサー　428
カノニカル集団　126
カビボ回転　241
神岡　271
　　——での実験　156
カラー　249
カラー荷　252
カラー閉じ込め問題　166
絡み合った状態　2, 48
カルツア-クライン宇宙　397
カレント代数　95
環境
　　——との相互作用　22
干渉
　　中性子の——　11
　　電子線の——　9
　　C_{60} 分子の——　14
　　He 原子の——　11
　　I_2 分子の——　12
　　Na 原子の——　11
干渉計型重力波検出器　428, 429
干渉縞

　　——の形成過程　9
干渉効果　50
干渉性
　　——の破壊　22, 23
関数解析　29
慣性核融合　379
慣性閉じ込め　379
慣性能率
　　原子核の——　322
観測　44
観測的宇宙論　393
γ 線天文学　147
ガンマ線バースト　422

気球による実験　145, 151, 154
技術開発
　　加速器・測定器に関する——　172
基本解　37
基本的な力　118
逆 Compton 効果　415
究極の法則　90
球形領域核　319
9 重項　235
キュービット　48
強結合理論　61, 233
強収束の原理　106
共振型重力波検出器　347
鏡像核　268, 276
京都大学基礎物理学研究所　340, 401
共鳴　234
共鳴捜し　104
共鳴状態　96, 104, 113
行列の対角化
　　1 億次元の——　313
行列模型　123
極限吸収原理　32, 34
局所ゲージ変換　93
局所場　82
巨星　405
巨大科学　187
巨大共鳴　265, 267, 271, 289, 303, 336
　　双極子——　345
　　光核反応における——　319
　　四極子——　345
　　Gamow-Teller 型の——　346
ぎんが　419

索　　引 (3)

銀河団　396
銀河分布の大規模構造　412
近接連星 X 線源　409

空間反転対称性の破れ　95
空気シャワー　146, 148, 150, 151, 152, 153
　　明野の――観測　157
空孔アナログ状態　268
空洞輻射　58
クォーク　75, 81, 82, 85, 104, 105, 125, 166, 232, 249, 252, 335
　　――の核の構成への関与　261
　　――の 3 世代　240
　　――の質量　108, 249
　　――の真空偏極　360
　　――の閉じ込め　86, 97, 105, 115, 117
　　――模型　235, 301
　　――レベルのダイナミックス　84
クォーク・グルーオン・プラズマ　245, 270, 272, 338, 351, 359
クォーク構造
　　核内核子の――　337
　　高温度・高密度の核子系の――　337
靴ひも理論　234, 235
クーパー対　245
クラスター構造　262, 315
クラスター模型　296, 298, 304
グラスマン数　126
クラブ衝突方式　199
クランクト殻模型　305
くりこみ　119
くりこみ可能　93, 99, 106, 164, 248
くりこみ理論　68, 91, 103, 110
グルーオン　85, 126, 166, 180, 238, 249
　　――交換力　335
　　――の発見　182
グレートウオール　396

計算機科学　42
計算物理　107, 405
経路積分　114, 126, 165

激光 XII 号　379
ゲージ
　　――化　242
　　――固定　166, 245, 248
　　――対称性　161, 246
　　――場　114, 118, 165
　　――ボソン　242, 244, 245
　　――理論　85, 93, 94, 97, 165
結合定数
　　π-核子相互作用の――　104
結合バンチ不安定性　186, 197
ケルビン-ヘルムホルツ不安定性　385
ゲルマン-大久保の質量公式　235
弦
　　非臨界――　115
　　臨界――　115
研究者組織の民主化　71
検索アルゴリズム　46
原子核　225
　　――の殻構造　276, 284, 311, 312, 320, 345
　　――の結合エネルギー　283
　　――の中性子分布　355
　　――の半径　283, 355
　　――の魔法数　356
　　――の密度分布　355
　　――の陽子分布　355
原子核研究所　147, 150, 261
原子核研究将来計画　171
原子核実験　188
原子核特別委員会　171
検出器　44
原子力研究所　263
原子力平和利用国際会議　365
原子炉　227, 263
元素
　　――の起源　404, 408
元素合成　270
　　――過程　357
　　宇宙初期での――　269
弦理論　84, 100, 114, 123
　　――における非摂動効果　116
　　――の真空　116
　　――の非摂動的定式化　116

高圧水素霧箱　148
高エネルギー　79

――γ 線天体　157
――物理　103
高エネルギー加速器研究機構　223, 273
高エネルギー加速器国際会議　181
高エネルギー同好会　170
高エネルギー物理学研究所　154, 170, 171, 268
　　――における高周波加速空洞　177
　　――の大型超伝導電磁石　174
　　――の創設　172
　　――の超伝導スペクトロメーター　174
　　――の偏極重陽子標的　174
　　――の陽子シンクロトロン　172
　　――の陽子シンクロトロンの建設　173
高エネルギー物理学国際会議　181
　　1962 年――　230
光学ポテンシャル　265, 340
　　――の虚数部　341
光学模型　340, 342
交叉対称性　233
光子　78
　　―― -光子の衝突断面積　180
格子ゲージ理論　107
高周波加速空洞　177, 197
高出力クライストロン　177
格子量子色力学　126
高スピン
　　――異性核　270
　　――・イラスト分光学　327
　　――の核物理　281
拘束系の量子化法　161
光電子増倍管　131
光電子不安定性　200
「国際天文学連合サーキュラー」　133
国立大学共同利用機関　172
国立大学研究所協議会　171
コスモトロン　148
古典軌道　24
小林-益川
　　――行列　241

索　引 (4)

――の行列モデル　155
――の3世代モデル　76
――の理論　185, 192, 203, 205, 208
――モデルの正当性　253
コペンハーゲン解釈　9
固有関数展開　30, 32
ゴールドストーンの定理　245
混合状態　22
混合場の理論　71

サ 行

サイクロトロン　265, 276
　　可変エネルギー――　263
　　理研――　266
　　リング――　270
　　AVF――　265, 266, 267
　　FF/FM――　261
　　FM――　263
　　RCNP――　271
　　SF――　262
サイクロトロン SSC　272
坂田モデル　69, 73, 234, 235
作用素論　33
作用量子
　　――の発見　58
3―3共鳴　233
3種類のニュートリノ　240
3世代モデル　69, 252
3体問題　35
3体力　312
三段階論　69, 71
散乱作用素　31
散乱状態　31
散乱理論　28

ジェット　105, 153, 238, 251
紫外発散　118
時間を含む方法　32
時間依存 Hartree-Fock-Bogoliubov (TDHFB) 理論　328
時間反転の不変性　106
時間反転非保存　271
次期計画検討小委員会　185
磁気トラップ　17
磁気モーメント
　　原子核の――　265
磁気モノポール　178
時空の次元　100

Σハイパー核　272
自己エネルギー　66
　　――の発散　59
自己共役作用素　29
自己共役性
　　ハミルトニアンの――　29
自己無撞着集団座標法　299
4重極(相関)力　323
自然の階層構造　325
シーソー機構　209, 217, 231, 253
実在性　2
質量概念　247
質量公式　73, 105
シニオリティ形式　294
磁場
　　――を含む Schrödinger 作用素　37
自発的対称性の破れ　106, 244
清水トンネルでの地下実験　145, 146
弱カレント　239
重イオン　354
　　――衝突　109, 112
　　――衝突器　272
　　――反応　266, 327
　　　　相対論的高エネルギー――　351
　　――物理　327
10重項　235
重心の運動　11
集束電磁石　177
集団運動　345
　　――と独立粒子運動との無撞着性　328
　　――の微視的理論　323
　　――の励起　343, 347, 348
　　――部分空間　327
　　――模型　280
　　――励起　267
　　原子核における――　319
　　大振幅――　327
集団座標　322
集団振動　336
集団模型の基礎　320
自由場　164
重粒子族　78
重力子　114
　　――の質量　167
重力波　413

重力場　114
　　――の正準量子論　167, 408
　　――の量子論　128
　　――の量子論的ゆらぎ　118
　　――はくりこみ不可能　118
　　短距離における――　120
　　2次元時空の――　168
重力崩壊　407, 409
縮退 Fermi ガス模型　341
主系列　405
シュレーディンガー作用素　31
準位密度
　　原子核の――　264
準古典近似　37
準重陽子相関　266
純粋状態　22
準スピン形式　294
準星(クェーサー)　407
準粒子　323
状態空間　162
衝突型加速器　106
　　非対称エネルギーの――　186, 193
情報エントロピー　43
初期宇宙論　253
ジョセフソン・ジャンクション　20
ジラード・エンジン　44
深海実験　155
真空　246
　　――期待値　62, 248
　　――の安定性　162
　　――のエネルギー　394, 398
　　　　減衰していく――　399
　　――の相転移　253, 395
　　――の分極　120
　　――の量子ゆらぎ　411
シンクロトロン　275, 276
　　陽――　268, 269, 270
シンクロトロン放射　403, 415
伸張解析性　36
シンチレーター　170
振動核　280, 299, 300
　　――準位　264
芯の偏極　312, 289, 302
深部非弾性散乱　125, 176, 238, 248, 358
新粒子(ストレンジ粒子)　234
数学的厳密性　38

索引 (5)

数学的散乱理論 28
数理物理
　量子力学の—— 28
スクイド 20
スケーリング則 96
すだれコリメーター 419
ステラレーター 366, 375
ストリッピング 262
ストレンジネス 72, 234
　——の保存則 104
スーパーカミオカンデ 158, 253
スパーク・チェンバー 152, 170
スーパーコンピューター 127
スーパーシンメトリー理論 → 超対称性理論
スピン 48, 225
　——・アイソスピン結合力 315
　——・アイソスピン分極効果 267
　——軌道力 284, 311
　——・パリティの決定
　　核の—— 343
スペクトル分解 29, 30
スリット
　どちらの—— 16
鋭い共鳴
　熱中性子反応における—— 318

星間物質 409
制御 NOT 52
正準交換関係 161
生命科学 175
赤外発散 62, 65
積分ルミノシティ 203
世代 240
　素粒子の—— 69, 182, 252
接続 243
摂動級数
　——漸近展開としての 31
　——の収束 31
摂動計算 106
摂動論 125
　連続スペクトルの—— 33
セパラトリクス 370
セレンディピティー 415
遷移領域核 319

漸近解析 31, 37
漸近的完全性 163
漸近的自由性 85, 97, 125, 250, 358
　——の実験的証明 250
漸近場 163
線形核 276, 297
線型加速器
　ドリフトチューブ型—— 223
線形衝突加速器 185, 186, 187
旋光性
　——をもつ分子の寿命 21
前平衡多段階過程 350
専用並列計算機 127

相関
　遠距離—— 3
相互作用
　——するボソン模型 299, 327
　——の構造 72
　——の分化 253
　——ハミルトニアン密度 164
　——表示 62
　——ラグランジアン密度 164
相対論的重イオン加速器 RHIC 337, 338, 359
相対論的重イオン衝突 359
相対論的場の量子論 93, 110
　真の—— 110
相対論的不変性 60
双対共鳴モデル 100
双対ギンズブルグ-ランダウ理論 338
双対性 234
相転移
　原子核における—— 327
　GCD における—— 359
相補性 3
束縛状態 31, 86
素研準備調査委員会 171
素粒子
　——宇宙論 410
　——研究所 171
　——実験チーム 171
　——の生成消滅 232
　——の世代 182

　——の標準理論 232, 252, 410
　——民主主義 234
素粒子物理学国際協力施設 182
素粒子論 86
「素粒子論研究」 403
ソルヴェー会議 226
素励起モード
　原子核の—— 324
存在様式(構造)の物理 331

タ 行

第一原理計算 360
大気ニュートリノ 140, 142
大強度陽子加速器計画 218, 273
　——の完成予想図 221
　——の建設計画 224
対称性 161, 292
　——の自発的破れ 74, 94, 163, 244
大統一エネルギー 253
大統一理論(GUT) 98, 99, 120, 131, 143, 156, 253, 395, 410, 524
太陽 X 線天文衛星 420
太陽系の起源 406
太陽芯部 132
太陽ニュートリノ 132, 134, 270, 357, 413
タウニュートリノ 136, 143, 158
　——の確認 217
τ レプトン 240
高橋-ワードの恒等式 93
タキオン 115
武谷三男の三段階論 69
多時間理論 58, 60
多重発生
　——のクラスター的振舞い 153
多体問題 322
　——の定常理論 35
　——の波動作用素 35
　磁場中の—— 37
　AC-Stark 場中の—— 37
多体力 312
単極-対相互作用 293, 295, 299, 305

索　引 (6)

タンデム 263, 266, 268
断熱近似 328
断熱定理 53
蛋白質
　——の機能 222

チェレンコフ・カウンター 151
地下宇宙線実験 145, 148, 153
地下水の放射化 212
力の統一理論 392
力の分岐発展図 411
地球の内部 408
地平線問題 391
チベットの高山での宇宙線実験 155, 157
チャカルタヤ山上の共同研究 153
チャネル結合性
　組替え過程に対する—— 348
　離散化運動—— 348
チャネル結合理論 349
チャーム 235, 410
　——粒子の発見 155
チャーモニウム 236
中間結合の理論 62, 233
中間子
　——族 78
　——の多重発生 149, 151
　——の光発生 171
　——論 226, 233
中性カレント 247, 248, 410
中性子 11, 78
　——科学研究計画 219
　——過剰核 263, 269, 270
　——散乱 222
　——スキン 355
　——星 359, 408, 417
　——ドリップ線 356
　——の非弾性散乱 343
　——ハロー 269, 298, 314, 356
　——陽子散乱 79
　パルス——源 218
中性 π 中間子 79
中性微子 → ニュートリノ
中性ボゾン 241
長基線ニュートリノ振動実験
　CERN における—— 209

　FNAL における—— 209
　KEK における—— 209
超弦理論 84, 86, 100, 121, 234, 254, 397
超高エネルギー現象 150
超重元素 270, 284
超新星
　I 型 133
　II 型 133, 134
超新星爆発 225
　——からのニュートリノ 217
　——SN 1987 A 133, 156
超対称性 99, 107, 111, 162, 254
　——理論 128
超対称粒子 180
超対称 $U(n)$ 122
超多時間理論 62
超多重項 293, 303
超伝導
　——加速空洞 177, 178, 182, 190
　——技術 192
　——状態 263
　——相 245, 252
　——ソレノイド 186
　——単一セル単一モード空洞 197
　——電磁石 176
超ひも理論 → 超弦理論
超流動性
　原子核の—— 336
直接過程 278, 343
　離散状態への—— 343
直接反応 262
貯蔵型加速器 175

対相関力 323
対相関力＋4重極力模型 324
強い相互作用 79, 86, 99, 250
定在波リニアック 177
定常的方法 32
ディラック方程式 79
適用限界
　ブルックナー理論の—— 323
デコヒーレンス 52
デスラプション 386
$\Delta I = 1/2$ 則 240

$\Delta S = \Delta Q$ 則 240
デルタ粒子 335
電気四重極能率 289
電子 78
　——コライダー 251
　——シャワー 146
　原子核乾板の中での—— 149
　——シンクロトロン 262
　原子核研究所の—— 169, 171
　原子核研究所の——の建設 170
　——ニュートリノ 74, 105, 136, 141, 228
　——の質量 270
　——の磁気モーメント 109, 111, 232
　——の質量 247
　——陽電子衝突型加速器 190
　——リニアック（東北大） 263
電磁カスケード 131
電磁相互作用 99, 243, 246
電弱相互作用の統一 86, 180, 248
電弱相互作用の理論 →
　Weinberg-Salam の理論
テンソル相関 303
テンソル力 288, 312
天体核反応 270
天体核物理 350, 357
電波天文学 403
天文衛星 419
電離層委員会 148

同位体組成の観測 156
統一理論 114, 116, 117
　射影演算子による—— 350
等価原理 243
統計性 238
統計理論
　核反応における—— 318
同時計数回路 280
動的重力収縮 405
東洋思想 101
トカマク 368, 385, 387
　——計画 366
特異点定理 391

索　　引 (7)

独立粒子運動
　　──と集団運動の自己無撞着性　328
　　集団運動座標系での──　330
独立粒子模型　318, 319
閉じ込め　338
閉じ込め相転移　359
どちらの道を？　18
トップ・クォーク　69, 180, 192, 237
ド・ドンデア・ゲージ　168
トポロジー　338
冨松-佐藤時空　409
朝永ゼミ　64
朝永-Schwinger 方程式　64
トランジション・エネルギー　223
トリスタン計画　175, 178
トリスタン e⁺e⁻ 衝突型加速器　176, 177, 180, 181, 190, 192
　　──のエネルギー領域　180
ドリップライン　272
トロイダル・コイル　367
トンネル効果　37

ナ　行

内部輸送障壁モード　386
中野-西島理論　72
名古屋大学物理学教室憲章　71
名古屋模型　74
南部
　　──-後藤の作用　115
　　──ゴールドストンの定理　336
　　──ゴールドストンボソン　94, 244, 359
　　──ゴールドストン・モード　324
　　──ジョナラシニオ・モデル　337

西島-ゲルマンの法則　240
2 重井戸　21
2 重スリットの干渉　16
日米科学協力事業　182
日米加速器科学セミナー　181
2 中間子論　69, 226, 233
II B 行列模型　122
日本学術会議　171, 261, 262

ニュートリノ　78, 107, 108, 175, 225, 226, 238, 264
　　──黒体放射　404
　　──振動　107, 136, 138, 140, 142, 158, 185, 215, 217, 230, 253
　　──とエネルギー分布　216
　　──の Super-Kamiokande による観測　208
　　長基線──実験　208
　　──天体物理学　130
　　──天文学　407
　　──の質量　208, 271
　　──の質量の上限　225
　　──の存在を実証　227
　　──は 1 種類ではない　228
　　──-反ニュートリノの振動　228
　　──・ファクトリー　217
　　超新星爆発からの──　217
　　電子──　105
　　ミューオン──　105
人間原理　397
認識能力の限界　91
ネオン・ホドスコープ　152
ネーター・カレント　162
乗鞍宇宙線観測所　147

ハ　行

パイオン → π 中間子
パイオン交換流　288
π・核子散乱　104
π-核子相互作用の結合定数　104
背景放射　415
排他律　225
π 中間子　69, 78, 103, 227, 336
π 中間子-核子散乱　79, 81
ハイパー核　174, 304, 351, 360
　　──分光　222
　　Σ──　305
　　二重──　269
ハイペロン　234
パウリ原理　312, 321, 326, 335
爆縮による核融合　379
はくちょう　419

破砕反応　350
波束
　　──の運動　18
　　──の収縮　9
発散
　　──の困難　92
　　自己エネルギーの──　59
八正道説　235
発展作用素　31
発展(進化)の物理　331
ハッブル定数　393
波動作用素　31, 33
　　──の漸近完全性　32
　　修正──　34
　　修正──の完全性　35
　　多体の──の完全性　35
ハードコア　312
ハドロン　78
　　──間の行列要素　128
　　──の構造
　　　媒質中での──変化　359
　　──の散乱振幅　113
　　──の質量　125, 126, 360
　　──の質量の計算　128
　　──の紐モデル　234
　　──の崩壊定数　128
　　──物質
　　　高温高密度──　351
　　──物理　69
　　反陽子を用いた──スペクトロスコピー　222
パートン　237, 238
　　──は点粒子　252
　　──分布関数　251
　　──モデル　97, 251
場の反作用　61
場の方程式アノーマリー　168
場の量子論　79, 160, 232
ハミルトニアン　30
　　──の自己共役性　29
林フェーズ　405
バリオン　78
　　──間相互作用　301
　　──8 重項　235
パリティ非保存　104, 226, 227, 239, 247, 264, 271
　　強い相互作用における──　175
バレンス粒子　312
反遮蔽効果　251

索　引 (8)

バンデグラフ　264
反電子ニュートリノ　133
バンド構造(原子核における)　264
半端電荷　75, 235
反陽子-ヘリウム原子　271
反粒子　79, 225

非アーベル・ゲージ理論 → 非可換ゲージ理論
(p, n)反応　268
非可換幾何学　123
非可換ゲージ理論　106, 115, 125, 242, 244, 251
光核反応　265, 345
非局所場理論　320
非局所性
　　Bohmの理論の――　8
ヒッグス粒子　395
非調和効果　327
　　原子核の素励起モード間の――　326
ピックアップ反応　264
ヒッグス機構　106, 166, 245, 246
ヒッグスセクター　246
ヒッグス場　244, 247, 253, 254
ヒッグス粒子　107, 160, 254
ビッグ・バン　193, 270, 359, 391
ビッグバン・モデル
　　非一様――　357
火の球モデル　151
ビーム・サイズ　201
ビーム不安定性　200
ひも構造　237
標準理論　69, 90, 106, 107, 118, 119, 166, 185, 252
　　――の予言能力　254
　　短距離における――　120
表面振動　298, 320
　　核の――の励起　344
ヒルベルト空間　29

ファミリー数の問題　98
不安定核　313, 351, 354
　　――の核半径　355
　　――の散乱過程　355
　　――の磁気モーメント　355
　　――ビーム　354

不安定粒子　163
フェムトメータ　334
フェルミオン　38
フェルミ相互作用　241
フェルミ理論　239
フォック空間　163
深い空孔状態
　　原子核の――　268
複合核模型　278, 279, 318
　　――の破綻　340
複合粒子　163
ブジョルケン・スケーリング　238, 251
物質世界像　91
物質の安定性　38
物理学の統一　160
物理素過程　405
不定計量　166
普遍 $V-A$ 型相互作用　240
不毛ニュートリノ　229
ブラウン運動　428
　　――モデル　8
プラスチック・シンチレーター　151
プラズマ　415, 417
プラズマ研究所　365, 403
ブラック・ホール　396, 409, 417, 422
　　――蒸発　410
プランク・エネルギー　396
プランク長　111
ブルックナー理論　323, 337
ブルックヘヴン国立研究所(BNL)　228, 268, 270, 272
ブレーン宇宙　398
「プログレス」　402
文化と文明　101
分散関係　84
分散公式　95, 104, 113, 349
分散理論　76

平均自由行路
　　核内核子の――　341
平均場理論　315
平行移動　243
平坦性問題　391
並列計算機　127
ベヴァトロン　234
ベクトル中間子　97
β 安定線　313

ベータ値　385
ベータ崩壊　78, 225
　　――の逆過程　226
　　Gamow-Teller の――　346
ベータ・ポロイダル　371
ベーテ
　　――の「赤本」　403
ヘリオトロン　375
ヘリシティ　239
ペレトロン　263
変換の生成子　162
変形核　279, 280, 286, 295, 305
変形領域核　319
偏光　3
偏微分方程式論　29

ポアンカレ対称性　161
放射光　171, 176
放射性イオンビーム法　313
放射性物質 ^{10}Be　147
放射線管理グループ
　　KEK の――　212
放射能
　　――の発見　232
膨張宇宙　410
飽和性
　　核力の――　318
捕獲反応　350
星
　　――の進化　404
星の平衡方程式　405
補助変数の方法　322
保存カレント　239
保存則　162
保存チャージ　162
ボソン　38
ボソン展開法　326, 330
ボトムクォーク　237
ボーム時間　366
ポロイダル・ダイバーター　370

マ 行

マイクロ波技術　169
マイスナー効果　245
マグネット霧箱　145, 147
マグノン　244
魔法数
　　原子核の――　272, 284, 311, 314, 319, 356

索　引 (9)

中性子過剰核における—— 356
魔法数の変化　314
マルチバース　397
丸森・山村・徳永転写法　326

(密度)・(閉じ込め時間)積　364, 370
密度汎関数法　315
$\mu \to e\gamma$ 反応　240
ミューオン　105, 227
　　——触媒核融合　223
　　——の質量　108
　　——のベータ崩壊　227
　　パルス——ビーム　218
ミューオン・ニュートリノ　74, 105, 136, 141, 228
ミュートロン　154

無限自由度　95
無限大の困難　69, 79

メソン　78
メソン8重項　235
メモリー　44

模型の必然性　322
モンテカルロ殻模型　313

ヤ 行

ヤン-ミルズ理論　122

有限核　323
有効相互作用　312, 323
湯川理論　91, 232, 233
ユニタリティ　233

ようこう　420
陽子　78
　　——過剰核　316
　　——シンクロトロン
　　　強集束の——　169
　　　高エネルギー物理学研究所の——　172
　　　高エネルギー物理学研究所の——建設　173
　　　弱集束の——　169
　　——スキン　356
　　——線の医学利用　175
　　——大強度加速器　171

　　——と中性子の質量差　71
　　——の弾性散乱　261
　　——の崩壊　131, 141, 156
　　——陽子散乱　79
陽電子　227
　　——リニアック　178
　　——論　58
横運動量　149, 151, 153
ヨーロッパ・ミューオン・コラボレーション (EMC)　337
ヨーロッパ連合原子核研究所 (CERN)　169
弱い相互作用　86, 99, 238, 241
40 GeV 陽子シンクロトロン　172
4体力　312

ラ 行

ラビ振動　52
ラムシフト　232
乱雑位相近似　295, 299, 324
ランダム行列の理論　350
ランダム・ポテンシャル　38

離散固有値　31
リー(超)代数　162
リニアコライダー　185, 186, 187
リニアック　275
　　電子——　265
粒子-空孔状態
　　原子核における——　267
粒子と反粒子の非対称性　98
流体モデル　8
リュードベリ原子　18
量子
　　——アルゴリズム
　　　因数分解の——　50
　　　検索の——　51
　　　巾計算の——　50
　　——色力学 (QCD)　84, 85, 97, 106, 113, 114, 125, 126, 335
　　　格子——　126
　　——宇宙論　392
　　——回路　46
　　——計算　45
　　——計算アルゴリズム　46
　　——計算機　42
　　——時空　408

　　——重力理論　121
　　——情報理論　46
　　——相関　46
　　——場の理論　78, 91
量子多体系　324
量子チューリングマシン　46
量子電磁力学　65, 103, 232
　　——の誕生　59
　　Fermi の——　59
　　Heisenberg-Pauli の——　59
量子飛躍　19
量子並列計算　46
量子モンテカルロ法　313
量子力学
　　——の数理物理　28
　　——は完全でない　2
量子力学的ポテンシャル　8, 11
量子論的揺らぎ　392
理論と実験との接触　281
臨界条件　364
リング・サイクロトロン　268

ルミノシティ　196, 204
　　積分——　204
　　平均——　204

励起状態　15
レーザー干渉計　428
レゾナンス　37
レッジェ軌跡　234, 237
レッジェ極　84
レプトン　104, 232, 252
　　——の香り　240
　　——の質量　108
　　——ハドロン反応　85
連星パルサー　409
連続極限　126
連続スペクトル　31

ρ 共鳴　234
炉心プラズマ　364
ロチェスター会議
　　第11回——　230
ρ 中間子　97
ローレンツ群　107
ローレンツ不変性　161

ワ 行

歪曲波ボルン近似　344

——のコード 346
2次の—— 347
ワイトマン関数 168
若手研究者の養成 172
若手人材の養成 175

欧文索引

A

AC-Stark 場
　——中の多体問題 37
ADM 理論（R. Arnowitt, S. Deser, C. W. Misner） 408, 410
AGS 加速器 228, 234
Aharonov-Bohm 効果 37
Amsterdam 278, 280
Anderson 局在 38
ARES 空洞 197, 198
Aspect
　——の実験 5
asymptotic freedom → 漸近的自由性
ATF 187

B

b クォーク 105
B 中間子 107
B ファクトリー 185, 192, 193
B 物質 74
B メソン
　——の崩壊 253
Bell, J. S.
　——の von Neumann の定理の反例 7
　——の不等式 5
Belyaev-Zelevinsky 転写法 326
Berkeley 258, 280
Bethe-Goldstone 方程式 302
B²FH（E. M. Burbidge, G. R. Burbidge, W. A. Fowler and F. Hoyle） 404
BL 対称性 74
Bloch-Nordsieck 変換 65
BNL 182, 183, 223, 228
Bohm
　——の隠れた変数 7, 10
Bohr-Mottelson の変形核理論 313
BRS 対称性 165

Brueckner 理論 321, 323
　——の適用限界 323
Brueckner-Hartree-Fock-Bogoliubov 理論 323
Butler 理論 343

C

C_{60}
　——の干渉 14
c クォーク 105
C-中間子 66
Cangaroo グループ 158
CERN 175, 177, 180, 181, 184, 190, 209, 219, 268, 269, 270, 272
CESR 196
channel 35
Cherenkov 光 131
Cloudy Crystal Ball Model 340
CNO 循環 270, 357
COBE 衛星 393, 412
Compass 360
Conserved Vector Current 239
Copenhagen 278, 280
CP 対称性の破れ
　——の KEKB による発見 203, 205
　ニュートリノ・セクターにおける—— 217
　レプトン族における—— 222
　B 中間子の崩壊における—— 203, 205
CP 非保存 217, 253
　K の崩壊における—— 241
CP 不変性 104, 185
CP 不変性の破れ 98, 107, 192, 205
　中性 K 中間子の崩壊における—— 185, 193
CVC 239
Cyg X-1 422

D

D* 粒子の発見 155
D-brane 122
DESY 182
DGLAP 251
(d, ³He)(³He, α) 347
Dirac の多時間理論 62
(d, p) 反応 343, 344, 345, 348
(d, t) 反応 345
Dubna 258, 271, 280

E

e^+e^- 衝突現象 179
Ehrenfest の定理 24
Einstein 方程式 118, 412
Ericson のゆらぎ 262
ESA 420
ETH 267

F

Faddeev 方程式 301
Fermi
　——の黄金律 24
Fermi・Yang 模型 72
Feynman 積分 37
FNAL 175, 182, 183, 186, 209, 219
Fock 表現 58
FP（Faddeev-Popov）ゴースト 165
Friedman 時空 412

G

G 行列 302, 321
G パリティ 267
Gamma-10 378
GANIL 270
GEO 600 429
geometric method 34
GIM 機構 236
Ginzburg-Landau の方程式 245
Grassmann 数 100

索　　　引 (11)

Greenwald 限界　384
GSI 研究所　272
GUT スケール　120
GWS 理論　248
GZK カットオフ　413

H

H 粒子　269
Hamada Coordinates　366
Hartree-Fock 型の計算　302, 345
Hartree-Fock の方法　321
Hartree-Fock-Bogoliubov 法　305
(^{3}He, d)(d, t)　347
Helmholz-Kelvin 収縮　405
HERA　176, 182, 250, 360
(^{3}He, α)(^{3}He, t)(α, t) 反応　347
HFB^2(F. Hoyle, W. Fowler, G. R. Burbidge, E. M. Burbidge)　407
Higgs 機構　94
Higgs 粒子　185
Hot CNO サイクル　357

I

IAEA 会議　365, 366, 368, 370, 371, 374, 376, 378
ICEF 計画　153
ICFA　186
　――ガイドライン　184
Indiana　277
IOO 対称性　235
ISR　175
ITER　370, 374, 383
　――のエネルギー増倍率　384
　――の閉じ込め時間　385
IUPAP　184

J

Japan Hadron Facility　360
JET　368, 372, 373
JHF　338, 360
j-j 結合　319
JLAB　338
JLC (Japan Linear Collider)　186
J-PARC　218

JT 60 U　368, 370, 371, 372
J/ψ 粒子　105, 235
　――の発生抑制　273

K

K 中間子　174, 234
　――の振動　228
K メソン → K 中間子
K^0 中間子　98
KAMIOKANDE　130, 132, 412
Kato-Trotter の公式　37
KEKB　186, 192, 193
　――における積分ルミノシティ　203
　――におけるビーム・サイズ　201
　――による CP の破れの発見　203
　――のルミノシティ　196
Kerr 時空　409
Klein-仁科の公式　60
KNO 則　96
K 2 K　208

L

Lamb シフト　68
Landau-Migdal 力　304
LASL　271
Lee-Schiffer 効果　262
LEP　177, 180, 182, 190, 248, 251
LEP-II　395
LHC　184, 254, 395
LHC 計画　184, 185
LHD　376
Lie 群　99
LIGO　429
look-back　412
LS 力　263
Lund　278

M

Magnetic Schrödinger operator　37
Maxwell の悪魔　42
Møller 散乱　60, 63
Mourre 評価　34, 36
MSW 方式　136
M-theory　122

N

Napoli　278
NASA　404, 420
NK 関数　149
NO GO 定理
　von Neumann の――　6
　von Neumann の――の反例　7
(n, p) 反応　343, 344
NSCL　270
NUMATRON 計画　266

O

Oak Ridge 研究所　346
OPAL 実験計画　182

P

Pauli 禁止則 → Pauli 原理
Pauli 原理　296, 341
(p, d)(d, p′)　347
(p, d)(d, t)　347
PEP　251
PEP 電子コライダー　238
PEP-II　202
PETRA　238, 251
p̄-He 原子　175
Planck エネルギー　100
Planck スケール　118, 120
(p, n) 反応　346
Poincaré 群　99
(p, p′) 反応　344
Princeton　267
(p, t)(t, d) 反応　344, 347
Purdue　277, 278

Q

QCD　85, 125, 180, 249, 250
　――の結合定数　180
　――の数値シミュレーション　360
　――の相転移温度　361
　高エネルギー――過程　360
　高温――の相図　361
　強い相互作用の理論としての　――　251
$Q \cdot Q$ 相互作用　295
qqq　235
Quantum Chromo-Dynamics　249

Quantum Dynamics 38

R

Rayleigh-Jeans の式 58
Regge 極 113
RHIC 245, 337, 338

S

S 行列 86
  ——の解析性 84
  ——の方法 233
S 行列理論 95, 96, 104, 106
Schmidt 線 287
Schrödinger 作用素 30, 33, 34
  ——の固有値の漸近分布 36
  ——の正の固有値 36
  磁場を含む—— 37
Schrödinger の猫 22
Schrödinger 方程式
  ——の基本解 37
  ——の逆問題 38
  時間を含む—— 31
Sco X-1 同定 419
Shell Model Monte Carlo 法 313
Silk 質量 408
SLAC 180, 182, 183, 190
SLC 180, 190
SN 1987 A 412
Solvay 会議 402
SOR リング 171
spin-flip 過程 346

SPring 8 338
SSC 107, 111, 185
SSC 計画 184
s-t 双対性 113
Stanford 265
Stark 効果 37
Stern-Gerlach の実験 6
Stockholm 280
stripping 過程 340
stripping 理論 343
$SU(3)_{color} \times SU(2)_L \times U(1)_Y$ ゲージ理論 232
$SU(3)_{color} \times SU(2)_L \times U(1)_Y$ 対称性ゲージ理論 253
$SU(2)_L \times U(1)_Y$ ゲージ相互作用 247
$SU(3)$ カラー対称性 97
$SU(3)$ ゲージ理論 125, 249
$SU(3)$ 対称性 73, 85, 105, 235
$SU(2)$ 対称性 242, 247
SUSY 162, 163
Szilard の思考実験 44

T

t クォーク 105
  ——の発見 183
TAMA 429
TETR 372
Tevatron 183, 250, 252, 360
TFTR 368, 373
theory of everything 122
THO 論文 402

TRISTAN 251
TRISTAN 計画 268

U

$U(1)$ 対称性 242
Uhuru 衛星 425

V

Veneziano 振幅 113
VIRGO 429
von Neumann
  ——の NO GO 定理 6
  ——の NO GO 定理の反例 7

W

W 中間子 97, 107
W の発見 248
Ward-高橋の恒等式 93
Weinberg-Salam 理論 89, 97
Wigner の友人 18

X

X 線星 154
X 線天文衛星 417
X 線天文学 401, 415

Z

Z 中間子 97, 107
Z の発見 248
Zeno 効果 24

人 名 索 引

和 文 索 引

ア 行

会津　晃　408
赤石義紀　305
秋山佳巳　296
安達静子　304
阿部和雄　187
阿部恭久　298
天野恒雄　407
新井一郎　270
新竹　積　187
有馬朗人　281, 283, 288, 289,
　　　　　290, 291, 295, 298, 299, 303,
　　　　　304, 305, 312, 327

飯塚重五郎　76, 235
井川　満　31
猪木慶治　96, 113
池内　了　409
池上英雄　365
池田清美　296, 303
池田峰夫　73, 235
池部晃生　32, 34
石田四郎　423
磯崎　洋　28, 35, 38
磯矢　彰　263
市村宗武　288, 289, 295, 303
一柳寿一　402
伊藤公孝　372
伊藤早苗　372
伊藤大介　58
伊藤　博　366
糸川英夫　419
糸永一憲　304
井上　健　71, 145, 226, 233
井上研三　99
井上健男　289, 290, 296
今井憲一　269
井町昌弘　76
今西文龍　298

今村　勤　95
岩崎洋一　125
岩田健三　72
岩垂純二　301
岩塚　明　37
岩本文明　302

宇井治生　298
上田　保　76
宇尾光治　365, 366
宇田川猛　299, 348
内田岱二郎　365
内山龍雄　93, 408
梅沢博臣　71, 93, 96

江沢　洋　2
江尻宏泰　267, 269, 271
江夏　弘　278

生出勝宣　187
大河千弘　106, 169, 366, 371
大久保進　76, 235
大沢清輝　423
大塚孝治　292, 305, 311
大槻昭一郎　76
大貫義郎　73, 74, 235
大沼　甫　268, 301
大根田定雄　72, 73
大野陽朗　403
岡　真　301, 305
岡田　実　365
緒方惟一　262, 264
岡本和人　303
岡本良治　302
小川　潔　377
小川建吾　291
小川修三　69, 72, 97, 155, 235
小此木久一郎　72
尾崎　敏　178, 183
小田健司　291

小田　稔　150, 154, 415
折戸周治　182, 187
織原彦之丞　268

カ 行

梶田隆章　140, 144
片山泰久　74, 230
加藤敏夫　28, 29, 31, 32, 33, 36
釜江常好　266
鎌田甲一　146
上村正康　298
亀井　亨　174, 187
亀田　薫　146
亀淵　迪　71, 93, 278
茅　誠司　171
川合栄一郎　76
川合　光　113
河合光路　340
川上宏金　270
河島信樹　429
川添良幸　304
河原田秀夫　295

菊池　健　178, 183, 187, 340
菊池正士　169, 279, 365
岸本忠史　269
岸本照夫　299
北垣敏男　169, 174, 181, 278
北田　均　35
吉川圭二　100
木下東一郎　103
木原太郎　408
木村一治　169, 278
木村嘉孝　178, 187

九後汰一郎　97
熊谷寛夫　169, 170, 172, 262
栗山　惇　299, 327
黒川眞一　190, 203
黒田成俊　28, 29, 32

索　　　引 (14)

小泉　晋	187	
古在由秀	429	
小柴昌俊	130, 153, 182, 217	
小島融三	177	
小谷真一	38	
小谷正雄	171	
小玉英雄	396, 410	
後藤憲一	95	
後藤茂男	100	
後藤(金沢)捨男	64	
後藤鉄男	113	
木庭二郎	64, 96, 149, 150	
小林晨作	265, 267	
小林　誠	69, 76, 98, 106, 155, 183, 192, 203, 205, 241	
近藤都登	183, 187	
近藤健次郎	212	

サ　行

斉藤　栄	296
斉藤義実	34
坂井典佑	99
酒井英行	271, 303
坂井光夫	263, 281, 301, 327
坂田昌一	66, 69, 73, 74, 85, 92, 93, 105, 144, 145, 146, 217, 226, 233, 320, 325
坂田文彦	299, 327, 331
嵯峨根遼吉	277, 365
崎田文二	100
桜井　純	93
笹川辰弥	301
佐々木節	396, 410
佐藤勝彦	390, 396, 410
佐藤哲也	378
佐藤　皓	210
佐藤文隆	401, 406, 408
真田順平	263
佐野光男	289, 350
沢田克郎	299, 301
沢田昭二	73, 76
三田一郎	185, 193, 205
重枝新成	76
柴田徳思	212
清水清孝	288, 303, 304, 305
庄田勝房	265
新竹　積	187
菅　浩一	151

寿岳　潤	423
菅原寛孝	95, 131, 178, 185, 209
杉本健三	258, 262, 264, 269, 281
杉本大一郎	406, 409
鈴木賢二	302
鈴木真彦	113
諏訪繁樹	172, 187
関戸弥太郎	146, 148
瀬部　孝	289, 290, 291, 292, 296
曽我道敏	290

タ　行

高木修二	71, 299, 322
高木　昇	419
高崎　稔	210
高田健次郎	299, 327
高野文彦	294
高橋　康	93
高林武彦	8
高原文郎	411
高山一男	365
武田　暁	88, 304
武田英徳	408
武谷　汎	268
武谷三男	69, 75, 85, 145, 301, 402
田地隆夫	64
田中　正	72, 74
田中　一	296, 322
田中靖郎	420
棚橋五郎	152
田辺(菅原)和子	305
田辺孝哉	305
谷川安孝	70, 85, 145, 226, 233
谷畑勇夫	269, 298, 313, 354
玉垣良三	296, 301, 322
玉木英彦	145
田村太郎	278, 299, 348
田村英男	28, 36
田村裕和	272
全　卓樹	304, 305
塚田甲子男	264
寺沢徳雄	346, 349, 350

寺島由之助	407
東辻浩夫	408
土岐　博	272, 334
徳永　旻	299, 326
戸塚洋二	208, 217
殿塚　勲	298
外村　彰	9
冨田憲二	407
冨松　彰	409
友田敏章	296
朝永振一郎	58, 64, 69, 85, 88, 146, 169, 171, 172, 232, 281, 282, 298
外山　学	347
鳥塚賀治	265, 303

ナ　行

中井浩二	187, 209
長尾重夫	365
中川重雄	146
中川昌美	74, 144, 217
中沢　清	409
長島順清	185, 232
永田　忍	302, 322
永田　武	148, 419
中西　襄	93, 160
中野武宣	409
中野董夫	72, 408
永宮正治	190, 224
中村健蔵	190, 210, 217
中村卓史	410, 429
生井良一	345
成相秀一	408
南部陽一郎	75, 89, 94, 100, 106, 113, 178, 244, 245, 249, 324, 336, 337, 359
丹生　潔	76, 151, 155
西川公一郎	209
西川哲治	169, 173, 174, 175, 177, 183, 184, 190
西島和彦	72, 240
仁科芳雄	60, 145, 146
西村　純	145, 146
西山精哉	327
二宮勘助	76
丹羽公雄	158, 217
野上茂吉郎	298

野中　到　261, 262
野村　亨　266

ハ　行

萩原　仁　289, 290
萩原雄祐　148
橋本幸男　331
畑中武夫　148, 402, 419
初田哲男　358
浜田繁雄　366
浜田哲夫　301
浜本育子　289, 303, 305
早川幸男　64, 146, 147, 149,
　　150, 172, 340, 343, 402, 419,
　　429
林　武美　76
林忠四郎　401, 402, 403
早野龍五　269, 305
原　治　71, 320
原　康夫　75, 236
原田吉之助　298
原田　融　305
坂東弘治　302, 304
坂東昌子　97

日向裕幸　288, 289
平川浩正　428
平田慶子　144
平田道紘　289

福嶋義博　298
福田信之　294
福田　博　64, 301
福田善之　144
藤井三朗　303
藤井忠男　181
藤井保憲　74
藤岡　學　268
藤川和男　95
藤田純一　281, 289, 303, 312
伏見康治　171, 365
藤本陽一　146, 149, 153
藤原大輔　37
藤原　守　270

蓬茨霊運　406

星崎憲夫　76
星野　亨　304
細谷暁夫　38
堀　尚一　75
堀内　昶　291, 296, 297, 305
堀江　久　281, 288, 291, 312

マ　行

前田恵一　396, 410
前田憲一　419
牧　二郎　74, 144, 217, 225, 236
益川敏英　69, 76, 98, 106, 155,
　　183, 192, 203, 205, 241, 299
増田康博　271
町田　茂　78, 301
松岡武夫　76
松岡　勝　419
松瀬丈浩　298
松山一久　261
松田　哲　96, 113
松田卓也　408, 409
松田正久　76
松本賢一　73, 74
松柳研一　305, 327
丸森寿夫　281, 299, 317, 326

三浦　功　146, 172
三尾典克　427
皆川　理　146
南園忠則　267
三宅三郎　148, 153
宮崎友喜雄　147
宮沢弘成　96, 99, 103, 265, 281,
　　288, 312
宮西敬直　327
観山正見　410
宮本健郎　364, 366
宮本悟楼　169, 365
宮本重徳　425
宮本米二　64, 75

元場俊雄　304
百田　弘　407
森　茂　366, 374
森田正人　266
森田　右　262

森永晴彦　264, 275, 297, 300,
　　326

ヤ　行

八木浩輔　263, 267, 270
矢崎紘一　301, 305
谷島賢二　28, 37
柳田　勉　98, 99, 144, 209, 217,
　　231
山口嘉夫　73, 75, 146, 184, 187,
　　230
山崎敏光　182, 265, 272, 281,
　　288
山田英二　74
山田勝美　302
山田作衛　182, 187
山中千代衛　379
山根　功　210
山内恭彦　408
山部昌太郎　262
山村正俊　299, 326, 327
山本賢三　365, 366
山本安夫　304
山脇幸一　97

湯川秀樹　69, 78, 85, 88, 146,
　　171, 227, 232, 277, 279, 320,
　　336, 365, 402

吉川庄一　366
吉沢康和　264, 279
吉田思郎　263, 298, 304, 343,
　　344, 348, 350
吉永尚孝　300, 305
吉村久光　366
吉村太彦　98, 410
米沢　穣　73, 76
米谷民明　100, 114

ワ　行

若谷誠宏　383
渡瀬　譲　146
和田　靖　294
亘和太郎　76

欧文索引

A

Agmon, S. 32, 33
Altarelli, G. 251
Alvarez, L. W. 275
Amaldi, E. 428
Amaldi, U. 186
Anderson, C. D. 233
Anderson, P. W. 21, 294
Artimovich, L. A. 366
Aspect, A. 3, 46
Austern, N. 343, 345
Aymar, R. 386

B

Bacon, F. 71
Bayman, B. F. 296
Becquerel, A. H. 232
Bell, J. S. 6, 7
Belyaev, S. T. 299, 326
Benioff, P. 45
Bennett, C. H. 44
Bernal, J. D. 70
Bertsch, G. F. 303, 347
Bethe, H. A. 275, 279, 283, 302, 321, 402, 403
Bhabha, H. J. 147
Bigi, I. I. 193
Birman, M. S. 28, 33
Bjorken, J. D. 238, 251
Bleuler, K. 276, 280
Blin Stoyle, R. 288
Bloch, F. 62, 68
Bogoliubov, N. N. 324
Bohr, A. 263, 280, 282, 286, 289, 295, 296, 313, 327
Bohr, N. 3, 278, 279, 283, 319
Bordé, ch. J. 12
Bradt, H. 423
Brillouin, L. 43
Brink, D. 297, 343
Brown, B. A. 291
Brown, G. E. 289, 291, 302
Brueckner, K. A. 302, 321, 323
Butler, S. T. 262, 343

C

Cabibbo, N. 241
Carreras, B. A. 387
Chemtob, M. 288
Chew, G. F. 233
Chudakov, A. 151
Claverie, P. 22
Cocconi, V. T. 151
Cohen, S. 290
Cooper, L. N. 245
Cordey, J. G. 387
Cowan, C. 227
Creutz, M. 126
Crick, F. 90

D

Dancoff, S. M. 65
Danos, M. 303
de Broglie, L. V. 8, 10, 112
de Shalit, A. 289, 294
Deutsch, D. 46, 48
Dirac, P. A. M. 59, 60, 70, 78, 161, 264
Dokshitzer, Yu. L. 251
Dover, C. B. 304
Drell, S. D. 249
Dürr, S. 17
Dyson, F. 63

E

Eddington, A. S. 226, 405
Einstein, A. 2, 16, 42, 243, 390, 427
Ekert, A. 53
Elliott, J. P. 289, 295, 298
Enss, V. 34
Ericson, T. 262

F

Faddeev, L. D. 35, 301
Fairbank, W. M. 428
Fermi, E. 59, 72, 84, 104, 149, 225, 232, 239, 279
Feshbach, H. 350
Feynman, R. P. 45, 63, 68, 92, 97, 164, 232, 404
Fisch, N. J. 371
Fliessbach, T. 298
Flowers, B. H. 289
Fock, V. 60, 302, 321, 324, 345
Fowler, W. A. 404
Friedman, F. L. 349
Friedmann, A. A. 390
Freedman, W. 393

G

Gal, A. 304
Gamow, G. 270, 271, 288, 391, 403
Geller, M. 393
Gelfand, Yu. 99
Gell-Mann, M. 72, 75, 85, 97, 101, 125, 209, 235, 240, 244, 404
Giacconi, R. 424
Ginzburg, V. L. 147, 245, 338
Giordano, S. 177
Glashow, S. L. 246
Goldberger, M. L. 341
Goldstone, J. 94, 244, 245, 302, 324, 336, 359
Green, A. M. 291
Greenwald, M. J. 384
Gribov, V. N. 251
Gross, D. J 85, 250
Grover, L. K. 46, 52
Gugelot, P. C. 264, 280, 300, 326
Gursky, H. 423
Guth, A. 411

H

Hackenbroich, H. H. 296
Hahn, O. 283
Han, M. Y. 75, 249
Hartle, J. 396
Hartree, D. R. 302, 321, 323, 345
Harvey, M. 305
Hawking, S. 391, 396

Hecht, K. T. 305
Heisenberg, W. 59, 61, 69, 78, 92, 112, 317
Heitler, W. 64
Helmholtz, H. von 385
Henyey, L. G. 404
Hess, V. F. 145
Higgs, P. W. 94, 245, 247, 252, 395
Hinners, N. 420
Hofstadter, R 237
Hörmander, L. 35
Hoyle, F. 404
Hubble, E. 390
Hulse, R. A. 427
Hund, F. 21
Hunziker, W. 34

I

Iachello, F. 281, 299, 327
Iliopoulos, J. 334
Inglis, D. R. 289
Iwanenko, D. D. 78

J

Jastrow, R. 302
Jauch, J. M. 33
Jeans, J. H. 58
Jensen, J. H. D. 282, 284, 311, 319, 356
Johansson, S. A. 278
Johnston, I. D. 301
Jona-Lasinio, G. 22, 245, 337
Joos, E. 22

K

Kanellopoulos, Th. 296
Kelvin, Lord 385
Kerman, A. 294
Khanna, F. C. 288, 304
Kimble, H. J. 19
Klein, A. 326
Klein, O. 60
Kuo, T. T. S. 302
Kurath, D. 289
Kurchatov, I. V. 366

L

Lamb, W. E. 68
Landau, L. D. 93, 149, 245, 304, 338
Landauer, R. 44
Lattes, C. M. G. 146, 152, 153
Lawrence, E. O. 261
Lawson, R. D. 290, 295
Lax, P. D. 28, 31
Lederman, L. 228
Lee, L. L. 262
Lee, T. D. (李 正道) 104, 227, 241
Leff, H. S. 42
Levinson, C. 277, 278
Lewin, W. 423
Lieb, E. 37
Linde, A. D. 396
Lipatov, L. N. 251
Lippmann, B. A. 34
Lorentz, H. A. 59
Love, W. G. 349

M

MacFarlane, M. H. 290, 295
Madelung, E. 8
Mang, H. 298
Mann, A. K. 132
Marshak, R. E. 74, 233
Marshalek, E. R. 326
Maxwell, J. C. 42, 242
Mayer, M. G. 282, 284, 311, 319, 356
Meissner, R. 245
Meitner, L. 225
Miesowitz, M. 151
Migdal, A. B. 304
Millikan, R. A. 75
Mills, R. L. 93, 233, 242
Minkowski, H. 69
Mitchel, A. C. G. 277
Møller, C. 60, 63
Mottelson, B. R. 280, 282, 286, 289, 295, 305, 313, 324, 327
Mourre, E. 34
Mukhovatov, V. 387

N

Nachamkin, J. 292
Neddermeyer, S. H. 233
Ne'eman, Y. 235
Nelson, E. 8
Neudatchin, V. G. 296, 301
Nilsson, S. G. 278
Nordsieck, A. 62

O

Occhialinni, G. P. S. 146
Ogloblin, A. A. 291
Oppenheimer, R. J. 68, 152

P

Pandharipande, V. R. 311
Panofsky, W. K. H. 178
Parisi, G. 251
Pauli, W. 59, 71, 78, 92, 225, 232, 238
Pease, R. S. 367
Peaslee, D. C. 276
Peebles, J. E. 408
Penrose, R. 391
Penzias, A. 391
Perkins, F. W. 387
Peters, B. 149
Pfeifer, P. 22
Phillips, R. S. 28, 31
Pines, D. 295
Planck, M. K. E. L. 58, 390
Podolsky, B. 2, 16, 42, 60
Poincaré, H. 66
Politzer, H. D. 85, 89, 250
Pontecorvo, B. 228, 404
Powell, C. F. 146, 149, 150, 152, 233

R

Rabi, I. I. 146
Racah, G. 294, 295
Rainwater, L. J. 286
Randall, L. 398
Rayleigh, J. W. S. 58
Rebut, P. H. 386
Reid, P. V. 301
Reines, F. 227
Rellich, F. 31
Rex, A. F. 42
Richter, B. 235
Riemann, G. F 86
Rosen, N. 2, 16, 42, 84
Rosenbluth, M. N. 386
Rossi, B. 150, 415

Rowe, D. 298
Rubbia, C. 248

S

Salam, A. 78, 89, 97, 246, 410
Sandage, A. 424
Satchler, G. R. 345, 349
Schaeffer, R. 347
Schein, M. 153
Scherk, J. 114
Schiffer, J. P. 262
Schmidt, T. 287
Schrödinger, E 58
Schwarz, J. H. 114
Schwarz, M. 228, 230
Schwarzschild, M. 404
Schwinger, J. 34, 64, 68, 92, 94, 232
Shafranov, V. D. 367, 387
Shannon, C. E. 43
Shor, P. W. 46, 50
Sigal, I. 35
Silk, J. 408
Simon, B. 31, 33
Smirnov, Y. F. 301
Soffer, A. 35
Steinberger, J. 228
Steinhardt, P. 396
Stelson, P. H. 347
Stone, M. H. 29
Sundrum, R. 398
Susskind, L. 113
Szilard, L. 42

T

Tait, P. G. 42
Talmi, I. 289, 294
Taylor J. H. 427
Teller, E. 270, 271, 288
'tHooft, G. 248
Ting, C. C. 235
Towner, I. S. 288, 304
Turing, A. 42

V

Vallarta, M. S. 147
Varga, K. 298
Veneziano, G. 113
Vilenkin, A. 396
von Neumann, J. 28, 30
von Weizsäcker, C. F. 283, 402

W

Wagner, F. 372
Wagner, R. 180
Walecka, J. D. 302
Ward, J. 93
Watson, J. 90
Weber, J. 427
Weinberg, S. 76, 78, 89, 97, 246, 410
Weiss, R. 428
Weisskopf, V. F. 230, 276, 279, 281, 321, 349
Weizsacker, C. F. → von

Weizsäcker
Wentzel, G. 62
Wess, J. 99
West, G. B. 304
Weyl, H. 36, 242
Wheeler, J. A. 147, 283, 296, 297, 319
Wightman, A. S. 33, 168
Wigner, E. P. 30, 111, 284, 303
Wilcox, C. H. 33
Wilczek, F. W. 85, 250
Wildenthal, B. H. 291
Wildermuth, K. 296
Wilson, K. 125
Wilson, R. W. 391
Wu, C. S.(呉　健雄) 227, 277

Y

Yan, T. M. 249
Yang, C. N.(楊　振寧) 72, 84, 93, 104, 227, 233, 242

Z

Zeh, H. D. 22
Zeilinger, A. 14, 16
Zelevinsky, V. G. 299, 326
Zumino, B. 99
Zurek, W. H. 44
Zweig, G. 75, 76, 85, 97, 125, 235
Zwicky, F. 147

朝倉物理学大系 20
現代物理学の歴史 Ⅰ　　　　　定価はカバーに表示

2004 年 5 月 31 日　初版第 1 刷
2005 年 3 月 25 日　　第 2 刷

編集者　大 系 編 集 委 員 会
発行者　朝　倉　邦　造
発行所　株式会社　朝　倉　書　店
　　　　東京都新宿区新小川町6-29
　　　　郵 便 番 号 162-8707
　　　　電　話　03(3260)0141
　　　　FAX　03(3260)0180
　　　　http://www.asakura.co.jp

〈検印省略〉

© 2004 〈無断複写・転載を禁ず〉　　　　中央印刷・渡辺製本

ISBN 4-254-13690-0　C 3342　　　　　Printed in Japan

R.M.ベサンコン編
池田光男・大沼　甫・深井　有監訳

物 理 学 大 百 科

13041-4 C3542　　　　B 5 判 1156頁 本体52000円

物理学の領域から350語を厳選し，アメリカ，イギリス，カナダ，日本などの著名物理学者300名によりそれぞれの専門分野の語をわかりやすく詳細に解説したユニークな事典。The Encyclopedia of Physics(第 3 版, Van Nostrand社)の邦訳。〔収録分野〕歴史／測定／記号・単位／相対論／熱学／光学／音響学／量子力学／原子・分子／素粒子・原子核／放射線／加速器／量子エレクトロニクス／エレクトロニクス／半導体／情報／統計力学／宇宙物理学／生物物理学／数理物理学／他

C.P.プール著
理科大鈴木増雄・理科大鈴木　公・理科人鈴木　彰訳

現代物理学ハンドブック

13092-9 C3042　　　　A 5 判 448頁 本体14000円

必要な基本公式を簡潔に解説したJohn Wiley社の"The Physics Handbook"の邦訳。〔内容〕ラグランジアン形式およびハミルトニアン形式／中心力／剛体／振動／正準変換／非線型力学とカオス／相対性理論／熱力学／統計力学と分布関数／静電場と静磁場／多重極子／相対論的電気力学／波の伝播／光学／放射／衝突／角運動量／量子力学／シュレディンガー方程式／1 次元量子系／原子／摂動論／流体と固体／固体の電気伝導／原子核／素粒子／物理数学／訳者補章：計算物理の基礎

戸田盛和・宮島龍興・長谷田泰一郎・小林澈郎編著

物理学ハンドブック（第 2 版）

13053-8 C3042　　　　A 5 判 648頁 本体15000円

本書は旧版以来の「高校程度の物理の知識をもとにしてこれを補い発展させて物理学の知識・基礎および実際的な応用例などを，くわしく興味ある解説をほどこす」という趣旨を徹底し，新たな最近の物理学の進歩—ソリトン，カオス，超伝導，ゲージ変換，素粒子，形状記憶合金，レーザー等—を大幅に加筆・訂正した。〔内容〕力学／変形する物体の力学／熱と熱力学／電気と磁気／光／電子と原子／物質の電気・磁気的性質／電子の利用／素粒子の世界／宇宙／学者年表，物理定数等

H.J.グレイ／A.アイザックス編
山口東理大 清水忠雄・上智大 清水文子監訳

ロングマン 物 理 学 辞 典 （原書 3 版）

13072-4 C3542　　　　A 5 判 824頁 本体27000円

定評あるLongman社の"Dictionary of Physics"の完訳版。原著の第1版は1958年であり，版を重ね本書は第3版である。物理学の源流はイギリスにあり，その歴史を感じさせる用語・解説がベースとなり，物理工学・電子工学の領域で重要語となっている最近の用語も増補されている。解説も定義だけのものから，1ページを費やし詳細したものも含む。また人名用語も数多く含み，資料の価値も認められる。物理学だけにとどまらず工学系の研究者・技術者の座右の書として最適の辞典

日中英用語辞典編集委員会編

日中英対照物理用語辞典

13075-9 C3542　　　　A 5 判 528頁 本体12000円

日本・中国・欧米の物理を学ぶ人々および物理工学に関係する人々に役立つよう，頻繁に使われる物理用語約5000語を選び，日中英，中日英，英日中の順に配列し，どこからでも用語が探し出せるよう図った。〔内容〕物理一般／力学／電磁気／物理数学／相対論／連続体物理／光学／量子論／振動，波動／素粒子／原子核／宇宙・地球物理／放射線／電子工学／計算機／熱力学／統計力学／物性物理／磁性体／半導体／結晶／超伝導／表面物理／X線／量子エレクトロニクス／その他

D.M.コンシディーヌ編　江戸川大 太田次郎他監訳

科学・技術大百科事典

〔上巻〕10164-3 C3540　　A4判 1084頁 本体95000円
〔中巻〕10165-1 C3540　　A4判 1112頁 本体95000円
〔下巻〕10166-X C3540　　A4判 1008頁 本体95000円
〔全3巻〕　　　　　　　A4判 3204頁 本体285000円

植物学，動物学，生物学，化学，地球科学，物理学，数学，情報科学，医学・生理学，宇宙科学，材料工学，電気工学，電子工学，エネルギー工学など，科学および技術の各分野を網羅し，数多くの写真・図表を収録してわかりやすく解説。索引も，目的の情報にすぐ到達できるように工夫。自然科学に興味・関心をもつ中・高生から大学生・専門の研究者までに役立つ必備の事典。『Van Nostrand's Scientific Encyclopedia, 8/e』の翻訳

「複雑系の事典」編集委員会編

複 雑 系 の 事 典
—適応複雑系のキーワード150—

10169-4 C3540　　A5判 448頁 本体14000円

本事典は，新しい知の枠組みとしての〈複雑系〉を基本としながら，知の類似性をもとに広く応用の意味を含めて，哲学・科学・工学・経済・経営までを包括したキーワード150を50音順に配列したものである。各キーワードは見開き2～4頁を軸に簡潔にまとめ随所に総合解説を挿入し，キーワードの相互連関を助けるよう配慮した。編集委員会メンバーは，太田時男（横国大名誉教授）・渡辺信三（京大名誉教授）・西山賢一（埼玉大）・相澤洋二（早大）・佐倉統（東大）の5名

前北大 高田誠二著

科 学 方 法 論 序 説
—自然への問いかけ働きかけ—

10069-8 C3040　　A5判 216頁 本体3200円

自然への問いかけ働きかけの方法を，文学的観照，形態の観察，時間の把握，数学的表現，計測と単位といった諸段階に分けてたどりながら，実験科学の方法と精神を浮き彫りにする。俳句からフラクタルまでユニークなエピソードに満ちている

北大 杉山滋郎著

日 本 の 近 代 科 学 史

10130-9 C3040　　A5判 228頁 本体3000円

意外と知らない日本の科学の歴史（明治維新以降）について，エピソードを織りまぜながら平易に解説。〔内容〕教育・研究制度の変遷／開国時の彼我の差／科学研究の内容（2大戦を境に）／戦争と科学／科学と生活／医学・医療／女性と科学

戸田盛和著
物理学30講シリーズ 5

分 子 運 動 30 講

13635-8 C3342　　A5判 224頁 本体3600円

〔内容〕気体の分子運動／初等的理論への反省／気体の粘性／拡散と熱伝導／熱電効果／光の散乱／流体力学の方程式／重い原子の運動／ブラウン運動／拡散方程式／拡散率と易動度／ガウス過程／揺動散逸定理／ウィナー・ヒンチンの定理／他

戸田盛和著
物理学30講シリーズ 7

相 対 性 理 論 30 講

13637-4 C3342　　A5判 244頁 本体3800円

〔内容〕光の速さ／時間／ローレンツ変換／運動量の保存と質量／特殊相対論的力学／保存法則／電磁場の変換／テンソル／一般相対性理論の出発点／アインシュタインのテンソル／シュワルツシルトの時空／光線の湾曲／相対性理論の検証／他

戸田盛和著
物理学30講シリーズ 8

量 子 力 学 30 講

13638-2 C3342　　A5判 208頁 本体3800円

〔内容〕量子／粒子と波動／シュレーディンガー方程式／古典的な極限／不確定性原理／トンネル効果／非線形振動／水素原子／角運動量／電磁場と局所ゲージ変換／散乱問題／ヴィリアル定理／量子条件とポアソン括弧／経路積分／調和振動子他

戸田盛和著
物理学30講シリーズ10

宇 宙 と 素 粒 子 30 講

13640-4 C3342　　A5判 212頁 本体3800円

〔内容〕宇宙と時間／曲面と超曲面／閉じた空間・開いた空間／重力場の方程式／膨張宇宙モデル／球対称な星／相対性理論と量子力学／自由粒子／水素類似原子／電磁場の量子化／くり込み理論／ラム・シフト／超多時間理論／中間子の質量／他

朝倉物理学大系

荒船次郎・江沢　洋・中村孔一・米沢富美子編集

1	解析力学 I	山本義隆・中村孔一	本体5600円
2	解析力学 II	山本義隆・中村孔一	本体5600円
3	素粒子物理学の基礎 I	長島順清	本体5200円
4	素粒子物理学の基礎 II	長島順清	本体5300円
5	素粒子標準理論と実験的基礎	長島順清	本体7200円
6	高エネルギー物理学の発展	長島順清	本体6800円
7	量子力学の数学的構造 I	新井朝雄・江沢　洋	本体5500円
8	量子力学の数学的構造 II	新井朝雄・江沢　洋	本体5800円
9	多体問題	高田康民	本体7200円
10	統計物理学	西川恭治・森　弘之	本体6500円
11	原子分子物理学	高柳和夫	本体7300円
12	量子現象の数理	新井朝雄	
13	量子力学特論	亀淵　迪・表　實	本体5000円
14	原子分子過程	高柳和夫	
15	超伝導	高田康民	
16	高分子物理学	伊勢典夫・曽我見郁夫	本体7200円
17	表面物理学	村田好正	本体6200円
18	原子核構造論	高田健次郎・池田清美	本体7200円
19	原子核反応論	河合光路・吉田思郎	本体7400円
20	現代物理学の歴史 I	大系編集委員会編	
21	現代物理学の歴史 II	大系編集委員会編	本体9500円

価格（税別）は2005年2月現在